Finite Elemente

Anwendungen in der Baupraxis

VOGEL und PARTNER
Ingenieurbüro für Baustatik
Leopoldstr. 1, Tel. 07 21 / 2 02 36
Postfach 6569, 7500 Karlsruhe 1

Ernst & Sohn

Finite Elemente
Anwendungen
in der Baupraxis

Rechnergestützte Berechnung (FEM) und
Konstruktion (CAD):
Erfahrungen, derzeitiger Stand, Tendenzen

Vorträge anläßlich einer Tagung
an der Ruhr-Universität Bochum
am 3. und 4. März 1988

Herausgegeben von

Professor Dr.-Ing. Walter Wunderlich,
TU München (örtlicher Tagungsleiter)

Professor Dr.-Ing. Erwin Stein,
Universität Hannover

Verlag für Architektur
und technische Wissenschaften
Berlin

Prof. Dr.-Ing. Walter Wunderlich
Lehrstuhl für Statik, Institut für Bauingenieurwesen I
Technische Universität München, Arcisstraße 21, 8000 München 2

Prof. Dr.-Ing. Erwin Stein
Institut für Baumechanik und numerische Mechanik
Universität Hannover, Appelstraße 9A, 3000 Hannover

Titelbild:
Kriechbeulformen einer axialgedrückten Zylinderschale

CIP-Titelaufnahme der Deutschen Bibliothek

Finite Elemente – Anwendungen in der Baupraxis

Rechnergestützte Berechnung (FEM) und Konstruktion (CAD): Erfahrungen, derzeitiger Stand, Tendenzen. Vorträge anläßl. einer Tagung an der Ruhr-Universität Bochum am 3. u. 4. März 1988/ hrsg. v. W. Wunderlich, E. Stein – Berlin: Ernst, Verlag für Architektur u. Techn. Wiss., 1988

    ISBN 3-433-01123-0

NE: Wunderlich, W. (Hrsg.); Technische Universität München

Druck: Mercedes-Druck GmbH, D-1000 Berlin 61

Bindung: Buchbinderei B. Helm, D-1000 Berlin 61

Printed in the Federal Republic of Germany

Vorwort

Mit der schnellen und fachübergreifenden Entwicklung der Datentechnik ist die Bedeutung von Computeranwendungen im Bauingenieurwesen immer weiter gewachsen. Dies gilt nicht nur für die Gebiete, in denen der Computer bereits zur unerläßlichen Voraussetzung für erfolgreiche wissenschaftliche und praktische Tätigkeit geworden ist, sondern zunehmend auch für diejenigen Bereiche, in denen die Rechnernutzung bislang noch keine dominierende Rolle gespielt hat. Diese Entwicklung wurde möglich durch die bei sinkenden Kosten stetig weiter ansteigende Rechnerleistung, die deutlich verbesserten Betriebssystemumgebungen und graphischen Möglichkeiten sowie durch die fortschreitende Vernetzung der Arbeitsplatzrechner. Zum anderen wurde auf der Softwareseite in den letzten Jahren das Leistungsspektrum der Rechenprogramme erheblich erweitert. Auf diese Weise ist der Anwendungsbereich der Finite-Element-Methode (FEM) stark gewachsen und auch der computergestützte Entwurf von Tragwerken (CAD) machte rasche Fortschritte, so daß sich eine Vielzahl von Berechnungs- und Entwurfsaufgaben wesentlich schneller und wirtschaftlicher durchführen lassen als früher. Überdies können nun in relativ kurzer Zeit mehrere Tragwerksvarianten detailliert untersucht und so mit vergleichsweise geringem Aufwand optimale Lösungen gefunden werden. Darüber hinaus wird es bei sorgfältiger Modellbildung zunehmend möglich, das Tragverhalten einer ganzen Reihe von Konstruktionen wirklichkeitsnah zu simulieren. Dieser Aspekt ist besonders bei komplexen Strukturen wichtig, deren Tragfähigkeit mit üblichen Näherungsverfahren nicht zuverlässig bestimmt werden kann und bei denen eingehende experimentelle Untersuchungen einen unverhältnismäßig hohen Zeit- und Kostenaufwand verursachen würden.

Nach einer stürmischen Zeit der Entwicklung zeichnet sich bei der Finite-Element-Methode gegenwärtig zwar eine gewisse Konsolidierung ab. Dennoch ist dieser Prozess noch keineswegs abgeschlossen. Es besteht zum Beispiel nach wie vor ein großer Bedarf an einfachen, leistungsfähigen und robusten finiten Elementen für Flächentragwerke sowie an verbesserten Möglichkeiten zur Netzgenerierung und – um Diskretisierungsfehler weitgehend auszuschalten – zur automatisierten Netzverfeinerung. Überdies rückt zunehmend das Problem der Standardisierung der verschiedenen Elemente und Graphikkomponenten sowie der Rechenprogramme insgesamt in den Vordergrund. Von großer praktischer Bedeutung ist auch die weitere Verbesserung der graphisch-interaktiven Ein- und Ausgabemöglichkeiten sowie die Integration von Rechen- und Entwurfsprogrammen (FEM-CAD-Kopplung). Für die darüber hinaus angestrebte integrierte Entwurfsbearbeitung mangelt es derzeit noch an allgemein verbindlichen Standardschnittstellen zwischen den verschiedenen Programmen einerseits und an ausreichend flexiblen und universell einsetzbaren Kommunikationsmöglichkeiten andererseits. Die Entwicklung schreitet aber auch hier sehr schnell voran, so daß in absehbarer Zeit damit zu rechnen ist, daß diese Schwierigkeiten behoben sein werden und daß sich dadurch die Leistungsfähigkeit der computergestützten Berechnungs- und Entwurfsmethoden weiter erhöht und die Kommunikation aller an einem Projekt Beteiligten verbessert wird. Schließlich eröffnen auch die zur Zeit in Entwicklung befindlichen wissensbasierten Expertensysteme wichtige neue Perspektiven für die Abwicklung von baupraktischen Entwurfsaufgaben.

Trotz – oder vielleicht gerade wegen – des inzwischen erreichten hohen Entwicklungsstands der Programme und ihrer Benutzeroberflächen sollte aber nicht vergessen werden, daß die Finite-Element-Methode kein einfaches 'Knopfdruckverfahren' ist, das in jedem beliebigen Fall automatisch die gewünschten Ergebnisse liefert. Vielmehr besitzt es – wie alle Näherungsverfahren – spezifische Genauigkeits- und Anwendungsgrenzen, deren Überschreitung zu durchaus gravierenden und nicht immer ohne weiteres erkennbaren Fehlern führen kann. Nicht selten geschieht dies, weil die Leistungsfähigkeit der Methode falsch eingeschätzt oder weil von den immer zahlreicher werdenden Optionen moderner Programmsysteme allzu unüberlegt Gebrauch gemacht wird. Solche Schwierigkeiten, die durch die steigende Zahl von Anwendern eher noch zunehmen werden, lassen sich auf Dauer nur vermeiden, wenn der mit der FE-Methode arbeitende Ingenieur über ein solides Grundlagenwissen, ausreichende Erfahrung und ein fundiertes Verständnis für die spezifischen

Eigenschaften des Verfahrens und das Tragverhalten der untersuchten Strukturen verfügt. Er muß sich insbesondere über die Konsequenzen seiner Modellbildung und – vor allem bei nichtlinearen Problemen – der Wahl der Materialbeschreibung und der Lösungsalgorithmen im klaren sein. Wichtig ist vor allem die mechanische, mathematische und numerische Konsistenz des Tragwerksmodells, und auch die Bedeutung der Kontrolle und Bewertung der Ergebnisse sollte keinesfalls unterschätzt werden. Dies sind wichtige Voraussetzungen für den erfolgreichen Einsatz der Finite–Element–Methode, die überdies – angesichts der raschen Entwicklung – ständig neue Anforderungen an die Aus– und Weiterbildung stellen.

Der vorliegende Band enthält die schriftlichen Fassungen der Vorträge, die am 3. und 4. März 1988 anläßlich der Tagung 'Finite Elemente – Anwendungen in der Baupraxis' an der Ruhr-Universität Bochum gehalten wurden. Sie knüpfte an die früheren Veranstaltungen 'Finite Elemente in der Statik' (Stuttgart, 1970), 'Finite Elemente in der Baupraxis' (Hannover, 1978) und 'Finite Elemente – Anwendungen in der Baupraxis' (München, 1984) an und hatte wie diese das Ziel, dem breiteren Fachpublikum einen Überblick über den derzeitigen Stand sowie über die zukünftigen Tendenzen der Entwicklung auf diesem wichtigen Gebiet der Computeranwendung zu geben. Darüber hinaus sollte sie den mit der Entwicklung der Verfahren und Programme befaßten Ingenieuren in den Hochschulen, Behörden, Büros und Baufirmen einerseits und den praktischen Anwendern andererseits Gelegenheit zur Information und zum gegenseitigen Erfahrungsaustausch geben. Den gleichen Zweck verfolgte die parallel dazu abgehaltene Fachausstellung über tagungsbezogene Hard– und Softwareprodukte. Erfreulicherweise stieß das Tagungsprogramm nicht nur bei den Hochschulen sondern auch bei den Vertretern der Baupraxis und der Behörden auf reges Interesse. Dies äußerte sich einmal in der verhältnismäßig großen Zahl von mehr als 500 Teilnehmern und zum anderen darin, daß etwa 40 Prozent der Vortragenden und über 60 Prozent der Teilnehmer aus der Industrie kamen. Es zeigt auch, daß das Gebiet sowohl innerhalb als auch außerhalb der Hochschulen eine wichtige Rolle spielt und lebhaft weiterentwickelt wird. Der in jüngster Zeit viel beschworene 'Technologietransfer', d.h. die enge gegenseitige Beeinflussung von Grundlagenentwicklung und praktischer Anwendung, wird hier also intensiv praktiziert.

Der Erfolg einer Tagung hängt allerdings nicht nur von ihrer Zielsetzung und der Aktualität ihrer Thematik ab, sondern ebenso sehr von der Kompetenz und dem Engagement der Vortragenden. Vor allem ihnen möchte die Tagungsleitung für ihre Mitarbeit sowohl während der Tagung als auch bei der Fertigstellung dieses Bandes danken. Dank gebührt auch den Mitgliedern des Beraterausschusses, den Herren Prof. Dr.-Ing. H. Bechert (Stuttgart), Prof. Dr.-Ing. J. Eibl (Karlsruhe), Prof. Dr.-Ing. H. Grundmann (München), Dr.-Ing. W.R. Haas (Stuttgart), Prof. Dr.-Ing. B. Kröplin (Stuttgart), Dr.-Ing. L. Obermeyer (München), Prof. Dr.-Ing. E. Ramm (Stuttgart) und Dr. G. Waas (Frankfurt), für ihre Mitwirkung bei der Vorbereitung des Tagungsprogramms und bei der Bewältigung der nicht immer leichten Aufgabe, aus der Vielzahl der eingereichten Beiträge eine im Hinblick auf die Ziele der Tagung geeignete Auswahl zu treffen. Darüber hinaus gilt unser Dank vor allem dem Tagungssekretär, Herrn Dr. Obrecht, der mit Tatkraft und Ausdauer für einen reibungslosen organisatorischen Ablauf sorgte, sowie den beteiligten Mitarbeitern des Lehrstuhls KIB IV der Ruhr-Universität Bochum. Dem Verlag Ernst & Sohn schließlich, bei dem auch die Tagungsbände der früheren Veranstaltungen erschienen sind, danken wir für die erneute gute Zusammenarbeit.

Die Veranstalter und Herausgeber.

Bochum und Hannover, im Juli 1988

W. Wunderlich   E. Stein

INHALTSVERZEICHNIS

Sitzung A: Einführung und Übersicht

E. Ramm, N. Stander, H. Stegmüller
Gegenwärtiger Stand der Methode der finiten Elemente 1

B. Kröplin
Modellieren mit finiten Elementen 15

R. Dietrich
Finite Elemente im Alltagsgeschäft 33

J. Eibl
Praxisorientierte Anwendungen der FE-Methode 43

J. Form, H.L. Peters
Beispiele und kritische Anmerkungen zum zweckmäßigen,
sprich wirtschaftlichen Einsatz von FE-Programmen 55

W.R. Haas
CAD in der Tragwerksplanung – Stand der Technik und Entwicklungstendenzen 65

Sitzung B: Massivbau

H. Walter, G. Hofstetter, H.A. Mang
Nichtlineare Finite-Elemente Berechnung von Spannbetonschalen unter Berücksichtigung von Schwinden, Kriechen und Nacherhärtung des Betons 79

G. König, R. Baumgart
Kopplung eines CAD-Systems mit einem Expertensystem
am Beispiel Durchlaufträger im Massivbau 89

M. Samkari, G. Mehlhorn, Chr. Meyer
FE-Anwendungen zu Untersuchungen der Spannungszustände in Eintragungs-
bereichen der Vorspannkräfte bei Spannbeton mit sofortigem Verbund 101

E. Ramm, A. Burmeister, H. Stegmüller
Stabilität und Traglast von kegelförmigen Stahlbetonschalen –
ein Beispiel für die Anwendung nichtlinearer FE-Modelle 121

Sitzung C: Stahlbau

G. Sedlacek, J. Bild
Anwendungen von Finite-Element-Berechnungen bei der Entwicklung
von Bemessungsregeln in den Eurocodes für den Stahlbau 129

P. Osterrieder, J. Oxfort
Bemessung von Stahlrahmen mit Hilfe nichtlinearer
finiter Balkenelemente am Mikrocomputer 141

R. Harbord
Traglastberechnung von stählernen Behältern 153

W. Wunderlich, H. Obrecht, F. Schnabel
Tragverhalten von Behälterböden und Kugelschalen – Die Finite-Element-Methode
als Werkzeug zur Aufstellung von Entwurfshilfen 155

H.M. Bock
FE-Simulation des Tragverhaltens von brandbeanspruchten Stahlstützen 167

Sitzung D: Spezielle Anwendungen

H. Grundmann, G. Müller
Schwingungen infolge zeitlich veränderlicher, bewegter Lasten im Untergrund
(FE-Berechnungen unter Verwendung analytischer Lösungen) 177

K.-H. Schrader
Anwendungsmöglichkeiten interaktiver Berechnungsprogramme 189

J. Gotthardt, C. König, G. Schmid
Simulation von Grundwasserströmungen 201

J. Altenbach, M. Zwicke
Ein finites Stabschalenelement für die Strukturanalyse dünnwandiger Konstruktionen 213

Sitzung E: Grundbau/Massivbau

H. Duddeck
Finite-Element-Anwendungen in der Geotechnik 227

W. Haas, H.F. Schweiger
Die Anwendung spezieller Elementtypen bei der FE-Berechnung von
boden- und felsmechanischen Problemen 241

Chr. Kutzner, K. Hönisch, B.R. Hein
Computergestützter Entwurf und Rückrechnung für einen Steinschüttdamm mit Erdkern . . 255

R. Thiede
Tunnel-Fahrbahnplatten unter bewegten Lasten – Modellierung
und Berechnung mit einem FE-Programm 267

H.-J. Niemann, T.N. Nguyen
Der Lastfall Kälteschock auf einen rotationssymmetrischen Spannbetonbehälter 281

Sitzung F: FEM-CAD Kopplung

H.-G. Leitner, H. Schillberg
Entwicklung eines durchgängigen Werkzeuges für die Tragwerksplanung auf PC-Basis . . . 295

H. Werner, A. Doster
CAD- und expertensystemunterstützte Finite-Element-Eingabe am Arbeitsplatzrechner . . 309

G. Nemetschek, G. Gold
Computergestützter Entwurf (CAD) und Kopplung mit FE-Berechnungen 319

K. Tompert
Erfahrungen bei der Anwendung von CAD und FEM im Bereich der Tragwerksplanung . . 329

H. Hildebrandt, G. Meder
Kopplung von CAD- und FEM-Programmen im Stahlbau 337

Sitzung G: Genauigkeit von FE-Berechnungen

E. Stein, L. Plank
Fehlerabschätzung und Verbesserung von FE-Ergebnissen 347

C. Bremer
Netzgenerierung, Bandbreitenoptimierung und Netzanpassung
für Finite-Element-Berechnungen 357

R. Pallacks
Die maximale Spannung als Indikator für adaptive Netzverfeinerung 367

J. Bellmann, S. Holzer, H. Werner
Adaptive Verfahren für elastisch gebettete und aufgelagerte Tragwerke 375

Sitzung H: Tunnelbau

A. Erdogan, P. Meyer, G. Weißbach
FE-Studien bei der Planung des Neuenberg-Tunnels
der Neubaustrecke Mannheim/Stuttgart 383

H. Ahrens, D. Winselmann
Berechnung von Tunnel in Sand bei bergbaulichen Zwangsverformungen 395

G. Brem
Erfahrungen mit der Anwendung der FEM bei der
Neuen Österreichischen Tunnelbauweise 405

R. Pöttler
Stabilitätsuntersuchung von Salzkavernen 415

H.M. Hilber, K. Beschorner, K. Stanek
Nichtlineares Berechnungsmodell eines doppelröhrigen
Lehnentunnels in geschichtetem Fels 425

Sitzung I: Mikro- und Arbeitsplatzrechner

W.B. Krätzig, Chr. Schürmann, B. Weber
Integrierter Ingenieurentwurf auf Mikrocomputern 441

H. Werkle, E. Beucke
Datenbanksysteme zur Softwareentwicklung im Konstruktiven Ingenieurbau 453

K. Wassermann
Vorteile und Leistungsgrenzen von FE-Systemen auf Arbeitsplatzrechnern 463

M.H. Kessel
CAD-Systeme für Entwurf und Konstruktion im Holzbau 473

Sitzung J: Weitere Entwicklungen

D.D. Pfaffinger
Die FE-Methode als Teil des computerunterstützten Entwurfsprozesses 481

D. Hartmann, E. Casper, K. Lehner, H.J. Schneider
Einsatz von Expertensystemen im Umfeld von Finite-Element Applikationen 487

U. Meißner, P.J. Pahl
Nutzung von Kommunikationsnetzen für das Bauingenieurwesen 503

Gegenwärtiger Stand der Methode der finiten Elemente

Ekkehard Ramm, Nielen Stander, Hans Stegmüller

1. Vorbemerkung

Die Methode der finiten Elemente ist mittlerweile auch im Bauwesen anerkannt und eingeführt. Die Praxis bemüht sich, die Vorteile zu nutzen und die Nachteile zu vermeiden. Schwierigkeiten bestehen nach wie vor im mangelnden Kenntnisstand der Anwender, hier vor allem bei der Modellbildung, bei den Kontrollen und der Beurteilung der Ergebnisse, weniger bei der Leistungsfähigkeit der Software, schon gar nicht der der Hardware. Der gegenwärtige Beitrag will keine vollständige Übersicht zum Stand der Methode geben, vielmehr werden einige als wesentlich empfundene Fragestellungen, Begriffe und Entwicklungen herausgegriffen. Zur Modellbildung wird in einem weiteren Beitrag Stellung genommen /1/, s.a./2/.

2. Übersicht über Elementmodelle

Die verschiedenen Modellvarianten - Verschiebungs- und Spannungsmodelle, hybride und gemischte Elemente - werden mit ihren Eigenschaften im Bild 1 anschaulich gegenübergestellt. Das einzelne Elementschema zeigt die Kompatibilitäten in den Spannungen σ, Verzerrungen ε und Verschiebungen u zu den Nachbarelementen auf. Die primären Variablen (Unbekannten) sind jeweils rechts angetragen. Je nachdem, welche der mechanischen Grundgleichungen (statische und geometrische Gebietsgleichungen, Randbedingungen, Werkstoffgleichungen) exakt oder nur entsprechend der Variationsrechnung im Mittel erfüllt werden, folgt ein anderer Näherungscharakter des jeweiligen Modells. So werden mit zunehmender Verallgemeinerung mehr und mehr Nebenbedingungen aufgegeben und damit die Kompatibilitätsforderungen abgeschwächt. Beispielsweise wer-

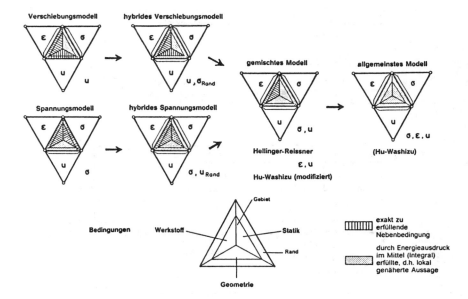

Bild 1 : Darstellung der verschiedenen Elementmodelle

Prof.Dr.-Ing.E.Ramm , Dr. Nielen Stander , Dr.-Ing.Hans Stegmüller
Universität Stuttgart, Institut für Baustatik, Pfaffenwaldring 7 D-7000 Stuttgart 80

den beim hybriden Spannungsmodell die statischen Randbedingungen nicht mehr exakt erfüllt, sondern in den variationellen Energieausdruck übernommen. Die Spannungsansätze haben die Übergangsbedingungen damit nicht mehr zu erfüllen und können in der Ordnung niedriger sein. Dafür treten gegenüber dem Spannungsmodell als zusätzliche Unbekannte die Verschiebungen am Rand u_R auf. Die Spannungsunbekannten σ können auf Elementebene eliminiert werden, so daß eine Elementsteifigkeitsmatrix entsteht. Dies ist der Grund, weshalb die hybriden Spannungsmodelle neben den nach wie vor dominierenden Verschiebungsmodellen erfolgreich eingesetzt werden, im Gegensatz zu den hybriden Verschiebungsmodellen.

Die gemischten Modelle erfreuen sich wegen reduzierter Kompatibilitätsforderungen und damit gleicher Annäherungsstufe für Spannungen bzw. Verzerrungen und Verschiebungen ebenfalls einer gewissen Beliebtheit. Das allgemeinste Modell wird wegen des Aufwandes dagegen selten eingesetzt.

Der Näherungscharakter der Methode wird für das Verschiebungsmodell (bilineares Scheibenelement) anhand des Lehrbeispiels (Bild 2) nochmals verdeutlicht. Die diskreten Knotenkräfte - im Programm normalerweise nicht ausgegeben - erfüllen im statisch bestimmten Fall <u>das</u> Gleichgewicht exakt. Normalerweise liegen aber bei Flächentragwerken statisch unbestimmte Fälle vor, so daß die Kräfte wegen genäherter Steifigkeiten nur <u>ein</u> Gleichgewicht erfüllen. Das lokale Gleichgewicht (Spannungssprünge zwischen den Elementen) sowie die statischen Randbedingungen werden nur angenähert.

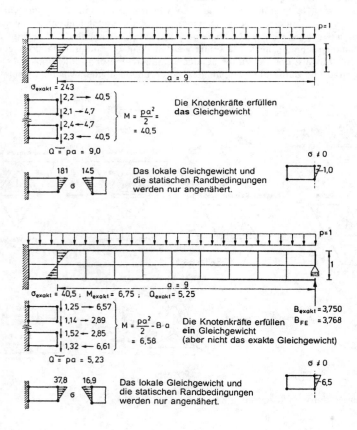

Bild 2 : Verschiebungsmodell - statisch bestimmt/unbestimmt

Neben der Methode der finiten Elemente (FEM) hat die Rand- oder Boundary - Element - Methode (BEM) /3,4/ an Bedeutung gewonnen. Bild 3 zeigt das Grundprinzip für den elastisch gebetteten Balken. Die Fundamentallösungen (Lösungen der DGL für Einzellast und -moment) am ∞ -langen Balken seien bekannt. Die gesuchte Lösung kann durch Superposition gewonnen werden, wobei die unbekannten Randkräfte y, aus den Randbedingungen bestimmt werden. Während hier der Rand aus den beiden Punkten besteht, führen die Randbedingungen bei zwei- bzw. dreidimensionalen Problemen zu Randintegralen. Die Randkräfte werden deshalb ähnlich der FEM diskretisiert; die Randintegrale werden numerisch integriert, so daß ein algebraisches Gleichungssystem mit den unbekannten Randknotenkräften entsteht.

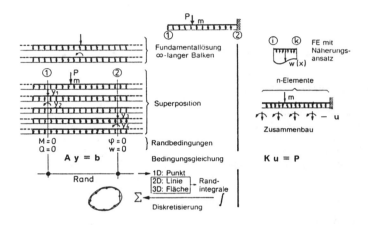

Bild 3 : Gegenüberstellung BEM - FEM

Die BEM erfüllt somit die Gebietsgleichungen exakt und nähert die Randbedingungen an. Es entstehen wesentlich kleinere Gleichungssysteme, allerdings i.a. ohne Symmetrie und Bandstruktur. Sind die Fundamentallösungen bekannt, ist die BEM wegen der um eins niedrigeren Diskretisierungsordnung effizienter als die FEM. Sie ist vorteilhaft bei linearen Problemen mit ″homogenem Gebiet und komplexen Rändern″ wie Platten, Scheiben, 3D, auch bei unendlicher Ausdehnung (Tunnelbau), wenn wenig Information aus dem Gebietsinneren verlangt wird (Bild 4). Sie wird gegen die FEM nicht konkurrieren können, wenn ″komplexe Gebiete″ mit Inhomogenitäten sowie nichtlineare Probleme untersucht werden sollen oder Information an vielen Stellen im Gebiet erforderlich wird.

Es ist festzustellen, daß BEM - Programme bereits in der Praxis erfolgreich eingesetzt werden. Auf die Möglichkeit zur Kopplung beider Verfahren, um die jeweiligen Vorteile zu nutzen und Nachteile zu vermeiden, sei hingewiesen (Bild 5), z.B. im Tunnelbau /4/.

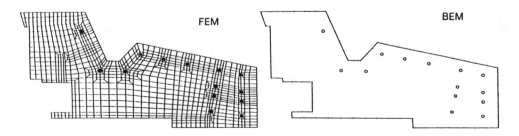

Bild 4 : Beispiel Boundary Elemente (BEM) /3/

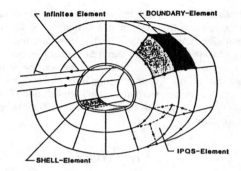

Bild 5 : Beispiel Kopplung BEM - FEM   /4/

3. Neuere Elemententwicklungen

Es zeigt sich, daß die Entwicklung geeigneter finiter Elemente nicht abgeschlossen ist. Ziel ist das einfache, effiziente und robuste Element. Bei den Scheiben sind Vorschläge gemacht worden, Rotationsfreiheitsgrade um die Scheibennormale einzuführen /5/. Zweck ist, die Freiheitsgrade an den Mittelknoten zu eliminieren, um einfach handhabbare höhere 4-Knotenelemente zu erhalten, die ein besseres Konvergenzverhalten gegenüber den linearen Elementen aufweisen (Bild 6). Der Rotationsfreiheitsgrad erleichtert auch den Zusammenbau an Kanten von Faltwerken.

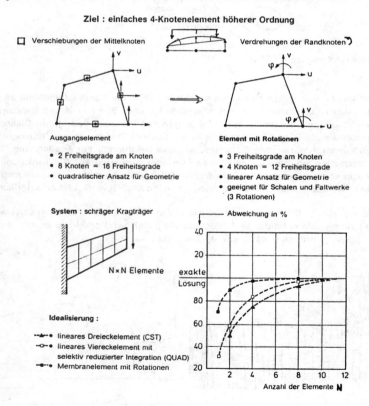

Bild 6 : Neue Formulierung bei Scheibenelementen

Bei den Platten ist man mehr und mehr dazu übergegangen, Elemente mit Querschubverzerrungen (Theorie von Reissner/Mindlin) zu entwickeln, um die Unzulänglichkeiten der Kirchhoff-Elemente zu verbessern /6/.Die Kirchhoff-Theorie ist inkonsistent (siehe Ersatzquerkraft am Rand), erfordert hohe Ansätze wegen der C_1-Kontinuität und erlaubt keinen Übergang zu mäßig dicken Platten. Die Reissner-Elemente sind konzeptionell allgemeiner und einfacher, zeigen aber im dünnen Fall zu steifes Verhalten ("shear locking"). Querverschiebung w und Rotationen Θ_x, Θ_y sind unabhängige Variable, für die getrennte Ansätze gemacht werden. Beim Grenzübergang zur dünnen Platte oder dem Fall reiner Biegung müssen die Querschubverzerrungen γ_{xz}, γ_{yz} verschwinden. Da die Rotationen wegen C_0-Kompatibilität lineare Ansätze erfordern, folgt daraus, daß w mindestens quadratisch ist (Bild 7).

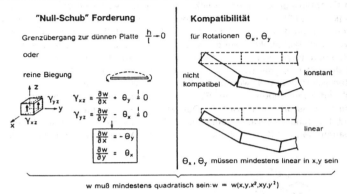

Bild 7 : Kirchhoff Bedingung bei Reissner-Elementen

So reagiert beispielsweise ein lineares Element bei konstantem Moment mit einem reinen Schubverzerrungszustand. Die Forderung $\gamma = 0$ ist nur in Elementmitte erfüllt; an den Integrationspunkten treten unerwünschte Schubspannungen auf. Das Element wird zu steif. "Shear locking" ist die Folge. Mit zunehmender Schlankheit kommt es deshalb bei diesen Elementen früher oder später zur Divergenz (Bild 8). Auch bei höheren Ansätzen, z.B. kubischer oder quartischer Ordnung, kann γ nicht ganz unterdrückt werden, der Effekt schwächt sich aber ab. Von den vielen Maßnahmen, die zur Vermeidung des "shear locking" vorgeschlagen wurden, sollen hier nur die reduzierte Integration und die sogenannten "assumed strain" - Elemente genannt werden. Bei diesen Elementen werden die Querschubverzerrungen so gewählt, daß bei dünnen Verhältnissen keine künstliche Versteifung auftritt.

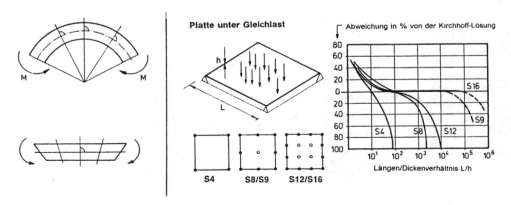

Bild 8 : "shear locking"

Bei den Schalen ist die Tendenz zu Elementen mit Berücksichtigung der Querschubverzerrungen ebenfalls erkennbar. Elemente mit niedriger Interpolatiosordnung neigen bei reinen Biegezuständen zu unerwünschter Membranversteifung ("membrane locking"), die durch entsprechende Maßnahmen vermieden werden kann.

4. Beurteilungskriterium

Die Spannungen als wesentliche Bemessungsgrößen werden bei Verschiebungsmodellen über Werkstoff- und Geometriegleichungen zurückgerechnet und verlieren gegenüber den Verschiebungen an Genauigkeit (Bild 9). Sie sind an den Integrationspunkten am genauesten; für den praktischen Gebrauch werden sie an den Knoten benötigt. Da sie dort relativ ungenau sind, empfiehlt sich eine Extrapolation von den Gaußpunkten auf die Knotenwerte. Es ist üblich, die zwischen den Elementen auftretenden Spannungssprünge durch Mittelwertbildung zu glätten. Eine bessere, aber auch aufwendigere Art der Glättung interpoliert die Spannungen ähnlich wie die Verschiebungen (Bild 10). Die unbekannten Knotenwerte σ^* werden bestimmt, indem die Abweichung zwischen gewünschten Spannungen σ^* und Spannungen aus der FE - Rechnung $\hat{\sigma}$ über das ganze Tragwerk im Sinne des Fehlerquadratminimums minimiert wird /8/. Der Nachteil ist, daß hier erneut ein Gleichungssystem zu lösen ist und die statischen Randbedingungen nicht besser erfüllt werden. Eine iterative Verbesserung der Spannungen auf Kosten der Genauigkeit der Verschiebungen wurde in /9/, /10/ vorgeschlagen.

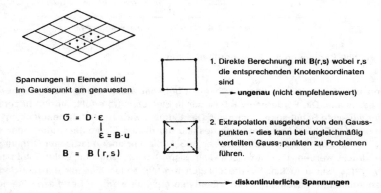

Bild 9 : Spannungsberechnung

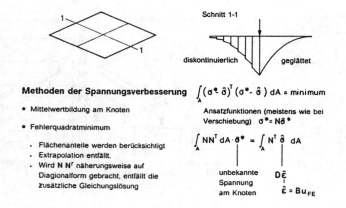

Bild 10 : Spannungsberechnung - Glättung

Die Wunschvorstellung eines jeden Anwenders ist eine Idealisierung, bei der der Fehler in allen Elementen gleich groß und bekannt ist. Er kann dann zur automatischen Netzverfeinerung herangezogen werden. Die Adaption kann über eine Erhöhung der Ansatzordnung p (p-Verdichtung) oder eine Erhöhung der Elementanzahl (h-Verdichtung) erfolgen. Eine Mischung über h-p-Verdichtung ist ebenfalls möglich (Bild 11). Für die p-Verdichtung ist das hierarchische Elementkonzept nützlich, bei dem die Erhöhung der Ordnung durch "additive" Freiheitsgrade erfolgt (Bild 12). Damit wird der Grundstock der Ansatzfunktionen unverändert beibehalten und nur erweitert.

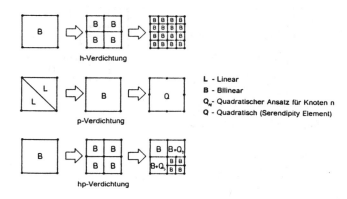

Bild 11 : h-p Verdichtung

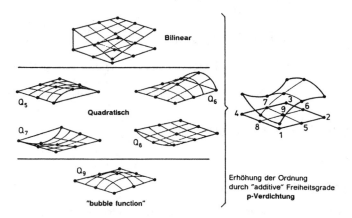

Bild 12 : Hierarchisches Konzept

Zur Netzverfeinerung ist ein Fehlerindikator für ein Element erforderlich. Hierfür kann beispielsweise ein Energiemaß oder der damit verwandte Spannungssprung zwischen den Elementen herangezogen werden /11/. In Bild 13 ist das Vorgehen schematisch dargestellt, als Fehlerindikator dient der auf das einzelne Element verteilte Spannungssprung $\Delta\sigma$. Überschreitet $\Delta\sigma$ einen Schwellenwert $\Delta\bar{\sigma}$, so wird verdichtet. Anwendungen zur adaptiven Netzverfeinerung werden in /11/, /12/, /13/, /14/ gezeigt. Bild 14 aus /11/ zeigt diesen automatischen Vorgang; mit η ist der auf das äußere Gesamtpotential bezogene relative Energiefehler des Tragwerks angegeben, um die Lösungsqualität zu beurteilen.

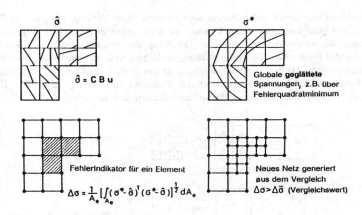

Bild 13 : Adaptive Netzverfeinerung - Schema

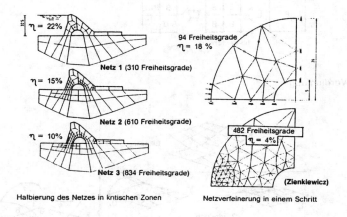

Bild 14 : Adaptive Netzverfeinerung - Anwendung /11/

5. Ausgewählte praktische Hinweise

Hard- und Software-Entwicklungen haben den Einsatz der Methode der finiten Elemente wesentlich erleichtert. Es entsteht der Eindruck eines "Knopfdruckmechanismus". Dabei ist nach wie vor eine gehörige Portion an Hintergrundwissen ("Führerschein") erforderlich, um Fehlerquellen zu vermeiden. Ein typisches Beispiel ist die Behandlung von Singularitäten. Dabei ist zu unterscheiden, ob die Singularität wie in der Bruchmechanik der physikalischen Realität entspricht oder wie bei konzentrierten Plattenstützungen nur durch ein vereinfachtes Rechenmodell entsteht, in Wirklichkeit bei endlicher Ausdehnung der Stützung nicht vorhanden ist. Eine Verdichtung des Elementnetzes ist dann sinnlos und unrealistisch /15/.

Einige ausgewählte Beispiele sollen die Notwendigkeit von Hintergrundwissen verdeutlichen:
Bild 15 zeigt den Einfluß der Netzwahl auf den Membranspannungszustand σ_z in der Deckplatte einer schiefen Hohlkastenbrücke /5/. Netz 2 führt zu erheblichen Abweichungen gegenüber der Referenzlösung, obwohl eine schiefe Netzwahl naheliegend ist.

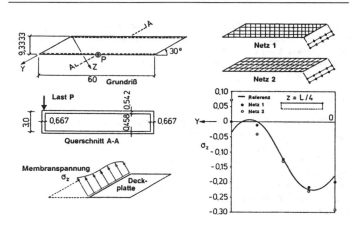

Bild 15 : Einfluß der Netzwahl am Beispiel eines Hohlkastens

Die Reissnersche Plattentheorie führt häufig zu großen Schnittkraftgradienten in Randnähe, insbesondere auch in den Plattenecken (z.B. die Einzelkräfte der Kirchhoff-Platte in den Ecken sind in Wirklichkeit verteilte abhebende Auflagerkräfte). Die FE-Modellierung kann trotz Mittelwertbildung zu Oszillationen führen, die erst durch eine lokale Glättung durch Extrapolation von den Gauß-Punkten beseitigt werden können, siehe auch /16/.

Ecken bei schiefen Platten können je nach Randbedingungen bei der Kirchhoffschen, aber auch bei der Reissnerschen Plattentheorie zu Singularitäten in den Schnittgrößen führen, siehe stumpfe Ecke der rhombischen Platte in Bild 16. Auch hier gilt: Ist man nicht an dem lokalen Spannungszustand in Ecknähe interessiert, genügt für das Haupttragverhalten (Feldmomente) eine relativ grobe Modellierung.

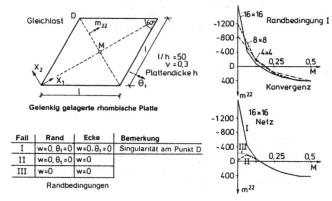

Fall	Rand	Ecke	Bemerkung
I	$w=0, \theta_t=0$	$w=0, \theta_t=0$	Singularität am Punkt D
II	$w=0, \theta_t=0$	$w=0$	
III	$w=0$	$w=0$	

Randbedingungen

Bild 16 : Einfluß der Randbedingungen bei Reissner-Elementen /25/

Weitere Hinweise zur Modellbildung und dem Wechselspiel zwischen mechanischem und numerischem Modell sowie der Wirklichkeit werden in /2/ gegeben. Die Bewertung, Kontrolle und Prüffähigkeit numerisch erzeugter Daten ist nach wie vor ein noch unterentwickeltes Gebiet /23/. Die Forderung nach mehr und mehr graphischer Datenverarbeitung im Ein- und Ausgabebereich für sinnvolle Ingenieurkontrollen kann heute deshalb nicht genügend betont werden. ("Die Sprache des Ingenieurs ist die Zeichnung und nicht die Zahlentabelle".) Für die Qualitätssicherung der Software sollte eine nationale Organisation eingerichtet werden, wie sie in Großbritannien mit der NAFEM existiert. Sie berichtet in eigenen Publikationen /17/ über anwenderorientierte Fragestellungen; so werden beispielsweise "Benchmarks" (Testbeispiele) durchgeführt, um Elemente und Programme miteinander zu vergleichen. Eine Weiterbildung der Anwender im Hinblick auf die schnelle Entwicklung der Softwarepakete mit entsprechend komplizierten Verfahren ist unbedingt zu empfehlen.

6. Nichtlineare Berechnungen

Für die Praxis sind in nächster Zukunft lineare Berechnungen weitgehend ausreichend. Die jüngsten Erfahrungen zeigen aber, daß nichtlineare Untersuchungen mehr und mehr sinnvoll eingesetzt werden können. Beispiele hierzu sind nichtlineare Berechnungen von Stabtragwerken aus Stahlbeton, Traglastmodelle bei Stahlflächentragwerken oder Beulberechnungen für Behälterschalen.
 In der Übersicht, Bild 17, wird versucht, den gegenwärtigen Entwicklungsstand der FE-Modelle darzustellen. In dem Diagramm sind weiterhin einige Problemkreise aufgeführt, deren Entwicklung noch in den Anfängen steckt. Es ist festzustellen, daß Handhabung und Beurteilung derzeit noch gehörige Spezialkenntnisse erfordern.

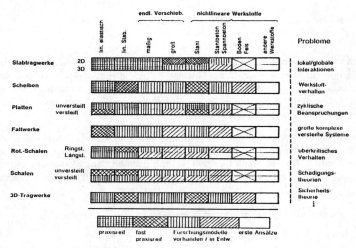

Bild 17 : Entwicklungstand der finiten Elemente

7. Ausblick

Die Methode der finiten Elemente ist nur ein Teilaspekt einer sogenannten integrierten Lösung (CIM: computer integrated manufacturing), die die verschiedenen Aufgaben beim Entstehen eines Bauwerks mit Zugriff auf eine gemeinsame Datenbank zusammenfaßt (Bild 18). Die Entwicklung geeigneter Schnittstellen und Konzepte zur Kommunikation (Vernetzung) steht dabei im Vordergrund.

 Ziel ist die Anpassung der Maschine an den Menschen und nicht umgekehrt. Da die Entscheidungen auch im Ingenieurwesen selten numerisch orientiert sind, geht man von den algorithmisch orientierten Programmen zu wissensbasierten Systemen über /18/, /19/, /20/, /24/ (Regelwerke). Eine Wissensbasis und ein Entscheidungsmodul (Inferenzmaschine), gegebenenfalls mit wahrscheinlichkeitstheoretischer Basis und Selbstlerneffekt, stellen den Kern eines solchen Expertensystems dar. Ein wesentliches Charakteristikum ist die programmtechnische Trennung der Wissensbasis, die ständig an den neuen Stand angepaßt werden muß,und des Entscheidungsteils, bei dem man häufig auf ein Fertigprodukt (Expertenschale) zurückgreift. Angepaßte Programmiersprachen wie LISP und PROLOG sind besser geeignet als algorithmisch orientierte Sprachen wie FORTRAN. Es ist abzusehen, daß auch die Strukturoptimierung, d.h. die Anwendung der mathematischen Optimierung (Bild 19) auf Tragwerksprobleme in Kombination mit der Strukturanalyse (z.B. FEM) eine große Rolle

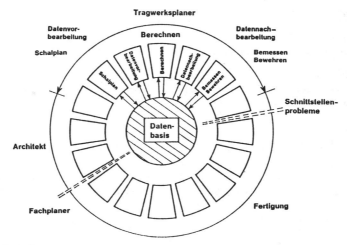

Bild 18 : Integrierte Lösung

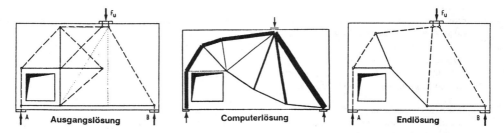

Bild 19 : Optimierung der Bewehrungsführung

spielen wird /21/. Im einfachsten Fall handelt es sich um eine Querschnittsoptimierung ("Bemessen"), eine höhere Stufe sind Form- und Topologieoptimierungen ("Entwerfen"). Zu diesem Thema gehören auch Sensibilitätsstudien, die den Einfluß einzelner Parameter auf die Endlösung aufzeigen. ("Was passiert, wenn ...?"). Beispiele für die Strukturoptimierung sind: minimale Bewehrungsmenge in Stahlbetontragwerken, optimale Spanngliedlage, optimale Anzahl und Form von Steifen ausgesteifter Platten- und Schalentragwerke.

Zusammenfassend kann festgestellt werden:

- Die Methode der finiten Elemente ist im Bauwesen akzeptiert.

- Derzeitige Mängel liegen noch im zu hohen Aufwand, bei Bewertung und Kontrolle der Ergebnisse und dem geringen Kenntnisstand der Benutzer.

- Gegenwärtige Entwicklungen führen auf:

  - höhere Verläßlichkeit, z.B. robuste Elemente,
  - mehr Benutzerfreundlichkeit, z.B. Dialog, Graphik, Netzadaption, Fehlerabschätzung,
  - bessere Integration, z.B. CAD, CIM,
  - anspruchsvollere Modelle, z.B. Nichtlinearitäten, wahrscheinlichkeitstheoretische Untersuchungen.
  - Zukünftige Systeme enthalten mehr Regelwerke und Expertenwissen.

8. Schrifttum

/1/ Kröplin, B.H.:
Modellieren mit finiten Elementen in /22/.

/2/ Meyer, C. (ed.):
Finite Element Idealization for Linear Elastic Static and Dynamic Analysis of Structures in Engineering Practice. ASCE Publ., 1987.

/3/ Hartmann, F.:
Methode der Randelemente. Springer-Verlag, 1987.

/4/ Swoboda, G.A.:
Boundary Elemente - Ein Bindeglied zwischen analytischen und numerischen Methoden. Tagungsheft Baustatik - Baupraxis 3, Stuttgart, 1987, Institut für Baustatik, Universität Stuttgart.

/5/ Stander, N.:
Finite Element Analysis of Prismatic Structures. Ph.D. Dissertation, Dept. of Structural Engineering, Structural Mechanics, University of California, Berkeley, USA, 1986.

/6/ Crisfield, M.A.:
Finite Elements and Solution Procedures for Structural Analysis. Vol. I: Linear Analysis. Pineridge Press, Swansea, England, 1986.

/7/ Dvorkin, E.N., Bathe, K.-J.:
A Continuum Mechanics Based Four-node Shell Element for General Nonlinear Analysis. Eng. Computations, Vol. 1, 1984, 77 - 84.

/8/ Oden, J.T., Brauchli, H.J.:
On the Calculation of Consistent Stress Distributions in Finite Element Approximations. Num. Meth. Eng., Vol. 3 (1971) 317 - 325.

/9/ Cautin, G., Loubignac, G., Tonzot, B.:
An Iterative Algorithm to Build Continous Stress and Displacement Solutions. Int.J. Num. Meth. Eng. 12 (1978) 1493 - 1506.

/10/ Zienkiewicz, O.C., Vilotte, J.P., Toyoshima, S.:
Iterative Method for Constrained and Mixed Approximation. An Inexpensive Improvement of FEM Performance. Comp. Meth. in Applied Mech. and Eng., 1985, 3 - 29.

/11/ Zienkiewicz, O.C., Zhu, J.Z.:
A Simple Error Estimation and Adaptive Procedure for Practical Engineering Analysis. Int.J. Num. Methods in Eng., Vol. 24 (2), 1987, 337-357.

/12/ Stein, E., Plank, L. :
Fehlerabschätzung und Verbesserung von FE - Ergebnissen in /22/.

/13/ Bellmann, J., Holzer, S., Werner, H.:
Adaptive Verfahren für elastisch aufgelagerte und gebettete
Tragwerke in /22/.

/14/ Pallacks, R.:
Die maximale Spannung als Indikator für adaptive Netzverfeinerung in /22/.

/15/ Ramm, E., Müller, J.:
Flachdecken und finite Elemente - Einfluß des Rechenmodells im Stützenbereich. Tagung "FE-Anwendungen in der Baupraxis", München, 1984, W. Ernst & Sohn, 1984.

/16/ Hinton, E., Huang, H.C.:
Shear Forces and Twisting Moments in Plates Using Mindlin Elements. Eng. Comput., Vol. 3, June 1986, 129 - 142.

/17/ Benchmark - Newsletter of National Agency for Finite Element
Methods and Standards. National Eng. Laboratory, East Kilbride, Glasgow G75 0QU, England

/18/ König, G., Baumgart, R.:
Kopplung eines Konstruktions-Expertensystems mit einem CAD-System am Beispiel Durchlaufträger im Massivbau in /22/.

/19/ Krätzig, W.B., Schürmann, C., Weber, B.:
Integrierter Ingenieurentwurf auf Mikrocomputern in /22/.

/20/ Casper, E., Hartmann, D., Lehner, K., Schneider, H.J.:
Einsatz von Expertensystemen im Umfeld von finiten Element- Applikationen in /22/

/21/ Vanderplaats, G.N.:
Numerical OptimizationTechniques for Engineering Design. McGraw Hill, London, 1984.

/22/ Wunderlich, W. u.a. (Hrsg.) :
Finite Elemente - Anwendung in der Baupraxis. Tagung, März 1988, Ruhr-Universität Bochum, W. Ernst & Sohn, 1988.

/23/ Bathe, K.J., Owen, D.R.J.:
Reliability of Methods for Engineering Analysis. Proc. Int. Conf., University College, Swansea, 1986, Pineridge Press, 1986.

/24/ Carey, G.F., Patton, P.C.:
Toward Expert Systems in Finite Element Analysis. Comm. Appl. Num. Methods 3 (1987) 527 - 533.

/25/ Wunderlich, W., Cramer, H., Schabel, F.:
Untersuchungen zum Verhalten von Platten- und Schalenelementen. Int. Mitteilung Nr. 86-1, Institut für Konstruktiven Ingenieurbau, Ruhr-Universität Bochum, Januar 1986.

MODELLIEREN MIT FINITEN ELEMENTEN
von Bernd Kröplin *)

1 Einleitung

Nachdem sich die Finite-Element-Methode in den letzten Jahren durch
intensive Forschung und weit verbreitete Anwendung zu einem akzeptierten
Berechnungswerkzeug entwickelt hat, treten diejenigen Fragen, die die
Modellbildung mit Finiten-Elementen und die dabei einsetzbaren Software-
Werkzeuge betreffen, mehr und mehr in den Vordergrund. Im Gegensatz zur
Methode selbst sind die hierbei anzuwendenden Techniken nicht so direkt
mathematisch oder algorithmisch faßbar und daher schwer zu systema-
tisieren. Im Arbeitsprozeß nimmt aber der Modellierungsprozeß an Zeit und
Kosten ein Mehrfaches des Berechnungsprozesses ein und verdient daher er-
höhte Aufmerksamkeit.

Fragen, die sich beim Modellieren häufig stellen, sind solche
a) nach der Eignung unserer Modelle im Hinblick auf die FE-Methode, z. B.
   - Welche Modelle machen wir uns, und ist dafür die Finite-Element-
     Methode geeignet?
   - Was geht in das Modell ein, und wie bilden wir es ab?
   - Gibt es kritische Probleme oder charakteristische Schwächen?
b) und nach geeigneten Werkzeugen, diese Modelle umzusetzen, z. B.
   - Wie sind Software-Systeme aufgebaut?
   - Wie wählt man eine Modellierungssoftware aus?
   - Ändert sich die Arbeitsmethodik bei Verwendung eines Modellierers?

Den hier aufgeworfenen Fragen wird dieser Beitrag nachgehen, wobei das
Schwergewicht auf den Modellierungsaufgaben, den Anforderungen an Software-Systeme und auf deren Auswahl liegt.

2 Modellbildung

Unsere Bauwerke durchlaufen vom Entwurf bis zur Ausführung eine Reihe von
Modellbildungsschritten, die in Bild 1 schematisch dargestellt sind. Die
gezeigte Kette vom Entwurf über Einwirkung, System, Berechnung, Bemessung, Sicherheit und Ausführung wird in der Konzeptionsphase eines Bau-
vorhabens zunächst mit groben Modellen durchlaufen und später iterativ
verfeinert, um schließlich zum endgültigen Planungsergebnis heranzurei-
fen. Gestützt durch Erfahrung, anerkannte Regeln der Baukunst und Vorschriften ist es die kreative Aufgabe des Ingenieurs, passende Modelle

---

*) Prof. Dr.-Ing. B. Kröplin, Anwendung Numerischer Methoden im Bauwesen,
   Universität Dortmund

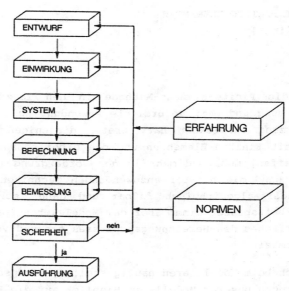

Bild 1: Modellbildung

für die Teilschritte zu finden und dabei gleichzeitig die Konsistenz der Gesamtplanung hinsichtlich verschiedenster Kriterien wie Funktion, Sicherheit, Geometrie usw. herzustellen.

Ein Teil dieser Aufgabe, bei dem Einwirkungen, Systeme und deren Berechnung stattfinden, läßt sich als technische Modellbildung bezeichnen /1/. Hier läßt sich in allen Planungsstadien eine Gedankenkette vom technischen Objekt über das mechanische Modell, das mathematische Modell, das numerische Modell, die Ergebnisanalyse bis zum Berechnungsergebnis ausmachen. In dieser Kette hat die Methode der Finiten Elemente als numerisches Modellierungswerkzeug eine herausragende Bedeutung erlangt, da sie für beliebig geformte Baukörper ermöglicht, die mathematischen Modelle, die in der Regel Differentialgleichungen beinhalten, näherungsweise abzubilden und bei entsprechend sorgfältiger Anwendung hinreichend genaue Berechnungsergebnisse zu produzieren.

Die hier im Vordergrund stehende Fragestellung lautet: Wie läßt sich der Prozeß der technischen Modellbildung und nicht nur der der Berechnung durch Informationsverarbeitung unterstützen?

3 Die Aufgabe

Je nach Komplexität der Teilaufgabe und Anwendungsbereich, z. B. in der Vorberechnung oder in der endgültigen Planung, erweisen sich verschiedene Vorgehensweisen als sinnvoll. Einfache lineare Programmketten können z. B. bei hinreichend einfacher Geometrie, aber einer komplizierten Ziel-

EINFACHE GEOMETRIE - KOMPLIZIERTE KOSTENFUNKTION

EINGABE :

- GEOMETRIE
- FREIE PARAMETER (UNTERER RADIUS, OBERER RADIUS, WANDDICKE)
- HERSTELLUNGSBEDINGUNGEN

AUFSTELLUNG DER ZIELFUNKTION :

- $Z = f_{(SCHALUNG)} + f_{(BEWEHRUNG)} + f_{(BETON)}$
- $f_{(SCHALUNG)} = f_{(OBERFLÄCHE)}$
- $f_{(BETON)} = f_{(VOLUMEN)}$
- $f_{(BEW.)} = f_{(STAT. BER., (TH. II. O.), NORMEN)}$

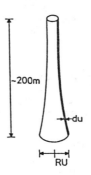

DM

Ru

du

Darstellung der Gesamtkosten in Millionen DM

OPTIMIERUNG :

- ZWEIGLIEDRIGE EVOLUTIONSSTRATEGIE

ROHBAUKOSTENMINIMUM :

- IN ABHÄNGIGKEIT VON DEN FREIEN PARAMETERN

KEINE GLATTE ZIELFUNKTION

- THEORIE
- NORMEN
- BEWEHRUNGSABSTUFUNG

PROBLEME VON LOKALEN MINIMA

~200m

du

RU

Bild 2: Programmkette, Optimierung von Industrieschornsteinen

funktion, wie es etwa bei der Vorberechnung von hohen Industrieschornsteinen aus Stahlbeton der Fall ist (s. Bild 2), eine effektive Benutzer-
unterstützung bedeuten. Hierbei definiert der Benutzer mit relativ wenigen Eingabedaten zu Beginn des Programmlaufs das Problem und erhält die
optimalen Schornsteinparameter (unterer Radius und Dicke), mit denen die
detaillierte Konstruktion beginnen sollte. Schalungskosten, Bewehrungs-
kosten und Betonkosten sind einschließlich des Herstellungsvorgangs unter
Berücksichtigung der statischen Kriterien und der DIN-Normen abgeschätzt
/2/.

Ein anderes Beispiel für den Einsatz von Programmketten bei zwar großer
geometrischer Vielfalt, aber kleiner Elementvielfalt ist die Berechnung
und Bemessung von Raumtragwerken. Nach Definition von Geometrie, Lasten

GROSSE GEOMETRISCHE VIELFALT - KLEINE VIELFALT VON ELEMENTEN

EINGABE :

- GEOMETRIE
- LASTDATEN
- STRUKTURDATEN

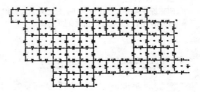

AUFBEREITUNG :

- AUTOMATISCHER SYSTEMAUFBAU
- AUTOMATISCHE ELEMENTGENERIERUNG
- GRAPHISCHE KONTROLLE

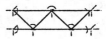

BERECHNUNG :

- SUBSTRUKTURTECHNIK
- BANDBREITENOPTIMIERUNG
- FINITE-ELEMENT-BERECHNUNG
- LOKALE STABGRÖSSEN

BEMESSUNG :

- SPANNUNGSNACHWEIS
- STABILITÄTSNACHWEIS

SYSTEM RÜTER

Bild 3: Automatische Berechnung von Raumtragwerken

und Strukturdaten durch den Benutzer kann eine automatische Aufbereitung und Berechnung einschließlich Bemessung des Tragwerks erfolgen, s. Bild 3. Auch hier ist - wegen der wenigen verschiedenen Elementtypen - eine effektive Unterstützung durch lineare Programmketten möglich /3/.

Anders sieht dies bei Aufgabenstellungen aus, die eine unvorhersehbare geometrische Vielfalt im Detail oder schwierige Belastungs- und Lagerungsbedingungen (z. B. Modellierung von Hochbauplatten, zusammenge-setzte Tragwerke oder räumliches Tragverhalten von Gebirgen) enthalten. Hier setzt sich die Modellierung gemäß Bild 4 von der Idee über den Pro-zeß der Klassifikation zum Strukturmodell, vom Strukturmodell über den Prozeß der Idealisierung zum Berechnungsmodell und vom Berechnungsmodell über den Prozeß der Diskretisierung zum Finite-Element-Modell fort.
Dabei gilt es, die Prozesse der Klassifikation, der Idealisierung und der Diskretisierung so zu unterstützen, daß ein konsistentes Berechnungsmo-dell entsteht. Hierzu sind Werkzeuge zur Klassifikation und zur Ideali-sierung erst in Ansätzen vorhanden, für die Diskretisierung und Berech-

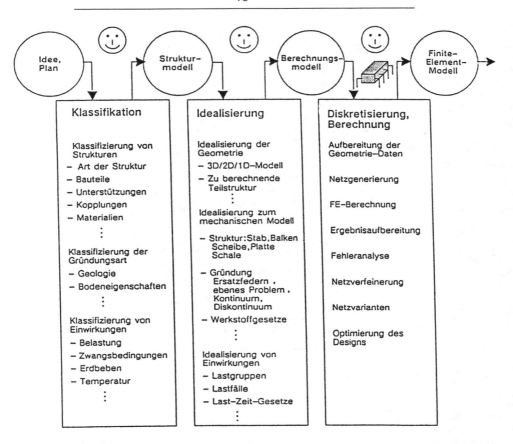

Bild 4: Von der Idee zum Finite-Element-Netz

nung gibt es leistungsfähige Teilkomponenten, die hier im Zentrum der Betrachtung stehen sollen.

Systeme, die eine solche Unterstützung leisten, sind wegen der notwendigen Vielfalt der zu leistenden Einzelaufgaben in der Regel nicht als lineare Programmketten, sondern als modulare Pakete organisiert. Sie beinhalten im wesentlichen die in Bild 5 dargestellten Teilaufgaben.

Der Schwerpunkt liegt hier darauf, auf benutzerfreundliche Weise mit einer möglichst kleinen Informationsmenge ein konsistentes Finite-Element-Modell der Bauteile und deren Varianten zu erzeugen, ohne daß zuviel Information mehrfach eingegeben wird oder im Kontext nicht brauchbar ist.

Im folgenden sollen einige Kriterien für die Teilaufgaben kurz genannt werden.

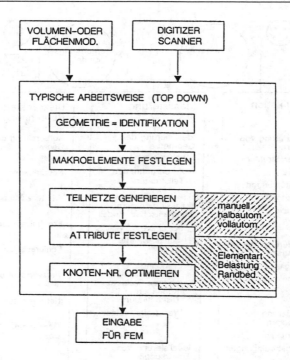

Bild 5: Teilaufgaben beim Modellieren

3.1 Geometriemodelle

Je nach Vollständigkeitsanspruch eignen sich zur Erfassung der Geometrie verschiedene Modelle. Ein Objekt kann durch ein Volumen-, Oberflächen- oder Kantenmodell beschrieben sein. Da allein bei einer Kantendarstellung keine Flächen als Objekte zugeordnet sind und auch keine Volumina existieren, müssen bei Modellen niedriger Stufe Schwächen bei Konsistenz oder Kollisionstests in Kauf genommen werden. Das vollständigste Modell, das Volumenmodell, bietet in dieser Hinsicht die größte Sicherheit, ist aber auch mit dem größten Datenaufwand verbunden. Es erlaubt die Analyse der geometriebedingten Eigenschaften, ist anschaulich, erleichtert das Design, gestattet Kollisionsbetrachtung und die Extraktion von konsistenten Informationen für Zeichnungen. Körper können durch Boolesche Operationen wie Verschneidung, Subtraktion usw. aus Grundkörpern (Würfel, Kugel, Kegel) erzeugt werden. Beziehungen werden durch Schnitte ermittelt.

Die Auswahl der richtigen Modellbeschreibung ist von außerordentlicher Wichtigkeit, weil nur bei hinreichend vollständigen Modellen den einzelnen Objekten konsequent Attribute zugewiesen werden können, die mit physikalischen Eigenschaften wie Steifigkeiten, Dichte, Farben usw. belegt werden können.

3.2 Netzgenerierung

Bei der Netzgenerierung kann man zwei grundsätzliche Wege "Top Down" oder "Bottom Up" beschreiten, s. Bild 6. Das "Top Down"-Verfahren bietet für die flexible Anwendung im allgemeinen größere Vorteile. Die Geometrie wird in Makroelemente unterteilt, die räumlich oder eben sein können. Jedes Makroelement wird mit Parametern versehen, die die Feinheit des Netzes im Element angeben und den Übergang zu anderen Makroelementen regeln. Das Netz im Inneren des Makroelements wird durch Interpolatoren oder Triangulatoren erzeugt.

Die "Bottom Up"-Methode besteht demgegenüber aus einer Aneinanderreihung von Elementen.

Für schwierige Fälle kommt noch die punktweise Eingabe mit Digitizer und Scanner in Frage.

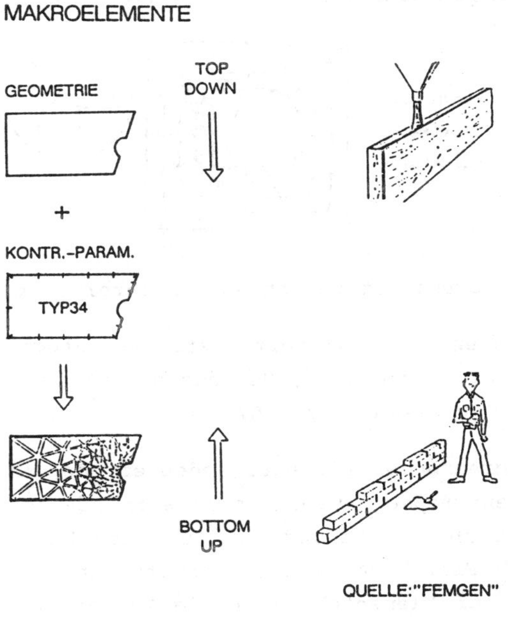

MAKROELEMENTE

GEOMETRIE

TOP DOWN

+

KONTR.-PARAM.

TYP34

BOTTOM UP

QUELLE:"FEMGEN"

Bild 6: Netzgenerierung

Die Arbeitsweise mit Makroelementen ist von Vorteil, da oft bereichsweise Tragwerkseigenschaften (Steifigkeiten, Belastungen) festgelegt werden müssen und man diese dann auf einzelne Makroelemente beschränken kann. Zu bedenken ist jedoch, daß bei der Netzverfeinerung verschiedene Interpola-

toren benutzt werden können, die einerseits zu mehr oder weniger optimalen Elementformen führen (s. Bild 7) oder aber auch die Makroelementgren-
zen verschieben können, so daß einmal eingeführte Bereiche nicht mehr
existent sind /4/.

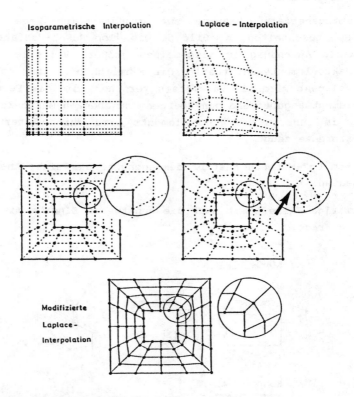

Bild 7: Netzverfeinerung mit verschiedenen Interpolatoren

Ebenfalls zu bedenken ist, daß Verfeinerungsstrategien mit den benutzten
Elementen kompatibel sein müssen. Besonders deutlich ist dies bei adaptiven Verfeinerungen zu erkennen /5, 6/.

Kompatibilität angrenzender Elemente bedeutet, daß stetige Übergänge der
wesentlichen Elementgrößen gewährleistet sein müssen. Dies führt bei der
Verfeinerung durch Ansatzerhöhung (a) zu hohen Polynomansätzen, bei der
Verfeinerung durch Einführung von Seitenmittelknoten (b) zu zusätzlichen
Zwangsbedingungen auf Elementebene. Beide Verfeinerungsarten sind grund-
sätzlich mit Dreiecks- oder Viereckselementen möglich.

Zur Erzeugung automatischer Teilnetze gibt es eine große Anzahl verschie-
denartiger Strategien, die jedoch oft zu verbesserungswürdigen Netzen
führen. Für praktische Zwecke scheint es daher angeraten, einen regel-

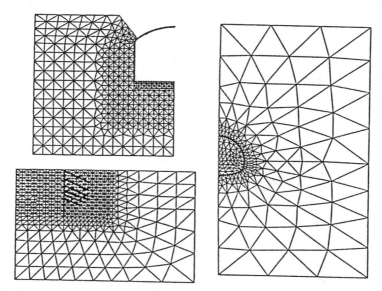

Bild 8: Teilautomatisch generierte FE-Netze

mäßigen Aufbau durch Einführung von genügend Makroelementen zu garantieren (s. Bild 8) /7/.

Zur Kontrolle sind verschiedene Darstellungsmodelle und benut-
zerdefinierte Bauteilehierarchien von außerordentlicher Bedeutung
(s. Bild 9), da sonst Fehler visuell oft nicht aufgefunden werden können.
Automatische Fehlerkontrollen versagen bei der Komplexität der Geometrien
meist. Eine sehr nützliche in vielen Paketen angebotene Option ist das
Schrumpfen der Elemente.

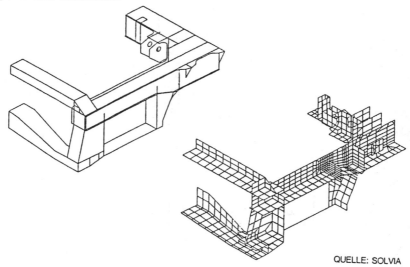

QUELLE: SOLVIA

Bild 9: Darstellungsmodelle, Bauteilhierarchien /8/

3.3 Bandbreitenoptimierung

Ein weiteres für effiziente Finite-Element-Verarbeitung sehr wichtiges Element ist die Bandbreitenoptimierung. Durch die Generierungsreihenfolge entstehen oft Knotennumerierungen, die die Bandstruktur des entstehenden Gleichungssystems zerstören, s. Bild 10.

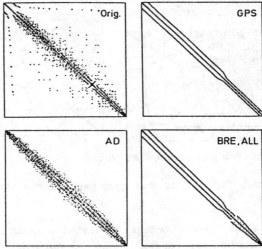

FE-MATRIX VORHER UND HINTERHER

Bild 10: Bandbreitenoptimierung /7/

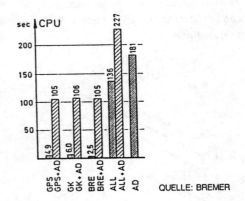

QUELLE: BREMER

VARIABLE JE KNOTEN	CPU OPTIMIERUNG					CPU ZERLEGUNG		
	GPS	GK	BRE	ALL	AD	ORIG.	OPT.	ERSPARNIS
1						630	30	600
2	4,9	6,0	2,5	136	181	5040	240	4800
3						17000	800	16200

Bild 11: Effizienz von Bandbreitenoptimierern

Bandbreitenoptimierungsalgorithmen nehmen eine Renumerierung so vor, daß eines oder mehrere schmale Bänder entstehen. Die Algorithmen sind heuristischer Struktur. Daher ist ihre optimale Funktionsfähigkeit für beliebige Beispiele nicht nachweisbar. Je nach verwendetem Algorithmus schwankt die Effektivität und die Brauchbarkeit des Ergebnisses. Ergebnisse verschiedener Algorithmen nach Umnumerierung sind in Bild 10 gezeigt. Bild 11 gibt exemplarisch einen Einblick in die Effizienz solcher Algorithmen. Man sieht, daß ca. 95 % der CPU-Zeit durch Einsatz von Optimierern gespart werden kann. Der Einsatz von Bandoptimierern kann damit zur drastischen Verminderung der Antwortzeiten von Finiten Elementen beitragen /7/.

3.4 Knotenlastermittlung

Eine Teilaufgabe, der gemeinhin wenig Aufmerksamkeit gewidmet wird, ist die Ermittlung konsistenter Knotenlasten. Bei vielen Aufgabenstellungen liegen eine große Anzahl von Lastfällen vor, deren Bereiche nicht mit der Finiten-Element-Teilung oder mit den Superelementen identisch sind. Oft werden auch nach erfolgter Netzgenerierung Lastfälle aufgenommen. Es ist daher erforderlich, neben der Elementgeometrie die Lastgeometrien abzu-

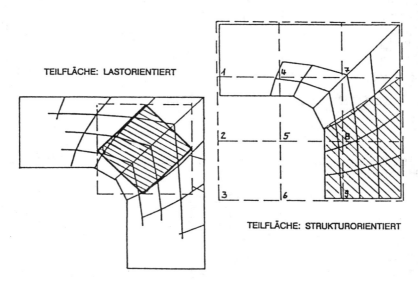

Bild 12: Teilflächen zur Lastermittlung

bilden und durch einen Vergleichsprozeß die belasteten Elemente zu iden-
tifizieren. Da das Durchsuchen der gesamten Elemente für Teilbelastungen
sehr zeitraubend ist, werden zweckmäßig Teilflächen eingeführt, die sich
an der Strukturgeometrie oder an der Lastgeometrie orientieren können.
Aus Effizienzgründen ist das letztere vorzuziehen. Für jede ganz oder
teilweise belastete Teilfläche werden die zugehörigen Elemente ermittelt
und für die belasteten die arbeitsäquivalenten Knotenlasten berechnet
(s. Bild 12) /9/.

Der konsistenten Lastermittlung kommt bei adaptiven Netzverfeinerungen
besondere Bedeutung zu, da bei einer unscharfen Abbildung durch Verfeinerung nicht vergleichbare Lösungen entstehen.

3.5 Lösungsstruktur zur Erstellung einer Finiten-Element-Datei

Zusammengefaßt sollte ein Unterstützungswerkzeug für den Ingenieur in der
Lage sein, die Modellbildungsprozesse von Struktur zu Kontur, von Kontur
zu Superelementnetz, von Superelementnetz zu Finite-Element-Netz und
schließlich die Zusammenführung der Strukturdaten und der Netzgeometrie
zum gesamten Netz zu unterstützen. Diese Abbildungen finden auf verschiedenen Geometrien, verschiedenen Netzfamilien und verschiedenen
Belastungsdaten statt. Da jeder automatische Algorithmus an der Komplexität dieser Aufgabe z. Z. scheitert, muß eine interaktive Ein-
griffsmöglichkeit zu jedem Zeitpunkt des Modellierens gegeben sein.
Bild 13 stellt den Vorgang der Modellierung exemplarisch dar.

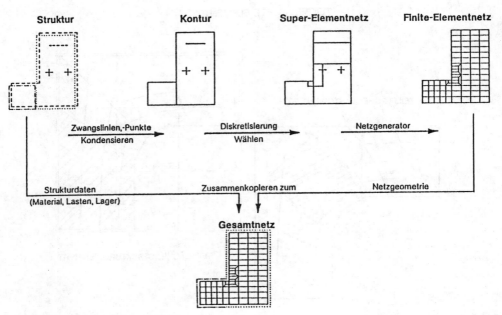

Bild 13: Erstellung einer FE-Datei

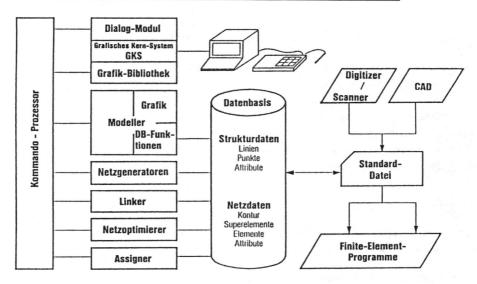

Bild 14: Modulare Struktur eines Arbeitsplatzes zur FEM-Vorbereitung

Bild 14 gibt einen Überblick über die Komponenten und ihre Verknüpfung in einem wünschenswerten System /10/:

- Der Benutzer arbeitet in einem grafischen Dialog mit einer seiner Problematik angepaßten Grafikbibliothek. Die Geräteunabhängigkeit ist durch einen Grafikstandard (z. B. GKS) gewährleistet.
- Die Handhabung der einzelnen Prozesse (Programmbausteine) wird über einen Kommandoprozessor gesteuert, der eine einheitliche Benutzeroberfläche für verschiedene Prozesse erlaubt. Der Kommandoprozessor interpretiert die Benutzerbefehle und ist in der Lage, mehrere parallele Prozesse zu überwachen. So können länger dauernde Funktionen im Hintergrund ablaufen, ohne den Benutzer zu behindern.
- Neben den Algorithmen für die Teilaufgaben wie Netzgeneratoren, Linker, Netzoptimierer, Assigner für Attributszuweisungen stehen Modeller im Vordergrund, die es erlauben, die Strukturdaten und die Netzdaten aus einer relational organisierten Datenbasis zu entnehmen und zu interpretieren, so daß mit den identifizierten Flächen oder Linien gleichzeitig die Information über Struktur, Elemente, Randbedingungen usw. zur Verfügung steht. Die Modeller haben ebenfalls die Aufgabe, jeder interaktiven Benutzereingabe, die auf Grafikprimitiven erfolgt, den Strukturkontext zuzuordnen.
- Da Suchprozesse nach sehr verschiedenen Kriterien stattfinden, ist eine relationale Datenbasis unumgänglich.
- Die Verbindung zu Eingabemedien (Digitizer, Scanner oder CAD-Systeme) und zu verschiedenen Finite-Element-Programmen wird durch eine Standarddatei (hier: FEDIS) gewährleistet. Der Standard FEDIS leistet,

durch Definitionstabellen gestützt, die Umwandlung der vorliegenden Preprozessordaten in das entsprechende Finite-Element-Format.

Ein so konzipierter Arbeitsplatz zeichnet sich durch flexible Anpaßbarkeit an Aufgabenstellungen und Weiterentwicklungen aus, da sowohl neue Kommandostrukturen (Benutzeroberflächen) leicht definiert als auch neue Algorithmen an entsprechender Stelle ergänzt werden können. Wenn auch in dieser Form z. Z. nicht verfügbar, so kann eine klare Vorstellung von den zu leistenden Aufgaben und Funktionen bei der Auswahl am Markt befindlicher Systeme hilfreich sein.

4 Systemauswahl

Auf dem Markt der Anbieter von Modellierungssoftware kann man vier Kategorien von Anbietern klassifizieren:

- diejenigen FEM-Paket-Anbieter, die sich auf "Stand Alone Graphics Codes" verlassen und keine eigenen Entwicklungen betreiben,
- diejenigen, die ein separates Grafikprodukt anbieten,
- Anbieter mit festeingebundener von ihnen unterstützter Modellierungssoftware,
- Anbieter, die mit Herstellern von Modellierungssoftware zusammenarbeiten.

Diesen Markt gilt es bei der Auswahl eines Systems transparent zu machen. Dazu bietet sich außer der häufig anzutreffenden Vorgehensweise, einige Hersteller einzuladen, eine mehr systematische Vorgehensweise an. Dazu wird zunächst ein Pflichtenheft erstellt, das dazu nötigt, die eigenen Aufgabenbereiche zu reflektieren und das Aufgabenspektrum zu definieren.

Aus dem Pflichtenheft wird ein Fragebogen für Anbieter entwickelt, der Kriterien für Hardware, Software, Schnittstellen enthält und in dem zu lösende Benchmarkprobleme angegeben werden. Die Benchmarkprobleme sollten das später abzudeckende Aufgabenspektrum gut reflektieren, aber nicht zu ausgefallen gewählt werden. Sie sind nützlich, um den Anbietern den Schwierigkeitsgrad der vorliegenden Aufgabenstellung nahezubringen. Ausschnitte aus Fragebögen einer durchgeführten Systemauswahl /11/ enthält Bild 15.

Die Fragebögen sollten so detailliert ausgearbeitet sein, daß auch Fragen, z. B. nach modellierenden Teilstrukturen lokaler und globaler Netzverfeinerung, Geometrieabbildungen, Darstellung von Rundungen und Attributszuweisungen, gestellt werden. Neben dem Fragebogen wird ein Kriterienkatalog aufgestellt, der von Knock-out-Kriterien angeführt wird. Dies sind Kriterien, deren Nichterfüllung zum Ausscheiden des Anbieters führt. Alle weiteren Fragen werden einer Punktbewertung unterzogen, die zu einer

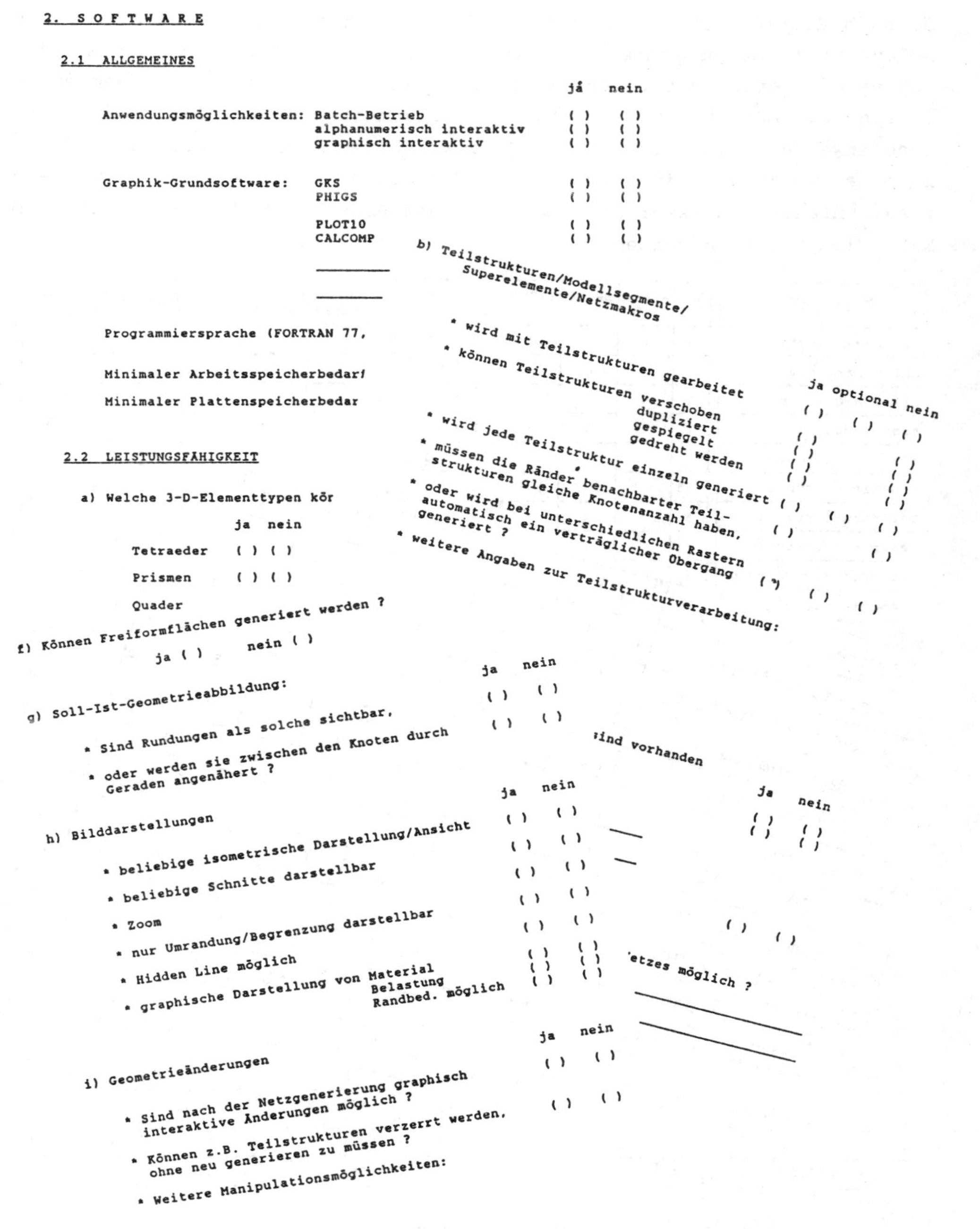

2. S O F T W A R E

2.1 ALLGEMEINES

		ja	nein
Anwendungsmöglichkeiten:	Batch-Betrieb	( )	( )
	alphanumerisch interaktiv	( )	( )
	graphisch interaktiv	( )	( )
Graphik-Grundsoftware:	GKS	( )	( )
	PHIGS	( )	( )
	PLOT10	( )	( )
	CALCOMP	( )	( )

b) Teilstrukturen/Modellsegmente/
Superelemente/Netzmakros

Programmiersprache (FORTRAN 77,

Minimaler Arbeitsspeicherbedarf

Minimaler Plattenspeicherbedar

* wird mit Teilstrukturen gearbeitet

* können Teilstrukturen verschoben

ja optional nein

2.2 LEISTUNGSFÄHIGKEIT

* wird jede Teilstruktur einzeln generiert
dupliziert
gespiegelt
gedreht werden

a) Welche 3-D-Elementtypen kör

* müssen die Ränder benachbarter Teilstrukturen gleiche Knotenanzahl haben,

	ja	nein
Tetraeder	( )	( )
Prismen	( )	( )
Quader		

* oder wird bei unterschiedlichen Rastern
automatisch ein verträglicher Übergang
generiert ?

* weitere Angaben zur Teilstrukturverarbeitung:

f) Können Freiformflächen generiert werden ?

ja ( )   nein ( )

g) Soll-Ist-Geometrieabbildung:

ja   nein

( )   ( )

* Sind Rundungen als solche sichtbar,

( )   ( )

* oder werden sie zwischen den Knoten durch
Geraden angenähert ?

sind vorhanden

h) Bilddarstellungen

ja nein   ja nein

* beliebige isometrische Darstellung/Ansicht   ( ) ( )   ( ) ( )

* beliebige Schnitte darstellbar   ( ) ( )   ( ) ( )

* Zoom   ( ) ( )

* nur Umrandung/Begrenzung darstellbar   ( ) ( )

* Hidden Line möglich   ( ) ( )   ( ) ( )

* graphische Darstellung von Material   ( ) ( )
Belastung
Randbed. möglich   ( ) ( )

etzes möglich ?

i) Geometrieänderungen

ja   nein

( )   ( )

* Sind nach der Netzgenerierung graphisch
interaktive Änderungen möglich ?

( )   ( )

* Können z.B. Teilstrukturen verzerrt werden,
ohne neu generieren zu müssen ?

* Weitere Manipulationsmöglichkeiten:

Bild 15: Fragebogen

Rangfolge führt. Die Anführer dieser Rangfolge werden zu Benchmarktests in ihrem Hause aufgefordert. Am Ende der Benchmarks steht eine Probeinstallation.

Je nach Komplexität der Aufgabenstellung sind für die Durchführung einer solchen Untersuchung drei bis sechs Monate anzusetzen. In vielen Fällen ist es angeraten, mit unabhängigen Fachleuten oder Beratern zusammenzuarbeiten. Die Auswahl ist im Detail im allgemeinen so komplex, daß unerfahrene Anwender leicht der Überzeugungskraft der Anbieter erliegen. Bild 16 zeigt exemplarisch einen Ausschnitt aus einem Kriterienkatalog, mit einer zusammenfassenden Bewertung, bei der zehn Punkte als Maximalpunktzahl pro Kriterium vergeben wurden.

Kriterium	AN-SYS	ASKA-MESH	BRAVO	CAEDS	GEN-FES	ISA-GEN	MAK-ROS	MEC-FEPP2	MEN-TAT	OMNI-FEM	PAT-RAN	PIGS	PRE-FEM	PRO-LOG
Stand-alone-Prepr.	0	10	0	10	10	5	10	10		0	10	5	5	10
PRIME-Hardware	3	3	0	0	3	0	0	3		0	3	3	0	2
Silicon-Graphics	4	0	0	0	0	4	0	0		4	4	0	0	0
sonst. Hardware	2	0,5	0	0	1	0,5	0,5	0		1	1	1		
zus. α-Bildschirm	3	3	3	3	2	3	3	3			3			
-D-Elementtypen	2,5	3,5	1,5	5,5	1,5	2,5	3			8	5	3		
Teilstrukturtechnik	5	5	4	0	4			4			1	1		
Gener.-algorithmen	1	2	3			0		1	1		9	9		
Netzverf./Aufweitung	4		5		4	2		9	4		1	2		
.Bandbr.-optim.		5			3		9		2		1	0		
.Fre...		1		1	9		2	0		5	0	0		
...-algorithmen		4	9		2			0		5	6			
Netzverf./Aufweitung		2	2		10		6		0		9	6		
0.Bandbr.-optim.		10	5			4	6		6		7	10		
11.Freiformflächen		0	6		8		9		6		10	6		2
12.Rundungen		9	8		10		5		9		6	2,5	3,5	
13.Bilddarstellung		10	10		6		6		5,5	10	7,5	1		
14.Geom.-änderungen		8	6		5,5		4,5		10	10	7,5	0		
15.Attribut-Zuweisung		6	10		10		7,5		8	0	10			
16.Attribut-Dastellung	7,5	10		10		10		1	1		4			
17.Koordinationssysteme	8	8		10		0		0	8	8				
18.Obergrenzen	0	0			2		7	7	7	0	0			
19.Sprache	2,5	2	5	1,5		7	7	6,5	1	3,5				
		112	120	109	88	105	77		122	153	135	62	129	
% von ma	60	75	62	67	61	49	58	43		68	85	75	34	72

Bild 16: Bewertungsbeispiel für Software

Als Arbeitsplätze sind z. Z. Workstations oder für kleinere Aufgaben PCs zu favorisieren. Die Softwareentwicklung bleibt z. Z. hinter der Hardwareentwicklung zurück und wird in Zukunft den eigentlichen Engpaß in der Entwicklung darstellen.

5 Veränderung des Arbeitsprozesses

Mit der stärkeren Einführung von Modellierungswerkzeugen und der ständig fortschreitenden Vernetzung von Rechnern werden Informationen frühzeitig an verschiedenen Arbeitsplätzen verfügbar. Dies wirft die Frage von konsistenten Updates und einer sinnvollen Archivierung auf, denn oft wird die Aufwärtskompatibilität der Softwareprodukte nicht so garantiert, daß die erzeugten Daten nach zwei Jahren durch eine neue Revision noch gelesen werden können. Auf der anderen Seite vereinfachen vernetzte Rechner Wartezeiten, die z. Z. über Postwege entstehen, erheblich. Darüber hinaus führt die Arbeit stets an demselben Modell zu einer Konsistenzverbesserung und Vermeidung von Fehlern. Diese Qualitätsverbesserung ist kaum meßbar. Des weiteren ist abzusehen, daß nach Überwindung der ersten Blackbox-Ängste die Transparenz wieder zunehmen wird. Modellierungssysteme werden durch ihre offene Struktur transparenter, Kontrollmöglichkeiten werden aufgebaut, Expertenwissen auf Kandidatenbasis gespeichert und in den Entscheidungsprozeß eingebracht.

Der Einsatz solcher Informationsverarbeitungssysteme geht jedoch stets mit erhöhten Personalqualitätsanforderungen einher. Systeme sind noch lange nicht so intelligent, daß weniger intelligente Menschen sie bedienen können.

Schließlich stellt der verstärkte Einsatz der Datenverarbeitung andere Anforderungen an das Management, an die Personalführung und an die Organisationsform. Regelmäßige Schulungen und Weiterbildungen müssen durchgeführt werden, Leistungsnachweise sind in überkommener Form oft nicht mehr möglich, da der Leistungsanteil des einzelnen im Gesamtbestand schwerer zugeordnet werden kann.

Es ist unschwer abzusehen, daß nach der stürmischen Entwicklung der Hardware, die inzwischen zu erschwinglichen Preisen zur Verfügung steht, ein Hemmnis in der Revolutionierung der Arbeitstechniken ausgeräumt wurde. Dieser Revolutionierung werden wir uns zu stellen haben.

Literatur

/1/ Duddeck, H.: Die Ingenieuraufgabe, die Realität in ein Berechnungsmodell zu übersetzen. Die Bautechnik 60 (1983), 225 - 234

/2/ Siewecke, J.: Optimierung von Industrieschornsteinen. Diplomarbeit ANM, Universität Dortmund, Abt. Bauwesen (1987)

/3/ Klüh, M.: Statische Berechnung und Bemessung für beliebige rechteckige Hallendächer aus genormten Fachwerkträgern. Diplomarbeit ANM, Universität Dortmund, Abt. Bauwesen (1987)

/4/ IKO Software Service GmbH: Pre/Postprocessor FEMGEN. User Manual Version 8.5, Stuttgart

/5/ Babuska, I.: The Selfadaptive Approach in the Finite Element Method. In: The Mathematics of Finite Elements and Applications II (MAFELAP 1975), Academic Press, London (1976), 125 - 142

/6/ Zienkiewic, O. C.: The Finite Element Method, 3rd Ed., Mc Graw-Hill, London (1979)

/7/ Bremer, C.: Algorithmen zum effizienteren Einsatz der Finite-Element-Methode, Bericht Nr. 86-48 , Institut für Statik, TU Braunschweig (1986)

/8/ Solvia Engineering AB: Manual Solvia System 87. Västeras, Schweden (1987)

/9/ Sperlich, E.: Algorithmen zur automatischen Zuweisung von Lasten, Materialien und Randbedingungen zu Finite-Element-Netzen und deren Implementierung, Diplomarbeit ANM, Universität Dortmund, Abt. Bauwesen (1987)

/10/ Kröplin, B.; Bettzieche, V.: Finite-Element-Editor. Zwischenbericht. Forschungsprojekt ANM, Universität Dortmund, Abteilung Bauwesen (1987)

/11/ Kröplin, B.; Bremer, C., Fitze, J.: Eine Studie zur Auswahl von Preprozessoren. Interner Bericht BCT, Emil-Figge-Str. 76, 4600 Dortmund (1987)

FINITE ELEMENTE IM ALLTAGSGESCHÄFT
von Roland Dietrich *

1. Einleitung

Die Tagungsleitung bat mich, meine Erfahrungen aus dem Alltagsgeschäft
mitzuteilen, das Jetzt und das Heute , den Kampf mit dem Detail. Natürlich hätte ich Ihnen viel lieber erzählt, was man alles noch entwickeln
könnte, wie wir es in Zukunft machen, wie alles ganz einfach und viel
besser wird.
Nur darüber gab es wohl schon genug Beiträge.

2. Grundsätzliches

Wie sieht also das Alltagsgeschäft
des Statikers aus (Bild 1):
- wir haben eine Aufgabe;
- die statische Berechnung;
- in diesem Falle Flächentragwerke.
Es gibt einen Ausführenden:
- den Statiker;
- Kenntnisstand ist die Stabstatik.
Er benötigt ein Werkzeug:
- Rechenhilfen; es stehen ihm Tabellen und Programme für Stabsys-
  teme, sowie Tafeln für einfache
geometrische Formen von Flächentragwerken zur Verfügung.

Aufgabe	Ausführender	Werkzeug
Stat. Berechnung	Kenntnisstand	Rechenhilfen
Flächentragwerk	Stabstatik	Tafeln+Programme

Bild 1   Statik ohne FEM

Wir sind damit ganz gut klar gekommen, wir haben gerechnet und gebaut,
aber seit einiger Zeit scheint das
ohne die Finiten Elemente einfach
nicht mehr zu gehen (Bild 2).
Man sagt uns, daß damit eine höhere Genauigkeit und eine wesentlich
kürzere Bearbeitungszeit erreicht
werden kann. Also gut, wir Statiker
sind nicht technikfeindlich, wir
kaufen uns ein neues Werkzeug - so
ein FE-Programm [1], [2].
Man sagt uns: eine Schulung ist
nicht erforderlich, das Benutzerhandbuch genügt vollauf, und wenn
es wirklich einmal Schwierigkeiten
geben sollte, rufen Sie uns einfach an.

Aufgabe	Ausführender	Werkzeug
Stat. Berechnung	Kenntnisstand	Rechenhilfen
Flächentragwerk	Stabstatik	Tafeln+Programme
	Benutzer-Handbuch Beispiele Telefon. Beratung	Höhere Genauigkeit Kürzere Bearbeitungszeit

Bild 2   Statik mit FEM

---

*) Dr.-Ing. R. Dietrich, Ph. Holzmann AG, Frankfurt

3. Anwendungen

3.1 Platte auf elastischer Bettung mit Stützenlast

Dies ist keine neue Aufgabe, sie wurde bislang mit elastisch gebetteten Streifen gelöst.

Bei Finiten Elementen stellt sich sofort die Frage nach der Netzeinteilung.

Wir haben Glück, ein Artikel [3] in einer Fachzeitschrift gibt Hilfestellung. Es werden dort die Ergebnisse von zwei regelmäßig eingeteilten Netzen aufgezeigt (Bild 3). Das 75 cm-Raster ist vom Ergebnis unbrauchbar, das 25 cm-Raster ist von der Anzahl der Elemente unausführbar bei den in der Baupraxis als normal angesehenen Abmessungen einer Bodenplatte.

Eigener Entschluß: es wird ein grobes Netz mit lokaler Feineinteilung gewählt: die Übereinstimmung der Plattenmomente ist ausgezeichnet und gleichzeitig ist die Anzahl der Elemente leicht ausführbar.

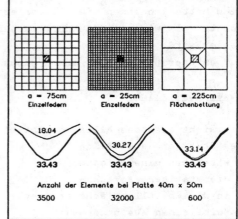

Bild 3 Momente unter Punktlast

Aber: Bei den meisten FE-Programmen gibt es keine Möglichkeit, die lokale Feineinteilung automatisch zu erzeugen, so daß eine mühsame und recht fehleranfällige Handarbeit erforderlich wird.

Wenn wir genau hinsehen (Bild 4), bemerken wir: das Werkzeug wirft eigene Probleme auf, es muß geeicht werden, die eigentliche Aufgabe - die Berechnung einer Bodenplatte - tritt zunächst zurück.

Natürlich rufen jetzt findige Köpfe nach dem Pre-Prozessor, den man programmieren kann oder winken mit der komfortablen Netzerzeugung über CAD, aber beides setzt weitere Spezialkenntnisse wie Programmieren und CAD-Bedienung voraus, wir befinden uns also tief im Bereich der Verbesserung des Werkzeuges; das eigentliche Ziel - Berechnung einer Bodenplatte mit geringerer Bearbeitungszeit - ist weit entfernt.

Aufgabe	Ausführender	Werkzeug
Stat. Berechnung	Kenntnisstand	Rechenhilfen
Flächentragwerk	Stabstatik	Tafeln+Programme
Eichung erforderlich (Näherungsmethode)	Benutzer—Handbuch Beispiele Telefon. Beratung	Höhere Genauigkeit Kürzere Bearbeitungszeit

Bild 4 Verlagerung der Arbeit

Aber lassen wir das, denn das Alltagsgeschäft ruft: eine neue Aufgabe erfordert unsere ganze Aufmerksamkeit.

3.2 Flachdecke mit punktförmiger Stützung

Auch dies ist keine neue Aufgabe, sie wurde und wird mit dem Gurtstreifenverfahren gelöst.
Wieder ergibt sich die Frage nach der Netzeinteilung.
Diesmal brauchen wir kein Glück, wir sind bestens vorbereitet, wir verwenden das grobe Raster mit der lokalen Feineinteilung. Es hat sich also doch schon etwas getan: Ausführender und Werkzeug sind verbessert, das eigentliche Ziel – Flachdecke mit geringer Bearbeitungszeit – bleibt in Sicht.
Aber: Nach Eintragen des Netzes in den Schalplan (Bild 5) böses Erwachen beim Festlegen der schachbrettartigen Belastung: die Bauwerksachsen, die schon bei der Abbildung der Treppenhausöffnung Feinarbeit von Hand verlangten, sind im Netz nicht erfaßt. Die elementweise Belastung ergibt Lastgrenzen, die dem oben formulierten Anspruch auf höhere Genauigkeit nicht gerecht werden.

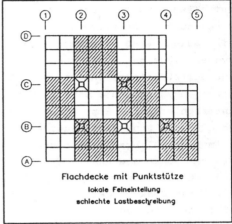

Flachdecke mit Punktstütze
lokale Feineinteilung
schlechte Lastbeschreibung

Bild 5 Flachdecke 1. Versuch

Also muß das Elementnetz einer Flachdecke mehr lastorientiert eingeteilt werden (Bild 6).
Die Zweifel über die Richtigkeit der Abbildung der Punktstütze durch starre Lagerung eines Knotenpunktes werden beiseite geschoben mit dem Hinweis auf die anteilig kleinere Last je Geschoß im Gegensatz zu den aus allen Geschossen aufsummierten Lasten der Bodenplatte.

Die geringere Bearbeitungszeit im Auge behaltend, wird somit auf eine höhere Genauigkeit der Berechnung verzichtet.

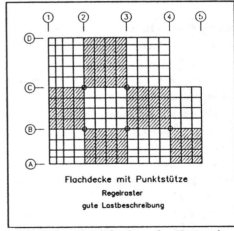

Flachdecke mit Punktstütze
Regelraster
gute Lastbeschreibung

Bild 6 Flachdecke 2. Versuch

Als die Ergebnisse vorliegen, kommen doch Zweifel und das Gurtstreifenverfahren bestätigt: die Momente über den Stützen sind deutlich zu hoch. Man hilft sich mit Ausrunden der Momente (von Hand!) und beschließt eine Untersuchung zur Erzeugung von besseren Ergebnissen durchzuführen. Ein Blick auf unser Arbeitsablaufschema (Bild 4) zeigt, daß wir uns wieder im Bereich zwischen Ausbildungsverbesserung und Werkzeuganpassung aufhalten, anstatt uns unserer eigentlichen Aufgabe - der statischen Berechnung einer Flachdecke - widmen zu können.

Wir wählen also ein Regeldeckensystem, das den Anwendungsgrenzen des Gurtstreifenverfahrens gerecht wird und rechnen dieses für drei unterschiedliche Einteilungen im Bereich der Punktstütze durch.

Beim System links (Regelraster mit starrer Punktlagerung) erkennt man das deutlich zu große Moment.Beim mittleren System gelingt es durch einfachen Austausch der stützennahen Viereckelemente in Dreieckelemente das Moment sogar unter den richtigen Wert zu rechnen! Beim rechten System sind die dunkel angelegten Elemente elastisch gebettet, wodurch sich recht gute Ergebnisse erzeugen lassen.

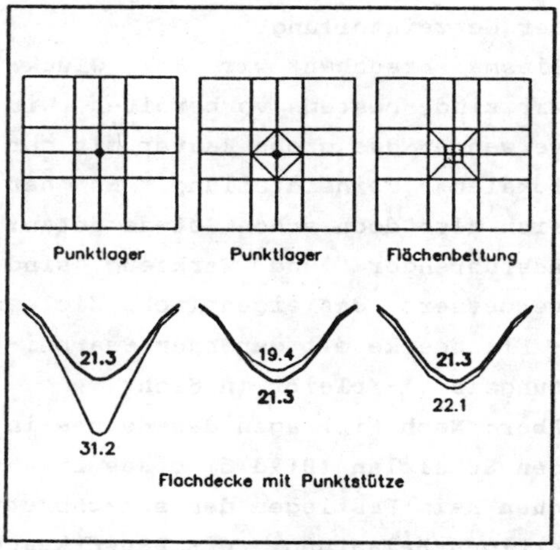

Bild 7 Eichung Punktstütze

Diese Einteilung erweist sich bei genauerem Hinsehen als das "Ei des Columbus":

- Es ergeben sich gute Ergebnisse für die Punktstütze, wobei die Stützenabmessungen optisch erkennbar sind;
- Es sind die Bauwerksachsen als Lastgrenzen für die schachbrettartige Belastung im Raster abgebildet;
- Es ist die für die Lasteinteilung bei einer elastisch gebetteten Bodenplatte als zweckmäßig erachtete Elementeinteilung (vgl. Bild 3) ebenfalls enthalten.

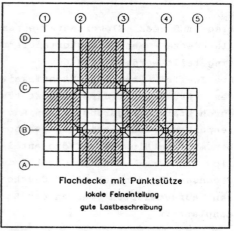

Bild 8 Flachdecke (endgültig)

Als Kontrolle rechnen wir nochmals die elastisch gebettete Bodenplatte unter Stützenlast (vgl. Kap. 3.1) mit der neuen Feineinteilung, was folgende Werte ergibt (Bild 9):

Man erkennt geringfügig größere Werte gegenüber der alten Einteilung (s. Bild 3). Dies ist auf die Zerlegung in vier kleine Elemente des die Stützenfläche darstellenden Elementes zurückzuführen, wodurch sich eine etwas leichter verformbare Struktur ergibt.

Dieser kleine Verlust an Genauigkeit wird leicht wettgemacht durch die universelle Einsatzfähigkeit dieser Feineinteilung für elastisch gebettete Bodenplatten und für punktförmig gestützte Flachdecken.

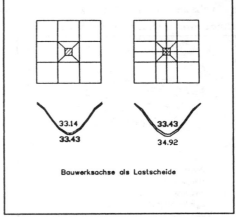

Bauwerksachse als Lastscheide

Bild 9   Vergleich Feineinteilung

Wir können jetzt zurückkehren zu unserem Arbeitsablaufschema, was ergänzt werden muß:

- Das numerische Näherungsverfahren FEM muß möglichst an geschlossenen Lösungen (oder ähnlichem) überprüft werden; eine Eichung ist also unerläßlich (vgl. Bild 4).
- Das Werkzeug muß ergänzt und verbessert werden (Bild 10). Dies kann durch geeignete Hilfsprogramme (Pre-Prozessoren) oder durch Netzerzeugung mit CAD-Hilfe erfolgen (es werden sicher folgende Beiträge darüber berichten).
- Die Bedienung eines solchen Werkzeuges erfordert Spezialkenntnisse, die sich nur durch eine gewisse Regelmäßigkeit der Anwendung aufrecht erhalten lassen. Die damit verbundene Spezialisierung darf jedoch nicht zum Verlust von Ingenieurverstand und kritischer Haltung gegenüber Ergebnissen führen.

Aufgabe	Ausführender	Werkzeug
Stat. Berechnung	Kenntnisstand	Rechenhilfen
Flächentragwerk	Stabstatik	Tafeln + Programme
Eichung erforderlich (Näherungsmethode)	Benutzer-Handbuch Beispiele Telefon. Beratung	Höhere Genauigkeit Kürzere Bearbeitungszeit
		Preprozessoren CAD-Eingabe

Bild 10   Zusätzliche Werkzeuge

Aufgabe	Ausführender	Werkzeug
Stat. Berechnung	Kenntnisstand	Rechenhilfen
Flächentragwerk	Stabstatik	Tafeln + Programme
Eichung erforderlich (Näherungsmethode)	Benutzer-Handbuch Beispiele Telefon. Beratung	Höhere Genauigkeit Kürzere Bearbeitungszeit
Häufige Anwendung Hohe Spezialisierung		Preprozessoren CAD-Eingabe

Bild 11   Zusätzliche Kenntnisse

3.3 Platte auf elastischer Bettung mit aussteifenden Wänden

Nach der Weiterentwicklung unseres Arbeitsablaufschemas soll nun als gleichsam "krönender Abschluß" die Berechnung einer Bodenplatte in ihrer Gesamtheit erfolgen:

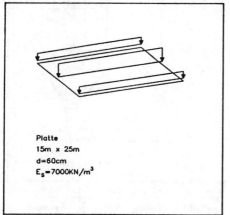

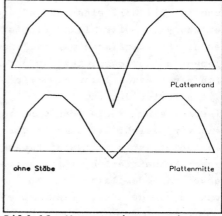

Bild 12 System mit Lasten   Bild 13 Momente in Querrichtung

Die elastisch gebettete Platte ist durch gleichgroße Linienlasten an beiden Längsrändern sowie durch eine doppelt so große Linienlast in der Längsachse beansprucht. Die Abmessungen, der Bettungsmodul und die Lastgrößen sind reale Bauwerkswerte (Bild 12). Der Verlauf der Quermomente (Bild 13) zeigt in Plattenmitte nur einen kleinen positiven Wert, am Rand hingegen entspricht der Verlauf schon eher dem erwarteten Ergebnis des Zweifeldträgers unter konstanter Belastung. In aller Regel kann man davon ausgehen, daß die Platte jedoch am Rand durch aufgehende Wände aus Stahlbeton verstärkt ist, deren aussteifende Wirkung berücksichtigt werden sollte.

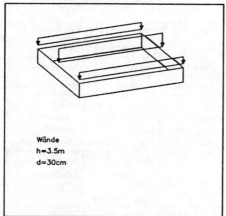

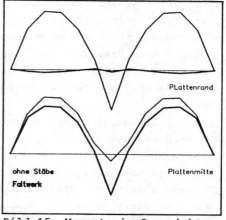

Bild 14 System mit Lasten   Bild 15 Momente in Querrichtung

Dies läßt sich durch die Abbildung eines Faltwerkes erreichen, wobei die Wände und die Bodenplatte durch räumlich angeordnete Scheiben- und Plattenmomente dargestellt werden.

Die Quermomente sind in Bild 15 neu aufgetragen (dick). Im Vergleich
zur reinen Platte ohne jede Aussteifung erkennt man im Schnitt durch
die Mitte jetzt ein wesentlich größeres positives Moment unter der
Last, wogegen am Rand unter der aussteifenden Wand nahezu keine Momente
in der Platte auftreten.

Die Erklärung der Ergebnisse der <u>nicht ausgesteiften</u> Platte liegt in
ihrer zu großen Verformbarkeit. Die viel wirklichkeitsnähere Abbildung
als Faltwerk ist jedoch in der Regel für die Baupraxis zu aufwendig.

Es werden daher die Ränder der Platte nur mit biegesteifen Stäben
verstärkt, so daß wieder ein ebenes System entsteht (Bild 16).

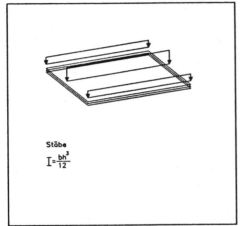

Bild 16   System mit Lasten

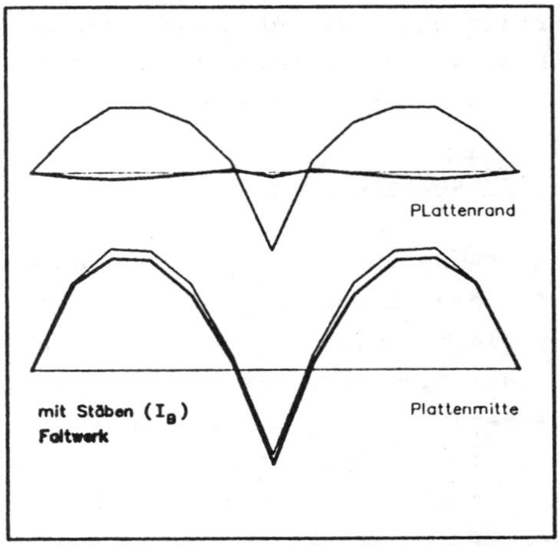

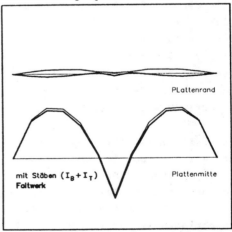

Bild 17   Momente in Querrichtung

Die Ergebnisse sind in Plattenmitte brauchbar, am Plattenrand hingegen
noch nicht (Bild 17). Die Quermomente weisen aus, daß die Enden der die
Ränder verstärkenden Stäbe nicht ausreichend eingespannt sind.

Dies kann nur durch Ansetzen einer
Torsionssteifigkeit aller umlaufen-
den Stäbe zusätzlich zur Biege-
steifigkeit erreicht werden.

Die Quermomente in Plattenmitte
bleiben nahezu unverändert, am
Rand hingegen ergeben sich ebenfalls sehr kleine Werte (Bild 18).

Bild 18   Momente in Querrichtung

Zum Abschluß noch einmal die Quermomente am Rand und in Plattenmitte (Bild 19; die Anordnung der Kurven entspricht der Reihenfolge der Fußnote:

oberste Kurve ≙ ohne Stäbe).

Die Kurven zeigen, welche ungeahnten Möglichkeiten in der FE-Methode liegen. Man sieht also, daß die FE-Anwendung durchaus eine gewisse Erfahrung in der Anwendung der Methode wie aber auch in der klassischen Statik erfordert.

4. Zusammenfassung

Im Hause Philipp Holzmann haben wir das durch den Aufbau einer Spezial-Truppe sichergestellt. Dieser "Ingenieur-Service" genannte Bereich löst zur Zeit alle FE-Anwendungen und dient gleichzeitig als Ausbildungsstätte für den in Zukunft verstärkt mit der EDV konfrontierten Statiker. Somit ist sichergestellt, daß die Mitarbeiter dem sich zunehmend verändernden Anforderungsprofil entsprechen. Auf diese veränderten Anforderungen an den entwerfenden Ingenieur hat Bomhard [4] bereits auf der FEM '84 in München hingewiesen, ohne daß jedoch die Lehre nachhaltig beeinflußt werden konnte.

Unser Arbeitsablaufschema kann somit auf den endgültigen Stand gebracht werden. Die dritte Zeile von oben muß im Falle der Berechnung von Flächentragwerken so umgeschrieben werden, wie es in der untersten Zeile zu sehen ist.
Nur unter diesen Voraussetzungen ist die Anwendung der FE-Methode zu verantworten.

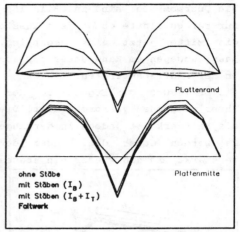

ohne Stäbe
mit Stäben (I_B)
mit Stäben ($I_B + I_T$)
Faltwerk

Bild 19   Momente in Querrichtung

Aufgabe	Ausführender	Werkzeug
Stat. Berechnung	Kenntnisstand	Rechenhilfen
Flächentragwerk	Stabstatik	Tafeln+Programme
Eichung erforderlich (Näherungsmethode)	Benutzer-Handbuch Beispiele Telefon. Beratung	Höhere Genauigkeit Kürzere Bearbeitungszeit
FE-Anwendung (Ingenieurservice)	Häufige Anwendung Hohe Spezialisierung	Preprozessoren CAD-Eingabe

Bild 20   Ingenieur-Service

Aufgabe	Ausführender	Werkzeug
Stat. Berechnung	Kenntnisstand	Rechenhilfen
Flächentragwerk	Stabstatik	Tafeln+Programme
Eichung erforderlich (Näherungsmethode)	Benutzer-Handbuch Beispiele Telefon. Beratung	Höhere Genauigkeit Kürzere Bearbeitungszeit
FE-Anwendung (Ingenieur-service)	Häufige Anwendung Hohe Spezialisierung	Preprozessoren CAD-Eingabe
Flächentragwerk	FE-Ausbildung	FE-Programm

Bild 21 Neues Anforderungsprofil

Literatur

[1] FE-Programm FLASH, Dr. Walder und Partner AG
Rechenzentrum und Softwarehaus, Bern und Zürich

[2] FE-Programm APLAT, RIB/RZB Software und System-
beratung im Bauwesen GmbH, Stuttgart

[3] Bercea, G.: Anwendungsmöglichkeiten der Theorie der
unendlich ausgedehnten Platte auf elastischer Bettung.
Die Bautechnik 7 (1985) S. 238÷246

[4] Bomhard, H.: Die Finite-Element-Methode und die
Baupraxis. Finite Elemente in der Baupraxis,
Vorträge 1984, S. 34.
Wilhelm Ernst & Sohn 1984, Berlin, München, Düsseldorf

PRAXISORIENTIERTE ANWENDUNGEN DER FE-METHODE
von Prof. Dr.-Ing. J. Eibl*

1 Vorbemerkung

Die Anwendung der Methode FINITER ELEMENTE (FE) hat in der gesamten
Technik im letzten Jahrzehnt eine stürmische Entwicklung erfahren.
Die Verbindung zwischen wissenschaftlicher Entwicklung und praktischer Anwendung ist so eng, wie kaum in einer anderen Disziplin. Die
Abgrenzung einer "Anwendung in der Praxis" fällt daher schwer.
Diese Feststellung klingt zunächst erfreulich, impliziert jedoch auch
technische Risiken, wie noch näher auszuführen sein wird. Letztere
herauszustellen bringt meist den unverdienten Tadel derjenigen, die
die Entwicklung tragen einerseits und den unerwünschten Beifall von
sogenannten Praktikern, die nicht mehr willens sind sich Neuentwick-
lungen zu stellen, andererseits.
Dennoch muß auf die Notwendigkeit von Anwendungsgrenzen hingewiesen
werden. Der wirtschaftliche Wettbewerb auf dem Softwaresektor läßt
dem Praktiker oftmals mehr versprechen als später gehalten werden
kann.
Es stellt sich dem mit der Erforschung von Stoffgesetzen befaßten
Verfasser z.B. die Frage, wie eigentlich konstitutive Beziehungen,
die nach allgemein akzeptierter Meinung noch nicht geklärt sind, in
Programmsysteme implementiert werden können.

Dazu und zu vergleichbaren Problemen sollen im folgenden anhand von
Erfahrungen, die während der letzten vier Jahre am Institut für Massivbau und Baustofftechnologie der Universität Karlsruhe gewonnen
wurden, einige Überlegungen angestellt werden.

2 Einige Anwendungsfälle

Beim Entwurf mehrerer extern vorgespannter Brücken, die der Verfasser
derzeit im Auftrage der Straßenbauverwaltung resp. der Deutschen Bundesbahn durchführt, müssen nach Bild 1 bei Bau- und Endzuständen
große Kräfte von 10 bis 20 MN je Steg im Inneren von Hohlkästen ver-
ankert werden. Dafür wurden linear elastische dreidimensionale Untersuchungen für Konstruktionen zunächst nach Bild 1a durchgeführt.
Diese zeigten, wie zu vermuten, wegen der Verdrehungen der Schott-
träger um ihre vertikale Achse - Torsion - große Biege-Zugbeanspru-

*) Prof. Dr.-Ing. J. Eibl, Institut für Massivbau und Baustofftechno-
logie, Universität Karlsruhe

chungen in den Stegen. Eine fühlbare Verbesserung brachten freiste-
hende längsorientierte Scheiben nach Bild 1b, allerdings verbunden mit
höheren Beanspruchungen in der Boden- und Deckplatte. Weitere Untersuchungen führten schließlich zu teilweise abgetrennten Scheiben mit
weichen Zwischenlagen nach Bild 1c als günstigste Lösung. Bild 2
zeigt beispielhaft die mit Finiten Elementen untersuchte Struktur für
den Fall 1a.

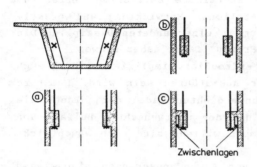

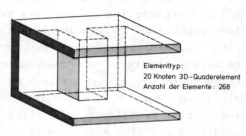

Elementtyp:
20 Knoten 3D-Quaderelement
Anzahl der Elemente: 268

Bild 1: Spanngliedverankerung
in einem Hohlkasten

Bild 2: 3 dimensionales Modell
zum Problem nach Bild 1

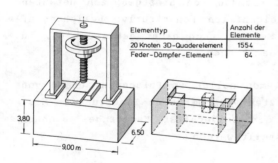

Elementtyp	Anzahl der Elemente
20 Knoten 3D-Quaderelement	1554
Feder-Dämpfer-Element	64

3,80
6,50
9,00 m

Bild 3: Spindelpresse auf einem
Stahlbetonfundament

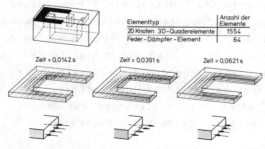

Elementtyp	Anzahl der Elemente
20 Knoten 3D-Quaderelemente	1554
Feder-Dämpfer-Element	64

Zeit = 0,0142 s   Zeit = 0,0391 s   Zeit = 0,0621 s

Bild 4: Prinzipieller Spannungsverlauf in einer Elementschicht

Beim Fundament unter einer
Spindelpresse - nur prinzipiell in Bild 3 dargestellt -
waren schwere Schäden aufgetreten, deren Ursache geklärt
werden sollte. Die Beanspruchung erfolgt dabei durch die
Aktions- bzw. Reaktionskräfte,
die eine um die Spindel rotie-
rende Masse beim raschen Ab-
bremsen nach Auftreffen auf
das zu bearbeitende Werkstück
abgibt. Kräfte werden einerseits vom oberen Ende der
Spindel über einen Stahlrahmen
in das Fundament bzw. direkt
über das Werkstück in das Fundament abgeleitet.
Durchgeführt wurde eine dynamische Berechnung dieser dreidimensionalen Struktur, welche
auf 3-D-Quader- und Feder-
Dämpferelemente abgebildet
worden war.

Bild 4 zeigt willkürlich ausgewählte Spannungsverteilungen in gleichen Schnitten zu unterschiedlichen Zeitpunkten. Die aufgetretene Schädigung konnte dabei zutreffend erklärt werden.

In Zusammenarbeit mit dem Ingenieurbüro Leonhardt und Andrä in Stuttgart wurde eine Erdbebenuntersuchung für den derzeitigen Neubau der Galata-Brücke in Istanbul (Bild 5) durchgeführt. Unter Verwendung elastischer Stabelemente wurde zunächst eine Reihe modaler Analysen durchgeführt.

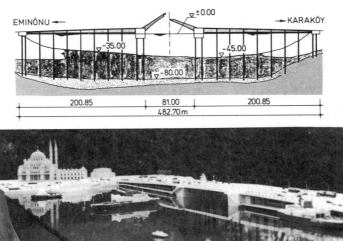

Bild 5:   New Galata Bridge, Istanbul

Von besonderer Wichtigkeit war dabei eine zutreffende Abbildung der ca. 90 m freien Pfahlgründung im Wasser resp. Schlick. Hinzu kam eine nichtlineare Berechnung nach der Zeitverlaufsmethode zur Simulation möglicher Kontaktstöße der Widerlager gegen den Brückenüberbau bei Erdbeben.

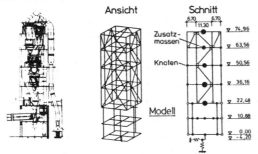

Untersucht wurde weiter eine Zementfabrik in Mexiko auf Erdbebenbeanspruchung. Bild 6 zeigt einen sehr komplexen Anlagenteil, sowie schematisch das gewählte räumliche Stabmodell für eine modale Analyse.

Bild 6:   Zementfabrik in Mexiko

Bild 7 gibt schematisch einen Schnitt durch den stillgelegten Versuchsreaktor in Kahl (HDR) wieder. Dieser wurde von mehreren Institutionen für eine Anregung mit einem speziell entwickelten Shaker

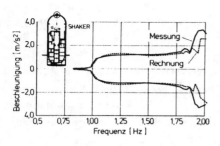

Bild 7: Schnitt durch den HDR,
Rechen- und Versuchergebnisse

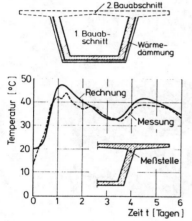

Bild 8: Verlauf der Wärmeent-
wicklung durch Hydratation,
Versuch und Rechnung

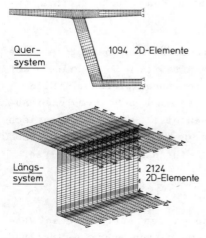

Bild 9:   Diskretisierung
des Überbaus

voraus berechnet [1]. Von uns wurde dabei die Stahlbetonschale auf elastische Schalenelemente, die innere Struktur auf elastische Stabelemente abgebildet. Beispielhaft gegeben ist eine Gegenüberstellung der Beschleunigung für unterschiedliche Anregefrequenzen in Rechnung und Versuch an einem willkürlich ausgewählten Aufpunkt. Festgestellt werden kann, daß im linearen Bereich des Bauwerks vor dem Auftreten größerer Risse eine erstaunlich gute Voraussage möglich war. Dies gilt für alle charakteristischen, dynamischen Kennwerte.

Im nächsten Anwendungsfall war von der Deutschen Bundesbahn nachgefragt, wie wärmeisolierte Schalungen die Rißbildungen in jungem Beton von Brücken bei einem speziellen Herstellungsverfahren beeinflussen. Bild 8 zeigt skizzenhaft den Brückenquerschnitt, dessen unterer Teil jeweils nach drei Tagen durch eine obere Platte ergänzt wurde.

In aufwendigen Experimenten wurden in unserem Hause unter Leitung von Hilsdorf [2] zunächst Spannungs-Dehnungs-Linien sowie die entsprechenden Kriech- und Schwindgesetzmäßigkeiten in Abhängigkeit von Zeit und Hydradationstemperatur in sehr frühem Alter, d.h. während der ersten Tage, bestimmt. Der hierfür notwendige Temperaturverlauf während der Hydradation war von uns vorab berechnet worden. Einen Vergleich mit Messungen der Bundesbahn zeigt Bild 8. Anschließend wurden die Spannungen mit den im Experiment bestimmten zeit- und temperaturabhängigen Stoffwerten unter Berücksichtigung von Kriechen und Schwinden für Schalungen mit und ohne Wärmeisolierung ermittelt. Die Berechnung war diesbezüglich nichtlinear. Die vorgenommene Diskretisierung zeigt Bild 9.

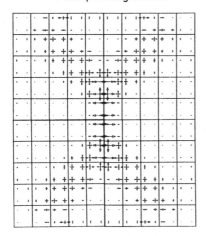

← → Fließspannung erreicht

Stahlspannungen in der unteren
Bewehrung

**Bild 10: Stahlbetonplatte
im Zustand II**

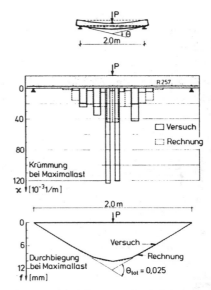

**Bild 11: Krümmung in einer
Stahlbetonplatte im Zustand II**

Bild 10 zeigt eine vierseitig gelagerte Stahlbetonplatte mit sich
ausbildenden Rotationsgelenken, wobei die Rißbildung sowie "tension-
stiffening" bei starrem Verbund berücksichtigt wurde. Bild 11 gibt
die gerechneten und in eigenen Versuchen gemessenen Krümmungen einer
streifenförmigen Platte, sowie die zugehörigen Durchbiegungen [3].
Ziel dieser und weiterer Untersuchungen war es zu prüfen, ob bei unterschiedlichen Stahlsorten jeweils genügend Rotationsfähigkeit zur
Verfügung steht.

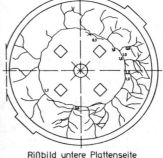

Rißbild untere Plattenseite

Bild 12: Geschädigte Bodenplatte eines Silos

Schäden waren bei einer großen Silo-Anlage in Saudi-Arabien aufgetreten. An einer Reihe von Bodenplatten waren Rißbildungen, wie in Bild 12 dargestellt, beobachtet worden. Unter Verwendung der FE-Technik für gerissenen Stahlbeton mit "tension-stiffening" und starrem Verbund konnte der Schadenszustand nachgerechnet werden. Eine Vergleichsrechnung mit Hilfe der Bruchlinientheorie zeigt gute Übereinstimmung.

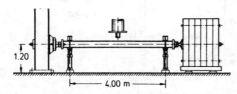

Bild 13: Stoßversuche mit Stützen, Versuchsschema

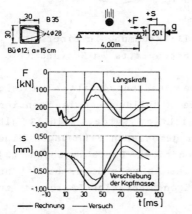

Bild 14: Kontaktkräfte zwischen aufliegender Masse und Stütze, Verschiebung der Masse

Im Rahmen eines Forschungsvorhabens wurden Stützen aus Stahlbeton, Stahl und Holz mit oben aufliegender Masse unter Quer-Stoßbelastung untersucht [4]. Ziel der Untersuchung war es, die zeitlich während des Stoßes veränderliche Interaktion von Normalkraft und Biegemoment im Stab zu bestimmen. Bild 13 gibt schematisch die Versuchseinrichtung wieder, Bild 14 gerechnete und gemessene Normalkräfte resp. Verformungen zwischen aufliegender Masse und Stütze. Dynamisch gerechnet wurde mit finiten Differenzen unter Berücksichtigung der konstitutiven Beziehungen für gerissenen Stahlbeton und geometrischer Nichtlinearität.

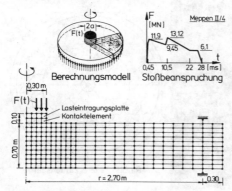

Bild 15: Modell einer dicken Stahlbetonplatte

Bild 16 zeigt Rißentwicklungen in einer rotationssymmetrischen dicken Stahlbetonplatte unter dynamischer Stoßbelastung nach Bild 15. Gerechnet wurde unter Verwendung eines dreidimensionalen Beton-Stoffgesetzes nach Ottosen [5], wobei versucht wurde, zusätzlich den "strain-rate"-Effekt nach dem derzeitigen Stand des Wissens zu erfassen [6]. Die Bewehrung wurde separat unter Berücksichtigung von "tension-stiffening" modelliert. Verglichen wurden die Ergebnisse mit den in Meppen durchgeführten Beschußversuchen [7].

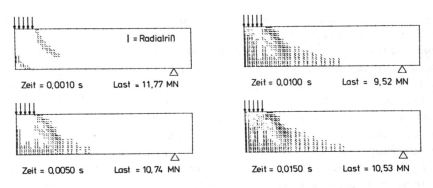

Bild 16: Zeitabhängige Rißentwicklung im Modell nach Bild 15

Das letzte Bild zeigt schematisch Ergebnisse einer Untersuchung an einem wassergefüllten Behälter aus Stahl unter einer Erdbebenbeanspruchung. Vergleichbare Studien wurden ebenfalls für Explosionsbelastungen von Stahl resp. Stahlbetonbehältern durchgeführt. Berücksichtigt wurde das jeweils nichtlineare Werkstoffverhalten, sowie die geometrische Nichtlinearität, d.h. auch das wechselseitige Abheben von der Fundamentierung sowie das Ausbilden des sogenannten Elefantenfußes. Für Einzelheiten muß auf [8] resp. [9] verwiesen werden.

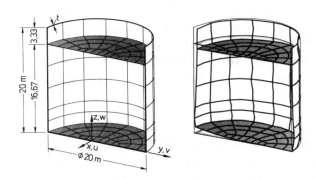

Bild 17: Wassergefüllter Behälter unter Erdbebenbeanspruchung

3 Folgerungen

Versucht man aus diesen und weiteren Erfahrungen am hiesigen Institut Folgerungen zu ziehen, so sei für den hier vertretenen konstruktiven Aufgabenbereich "Die Praxis" durch die Tätigkeit in einem Ingenieurbüro resp. einer größeren Baufirma abgegrenzt.

Dafür kann festgestellt werden, daß die ersten fünf hier in den Bildern 1-7 angesprochenen Beispiele - sieht man von der zu Bild 5 gehörenden Zeitverlaufsberechnung ab - bereits zum Alltagsstandard

gehören. Dies soll nicht heißen, daß nicht auch dabei Erfahrung insbesondere bei der Modellierung komplexer Strukturen unumgänglich ist.
Die Hauptaufgabe konstruktiver Art besteht nach wie vor in der statischen Behandlung elastischer Stabwerke mit der dazugehörigen Bemessung von Stahl-, Holz- und Stahlbetonstrukturen. Das Hauptinteresse
gilt dabei der Effizienz und der Handhabbarkeit der Programmsysteme.
Auch für die üblicherweise elastischen Berechnung von Scheiben und
Platten bis hin zu Schalen stehen dem Anwender hinreichend zuverlässige Programmsysteme zur Verfügung. Dies gilt wenn man berücksichtigt, daß im Bereich von lokalen Problemstellen verhältnismäßig
leicht auch elastische dreidimensionale Berechnungen möglich sind.
Die Einbeziehung der Dynamik bereitet keine prinzipiellen Schwierigkeiten. Der Verfasser hat bereits bei zwei sehr komplexen Reaktor-
strukturen, einmal mit einer Versuchsnachrechnung, zum anderen bei
einer Vorausberechnung festgestellt, daß auch relativ komplexe Strukturen zutreffend behandelt werden können. Auch geometrische Nichtlinearitäten bereiten mindestens bei Stabtragwerken, wenn man sich mit
einem ideal elastischen Stoffgesetz begnügt, keine Schwierigkeiten.

Probleme, wie sie zur Zeit auch im CEB (Comité Euro International du
Béton) diskutiert werden, können sich hingegen bereits bei der
Schnittkraftermittlung von Stahlbeton-Stabsystemen im Zustand II ergeben. Hier überschätzen Programmsysteme u.U. die maximalen möglichen
Rotationen beträchtlich. Dies ist u.a. die Folge eines nicht zutreffenden berücksichtigten Verbundverhaltens und war Veranlassung für
die in Bild 11 skizzierten Vergleiche zwischen eigener Rechnung und
begleitenden Versuchen.

Vergleichbare Schwierigkeiten können bei Flächentragwerken aus Stahlbeton, wie in den Bildern 12 bis 16 behandelt, auftreten, wenn Zustand II voll berücksichtigt werden soll. Unvorhergesehene numerische
Schwierigkeiten als Folge stark wechselnder, d.h. abfallender Steifigkeiten haben sich des öfteren in der Nähe der Bruchlast einge-
stellt.
Die Formulierung stoffgesetzlicher Beziehungen für solche Tragwerke,
insbesondere auch im Hinblick auf die notwendige Effizienz, ist noch
keineswegs zum Abschluß gekommen.
Es muß verwundern, wenn auf Seite der Entwicklung immer wieder Annä-
herungen an einen oder zwei Versuche mit subtilsten Ansätzen vorgestellt werden ohne zu berücksichtigen, daß derselbe Versuch wiederholt, eine weit größere Abweichung zeigen wird als die zur Diskussion
stehenden stoffgesetzlichen Verbesserungen. Vergessen wird dabei
auch, daß derzeit praktisch alle konstitutiven Ansätze jungfräulich
belasteten Beton zum Gegenstand haben. Tatsächlich erfährt das Bauwerk
aber immer eine sehr komplexe Lastgeschichte, so daß meist bereits zu

Beginn einer speziellen Beanspruchung Risse und damit ein anisotropes Verhalten vorliegt.

Damit soll nun nicht generell einer vergröbernden Betrachtungsweise das Wort geredet werden. Eine komplizierte triaxiale Stoffbeziehung, die bei den üblicherweise schwach bewehrten Platten meist völlig überflüssig ist, kann bei einem Kontakt- oder Stanzproblem noch zu einfach sein.
Der daraus scheinbar resultierende Weg möglichst alle Feinheiten von nachgiebigem Verbund bis zur Modellierung der abfallenden σ-ϵ-Linie beim Beton stets zu berücksichtigen führt aber in einem kommerziell genutzten Programm zu der erwähnten unzureichenden Effizienz.
Hier ist noch kein für die Praxis befriedigender Stand erreicht worden.

Gewarnt werden muß vor Software-Entwicklungen, die nicht geklärte konstitutive Beziehungen implementieren. So bleibt es dem Verfasser unverständlich, wie beispielsweise Stoßprobleme, bei denen der Beton-zugfestigkeit in der ersten Stoßphase entscheidende Bedeutung zukommt, zutreffend berechnet werden können, wenn die Erhöhung der Dehngeschwindigkeit und der daraus resultierende Einfluß auf die Zugfestigkeit nicht berücksichtigt wird. Letzterer kann bei harten Stößen die Zugfestigkeit leicht um 100 bis 300% verändern.

Die Berücksichtigung dynamischer Einflüße bereitet hingegen auch bei nichtlinearen Berechnungen keine prinzipiellen Schwierigkeiten. Der Zeitaufwand kann sich allerdings dramatisch erhöhen, wenn keine entsprechend leistungsfähigen Rechner zur Verfügung stehen.

Abschließend ist aus der Sicht der Verfassers festzustellen, daß die Anwendung der FE-Technik auf alle stofflich nichtlineare Probleme, wie z.B. Stahlbeton, noch immer große Erfahrung und solide Material-kenntnisse voraussetzen, wenn einer Aussage ohne Experiment vertraut werden muß.
Die Vorausberechnung eines jüngst in den USA durchgeführten Berstex-periments mit einem Reaktormodell, bei dem der Verfasser zur Unter-stützung der Gesellschaft für Reaktorsicherheit in Köln am Rande beteiligt war, hat erneut gezeigt, daß zwar gewisse globale Verhaltens-weisen relativ gut vorausgesagt werden können, im Detail jedoch noch oft große Abweichungen hingenommen werden müssen. Plausibilitätskon-trollen, auf die sich Anwender oft zurückziehen möchten, können gefährlich sein.

Erste kommerziell angebotene Programme zur Berücksichtigung stofflicher Nichtlinearitäten in der Praxis sollten deshalb nur mit Vorbehalt akzeptiert werden.

4 Zusammenfassung

Anhand einiger Anwendungsfälle sollte gezeigt werden, daß die Anwendung der FE-Methode im konstruktiven Ingenieurbau ganz entscheidende Fortschritte ermöglicht hat. Die Grenze zwischen Wissenschaft und Praxis ist fließend, wenngleich eine ganze Reihe wirksamer Instrumente bereits voll der Praxis zugeordnet werden können. Dies gilt für nahezu alle Anwendungen der klassischen Elastizitätstheorie und der Bemessung.

Vorsicht ist derzeit noch geboten wenn der Praxis Programmsysteme für stofflich und geometrisch nichtlineare Probleme zur Verfügung gestellt werden sollen. Hier fehlen oftmals die notwendigen konstitutiven Beziehungen.

[1]   Flade, D., Jehlicka, T., Malcher, L. u.a.
        Technischer Fachbericht 71-87 "Erdbebenversuche in Reaktorgebäuden"
        Kernforschungszentrum Karlsruhe, Projekt HDR Sicherheitsprogramm (PHDR)

[2]   Wärmedämmung in Brückenschalungen,
        Abschlußbericht in zwei Teilen
        1. Teil: Hilsdorf, H.K., Kottas, R., Müller, H.
        Ermittlung mechanischer und physikalischer Kennwerte von jungem Beton unter Berücksichtigung wirklichkeitsnaher Temperaturverläufe und Feuchtezustände in massigen Bauteilen.
        2. Teil: Eibl, J., Bachmann, H.
        Rechnerische Erfassung des aus Hydratationswärme resultierenden Spannungszustandes am Beispiel des Regelquerschnitts der Talbrücke Frauenwald.
        Institut für Massivbau und Baustofftechnologie, Universität Karlsruhe, 1987

[3]   Eibl, J., Curbach, M., Stempniewski, L.
        Mögliche plastische Rotationen bei Platten im Hochbau - Traglastversuche und vergleichende Rechnungen - Bericht für CEB Commission II "Structural Analysis".
        Institut für Massivbau und Baustofftechnologie, Universität Karlsruhe, 1986, unveröffentlicht

[4]   Eibl, J., Feyerabend, M.
      Stoßbelastung von normalkraftbeanspruchten stabförmigen Trag-
      werksteilen aus Stahl, Holz und Stahlbeton.
      Institut für Massivbau und Baustofftechnologie, Universität
      Karlsruhe, 1986,

[5]   Ottosen, N.
      Constitutive Model for Short-Time Loading of Concrete.
      ASCE Journal of the Engineering Mechanics Devision, Vol. 105,
      No. EM 1, 1979, pp. 127-141

[6]   Schlüter, F.H.
      Dicke Stahlbetonplatten unter stoßartiger Belastung - Flug-
      zeugabsturz -.
      Heft 2 der Schriftenreihe des Instituts für Massivbau und Bau-
      stofftechnologie, Universität Karlsruhe, 1987

[7]   Jonas, W., Rüdiger, E. u.a.
      Kinetische Grenztragfähigkeit von Stahlbetonplatten.'
      Bericht zum Forschungsvorhaben RS 165,
      Hochtief AG, Abt. Kerntechnischer Ingenieurbau, Frankfurt, 1982

[8]   Eibl, J., Stempniewski, L.
      Flüssigkeitsbehälter unter äußerem Explosionsdruck.
      Institut für Massivbau und Baustofftechnologie, Universität
      Karlsruhe, 1987

[9]   Eibl, J., Stempniewski, L.
      Über die Beanspruchung von Flüssigkeitsbehältern durch Erdbeben
      in: Dolling, H.J.
      Vortragsband der 4. Jahresfeier der Deutschen Gesellschaft für
      Erdbeben-Ingenieurwesen und Baudynamik (DGEB), Berlin, 1987

BEISPIELE UND KRITISCHE ANMERKUNGEN ZUM ZWECKMÄSSIGEN, SPRICH WIRT-
SCHAFTLICHEN EINSATZ VON FE-PROGRAMMEN
von Jürgen Form/Hans Ludolf Peters *

Einleitende Betrachtungen

Dem positiven Motto der Tagung "Finite Elemente-Anwendungen in der Baupraxis" haben
wir ein Thema unterstellt, das durch die Worte "kritische Anmerkungen" eine negative
Komponente zu beinhalten scheint.

Eine zweite Bemerkung wollen wir an den Anfang stellen.

Wir haben in unserem Hause über viele Jahre die finiten Differenzen als Lösungsinstrument
statischer und dynamischer Flächentragwerksprobleme favorisiert. Wir hatten seinerzeit
den Lastfall Flugzeugabsturz auf Reaktorkuppeln bzw. Prallplatten unter Berücksichtigung
realistischer Stoffgesetze des Stahlbetons ebenso im Auge, wie Naturzugkühltürme im Über-
lastbereich, natürlich auch hier unter Berücksichtigung realistischer Stoffgesetze.

Wir waren für diese Anwendungsbereiche Entwickler und Anwender.

Parallel zu diesen Arbeiten haben wir Anwendungsgebiete für finite Elementberechnungen
gefunden. Wir haben uns mit den erforderlichen Programmsystemen ausgestattet und eine
ganze Reihe sinnvolle, manchmal aber auch weniger sinnvolle Anwendungsbeispiele bearbeitet.

Es steht außer Zweifel, daß die finiten Elemente ein sehr wirkungsvolles Instrument zur
Lösung allgemeiner Probleme der Kontinuumsmechanik sind. Sie geben -richtig angewendet -
einen tiefen Einblick in die Schnittgrößen- und Verformungssituationen einer abgebildeten
Tragkonstruktion. Sie sind umso wirkungsvoller und darüber hinaus wirtschaftlicher einsetzbar, je erfahrener der Statiker ist, der dieses Instrument einsetzt.

Die finiten Elemente eignen sich deshalb auch kaum als Lehrmethode, mit der den jungen,
heranwachsenden Statikern erste Einblicke in den Kräftefluß einer Konstruktion vermittelt
werden könnten.

Die Lösungswege der Grundkonstruktionselemente wie Stab, Balken, Platte und Scheibe evtl.
für Sondergeometrien unter einfachen Lastfällen auch der Schale und des Kontinuums,
müssen mit einfachen Mitteln beherrscht werden.

Wir halten nichts von der abstrakten Überlegung mit der mechanisch richtigen Erkenntnis,
daß ja der Stab, der Balken, die Platte, die Scheibe und schließlich die Schale nur Sonder-

* Dipl.-Ing. J. Form, Prof. Dr.-Ing. H.L. Peters, Bauunternehmung E. Heitkamp GmbH, Herne 2

fälle des Kontinuums sind und man sich als heranwachsender Fachmann folglich nur mit diesem zu beschäftigen habe.

Der Lernprozeß bei jedem jungen Statiker sollte sich fortentwickeln und zwar vom einfachen Stab über den Balken hin zum Kontinuum. Dem Statiker sollte aus seiner Erfahrung heraus stets die Wahl des geeigneten, gerade noch ausreichenden Abbildungsmodells möglich sein.

Wir erinnern uns gern an die einfachen Stabmodelle, mit denen wir am Anfang unserer Kühlturmschalenberechnung versucht haben, den Einspannungsgrad des Stützenfachwerkes in die Kühlturmschale abzuschätzen. Wir haben uns hineindenken müssen in das Tragverhalten dieses komplexen Bauwerks.

Das Durchdenken von einfachen Tragmodellen hin zu komplexen Strukturen muß gelernt werden, denn nur dieser Weg bewahrt vor groben Fehleinschätzungen.

Lassen Sie uns diese einleitenden Gedanken beenden mit einem Appell an die für die Lehre Verantwortlichen, in Vorlesungen und Übungen die Beschäftigung mit den einfachen, übersichtlichen Tragsystemen nicht zu vernachlässigen.
Die Versuchung ist groß, mit vorhandenen Programmsystemen auf der Basis der finiten Elemente schon den Studenten frühzeitig, aus unserer Sicht zu frühzeitig, Einblick in zu komplexe Tragsysteme zu geben.

Zwei Bauwerke haben wir ausgewählt, um unsere "kritischen Anmerkungen" zum Einsatz von Finite-Element-Berechnungen näher zu erläutern:

Zum einen das Reaktorgebäude eines Kernkraftwerkes - Bild 1 zeigt das Reaktorgebäude des KKW Brokdorf kurz vor der Fertigstellung - zum anderen einen Naturzugkühlturm, in dessen Schale - im Zuge einer Nutzungserweiterung - nachträglich zwei kreisförmige Öffnungen eingebracht werden mußten.

Das Reaktorgebäude des Kernkraftwerkes Brokdorf

Das KKW Brokdorf wurde gebaut in den Jahren 1980 bis 1984. Als technisch Federführender in der Rohbauarge hatten wir, das Konstruktionsbüro der Bauunternehmung E. Heitkamp GmbH, unter anderem auch die Tragwerksplanung für das Reaktorgebäude zu erbringen.

Bild 2 zeigt einen Schnitt durch das Reaktorgebäude mit den Haupttragelementen Sekundärabschirmung, Ringwand, Kernbereich, äußere und

Bild 1: KKW Brokdorf

innere Kalotte, Trümmerschutzzylinder, Tragschild,
Sohlplatte und Pfahlkopfplatte, um nur einige zu
nennen. Auf den ersten Blick könnte man meinen,
daß man bei einem solch komplexen Bauwerk ohne
finite Element Berechnungen nicht auskommen
kann.

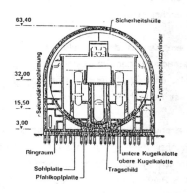

Auch wir waren zunächst dieser Meinung und be-
reiteten ein FE-Modell, bestehend aus Pfählen,
Pfahlkopfplatte, Sohlplatte und aufgehendes Bauwerk, auf. Die Beschreibung der Kontaktfuge
zwischen Pfahlkopfplatte und Sohlplatte, ausgebildet als Sperrschicht, bereitete bereits erste Schwierigkeiten. Schon erste Ergebnisse für die Elemente
Sohlplatte und Pfahlkopfplatte für einige einfache

Bild 2: Reaktorgebäude-Schnitt

Lastfälle zeigten, daß tiefere Erkenntnisse mit
diesem Gesamtmodell über einfache Betrachtungen am Stabmodell hinaus, nicht zu
erwarten waren.

Als Berechnungsmodell für die Pfahlkopfplatte wählten wir daher eine mehrfach linien-
förmig gestützte Kreisplatte unter vertikaler Gleichlast aus dem Lastfall "Gebrauchs-
lasten", z.B. Eigengewicht der Pfahlkopfplatte, der Sohlplatte, des Reaktorgebäudes und
der ständigen und nichtständigen Regellasten (vgl. Bild 3).

In einem zweiten Schritt erfolgte die Auflösung der
linienförmigen Lagerung durch Aufbringen der Auflagerkräfte der Plattenberechnung und der linienförmigen Wandlasten auf tangential verlaufende Durchlaufträger unterschiedlicher Stützweiten entsprechend
den Pfahlabständen.

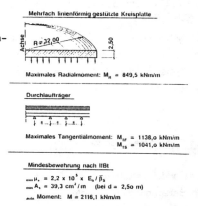

Die sich ergebenden maximalen Bemessungsschnittgrößen für den Gebrauchslastfall in radialer und in
tangentialer Richtung sind hinter dem jeweiligen
Berechnungsmodell aufgeführt.

Ebenfalls aufgeführt haben wir in diesem Bild die
Mindestbewehrung, wie sie sich nach den "Richtlinien für die Bemessung von Stahlbetonteilen von
Kernkraftwerken für außergewöhnliche äußere Belastungen" des IfBT ergab.

Bild 3: Berechnungsmodell
Pfahlkopfplatte

Wie Sie erkennen können, liegt das aus dieser Mindestbewehrung unter Berücksichtigung der Bauteilabmessung

resultierende aufnehmbare Moment in jedem
Fall über den Bemessungsschnittgrößen für den
Gebrauchslastfall.

Wie auf dem Bild 4 zu sehen ist, führte die
Untersuchung der Sohlplatte zum gleichen Ergebnis, ebenfalls wieder unter Ansatz eines
äußerst einfachen Berechnungsschrittes.

Ausgehend von der Tatsache, daß das Verformungsverhalten von Sohlplatte und Pfahlkopfplatte gleich sein muß, wurden die Schnittgrößen der Sohlplatte in radialer und tangentialer Richtung aus den Schnittgrößen der
Pfahlkopfplatte über das Verhältnis der Platten-
steifigkeiten ermittelt.

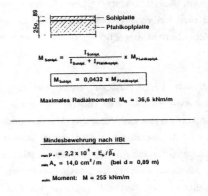

$$M_{Sohlpl.} = \frac{I_{Sohlpl.}}{I_{Sohlpl.} + I_{Pfahlkopfpl.}} \times M_{Pfahlkopfpl.}$$

$$M_{Sohlpl.} = 0,0432 \times M_{Pfahlkopfpl.}$$

Maximales Radialmoment: $M_R = 36,6$ kNm/m

Mindesbewehrung nach IfBt

$\min \mu_s = 2,2 \times 10^5 \times E_u / \beta_S$

$\min A_s = 14,0$ cm²/m   (bei d = 0,89 m)

aufn. Moment: $M = 255$ kNm/m

Bild 4: Berechnungsmodell Sohlplatte

Auch bei diesem Bauteil war, wie das Bild 4 zeigt, die Mindestbewehrung maßgebend.
Das aus dieser Bewehrung resultierende aufnehmbare Moment lag in jedem Fall über
den Schnittgrößen aus dem Betriebslastfall.

Nun soll mit diesen Anmerkungen nicht etwa der Eindruck aufkommen, daß man ein
Bauwerk dieser Art ausschließlich mit solch simplen Berechnungsgängen endgültig di-
mensionieren kann, es muß nicht herausgestellt werden, welch umfangreiche, zum Großteil höchst anspruchsvolle Überlegungen und Berechnungen bei einem solch komplexen
Bauwerk - insbesondere auch zur Erfassung der Sonderlastfälle - erforderlich sind.

Vielmehr sollte gezeigt werden, daß durch eine sorgfältige Systemanalyse und einige
wenige, nicht sehr aufwendige - und damit wirtschaftliche - Berechnungsschritte, unter
Zuhilfenahme der Grundelemente Träger und Platte aussagekräftige Ergebnisse erzielt
werden können.

Das Reaktorgebäude des DWR 1000

Ganz anders stellt sich die Situation bei
den Berechnungen dar, die für das Reaktorgebäude eines 1000 MW Kernkraftwerkes
für die Türkei durchgeführt werden mußten
(vgl. Bild 5).

Hier galt es in einer ersten Untersuchung
zwei Fragen zu klären:

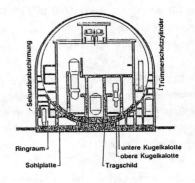

Bild 5: DWR 1000-Schnitt

Ist bei dem extrem hohen Erdbeben - Grundbeschleunigung 0,25 g in zwei horizontalen Richtungen und 0,17 g in vertikaler Richtung - die Standsicherheit gegeben, 1. für das Gesamtbauwerk und 2. für den Reaktorinnenraum, der ohne jegliche Verbindung in der äußeren Kalotte liegt - praktisch wie ein Ei im Eierbecher.

Um hier zu aussagekräftigen Ergebnissen zu kommen, kam nur eine FE-Berechnung in Frage.

Bei der Festlegung des räumlichen Berechnungsmodells beschränkten wir uns auf die wesentlichen tragenden bzw. aussteifenden Bauwerksteile
(Bild 6), wie Sekundärabschirmung, Trümmerschutzzylinder, Überströmdecke, Tragschild, innere und
äußere Kalotte, Reaktorringraum und Sohle.

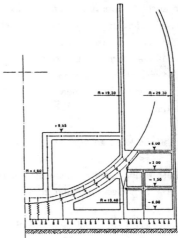

Die Bettung des Reaktorinnenraumes in der
äußeren Kalotte beschrieben wir durch bilineare
Federn, d.h. durch Federn, die bei Druckbeanspruchung analog der Bettung mitwirkten, bei
Zugbeanspruchung aber ausfielen. Die Lagerung
des Bauwerkes auf dem felsigen Untergrund wurde durch eine Bettung erfaßt, die ebenfalls nur
Druck übertrug.

Bild 6: Berechnungsmodul

Von den umfangreichen Ergebnissen der Berech-
nungen möchte ich stellvertretend hier nur zwei aufzeigen, nämlich die, denen - wie ich
einleitend anmerkte - unser Hauptinteresse galt.

Bild 7 zeigt eine Draufsicht auf die äußere Kalotte. Angelegt der Druckbereich
zwischen innerer und äußerer Kalotte unter den Lastfällen Betriebslasten und Erdbeben.

Ein ähnliches Bild bei der Reaktorsohle,
vgl. Bild 8.

Die Dimensionierung der tragenden Bauteile für
die Beanspruchungen, die sich aus diesen Lagerungsbedingungen ergaben, führte zu einem
Konzept, das die Baubarkeit des Reaktorgebäudes
auch unter solch extremen Erdbebenbeschleini-
gungen sicherstellte.

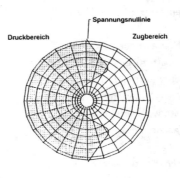

Doch auch zu diesen Berechnungen einige Anmerkungen im Sinne der konstruktiven Kritik.

Bild 7: Druckbereich Kalotte

Die Rechenzeiten für dieses recht umfangreiche
Modell waren trotz der Leistungsstärke heutiger Rechner ganz beträchtlich. Dies lag in erster Linie an der unterschiedlichen bilinearen
Federcharakteristik in der Abstützung der Kalotte und der Sohle.

Da aber auch die sinnvolle Numerierung der
Knoten bzw. Elemente - gerade bei solch
großen Systemen- einen nicht unerheblichen
Einfluß auf die Rechenzeit hat, haben wir uns
bemüht, durch geschickte Koordinatenwahl und
Knotennumerierung hier einen positiven Effekt
zu bewirken.

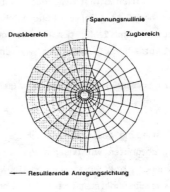

Bild 8: Druckbereich Reaktorsohle

Darüber hinaus konnten wir durch diese Vorgehensweise bereits bei der Systemaufbe-
reitung einiges an Aufwand sparen, da wir das Gesamtmodell zunächst in Einzelbe-
reiche aufteilten, getrennt generierten, auf geometrische Richtigkeit überprüften und
danach erst zum Gesamtmodell zusammenfügten.

Zusammenfassend sei zu diesem Beispiel noch einmal gesagt, daß bei einer solchen
Aufgabenstellung nur eine FE-Berechnung zu sinnvollen Ergebnissen führen kann.
Geschickte Systemwahl und -aufbereitung aber kann auch hier eine Reduzierung
des Aufwandes bewirken und damit zur Wirtschaftlichkeit solcher Berechnungen bei-
tragen.

Einleitung der Rauchgase in den NZK Weiher

Nicht viel anders war die Situation beim NZK Weiher (Bild 9). Hier ergab sich folgende
Aufgabenstellung:

Um die gesetzlichen Auflagen
der TA Luft zu erfüllen, mußten
die Saarbergwerke AG auch das
Kraftwerk Weiher mit einer
Rauchgasentschwefelungsanlage
(REA) nachrüsten.

Durch den "Waschvorgang" in der
REA werden die Rauchgase stark
abgekühlt. Die verbleibende Temperatur reicht nicht mehr aus, um
die gereinigten Gase wie bisher

Bild 9: NZK Weiher

über einen Kamin abzuführen. Zusätzliche Energie für das Aufheizen oder für ein Gebläse müßte aufgewendet werden.

Die Saarbergwerke AG entschied sich für eine Lösung, die erstmals beim Modellkraftwerk Völklingen realisiert wurde: Die Einleitung der Reingase in den Naturzugkühlturm. Hier vermischen sie sich mit den aufsteigenden Dampfschwaden aus dem Kühlbetrieb und werden so in die Atmosphäre geleitet.

Beim Kraftwerk Weiher erforderte diese Lösung die bautechnische Umrüstung des im Jahre 1974 von unserer Firma gebauten Naturzugkühlturmes.

Im Mittelpunkt der Arbeiten - vor allem auch der rechnerischen Untersuchungen - die für die Umrüstung dieses bestehenden Bauwerks erforderlich waren, standen die zwei Öffnungen (Bild 1o), die zur Einführung der Reingasrohre in die Kühlturmschale gebrochen werden mußten.

In einem ersten Schritt mußte die Frage geklärt werden, ob und unter welchen Voraussetzungen zwei Öffnungen in die dünnwandige Schale gebrochen werden können.

Dabei galt es, gewisse Randbedingungen einzuhalten, wie zum Beispiel den Durchmesser der Öffnungen - ca. 9,00 m - sowie die Lage der Öffnungen im Grundriß. Sie war weitestgehend festgelegt durch die Forderung, die zukünftige Trasse der Reingasrohre so zu wählen, daß die Rohrleitungslasten im Inneren des Kühlturms von dem bestehenden Stahlbeton-Rieselrost aufgenommen werden können.

Bild 10: Öffnungen in der Schale

Die Antwort auf diese Frage gab eine von uns bereits vor der Vergabe der eigentlichen Bauarbeiten durchgeführte Studie. Sie bestätigte die prinzipielle Machbarkeit, mit der Maßgabe, die Schale im Bereich der Öffnungen zu verstärken.

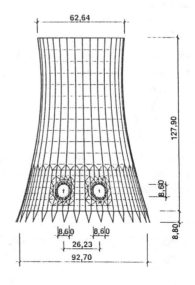

Für die eigentlichen statischen Untersuchungen bedienten wir uns der Finite-Element-Methode. Die gewählte Elementteilung zeigt das Bild 11. Kennzeichnend die relativ große Teilung in den Hauptbereichen der Schale. Lediglich im Bereich der

Bild 11: FE-Modell

Öffnungen, wo der Spannungszustand genauer untersucht werden mußte, eine feinere Elementteilung.

Für die Bemessung einer Kühlturmsschale erwiesen sich in der Regel zwei Situationen als maßgebend. Zum einen ist dies der Bereich des Windstaupunktes (Luv-Bereich), in dem erhebliche Zugspannungen in Meridianrichtung auftreten. Zum anderen der Windsog-bereich. Hier treten erhebliche Druckspannungen auf.

Durch die Öffnungen verliert das ursprünglich rotationssymmetrische Bauwerksmodell seine Eigenschaften. Diesem Umstand wurde Rechnung getragen, indem wir zwei Fälle untersuchten: Lage der Öffnungen im Hauptzugbereich und Lage der Öffnungen im Haupt-druckbereich.

Da die maßgebenden Lastfälle Eigengewicht und Wind symmetrisch sind, genügt es, trotz des eben erwähnten Sachverhaltes bei Formulierung entsprechender Randbedingungen, nur eine Schalenhälfte abzubilden.

Zur Verstärkung der Schale im Bereich der Öff-nungen hatten wir außen aufzubetonierende Ringe von 20 cm Dicke und 1,50 m Höhe geplant (Bild 12). Sie wurden im Rechenmodell durch Elemente abgebildet, die geometrisch gesehen oberhalb der Schalenelemente lagen. Um das Kräftespiel im Übergangsbereich Schale-Ring möglichst genau erfassen zu können, waren Scha-len- und Ringelemente über Stäbe verbunden. Die Länge dieser Stäbe entsprach dem Abstand der Mittelflächen von Schale und Ring.

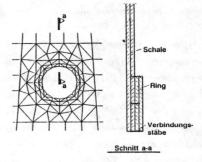

Bild 12: Verstärkung der Schale

Aus der Vielzahl der gewonnenen Berechnungser-gebnisse sollen stellvertretend hier nur zwei vorge-stellt werden.

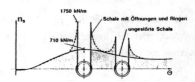

Im Bild 13 sind die Meridiandruckkräfte darge-stellt. Gut zu erkennen die Spannungsspitzen, die sich im Bereich der Öffnungen durch die Last-konzentration und die größere Steifigkeit durch die Ringe ausbilden.

Bild 13: Meridiandruckkräfte

Das Bild 14 zeigt die Verteilung der Schubkräfte im Übergangsbereich Schale-Ring sowie die Spannungs-verteilung im Ring.

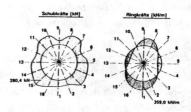

Die hier angesprochenen Berechnungen, die daraus

Bild 14: Schnittkräfte

gewonnenen Erkenntnisse und Ergebnisse zeigten, daß das vorhandene Sicherheitsniveau des Bauwerks durch die Öffnungen mit nachträglicher Verstärkung nicht beeinträchtigt wurde. Sie ermöglichten die Dimensionierung der Verstärkungsringe und der Verbindungsmittel zwischen Schale und Ring - aufgeklebte Ankerplatten mit Kopfbolzendübeln. Sie waren letztendlich Grundlage für die Realisierung der bautechnischen Umrüstung.

Doch auch zu diesem Beispiel wieder einige kritische Anmerkungen:

Auf dem Bild 15 haben wir einmal einander gegenübergestellt die Meridiankräfte aus Eigengewicht und Wind für die ungestörte Schale und für die Schale mit Öffnungen.

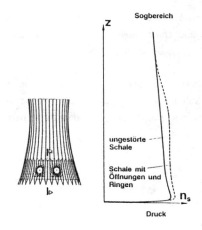

Bild 15: Meridiankräfte

Es ist gut zu erkennen, wie schnell der Einfluß der Öffnungen abklingt und sich der Membranzustand der ungestörten Schale wieder einstellt. Im Sinne einer wirtschaftlichen Bearbeitung wäre es also zweifellos ausreichend gewesen, die Untersuchungen an einem Ausschnittmodell vorzunehmen. Kürzere Rechenzeiten, übersichtlichere Ergebnisse usw. hätten die Qualität der Ergebnisse nicht beeinträchtigt.

Zusammenfassung

Das numerische Lösungsverfahren der finiten Elemente stellt für eine Reihe von Anwendungsbereichen in der täglichen Konstruktionspraxis ein kaum zu ersetzendes Werkzeug zur sicheren Einschätzung des Kräfte- und Verformungszustandes komplexer Tragkonstruktionen dar.

Die schier grenzenlosen Kapazitäten unserer modernen Datenverarbeitungsanlagen verführen zur Abbildung auch verwickeltster Tragwerke. Die häufig kaum noch überschaubaren, unterschiedlichen Lastfälle, aber auch die während der Planungsphase noch einzuarbeitenden Änderungen (im Keller wird schon gebaut, im Stockwerk darüber wird noch geplant) machen einen zu großen Abbildungsbereich zweifelhaft. Gerade bei Betonkonstruktionen darf natürlich auch die Bauwerksgeschichte nicht vergessen werden, die erst aus den einzelnen Bauzuständen das spätere Eingußsystem werden läßt.

Unser erstes Beispiel zeigt deutlich, daß auch bei einem komplexen Bauwerk, ohne aufwendige Berechnungsmethoden durch sinnvolle Betrachtungen an den Grundelementen

Träger und Platte aussagekräfte Ergebnisse gefunden werden konnten.

Das zweite und dritte Beispiel zeigen, daß genauere Abbildungen unverzichtbar sind, doch auch hier wären noch Optimierungen möglich gewesen, wie z.B. die Berechnung der Öffnungen in der Kühlturmschale an einem Ausschnittsmodell.

Was bleibt, ist der Appell an die Anwender, stets so einfache Modelle wie möglich zu wählen bzw. die Systeme so aufzubauen, daß man sich immer nur schrittweise vom Erfahrungsraum, sprich von den einfachen Berechnungselementen löst.

CAD IN DER TRAGWERKSPLANUNG
STAND DER TECHNIK UND ENTWICKLUNGSTENDENZEN
von Wolfgang R. Haas [*]

1. Einleitung

Die Anwendung der Datenverarbeitung im konstruktiven Ingenieurbau hat eine vergleichsweise lange Tradition. Bereits Anfang der sechziger Jahre waren die ersten Stabwerkprogramme im Einsatz. Sie wurden für bestimmte Anwendungen, z.B. den Brückenbau, schnell zu durchgehenden Systemen bis hin zur Überlagerung, Einflußlinienauswertung und den Nachweisen entsprechend den einschlägigen Richtlinien ausgebaut. Wurden diese Programme zunächst vorwiegend in Rechenzentren im Rahmen von Dienstleistungen angewendet, so zeichnet sich Mitte der siebziger Jahre der Trend ab, diese Statikprogramme auf den damaligen Minicomputern direkt in den Planungsbüros und Bauunternehmungen zu installieren.

Parallel dazu wurde die Entwicklung von Zeichenprogrammen vorangetrieben, einerseits für die grafische Darstellung, des statischen Systems und der Berechnungsergebnisse, aber auch bereits für Bewehrungspläne vergleichsweise einfacher Bauteile, wie Fundamente, Stützen und Durchlaufträger. Diese Zeichenprogramme arbeiteten in der Regel direkt im Anschluß an die entsprechenden Statikprogramme und bezogen einen erheblichen Teil Ihrer Eingabewerte aus ihnen. Die noch fehlenden Angaben wurden als alphanumerische Daten eingegeben. Die Zeichenprogramme waren also noch keine CAD-Programme entsprechend dem heutigen Verständnis.

Die Übernahme der typischen CAD-Techniken für die Erstellung von Schal- und Bewehrungsplänen erfolgte Anfang bis Mitte der achtziger Jahre. Dabei werden diese Pläne interaktiv am grafischen Bildschirm erzeugt. Diese neuen Techniken erschlossen dem CAD im konstruktiven Ingenieurbau neue Anwendungsgebiete, wie die Schal- und Bewehrungsplanerstellung für Decken, Wandscheiben, ja sogar für komplizierte Sonderkonstruktionen, wie Tunnelröhren und Brückenwiderlager.

Die Einführung der CAD-Technik in den konstruktiven Ingenieurbau hat eine befruchtende Rückwirkung auf die Gestaltung der Eingabe für Statikprogramme. Auch hier werden zunehmend grafisch-interaktive Techniken verwendet, um das statische System und die Belastung in den Computer einzugeben.

Der vorliegende Aufsatz gibt einen Überblick über die Anwendung von CAD-Programmen bei der Tragwerksplanung und schildert Entwicklungstendenzen.

2. CAD-Einsatz bei der Erstellung von Schal- und Bewehrungsplänen

2.1 Schalpläne

Für die Erstellung von Schalplänen hat sich die CAD-Technik im praktischen Einsatz gut bewährt. Ein Grund für diese gute Akzeptanz ist sicherlich, daß dafür an CAD kaum Anforderungen gestellt werden, die über das normale Leistungsspektrum eines für die Gebäudeplanung geeigneten Systems hinausgehen. Mit Standardfunktionen, wie z.B.
- "Verschmelzen" der Darstellung von Bauteilen aus gleichem Material (z.B. von Wänden im Grundriß).
- Generierung regelmäßiger Tragwerksbereiche,

[*] Dr.-Ing. Wolfgang R. Haas, RIB/RZB Datenverarbeitung im Bauwesen GmbH, Stuttgart

- Folientechnik zur Trennung thematisch unterschiedlicher Planinhalte (z.B. Bauteilkonturen, Aussparungen, Bemaßung, Beschriftung, Schraffur),
- automatische Schraffur geschnittener Bauteile,
- halbautomatische Bemaßung,

lassen sich selbst komplizierte Schalpläne wirtschaftlich erzeugen. Einen Überblick über Standardfunktionen von CAD-Systemen für die Bauplanung gibt [1].

Bei weitgehend prismatischen, konstruktiven Verhältnissen, z.B. bei Geschoßdecken (Bild 1) reichen sicherlich 2D-Syteme aus.

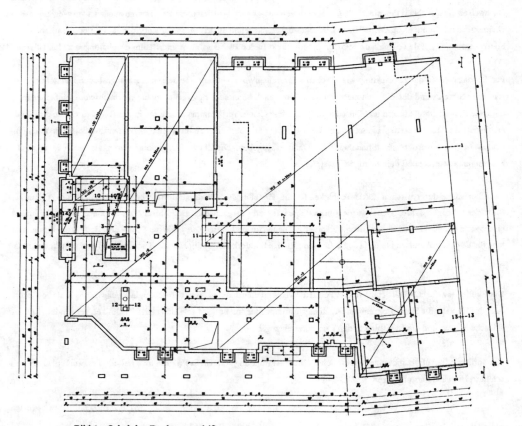

Bild 1   Schalplan Deckengrundriß

Werden die konstruktiven Situationen jedoch komplizierter, z.B. im Gründungsbereich von Kraftwerken und Industriebauten oder sind u. U. komplizierte Schnitte einer konstruktiven Situation anzufertigen, um sie eindeutig zu beschreiben, z.B. bei Treppenhäusern (Bild 2), so wird der Einsatz von 3D-Systemen zunehmend zweckmäßig. Bei diesen Systemen wird ein räumliches Gebäudemodell aufgebaut, aus dem durch Angabe von Schnittebene, Sichtrichtung und Sichttiefe die Kontur- und Schnittlinien automatisch erzeugt werden. Bei sehr unübersichtlichen Situationen hat man dann auch die Möglichkeit, diese in der perspektivischen Darstellung zu kontrollieren.

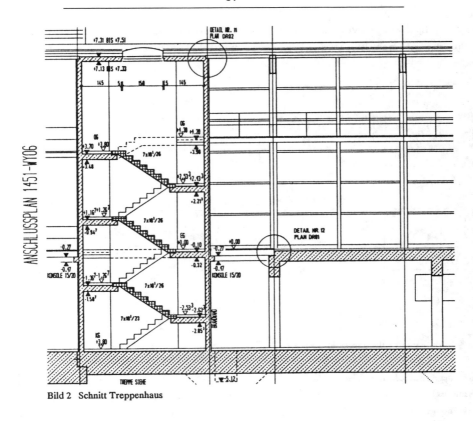

Bild 2 Schnitt Treppenhaus

2.2 Bewehrungspläne

Ausgangspunkt für die Entwicklung der ersten Programme für die Bewehrungsplanerstellung in den siebziger Jahren war die Überlegung, daß bei vielen Statikprogrammen die geometrischen Abmessungen weitgehend als Eingabewerte vorhanden sind, und daß die angeschlossenen Bemessungsprogramme die erforderlichen Stahlquerschnitte für die Längs- und Querbewehrung liefern. Ergänzt man diese aus der statischen Berechnung übernehmbaren Werte durch Angaben, z.B. für bevorzugte Stahldurchmesser, Bügelformen, Rüttellücken und die Blattaufteilung, so können Bewehrungspläne automatisch gezeichnet werden [2], [3], [4]. Typische Anwendungsfälle parametergesteuerter Zeichenprogramme für Bewehrungspläne sind Block- und Köcherfundamente (s. Bild 3), Hochbaustützen, Pi-Platten und einfache Durchlaufträger. Werden die Bauteile und Schalformen komplizierter, z.B. bei Hochbaudecken, so lassen sich die Eingabewerte für eine parametergesteuerte Bewehrungsplanerstellung nicht mehr mit wirtschaftlich vertretbarem Aufwand alphanumerisch eingeben.

Außerdem läßt sich dafür aus der Bemessung auch kein Bewehrungsbild per Computer automatisch ableiten. Hier hat die CAD-Technik, d. h. die grafisch interaktive Eingabetechnik eindeutig Vorteile gegenüber der parametergesteuerten Eingabetechnik.

Für die interaktive Erstellung von Bewehrungsplänen am grafischen Bildschirm haben sich spezielle Eingabetechniken herausgebildet. Die Notwendigkeit für derartige spezielle Eingabetechniken soll anhand von zwei Beispielen geschildert werden.

Das erste Beispiel betrifft die Verlegung von Baustahlgewebematten innerhalb eines Deckenfeldes. Vordergründig betrachtet handelt es sich um ein Generierungsproblem, das mit den Standard-CAD-Techniken gelöst werden kann.

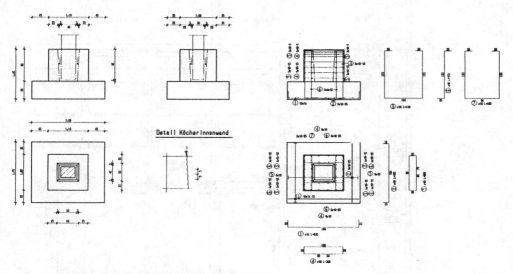

Bild 3   Bewehrungsplan Köcherfundament

Betrachtet man es jedoch genauer, so erkennt man, daß hier spezielle Techniken angewandt werden müssen, um eine Wirtschaftlichkeit zu erzielen. Die Matten werden in Längs- und Querrichtung mit Überdeckungsstößen verlegt. Bei mehreren Verlegestreifen in Längsrichtung können die Überdeckungen in Längsrichtung alternierend oder nicht alternierend angeordnet werden. Überlappen die so verlegten Matten die Deckenfelder, so muß man die Wahl haben, die Matten an den Feldgrenzen zu schneiden oder die Überlappung an den Überdeckungsstößen gleichmäßig zu verteilen. Mattenlisten müssen automatisch erstellt werden. Diese Aufzählung gibt nur einen kleinen Teil der zu lösenden Spezialprobleme wieder.

Bei Stabstahl ist zu beachten, daß er bezüglich einer Schalkante mit vorgebbarer Überdeckung gebogen und verlegt werden muß. Bügel müssen in einem Bügelbereich entweder mit vorgegebener Anzahl oder mit vorgegebenem Abstand verlegt werden. Bei Stabstahl wird wie bei Baustahlgewebematten eine Stahlliste und eine Liste der Stahlbiegeformen benötigt.

Derartige CAD-Programme für die Bewehrungsplanerstellung, ein Beispiel ist in [5] beschrieben, sind nicht mehr starr auf bestimmte Bauteile zugeschnitten, sondern können universell zur Bewehrung stab- oder flächenförmiger Bauteile eingesetzt werden. Neben Hochbaudecken (s. Bild 4) werden selbst komplizierte Konstruktionen, wie Tunnelröhren, Fernmeldetürme oder Brückenwiderlager, mit ihnen bearbeitet. Bild 5 zeigt z.B. die Bewehrung eines Trägers einer Brücke mit Anschluß der Fahrbahnplatte.

Beide Typen von Programmen für die Bewehrungsplanung, die parametergesteuerten Zeichenprogramme und die interaktiven CAD-Programme, können sich ergänzen. Der Durchlaufträger ist hierfür ein typischer Anwendungsfall.

Im Anschluß an die statische Berechnung wird ein parametergesteuertes Bewehrungsprogramm eingesetzt. Der damit erzeugte Bewehrungsplan ist nicht mehr unbedingt die endgültige Zeichnung, sondern stellt einen Bewehrungsvorschlag dar, der mit dem CAD-Programm modiziert werden kann. Das CAD-Programm übernimmt so die Funktion eines "Bewehrungseditors", mit dem z.B. die Staffelung der Längsbewehrung verändert oder eine Aussparung berücksichtigt wird, die mit dem "Bewehrungseditor" bequemer einzugeben ist als mit alphanumerischer Parametereingabe. Damit hat der Tragwerksplaner zwei Instrumente in der Hand, die er der jeweiligen konstruktiven Situation angepaßt einsetzen kann.

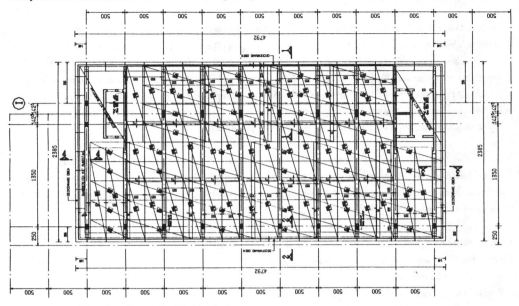

Bild 4   Bewehrungsplan Hochbaudecke

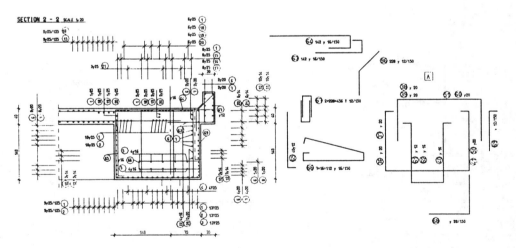

Bild 5   Bewehrungsdarstellung   Brückenträger mit Anschlußbewehrung

3. Integration Statik-, Bewehrungsplanerstellung, dargestellt am Beispiel der Scheibenberechnung.

Wie in fast allen Bereichen der Bauplanung gibt es auch beim Einsatz der Datenverarbeitung in der Tragwerksplanung den Trend zu integrierten Bearbeitungsabläufen. Für die Bearbeitung von Durchlaufträgern wurden integrierte Programme für Statik, Bemessung und Bewehrungsplanerstellung bereits in den siebziger Jahren entwickelt [2]. Auch für Hochbaudecken wurden in der Zwischenzeit Programmketten entwickelt, die es ermöglichen, das Elementnetz und die Belastung bezüglich des mit CAD erfaßten Architektengrundrisses oder Schalplans einzugeben. Dafür stehen umfassende Generierungsmöglichkeiten zur Verfügung, um z.B. ein ganzes Deckenfeld mit finiten Elementen zu füllen. Anschließend wird die statische Berechnung und Bemessung durchgeführt und der Bewehrungsplan erstellt.

Eine Voraussetzung für die weite Verbreitung dieser Programmkette war, daß es gelang, die Methode der finiten Elemente für die Berechnung von Hochbaudecken als ein Standardverfahren zu etablieren. In jüngster Zeit ist es gelungen, für die Berechnung von Wandscheiben ein ähnlich ingenieurgerechtes leistungsfähiges Statikprogramm auf der Grundlage der finiten Elemente zu entwickeln.

Die Problemstellung der Scheibenberechnungen im Bauwesen soll anhand Bild 6 erläutert werden. Innerhalb der Scheiben sind regelmäßig oder unregelmäßig Aussparungen angeordnet. Dabei entstehen Riegel mit balkenähnlichem Tragverhalten. In die Scheibe münden Decken, die die Scheibe verstärken. Im Bereich von Riegeln kann so ein plattenbalkenähnliches Tragverhalten auftreten. Es ist offenkundig, daß derartige Systeme mit Programmen auf der Grundlage der klassischen Scheibentheorie nicht wirklichkeitsnah und wirtschaftlich erfaßt werden können, und selbst wenn dies gelänge, so müßten die Ergebnisse, d. h. die Scheibenschnittkräfte für die Bemessung in Balkenschnittkräfte, manuell umgerechnet werden.

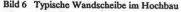

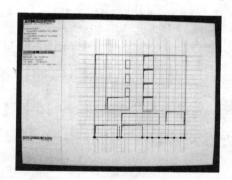

Bild 6 Typische Wandscheibe im Hochbau   Bild 7 Eingabe Finite-Elemente-Netz für Scheibenberechnung

Der naheliegende Gedanke, Balkenelemente in Verbindung mit Scheibenelementen anzuordnen, ist ebenfalls nicht gangbar. Den Verdrehungsfreiheitsgraden des Balkens stehen keine entsprechenden Scheibenfreiheitsgrade gegenüber.

Das neue Programm [7] für die ingenieurgerechte Scheibenberechnung im Bauwesen geht von einem modifizierten hybriden Scheibenelement [8] aus. Die Parameter dieses Scheibenelementes können so festgelegt werden, daß das Tragverhalten eines Stabes mit vorgegebenen Querschnittswerten exakt eingehalten wird. Dabei kann ein ganzer Riegel durch ein Scheibenelement angenähert werden. Dieses Verfahren ermöglicht eine bequeme und numerisch dennoch einwandfreie Modellierung.

Die statisch-konstruktive Bearbeitung beginnt, wie beim Programm für Deckenberechnungen, mit der Eingabe des Elementnetzes bezüglich des Architekten- oder Schalplanes. Bild 7 wurde vom Bildschirm aufgenommen. Es zeigt die Netzlinien für die Finite-Elemente-Berechnung auf dem Hintergrund der Darstellung der Kontur der Scheibe aus dem Schalplan. Bemaßung, Beschriftung und Schraffur wurden unterdrückt. Für die Eingabe des Elementnetzes stehen umfassende Generierungsmöglichkeiten zur Verfügung. Nach Eingabe der Lasten, der Überlagerungsvorschrift und zusätzlicher Angaben für die Bemessung, kann die komplette statische Berechnung bis zur Ermittlung der erforderlichen Bewehrung in x- und y-Richtung durchgeführt werden.

Als Ergebnisse erhält der Anwender folgende Unterlagen:

- Kontrollgrafik des statischen Systems,

- Verschiebungen,

- Scheiben- und Balkenschnittkräfte,

- erforderliche Bewehrung.

Diese Ergebnisse können entweder numerisch in Tabellenform oder grafisch (Bild 8) ausgegeben werden. Anhand dieser Werte kann die statische Berechnung überprüft, beurteilt und ein dem tatsächlichem Tragverhalten angepaßter Bewehrungsplan erstellt werden.

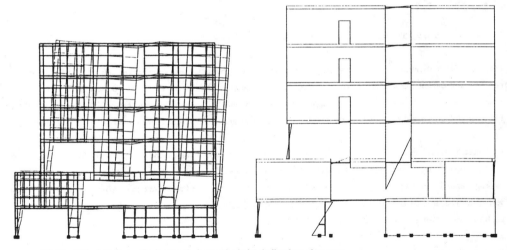

Bild 8   Beispiele für grafische Ergebnisausgabe bei Scheibenberechnungen

links: Verformtes System   rechts: Biegemomente in stabähnlichen Bereichen

4. CAD-orientierte Eingabe für Statikprogramme

Die Verbindung von Statikprogrammen mit CAD-Programmen im Hinblick auf eine integrierte Bearbeitung hat eine befruchtende Rückwirkung auf die Gestaltung der Eingabe von Statikprogrammen. Um diesen Vorgang deutlich zu machen, ist es zweckmäßig, sich die traditionelle Eingabe für Statikprogramme vor Augen zu führen.

Der bearbeitende Ingenieur erstellt zuerst Skizzen, aus denen das statische System und die Belastung hervorgehen. Ein typisches Beispiel dafür ist in Bild 9 für einen ebenen Rahmen dargestellt.

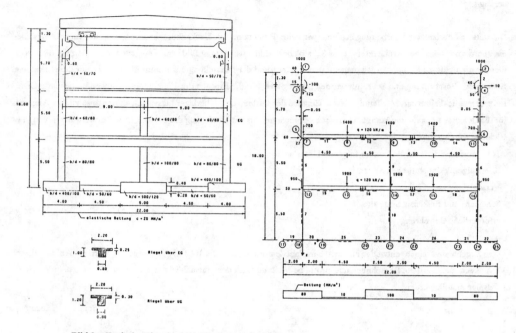

Bild 9   Typische Eingabeskizze für Rahmenberechnung

Diese graphisch orientierten Ausgangswerte überträgt er nun in alphanumerische Eingabewerte für das Statikprogramm, also Text und Zahlen. "Grafik" wird also in "Alphanumerik" umgesetzt. Bei diesem Vorgang wird nicht nur die Menge der Eingabe erheblich gesteigert, dieser Vorgang ist auch außerordentlich fehleranfällig und schwer überprüfbar. Um diese Fülle der alphanumerischen Eingabewerte überhaupt prüffähig zu gestalten, werden sogenannte Kontrollplots angefertigt.

Daß diese "historisch gewachsene" Eingabeform erheblich verbessert werden kann, indem das statische System und die Belastung direkt grafisch eingegeben werden, wurde zuerst in den USA erkannt und in Protytypen für grafisch orientierte Statikprogramme umgesetzt [9], [10]. Inzwischen sind auch in Deutschland erste Programme mit grafisch orientierter Eingabe verfügbar. Das in [11] beschriebene Programm für die statische Berechnung und Bemessung ebener Stahlbetonrahmen nach Theorie 2. Ordnung verfügt über eine derartige Benutzerschnittstelle.

Die Eingabewerte dieses Programms werden, soweit dies möglich und zweckmäßig ist, grafisch eingegeben. Bild 10 zeigt eine Aufnahme vom Bildschirm bei der Eingabe des in Bild 9 dargestellten Systems. Es ist offenkundig, daß diese Art der Eingabe viel rationeller und erheblich weniger fehleranfällig ist als die traditionelle Eingabe über Menüs oder Eingabeformulare.

Sein Anwendungsgebiet umfaßt nicht nur die klassischen Rahmen des Hochbaus, auch Tunnelquerschnitte können, wenn die bodenmechanischen Verhältnisse es erlauben, mit dem Programm berechnet werden. Dabei wird die Bettung bei Bedarf in den Bereichen automatisch ausgeschaltet, in denen die Tunnelröhre vom anstehenden Boden abhebt (s. Bild 11a-b).

Wie Bild 12 zeigt, ist das Programm numerisch äußerst stabil. Große Verschiebungen werden problemlos bewältigt.

Bild 10   Grafische Eingabe für Rahmenberechnung

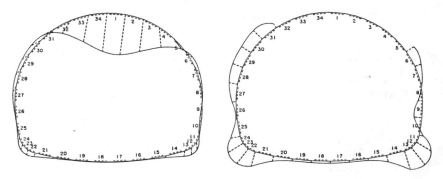

Bild 11   Ergebnisse einer Tunnelberechnung   links: Verformtes System   rechts: Bettungsverlauf

Es ist abzusehen, daß die in diesem Abschnitt geschilderte CADorientierte Eingabeform Zug um Zug von weiteren Statikprogrammen übernommen wird.

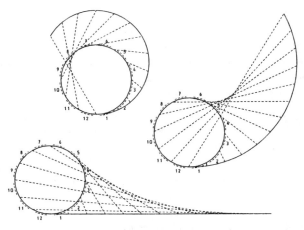

Bild 12   Große Verschiebungen

5. Integration der Architektenplanung mit der Tragwerksplanung
   - Wunsch und Wirklichkeit

5.1 Organisatorische Voraussetzungen

Die Bauplanung ist interdisziplinär. Der Architekt zeichnet Pläne, in denen er in erster Linie die Räume, deren Abmessungen, Funktionen und Ausstattungen darstellt. Der Bauingenieur berechnet und bemißt das Tragwerk und fertigt die Schal- und Bewehrungspläne an. Die einzelnen Fachingenieure für Heizung, Lüftung, Klima, Sanitär- und Elektrotechnik zeichnen auf der Grundlage der Architekturpläne oder der Schalpläne die jeweiligen Installationspläne. Diese Art der Planung ist in Bild 13 schematisch dargestellt.

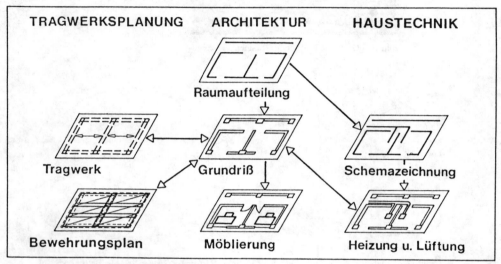

Bild 13   Interdisziplinäre Bauplanung

In der Gebäudeplanung, insbesondere im Industriebau, läßt sich für diese interdisziplinäre Planung die Folientechnik hervorragend anwenden. Bei dieser Folientechnik wird eine Zeichnung, wie in Bild 14 dargestellt, in thematisch zusammengehörige Inhalte aufgetrennt, die in "gedachten Folien" im Computer gespeichert sind. Diese Folien können bei Bedarf paßgenau überlagert und dargestellt werden.

Für eine integrierte Bauplanung von Architekten und Ingenieuren ist eine sinnvolle Folieneinteilung entscheidend. Wird sie zweckmäßig vorgenommen, so kommt man sogar dem Idealzustand, daß kein Strich doppelt gezeichnet werden muß, sehr nahe. Dies soll anhand der Planausschnitte in Bild 15 erläutert werden.

Bild 15 A zeigt den Vertikalschnitt durch eine typische Hochbausituation am Rand einer Decke. Der Stützenquerschnitt springt beim Geschoßwechsel und die Innenwände sind versetzt.

Bild 15 B zeigt den zugehörigen Grundriß, wie ihn der Architekt zeichnet. Er stellt die Decke samt Aussparungen und die darüberliegenden Wände und Stützen dar.

Bild 15 C zeigt den Schalplan. In ihm werden Stützen und Wände unterhalb der Decke zusammen mit der Decke dargestellt, da beim Schalplan der Blick in die offene Schalung gerichtet ist.

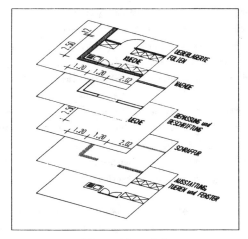

Bild 14   Folientechnik

Beim Bewehrungsplan, der in Bild 15 D dargestellt ist, werden in vielen Fällen sowohl die Bauteile unterhalb wie oberhalb der Decke dargestellt. Die Bauteile oberhalb der Decke braucht man für die Anschlußbewehrung, wenn z.B. Betonstützen und -wände in die Decke einbinden. Außerdem wird im Bewehrungsplan die Schraffur weggelassen, da sie bei der Darstellung der Anschlußbewehrung stört.

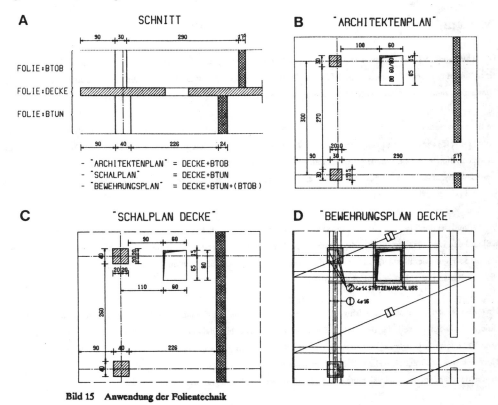

Bild 15   Anwendung der Folientechnik

Was ist zu tun, um dem Idealfall, daß jeder Strich in diesen 3 Plänen nur einmal gezeichnet werden muß, möglichst nah zu kommen? Man muß die Bauteile oberhalb der Decke, die Decke und die Bauteile unterhalb der Decke jeweils in getrennten Folien darstellen und natürlich auch die Schraffur. Dann erhält man den Architektenplan durch die Überlagerung der Folien der Decke und der Bauteile oberhalb der Decke, den Schalplan durch die Überlagerung der Folien der Decke und der Bauteile innerhalb der Decke und den Bewehrungsplan durch die Überlagerung aller 3 Folien.

Die effektive Anwendung der Folientechnik setzt jedoch eine einheitliche Namensgebung und Verwaltung der Folien in Katalogen voraus. Nur dann ist sichergestellt, daß der Statiker den gewünschten Grundriß oder Schnitt des Architekten überhaupt findet oder der Fachingenieur die gesuchte Folie des Statikers mit den Aussparungen. Einen Eindruck der Organisationsprobleme, die bereits zu bewältigen sind, wenn die Gesamtplanung innerhalb einer Planungsgesellschaft auf dem System eines Herstellers durchgeführt wird, geben die Erfahrungsberichte [12] und [13].

Werden Architektenplanung, Tragwerksplanung und Installationsplanung in unterschiedlichen Büros mit unterschiedlichen Systemen durchgeführt, so kommt als zusätzliches zu bewältigendes Problem das des Austausches von CAD-Daten auf DV-Datenträgern hinzu.

5.2 Austausch von CAD-Daten

Wie sieht die Austauschpraxis von CAD-Daten außerhalb des Bauwesens in Deutschland aus? Im Automobilbau werden u.a. die folgenden beiden "Verbandsstandards" verwendet.
- VDA-FS [14]
- VDA-IS [15]

Die Schnittstelle VDA-FS ist für den Austausch von Freiformflächen, z.B. für Karosserieteile, geeignet und VDA-IS stellt einen Subset des ANSI-Standards IGES [16] dar, im Hinblick auf die Entwicklung und Prüfung des Leistungsspektrums der Umsetzprogramme. Der Austausch über diese neutralen Schnittstellen wird dort erfolgreich praktiziert.

Im Bauwesen gibt es in Deutschland keine vergleichbaren Entwicklungen. IGES [16] oder andere neutrale Austauschformate [14], [15] werden so gut wie überhaupt nicht eingesetzt. Wenn überhaupt im Austausch von CAD-Daten zwischen unterschiedlichen Systemen praktiziert wird, dann mit sogenannten direkten Übersetzern, die das Datenformat des "sendenden" CAD-Systems direkt in das Format des "empfangenden" CAD-Systems umsetzen. Erfahrungsberichte darüber sind in [17] - [19] dargestellt.

Im Ausland ist die Situation ähnlich. In zwei Erfahrungsberichten über den Austausch von CAD-Daten in Großbritannien [20] und den USA [21] wird über die Praxis in diesen Ländern berichtet. Auch hier werden die vorhandenen neutralen Formate so gut wie überhaupt nicht akzeptiert. Es werden fast ausschließlich direkte Übersetzer eingesetzt. Ein Auszug der Ergebnisse aus [20] ist in Bild 16 dargestellt.

Da im Bauwesen offenkundig ein dringender Bedarf besteht für eine, auf seine speziellen Belange zugeschnittene, standardisierte CAD-Schnittstelle für den Datenträgeraustausch, wurde in 1986 ein spezieller Arbeiskreis für diese Aufgabe gegründet. Dieser Arbeitskreis ist dem Arbeitsausschuß DIN NAM 96.4 angegliedert, der sich branchenübergreifend mit der Normung von CAD-Schnittstellen für den Austausch von Produktdaten befaßt. Der Bauarbeitskreis ist mit Vertretern aller an der Bauplanung, Bauüberwachung und Bestandsverwaltung beteiligten Institutionen besetzt.

TABLE G7.	Analysis of exchange formats/translator used		
RECEIVING SYSTEM	EXCHANGE FORMAT/TRANSLATOR	SENDING SYSTEM	No. OF WAYS
1. Intergraph	DMC	Ordnance survey (Mapping Data)	2
2. Intergraph (VAX 11/730)	ISIF	Ordnance survey (Syscan)	1
3. Intergraph (VAX 11/730)	ISIF	Ordnance survey	1
4. Intergraph (PDP 11)	O.S. format, software by 3rd party	Ordnance survey	–
5. Intergraph (PDP 11)	ASCII file	IBM mainframe	–
6. Intergraph (PDP 11)	DMC	Ordnance survey	1
7. Intergraph (PDP 11)	DMC	Ordnance survey (Syscan on VAX)	1
8. Intergraph (PDP 11/70)	Internally developed format to enhance plotter data and send to receiving system.	Computer Aided Production System (CAPS).	2
9. Intergraph (VAX 11/730)	ISIF	Calcomp	1
10. Intergraph (VAX 11/730)	ISIF	GDS	1
11. Intergraph (VAX 11/751/730)	Moss Picture File	Computervision	1
12. Intergraph	SIF/BIF	GDS (Prime 550)	2
13. Intergraph	BIF/SIF	GDS (Prime 750)	2
14. Intergraph	BIF/SIF	GDS (Prime 2550)	1
15. Intergraph	BIF/SIF	GDS (Prime 9650)	–
16. GDS (Prime 750 & VAX 11/750)	IGES	Intergraph	1
17. GDS	Plot file format	Hewlett Packard	–
18. GDS	Plot file format	Ordnance Survey	–
19. GDS	Plot file format	Moss	–
20. GDS	ISIF	Intergraph (VAX 11/751/730)	2
21. GDS (Prime 550 II)	O.S. DMC & Arcad plot file format	Various mapping systems.	1
22. GDS	XQTRAN for PRIME to VAX	GDS (Prime 400)	–

Bild 16   Auszug BSRIA-Studie [20]

Wegen des bereits geschilderten akuten Handlungsbedarfes hat der Arbeitskreis folgendes Zweistufenkonzept beschlossen:

1. Schnelle Entwicklung eines 2D-Austauschformates auf der Grundlage des zu erwartenden internationalen Standards STEP [22].

2. Mitarbeit in der ISO-Normung und schrittweiser Ausbau des Formates im Hinblick auf den Austausch umfassender produktdefinierender Daten, z.B. auch von 3D-Gebäudemodellen.

Eine erste Fassung des schnell zu entwickelnden 2D-Austauschformates wurde im Dezember 1987 vom Arbeitskreis verabschiedet.

Dieses Austauschformat beschränkt sich nicht nur auf die Übertragung der Zeichnung als "Strichhaufen", sondern es ermöglicht die Übertragung der 2D-Geometrie mit ihrer Strukturierung in Folien und Symbolen. Eine Gruppenbildung ist möglich und die Zuweisung grafischer und alphanumerischer Attribute. Die Übertragung von Bemaßung, Beschriftung und Schraffur ist selbstverständlich ebenfalls enthalten.

Der internationale Standard STEP wurde als Grundlage gewählt, um ein zukunftsicheres Konzept zu gewährleisten und die dort beschriebenen Möglichkeiten zur Übertragung weiterer Produktdaten und der 3D-Geometrie Schritt um Schritt baugerecht aufzubereiten, und in den bauspezifischen Standard aufzunehmen.

6. Literatur

[1] Haas, W.: CAD in der Bautechnik - eine Übersicht, abgedruckt im VDI-Bericht 492, VDI-Verlag, Düsseldorf 1983.

[2] Berner, H., Bubenheim, H. J.: Automatisches Erstellen von Bewehrungszeichnungen für Durchlaufträger. Mitteilung 20 aus dem Institut für Massivbau der Technischen Hochschule Darmstadt, Verlag Wilhelm Ernst und Sohn Berlin, München, Düsseldorf 1977.

[3] Nemetschek, G.: Bewehrungs- und Schalplanerstellung am interaktiven Konstruktionsplatz, abgedruckt in CAD/-CAM-Rechnergestütztes Konstruieren und Fertigen, Schriftenreihe der Österreichischen Computer Gesellschaft, Band 16, Oldenbourg, Verlag Wien, München 1982.

[4] RIB/RZB: Benutzerhandbuch BEWE-Bewehrungsvorschlag für Balken, Plotten des Bewehrungsplanes, RIB/RZB GmbH, Stuttgart 1987.

[5] RIB/RZB: Benutzerhandbuch ZEIRIS 2 - Interaktive grafische Bearbeitung von Grundrissen und Bewehrungsplänen, RIB/RZB GmbH, Stuttgart 1987.

[6] RIB e.V.: Schlußbericht des Entwicklungsvorhabens Bewehrungseditor - interaktives graphisches System für die Konstruktion von Bewehrungsplänen für stabförmige Bauteile, RIB e.V., Stuttgart 1987.

[7] RIB/RZB: Benutzerhandbuch DISKUS - Ein Programm für Scheibenberechnungen nach der Finite-Elemente-Methode, RIB/RZB GmbH, Stuttgart 1987.

[8] Scharpf, D.: Anwendungsorientierte Grundlagen der Methode finiter Elemente, Tagungsbericht 10 der Landesvereinigung der Prüfingenieure für Baustatik Baden-Württemberg e.V., Freudenstadt 1985.

[9] Abel, J. F., McGuire, W., Ingraffea, R.: In the Vanguard of Structural Engineering, abgedruckt in Cornell Quaterly Vol.16, No. 3, 1981, Cornell University USA.

10] Pescara, C. I., Hanna, S. L., Abel, J. F.: Advanced CAD System for 3D-Steel Design. Proceedings of the symposium on Computer-Aided-Design in Civil Engineering, 1984, ASCE Annual Convention Oct. 1984.

11] RIB/RZB: Benutzerhandbuch KNITZ - Rahmen nach Theorie 1. und 2. Ordnung. RIB/RZB GmbH, Stuttgart 1987.

[12] Hüppi, W.: CAD-Management im Wandel, abgedruckt im Handbuch zur Tagung des VDI-Bildungswerks "Planen und Konstruieren im Hochbau mit CAD", VDI-Verlag Düsseldorf 1987.

[13] Obermeyer, L.: Planen und Konstruieren mit dem Computer. Bauingenieur 1987.

[14] Verband der Deutschen Automobilindustrie e.V.: VDA-FS (VDA-Flächenschnittstelle, Version 2.0), VDA Juni 1986.

[15] Verband der Deutschen Automobilindustrie e.V.: VDA-IS (VDA-IGES Subset), VDA Februar 1987.

[16] American National Standard Institute: IGES Initial Graphics Exchange Specifications, Version 3.0, ANSI 1986.

[17] Ristau, W., Moeller, U., Zivkov, S.: Baupläne als ein Ergebnis des rechnerintegrierten Anwendungs-Planungs-Systems RAPAS, VDI-CAD-Congress Datenverarbeitung in der Konstruktion München 1985.

[18] Beucke, K., Caprano, P., Firmenich, B.: Eine CAD-Schnittstelle für das Bauwesen, Hochtief AG, Frankfurt 1986.

[19] Haas, W.: CAD-Schnittstellen im Bauwesen, abgedruckt in "CAD-Datenaustausch und Datenverwaltung - Schnittstellen in Architektur, Bauwesen und Maschinenbau", Springer Verlag 1988.

[20] Wix, J., McLelland, C.: Data Exchange between Computer Systems in the Construction Industry, BSRIA 1986.

[21] Palmer, M. E.: The Current Ability of Architecture Engineering and Construction Industry to Exchange CAD Data Sets digitally, US-Department of Commerce 1986.

[22] Schenk, D.: STEP/PDES Initial Testing Draft, London Edition, STEP-Document No. 138, Mai 1987.

NICHTLINEARE FINITE-ELEMENTE BERECHNUNG VON SPANNBETONSCHALEN UNTER BERÜCKSICHTIGUNG VON SCHWINDEN, KRIECHEN UND NACHERHÄRTUNG DES BETONS

von Herbert Walter, Günter Hofstetter und Herbert A. Mang *

1. Einleitung

Die Methode der Finiten Elemente hat sich als Rechenhilfsmittel erwiesen, das sehr gut zur Quantifizierung des Verformungs- und Tragverhaltens von Stahlbetonkonstruktionen geeignet ist. Das stark nichtlineare Materialverhalten von Beton kann sehr detailliert modelliert werden. Inzwischen steht dem Ingenieur ein reichhaltiges Angebot an Software zur Verfügung, mit dem komplexe Strukturen mit relativ großer Genauigkeit analysiert werden können. Schwächen haben die gängigen Computerprogramme aber meist dann, wenn es um die Modellierung von Spanngliedern geht.

Am Institut für Festigkeitslehre der TU-Wien wird seit einigen Jahren an der Entwicklung von benutzerfreundlicher Software gearbeitet, mit der der Beitrag der Spannglieder zum Tragvermögen von vorgespannten Flächentragwerken genau erfaßt werden kann.

Ein Computerprogramm, FESIA, zur Finite-Elemente(FE)-Berechnung von Flächentragwerken aus Stahlbeton /1/ wurde im Rahmen von zwei Dissertationen für Vorspannung und die in diesem Fall bedeutenden Langzeitverformungen von Beton erweitert: Die Dissertation von Hofstetter /2/ umfaßt die Modellierung der Spannglieder, wobei besonderes Augenmerk auf die genaue Erfassung des Verlaufes der Spannglieder im Tragwerk, auf die auftretenden Spannkraftverluste sowie auf eine anwendungsfreundliche Dateneingabe gelegt wurde. In der Dissertation von Walter /3/ wurden Materialmodelle zur Beschreibung von Kriechen und Schwinden des Betons sowie seiner Festigkeitszunahme im Laufe der Zeit entwickelt. Gemeinsam mit einem Modell zur Berücksichtigung der Relaxation des Spannstahls bilden diese Materialgesetze die Grundlage für die Bestimmung der im Laufe der Zeit eintretenden Spannkraftverluste.

2. Berücksichtigung der Vorspannung

Die Berücksichtigung der Vorspannung erfolgt im Rahmen von FE-Analysen meist in der Form, daß die Spannglieder durch die von ihnen auf den Beton ausgeübten Kräfte ersetzt werden. Es war in der Literatur bisher üblich, den tatsächlichen Spanngliedverlauf durch geradlinige Teilabschnitte zu ersetzen. Bei vorgespannten Flächentragwerken kann eine solche Näherung zu beträchtlichen Ungenauigkeiten führen.

*) Dipl.-Ing.Dr. H. Walter, Dipl.-Ing.Dr. G. Hofstetter, o.Univ.Prof. Dipl.-Ing. DDr. H. Mang, alle Institut für Festigkeitslehre, Technische Universität Wien

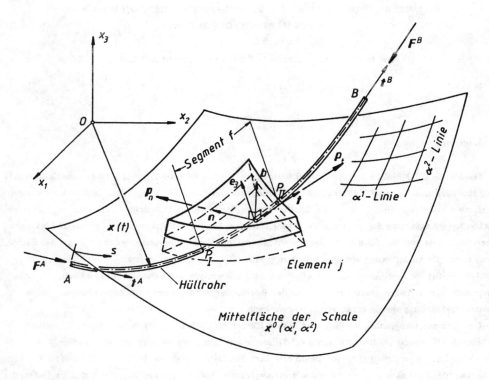

Bild 1 - Spannglied in einer dünnen Schale

Versuche an einem Modell einer Spannbetonschale von Bouma /4/ haben gezeigt, daß bereits geringfügige Änderungen des Spanngliedverlaufes einen wesentlichen Einfluß auf den Spannungszustand haben können. Im hier vorgestellten Rechenmodell werden die Spannglieder im allgemeinen als Raumkurven berücksichtigt. Ihre Achsen können somit auch exzentrisch zur Mittelfläche der Schale verlaufen. Bild 1 stellt den Verlauf eines Spannglieds in einer Schale dar. Die Mittelfläche der Schale wird wie der Spanngliedverlauf analytisch dargestellt. Die Beschreibung einer Struktur erfolgt mit Hilfe von Flächenkoordinaten α^1 und α^2. Die vom Spannglied auf den Beton ausgeübten Kräfte — tangential wirkende Verbund- bzw. Reibungskräfte p_t und in Richtung des Krümmungsmittelpunktes weisende Umlenkkräfte p_n — werden elementweise in energetisch äquivalente Knotenlasten umgerechnet. Die Schnittpunkte der Spannglieder mit den Berandungen der einzelnen Finiten Elemente (die Abschnitte innerhalb eines Finiten Elementes werden als Segment bezeichnet) werden im Programm automatisch ermittelt. Bei der Bestimmung des Spannkraftverlaufes zufolge Vorspannung werden die Spannkraftverluste zufolge von Schlupf und Reibung berücksichtigt. Ebenso werden die Spannkraftänderungen erfaßt, die durch zeitunabhängige Ursachen, wie Änderungen in der Belastung nach dem Vorspannen, oder durch zeitabhängige Ursachen, wie Kriechen und Schwinden des Betons und Relaxation des Spannstahls, hervorgerufen werden. Bei der Ermittlung des Spannkraftverlaufes über die Länge des Spannglieds wird zwischen den gängigen Vorspannarten - Vorspannung mit sofortigem Verbund, Vorspannung mit nachträglichem Verbund und verbundlose Vorspannung - unterschieden /5/.

3. Modellierung des zeitabhängigen Verhaltens

Zur Beschreibung des Materialverhaltens des Betons ist es zweckmäßig, die Verzerrungen zu einem bestimmten Zeitpunkt t in Anteile aufzuteilen, die den einzelnen Ursachen zugeordnet sind:

$$\epsilon(t) = \epsilon^E(t) + \epsilon^P(t) + \epsilon^C(t) + \epsilon^S(t) + \epsilon^T(t) \tag{1}$$

In Gl. (1) bezeichnet

$\epsilon^E(t)$ die elastischen Verzerrungen

$\epsilon^P(t)$ die plastischen Verzerrungen

$\epsilon^C(t)$ die Kriechverzerrungen

$\epsilon^S(t)$ die Schwindverzerrungen und

$\epsilon^T(t)$ die Temperaturverzerrungen.

Die Summe $\epsilon^I = \epsilon^E + \epsilon^P$ stellt den Kurzzeitanteil der Verzerrungen dar; er ist ebenso wie die Kriechverzerrungen ϵ^C spannungsabhängig. Als spannungsunabhängig werden hingegen die Schwind- und Temperaturverzerrungen $\epsilon^0(t) = \epsilon^S(t) + \epsilon^T(t)$ betrachtet. Eine solche Aufteilung der Verzerrungen ist in der Literatur üblich. Sie ist eine Folge davon, daß bei Versuchen stets nur wenige Parameter variiert werden können. Meist wird nur das Materialverhalten im Kurzzeitbereich für mehrachsige Spannungszustände und bis zum Reißen bzw. zur Zerstörung des Betons beschrieben, während Materialmodelle für das Langzeitverhalten i.a. nur für den Gebrauchslastbereich gegeben sind. Versuchsbeobachtungen haben erwiesen, daß für konstante Spannungen σ, die nicht größer als 30 % der Prismenfestigkeit β_P sind, der Zusammenhang

$$\epsilon^\sigma(t) = \epsilon^I(t) + \epsilon^C(t) = \sigma\, J(t,t_0) \tag{2}$$

gegeben ist. In Gl. (2) ist $J(t,t_0)$ die Nachgiebigkeitsfunktion; die Parameter t und t_0 bezeichnen den aktuellen Zeitpunkt bzw. den Zeitpunkt des Aufbringens der Spannung σ. Im Bereich bis 0,3 β_P kann das Materialverhalten des Betons unter Kurzzeitbeanspruchungen als linear elastisch angesehen werden, es ist dann eine Aufspaltung von $J(t,t_0)$ möglich:

$$J(t,t_0) = 1/E_B(t_0) + C(t,t_0) \tag{3a}$$

bzw.

$$\epsilon^\sigma = \sigma\, J(t,t_0) = \sigma/E_B(t_0) + \sigma\, C(t,t_0) = \epsilon^I(t_0) + \epsilon^C(t,t_0). \tag{3b}$$

$E_B(t_0)$ bezeichnet den Elastizitätsmodul des Betons zum Zeitpunkt der Lastaufbringung, t_0; $C(t,t_0)$ ist die sogenannte Kriechnachgiebigkeitsfunktion. Sie beschreibt die Verzerrungszunahme unter einer konstanten Dauerlast vom Zeitpunkt t_0 bis zum Zeitpunkt t. Bei zeitlich variablen Spannungen kann der Verzerrungsverlauf gemäß dem Boltzmannschen Superpositionsprinzip als

$$\epsilon(t) = \int_0^t J(t,t_0)\, d\sigma(t_0) + \epsilon^0(t) \tag{4}$$

beschrieben werden. (Beziehung (4) kann auch für Spannungssprünge angewendet werden; bei einem Vorzeichenwechsel der Spannungsänderungen wird Beziehung (4) allerdings bereits im Bereich bis 0,3 β_P ziemlich ungenau.)

Da das Programm FESIA auch für Traglastanalysen konzipiert ist und ein nichtlineares Materialgesetz für das Kurzzeitverhalten des Betons enthält /1,6/, muß die Beziehung (3b) verallgemeinert werden:

$$\epsilon^{\sigma}(t) = \epsilon^{E}(t_0) + \epsilon^{P}(\sigma(t_0)) + \epsilon^{C}(t,t_0) = \sigma/E_B(t_0) + \epsilon^{P}(\sigma(t_0)) + \sigma\, C(t,t_0). \tag{5}$$

Es wird also angenommen, daß das Kurzzeitverhalten nichtlinear ist; bei Entlastungsvorgängen wird linear elastische Entlastung mit dem Anfangselastizitätsmodul $E_B(t_0)$ angenommen. Der Langzeitanteil der Verzerrungen wird als spannungsproportional betrachtet. Als Erweiterung ist eine Spannungsabhängigkeit der Kriechnachgiebigkeitsfunktion zulässig:

$$C = C(t,t_0,\sigma(t_0)).$$

Zufolge der Zunahme des Elastizitätsmoduls des Betons im Laufe der Zeit entsprechen einem Spannungssprung zu verschiedenen Zeiten verschiedene elastische Verzerrungsanteile. Dies ist im Bild 2 für eine Spannung, die vom Zeitpunkt t_1 bis zum Zeitpunkt t_2 wirkt, dargestellt.

$$\epsilon^{E}(t_1) = \sigma/E(t_1) \neq \epsilon^{E}(t_2) = \sigma/E(t_2). \tag{6}$$

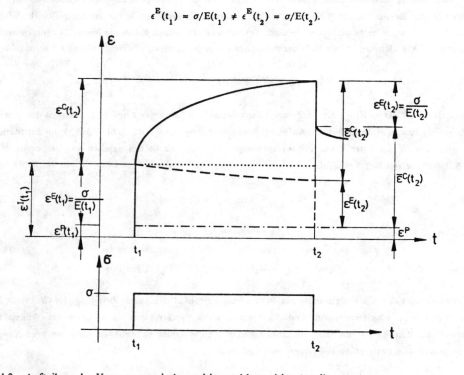

Bild 2 - Aufteilung der Verzerrungen in kurzzeitige und langzeitige Anteile

Damit die Aufteilung der Verzerrungen gemäß Gl. (5) für jeden Zeitpunkt Gültigkeit behält, wobei der plastische Verzerrungsanteil definitionsgemäß irreversibel und zeitunabhängig ist, müssen die Kriechverzerrungen und die Kriechnachgiebigkeitsfunktion modifiziert werden:

$$\sigma = E(t) \; \epsilon^E = E(t) \; (\epsilon^I - \epsilon^P) = E(t) \; (\epsilon - \bar{\epsilon}^C - \epsilon^P) \tag{7}$$

mit

$$\bar{\epsilon}^C = \epsilon^C + \sigma(1/E(t_1) - 1/E(t)) \tag{8}$$

und

$$\overline{C}(t,t_0,\sigma(t_0)) = C(t,t_0,\sigma(t_0)) + 1/E(t_0) - 1/E(t). \tag{9}$$

Da im Laufe der Zeit nicht nur der Elastizitätsmodul, sondern auch die Bruchfestigkeit des Betons zunimmt ($\beta_P = \beta_P(t_0)$), wurde das Kurzzeitmaterialmodell - es ist ein inkrementelles Gesetz - entsprechend angepaßt. Details sowie die Erweiterung für ebene Spannungszustände findet man in /3/.

Für die zeitliche Entwicklung der Prismenfestigkeit und des Elastizitätsmoduls des Betons, für die Kriechnachgiebigkeitsfunktion und für die Zunahme der Schwindverzerrungen können vom Benutzer geeignete Funktionen definiert werden. Alternativ kann auf die Normfunktionen gemäß ACI-Committee 209 /7/ oder die Mustervorschrift nach CEB/FIP 1978 /8/ zurückgegriffen werden. Um die Verwendung nichtlinearer Kriechnachgiebigkeitsfunktionen zu ermöglichen, und um Einschränkungen bei der Art der Kriechnachgiebigkeitsfunktion zu vermeiden, wurde im Programm FESIA ein Algorithmus mit Speicherung der gesamten Spannungsgeschichte implementiert.

4. Beispiel - Modell eines Reaktorsicherheitsbehälters

Als einer der Tests für die praktische Anwendbarkeit des Programmcodes diente die Nachrechnung eines Versuchs an einem Modell eines Reaktorsicherheitsbehälters, der von Rizkalla, Simmonds und McGregor /9/ durchgeführt wurde.

Bild 3(a) zeigt zwei Schnitte durch das Modell im Maßstab 1:14. Es besteht aus einem kreiszylindrischen Teil, der sowohl horizontal als auch vertikal vorgespannt ist und oben in einen Versteifungsring mündet. Den oberen Teil des Modells bildet eine netzartig vorgespannte Kugelkalotte. Im zylindrischen Teil sind vier vertikale Lisenen zur Verankerung der horizontalen Spannglieder vorgesehen. Das Modell wurde durch hydrostatischen Innendruck belastet. Unter Ausnützung der Symmetrie der Geometrie und Belastung wurde ein FE-Netz für ein Achtel der Schale entworfen. Im Bild 3(b) ist die Diskretisierung dargestellt; auch der Verlauf der Spannglieder kann diesem Bild entnommen werden (der Anschein einer facettenhaften Diskretisierung entsteht durch das verwendete Plotprogramm; sowohl die Finiten Elemente als auch die Spannglieder sind im Rechenmodell der Wirklichkeit entsprechend gekrümmt).

Bei der Nachrechnung wurde besonderes Augenmerk auf den zeitlichen Ablauf des Versuches gelegt. Als Idealisierung wurde allerdings das Eigengewicht als ab dem Zeitpunkt des Ausschalens der Kuppel (Betonalter der Kuppel t = 7d) wirkend angenommen, weiters wurde das Vorspannen, das sich über vier Tage erstreckte, zu einem einzigen Zeitpunkt zusammengefaßt (t = 22d). Von den in der Folge durchgeführten Belastungen wurden nur die zwei größten berücksichtigt; bei den vernachlässigten Testbelastungen überschritt der Innendruck nie einen Wert von einem Viertel der Traglast.

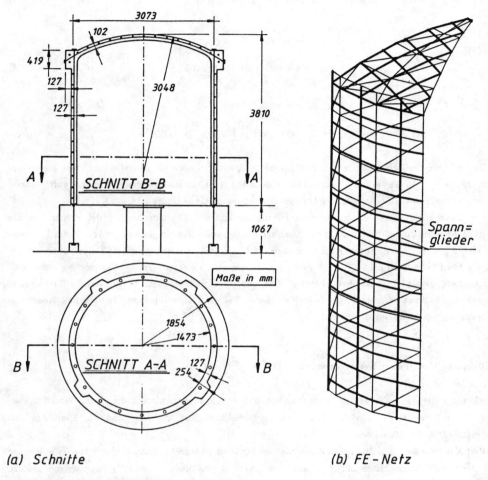

(a) Schnitte *(b) FE-Netz*

Bild 3 - Modell eines Reaktorsicherheitsbehälters

Beim ersten nachgerechneten Versuch, Versuch F zum Zeitpunkt t = 80d, wurde die Belastung bis zu einem Innendruck von 0,55 MPa gesteigert. Nach einer (angenommenen) Belastungsdauer von 6 Stunden wurde der Druck wieder abgesenkt. Zum Zeitpunkt t = 101d wurde Versuch G durchgeführt, bei dem der Behälter bei einem Druck von 1,1 MPa durch Reißen eines Spannglieds versagte.

Bild 4 zeigt eine Gegenüberstellung der Verschiebungsverläufe von Versuch und Rechnung für zwei ausgewählte Punkte des Behälters. Wie dem Bild zu entnehmen ist, stimmen die Verschiebungsverläufe bei Belastung recht gut überein; bei Entlastung wird das Verhalten zumindest qualitativ richtig erfaßt. Die Versagenslast lag bei der Nachrechnung ca. 20% unter dem Versuchswert. Bild 5 illustriert die Rißbildung laut Rechnung an der Außenwand - deutlich sind unter Eigengewichtsbelastung (EG) Schwindrisse in Bereichen mit starker schlaffer Bewehrung zu sehen, die sich nach Aufbringen der Vorspannung (VS) teilweise wieder schließen. Bild 6 stellt die Zunahme der Verformungen des Behälters vom Zeitpunkt des Vorspannens bis zum Beginn des Versuchs F dar.

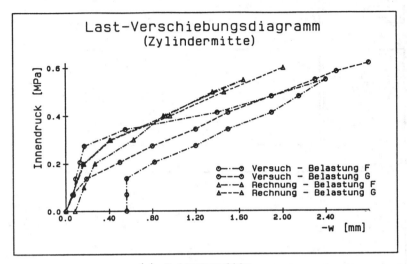

(a) Zylindermitte

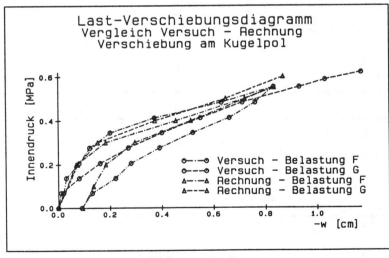

(b) Kugelpol

Bild 4 - Last - Verschiebungsdiagramm: Vergleich Versuch - Rechnung

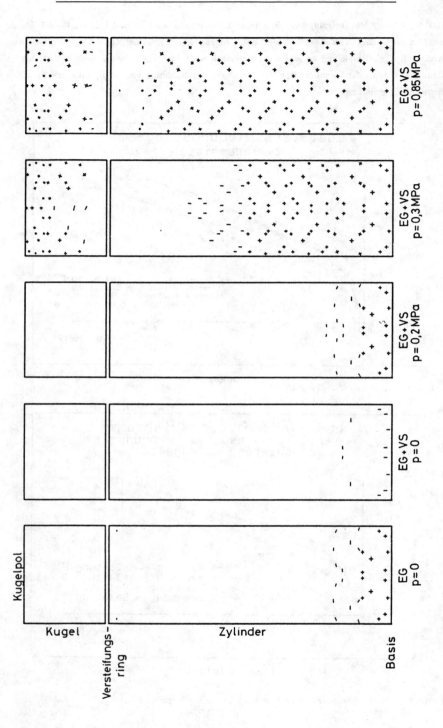

Bild 5 - Verteilung der Risse an der Außenwand

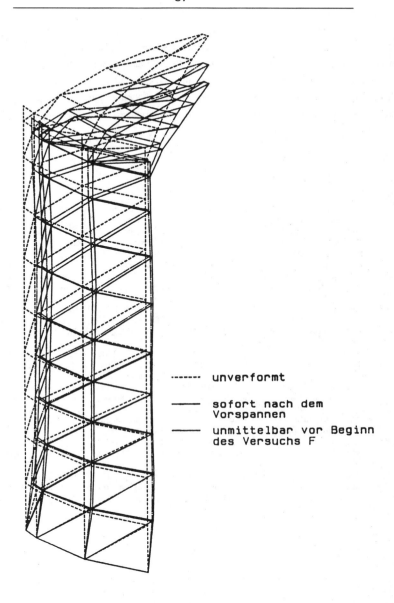

unverformt

sofort nach dem
Vorspannen

unmittelbar vor Beginn
des Versuchs F

Bild 6 - Verschiebungszustand infolge von Eigengewicht und Vorspannung (300-fach überhöht)

5. Schlußfolgerungen:

Die analytische Beschreibung sowohl der Geometrie der Schalenmittelfläche als auch jener der Spannglied-achsen ermöglicht eine exakte Darstellung analytisch gegebener Schalenmittelflächen und Spanngliedachsen im Rahmen von FE-Diskretisierungen. Die Berücksichtigung der nichtlinearen zeitunabhängigen und zeit-abhängigen Eigenschaften der Werkstoffe Beton, Bewehrungsstahl und Spannstahl erlauben eine wirklichkeitsnahe Modellierung des Trag- und Verformungsverhaltens von Stahl- und Spannbetonscheiben, -platten und -schalen. Der Algorithmus zur Berücksichtigung des Langzeitverhaltens derartiger Strukturen ist nicht nur numerisch stabil, sondern auch sehr flexibel. Die Qualität der Rechenergebnisse wird wesentlich von der Güte der Werkstoffkennwerte beeinflußt. Hier ist anzumerken, daß insbesonders bei den zur Modellierung des zeitabhängigen Verhaltens erforderlichen Werkstoffkenngrößen größere Streuungen bzw. Ungenauigkeiten auftreten. In Zukunft ist daher eine bessere Synthese von numerisch-mathematischem Wissen und werkstoffwissenschaftlichen Erkenntnissen anzustreben.

6. Literatur:

/1/ Floegl, H., "Traglastermittlung dünner Stahlbetonschalen mittels der Methode der Finiten Elemente unter Berücksichtigung wirklichkeitsnahen Werkstoffverhaltens sowie geometrischer Nichtlinearität", Dissertation, Technische Universität Wien, Wien, Österreich, 1981.

/2/ Hofstetter, G., "Physikalisch und geometrisch nichtlineare Traglastanalysen von Spannbetonscheiben, -platten, und -schalen mittels der Methode der Finiten Elemente",Dissertation, Technische Universität Wien, Wien, Österreich, 1987.

/3/ Walter, H., "Finite Elemente Berechnungen von Flächentragwerken aus Stahl- und Spannbeton unter Berücksichtigung von Langzeitverformungen und Zustand II", Dissertation, Technische Universität Wien, Wien, Österreich, 1988.

/4/ Bouma, A.L., Van Riel, A.C., Van Koten, H. and Beranek, W.J., "Investigations on Models of Eleven Cylindrical Shells Made of Reinforced and Prestressed Concrete", Proceedings of the Symposium on Shell Research, Delft, 1961, North-Holland Publishing Company, Amsterdam, 1961, 79-101.

/5/ Hofstetter, G. and Mang, H.A., "Work Equivalent Node Forces from Prestress of Concrete Shells", Finite Element Methods for Plate and Shell Structures, Volume 2: Formulations and Algorithms, Pineridge Press International, Swansea, U.K., 1986, 312-347.

/6/ Walter, H., "Erweiterung eines zweidimensionalen Betonmodells für nichtproportionale Belastung und linear elastische Entlastung", ZAMM, Band 67, 1987, 386-387.

/7/ American Concrete Institute Comm. 209, Subcomm. II (1971), "Prediction of creep, shrinkage and temperature effects in concrete structures", in Designing for Effects of Creep, Shrinkage and Temperature, Am. Concr. Inst. Spec. Publ. No. 27.

/8/ Chiorino, M.A., Napoli, P., Mola, F. and Koprna, M. (Hrsg.), "Structural Effects of Time-Dependent Behaviour of Concrete", CEB-Design Manual, Georgi Publishing Company, CH, 1984.

/9/ MacGregor, J.G., Simmonds, S.H. and Rizkalla, S.H., "Test of a Prestressed Concrete Secondary Containment Structure", Structural Engineering Report No.85, Department of Civil Engineering, University of Alberta, Edmonton, Alberta, Canada, April 1980.

Kopplung eines CAD-Systems mit einem Expertensystem am Beispiel Durchlaufträger im Massivbau

Gert König* und Rudolf Baumgart**

1. Einleitung

Die Expertensystemtechnologie hat sich inzwischen auf verschiedenen Gebieten als effizient und wirtschaftlich erwiesen, was viele gut funktionierende vorhandene Systeme beweisen. Dabei fällt allerdings auf, daß es sich ausschließlich um in sich geschlossene, eigenständige Systeme handelt.

Im heutigen Entwicklungsstand hat man die wissensverarbeitenden Mechanismen vom Wissen selbst losgelöst, wodurch sich sog. Expertensystem-Schalen (Shells) ergeben, die dann ganz allgemein für die Lösung von Problemen durch Füllen mit entsprechendem Wissen genutzt werden können. Für die Erstellung von Expertensystemen hat sich die Benutzung einer solchen Schale aus Zeit- und Kostengründen als die sinnvollste Vorgehensweise erwiesen.

Die Verwendung von Expertensystemen als "intelligente" Kopplung vorhandener sog. Insellösungen ist momentan noch im Forschungsstadium. Für die beispielhafte Verwirklichung eines solchen integrierten Systems für den Bereich Rechnen-Zeichnen haben wir den Durchlaufträger als am meisten benutztes Bauteil im Massivbau ausgewählt.

2. Wissensbasierte Systeme versus traditionelle Programmierung

Bild 1 zeigt eine schematische Darstellung von traditionellen und wissensbasierten Systemen.

Beim traditionellen Programmieren wird aus einer Menge von Eingabedaten durch einen Algorithmus eine Menge von Ausgabedaten erzeugt, wissensbasierte Systeme dagegen benutzen eine Wissensbasis. Diese Wissensbasis kann nicht als Teil der Eingabedaten wie eine Datenbank betrachtet werden, da sie außer Fakten auch noch Methoden enthält.

Ein wesentlicher Unterschied zwischen methodischem Wissen und herkömmlichen Prozeduren liegt in der Art der Aktivierung: Eine Prozedur wird an einer festen Stelle im Programm aufgerufen, während methodisches

*) Prof. Dr.-Ing. Gert König, Institut für Massivbau der TH Darmstadt
**) Dipl.-Ing. Rudolf Baumgart, Institut für Massivbau der TH Darmstadt

Wissen die Bedingungen enthält, unter denen es aktiviert werden kann.
Eine Inferenzkomponente, die die Aktionen des Expertensystems
kontrolliert, enthält keine explizit programmierten Prozeduraufrufe,
sondern aktiviert einzelne Wissensteile aufgrund des Inhalts dieser
Wissensteile. Man spricht dabei von assoziativem Zugriff.

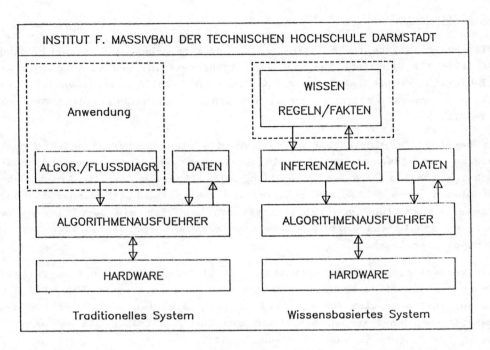

Bild 1: Vergleich zwischen traditionellen und wissensbasierten Sytemen

Der zweite wesentliche Unterschied ist die Explizitheit der Wissensdarstellung in wissensbasierten Systemen. Während bei traditioneller
Programmierung das zur Problemlösung erforderliche Wissen bei der
Programmerstellung benutzt und in Form von Programmcode implizit ins
Programm implementiert wird, ist es bei Expertensystemen explizit z.B.
als Regeln repräsentiert. Das bedeutet, daß alle Wissensteile voneinander unabhängig sind, so daß das Ändern oder Hinzufügen von Wissen
keine Auswirkung auf die Verwendbarkeit anderer Wissensquellen hat. Da
es keine speziellen Schnittstellen zwischen den einzelnen Wissensquellen
gibt, ist es unerheblich, wie sie aufgebaut sind.

Bild 2 soll diesen Sachverhalt anhand eines Beispiels verdeutlichen. Man
erkennt, daß links das Wissen, unter welchen Bedingungen eine Steuerprüfung anzusetzen ist, nicht explizit im Programm vorhanden ist, sondern sich in einer speziellen Aktion ausdrückt, die auf diesem Wissen
aufbaut. Das Beispiel rechts, das in OPS5-Synthax geschrieben ist, verdeutlicht, daß bei Änderung der Bedingungen für das Ansetzen einer

Steuerprüfung nur diese Wissensquelle geändert werden muß, nicht jedoch die Teile des Programms, die dieses Wissen benötigen. Diese Unabhängigkeit ist Voraussetzung für die experimentelle Erstellung und inkrementelle Erweiterung einer Wissensbasis.

INSTITUT F. MASSIVBAU DER TECHNISCHEN HOCHSCHULE DARMSTADT

TRADITIONELL	WISSENSBASIERT
	(REGEL::Steuersatz−pruefen
BEGIN	(Name∼Bruttoeink. > 100000
IF Bruttoeink(Name) > 100000	∼Steuersatz < 10 %)
AND Steuersatz < 10 %	−−>
THEN Steuerpruefung	(MAKE Aufgabe∼Name
END	Steuerpruefung))

Bild 2: Beispiel für traditionelles/wissensbasiertes Programm

Zusammenfassend kann man folgende Vorteile der KI-Techniken gegenüber den traditionellen Techniken festhalten:

- Lösungen für komplexe Probleme, die bisher innerhalb eines sinnvollen wirtschaftlichen Rahmens nicht machbar waren, sind nun möglich.

- Sog. Rapid Prototyping ist möglich, d.h. mit einem Minimum an Wissen können schon lauffähige Systeme erzeugt werden.

- Das Gesamtproblem kann in kleine unabhängige und übersichtliche Teilprobleme zerlegt werden.

- Das Wissen kann sukzessive erweitert werden, wodurch sich eine ständige Verbesserung der Funktionalität des Systems ohne Programmänderungen ergibt.

- Durch die Unabhängigkeit der individuellen Wissensteile ist eine sehr einfache und zeitsparende Wartung möglich.

- Es kann auch vages Wissen (Erfahrung) verarbeitet werden.

3. Expertensysteme für Konstruktionsaufgaben

Heute werden Konstruktionszeichnungen im Massivbau entweder mit CAD erstellt, wobei Einzelelemente wie Linien, Kreise, Biegeformen usw. auch einzeln erzeugt werden müssen, oder ein Algorithmus erzeugt einen Bewehrungsvorschlag, der dann im Detail weiterbearbeitet werden muß. Eine wesentlich höhere Qualität der Bewehrungszeichnung gegenüber der individuellen Erstellung, die fehleranfällig und zeitaufwendig ist, oder der algorithmisierten Erstellung, mit der nur Standardfälle bearbeitet werden können, kann aufgrund ihrer Komplexität nur durch ein Expertensystem erreicht werden, wenn der wirtschaftliche Aufwand in vertretbarem Rahmen bleiben soll.

Die Realisierung solcher Expertensysteme ist wesentlich schwieriger, da sie in der Lage sein müssen, mit vorhandener Software zu kommunizieren. Das bedeutet, daß das Expertensystem Zugriff auf Rechen-, Zeichen- oder Datenbanksysteme haben muß, um von dort bestimmte Informationen für gewisse Entscheidungen zu erhalten, und dann die Ergebnisse wieder in einer Datenbank abzulegen oder z.B. eine Zeichnung in einem CAD-System zu erzeugen. Da schon sehr ausgereifte Statik- und CAD-Systeme existieren, hat dieser Aspekt auch große wirtschaftliche Bedeutung, denn das Expertensystem vollzieht eine Umsetzung der durch die Rechenprogramme produzierten Daten in eine Konstruktionszeichnung hoher Qualität, was eine "intelligente" Verknüpfung sog. "Insellösungen" darstellt.

4. Realisierung am Beispiel Durchlaufträger

Bild 3 zeigt die Funktionsweise des bis jetzt realisierten einfachen Prototyps für die Konstruktion von Durchlaufträgern im Massivbau.

Die zentrale Steuereinheit ist der Kommandoprozessor des CAD-Systems, von wo aus alle Operationen des Benutzers eingeleitet werden. Von dort aus erfolgt also auch die Aktivierung des Expertensystems, welches dann gestützt auf seine Wissensbasis und die Statikdaten beginnt, den Durchlaufträger zu konstruieren. Für die Erzeugung des Bildes und der zugehörigen Daten benutzt es die vorhandenen Programme des CAD-Systems, wodurch die einzelnen Elemente im CAD-System genauso erzeugt werden wie durch einen interaktiv arbeitenden Konstrukteur, nur wesentlich schneller und ohne Fehler. Als Ergebnis der Expertensystemkonsultation liegt also eine ganz normale Zeichnung im CAD-System vor, die dann interaktiv weiterbearbeitet werden kann, was jedoch bei einer ausgereiften Wissensbasis kaum mehr erforderlich sein dürfte.

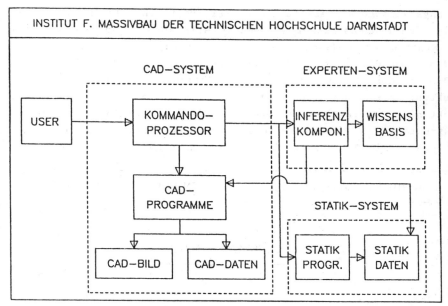

INSTITUT F. MASSIVBAU DER TECHNISCHEN HOCHSCHULE DARMSTADT

Bild 3: Schema-Darstellung des auf CAD basierenden Konstruktions-Expertensystems

Der Konstruktionsvorgang selbst muß kein rechnerinterner Prozeß sein. Es ist dem Konstrukteur des Expertensystems überlassen, ob er Regeln implementiert, die während des Konstruktionsvorgangs in bestimmten Situationen Fragen an den Benutzer richten. Das können z.B. Fragen nach Informationen sein, die aus der Statik noch nicht bekannt sind, oder Fragen nach der Durchführung und Pla zierung von Schnitten auf dem Plan, usw. Ob der Konstruktionsvorgang mehr interaktiv oder mehr automatisch abläuft, d.h. ob der Benutzer oder das System mehr Entscheidungen trifft, hängt also nur vom implementierten Wissen ab.

Das Wissen selbst kann in 2 Teile unterteilt werden:
A) Wissen bestehend aus Vorschriften (hier: DIN 1045 §18).
B) Wissen bestehend aus Konstruktionsregeln.

Während Teil A durch die Vorschriften ziemlich klar definiert ist, besteht Teil B aus Konstruktionsregeln, die zum großen Teil im Unterbewußtsein des Konstrukteurs existieren. Das betrifft v.a. die Bereitstellung von Wissen über die Geometrie des Bauteils. Ein Mensch z.B. weiß genau, welcher Strich die Unterkante des Durchlaufträgers darstellt oder welche Biegeform über welchem Auflager endet, wogegen diese Einzelelemente im CAD-System ohne gegenseitigen Bezug durcheinander abgespeichert sind. Diese zusätzlich erforderlichen Informationen müssen im Expertensystem verwaltet werden.

Die physikalische Repräsentation der erforderlichen Informationen erfolgt durch eine Rahmenstruktur (frames). Darin können eine beliebige Anzahl von Eigenschaften (slots) bestimmten Objekten (schematas) zugeordnet werden, die die Knotenpunkte der Rahmenstruktur darstellen. Die Verbindungen der Knoten sind die Relationen zwischen den einzelnen Objekten; sie sind frei definierbar und können Eigenschaften von Objekten an andere Objekte vererben. Diese allgemeine Struktur muß vom Konstrukteur des Expertensystems im voraus entworfen werden. Sie wird erst später mit Daten aufgefüllt, z.B. durch Ausführen von Regeln.

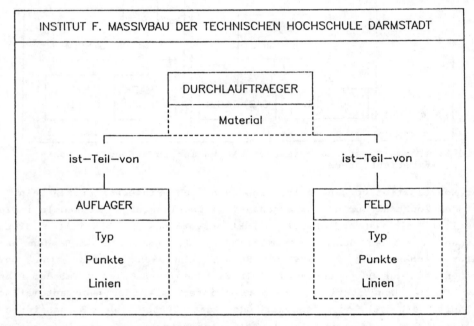

Bild 4: Beispiel für eine Rahmenstruktur

Das in Bild 4 gezeigte einfache Beispiel verdeutlicht die genannten Zusammenhänge: Es gibt die Objekte "Durchlaufträger", "Auflager" und "Feld". Jedes dieser Objekte hat spezielle Eigenschaften (slots), z.B "Material", "Punkte", "Linien" oder "Typ". Die Eigenschaft "Material" des Objektes "Durchlaufträger" zum Beispiel wird durch entsprechende Definition der Relation "ist-Teil-von" an die Objekte "Auflager" und "Feld" vererbt. Das bedeutet, daß bei einer Frage nach dem Material eines bestimmten Auflagers das System automatisch alle definierten Vererbungspfade nach dem slot Material durchsucht und das Ergebnis liefert. Man erkennt daran den allgemeinen Aufbau eines solchen Wissensbaumes: Die mehr allgemeinen Objekte und Eigenschaften stehen weiter oben während sehr spezielle und detaillierte Informationen sehr weit unten stehen. Die mehr allgemeinen Eigenschaften werden durch definierte Vererbungspfade von oben nach unten vererbt.

Die eigentliche Konstruktionstätigkeit des Systems wird durch Regeln kontrolliert, die in der Form "WENN (Bedingungen) DANN (Aktionen)" formuliert sind. Während der Abarbeitung der Regeln werden sehr viele Zwischenzustände erzeugt, die in der zuvor erwähnten Rahmenstruktur gespeichert werden. Welche Regeln gerade benutzt werden, hängt von dem momentanen Zustand der Daten in der Struktur ab.

INSTITUT F. MASSIVBAU DER TECHNISCHEN HOCHSCHULE DARMSTADT

R1:   WENN   Plan existiert bereits

        DANN   loesche Plan   UND

                 erfrage neue Plandaten   UND

                 erzeuge neuen Plan

R2:   WENN   kein Plan vorhanden

        DANN   erfrage neue Plandaten   UND

                 erzeuge neuen Plan

Bild 5: Beispiel für einen Regelsatz

Bild 5 zeigt einen sehr einfachen Regelsatz für das Problem "Anlegen eines Plans". Dabei wird deutlich, daß der komplette Regelsatz aus vielen kleineren Regelsätzen besteht, die jeweils ein ganz spezielles Teilproblem behandeln. In diesem Beispiel reichen 2 Regeln schon aus, um eine vernünftige Lösung zu erhalten. In den beiden folgenden Beispielen sind schon mehr Regeln erforderlich. In Bild 6 sehen wir ein Beispiel für einen DIN-Regelsatz für das Problem "Bestimmen des maximalen Bügelabstandes". Bild 7 zeigt ein Beispiel aus dem Konstruktionswissen für die Entscheidung, ob eine Staffelung der Längsbewehrung im Feld durchgeführt werden soll. Man sieht, daß hier der Faktor 0,6 rein subjektiv gewählt wurde, d.h. man könnte an dieser Stelle genausogut eine Frage an den Benutzer stellen und diesen entscheiden lassen.

```
┌─────────────────────────────────────────────────────────────────────┐
│  INSTITUT F. MASSIVBAU DER TECHNISCHEN HOCHSCHULE DARMSTADT          │
├─────────────────────────────────────────────────────────────────────┤
│                                                                       │
│            DIN—WISSEN                                                  │
│                                                                       │
│                                                                       │
│     WENN      Schubbereich 1                                          │
│     DANN      max S = min(0,8*h , 30 cm)                              │
│                                                                       │
│                                                                       │
│     WENN      Schubbereich 2                                          │
│     DANN      max S = min(0,6*h , 25 cm)                              │
│                                                                       │
│                                                                       │
│     WENN      Schubbereich 3                                          │
│     DANN      max S = min(0,3*h , 20 cm)                              │
│                                                                       │
│                                                                       │
│                                                                       │
│     Regeln fuer die Bestimmung des max. Buegelabstandes               │
│                                                                       │
└─────────────────────────────────────────────────────────────────────┘
```

Bild 6: Beispiel für DIN-Wissen

```
┌─────────────────────────────────────────────────────────────────────┐
│  INSTITUT F. MASSIVBAU DER TECHNISCHEN HOCHSCHULE DARMSTADT          │
├─────────────────────────────────────────────────────────────────────┤
│                                                                       │
│            KONSTRUKTIONS—WISSEN                                        │
│     WENN      Laengsbewehrung mehrlagig                               │
│     DANN      Staffelung                                              │
│                                                                       │
│                                                                       │
│     WENN      Laengsbewehrung einlagig                                │
│     UND       Stuetzweite + 2*Auflagerlaenge < 12 m                   │
│     UND       min As > (0,6 * max As)                                 │
│     DANN      keine Staffelung                                        │
│                                                                       │
│     WENN      Stuetzweite + 2*Auflagerlaenge > 12 m                   │
│     DANN      Staffelung                                              │
│                                                                       │
│     WENN      Laengsbewehrung einlagig                                │
│     UND       Stuetzweite + 2*Auflagerlaenge < 12 m                   │
│     UND       min As <= (0,6 * max As)                                │
│     DANN      Staffelung                                              │
└─────────────────────────────────────────────────────────────────────┘
```

Bild 7: Beispiel für Konstruktionswissen

Als nächstes stellt sich die Frage: Wie wählt man einen dieser vielen Regelsätze aus? Die Entscheidung, welcher der Regelsätze aktiviert werden soll, wird ebenfalls durch Regeln kontrolliert (Meta-Regeln). Man spricht hierbei von Meta-Wissen, da es sich um Wissen über die Verwendung von anderem Wissen handelt. Es ist deshalb möglich, während des Programmlaufs dynamisch Regelsätze für spezielle Aufgaben zu aktivieren, deren Reaktion nur von dem momentanen Stand der Daten in der zuvor erwähnten Struktur abhängen. Das bedeutet, daß ein Teil einer Regel (z.B. die Frage nach den neuen Plandaten im vorletzten Beispiel) einen anderen Regelsatz aktivieren kann, der dann Daten in der Struktur manipuliert und danach wieder zu dem zuvor aktiven Regelsatz zurückkehrt. Das passiert z.B. häufig bei der Beschaffung von DIN-Informationen wie Verankerungslängen, Übergreifungslängen, Biegerollendurchmesser, usw.

Abschließend sehen wir noch in Bild 8 den momentanen Stand der Wissensbasis. Es können verschiedene Arten von Auflagerarten, Querschnittstypen und auch Vouten behandelt werden. Geplant ist noch die Erweiterung auf Aussparungen, was bei einer guten Struktur relativ einfach möglich ist.

Insgesamt kann man zusammenfassen, daß für den Bau solcher Konstruktions-Expertensysteme 3 wesentliche Dinge zu bewältigen sind, nämlich erstens eine gute Wissensstruktur festzulegen, zweitens einen guten Kontrollmechanismus (Metaregeln) für die Aktivierung der einzelenen Regelsätze zu finden und drittens einfache und funktionelle Schnittstellen zwischen dem Expertensystem und der externen Software auszubilden.

5. Ausblick

Die Expertensystemtechnologie wird in Zukunft sicher wesentlich an Bedeutung gewinnen. Dafür sprechen viele Gründe, v.a. wirtschaftliche. Die Softwaretechnologie im allgemeinen befindet sich momentan in einem Entwicklungsstand, wo schon viele ausgereifte Softwarepakete für spezielle Problemlösungen existieren. Das sind hauptsächlich algorithmisch lösbare Probleme. Der zukünftige Trend zeigt aber eindeutig in Richtung integrierte Problemlösungen, bei denen sehr viel Wissen verarbeitet wird, das sich nur schwer in Algorithmen formulieren läßt, wie z.B. Erfahrungswissen. Es muß also darauf hingearbeitet werden, diejenigen Daten, die die bis jetzt vorhandene Software produziert, in ein übergeordnetes Konzept zu integrieren und dann auch möglichst gut zu interpretieren, was bis jetzt fast ausschließlich noch wenige menschliche Experten tun.

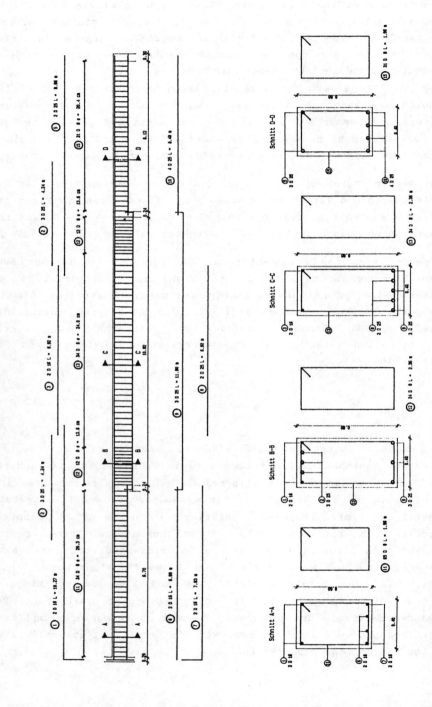

Bild 8: Von dem Expertensystem erzeugte Bewehrungszeichnung

6. <u>Literatur</u>

/1/ Nilsson, N.J.   Principles of Artificial Intelligence
                            Tioga (1983)

/2/ Hayes-Roth, F. et al. Building Expert Systems
                            Addison Wesley, Mass. (1983)

/3/ Savory, S.   Künstliche Intelligenz und Expertensysteme
                            Oldenbourg, München (1985)

/4/ Winston, P.H. et al.   Artificial Intelligence Readings
                            Addison Wesley, Mass. (1979)

/5/ Michie, D.   Introductory Readings in Expert Systems
                            Gordon and Breach, New York (1982)

/6/ Bibel, W.   Informatik Fachber. 59: Künstl. Intelligenz
     Sieckmann, H.   Springer, Heidelberg (1982)

/7/ Rich, E.   Artificial Intelligence
                            Mc Graw-Hill Book Company (1985)

/8/ Jackson, P.   Introduction to Expert Systems
                            Addison Wesley (1986)

/9/ Berner/Bubenheim   Automatisches Erstellen von Bewehrungs-
                            zeichnungen für Durchlaufträger
                            Mitteilungen aus dem Institut für Massivbau
                            der TH Darmstadt, Springer

10/ Bubenheim   Maschinelles Anfertigen von Konstruktions-
                            zeichnungen
                            Mitteilungen aus dem Institut für Massivbau
                            der TH Darmstadt, Springer

/11/ Ahn, M. et al.   Programme für den Hochbau
                            CAD-Berichte des Kernforschungszentrums
                            Karlsruhe, KfK-CAD 109 (1979)

FE-ANWENDUNGEN ZU UNTERSUCHUNGEN DER SPANNUNGSZUSTÄNDE IN EINTRAGUNGS-
BEREICHEN DER VORSPANNKRÄFTE BEI SPANNBETON MIT SOFORTIGEM VERBUND
von Mamoun Samkari, Gerhard Mehlhorn und Christian Meyer

1. Problemstellung

Bei Spannbeton mit sofortigem Verbund erfolgt in der Regel die Endverankerung der Spann-
drähte bzw. -litzen durch den Verbund zwischen Spannstahl und Beton (Verankerung durch
Haftungs-, Reibungs- und Scherverbund).

Der Bereich vom Beginn der Krafteintragung bis zum Erreichen einer geradlinigen bzw.
ebenen Spannungsverteilung über den Querschnitt wird Einleitungsbereich genannt (Bild 2 b).
Je nach Größe und Art der Verankerung entstehen in diesem Bereich erhebliche Querzug-
kräfte, da sich die hohen, durch die Vorspannung entstehenden Druckspannungen ausbreiten
und ein System von Hauptspannungen mit senkrecht zur Vorspannkraftrichtung wirkende
Zugspannungen erzeugen (Bild 1).

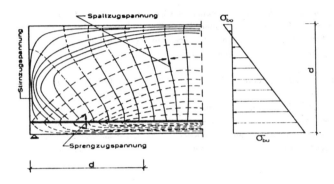

Bild 1: Hauptzug- und -druckspannungen im Einleitungsbereich der Vorspannkräfte

Die Länge, über die die Vorspannung der Spannstähle über den Verbund an den Beton abgegeben wird, wird als die Übertragungslänge bezeichnet (Bild 2 a).

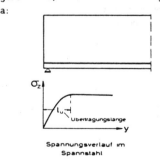

Bild 2: Über- und Eintragungslänge

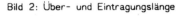

Dr.-Ing. M. Samkari, Universität Damaskus
Prof. Dr.-Ing. G. Mehlhorn, Gesamthochschule Kassel
Prof. C. Meyer (PhD), Columbia University, New York

Im Eintragungsbereich von Spannbetonträgern mit sofortigem Verbund lassen sich die drei Zug-spannungsarten unterscheiden [1], vergl. Bild 1:

> Spaltzugspannungen
> Stirnzugspannungen
> Sprengzugspannungen

Für die Ermittlung der genannten Zugspannungen gilt die einfache Balkentheorie nicht, da einerseits in der Umgebung der Verankerungsstellen die Vorspannkräfte einen mehrachsigen Spannungszustand aufweisen und andererseits das Betonwerkstoffverhalten sehr große nicht-lineare Eigenschaften aufweist.

Für die Dimensionierung des Eintragungsbereiches der Vorspannkräfte werden in der Bau-praxis verschiedene Näherungsverfahren angewendet, die hauptsächlich auf der Anwendung der klassischen Elastizitätstheorie oder der Auswertung von Versuchsergebnissen beruhen. Spannbetontragwerke werden jedoch so konstruiert, daß Bewehrung in den Beton eingelegt wird, die in der Lage ist, die vor der Rißbildung im Beton vorhandenen Zugkräfte zu über-nehmen. Sie gewährleistet zudem, daß unvermeidlich auftretende Risse fein verteilt werden.

Zur Erfassung aller dieser Einflüsse wären zahlreiche experimentelle Untersuchungen erforder-lich, die natürlich den Vorteil hätten, bei ordnungsgemäßer Durchführung wirklichkeitsnahe und zuverlässige Ergebnisse zu liefern. Allerdings wären die Grenzen der Meßbarkeit, des zeitlichen Aufwandes und der entstehenden Kosten problematisch.

Die großen Fortsschritte der letzten Jahre auf dem Gebiet der numerischen Betonmechanik ermöglichen es, einen Großteil der erforderlichen Versuche durch numerische Untersuchungen zu ersetzen. Diese bieten Vorteile, wie z.B. geringere Kosten, Vollständigkeit der Ergebnisse und die Möglichkeit, Parameterstudien durchzuführen. Es soll jedoch auch darauf hingewiesen werden, daß die erforderlichen Näherungen, die bei der Formulierung der Materialgesetze und der Diskretisierung der Struktur getroffen werden, Grenzen hinsichtlich der Genauigkeit setzen.

2. FEM-Berechnungen

2.1 Untersuchte Querschnitte

An Spannbetonträgern mit Spannbettvorspannung mit aus dem Typenprogramm SKELETTBAU der Fachvereinigung Betonfertigteilbau entnommenen Querschnitten, die im Bild 3 und Tabelle 1 angegeben sind, wurden Berechnungen unter Anwendung der FEM vorgenommen. Da hier nur die Spannungszustände aus der Vorspannung der Träger diskutiert werden, wurde als Belastung nur die Vorspannung berücksichtigt.

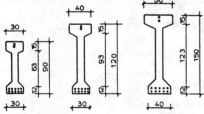

Bild 3: Querschnitte der untersuchten Spannbetonträger

Der Spannstahl wird in zwei Lagen, parallel zum Trägerrand verlaufend angenommen. Die Vorspannung der Spannstähle wird so gewählt, daß die Zugspannung am oberen Trägerrand 3,5 N/mm² nicht überschreitet. Bei den Berechnungen werden in allen Fällen nur die 2,5 m langen Endbereiche untersucht, was im Mittel etwa der zweifachen Trägerhöhe entspricht.

2.2 Untersuchte Parameter

Tabelle 1: Untersuchte Scheibenmodelle

Untersuch. Einfluß	Träger-querschn	Spannbew. im OG A_{V_o} cm²	Spannbew. im UG A_{V_u} cm²	Vorspann-kraft im OG V_o kN	Vorspann-kr. im UG V_u kN	Bügelbew-gehalt $\mu_{Bü}$ %	Verbund-modul G_o kN/cm²
Verbundmodul	d = 90 cm	0,428	4,278	54,4	544	0,48	20
		"	"	"	"	"	40
		"	"	"	"	"	60
		"	"	"	"	"	80
		"	"	"	"	"	100
Querschnittshöhe und Verbundmodule	d = 120 cm	0,600	6,00	70,6	706	0,43	20
		"	"	"	"	"	40
		"	"	"	"	"	60
		"	"	"	"	"	80
		"	"	"	"	"	100
	d = 150 cm	0,800	8,00	96,0	960	0,40	20
		"	"	"	"	"	40
		"	"	"	"	"	60
		"	"	"	"	0,80	80
		"	"	"	"	0,80	100
Bügel-bewehrung	d = 90 cm	0,428	4,278	54,4	544	0,96	60
		"	"	"	"	1,92	"
		"	"	"	"	3,84	"
		"	"	"	"	5,76	"
Steg breite	d = 90 b = 30	0,428	4,278	54,4	544	0,192	60
Vorspannkraft im Obergurt	d = 90 cm	0,856	4,278	108,8	544	0,48	60
		1,248	"	163,0	"	"	"
		1,712	"	217,0	"	"	"
		2,140	"	272,0	"	"	"

Der Einfluß der folgenden fünf Parameter

    ÜBERTRAGUNGSLÄNGE
    TRÄGERHÖHE
    BÜGELBEWEHRUNGSGRAD
    VERHÄLTNIS STEGDICKE : GURTBREITE
    VERHÄLTNISSE DER VORSPANNKRÄFTE IM OBER- UND UNTERGURT

auf den Spannungszustand im Einleitungsbereich werden untersucht. Dazu werden für jeden Parameter spezielle Modellreihen berechnet (siehe Tabelle 1).

Da die Parameteruntersuchungen an zweidimensionalen Ersatzmodellen (Scheiben) vorgenommen werden, wird zur Abschätzung der Genauigkeit dieser Vorgehensweise einer der Träger auch mit dem genaueren dreidimensionalen Modell untersucht.

2.3 FE-Modellierung

Anläßlich der Tagung FINITE ELEMENTE - ANWENDUNGEN IN DER PRAXIS 1984 in München hat der zweitgenannte Verfasser dieses Beitrages einen Überblick über die Anwendung der Methode der Finiten Elemente im Stahlbetonbau gegeben [2]. Deshalb soll es mit Verweis auf [2] genügen, das der Berechnung zugrunde gelegte Rechenmodell hier äußerst knapp zu beschreiben.

Die Idealisierung des Betons geschieht durch isoparametrische Scheibenelemente mit sechs oder acht Knoten.

Der Stahl wird mit Stabelementen modelliert. Die Berücksichtigung des Verbundes zwischen Beton und Spannstahl erfolgt mit dem isoparametrischen Kontaktelement in der von Keuser erweiterten Version.

2.4 Verwendete Elementnetze

Wesentlich für die Güte der FE-Berechnungen ist neben den verwendeten Elementen die Wahl der Elementnetze. Bei der Wahl des Netzes wird man stets einen vernünftigen Kompromiß zwischen Genauigkeit der Ergebnisse und Rechenaufwand treffen müssen. Dabei ist für das hier untersuchte Problem zu berücksichtigen:

    MÖGLICHST GENAUE ABBILDUNG DER TRÄGERGEOMETRIE
    KEINE EXTREMEN ELEMENTSEITENVERHÄLTNISSE
    EIN FEINES NETZ IM EINTRAGUNGSBEREICH
    VERTRETBARE RECHENZEITEN UND SPEICHERPLATZBEDARF

In Voruntersuchungen wurden die Ergebnisse unter Verwendung verschiedener Elementnetze gegenübergestellt. Hierbei wurden sowohl die Anzahl der Elemente in Längsrichtung als auch Anzahl der Knoten pro Element in vertikaler Richtung variiert und dabei sowohl lineare als auch nichtlineare Berechnungen durchgeführt. Als Ergebnis dieser Vergleichsrechnung ergab sich, daß die im Bild 4 dargestellten Elementnetze für die gestellte Aufgabe mit einem vertretbaren Rechenaufwand hinreichend genaue Ergebnisse lieferten.

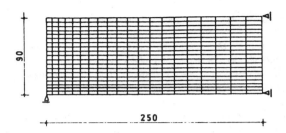

a) Elementnetz des Trägers mit der Profilhöhe d = 90 cm

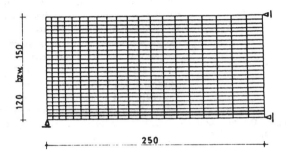

b) Elementnetz für den Querschnitt mit d = 120 bzw. 150 cm

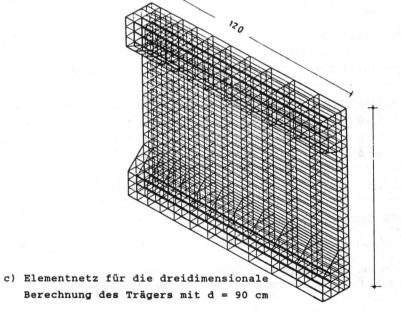

c) Elementnetz für die dreidimensionale
   Berechnung des Trägers mit d = 90 cm

Bild 4: Verwendete Elementnetze

3. Materialverhalten

Für das Verhalten des Betons wird das ADINA Betonmodell [3] verwendet.

Für den Stahl wird ein elastisch-plastisches Materialgesetz verwendet. Da die Spannung im Spannstahl infolge Vorspannung unterhalb der Fließspannung bleibt, verhält sich der Spann-stahl in allen hier vorgenommenen Berechnungen linear elastisch. Für die Bügelbewehrung wird ebenfalls ein bilineares Materialgesetz verwendet.

Zur Aufstellung der Steifigkeitsmatrix der Kontaktelemente muß der Zusammenhang zwischen den Relativverschiebungen Δ zwischen Beton und Spannstahl und den zugehörigen Verbundspannungen τ definiert werden. Dieser Zusammenhang läßt sich ausreichend durch die in Bild 5 dargestellte bilineare

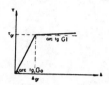

Bild 5: Verbundverhalten

Funktion beschrieben. Nach Überschreiten einer bestimmten Relativverschiebung Δ_{gr} mit der dazu gehörigen Verbundspannung τ_{gr} wird die Steifigkeit drastisch reduziert. Die zu wählenden charakteristischen Größen hängen von der Stahloberfläche, dem Stahl-durchmesser, der Qualität des Betons in Stahlnähe und vom Querdruck ab. In der Baupraxis sind erhebliche Schwankungen dieser Werte zu erwarten. Vereinfachend wurde bei diesen Berechnungen $\Delta_{gr} = 0,1$ mm und $G_1 = 0,01 \cdot G_0$ gewählt, wobei G_0 als Parameter variiert wurde (s. Tabelle 1).

Zur Abschätzung des Einflusses der physikalischen Nichtlinearität wurden fast alle Modelle sowohl linear als auch nichtlinear berechnet. Die wesentlichsten Werkstoffdaten sind in Tabelle 2 angegeben.

Tabelle 2: Werkstoffdaten

Beton (Bild 2.5)	Spannstahl	Verbund
E_b = 37000 N/mm²	E_z = 195000 N/mm²	G_0 = 20 bis 100 N/mm³
ν_b = 0,20	ν_z = 0,30	G_1 = 0,01 G_0
σ_c = 28,0 N/mm²	β_s = 1570 N/mm²	Δ_{gr} = 0,1 mm
σ_u = 26,0 N/mm²	β_z = 1770 N/mm²	
σ_{bz} = 4,6 N/mm²	E_s = 200000 N/mm²	
σ_{spz} = 3,2 N/mm²		

4. Berechnungsschritte

In allen Untersuchungen erfolgt die Belastung schrittweise wie nachfolgend beschrieben.

Im ersten Schritt wird die Spannbett-Vorspannung des Stahls simuliert, indem die Stahlstab-elemente durch Einzelkräfte belastet werden. Die Beton- und Kontaktelemente sind in diesem Lastschritt nicht wirksam.

Während die Einzelkräfte konstant bleiben, werden die Beton- und Kontaktelemente aktiviert. Sie bleiben aber zunächst noch spannungslos.

dellen gut übereinstimmen (Bild 7 c) ebenso wie die Werte der positiven Hauptzugspannungen (vergl. Bild 6: die größte Hauptzugspannung beim räumlichen Modell ergibt sich zu 1,03 kN/cm², beim Scheibenmodell zu 1,00 kN/cm²).

Neben den zwei- und dreidimensionalen Vergleichsrechnungen wurde, wie bereits erwähnt, auch ein Träger nachgerechnet, der von Marshall und Mattock in einer Versuchsreihe experimentell untersucht wurde. Nachgerechnet wurde der in [4] mit B4 bezeichnete Träger, dessen Querschnitt, zusammen mit der Elementmodellierung über die Trägerhöhe, im Bild 8a angegeben ist. Verglichen wurden die rechnerischen und experimentellen Ergebnisse der Rißlänge, der maximalen Bügelspannung und das Verhältnis der Gesamtzugkraft in den Bügeln zur Vorspannkraft.

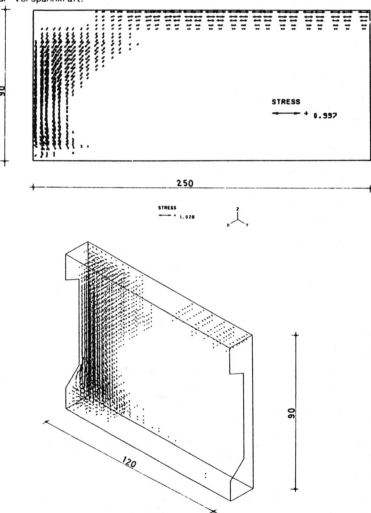

Bild 6: Positive Hauptzugspannungen aus linearen Berechnungen mit zwei- (a) und dreidimensionalen (b) Elementen)

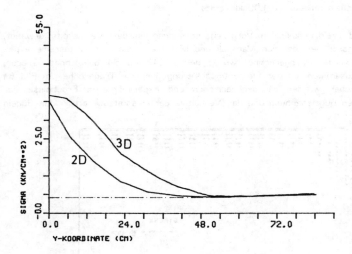

Bild 7: Positive Hauptzugdehnungen aus Berechnung mit Scheibenelementen (a) bzw. mit
Volumenelementen (b) und Spannungsverlauf in der Bügelbewehrung (c) für nichtlineare
Vergleichsrechnungen mit zwei- und dreidimensionalen Elementen

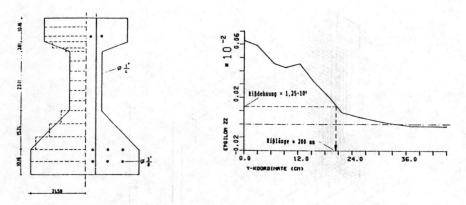

Bild 8: (a): Querschnitt und Einteilung des Querschnitts in Elemente (Träger B4 aus [4]);
(b): Betonzugdehnung in vertikaler Richtung für den nachgerechneten Träger

Im Bild 8b ist der Verlauf der nichtlinear berechneten maximalen vertikalen Dehnungen im
Beton entlang der Trägerachse aufgetragen, wobei der Beton ab einer Dehnung von 0,125 ‰
als gerissen vorausgesetzt wurde. Mit dieser Annahme ergaben sich Rißlängen bis zu ca. 20
cm, während im Experiment nur 12,7 cm festgestellt wurden. Die berechnete maximale
Bügelspannung von 8,95 kN/cm^2 stimmt gut mit der gemessenen Spannung von 9,04 kN/cm^2

In mehreren aufeinanderfolgenden Lastschritten werden anschließend die in den vorgespannten Stählen aufgebrachten Einzelkräfte stufenweise auf Null reduziert und dabei über die Kontaktelemente auf den Beton übertragen. Die Anzahl der Lastschritte hängt von der Vorspannkraft ab und schwankt normalerweise zwischen 4 und 9.

5. Ergebnisse

Von den Rechenergebnissen interessieren vor allem die Spannungskomponenten im Beton sowie die Hauptspannungen und -dehnungen und die Spannungen in der Bügelbewehrung. In den Abschnitten 5.2 bis 5.6 werden an vereinfachten Scheibenmodellen erhaltene Ergebnisse über die bereits im Abschnitt 2.2 erwähnten Parameterstudien vorgestellt. Zuvor wird im Abschnitt 5.1 die Brauchbarkeit dieser an dem stark vereinfachten Modell erhaltenen Ergebnisse begründet.

5.1 Überprüfung der Zuverlässigkeit des Rechenverfahrens

Da der Spannungszustand im Endbereich eines vorgespannten Trägers in Wirklichkeit ein dreidimensionaler ist, bedeutet die mechanisch-mathematische Modellierung mit zweidimensionalen Elementen eine Vereinfachung und Fehlerquelle, die in einigen Fällen sehr schwer abzuschätzen ist. Aus diesem Grunde wurde ein Träger vergleichsweise zwei- und dreidimensional untersucht. Zur Überprüfung der Zuverlässigkeit des Rechenverfahrens wurde auch ein von Marshall und Mattock durchgeführter Versuch [4] nachgerechnet.

Am Beispiel des Trägers mit 90 cm Profilhöhe und einem angenommenen Verbundmodul G_o=60 kN/cm^3 (entspricht bei der zweidimensionalen Berechnung einer Übertragungslänge von 50 cm), der im Untergurt mit einer Vorspannkraft von 1080 kN und im Obergurt mit 108 kN vorgespannt wurde, wurden zwei- und dreidimensionale Vergleichsrechnungen vorgenommen. Als Bügelbewehrung im Eintragungsbereich wurden vertikale Stäbe mit einem Bewehrungsgehalt μ = 0,48 % angeordnet. Während bei der zweidimensionalen Berechnung entsprechend der Parameterstudie mit einem 2,5 m langen Modell gerechnet wurde, wurde bei der dreidimensionalen Rechnung nur ein 1,2 m langer Modellträger verwendet. Wegen der angesetzten kurzen Übertragungslänge reichte diese verkürzte Länge, die eine beachtliche Verkürzung der Rechenzeit zur Folge hatte, aus. Die Verringerung der Länge des abgebildeten Bereichs war in diesem Falle gerechtfertigt. Im Bild 6 sind die sich ergebenden positiven Hauptzugspannungen aus einer linearen Berechnung zum Vergleich angegeben.

Auch bei der dreidimensionalen Berechnung ergibt sich die Übertragungslänge mit ca. 50 cm in der gleichen Höhe wie bei der vereinfachten zweidimensionalen Berechnung (vergl. Bild 7). Für Spannungen in der Bügelbewehrung treten bei der nichtlinearen Berechnung allerdings nicht ohne weiteres zu vernachlässigende Unterschiede auf (s. Bild 7). Die Gesamtzugkraft der Bügel ergibt sich bei der Berechnung am räumlichen Modell zu 34 kN, während sie sich bei der Berechnung am ebenen Modell nur zu 24 kN ergibt. Die Erklärung für diese Unterschiede ergibt sich aus dem Vergleich der Ergebnisse für die positiven Hauptzugdehnungen, wie sie sich aus den beiden Modellrechnungen, dargestellt im Bild 7, ergeben. Es ist deutlich erkennbar, daß bei der Berechnung am Scheibenmodell die zwangsläufige Vernachlässigung der dritten Spannungskomponente ein erheblich vereinfachtes Materialverhalten erzwingt und dadurch zu einem etwas kleineren Rißbereich führt als sich aus der Berechnung am wirklichkeitsnäheren räumlichen Modell ergibt. Dadurch ergeben sich beim zweidimensionalen Modell beträchtlich kleinere Dehnungen, die zu geringeren Bügelspannungen führen als im realistischeren räumlichen Fall. Es wird noch besonders darauf hingewiesen, daß an den Stirnseiten, wo die größten Bügelspannungen auftreten, diese Bügelspannungen nach den beiden Rechenmo-

überein. Allerdings treten beim Vergleich der sich rechnerisch ergebenden Gesamtzugkraft von ca. 0,04 mal der Vorspannkraft und der im Experiment festgestellten ca. 0,015fachen Vorspannkraft deutliche Unterschiede auf. Die wenig befriedigende Übereinstimmung kann auf mehrere Ursachen zurückgeführt werden. Vor allem ist die Unzuverlässigkeit der in [4] angegebenen Materialkennwerte zu nennen. Die Betonzugfestigkeit hängt bekanntlich von vielen Einflußgrößen ab, die oft nicht kontrolliert werden können, und sie schwankt deshalb beträchtlich. Das Gleiche gilt für die Materialeigenschaften, die das Tension Stiffening des Betons bestimmen. Auch hier sind den Genauigkeiten, mit denen die verschiedenen Material-kennwerte gemessen werden können, experimentelle Grenzen gesetzt. Deshalb ist durchaus zu erwarten, daß die Empfindlichkeit des Reißens des Betons rechnerisch nur unvollkommen nachvollzogen werden kann.

Als Schlußfolgerung kann zusammenfassend gesagt werden, daß die Übereinstimmung zwischen Rechnung und Versuch nicht in allen Punkten zufriedenstellend ist. Die aufgetretenen Unter-schiede, die mehrere Ursachen haben, sollen als Warnung dienen, sowohl die numerischen Rechenergebnisse als auch experimentelle Meßwerte mit entsprechender Vorsicht zu bewerten. Der Wert von numerischen Rechnungen zu Vergleichszwecken, wie z.B. für die nachfolgenden Parameteruntersuchungen, ist dadurch jedoch nicht beeinträchtigt.

Der Vergleich der zwei- und dreidimensionalen Berechnungen führt zu folgenden Schlußfolge-rungen. Die Ergebnisse der Scheibenmodelle müssen als etwas auf der unsicheren Seite liegend angesehen werden. So führen sie im zuvor vorgenommenen Vergleich zu einer Unterschätzung des erforderlichen Bügelbewehrungsgehalts um etwa 28 %. Andererseits hat die Nachrechnung des Versuchs von Marshall und Mattock zu einer beträchtlichen Überschät-zung der sich rechnerisch ergebenden Gesamtbügelzugkraft geführt. Es kann also angenommen werden, daß eine Berechnung mit einem räumlichen Modell zu einer besseren Übereinstimmung mit dem Versuchsergebnis führen würde.

Solange diese Fragen noch nicht besser geklärt worden sind, sollte ein großzügig gewählter Sicherheitsbeiwert verwendet werden, wenn rechnerische Erkenntnisse ohne vergleichende Versuche für einen Bemessungsvorschlag verwendet werden sollen.

5.2 Einfluß der Übertragungslänge

Im Abschnitt 1 (siehe auch Bild 2) wurde bereits der Unterschied zwischen Übertragungslänge und Länge des Eintragungsbereichs der Vorspannkräfte definiert.

Von Rüsch und Rehm [5] werden für verschiedene Spannstähle folgende Übertragungslängen angegeben:
· Litzen aus glatten Einzeldrähten: $l_{\ddot{u}}$ = 50...90 cm
· Gezogene Drähte bis Φ 5 mm mit aufgewalzter
  Profilierung: $l_{\ddot{u}}$ = 25...80 cm
· Vergütete Drähte mit ausgeprägter Profilierung
  mit Querschnittsflächen bis 30 mm^2: $l_{\ddot{u}}$ = 20...50 cm

Für Litzen, die nach dem Erhärten mit dem Schneidbrenner abgetrennt wurden, haben Kaar et al. [6] als Mittelwerte folgende Übertragungslängen ermittelt (σ_v = 1230 bis 1330 N/mm^2):

Φ 1/4" (6,4 mm): $l_{\ddot{u}}$ = 32 cm
Φ 3/8" (9,5 mm): $l_{\ddot{u}}$ = 66 cm
Φ 1/2" (12,7 mm): $l_{\ddot{u}}$ = 105 cm

Da die Übertragungslänge hauptsächlich von den Verbundeigenschaften abhängt, wird ihr Einfluß durch Variation des Verbundmoduls G_O im Bereich von 20 bis 100 kN/cm^3 erfaßt.

In Bild 9 sind die sich rechnerisch ergebenden Spannungsverläufe in Längsrichtung im Spannstahl angegeben. Auch die aus der Variation des Verbundmoduls G_O resultierenden Übertragungslängen sind aus Bild 9 ersichtlich. In Bild 10 ist die sich aus einer linearen Berechnung ergebende maximale Stirnzugspannung in Abhängigkeit von der Übertragungslänge und der Querschnittshöhe (Ergebnis aus allen Berechnungen) angegeben. Aus dem Bild ist die größte Zunahme der Stirnzugspannung mit abnehmender Übertragungslänge deutlich erkennbar. Die linearen Berechnungen haben ergeben, daß in fast allen Fällen die Zugfestigkeit üblicher Betongüten überschritten wird und der Beton in diesem Bereich reißt. Die rechnerischen Ergebnisse für die Stirnzugspannungen aus den nichtlinearen Berechnungen interessieren deshalb nicht besonders, da nach dem Auftreten von Rissen im Beton die Betonzugspannungen verschwinden. Von Interesse ist nur das Integral der Zugspannungen, also die Gesamtzugkraft.

Diese ist zusammen mit der sich aus der nichtlinearen Berechnung ergebenden Gesamtbügelkraft und den ermittelten größten Rißbreiten in Tabelle 3 angegeben. Die Differenz zwischen der Gesamtzugkraft und der Gesamtbügelkraft ist der Anteil, der auch nach der Rißbildung vom Beton getragen wird.

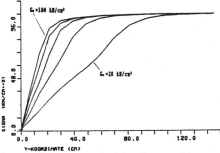

Bild 9: Spannungsverlauf im Spannstahl
für den 90 cm hohen I-Querschnitt

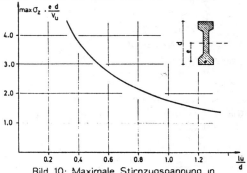

Bild 10: Maximale Stirnzugspannung in
Abhängigkeit vom Verhältnis
der Übertragungslänge zur
Querschnittshöhe

Tabelle 3: Gesamtspaltzugkraft, Gesamtbügelkraft und größte Rißbreiten

Verbund-modul G_O	Übertragungs-länge $l_ü$	Gesamtspalt-zugkraft Z	Gesamtbügel-zugkraft $Z_{Bü}$	Größte Rißbreite w
kN/cm^3	cm	kN	kN	mm
20	120	79	12,5	0,23
40	75	106	21,8	0,36
60	50	114	24,2	0,49
80	45	116	26,5	0,63
100	42	117	32,8	0,77

Bei der nichtlinearen Berechnung wird mit zunehmender Rißbildung ein Teil der Spaltzugkräfte vom Beton auf die Bügelbewehrung umgelagert. Die resultierenden Bügelspannungen sind im

Bild 11, die vertikal gerichteten Betonspannungen im Bild 12 und die maximalen Schubspannungen im Bild 13 dargestellt. Damit keine Mißverständnisse entstehen, muß hier darauf hingewiesen werden, daß die sich rechnerisch ergebenden Rißbreiten nicht identisch sind mit tatsächlich auftretenden. Wegen der verwendeten Modellierung (verschmiertes Modell) können die rechnerisch ermittelten Rißbreiten zunächst nur als Maß für die sich ergebende Summe der Rißbreiten unter den getroffenen Rechenannahmen angesehen werden. Man erkennt deutlich, daß mit der Zunahme der Übertragungslänge (allmählichere Vorspannkrafteinleitung) die Summe der Rißbreiten abnimmt.

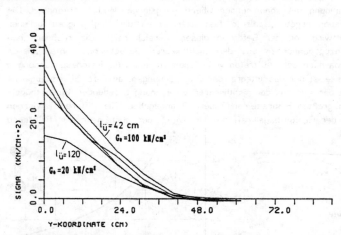

Bild 11: Spannungsverlauf in der Bügelbewehrung entlang der Längsachse (für den 90 cm hohen I-Querschnitt

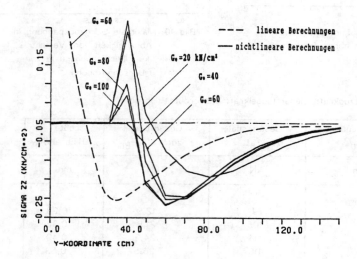

Bild 12: Verlauf der vertikalen Betonspannungen entlang der Längsachse für den 90 cm hohen I-Querschnitt

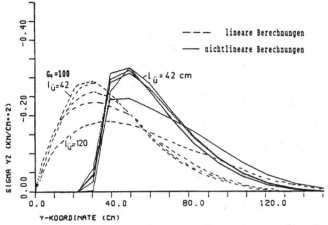

Bild 13: Schubspannungsverlauf entlang der Längsachse für den 90 cm hohen I-Querschnitt

5.3 Einfluß der Profilhöhe

Um den Einfluß der Trägerhöhe auf die Zugspannungen zu ermitteln, wurden ergänzend zu den im Abschnitt 5.2 angegebenen Untersuchungen zusätzlich Träger mit 120 und 150 cm Höhe berechnet. Da es für den Vergleich wünschenswert ist, in Trägermitte am unteren und oberen Rand jeweils gleiche Randspannungen zu erhalten (oben +0,35, unten -1,8 kN/cm²), mußten die Vorspannkräfte entsprechend erhöht werden. In einigen Fällen ergab sich, daß bei gleichem Bewehrungsgehalt für die Bügel diese die Fließgrenze erreichten. Um dies zu vermeiden, wurde in diesen Fällen der Bewehrungsgehalt vergrößert (s. Tabelle 1).

In den Vergleichsrechnungen wurde der Einfluß der Trägerhöhe auf die Übertragungslänge, die maximale Stirnzugspannung, die maximale Bügelspannung am Stirnrand, die Gesamtspaltzugkraft und die Gesamtbügelkraft ermittelt. Die Rechenergebnisse sind in der Tabelle 4 zusammengestellt.

Im Abschnitt 5.2 wurde bereits gezeigt (s. Tabelle 3), daß ein erheblicher Unterschied besteht, je nachdem ob man die vertikalen Zugkräfte im Einleitungsbereich aus einer linearen oder nichtlinearen Rechnung bestimmt. Dies gilt selbstverständlich unabhängig von der Trägerhöhe (vergl. Tabelle 4). Bei höheren Profilen ergeben sich erwartungsgemäß wegen der höheren eingetragenen Vorspannkräfte im Vergleich zu geringeren Trägerhöhen sowohl aus linearer als auch aus nichtlinearer Berechnung größere vertikale Betonzugspannungen bzw. Bügelzugkräfte. Dies führt zwangsläufig zu einem größeren erforderlichen Bewehrungsgehalt für die Bügel. Es soll jedoch hier auch nochmals auf den Abschnitt 5.2 und Bild 10 hingewiesen werden, daß die Dimensionsgröße (d · e · max σ_z)/V_u nicht von der Querschnittshöhe abhängt, also durch eine Kurve auch bei verschiedenen Trägerhöhen beschrieben wird.

Im Bild 14 wird für den mittleren Verbundmodul G_o = 60 kN/cm³ beispielhaft der Einfluß der Querschnittshöhe auf die Verteilung der vertikalen Zugspannungen im Beton über die Trägerlänge vor und nach der Rißbildung gezeigt. In den Bildern 15 und 16 werden die verschiedenen Verläufe der Spannungen in der Bügelbewehrung und der Schubspannungen im Beton, wie sie sich aus linearen bzw. nichtlinearen Berechnungen ergeben, gegenübergestellt.

Tabelle 4: Variation der Querschnittshöhe d der Träger

Verbund-modul	Übertragungs-länge	max Stirn-zugspannung	max σ_{zz} an Stirnrand	Gesamtspalt-zugkraft	Gesamtbügel-kraft
G_v	l_t	max $^t\sigma_z$	$^{t}\sigma_{zz}$	$^t Z_s = ^t\sigma_z \cdot dy$	$^t Z_{ss} = [^{t} \sigma_{zz} \cdot a_{z s}$
[kN/cm²]	[cm]	[kN/cm²]	[kN/cm²]	[kN]	[kN]
Querschnittshöhe d = 90 cm					
20	120	0,487	16,00	78,90	12,48
40	75	0,801	28,00	105,70	21,84
60	50	0,997	31,00	113,60	24,20
80	45	1,140	34,00	116,20	26,50
100	42	1,220	42,00	117,10	32,80
Querschnittshöhe d = 120 cm					
20	130	0,657	24,00	138,00	21,84
40	80	1,039	37,00	145,70	33,67
60	55	1,267	41,00	157,60	37,31
80	50	1,410	42,00	168,20	38,22
100	45	1,530	20,00	182,40	54,60
Querschnittshöhe d = 150 cm					
20	150	0,744	30,00	143,50	40,04
40	85	1,138	39,00	160,30	45,24
60	62	1,378	42,00	165,60	50,12
80	59	1,540	34,00	186,20	59,00
100	55	1,661	35,00	199,20	60,00

lineare Berechnungen

nichtlineare Berechnungen

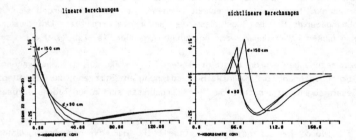

Bild 14: Vertikale Zugspannungen im Beton für Variation der Trägerhöhe d aus linearer und nichtlinearer Berechnung (G_0 = 60 kN/cm³)

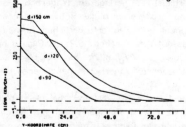

Bild 15: Spannungsverlauf in der Bügelbewehrung für Variation der Trägerhöhe d
G_0 = 60 kN/cm³, nichtlineare Berechnung

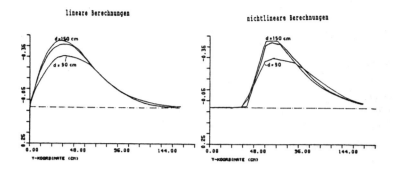

Bild 16: Schubspannungsverlauf für Variation der Trägerhöhe d (G_o = 60 kN/cm^3; lineare und nichtlineare Berechnung)

Aus den Bildern 14 bis 16 erkennt man, wie auch aus Tabelle 4, sehr deutlich, daß die Integrale der Vertikalspannungen, also die Gesamtzugkräfte, von der Trägerhöhe beeinflußt werden.

5.4 Einfluß der Bügelbewehrung

Zu den in den vorangegangenen Abschnitten bereits beschriebenen Untersuchungen wurden auch die Gehalte der Bügelbewehrung variiert. Es wurden Bewehrungsgehalte von 0,48 %, 0,96 %, 1,92 %, 3,84 % und 5,76 % untersucht (vergl. Tabelle 1).

Erwartungsgemäß nehmen mit zunehmendem Bewehrungsgehalt die Spannungen in den Bügeln und die Rißbreiten im Beton ab, aber der Anteil der von der Bewehrung aufgenommenen Zugkräfte zu. Diese qualitative Überlegung wurde durch die nichtlineare Berechnung bestätigt. Die wichtigsten Rechenergebnisse sind in der Tabelle 5 und in den Bildern 17 und 18 angegeben. Bezüglich der Angaben der Rißbreiten wird hier auf die im Abschnitt 5.2 gemachten Aussagen verwiesen.

Tabelle 5: Variation der Bügelbewehrung

Bewehrungsgehalt	[%]	0,48	0,96	1,92	3,84	5,76
maximale Bügelspannung	[kN/cm^2]	31,0	24,0	15,9	10,8	8,7
Gesamtzugkraft in den Bügeln	[kN]	24,2	37,4	49,5	56,2	63,7
Verhältnis Gesamtbügelkraft (nichtlineare Rechung) zu Gesamtspaltzugkraft (lineare Rechung)		0,21	0,33	0,43	0,50	0,56
Rißbreite	[mm]	0,49	0,39	0,27	0,20	0,18

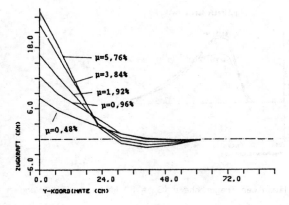

Bild 17: Zugkraftverlauf über die Trägerlängsrichtung in der Bügelbewehrung bei Variation des Bügelbewehrungsgehalts μ

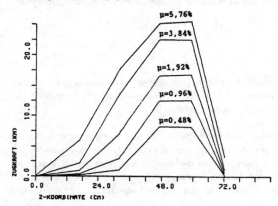

Bild 18: Zugkraftverlauf über die Trägerhöhe in der Bügelbewehrung bei Variation des Bügelbewehrungsgehalts μ

5.5 Einfluß der Stegverbreiterung im Einleitungsbereich

Eine Möglichkeit, die auftretenden Risse zu beschränken, besteht darin, innerhalb des Einleitungsbereichs der Vorspannkräfte die Stegdicke des I-Querschnitts zu vergrößern (vergl. Bild 19).

Die maximale Zugspannung des Betons nimmt von 1,0 kN/cm^2 ohne Stegverbreiterung auf 0,68 kN/cm^2 mit Stegverbreiterung ab. Die Spannungen in der Bügelbewehrung sind im Bild 20 vergleichsweise angegeben. Die resultierende Gesamtzugkraft in der Bügelbewehrung von 24,2 kN nimmt infolge der Stegverbreiterung auf etwa die Hälfte, nämlich auf 12,5 kN, ab. Die Stegverbreiterung ist eine wirksame Maßnahme, um kleinere Rißbreiten zu erzielen. Es wird aber hier auch darauf hingewiesen, daß die Gefahr der Rißbildung sich von der Schwachstelle vom Gurt-Stegübergang zum Spannstahl hin verlagert. Dies kann zu einer Beeinträchtigung der Spannstahlverankerung führen, was gegebenenfalls besonders zu untersuchen ist!

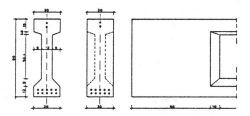

Bild 19: Träger mit und ohne Stegverbreiterung

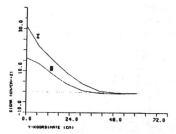

Bild 20: Spannungsverlauf in der Bügelbewehrung für Querschnitt mit und ohne Stegverbreiterung

5.6 Einfluß der Vorspannkraft im Obergurt

Um Zugspannungen im oberen Bereich des Trägers aus Vorspannung bzw. äußerer Belastung zu überdrücken, werden in der Baupraxis häufig auch in den Obergurten vorgespannte Stähle angeordnet.

Es wurde zu den in den vorangegangenen Abschnitten erläuterten Variationen deshalb auch noch die Höhe der Vorspannkraft im Obergurt variiert. Die Vorspannkraft im Obergurt wurde von 10 % bis 50 % der Vorspannkraft im Untergurt gewählt (vergl. Tabelle 1).

Mit linearen Berechnungen läßt sich leicht nachweisen, daß die maximalen Stirnzugspannungen nicht wesentlich davon beeinflußt werden, je nachdem ob die Träger nur unten oder auch zusätzlich oben vorgespannt werden. Dies ergibt sich deshalb so, weil die Stirnzugspannungen in vertikaler Richtung schnell abklingen (vergl. Bild 21). Die gegenseitige Beeinflussung der beiden Spannstränge bezüglich des Größtwertes nimmt mit zunehmender Trägerhöhe zu. Bei kleineren Querschnittshöhen, wie z.B. bei Platten, ist jedoch Vorsicht geboten.

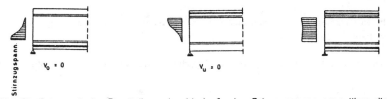

Bild 21: Schematische Darstellung des Verlaufs der Stirnzugspannungen über die Trägerhöhe bei Vorspannung am unteren und oberen Rand

Die Änderungen der Spannungen in der Bügelbewehrung sind aus den Bildern 22 und 23 als Variation der Obergurtvorspannung ersichtlich. Im Bild 22 sind die jeweils maximalen Spannungen in der Bügelbewehrung entlang der Trägerachse und im Bild 23 ist der Spannungsverlauf im ersten Bügel am Endquerschnitt über die Trägerhöhe aufgetragen.

Man erkennt, daß die größten auftretenden Bügelspannungen von der Größe der neben der Untergurtvorspannung gleichzeitig wirkenden Obergurtvorspannung nur geringfügig beeinflußt werden.

Dagegen wächst die von den Bügeln aufgenommene Gesamtzugkraft nach Überschreiten des Verhältnisses $V_o/V_u = 0,2$ um etwa 20 % an, bleibt danach aber etwa konstant, was aus der Tabelle 6 entnommen werden kann.

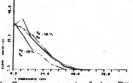

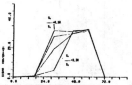

Bild 22: Spannungsverlauf der Bügel über die Trägerlängsachse als Variation der oberen Vorspannung V_o

Bild 23: Spannungsverlauf des Bügels am Endquerschnitt über die Trägerhöhe als Variation der oberen Vorspannung

Tabelle 6: Größtwerte der Bügelzugspannungen, Gesamtbügelzugkraft und Rißbreiten bei Variation der Obergurtvorspannung V_o

V_o/V_u		0,1	0,2	0,3	0,4	0,5
Größtwert der Bügelspannung	[kN/cm²]	31	32	30	32	32
Gesamtbügelzugkraft	[kN]	24,2	25,0	30,3	29,8	30,5
Rißbreite	[mm]	0,49	0,53	0,64	0,72	0,76

Eine Untersuchung der Hauptspannungen in einer linearen Berechnung ergibt kaum erkennbare Unterschiede bezüglich der Größtwerte bei Variation der Obergurtvorspannkraft. Aus nicht-linearen Berechnungen folgt dagegen mit zunehmender Höhe der Vorspannkraft im Obergurt eine größere Ausdehnung des gerissenen Bereiches und zunehmende Vergrößerung der Rißbreiten. Bezüglich der in der Tabelle 6 angegebenen Rißbreite sei hier ebenfalls nochmals darauf hingewiesen, daß die dort angegebenen Werte für die Rißbreite nur als Rechenwerte zu verstehen sind, vergleiche die dazu gemachten Ausführungen im Abschnitt 5.2.

6. Zusammenfassung

Aus den durchgeführten Parameteruntersuchungen lassen sich zusammenfassend die folgenden Schlußfolgerungen ziehen:

Bei sehr gutem Verbund treten als Folge der geringen Verbundlänge örtlich sehr hohe Zug-spannungen auf.

Die durch die Rissebildungen des Betons hervorgerufene Spannungsumlagerung führt im Vergleich zum ideal elastischen Verhalten zu einer erheblichen Reduzierung der von den Bügeln aufzunehmenden Zugkräfte.

Die Erhöhung des Bügelbewehrungsgehalts führt zu dem erwarteten Ergebnis, daß der Anteil der von den Bügeln aufzunehmenden Gesamtzugkraft anwächst und die Rißbreiten im Beton abnehmen.

Der Übergang vom Untergurt zum Steg kann als Schwachstelle angesehen werden, in der die Rißbildung ihren Ursprung hat. Durch eine Stegverbreiterung im Einleitungsbereich wird diese Schwachstelle beseitigt. Allerdings verlagern sich die größten auftretenden Zugspannungen in die Nähe des Spannstahls, wodurch bei Rissebildungen die Verbundeigenschaften beeinträchtigt werden können. Diesem Problem sollte durch gute konstruktive Durchbildung begegnet werden.

7. Abschließende Bemerkungen

Die vorgenommenen Untersuchungen zeigen, daß bereits heute die Anwendung der Methode der Finiten Elemente sehr geeignet ist, zur Klärung wichtiger, für die Baupraxis wesentlicher Probleme im Stahlbetonbau eingesetzt zu werden, wenn man das nichtlineare Verhalten auch entsprechend wirklichkeitsnah berücksichtigt.

Es soll aber besonders hervorgehoben werden, daß bei der Anwendung alle zu treffende Annahmen und Bedingungen, auf der das Verfahren beruht, dem Anwender genau bekannt sind, damit er die Grenzen der Anwendbarkeit übersieht. Hier sei besonders auf die zutreffende Beschreibung des Materialverhaltens des Stahlbetons hingewiesen. Aber auch das Modellieren von Strukturen mit Finiten Elementen birgt viele Gefahren, deren sich der Benutzer bewußt sein muß, um z.B. fehlerhafte, numerisch bedingte Versagensmechanismen auszuschließen und auch Fehlerquellen, z.B. infolge zu großer Lastinkremente zu erkennen und zu minimieren.

Was die Genauigkeit der numerischen Methoden betrifft, so sind hier Grenzen gesetzt, was für den Massivbau aber bekannt ist. Aber auch die einwandfreie Planung und Durchführung der Experimente erfordert ein einwandfreies Verständnis des zu untersuchenden Problems sowie die einwandfreie Durchführung des Experiments mit besonderem Augenmerk für die Meßwerterfassung und die sorgfältige Beurteilung der Meßgenauigkeiten. Vergleiche zwischen Messungen im Versuch und Berechnungen sind oft unbefriedigend. Das liegt aber nicht nur an der Ungenauigkeit der Berechnungsmodelle, sondern auch oft an den großen Streuungen von Versuchsergebnissen.

Nach unserer Auffassung können Erkenntnisse nur dann als gesichert angesehen werden, wenn eine Übereinstimmung zwischen Theorie und Experiment hergestellt ist.

Literatur:

[1]   Ruhnau, J. und Kupfer, H.: Spaltzug-, Stirnzug- und Schubbewehrung im Eintragungs-
        bereich von Spannbett-Trägern. Beton- und Stahlbetonbau 72 (1977), S. 175.

[2]   Mehlhorn, G.: Anwendung der Methode der Finiten Elemente im Stahlbetonbau - Grund-
        lagen, Anwendungen in Forschung und Praxis. Beitrag in: Grundmann, H., Stein, E.,
        Wunderlich, W. (Herausgeber): FINITE ELEMENTE, Anwendungen in der Baupraxis.
        Verlag Wilhelm Ernst & Sohn, Berlin, 1985.

[3]   Bathe, K.J.: ADINA - A Finite Element Program for Automatic Dynamic Incremental
        Nonlinear Analysis. Report AE 81-1, ADINA ENGINEERING, Watertown/Mass. und
        Västeras/Schweden, 1981.

[4]   Marshall, W.T. und Mattock, A.H.: Control of horizontal cracking in the ends of
        pretensioned prestressed concrete girders. PCI Journal, Vol. 7 (1962), S. 56.

[5]   Rüsch, H. und Rehm, G.: Versuche zur Bestimmung der Übertragungslänge von
        Spannstählen. Schriftenreihe des Deutschen Ausschusses für Stahlbeton, Heft 147.
        Verlag Wilhelm Ernst & Sohn, Berlin, 1963.

[6]   Kaar, P.H., La Fraugh, R.W. und Mass, M.A.: Influence of concrete strength on
        transfer strength. PCI Journal, Vol. 8 (1963), S. 47.

Stabilität und Traglast von kegelförmigen Stahlbetonschalen - ein Beispiel für die Anwendung nichtlinearer FE-Modelle

Ekkehard Ramm, Albrecht Burmeister, Hans Stegmüller

1. Problemstellung und Übersicht

Aus Gründen der Umweltverträglichkeit wurden in den letzten Jahre als Alternative zum klassischen Kühlturmbau sogenannte Hybridkühler entwickelt. Die zwei bisher ausgeführten Bauwerke bestehen aus einem konventionellen Basisteil mit einer aufgesetzten dünnen Kegelschale. Diese extrem schlanken Konstruktionen mit einem Durchmesser von 60m (Schale I) bzw. 117 m (Schale II), einer Höhe von 21 bzw. 23 m und einer Wanddicke von 16 bzw. 30 cm (Bilder 1,2,7,8) sind besonders in der Bauphase ohne obere Randversteifung stabilitätsgefährdet. Es zeigt sich, daß

- die bekannten Ergebnisse der hyberbolischen Kühlerschalen nicht übertragbar sind
- die vorliegenden Entwurfshilfsmittel spärlich und ungenügend sind
- elastische Versuche und Rechnungen nur begrenzte Aussagekraft besitzen.

Bild 1 : Kühlturm GKN II (Schale II)

Da die Methode der finiten Elemente, beim heutigen Entwicklungsstand, neben der geometrischen Nichtlinearität auch nichtlineare Materialgesetze für Stahlbeton bei dünnwandigen Schalenkonstruktionen anbietet, konnte ein solches Modell hier mit Erfolg eingesetzt werden. Das Schichtenmodell enthält ein inkrementelles nichtlinear elastisches Stoffgesetz für Beton mit zweiaxialem Versagenskriterium und verschmierter Rißbildung. Ein einaxiales elastisch-plastisches Verhalten für beliebige Bewehrungsrichtungen ist vorhanden. Die Mitwirkung des Betons zwischen den Rissen wird über den üblichen "tension-stiffening-Effekt" berücksichtigt. Ein isoparametrisches "degeneriertes" Kontinuumselement (Verschiebungsmodell) kommt zum Einsatz. Die endlichen Verschiebungen werden in einer Totalen Lagrange Formulierung eingearbeitet.

Prof.Dr.-Ing. E.Ramm, Dr.-Ing. H.Stegmüller, Universität Stuttgart, Institut für Baustatik,
D-7000 Stuttgart, Pfaffenwaldring 7
Dr.-Ing. A.Burmeister, freiberuflich tätiger Ingenieur,
D-7150 Backnang, Linzerstraße 1

2. Beulen oder Materialversagen

Stahlbetonschalen der heutigen Zeit sind sehr dünne Konstruktionen, die, bei einem Radius-Dik-kenverhältnis (r/t) von 300 bis 800, mit den Schalenbauwerken der vergangenen Jahrhunderte (r/t = 50-100) nicht vergleichbar sind. Auch Konstruktionen der Natur, z.B. wie die Eierschale, liegen im Bereich r/t < 100. Bei dieser extremen Schlankheit der Stahlbetonschalen ist es nur natürlich, daß der Konstrukteur sofort an Beulversagen denkt und dabei das klassische Beulproblem vor Augen hat, das vor allem durch die Empfindlichkeit gegen Imperfektionen geprägt ist. Ursache dieser Emp-findlichkeit sind die Symmetrien in der Geometrie, der Last, den Randbedingungen und auch des Spannungszustands (Membranzustände). Typische Beispiele für ein klassisches Beulproblem sind die Kreiszylinderschale unter Axiallast oder die Kugelschale unter Außendruck, bei denen die An-fälligkeit gegen Imperfektionen extrem werden kann, was sich in Abminderungsfaktoren bis < 0.1 gegenüber der idealen Beullast ausdrückt. Ordnet man die Stahlbetonschalen diesem Problemkreis zu, so verwundert es nicht, daß in den letzten Jahren für den Nachweis der Stabilitätsgrenze haupt-sächlich **elastische** Beulversuche durchgeführt worden sind. Es muß aber die Frage gestellt werden, ob diese Nachweise ausreichend sind oder ob die Mitnahme der Materialeffekte bei der Stabilitäts-analyse andere Ergebnisse bringt.

Am Beispiel der Formel für die klassische Beullast einer doppelt positiv gekrümmten Schale soll der Einfluß des Materials auf das Veragen qualitativ dargestellt werden.

$$p_{cr,ideal} = c \; E \; t^2 / (R_1 \; R_2)$$

Die in der Formel genannten Parameter sind bei Stahlbetonschalen nicht konstant und unterliegen folgenden Einflüssen :

c	Formparameter
R	R_1, R_2 - Hauptkrümmungsradien der Schale
	Beide Parameter - R und c - können sich durch Kriechen des Betons verändern, da die Form der Schale sich ändert (z.B. Abflachungen)
t	effektive Schalendicke - verändert sich mit dem Rißzustand, dem Bewehrungs-grad und der Anzahl der Bewehrungslagen
E	effektiver Elastizitätsmodul - verändert sich mit dem Spannungszustand und dem Alter des Betons, mit Schwinden und Kriechen und dem Fließen der Bewehrung

Zusammengenommen können die Materialeinflüsse mehr zum Versagen der Stahlbetonschale bei-tragen, als das rein geometrische Phänomen des Beulens.

Häufig wird für das Versagen einer Schale unter Druckbelastung vereinfacht der Begriff Beulen ge-braucht, ohne die Einflüsse genauer zu trennen. Deshalb bedarf es einer genaueren Begriffsdefini-tion. Zwei Grenzfälle sind zu unterscheiden: Als **Beulen** wird das Versagen infolge großer Defor-mationen ohne wesentliche Materialeinflüsse bezeichnet, unter **Festigkeitsproblem** ist ein Versagen infolge des Materialverhaltens zu verstehen. Im Bild 2 sind zwei Last-Verschiebungskurven aufge-tragen, die diese Grenzfälle beschreiben. Die Abkürzungen stehen für m = materiell, g = geometrisch, nl = nichtlinear.

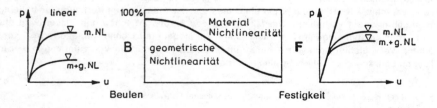

Bild 2 : Verschiedenen Versagensmöglichkeiten

Leider ist im voraus normalerweise nicht bekannt, wie sich eine bestimmte Konstruktion verhält. Man ist auf Vermutungen angewiesen, die durch einige Parameter belegt sind. Die folgende Aufzählung Bild 3, gibt Anhaltspunkte zur Einordnung des Problems in eine der beiden Kategorien. Häufig liegen praktische Fälle im Zwischenbereich.

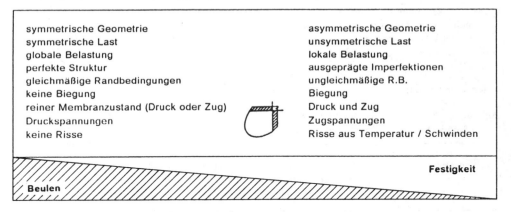

symmetrische Geometrie	asymmetrische Geometrie
symmetrische Last	unsymmetrische Last
globale Belastung	lokale Belastung
perfekte Struktur	ausgeprägte Imperfektionen
gleichmäßige Randbedingungen	ungleichmäßige R.B.
keine Biegung	Biegung
reiner Membranzustand (Druck oder Zug)	Druck und Zug
Druckspannungen	Zugspannungen
keine Risse	Risse aus Temperatur / Schwinden

Beulen — **Festigkeit**

Bild 3 : Grenzfälle Beulen / Festigkeit

3. Aktueller Stand der Bemessungsvorschriften

Die meisten Vorschriften für Stahlbetonschalen (z.B. DIN 1045, ACI Standard 318) streifen das Problem des Schalenbeulens nur kurz und zählen einige Effekte der Abminderung der Beullast auf. Es werden sehr hohe Sicherheitsfaktoren, z.B. Faktor 5 angenommen, um damit der Ungenauigkeit der Parameter und der Unkenntnis des Systemverhaltens ausreichend Rechnung zu tragen Es werden keine Angaben gemacht, wie der Nachweis gegen Stabilitätsversagen (Beulen oder Grenzlast) zu führen ist. Eine Ausnahme sind die IASS Empfehlungen /1/, die im wesentlichen auf den Arbeiten von Dulacska /2/ basieren. Im Bild 4 sind die 5 Schritte dargestellt, die, ausgehend von einer linearen elastischen Beullast, zur Bemessungslast führen.

Die Bemessung nach IASS geht von der Annahme eines lokalen Versagens aus und bildet das tatsächliche Tragverhalten nicht ab. Die additive Reihung aller Abminderungseffekte ohne Berücksichtigung der Interaktionen führt zu einer starken Streuung der Bemessungslasten und kann in extremen Fällen unrealistische Abminderungsfaktoren < 0.01 ergeben.

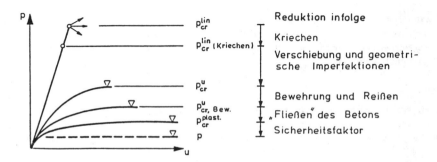

Bild 4 : Bemessungslast nach IASS

Bei Kühltürmen aus Stahlbeton ist die Situation nicht viel anders. Obwohl diese Strukturen sehr ausführlich erforscht wurden /3-5/, fußt auch dort der Nachweis gegen Beulversagen auf elastischen Untersuchungen; die Bemessung der Wanddicken und der Bewehrung wird in der üblichen Form über Materialgrenzwerte vorgenommen. Mit Sicherheitsfaktoren von 5 gegen Beulversagen und 1.75 gegen die Materialgrenzwerte werden keine Interaktionen berücksichtigt. In /6/ wurde mit Hilfe nichtlinearer finite Elemente Berechnungen gezeigt, daß diese Diskrepanz in den Sicherheitsfaktoren nicht realistisch ist. Nach den dort vorgenommenen Untersuchungen wird ein Faktor gegen Beulversagen von 2.8 vorgeschlagen.

4. Rechenmodell

Das bei den folgenden Rechnungen verwendete Modell ist in /7,8/ genau beschrieben. Die wesentlichen Eigenschaften der Formulierung sind in folgender Übersicht enthalten :

Formulierung	beliebig große Deformationen, materielle Beschreibung in einer totalen Lagrange Formulierung, inkrementell-iteratives Vorgehen bei der Lösung der nichtlinearen Gleichungen
Iterationsverfahren	Standard Newton Raphson, Quasi Newton (BFGS) last- oder verschiebungskontrollierte Iteration Bogenlängenverfahren ("constant-arc-length") "line-search", numerische Dämpfung als Zusatzmaßnahme
Schalenelement	isoparametrisches Verschiebungsmodell, "degeneriertes" Element, abgeleitet aus einem 3D-Element Ansatz linear, quadratisch oder kubisch Integration über die Fläche mit Gauss Schichtenmodell in Dickenrichtung (Simpson) Vorabintegration /10/ in der Dickenrichtung
Materialmodell	Beton : Kurzzeitbelastung, nichtlinear elastisch, orthotrop, Konzept der äquivalenten einaxialen Dehnung (Darwin/Pecknold), "tension stiffening" Stahl : verschmierte Stahleinlagen (Stahlschicht) mit einaxialen gerichteten Eigenschaften, multilineares Spannungs-Dehnungsdiagramm, isotrope Verfestigung

Das Materialmodell ist im Bild 5 ausführlicher dargestellt. Die Rißausbreitung wird über das Kriterium der maximalen Hauptzugspannung gesteuert, wobei die einmal vorhandene Rißrichtung sich im weiteren Verlauf der Berechnung nicht ändert. Ein Riß kann sich schliessen, so daß senkrecht zum Riß Druck übertragbar ist.

5. Vorbetrachtungen zur Berechnung der Kegelschalen

Die diskutierten Kegelstumpfschalen wurden mit Hilfe von Kletterschalungen hergestellt. In jedem Betonierabschnitt wurde ein 90° - Sektor mit einer Höhe von 1,45 m betoniert. Voruntersuchungen zeigten, daß das Betonieren des obersten Ringes den kritischen Bauzustand darstellt (Schale I : h_{kr} = 20.5 m, Schale II : h_{kr} = 21.62 m) (Bilder 7 und 8). Weiterhin ergab sich, daß die aus der Schalung resultierenden Lasten zur Vereinfachung am oberen Rand konzentriert werden können.

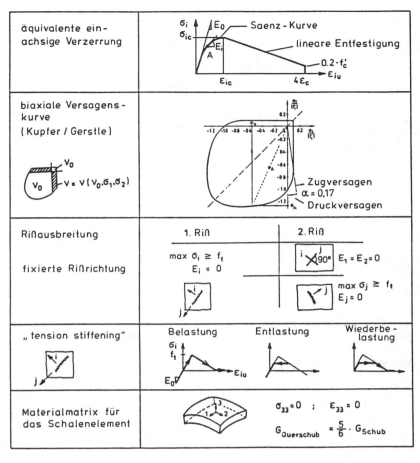

äquivalente ein-achsige Verzerrung	σ_i, σ_{ic}, E_0, Saenz-Kurve, E_i, A, lineare Entfestigung, $0.2 \cdot f_c'$, ε_{ic}, $4\varepsilon_c$, ε_{iu}
biaxiale Versagens-kurve (Kupfer / Gerstle)	$v = v(v_0, \sigma_1, \sigma_2)$, Zugversagen, $\alpha = 0.17$, Druckversagen
Rißausbreitung, fixierte Rißrichtung	1. Riß: $\max \sigma_i \geq f_t$, $E_i = 0$; 2. Riß: $90°$, $E_1 = E_2 = 0$, $\max \sigma_j \geq f_t$, $E_j = 0$
„tension stiffening"	Belastung, σ_i, f_t, E_0, ε_{iu}; Entlastung; Wiederbelastung
Materialmatrix für das Schalenelement	$\sigma_{33} = 0$; $\varepsilon_{33} = 0$, $G_{Querschub} = \frac{5}{6} \cdot G_{Schub}$

Bild 5 : Verwendetes Betonmodell

Bild 6 : Kühlturm Altbach (Schale I)

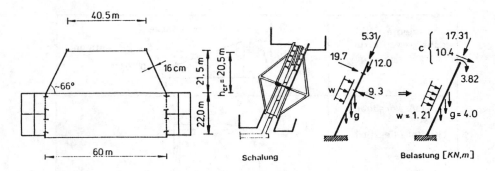

Bild 7 : Schale I , Geometrie , Belastung

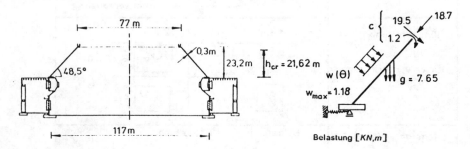

Bild 8 : Schale II , Geometrie , Belastung

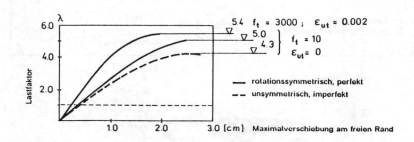

Bild 9 : Schale I , Last-Verschiebungs-Diagramm

6. Ergebnisse

Schale I : Aufgrund des sehr steifen Unterteils konnte eine drehstarre und unverschiebliche Lagerung der Schale angenommen werden. Eine geometrisch (g-NL) und materiell (m-NL) nichtlineare Analyse der perfekten Schale lieferte Versagen unter $g + 5.4 (w + c)$ (Bild 9). Durch eine geringere Mitwirkung des Betons zwischen den Rissen d.h. eine Reduktion des "tension stiffening" Parameters von $\varepsilon_{nt} = 0.002$ auf $\varepsilon_{nt} = 0$ und durch eine Verringerung der Zugfestigkeit von $f_t = 3000\ kN/m^2$ auf $f_t = 10\ kN/m^2$, ergab sich eine Reduzierung der Versagenslast auf $g + 5.0 (w + c)$ (Bild 9). Eine auf das lineare Beulen mit 8 Umfangswellen (n = 8) abgestellte, ebenfalls vollständig nichtlineare Untersuchung der imperfekten Schale lieferte eine kritische Last von $g + 4.3 (w + c)$ (Idealisierung einer Beulhalbwelle mit einer Imperfektionsamplitude von $\pm 5\ cm$).

Schale II : Zu den größeren Abmessungen der Schale II kommt als Unterschied zu Schale I eine wesentlich nachgiebigere Lagerung durch den weichen unteren Kühlturmteil. Sie ist im Zusammenhang mit der unsymmetrischen Belastung für beachtliche dehnungslose Verformungen (Ovalisieren) verantwortlich. Um diesem Effekt Rechnung zu tragen wurde eine Schalenhälfte modelliert (15 x 32 biquadratische Serendipity -, 32 kompatible Balken-Elemente). Da sich der untere Randbalken $4.0 \times 0.75\,m$, $A_s = 482\,cm^2$ bereits unter Eigengewicht im Zustand II befindet, wurden wie bei der linearen Analyse reduzierte Steifigkeiten angesetzt ($EI_I/EI_{II} = 4.4$, $EA_I/EA_{II} = 8.5$)

Die Nachgiebigkeit der Lagerung der Schale einschließlich Randbalken konnte mit Hilfe von radialen und tangentialen Einzelfedern ($K_r = 25675\,kN/m$, $K_t = 8190\,kN/m$) in das Modell eingebracht werden. Der junge Beton im oberen Schalenbereich wurde mittels eines um 20 % reduzierten E-Moduls berücksichtigt. Aufbauend auf den bei der Schale I gewonnenen Erfahrungen wurde eine zur ersten linearen Beulform affine Imperfektion mit einer Amplitude von ± 10 cm aufgebracht. Eine materiell nichtlineare Analyse mit den Materialkennwerten aus Bild 10 lieferte eine Versagenslast von $g + 5.7\,(w + c)$ (Bild 11). Die durch die Hinzunahme der geometrischen Nichtlinearität hervorgerufene Abminderung dieses Wertes auf $g + 2.7\,(w + c)$ unterstreicht die Bedeutung der endlichen Verformungen. Der starke Einfluß der geometrischen Nichtlinearität ist in der Möglichkeit zu dehnungslosen Verformungen begründet und geht damit auf die nachgiebige Lagerung der Schale zurück. Vereinfacht ausgedrückt, kann festgehalten werden, daß das Grenzverhalten von Schale I im wesentlichen im Festigkeitsbereichund von Schale II im Zwischenbereich von Beulen und Festigkeit liegt.

Eine Verdopplung der Imperfektionsamplitude brachte eine Verminderung der Traglast von 2.7 auf 1.73 . Diese Reduktion macht deutlich, daß hier ein gekoppeltes Versagen vorliegt, da reines Materialversagen relativ unempfindlich gegen Imperfektionen ist.

Das "tension stiffening" beeinflußt die Traglast ebenfalls in erheblichem Maße. Verringert man die Grenzdehnung im abfallenden Ast der Spannungsdehnungskurve, bei der die Spannung $\sigma = 0$ erreicht wird, von 2‰ auf 0.2‰, sinkt die Traglast von 2.7 auf 2.0. Diese Rechnung ist mit der einfachen Imperfektion ausgeführt.

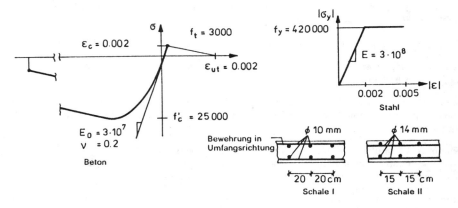

Bild 10 : Materialkennwerte $[kN/m^2]$

7. Schlußfolgerungen

Es ist festzustellen, daß bei der vorliegenden Problematik der übliche Erfahrungsbereich verlassen werden mußte, da die vorliegenden Informationen zur Beurteilung der Standsicherheit nicht ausreichen. Sorgfältig ausgeführte nichtlineare Berechnungen - insbesondere in Bereichen der Interaktion von Stabilität und Festigkeit - können hierbei wertvolle Hilfsmittel darstellen. Eine wesentliche Grundlage stellen wirklichkeitsnahe Materialmodelle des Betons dar. Hier sind weitere Forschungstätigkeiten anzusetzen.

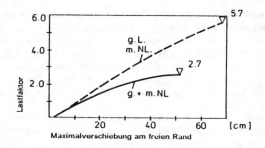

Bild 11 : Schale II, Last-Verschiebungs-Diagramm

8. Hinweis:

Die Kühlturmschalen wurden von der Firma Balcke/Dürr (Ratingen) geplant und von der Firma Züblin (Stuttgart) ausgeführt.

9. Literatur

/1/ Recommendations for Reinforces Concrete Shells and Folded Plates. Int. Association for Shell and Spatial Structures, IASS, Madrid 1979

/2/ L.Kollar, E.Dulacska : Buckling of Shells for Engineers. Chapter 9.8 aus 'Problems of Reinforced Concete Shells' J.Wiley, 1984

/3/ E.P.Popov, S.J.Medwadkowski (eds) : Concrete Shell Buckling, ACI.Publ., SP-67, 1981

/4/ P.L. Gould, W.B.Krätzig, I.Mungan ,U.Wittek (eds.) : Natural Draught Cooling Towers, Proc. 2.Int.Symp., Bochum 1984, Springer Verlag 1984

/5/ BTR-Bautechnik bei Kühltürmen, Teil II. Bautechnische Richtlinie, Essen, VGB-Verlag, 1980

/6/ W.Zerna, I.Mungan, M.Winter : Das nichtlineare Tragverhalten der Kühlturmschalen unter Wind. Bauingenieur 61 (1986) 149-153

/7/ T.A.Kompfner : Ein finites Elementmodell für die geometrisch und physkalisch nichtlineare Berechnung von Stahlbetonschalen, Dissertation 1983, Bericht Nr.2, Institut für Baustatik, Universität Stuttgart

/8/ E.Ramm, T.A.Kompfner : Reinforced Concrete Shell Analysis Using a Inelastic Large Deformation Finite Element Formulation. Proc. Int. Conference 'Computer-aided Analysis and Design of Concrete Structures', Split 1985, Pineridge Press, Swansea, UK, 509-532

/9/ E.Ramm : Ultimate Load and Stability Analysis of Reinforced Concrete Shells, IABSE Colloquium Delft 1987, Proc.

/10/ H.Stegmüller : Grenzlastberechnungen von flüssigkeitsgefüllten Schalen mit "degenerierten" Schalenelementen, Dissertation 1985, Bericht Nr.5, Institut für Baustatik, Universität Stuttgart

ANWENDUNG VON FINITE-ELEMENT-BERECHNUNGEN BEI DER ENTWICKLUNG VON BEMESSUNGSREGELN
IN DEN EUROCODES FÜR DEN STAHLBAU
von G. Sedlacek und J. Bild*

1. Einleitung

Die Kommission der Europäischen Gemeinschaften läßt z.Zt. einheitliche Europäische Bemessungsregeln für
bauliche Anlagen, die sogenannten Eurocodes, siehe <u>Bild 1</u>, ausarbeiten, um das Ziel, alle Handelshemm-
nisse bis 1992 zu beseitigen, auch für das Bauwesen zu erreichen. Diese Eurocodes bestehen aus einem
für alle Bauweisen gültigen Eurocode für Einwirkungen und einer Reihe von Bemessungscodes für verschiedene Baustoffe und Bauarten, z.B. Beton, Stahl, Holz, Mauerwerksbau.
Für die Bemessung von Stahlbauten ist vor allem der Eurocode 3 für Stahlbauten neben dem Eurocode 4
für Verbundbauten und dem Eurocode 8 für Bauen in seismischen Gebieten wichtig.
Der Eurocode 3 besteht aus einem Hauptteil mit Regeln, die für den gesamten Stahlbau gelten, und weiteren Anwendungsteilen, in denen spezielle Regeln für bestimmte Anwendungsgebiete aufgeführt sind,
<u>Bild 2</u>.
Alle Bemessungsregeln müssen einer einheitlichen Sicherheitsanforderung genügen, und es muß in Hintergrundberichten nachgewiesen werden, daß die vorgeschlagenen Regeln diese Sicherheitsbedingungen erfüllen, um von den für die Bauwerkssicherheit zuständigen Behörden in den Mitgliedsländern anerkannt zu
werden.
Die Hintergrundberichte sind wissenschaftliche Ausarbeitungen, in denen die technischen Regeln im Eurocode 3 mit wissenschaftlichen Modellen begründet und die vorgeschlagenen charakteristischen Festigkeits-
werte und Sicherheitsfaktoren hergeleitet werden.

In diesem Beitrag wird gezeigt, wie einige wichtige technische Regeln für die Bemessung von Stahlbauwerken
mit Hilfe von Finite-Element-Rechnungen zustande gekommen sind.

2. Sicherheitsgrundlagen für die Bemessungsregeln in den Eurocodes

Die Grundlagen für die Entwicklung oder Beurteilung technischer und wissenschaftlicher Bemessungsmodelle
im Eurocode ist ein semiprobabilistisches Konzept.
Hierbei liegt die Überlegung zugrunde, daß die Einwirkungen auf unsere Bauwerke und die Widerstände, die
die Bauwerke diesen Einwirkungen entgegensetzen, aufgrund von Beobachtungen und Versuchen durch Modelle
erfaßbar sind, deren Parameter durch statistische Größen, nämlich durch Mittelwert, Standardabweichung
und Verteilungsfunktion beschrieben werden können, <u>Bild 3</u>.

Damit gelingt es, die Sicherheitsnachweise derart zu formulieren, daß durch den Sicherheitsnachweis ein
bestimmter Mindestwert der Bauwerkszuverlässigkeit erreicht wird, der zahlenmäßig durch den Sicherheits-
index ß definiert wird. Für Tragfähigkeitsnachweise wird im Eurocode 3 ß = 3,80 zugrundegelegt.

$$p \ (R - S \leq 0) = p_f \ \longrightarrow \ \beta = \frac{m_R - m_S}{\sqrt{\sigma_R^2 + \sigma_S^2}} \geq \beta_f = 3,80$$

Aus praktischen Gründen ist es zweckmäßig, den Sicherheitsnachweis in Form einer Bilanz der Bemessungswerte für die aus den Einwirkungen entstehenden Schnittgrößen und den dagegen gesetzten Bemessungswer-
ten der Tragfähigkeit zu schreiben, und gleichzeitig die Streueinflüsse aus den Einwirkungen und aus
den Bauwerkswiderständen, die zusammen die Bauwerkszuverlässigkeit bestimmen, künstlich durch feste,
empirisch ermittelte Separationskoeffizienten α zu trennen.

$$R_d \qquad - \qquad S_d \qquad \geq 0$$

$$[m_R - \underbrace{\frac{\sigma_R}{\sqrt{\sigma_R^2 + \sigma_S^2}}}_{\tilde{\alpha}_R = 0,8} \ \beta \ \sigma_R] - [m_S - (- \underbrace{\frac{\sigma_S}{\sqrt{\sigma_R^2 + \sigma_S^2}}}_{\tilde{\alpha}_S = -0,7}) \ \beta \ \sigma_S] \geq 0$$

$$\tilde{\alpha}_R \cdot \beta = 3,04$$

*Prof. Dr.-Ing. G. Sedlacek und Dipl.-Ing. J. Bild, Lehrstuhl für Stahlbau, RWTH Aachen

Damit werden für die Einwirkungen und Widerstände feste Komponenten $\bar{\alpha}\beta$ des Sicherheitsindexes festgelegt. Dann ist es möglich, die charakteristischen Werte für die Einwirkungen unabhängig von dem gewählten Baustoff und die Festigkeiten für Bauwerke aus einem bestimmten Werkstoff unabhängig von den jeweiligen Einwirkungen zu beschreiben. Die für die Bemessungswerte der Bauteilfestigkeiten im Eurocode 3 anzuzielende Fraktile ist demnach bei Annahme einer Normalverteilung mit

$$R_d = m_R - 3,04 \cdot \sigma_R$$

festgelegt.

Es gilt nun, die Festigkeitsfunktionen auf der Basis der Erkenntnisse aus Versuchen so festzulegen, daß diese Zielfraktile mit ausreichender Vertrauenswahrscheinlichkeit erreicht wird.

3. Bestimmung der charakteristischen Werte und der Sicherheitselemente für Bauteilwiderstände

Für die Bestimmung der Sicherheitselemente in einem Festigkeitsmodell werden Versuchsergebnisse herangezogen.

Wird z.B. eine Tragfähigkeit durch die Funktion

$$g_R(x) = x_1 \cdot x_2 \cdot x_3 \ldots$$

mit den log-normal verteilten Basisvariablen X_i beschrieben, so kann aus dem Vergleich zwischen Versuchsergebnissen r_{ei} und rechnerischen Vorhersagen mit Hilfe dieser Funktion r_{ti} gemäß <u>Bild 4</u> eine Mittelwertkorrektur $\bar{b}$ und eine Streukorrektur δ an dem Modell vorgenommen werden, so daß das korrigierte Modell

$$R = \bar{b} \cdot g_R(x) \cdot \delta$$

lautet. Die Streukorrektur δ hat dabei den Mittelwert 1 und die Standardabweichung S_δ.

Ausgehend von dem Mittelwert für R, der mit den Mittelwerten der Basisvariablen X_{im} ermittelt wird, können nun die Variationskoeffizienten

$$V_{Rt} = \frac{\sqrt{\sum\left(\left.\frac{\partial g_k(x_i)}{\partial X_i}\right|_m \cdot \sigma_i\right)^2}}{G_k \cdot (x_{im})}$$

für die Funktion $g_R(x)_m$ und

$$V_k = \sqrt{V_{Rt}^2 + S_\delta^2}$$

für die korrigierte Funktion $R(x,\delta)$ berechnet werden. Daraus lassen sich die Standardabweichungen

$$\sigma_{R't} = \sqrt{\ln (V_{R_t}^2 + 1)}$$
$$\sigma_{\delta'} = \sqrt{\ln (S_\delta^2 + 1)}$$
$$\sigma_{R'} = \sqrt{\ln (V_R^2 + 1)}$$

für log-normal-Verteilung ermitteln. Die Wichtungsfunktionen

$$\alpha_{Rt} = \sigma_{R't}/\sigma_{R'}$$
$$\alpha_\delta = \sigma_{\delta'}/\sigma_{R'}$$

geben an, in welcher Weise sich die Streuungen der Basisvariablen X_i und die Modellstreuungen δ auf die Gesamtstreuung auswirken. Der charakteristische Festigkeitswert r_k lautet:

$$r_k = \bar{b} \cdot g_R(X_{im}) \cdot \exp(-1,64\,\alpha_{Rt} \cdot \sigma_{R't} - k_S \cdot \alpha_\delta \cdot S_{\delta'} - 0,5 \cdot \sigma_R^2)$$

und der Bemessungswert R_d lautet:

$$r_d = \bar{b} \cdot g_R(X_{im}) \cdot \exp(-3,04\,\alpha_{Rt} \cdot \sigma_{R't} - k_d \cdot \alpha_\delta \cdot S_{\delta'} - 0,5 \cdot \sigma_R^2)$$

Die k_s- und k_d-Werte sind dabei bei begrenzter Anzahl von Versuchen so festzulegen, daß die Zielfrakt ile ($k_s = 1,64$ für die charakteristischen Werte und $k_d = 3,04$ für die Bemessungswerte) mit 75%-iger Vertrauenswahrscheinlichkeit erreicht werden, siehe Bild 5.

Der erforderliche Sicherheitsfaktor ist dann

$$\gamma_M = r_k / r_d$$

In der Regel überwiegt bei den Streugrößen der Anteil der Streukorrektur S_δ, also die Modellunsicherheit, die durch die Streuung der Vorhersage von Versuchsergebnissen durch Bemessungsmodelle bestimmt wird. Der Wichtungsfaktor α_δ liegt deshalb bei 1,0.

Da diese Streuung im wesentlichen durch die Unvollständigkeit und die vereinfachenden Annahmen bei den Bemessungsmodellen zustande kommt und die Größe der Streuung erheblich die Größe der Sicherheitsfaktoren bestimmt, lohnt sich also bei der Versuchsauswertung der Einsatz aufwendiger Modelle wie z.B. Finite-Element-Modelle, die die physikalischen Zusammenhänge und die beeinflussenden Parameter möglichst vollständig beschreiben. Dadurch kann die Modellstreuung erheblich reduziert werden.

Natürlich müssen dann auch die Versuche im Hinblick auf die Erfassung aller wichtigen Parameter geplant, durchgeführt und dokumentiert werden. In Mängeln der bisherigen Versuchsdurchführungen und Versuchsdokumentationen liegen die Hauptschwierigkeiten der Kalibrierung der Bemessungsmodelle in den Eurocodes.

Im folgenden wird auf einige wichtige Festigkeitsmodelle im Eurocode 3, die mit Finite-Element-Rechnungen kalibriert wurden, eingegangen.

4. Überblicke über die Grenzzustände, die in den Eurocode 3 - Hintergrundberichten behandelt werden

Nach Bild 6 unterscheiden wir beim Eurocode 3 zwischen Grenzzuständen der statischen Tragfähigkeit für Systeme oder Bauteile, die sich bei Zug- oder bei Druckbeanspruchung ergeben.

Bei Zugbeanspruchung sind die Grenzzustände durch lokale Materialtrennung, also Rißbildung gekennzeichnet. Bei Druckbeanspruchung wird der Grenzzustand durch globale Instabilitäten, häufig verbunden mit lokalen Instabilitäten und plastischen Verformungen, erreicht.

Für beide Typen von Grenzzuständen gelten sehr vereinfachte Festigkeitsmodelle, in die als Materialkennwerte die Ergebnisse des Normzugversuchs, nämlich die Streckgrenze f_y bzw. die Zugfestigkeit f_u eingehen.

Diese Materialkennwerte kennzeichnen das Bauteilverhalten nur in physikalisch unzureichender Form, da Einflüsse der Bauteilgeometrie, Materialzähigkeit, Belastungsgeschwindigkeit und Temperatur nicht eingehen. Es ist deshalb in den Hintergrundberichten notwendig, die vereinfachten Modelle mit dem wirklichen physikalischen Verhalten zu verknüpfen.

5. Nachweise für den Zugstab

Eine dem physikalischen Verhalten gerecht werdende Darstellung der Zugtragfähigkeit von Bauteilen erhält man, wenn man von der wahren Spannungs-Dehnungslinie σ_w-ε_w in Bild 7 ausgeht und das Last-Verformungsverhalten unter Berücksichtigung des momentan durch Querkontraktion verkleinerten Querschnitts A_m ermittelt:

$$R_t = A_m \cdot \sigma_w$$

Die Zugfestigkeit R_t ergibt sich dann als Maximum an der Stelle, an der das totale Differential dieser Festigkeit (Stabilitätskriterium) zu null wird:

$$dR_t = A_m \cdot d\sigma_w + \sigma_w \cdot dA_m = 0$$

Die Spannungs-Dehnungskurven des Zugversuches liefern also keine echte Materialzugfestigkeit; die gemessene Zugfestigkeit und die erreichbare Gleichmaßdehnung sind vielmehr die Auswirkung des o.a. Stabilitätskriteriums, das für andere Bauteilgeometrien als der Geometrie des Normzugversuches zu verschiedenen Ergebnissen führt. Solange der Stabilitätspunkt erreicht wird, spricht man von festigkeitskontrolliertem Versagen; wenn er nicht erreicht wird, spricht man von zähigkeitskontrolliertem Versagen.

Ein solches zähigkeitskontrolliertes Versagen liegt bei gekerbten Zugstäben, z.B. bei Schrauben unter Zugbeanspruchung vor, siehe <u>Bild 8</u>: Hierbei versagt, wie Versuche zeigen, das festigkeitsorientierte Konzept, da die Brüche bereits vor Erreichen des Traglastmaximums auftreten.

Als Beanspruchungs- und Widerstandsgröße wird deshalb eine bruchmechanische "Energiegröße" verwendet, in die Spannungen und Dehnungen eingehen und die durch das J-Integral nach Rice und Cherepanov gemäß <u>Bild 9</u> definiert ist.

Analog zum herkömmlichen Festigkeitsnachweis mit z.B. der Bilanz der aufgebrachten Spannungen mit Grenzspannungen kann mit dieser bruchmechanischen Zähigkeitsgröße J der Sicherheitsnachweis in Form einer Bilanz der aufgebrachten J-Werte mit einem Grenz-J-Wert geführt werden. Dieser Grenzwert für J wird an bruchmechanischen Laborproben bestimmt und in der Regel mit dem Verhalten des Werkstoffes im Bereich einer vorhandenen Kerbe oder gedachten Rißspitze in Verbindung gebracht.

Wichtige Grenzwerte für J sind z. B. J_i an der Grenze einer plastischen Rißaufweitung zu weiterem Rißwachstum oder J_y, bei dem im Nettoquerschnitt gerade Fließen erreicht wird, oder Zwischenwerte zwischen diesen beiden, bei denen gewünschte lokale, plastische Dehnungen erreicht werden.

Die Berechnung der durch äußere Belastung aufgebrachten J-Werte erfolgt mit einem Finite-Element-Netz, in dem die Risse durch kollabierte, isoparametrische Elemente in <u>Bild 10</u> abgebildet werden. Für eine Platte mit Seitenriß ist in <u>Bild 11</u> das J-Integral über der Bruttospannung aufgetragen.

Für Schrauben lassen sich mit diesem Verhalten auch erforderliche Werkstoffkennwerte, z.B. Mindestzähigkeitswerte J gewinnen, die gerade zum Erreichen der rechnerischen Fließlast P_y im Gewindequerschnitt in <u>Bild 12</u> führen. <u>Bild 13</u> zeigt die im Versuch ermittelten Traglasten P_{Br} der Rundkerbzugproben gegenüber den rechnerischen Fließlasten P_y.

Wegen der starken Abhängigkeit der Traglasten von der Schraubengüte wurde im Eurocode 3 der Bezugswert P_y mit dem Streckgrenzenverhältnis der Normzugprobe verzerrt, so daß ein über die Materialgüte gleichmäßiges Festigkeitsniveau herauskommt.

Eine der zentralen Anwendungen Finiter-Element-Rechnungen mit dem bruchmechanischen Modell gilt dem Nachweis des Zugstabes im Nettoquerschnitt von geschraubten Verbindungen, siehe <u>Bild 14</u>.

Das vereinfachte Berechnungsmodell $g(R) = A_{netto} * f_u$ liefert einen linearen Zusammenhang zwischen Bruchlast und Nettoquerschnitt, <u>Bild 14</u>. Die bruchmechanische Berechnung erfolgt mit der Annahme von Innenrissen, die das Schraubenloch und kleine Rißansätze an den Lochrändern repräsentieren. Abhängig von der Materialzähigkeit ergeben sich dann Traglastkurven, die mehr oder weniger vom linearen Zusammenhang abweichen. Legt man von a/W = 1,0 her die Tangente an diese Traglastkurve, dann erhält man durch den Schnittpunkt dieser Tangente mit der Festigkeitsachse eine Modellkorrektur für das vereinfachte Berechnungsmodell:

$$r_d = \frac{A_n \cdot f_u}{K \cdot \gamma_M}$$

Für verschiedene Stahlsorten ist der erforderliche K-Wert in <u>Tabelle 1</u> angegeben.

Neben der Festigkeit interessiert auch das mit der Tragfähigkeit verbundene lokale Dehnvermögen im Nettoquerschnittsbereich, da die Beanspruchung vor den Rissen nicht nur durch die angelegte Spannung σ_k, sondern auch durch weitere Beanspruchungen, z.B. Eigenspannungen und üblicherweise nicht erfaßte Nebenspannungen oder Zwangsbeanspruchungen infolge mangelnder Herstellungspräzision, z.B. ungleicher Schraubenkräfte, bestimmt wird, siehe <u>Bild 15</u>.

Wenn diese Zusatzspannungen nicht explizit in die Ermittlung des aufgebrachten J-Wertes eingehen, siehe

Bild 16, muß durch ausreichende plastische Verformung im Lokalbereich sichergestellt sein, daß diese Zwangsspannungen abgebaut werden. Dann ist eine bestimmte plastische Dehnkapazität

$$D = \frac{v}{v_y} - 1$$

bezogen auf eine Länge l ~ 3W in Bild 17 erforderlich.

6. Nachweise für den Druckstab

Die mit Finite-Element-Untersuchungen durchgeführten Hintergrundnachweise konzentrieren sich im wesentlichen auf die Klassifizierung von Querschnitten durch b/t-Verhältnisse im Hinblick auf die Anwendung verschiedener Analysemethoden und Festigkeitsansätze, wie sie im Eurocode 3 in Bild 18 spezifiziert sind. Dabei interessiert vor allen Dingen die Rotation von Querschnitten

$$R_k = \phi / \phi_y - 1$$

die mit den Rotationsanforderungen R_s bei der Berücksichtigung von Schnittkraftumlagerungen, z.B. nach der Fließgelenkmethode, im Gleichgewicht stehen müssen, siehe Bild 19.

Die rechnerische Simulation von Versuchen zur Rotationskapazität ist hierbei weit gediehen, so daß Parameterstudien und Extrapolationen in Bereiche ohne Versuchsangaben möglich sind.

Das Ziel ist zunächst die Bestätigung der b/t-Verhältnisse für plastische Querschnitte, die sich für Momentenumlagerungen eignen. Als Endziel wird aber die Ausweitung des Verfahrens auch auf schlanke Querschnitte (plastische Gelenke mit Bildung von Beulen entsprechend der Autostress-Methode), Bild 20, angestrebt.

Für stabilitätsgefährdete Bauteile werden in den Hintergrundberichten die rechnerischen Annahmen über geometrische und strukturelle Imperfektionen festgelegt, die eine komplette Bauwerksanalyse mit geometrisch und werkstofflich nichtlinearem Verhalten gestatten und die Nachweisformeln des Eurocode 3 ganz vermeiden halfen. Ein Beispiel hierfür ist die in Bild 21 dargestellte Rahmenanalyse, bei der die Traglast unter vorgegebener Belastung mit Berücksichtigung von Fließzonen, Biegedrillknicken und der Wirkung von Steifen und Anschlüssen sowie der Querschnittsverformung ermittelt wurde.

7. Zusammenfassung

Anhand einiger wichtiger Beispiele wird gezeigt, wie mit Hilfe von Finite-Element-Rechnungen und aufwendiger wissenschaftlicher Bemessungsmodelle einfache technische Bemessungsmodelle für die Praxis begründet werden können. Diese Begründungen sind Bestandteil der Hintergrundberichte für die Eurocodes und dienen den Bauaufsichtsbehörden zur Erläuterung der gewählten Sicherheitsbeiwerte und der Grenzen der eingesetzten technischen Modelle.

Für die Anwender wird mit diesen wissenschaftlichen Untersuchungen eine Möglichkeit gezeigt, von dem vereinfachten technischen Bemessungsmodell im Eurocode 3 abzuweichen und unter Beibehaltung der Zuverlässigkeitsziele mit aufwendigeren Methoden in Sonderfällen die Nachweise durchzuführen.

EC3 – Hauptdokument

. Allg. materialunabh. Regeln

. Grundregeln für gesamten Stahlbau

. Anhänge: Dünnwandige Bauelemente

   Hochfeste Stähle

   Schalen

   etc.

EC3 – Anwendungsteile

. Gebäude

. Brücken

. Silos und Tanks

. Maste und Kamine

etc.

Normenregelung

EC3 – Hintergrundberichte

. Vorgehensweise zur Bestimmung der Bemessungswerte

. Werkstoffeigenschaften

. Zugstab

. Druckstab

. Biegeträger

. Verbindungen

. Ermüdung

etc.

Begründung

Bild 2: Gliederung der Eurocode – Dokumente

Code für Normenmacher

Eurocode 1

Einheitliche Regeln für verschiedene Bauarten und Baustoffe

Anwendungscodes

Eurocode für Einwirkungen

1. Allgemeine Regeln
2. Materialdichten
3. Eigengewicht
4. Boden – u. Wasserdruck
5. Eingeprägte Verformungen
6. Nutzlasten auf Dächer und Decken
7. Schnee – und Eislasten
8. Windlasten
9. Wasser – und Wellenlasten
10. Temperatureinwirkungen
11. Silo – und Tanklasten
12. Straßenbrückenverkehrslasten
13. Eisenbahnbrückenverkehrslasten
14. Kranlasten
15. Maschinenwirkungen
16. Bauzustände
17. Anprall
18. Explosion
19. Erdbebenbelastungen

Eurocodes für Widerstände

Eurocode 2 – Betonbauten

Eurocode 3 – Stahlbauten

Eurocode 4 – Verbundbau

Eurocode 5 – Holzbauten

Eurocode 6 – Mauerwerksbau

Eurocode 7 – Gründungen

Eurocode 8 – Bemessung für Erdbeben

Bild 1: Übersicht über die derzeit bearbeiteten Eurocodes

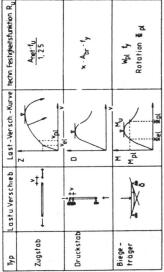
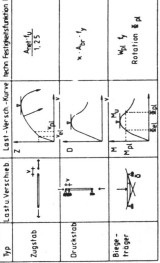

Bild 6: Beispiele für Grenzzustände im Eurocode 3

Typ	Last u. Verschieb	Last-Versch.-Kurve	techn. Festigkeitsfunktion R_u
Zugstab			$\dfrac{A_{net}\cdot f_u}{1,25}$
Druckstab			$\kappa\cdot A_{br}\cdot f_y$
Biege-träger			$W_{pl}\,f_y$ Rotation Θ_{pl}

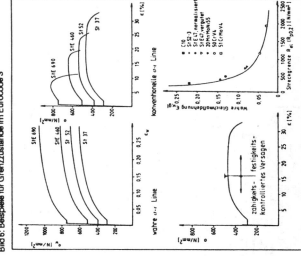

Bild 7: Definition festigkeitskontrollierten Versagens

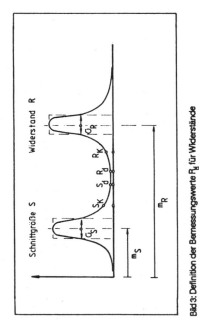

Bild 3: Definition der Bemessungswerte R_d für Widerstände

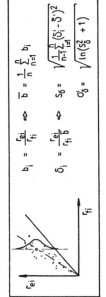

$$b_i = \frac{r_{ei}}{r_{ti}} \quad \Rightarrow \quad \bar{b} = \frac{1}{n}\sum_{n=1}^{n} b_i$$

$$\delta_i = \frac{r_{ei}}{r_{ti}\,\bar{b}} \quad \Rightarrow \quad s_\delta = \sqrt{\frac{1}{n-1}\sum_{i=1}^{n}(\delta_i-\bar{\delta})^2}$$

$$\sigma_\delta = \sqrt{\ln(s_\delta^2+1)}$$

Bild 4: Ermittlung der Mittelwert- und Streu-korrigierten Festigkeitsfunktion

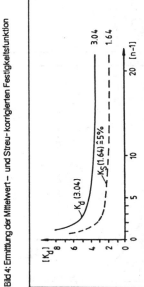

Bild 5: Ermittlung der charakteristischen Werte und Bemessungswerte der Festigkeit

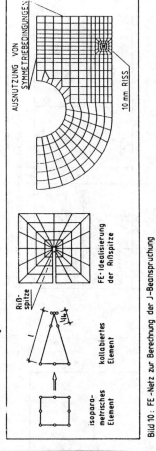

AUSNUTZUNG VON SYMMETRIEBEDINGUNGEN

10 mm RISS

Bild 10: FE-Netz zur Berechnung der J-Beanspruchung

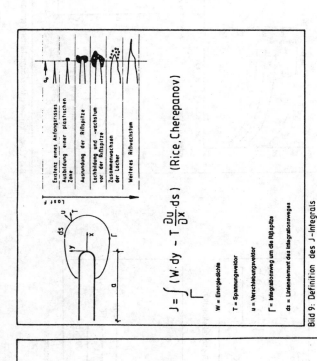

Existenz eines Anfangsrisses

Ausbildung einer plastischen Zone

Ausrundung der Rißspitze

Lochbildung und -wachstum vor der Rißspitze

Zusammenwachsen der Löcher

Weiteres Rißwachstum

$$J = \int_{\Gamma} (W \cdot dy - T \frac{\partial u}{\partial x} ds) \quad (Rice, Cherepanov)$$

W = Energiedichte

T = Spannungsvektor

u = Verschiebungsvektor

Γ = Integrationsweg um die Rißspitze

ds = Linienelement des Integrationsweges

Bild 9: Definition des J-Integrals

Riß-spitze

isoparametrisches Element

kollabiertes Element

FE-Idealisierung der Rißspitze

P_{max}

Mat. 5.6 M 24

-- Versuch
— Rechnung
• Bruch der Probe

P_u

Verschiebung [mm]

Last [kN]

P_{max}

Mat. 5.6 M 16

-- Versuch
— Rechnung
• Bruch der Probe

P_u

Verschiebung [mm]

Last [kN]

Bild 8: Vergleich der experimentellen Traglasten mit denen aus der festigkeitskontrollierten Berechnung für Schrauben der Güte 5.6.

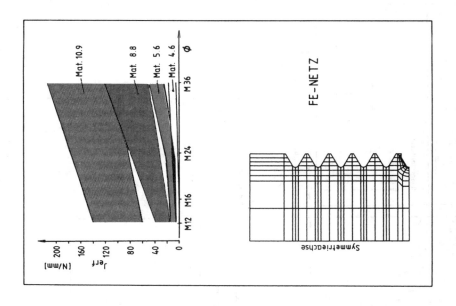

Bild 12: Zähigkeitsanforderung in J bei Erreichen der Fließlast Py

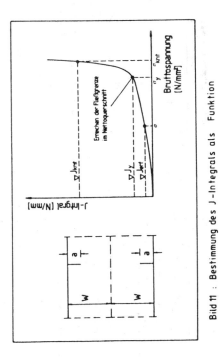

Bild 11 : Bestimmung des J-Integrals als Funktion der Bruttospannung

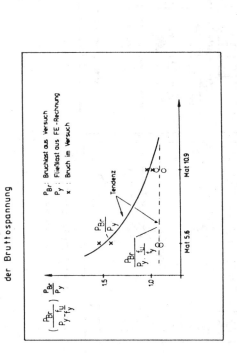

Bild 13: Vergleich der experimentell ermittelten Bruchlast mit der Fließlast

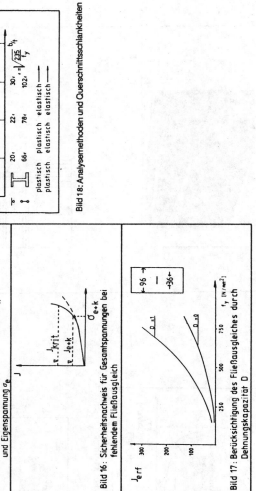

Bild 18: Analysemethoden und Querschnittsschlankheiten

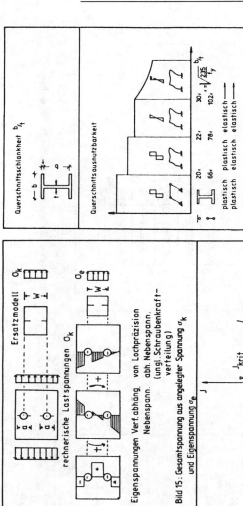

Bild 15: Gesamtspannung aus angelegter Spannung σ_k und Eigenspannung σ_e

Bild 16: Sicherheitsnachweis für Gesamtspannungen bei fehlendem Fließausgleich

Bild 17: Berücksichtigung des Fließausgleiches durch Dehnungskapazität D

Bild 14: Ermittlung des Beiwertes für die Zugfestigkeit gelochter Stäbe auf bruchmechanischer Grundlage

$$R_{fd} = \frac{A_{netto} \cdot f_u}{K} \cdot \frac{1}{1,10}$$

Werkstoff	K
StE 355 nominell	1,17
StE 355 gemittelt	1,25
StE 690 nominell	1,24
StE 690 gemittelt	1,12

Tabelle 1: Modellbeiwerte k

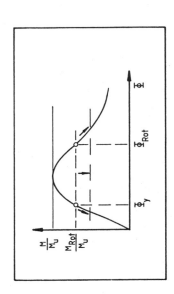

Bild 20: Vom Beanspruchungsniveau $\frac{M_{Rot}}{M_u}$ abhängiges

Rotationsverhalten Φ_{Rot}

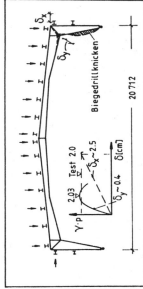

Bild 21: Auswertung von Versuchen und Traglastsimulationen

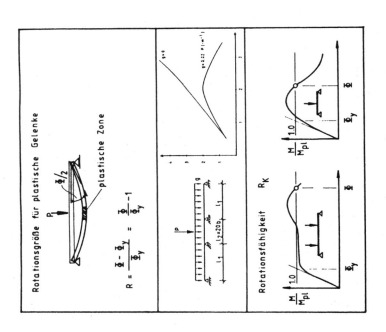

Bild 19: Definition der Rotationsfähigkeit und Rotationsanforderung

Bemessung von Stahlrahmen mit Hilfe nichtlinearer finiter Balkenelemente
am Mikrocomputer

von Peter Osterrieder und Josef Oxfort *

1 Einführung

Wegen der leichten Bauweise und des Bestrebens, Querschnitte möglichst
vollständig auszunutzen, sind besonders im Stahlbau nichtlineare Einflüsse bei Bemessung und Konstruktion der Tragwerke von Bedeutung.
Während die Nutzung plastischer Querschnittsreserven im Rahmen einer
konsequent physikalisch nichtlinearen Plastizitätstheorie nach den
einschlägigen Normen freigestellt wird, ist die Beachtung der geometrischen Nichtlinearität zwingend vorgeschrieben. Stabilitätsgefährdet
können z.B. im Stahlhallenbau Stützen, Binderriegel, Pfetten und Kranbahnträger sein. Stabilitätsversagen kann bei stabartigen Bauteilen
durch Knicken in und aus der Tragwerksebene heraus sowie durch Biegedrillknicken erfolgen. Zu beachten sind hierbei insbesondere die Stüt-
zungs- und Lasteintragungsverhältnisse. So sind Pfetten in den meisten
Fällen elastisch entlang des Obergurtes durch die darüberliegende
Dachhaut kontinuierlich gegen Verschieben und/oder Verdrehen gebettet.
Auch die Lasteinleitung geschieht über den Obergurt. Binderriegel sind
i.d.R. gegen Ausweichen aus der Binderebene heraus federnd gestützt
durch die am Obergurt lasteintragenden Pfetten. Außenwandstützen werden
über die an den außen liegenden Gurten angeschlossenen Wandriegel oder
über die direkt an den Gurten befestigte Wandverkleidung querbelastet
und gestützt. Kranbahnträger für leichten und mittelschweren Betrieb
sowie Innenstützen sind häufig zwischen den Auflagern nicht gehalten.
Lasten aus dem Kranbetrieb sind an der Schienenoberkante angreifend zu
berücksichtigen.

2 Stabilitätsnachweis nach EDIN 18800 Teil 2

Der Entwurf für die neue Stabilitätsnorm im Stahlbau EDIN 18800 T2 [1]
fordert den Nachweis der Stabilität unter den Bemessungslasten in Form
eines Biegeknick- oder/und Biegedrillknicknachweises für alle Stäbe, für
die keine ausreichende Stützung gegen Ausweichen vorhanden ist. Zur Vereinfachung dürfen Biegeknicken und Biegedrillknicken getrennt untersucht
werden. Dafür ist nach dem Nachweis des Biegeknickens der Biegedrillknicknachweis für die aus dem Gesamtsystem herausgelösten Einzelstäbe zu
führen, die durch die am Gesamtsystem ermittelten Stabendschnittgrößen
beansprucht werden. Da häufig ebene Teiltragwerke planmäßig in ihren

*) Dr.-Ing.P.Osterrieder, Prof.Dr.-Ing.J.Oxfort, Universität Stuttgart

Ebenen belastet werden, ist eine zweidimensionale Tragwerksanalyse mit
einer daran anschließenden räumlichen Betrachtung der einzelnen Stäbe
durchzuführen. Zum Nachweis deren räumlicher Stabilität stehen zwei Möglichkeiten zur Auswahl.

a) Nachweis nach Theorie II.Ordnung

   Der gedanklich aus dem Gesamttragwerk herausgetrennte Stab ist unter
   Berücksichtigung räumlicher Vorverformungen nach der Biegetorsions-
   theorie II.Ordnung zu untersuchen. Ausreichende Tragsicherheit ist
   vorhanden, wenn entweder an keiner Stelle des Stabes die größte Normalspannung die Fließspannung überschreitet oder bei erhöhten Imper-
   fektionsannahmen die errechneten Schnittgrößen höchstens die plastische Querschnittstragfähigkeit erreichen.

b) Ersatzstabnachweis

   Vereinfachend darf für Stäbe mit konstanter Längskraft und I-förmi-
   gem Querschnitt sowie für U- und C-Profile ohne planmäßige Torsion
   die Einhaltung einer Interaktionsbeziehung nachgewiesen werden. Als
   Vorwerte werden dazu die idealen Verzweigungslasten aus einer linearen Eigenwertuntersuchung für das Ausweichen senkrecht zur schwachen
   Achse unter alleiniger Wirkung der Längskräfte sowie für das Kippen
   unter ausschließlicher Wirkung der Biegemomente benötigt. Daraus
   sind bezogene Ersatzstabschlankheiten sowie die in den Interaktions-
   gleichungen zu verwendenden Abminderungsfaktoren $\varkappa$ für die N- bzw.
   M-Querschnittstragfähigkeit zu ermitteln.

3   Entwurfsbearbeitung am Mikrocomputer

3.1 Konzept der durchgehenden Rechnerbearbeitung

Der oben erläuterte Bemessungs- und Nachweisgang nach EDIN 18800 T2 für
den Entwurf stählerner Stabtragwerke ermöglicht einen nahezu durchgehenden EDV-Einsatz. Wie in [2] dargestellt, lassen sich auf der Basis einer
gemeinsamen Datenbank die einzelnen Stufen der Entwurfsbearbeitung getrennt
und nacheinander rechnerisch auch an einem 16-Bit Mikrocomputer durchführen. Nach einer groben Vordimensionierung erfolgt unter Verwendung eines
üblichen ebenen Stabwerksprogrammes die Systemberechnung nach der Theorie
II.Ordnung für alle in Betracht kommenden Bemessungslastkombinationen. Mit
der sich aus der Strukturberechnung bei Berücksichtigung der Ersatzimper-
fektionen ergebenden maßgebenden Schnittkraftkombination folgt nun stab-
weise die Dimensionierung sowie der Tragsicherheitsnachweis. Nach Festlegung der gewünschten Profilgruppe durch den Anwender wird unter Benutzung
von Profildateien mit Hilfe des allgemeinen Spannungsnachweises ein Profil
vorgewählt. Damit wird zunächst der Nachweis der ebenen Stabilität in
Form eines Spannungsnachweises nach Theorie II. Ordnung und daran an-

schließend der Biegedrillknicknachweis für die räumliche Stabilität versucht. Gelingt der Biegedrillknicknachweis nicht, erfolgt optional eine automatische Profilerhöhung. Gegebenenfalls ist sodann ein weiterer Iterationszyklus mit erneuter Strukturanalyse sowie Bemessung und Nachweis anzuschließen.

3.2 Geometrisch nichtlineare FE-Untersuchung für den Einzelstab

Sowohl zur Bestimmung der idealen Verzweigungslasten für den Ersatzstabnachweis als auch für die Spannungberechnung des vorverformten Stabes nach Theorie II.Ordnung wird nun das in [3] entwickelte räumliche Stabelement für offene dünnwandige Querschnitte im Rahmen einer FE-Untersuchung für den Einzelstab verwendet. Dieses Kirchhoff-Balkenelement gestattet insbesondere die folgenden im Hinblick auf die praktische Anwendung im Stahlbau wichtigen Optionen

- exzentrisch zum Schwerpunkt angreifende kontinuierliche elastische Bettungen gegen Verschieben sowie Drehbettung
- abschnittsweise unterschiedliche Normalkräfte
- Lastexzentrizitäten von Einzel- oder Gleichstreckenlasten in Lastrichtung
- parabel- oder sinusförmige Vorverformungen als Teil oder Vielfaches einer Halbwelle
- exzentrische diskrete Translations-, sowie Dreh- und/oder Wölbfedern

3.2.1 Grundlagen

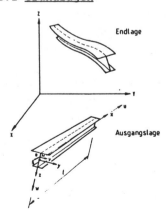

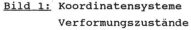

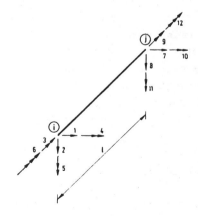

Bild 1: Koordinatensysteme
          Verformungszustände

Bild 2: Knotenverformungen
          Knotenkräfte

Die Grundgleichungen werden zunächst für den Fall des allgemein geometrisch nichtlinearen Problemes für endlich große Verformungen ohne die

Einschränkungen der Theorie II.Ordnung angeschrieben. Bild 1 zeigt ein Balkenelement in der Ausgangslage sowie in der endlich verformten unbekannten Endlage. Die X-, Y-, Z-Achsen kennzeichnen das raumfeste globale Koordinatensystem und x, y, z das lokale kartesische Koordinatensystem des einzelnen Elementes im Ausgangszustand.

Mit dem Prinzip der virtuellen Verschiebungen gilt für die gesamte virtuelle innere und äußere Arbeit der Struktur in der gesuchten Endlage nach [4]

$$\delta W = \delta W_{(i)} + \delta W_{(e)} = 0 \qquad (1)$$

sowie für das einzelne Element mit $\delta \overline{W}^B_{(i)}$ als virtuelle Arbeit der Bettung

$$-\delta \overline{W}_{(i)} = \int_V s_{ij} \, \delta \epsilon_{ij} \, dv - \delta \overline{W}^B_{(i)} \qquad (2)$$

Darin sind s_{ij} die kartesischen Komponenten des 2.Piola-Kirchhoff Spannungstensors in der Endlage, bezogen auf die Anfangslage. Der virtuelle Green-Lagrange Verzerrungstensor

$$\epsilon_{ij} = \tfrac{1}{2} (u_{i,j} + u_{j,i} + u_{k,i} u_{k,j}) = e_{ij} + \eta_{ij} \qquad (3)$$

wird für die weitere Darstellung in einen linearen und einen nichtlinearen Anteil in den Verschiebungsableitungen aufgespalten. Die Integration erfolgt über das Volumen des Elementes der Anfangslage.

Gleichung (2) bildet die Grundlage sowohl für eine totale Formulierung im Sinne der Theorie II.Ordnung, wobei die Last in einem Schritt aufgebracht wird, als auch für eine inkrementelle Darstellung (siehe z.B. [3],[4]), auf die im weiteren hier nicht eingegangen werden soll. Da der Green-Lagrange Tensor zum einen gegen Starrkörperverschiebungen invariant ist und andererseits jedoch die Gittervektoren immer in Richtung der Kanten des verformten differentiellen Volumenelementes weisen, gilt (2) im x,y,z Koordinatensystem bei beliebig großen Verformungen [3].

3.2.2 Balkentheorie, FE-Formulierung

Mit den in der Balkentheorie üblichen Beschränkungen hinsichtlich des Spannungszustandes erhält man aus Gleichung (2)

$$-\delta \overline{W}_{(i)} = \int_V [(s_{xx}\delta e_{xx} + 2 \cdot s_{xy}\delta e_{xy} + 2 \cdot s_{xz}\delta e_{xz}) +$$
$$(s_{xx}\delta \eta_{xx} + 2 \cdot s_{xy}\delta \eta_{xy} + 2 \cdot s_{xz}\delta \eta_{xz})]dv - \delta \overline{W}^B_{(i)} \qquad (4)$$

Die Schubspannungskomponenten in (4) enthalten nur Spannungsanteile aus St.Venantscher Torsion. Zur Vermeidung von Kopplungstermen werden nach Bild 1 die Verschiebungen in Richtung der Stabachse u auf den Schwerpunkt S und die Verschiebungen v und w in Richtung der Querschnittshauptachsen sowie die Torsionsverdrehung θ auf den Schubmittelpunkt M des unsymmetrischen Querschnittes bezogen.

Infolge einer in Lastrichtung exzentrisch angreifenden Gleichstreckenlast entstehen bei einer Torsionsbeanspruchung des Stabes Streckentorsionsmomente, deren Arbeit auf Elementebene zu erfassen ist. So gilt z.B. für eine Gleichstreckenlast q_z, welche im Abstand $z-z_M$ vom Schubmittelpunkt wirkt

$$\delta \bar{W}^{q_z}_{(e)} = - \int_l q_z(z-z_M)\theta\delta\theta dx \qquad (5)$$

Im Sinne des P.v.V. drückt man nun in (4) die mit den linearen virtuellen Verzerrungsanteilen verknüpften Spannungen über das Stoffgesetz durch Green-Lagrange Verzerrungen aus, während die zu den nichtlinearen Dehnungsanteilen korrespondierenden Spannungen über die Querschnittsfläche zu den üblichen Balkenschnittgrößen aufsummiert werden. Anschließend werden mit Hilfe der Kirchhoff-Hypothesen die Verschiebungen an einer beliebigen Stelle im Querschnitt durch die Verformungen des Schwerpunktes und des Schubmittelpunktes sowie durch die Querschnittskoordinaten ausgedrückt. Unter Verwendung linearer Interpolationen für die Längsverschiebungen, sowie kubischer Ansätze für die Querverschiebungen und die Torsionverdrehungen erhält man die bekannte elastische und geometrische Elementsteifigkeitsmatrix des Problems [3]. Weniger bekannt sind die aus der oben dargestellten Lastexzentrizität sich ergebenden geometrischen Steifigkeitsanteile. Für diese gilt mit den Bezeichnungen nach Bild 2 und den folgenden Festlegungen

$$s_t = [\ s_3\ s_6\ s_9\ s_{12}\ ]^T \ ; \quad v_t = [\ v_3\ v_6\ v_9\ v_{12}\ ]^T \quad \text{und}$$

$$k^{q_z}_g = q_z(z-z_M)l/35 \begin{bmatrix} 3 & 11/6 \cdot l & 9/2 & -13/12 \cdot l \\ & 1/3 \cdot l^2 & 13/12 \cdot l & -1/4 \cdot l^2 \\ \text{symm.} & & 13 & -11/6 \cdot l \\ & & & 1/3 \cdot l^2 \end{bmatrix}$$

$$s_t = k^{q_z}_g v_t \qquad (6)$$

Aus der Arbeit der nichtlinearen Spannungsanteile mit den linearen virtuellen Verzerrungen ergibt sich weiterhin eine <u>unsymmetrische</u> Membran- oder Anfangsverschiebungsmatrix. Die darin enthaltenen Terme geben die Membrankräfte infolge seitlicher Verschiebungen an.

3.2.3 Lösung des nichtlinearen Spannungsproblemes

Nach Aufsummation der Elementsteifigkeiten nach der direkten Steifig-
keitsmethode erhält man für ein beliebiges virtuelles Verschiebungsfeld
ohne die bei einem inkrementellen Verfahren erforderliche Linearisierung
die folgende Matrizengleichung.

$$(K_e + K_g + K_u) \ r \ = \ R - R_o \qquad\qquad (7)$$

Hierbei sind K_e die elastische Systemsteifigkeitsmatrix des Stabes und
der elastischen Bettung, K_g die geometrische oder Anfangsspannungsmatrix
einschließlich der Laststeifigkeitsterme nach Gleichung (6) und K_u die
unsymmetrische Anfangsverschiebungs- oder Membranmatrix. Die den Vorverformungen entsprechenden Ersatzlasten $-R_o$ erhält man bei Annahme derselben Formfunktionen wie für die virtuellen und die wirklichen Verschiebungen durch Multiplikation der geometrischen Steifigkeitsmatrix mit dem
Vorverformungsvektor. Eine formale, anstelle der hier gewählten inge-
nieurmäßigen Einbringung der Vorverformung in die Gesamtformulierung
wäre nur bei Anwendung der wesentlich aufwendigeren Theorie des räumlich
gekrümmten Stabes möglich.

Gleichung (7) stellt eine Sekantenbeziehung zur iterativen Lösung der
Gesamtverformungen der Endlage dar. Numerische Untersuchungen zeigen,
daß die Konvergenzgeschwindigkeit insbesondere bei Behinderung der
Längsverschiebungen äußerst gering ist und die Lösung in vielen Fällen
sogar divergiert. Auch die Behandlung der mit den Verschiebungen aus dem
vorhergehenden Iterationsschritt multiplizierten unsymmetrischen Steifigkeitsanteile auf der rechten Seite als fiktive Lasten verbessert das
Konvergenzverhalten nicht. Deshalb scheint es angeraten, in all jenen
Fällen, in denen die Membransteifigkeit von Bedeutung ist, eine inkrementelle Vorgehensweise zu wählen, bei der weder unsymmetrische Matrizen
noch die erwähnten Konvergenzprobleme auftreten.

Da, wie in [5] dargestellt, bei Einzelstäben das überkritische Verhalten im Bereich oberhalb der Verzweigungslast stabil ist, genügt für die
hier zu behandelnden Probleme die Anwendung der Theorie II.Ordnung.
Diese folgt aus Gleichung (4) unmittelbar durch Vernachlässigung der
nichtlinearen Verzerrungsanteile im Stoffgesetz zur Bestimmung der
Kirchhoff-Piola Spannungen 2.Art. Zur Lösung des Spannungsproblemes der
Theorie II.Ordnung wird die Sekantensteifigkeitsmatrix solange an den
gesuchten Gleichgewichtszustand angepaßt, bis äußere und innere Kräfte
im Gleichgewicht stehen. Als Konvergenzkriterium wird die Quadratnorm
der Verschiebungszuwächse, bezogen auf die Norm der Verschiebungen des
letzten Iterationschrittes verwendet. Grundsätzlich ist die Theorie II.
Ordnung auch in eine inkrementelle Formulierung implementierbar.

In vielen Arbeiten zum Biegedrillknickproblem im Stahlbau ist es darüberhinaus üblich, die Änderung des Anfangsspannungszustandes, dort
Hauptkrümmung genannt, in der geometrischen Steifigkeitsmatrix infolge
der sich einstellenden Querschnittsverdrehungen zu vernachlässigen.
Häufig wird dabei unterstellt, daß diese Vernachlässigung Bestandteil
der Theorie II. Ordnung ist. Anhand des folgenden Beispieles sollen die
Zulässigkeit und die Grenzen dieser Vereinfachung überprüft werden.
Zunächst wurden für den in Bild 3 dargestellten an den Enden gabelgelagerten Einfeldträger mit der Stützweite l = 8.0 m, der Last q auf
dem Obergurt, sowie einer Vorverformung aus der Tragwerksebene heraus
mit dem Größtmaß $v_o = l/300$ die Lastverformungskurven mit (Kurve 2) und
ohne (Kurve 1) Berücksichtigung der Änderung des Anfangsspannungszustandes bestimmt.

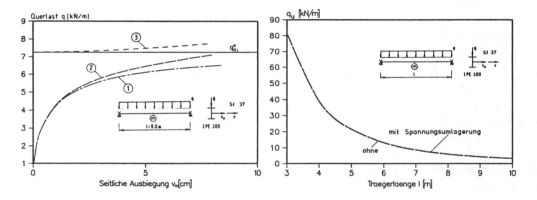

Bild 3: Lastverformungskurven   **Bild 4:** Aufnehmbare Last q_u

Aus dem Vergleich der Lastverschiebungskurven 2 und 3 für die seitliche
Ausbiegung ist zu erkennen, daß im Bereich mäßiger Lasten die Änderung
des Anfangsspannungszustandes vernachlässigbar ist, wogegen bei Annäherung an die kritische Last q_{Ki}^o eine deutliche Versteifung des Trägers zu
erkennen ist. Die Berücksichtigung dieses Effektes erfordert allerdings
in der Nähe des 1.Eigenwertes einen größeren Rechenaufwand, der sich
bei gleichem Konvergenzmaß in wesentlich höheren Iterationszahlen
ausdrückt.

In Bild 4 wurde für verschiedene Stützweiten desselben Trägers die
aufnehmbare Last q_u aufgetragen. Die Vorverformungsamplitude beträgt
auch hier jeweils $v_o = l/300$. Die Last q_u ist definiert durch das
Erreichen der 1.1-fachen Fließspannung $\sigma = 1.1 \cdot 24.0 = 26.4$ kN/cm²
infolge zweiachsiger Biegung und Torsion an der höchstbeanspruchten
Stelle des Querschnittes. Der Erhöhungsfaktor 1.1 wird dabei in Anlehnung an DIN 18800 T1 (März 1981, Gl. 8c) eingeführt. Die numerischen
Untersuchungen wurden wieder mit und ohne Berücksichtigung der Änderung

des Anfangsspannungszustandes durchgeführt. Wie aus Bild 4 ersichtlich erhält man bei der hier gewählten Auftragung in beiden Fälle nahezu identische Kurven, wobei lediglich im schlanken Bereich bei l = 10m der Wert für q_u ohne Berücksichtigung der Spannungsumlagerung mit ca. 14% auf der sicheren Seite liegt. Da jedoch dieser Fall baupraktisch wegen der unwirtschaftlichen Bemessung kaum relevant ist, kann für den praktischen Stahlbau - wie auch durch weitere Untersuchungen bestätigt wurde- bei elastischer Bemessung die Änderung des Anfangsspannungszustandes vernachlässigt werden.

3.2.4 Lösung der Eigenwertaufgabe

Zur Bestimmung der für den Ersatzstabnachweis benötigten idealen Verzweigungslasten ist im Rahmen einer FE-Darstellung das allgemeine Eigenwertproblem A - λ B = 0 für die Eigenwerte λ_{Ki} zu lösen. Da im Stahlbau i.d.R. nur der niedrigste Eigenwert von Interesse ist, empfiehlt sich auch im Hinblick auf Speicherplatz- und Rechenzeitbedarf an Mikrocomputern die Verwendung der "Subspace"-Methode [7] für die Eigenwertuntersuchung. Mit Hilfe einer "Sturm"-Folge ist hierbei zu überprüfen, ob der niedrigste Eigenwert gefunden wurde. Da bei Biegedrillkickproblemen die K_g - Matrix nicht immer positiv definit ist und auch negative Eigenwerte interessieren, wird im Unterraum der QZ-Algorithmus nach [8] verwendet. Von besonderer Bedeutung ist bei der Subspace-Methode die Wahl der Startvektoren. Dabei gilt der in [7] für Eigenfrequenzberechnungen beschriebene Grundsatz, wonach die Startvektoren diejenigen Freiheitsgrade aktivieren sollten, für die k_e klein und k_g groß ist, prinzipiell auch für die hier zu lösenden Knickprobleme. Bei der Suche nach diesen Freiheitsgraden ist allerdings zu beachten, daß beim Biegedrillknicken die Hauptdiagonale der geometrischen Steifigkeitsmatrix durchweg Null sein kann.

Wie in [7] dargestellt, konvergiert die Iteration nur dann gegen den gesuchten niedrigsten Lösungsvektor, wenn nicht sämtliche Startvektoren orthogonal zu diesem sind. Da bei linearen Stabilitätsbetrachtungen von Stäben die Eigenvektoren für Knicken in der Momentenebene einerseits und für das Ausweichen aus dieser Ebene verbunden mit einer Torsionsverdrehung andererseits orthogonal sind, müssen deshalb Startvektoren vermieden werden, die ausschließlich eine der beiden Eigenformen enthalten. Für die Interaktionsgleichung beim Ersatzstabnachweis nach [1] werden getrennt die Verzweigungslasten für Knicken senkrecht zur schwachen Achse und Biegedrillknicken ohne Normalkraft benötigt. Die Wahl eines zu den gesuchten Eigenvektoren orthogonalen Startvektors ist somit einfach zu vermeiden, indem für die Eigenwertuntersuchung vorweg die Freiheitsgrade für Verschiebungen in der Momentenebene eliminiert werden.

Kurve 3 in Bild 3 zeigt das Ergebnis einer begleitenden Eigenwertuntersuchung unter Verwendung der Sekantensteifigkeitsmatrizen. Man erkennt
dabei deutlich das bei Einzelstäben bekannte stabile Verhalten im über-
kritischen Bereich. Die Zunahme der beim Lastniveau q = 7.1 kN/m ermittelten kritischen Last gegenüber der linearen Verzweigungslast q^O_{Ki} beträgt 6.9% . Im Rahmen einer inkrementellen Formulierung würde darüberhinaus die Berücksichtigung der verformten Stabgeometrie zu einer weiteren Anhebung der kritischen Lasten führen (vgl. [6], Abschnitt 7.1).

3.3 <u>Vergleich der Bemessungskonzepte</u>

Anhand des unten dargestellten einzelnen Einfeldträgers ohne Normalkraft
mit drehelastischer Stützung werden nachfolgend die beiden Bemessungskonzepte nach [1] für den Biegedrillknicknachweis verglichen. Die in
Bild 5 angegebenen, bei räumlicher Tragwirkung aufnehmbaren Belastungen
$\bar{q}^E_u$ (Kurve 1) und $\bar{q}^S_u$ (Kurve 2) wurden bezüglich der vollplastischen
Grenzlast q_{pl} = 18.88 kN/m skaliert. Die bezogene Schlankheit $\bar{\lambda}_M$ ist
nach [1] als die Quadratwurzel aus dem vollplastischen Moment M_{pl}, ge-
teilt durch das lineare Biegedrillknickmoment M_{Ki} definiert.

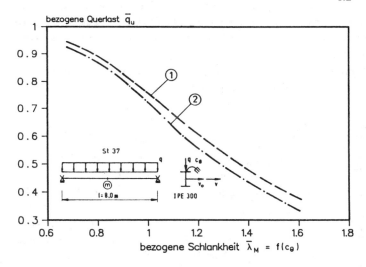

<u>Bild 5:</u> Aufnehmbare
Belastung $\bar{q}_u$ nach
[1]
Kurve 1 : $\bar{q}^E_u$ aus
Ersatzstabnachweis
Kurve 2 : $\bar{q}^S_u$ aus
Spannungsnachweis
nach Th.II.O. für
das vorverformte
System (max v_o =
2.133cm)

Während beim Ersatzstabnachweis das maximal vorhandene Moment kleiner
sein muß als das in Abhängigkeit von der bezogenen Schlankheit $\bar{\lambda}_M$ abge-
minderte vollplastische Moment, darf die größte nach Theorie II. Ordnung
am räumlich verformten System auftretende Spannung die 1.1-fache Fließspannung (s.o.) nicht überschreiten. Aus Bild 5 erkennt man, daß insbesondere bei größeren Schlankheiten das Ersatzstabverfahren zu einer
wirtschaftlicheren Bemessung führt. Für c_Θ = 0. d.h. $\bar{\lambda}_M$ = 1.61 beträgt
in dem vorliegenden Fall der Unterschied in der aufnehmbaren Belastung
immerhin 14% .

4. Anwendung

An dem in Bild 6 dargestellten Stockwerksrahmen ohne Aussteifung wird nachfolgend der gesamte Bemessungsgang kurz erläutert. Während hierbei die Riegel durch die darüberliegenden Decken durchweg am Ausweichen aus der Rahmenebene gehindert werden, sind sämtliche Stützen innerhalb eines jeden Geschosses nicht gehalten. Die Strukturberechnung des 1. Iterationsschrittes wird mit konstanter Steifigkeit für alle Stäbe (IPE 600) durchgeführt. Die an die ebene Berechnung nach Theorie II.Ordnung mit Stützenschiefstellungen nach [1] anschließende Auswertung weist den Lastfall Eigengewicht + Nutzlast + Wind + halbe Schneelast mit dem Bemessungslastfaktor γ_H = 1.5 (nach EDIN 18800 T2, Dez. 1980) als maßgebend für alle Stäbe aus. Beim Bemessungsgang werden für die Stützen HEB-Profile und für die Riegel IPE-Profile vorgewählt. Für den Biegedrillknicknachweis der Stützen wird das Ersatzstabverfahren verwendet. Nach 4 Iterationszyklen für Berechnung, Lastfallauswertung und Bemessung erhält man schließlich die in Bild 6 eingetragenen Querschnitte. Dabei ist zu beachten, daß das Rechenprogramm zunächst die Iteration beendet, wenn der Bemessungsmodul für keinen Stab ein größeres Profil als in der Strukturberechnung angenommen ergibt. Falls gewünscht, kann der Iterationsprozeß fortgesetzt werden, um Überdimensionierungen abzubauen. Natürlich hat im Anschluß daran der entwerfende Ingenieur diesen allein auf statischen Gesichtspunkten beruhenden "Maschinenvorschlag" im Hinblick auf die übrigen Entwurfskriterien zu modifizieren und optimieren. Daran schließt sich dann ein weiterer Rechnungsgang, diesmal jedoch nur mit einem Nachweis für die vorgegebenen Querschnitte an.

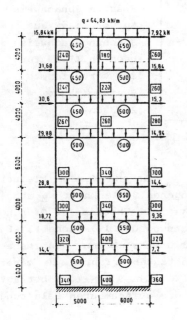

Belastung:

DIN 1055 Blatt 3,4,5

Rahmenabstand 6m

Geschoßdecken:

Stahlbeton d = 20cm

Geländehöhe 400m NN

Schneelastzone I

Maßgeb. Lastkombination:

g + p + w + s/2 im LF H

Stahlprofile:

Stützen HEB □

Riegel IPE O

Bemessungslastfaktor:

γ_H = 1.5

Anzahl der Iterationen: 4

Bild 6:

Automatisierte Bemessung eines Stockwerkrahmens (aus Diplomarbeit K.-D. Hauck, Institut für Stahlbau und Holzbau, Stuttgart, 1986)

5. Zusammenfassung, Bewertung

Zur automatisierten Bemessung von Stahlrahmen wurde unter Benutzung einer Datenbank ein Konzept zur Verwendung an 16-Bit-Mikrocomputern entwickelt. Nach [1] erfolgt dabei die Untersuchung des ebenen Gesamtsystems getrennt vom räumlichen Nachweis des Einzelstabes. Für den Stabilitätsnachweis des Einzelstabes nach [1] stehen wahlweise der Ersatzstabnachweis oder der Nachweis nach Spannungstheorie II.Ordnung zur Verfügung. Dabei wurde insbesondere der Erfassung wirklichkeitsnaher Lasteinleitungs- und Stützungsverhältnisse Rechnung getragen. Anhand des nichtlinearen Biegtorsionsproblemes wurde der Übergang von der allgemein geometrisch nichtlinearen Theorie zur Theorie II. Ordnung dargelegt.

Die Ergebnisse der beiden Bemessungskonzepte nach [1] in Bild 5 zeigen, daß der Spannungsnachweis nach der Theorie II.Ordnung zu geringe Tragfähigkeiten ergibt im Vergleich zu dem an rechnerisch und experimentell festgestellten Traglasten orientierten Ersatzstabnachweis. Die Ermäßigung der als Ersatzimperfektion vorgesehenen seitlichen Anfangsausbiegung (max v_0 = 2.133 cm = 2/3*l/300) und die Erhöhung der maßgebenden Grenzspannung auf das 1.1-fache der Fließgrenze reichen für eine Angleichung nicht aus. Dieses Ergebnis ist auch für andere Profile und andere Stützweiten als die des gewählten Beispieles zu vermuten. Eine sogar größere Differenz ist u.U. nach dem Gelbdruck für DIN 18800 T2 (März 1988) zu erwarten, der als Grenze der Tragfähigkeit die durch 1.1 dividierte Fließspannung vorsieht. Unter diesen Gesichtspunkten wird eine weitere Abminderung der Anfangsausbiegung v_0 für den Ergebnisausgleich notwendig, wenn nicht bei der Bemessung - wie im Abschnitt 4 - dem Ersatzstabnachweis stets der Vorzug eingeräumt werden soll.

Schrifttum

[1] EDIN 18800 Teil 2 - Normvorlage März 1985

[2] Krätzig,W.B.,Weber,B. Expertensysteme in der Baustatik, Tragwerksberechnung und -bemessung auf 16-Bit-Mikrocomputern. Tagungsheft Baustatik/Baupraxis 3, 1987, 17.1-17.25.

[3] Osterrieder,P., Traglastberechnung von räumlichen Stabtragwerken bei großen Verformungen mit finiten Elementen. Dissertation, Universität Stuttgart, 1983.

[4] Bathe,K.-J.,Ramm,E.,Wilson,E.L. Finite Element Formulations for Large Deformation Dynamic Analysis.

Int. J. Num. Meth. Eng. 9 (1975), 353/386.

[5] Schrödter,V.,Wunderlich,W. Tragsicherheit räumlich beanspruchter
Stabwerke.
in: Finite Elemente - Anwendungen in der Baupraxis, H.Grundmann,
E.Stein, W.Wunderlich, Ernst & Sohn, 1984.

[6] Petersen,Chr. Statik und Stabiltät der Baukonstruktionen
2. Auflage, Friedr.Vieweg & Sohn, Braunschweig/Wiesbaden,1982.

[7] Bathe,K.-J. Finite Element Procedures in Engineering Analysis
Prentice-Hall, Inc., Englewood Cliffs, New Jersey, 1982.

[8] Moler,C.B.,Stewart,G.W. An algorithm for the generalized matrix
eigenvalue problem A*X=LAM*B*X
Report No. CNA - 32, Center for numer. analysis, The University of
Texas, Austin.

Traglastberechnung von stählernen Behältern

von R. Harbord[*]

Stählerne Behälter können nach den geltenden Vorschriften entweder nach einem elastischen oder nach einem elastisch-plastischen Bemessungskonzept ausgelegt werden. Das elastische Bemessungskonzept ist auf zulässigen Spannungen begründet, die gegenüber der Fließ- bzw. Streckgrenze durch einen Sicherheitsfaktor abgegrenzt werden. Das elastisch-plastische Bemessungskonzept beruht dagegen auf einer Verformungsbegrenzung. Nach Erreichen der Fließgrenze werden in Abhängigkeit des speziellen Anwendungsfalles plastische Vergleichsdehnungen bis zu 1% als zulässig erachtet.

Wird der Standsicherheitsnachweis nach dem elastisch-plastischen Bemessungskonzept ausgeführt, ist die Entwicklung der plastischen Zonen schrittweise bis zum Sicherheitsfaktor zu verfolgen, um kinematische Mechanismen im elastisch-plastischen Verformungszustand eindeutig ausschließen zu können.

Zur Ausführung des rechnerischen Nachweises hat sich bei Stabwerken das Traglastverfahren bewährt. Bei der schrittweisen Laststeigerung wird unter Vernachlässigung des Querschnittsplastifizierens lediglich der plastische Grenzzustand der Stabquerschnitte kontrolliert. Stellt sich ein solcher Zustand im am höchsten beanspruchten Querschnitt ein, wird das Berechnungssystem an dieser Stelle um ein Fließgelenk erweitert, das aus einem geometrischen Gelenk mit Verschiebungs- und Verdrehungssprüngen und den Zustandsgrößen des plastischen Grenzzustandes besteht. Bei der praktischen Anwendung kann zur Festlegung des plastischen Grenzzustandes an der Stelle der strengen nichtlinearen (N,Q,M)-Interaktion vielfach eine linearisierte (N,M)-Interaktion oder nur der Momentenanteil verwendet werden, wodurch sich die Handhabung des Verfahrens erheblich vereinfacht.

Inwieweit sich diese Vorgehensweise auf Flächentragwerke und dabei speziell auf Schalen übertragen läßt, ist in allgemeingültiger Form nicht bekannt. Die statische Berechnung der Standzarge einer vertikalen Kühlmaische beruht auf dem Traglastverfahren mit reiner Momentenfestlegung des plastischen Grenzzustandes. Zur Absicherung der Ergebnisse werden Vergleichsuntersuchungen unter Verwendung der Plastizitätstheorie für Schalentragwerke ausgeführt und die Ergebnisse diskutiert.

[*] Prof. Dr.-Ing. R. Harbord, Technische Universität Berlin

Tragverhalten von Behälterböden und Kugelschalen
Die Finite–Element–Methode als Werkzeug zur Aufstellung von Entwurfshilfen

von Walter Wunderlich, Hans Obrecht, Frank Schnabel *

1. Einleitung

Die Finite–Element–Methode wird zunehmend sowohl für die Verbesserung und Ergänzung als auch für die Aufstellung neuer Entwurfshilfen eingesetzt. Für bestimmte Problemklassen – z.B. für Rotationsschalen – ist es mit den verbesserten Rechenleistungen der Computer und der Entwicklung problemspezifischer Methoden möglich geworden, mit Hilfe umfangreicher Parameterstudien das nichtlineare Tragverhalten wirklichkeitsnah zu simulieren und aus den Ergebnissen Entwurfshilfen für eine einfachere Bemessung abzuleiten. Wenige Experimente reichen dann aus, um die numerischen Resultate zu kontrollieren bzw. zu kalibrieren.

Solche Untersuchungen sind vor allem bei dünnwandigen Schalentragwerken bedeutsam, denn diese unterscheiden sich von Stab– und ebenen Flächentragwerken vor allem dadurch, daß ihre Tragfähigkeit außerordentlich stark von geometrischen und physikalischen Nichtlinearitäten sowie von Anfangsimperfektionen bestimmt wird. Die verschiedenen Regelwerke (siehe z.B. [1–6]) tragen diesem Sachverhalt jedoch nicht immer angemessen Rechnung. Auch sind nicht alle Bemessungsvorschriften gleichermaßen theoretisch fundiert. Vielmehr basieren einige von ihnen auf halbempirischen Verallgemeinerungen von Näherungslösungen, und gewisse praktisch wichtige Konstruktionen, wie z.B. Behälterböden und andere aus verschiedenen Segmenten zusammengesetzte Schalen ohne und mit Versteifungen, sind bislang noch gar nicht oder nicht hinreichend erfaßt. Den gestiegenen Anforderungen an die moderne Konstruktionspraxis und auch den Bedürfnissen der Anwender wird dies nicht immer gerecht, zumal auch der tatsächliche Gültigkeits– und Zuverlässigkeitsbereich von einzelnen Bestimmungen unter Umständen nicht ohne weiteres erkennbar ist.

Eine wichtige Ursache für die bestehenden Unzulänglichkeiten liegt zum Beispiel darin, daß die Mehrzahl der gebräuchlichen Bemessungsregeln auf relativ einfache Standardgeometrien mit idealisierten Randbedingungen zugeschnitten sind und daß einige davon auf stark vereinfachten, linearisierten – oder sogar linearen – mechanischen Modellen beruhen. Einflüsse, die dabei unberücksichtigt bleiben, z.B. Plastizierungen, realistische Randbedingungen etc., werden dagegen gewöhnlich nur über pauschale Abminderungsfaktoren erfaßt. Bei deren Festlegung stützt man sich in der Regel auf verfügbare experimentelle Ergebnisse, doch sind diese, außer bei den in der Vergangenheit eingehend untersuchten Zylinderschalen, häufig nicht sehr zahlreich und für die im Einzelfall interessierenden Parameterbereiche möglicherweise auch nicht genügend repräsentativ. Um solche Unsicherheiten auszugleichen und um die praktische Verwendbarkeit der Richtlinien sicherzustellen, gelten diese gewöhnlich nur für vorgegebene Abmessungsverhältnisse. Zusätzlich wird oft noch verlangt, daß an den Rändern und den Übergängen zwischen einzelnen Segmenten Tragelemente mit bestimmten Mindeststeifigkeiten angeordnet werden. Dies setzt einmal den Gestaltungsmöglichkeiten des entwerfenden Ingenieurs gewisse Grenzen. Bedeutsamer aber ist die Tatsache, daß die diesbezüglichen Vorschriften in [1–6] keineswegs einheitlich sind, sondern zum Teil beträchtlich differieren und zu erheblichen Dimensionierungsdiskrepanzen führen können. So sind, je nach den Abmessungsverhältnissen, sowohl Überdimensionierungen, und damit unwirtschaftliche, als auch Unterdimensionierungen, und damit unsichere, Lösungen möglich. Die Tragsicherheit, vor allem von komplexen Gesamtkonstruktionen, ist also nicht in allen Fällen automatisch gewährleistet. Zu Schwierigkeiten kann es zum Beispiel bei zusammengesetzten Schalen dann kommen, wenn kurzwellige (lokale) und langwellige (globale) Beulformen annähernd gleichzeitig auf-

* o. Prof. Dr.–Ing. W. Wunderlich, Dr. H. Obrecht, Technische Universität München,
Dr.–Ing. F. Schnabel, Neuenrade

treten und sich gegenseitig stark beeinflussen. Bei diesem interaktiven Vorgang werden häufig gerade die traglastmindernden nichtlinearen Anteile deutlich verstärkt. Es kommt dann zu einer ausgeprägten Imperfektionsempfindlichkeit, die dazu führen kann, daß die tatsächliche Tragfähigkeit einer solchen Schale niedriger liegt als die mit Hilfe der vorgegebenen Abminderungs- und Sicherheitsfaktoren bestimmten zulässigen Lasten. Offensichtlich können Effekte dieser Art – aber auch weniger komplexe nichtlineare Zusammenhänge – nicht mehr mit vereinfachten linearisierten Modellvorstellungen erfaßt werden.

Eine zugleich wirtschaftliche und sichere Bemessung von Schalentragwerken ist deshalb nur dann gewährleistet, wenn die jeweiligen Traglasten möglichst genau bekannt sind. Dies ist allerdings nur möglich, wenn bei der Berechnung alle relevanten Systemparameter, wie z.B. die Schalenabmessungen und -steifigkeiten, die Rand- und Übergangsbedingungen, die lastabhängigen Materialeigenschaften, die Herstellungsimperfektionen, etc. sowie ihr gegenseitiger nichtlinearer Einfluß, sowohl qualitativ als auch quantitativ korrekt erfaßt und keine substantiellen Vereinfachungen vorgenommen werden. Wichtig ist auch, daß alle diese Faktoren möglichst vollständig berücksichtigt werden, da ein Teil das Tragverhalten positiv beeinflußt, während sich andere deutlich negativ auswirken. Zudem können – wie häufig bei nichtlinearen Prozessen – kleine Parametervariationen zu relativ starken Änderungen der Zustandsgrößen und des Tragverhaltens führen, so daß sich aus Einzelergebnissen oft nur schwer verallgemeinernde Schlußfolgerungen ziehen lassen.

Glücklicherweise hat die rasche Entwicklung der computerorientierten Berechnungs- und Konstruktionsmethoden dazu geführt, daß nunmehr annähernd beliebige Schalenkonfigurationen eingehend untersucht werden können. Insbesondere ist es möglich geworden, alle wesentlichen Systemparameter sowie deren geometrisch und physikalisch nichtlineares Zusammenwirken detailliert zu berücksichtigen und so das sehr komplexe Tragverhalten dünnwandiger Schalenkonstruktionen wirklichkeitsnah numerisch nachzuvollziehen. Solche nichtlinearen Computersimulationen sind zwar in der allgemeinen Praxis bislang noch die Ausnahme, beim Entwurf von Schalentragwerken aber, die nicht in den Geltungsbereich der Regelwerke fallen, oder bei denen das Tragverhalten aus Sicherheits- bzw. Wirtschaftlichkeitsgründen möglichst genau bekannt sein muß, sind sie unverzichtbar. Zudem stellen sie eine wichtige Ergänzung – und teilweise auch eine Alternative – zu experimentellen Untersuchungen dar, da diese mit einem ganz erheblichen Zeit- und Kostenaufwand verbunden sind. Numerische Simulationen sind dagegen wesentlich schneller und billiger, und auch der Einfluß einer Variation der verschiedenen Eingangsgrößen läßt sich damit sehr viel einfacher verfolgen.

Es bietet sich deshalb bei gleichartigen Tragwerken an, die Flexibilität numerischer Berechnungen sowie die gegenüber Versuchsreihen bestehenden Zeit- und Kostenvorteile gezielt zu systematischen Parameteruntersuchungen zu nutzen und daraus praxisnahe, mechanisch fundierte und möglichst allgemeingültige Bemessungsformeln und -diagramme herzuleiten. Die Schwächen einiger der gängigen Richtlinien lassen sich damit vermeiden. Außerdem bleiben die Vorteile voll erhalten, die Bemessungsregeln sowohl für den Vorentwurf als auch für die Bemessung bieten, nämlich eine einfache und übersichtliche Handhabung sowie die Möglichkeit, die Tragfähigkeit einer Konstruktion bzw. die Zulässigkeit eines Entwurfs schnell und mit einem Minimum an Aufwand zu ermitteln und daraus auch wichtige konstruktive Hinweise zu entnehmen. Angesichts der raschen Entwicklung der Informations- und Wissensverarbeitung ist auch von Bedeutung, daß zuverlässige und theoretisch gut fundierte Bemessungsregeln eine wertvolle Wissensbasis und eine wichtige Grundlage für moderne Konstruktions-Expertensysteme darstellen.

Ein wichtiger praktischer Vorteil mechanisch wohlbegründeter Bemessungshilfen besteht auch darin, daß sie die Möglichkeit bieten, die Tragsicherheit und Wirtschaftlichkeit von Schalentragwerken mit konventionellen Mitteln zu steigern. Sie kommen damit vor allem kleineren und mittleren Unternehmen zugute, die bislang noch nicht über die sachlichen und personellen Voraussetzungen verfügen, die für den routinemäßigen Einsatz von nichtlinearen Programmsystemen unerläßlich sind.

Erwähnt werden sollte auch noch, daß systematische numerische Untersuchungen, anders als Experimente, immer auch detaillierte Aufschlüsse über die zeitlichen und räumlichen Veränderungen aller Zustandsgrößen, also der Verschiebungen ebenso wie der Verzerrungen und der Spannungen, liefern. Sie ergeben deshalb nicht nur einen vollständigen Überblick über das Tragverhalten einer ganzen Familie von Schalentragwerken, sondern liefern darüber hinaus auch wertvolle Hinweise für eine optimale konstruktive Gestaltung. Gerade der letzte Aspekt läßt sich direkt nutzen, da es sich gezeigt hat, daß in der Regel auch bei ausgeprägt nichtlinearem Verhalten eine Reihe von globalen dimensionslosen Größen gefunden werden kann, zwischen denen relativ einfache Beziehungen bestehen. Diese haben auch den wichtigen Vorteil, daß sie von Vereinfachungen weitgehend freie Extrapolationen und Verallgemeinerungen zulassen.

2. Numerisches Lösungsverfahren

Die im folgenden Abschnitt vorgestellten numerischen Untersuchungen wurden mit dem Rotationsschalenprogramm ROT–B durchgeführt, das speziell für die geometrisch nichtlineare, elasto–plastische Berechnung von Rotationsschalen mit beliebigen nichtaxialsymmetrischen Belastungen und geometrischen Anfangsimperfektionen entwickelt wurde. Wie in [7–14] näher ausgeführt, basiert es auf einer für große Verschiebungen und mäßig große Rotationen gültigen Theorie dünnwandiger Schalen und ermöglicht sowohl die Beschreibung elastisch–idealplastischen als auch verfestigenden Materialverhaltens. Von üblichen zweidimensionalen Schalenprogrammen unterscheidet es sich vor allem dadurch, daß lediglich entlang der Meridiankoordinate eine auf die Rotationsgeometrie zugeschnittene, eindimensionale Diskretisierung durchgeführt wird. Dadurch kommt man, ähnlich wie im rotationssymmetrischen Fall, zur Formulierung von Ringelementen. Nichaxialsymmetrische Einflüsse werden dagegen nicht diskret sondern durch Fourieransätze beschrieben, wobei jeder Fourierkomponente ein Ringelement zugeordnet ist.

Eine weitere Besonderheit der gewählten Formulierung besteht darin, daß die jeweiligen Steifigkeitsmatrizen nicht wie üblich mit Hilfe von Näherungsansätzen für die Meridianverteilung der Verschiebungsgrößen, sondern durch eine asymptotisch genaue Integration des Fundamentalsystems der Differentialgleichungen gewonnen werden. Die darin auftretenden nichtlinearen Terme, die zu Kopplungen zwischen den verschiedenen Fourierharmonischen führen, werden zu Pseudolasten zusammengefaßt und auf halbdiskrete Weise behandelt. Dazu werden die entsprechenden Vektorkomponenten zunächst durch Überlagerung der einzelnen Fourieranteile an einer bestimmten Zahl diskreter und über den Schalenumfang und die Schalendicke verteilter Punkte berechnet und anschließend wieder in eine Fourierreihe entwickelt. Dieser Vorgang wird dann in jedem Inkrement bzw. Iterationsschritt wiederholt. Der wesentliche Vorteil dieser Art, die nichtlinearen Terme zu behandeln, besteht darin, daß die dabei notwendigen Rechenoperationen lediglich die Komponenten des Pseudolastvektors betreffen. Dagegen bleiben die Steifigkeitskoeffizienten der Ringelemente davon unberührt. Da sie mit denen der entsprechenden linearen Theorie übereinstimmen, sind sie für eine gewählte Diskretisierung konstant und hängen somit auch nicht von der Höhe der Belastung ab. Die Gesamtsteifigkeitsmatrix muß also im Verlauf einer Berechnung nur einmal dreieckszerlegt werden. Da sie überdies bezüglich der einzelnen Fourierkomponenten entkoppelt ist und deshalb eine blockdiagonale Struktur hat, läßt sich auch die Speicherverwaltung sehr effizient gestalten, was sich gerade bei komplexen Geometrien außerordentlich günstig auf die Rechenzeiten auswirkt. Gerade dieser Aspekt ist bei systematischen Parameteruntersuchungen von ausschlaggebender Bedeutung.

Die Verwendung von Ringelementen in Verbindung mit Fourierreihen hat auch noch den wichtigen Vorteil, daß bei der Geometriebeschreibung keinerlei Näherungsannahmen getroffen werden müssen. Es ist also nicht erforderlich, sich auf die Betrachtung von Schalenausschnitten mit in Umfangsrichtung fiktiven Randbedingungen zu beschränken, wie dies bei Verwendung zweidimensionaler Elemente aus Gründen der Rechenzeitersparnis üblich ist. Vielmehr hängt die Genauigkeit, mit der die Umfangsverteilung der Zustandsgrößen beschrieben werden kann, allein von der gewählten Zahl der Fourierharmonischen ab. Zur Steigerung bzw. Abminderung dieser Genauigkeit genügt es deshalb, die Zahl der Fourierkomponenten zu vergrößern bzw. zu verkleinern. Dagegen bedeutet bei zweidimensionalen Beschreibungen eine Änderung der Umfangsdiskretisierung immer auch eine völlige Neugenerierung des gesamten Netzes und eine Veränderung der Dimension der lastabhängigen und gewöhnlich stark gekoppelten Steifigkeitsmatrizen. Der Modellierungs- und Diskretisierungsaufwand ist damit bei dem hier verwendeten Verfahren wesentlich geringer, so daß sich mit vertretbarem Aufwand ohne weiteres auch große Schalen in ihrer Gesamtheit untersuchen lassen. Auch bei Parameteruntersuchungen kann dies eine wichtige Rolle spielen, z.B. wenn die Umfangsverteilung der verschiedenen Zustandsgrößen durch eine Änderung der Schalengeometrie entscheidend beeinflußt wird. Ein Beispiel dafür sind Behälterböden, bei denen je nach den Abmessungen und der Belastung die Zahl der Umfangsbeulwellen über einen relativ großen Bereich schwanken kann.

Im folgenden sollen nun der Vollständigkeit halber noch einmal die wesentlichen Aspekte des nichlinearen Lösungsverfahrens skizziert werden. Dazu werden die den einzelnen Fourierharmonischen zugeordneten Verschiebungsgrößen und Steifigkeitsmatrizen sowie die Last- und Pseudolastvektoren auf Systemebene zusammengefaßt. Man erhält dann für die Zuwächse (Raten) der Knotenverschiebungsgrößen ein lineares Gleichungssystem der Form

$$\mathbf{K}_L \, \dot{\mathbf{v}} = \dot{\lambda} \, \overline{\mathbf{P}} + \mathbf{p}_T [\mathbf{E}_t, \overset{\circ}{\mathbf{V}}, \dot{\mathbf{v}}]. \tag{1}$$

Darin bezeichnet $\mathbf{K}_L$ die blockdiagonale lineare Steifigkeitsmatrix der Gesamtschale, $\dot{\mathbf{v}}$ den Vektor mit den Raten der Fourierkomponenten der tangentialen und normalen Verschiebungskomponenten sowie des Meridiandrehwinkels an den jeweiligen Knotenbreitenkreisen, $\overline{\mathbf{P}}$ den konstanten Vektor der vorgegebenen Knotenlasten, $\dot{\lambda}$ die Rate eines skalaren Lastfaktors und $\mathbf{p}_T [\mathbf{E}_t, \overset{\circ}{\mathbf{V}}, \dot{\mathbf{v}}]$ den momentanen Pseudolastvektor, der sämtliche nichtlinearen Anteile enthält. Die Symbole in der eckigen Klammer deuten an, daß $\mathbf{p}_T$ sich sowohl von den lastabhängigen Tangentenmoduln $\mathbf{E}_t$ an den verschiedenen in Umfangs- und Dickenrichtung angeordneten diskreten Integrationspunkten als auch von den jeweiligen momentanen Gesamtverschiebungen $\overset{\circ}{\mathbf{V}}$ und den – noch unbekannten – Verschiebungsraten $\dot{\mathbf{v}}$ abhängt. Die letztere Abhängigkeit führt nun dazu, daß die lineare Gleichung (1) nicht direkt durch Inversion von $\mathbf{K}_L$ gelöst wird, was sich formal durch

$$\dot{\mathbf{v}} = \mathbf{K}_L^{-1} (\dot{\lambda} \, \overline{\mathbf{P}} + \mathbf{p}_T [\mathbf{E}_t, \overset{\circ}{\mathbf{V}}, \dot{\mathbf{v}}]) \tag{2}$$

beschreiben läßt. Stattdessen wird zur Lösung von (1) ein in [11-14] näher beschriebenes, aus der Methode der vorkonditionierten konjugierten Richtungen abgeleitetes Vektoriterationsverfahren verwendet. Es basiert im wesentlichen auf der Beschreibung des gesuchten Vektors $\dot{\mathbf{v}}$ durch eine Linearkombination von orthonormalen Basisvektoren $\overset{\circ}{\mathbf{u}}_j$ (j=1,2,3,...m) und den zugehörigen Gewichtungsfaktoren α_j. Die gesuchte Lösung für $\dot{\mathbf{v}}$ läßt sich dann auch durch die Beziehung

$$\dot{\mathbf{v}} = \overset{\circ}{\mathbf{U}} \, \boldsymbol{\alpha} \tag{3}$$

darstellen, wobei $\overset{\circ}{\mathbf{U}} = [\overset{\circ}{\mathbf{u}}_1 \, \overset{\circ}{\mathbf{u}}_2 \, \overset{\circ}{\mathbf{u}}_3 ... \overset{\circ}{\mathbf{u}}_m]$ eine aus den m Basisvektoren bestehende Matrix bezeichnet und die Komponenten des Vektors $\boldsymbol{\alpha}$ aus den m Gewichtungsfaktoren α_j besteht. Um die erforderlichen Basisvektoren möglichst einfach ermitteln zu können, werden sie, ähnlich wie beim Lanczos-Verfahren und bei der Methode der vorkonditionierten konjugierten Gradienten rekursiv (hier aus Gleichung (2)) bestimmt und anschließend bezüglich der bekannten tangentialen Steifigkeitsmatrix $\mathbf{K}_T$, die mit der linearen Steifigkeitsmatrix $\mathbf{K}_L$ und dem Pseudolastvektor $\mathbf{p}_T$ durch die Beziehung

$$\mathbf{K}_T [\mathbf{E}_t, \overset{\circ}{\mathbf{V}}] \, \dot{\mathbf{v}} = \mathbf{K}_L \, \dot{\mathbf{v}} - \mathbf{p}_T [\mathbf{E}_t, \overset{\circ}{\mathbf{V}}, \dot{\mathbf{v}}] \tag{4}$$

verknüpft ist, orthonormiert. Diese Wahl der Basisgenerierung hat den Vorteil, daß der Vektor $\boldsymbol{\alpha}$

direkt aus der einfachen Beziehung

$$\alpha = \lambda \; \overset{\circ}{U}{}^{T} \bar{P} \tag{5}$$

gewonnen werden kann und daß dabei lediglich einfache Matrizenmultiplikationen durchzuführen sind. Aus Genauigkeitsgründen ist die Zahl der verwendeten Basisvektoren während der Berechnung nicht konstant. Sie wird vielmehr in jedem Lastinkrement anhand eines geeigneten Fehlerkriteriums neu bestimmt.

Erwähnt werden sollte auch noch, daß die Lösung (3) der linearen Ratengleichung (1) lediglich in der unmittelbaren Umgebung des jeweiligen Gesamtverschiebungs- und -spannungszustandes gilt. Um daraus endliche Inkremente für die Zustandsgrößen zu erhalten, wird noch ein explizites Integrationsverfahren angewandt, das auch die während eines Lastinkrements auftretenden Veränderungen in den Materialmoduln und in den geometrisch-nichtlinearen Termen höherer Ordnung berücksichtigt.

3. Tragfähigkeit von Behälterböden

3.1 Torikonische Böden unter Außendruck

In diesem Abschnitt werden die Ergebnisse eingehender numerischer Untersuchungen zum Tragverhalten von außendruckbelasteten Kreiszylinderschalen mit torikonischen Abschlüssen vorgestellt (siehe Bild 1 und [13,14]). Sie gelten für relativ große Bereiche der geometrischen Parameter und der Fließspannung σ_F des Materials, wobei diese so gewählt wurden, daß sie sowohl häufig vorkommende Abmessungsverhältnisse als auch die üblichen Baustahlsorten umfassen. Für den Elastizitätsmodul E und die Querdehnungszahl ν wurden bei allen Berechnungen die bekannten Werte von Stahl verwendet. Dies bedeutet jedoch keine Einschränkung, denn die aus den jeweiligen

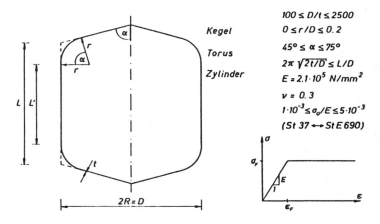

$$100 \leq D/t \leq 2500$$
$$0 \leq r/D \leq 0.2$$
$$45° \leq \alpha \leq 75°$$
$$2\pi \sqrt{2t/D} \leq L/D$$
$$E = 2.1 \cdot 10^5 \; N/mm^2$$
$$\nu = 0.3$$
$$1 \cdot 10^{-3} \leq \sigma_0/E \leq 5 \cdot 10^{-3}$$
$$(St\,37 \leftrightarrow St\,E\,690)$$

Bild 1: Torikonische Behälterböden

Ergebnissen abgeleiteten Diagramme enthalten nur dimensionslose Größen und sind deshalb auch auf andere metallische Werkstoffe, wie zum Beispiel Aluminiumlegierungen oder Spezialstähle, anwendbar. Schließlich wurde noch vereinfachend vorausgesetzt, daß sich das Material elastisch-idealplastisch verhält. Die Annahme, daß im Verlauf der Belastung keinerlei Verfestigung stattfindet, trifft zwar bei höherwertigen Stählen nicht oder nur bedingt zu. Sie ist jedoch konservativ, da eine Verfestigung des Materials immer auch eine Steigerung der Traglast mit sich bringt. Außerdem hat man so den Vorteil, daß das zum Teil sehr unterschiedliche Verfestigungsverhalten der einzelnen Stähle nicht detailliert beschrieben werden muß und sich dadurch auch die Zahl der zu berücksichtigenden Parameter nicht weiter erhöht.

Im Verlauf der numerischen Berechnungen hat sich gezeigt, daß die elastischen idealen Beullasten p_{ki}^{el} von außendruckbelasteten Behältern mit kegelförmigen Böden in guter Näherung und auf der sicheren Seite liegend mit Hilfe der DASt–Richtlinie 013 (siehe [5]) bestimmt werden können, wenn man annimmt, daß das Versagen der Gesamtschale vom Beulen entweder des Zylinders oder des Kegels bestimmt wird. Dabei müssen mit Hilfe der in [5] angegebenen Ausdrücke die den beiden Beulformen zugeordneten kritischen Lasten bestimmt werden und die jeweils kleinere ergibt dann die maßgebende elastische Beullast der Gesamtkonfiguration. Wenn zwischen Zylinder und Kegel ein Torus–Übergangselement angeordnet wird, kann man analog vorgehen und die gleichen Ausdrücke verwenden, sofern man eine Ersatzlänge L^* und einen Ersatzdurchmesser D^* definiert, mit denen sich näherungsweise das durch den Torus veränderte Abklingverhalten im Eckbereich erfassen läßt (siehe auch [13,14]).

Mit (siehe Bild 1)

$$L^* = L' + 2\sqrt{rt} = L - 2r\,\tan\frac{\alpha}{2} + 2\sqrt{rt} \tag{5a}$$

und

$$D^* = D' + 2\sqrt{rt}\,\sin\alpha = D + 2r(\cos\alpha - 1) + 2\sqrt{rt}\,\sin\alpha \tag{5b}$$

erhält man dann eine Näherung für die ideale elastische Beullast des zylindrischen Teils $p_{ki,z}^{el}$ aus

$$p_{ki,z}^{el} = 2{,}418\,(1 - \nu^2)^{-0{,}75}\,E\,\frac{D}{L^*}\left(\frac{t}{D}\right)^{2{,}5}, \tag{6a}$$

während die ideale elastische Beullast des Kegelbodens näherungsweise aus

$$p_{ki,k}^{el} = 13{,}68\,(1 - \nu^2)^{-0{,}75}\,E\,\sin\alpha\,(\cos\alpha)^{1{,}5}\left(\frac{t}{D^*}\right)^{2{,}5} \tag{6b}$$

bestimmt werden kann. Wie im Fall des Kegelbodens ohne Torusübergang ergibt dann der kleinere der beiden Werte eine Näherung für die ideale elastische Beullast der Gesamtschale, d.h.

$$p_{ki}^{el} = \mathrm{Min}\,(\,p_{ki,z}^{el},\,p_{ki,k}^{el}\,)\;. \tag{7}$$

Wenn plastische Dehnungen auftreten, bevor der nichtaxialsymmetrische Verzweigungspunkt erreicht ist, liefern (6a,b und 7) zu hohe Werte für die Traglast. In solchen Fällen läßt sich die zugehörige plastische Beullast p_{ki}^{pl} näherungsweise aus

$$p_{ki}^{pl} = 0{,}5\,p_F + 0{,}4\,p_{ki}^{el} \tag{8}$$

bestimmen, wobei p_F die Fließlast bezeichnet, die dann erreicht ist, wenn an der maximal beanspruchten Stelle die Membran–Vergleichsspannung die Fließspannung σ_F überschreitet und p_{ki}^{el} durch (7 und 6a,b) gegeben ist. Zur Abschätzung des für die jeweilige Behälterkonfiguration maßgebenden Wertes von p_F kann das Diagramm in Bild 2 verwendet werden, in dem die Ergebnisse umfangreicher numerischer Berechnungen zusammengefaßt sind. Es zeigt in dimensionsloser Form die Beziehungen zwischen p_F und den verschiedenen Geometerie– und Materialparametern. Bemerkenswert ist dabei, daß sich – trotz der stark nichtlinearen Zusammenhänge und des verhältnismäßig großen Parameterspektrums – für konstante Krempenradien annähernd lineare Beziehungen zwischen der dimensionslosen Fließlast p_F und der auf den Elastizitätsmodul bezogenen Fließspannung σ_F ergeben. Erwähnt werden sollte auch noch, daß sich nach Formel (8) eine Abminderung der elastoplastischen gegenüber der maßgebenden elastischen Beullast auch dann ergibt, wenn p_{ki}^{el} um bis zu 15 Prozent niedriger liegt als p_F. Damit wird berücksichtigt, daß die Schale unter Umständen aufgrund von Biegemomenten bereits bei Lasten, die deutlich unterhalb von p_F liegen, an der Innenseite des Torussegments zu fließen beginnen und damit einen merklichen Teil ihrer Systemsteifigkeit einbüßen kann.

Wenn dagegen die Fließlast p_F deutlich kleiner ist als p_{ki}^{el}, tritt aufgrund der plastischen Verformungen und der dadurch bedingten starken Abnahme der Materialmoduln sowie der Systemsteifigkeiten in der Regel keine Gleichgewichtsverzweigung sondern axialsymmetrisches 'plastisches Versagen' auf. In solchen Fällen sind die verbleibenden Tragreserven bis zum Erreichen der Gebrauchsfähigkeitsgrenze im allgemeinen nicht mehr sehr groß, sondern betragen, wie die numeri-

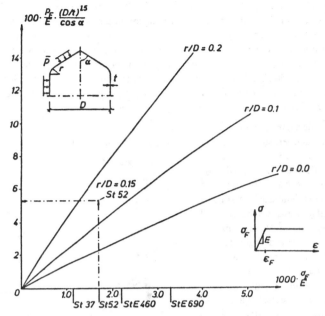

Bild 2: Diagramm zur Bestimmung der 'Fließlasten' p_F von torikonischen Böden unter Außendruck

schen Ergebnisse gezeigt haben, nur etwa 10 Prozent von p_F. Die dann maßgebende 'plastische Grenzlast' p_u ist dadurch definiert, daß die Sekantensteifigkeit auf die Hälfte ihres Wertes bei p_F abgemindert ist. Sie läßt sich näherungsweise aus

$$p_u = 1{,}1\, p_F \tag{9}$$

bestimmen.

Aus den Gleichungen (6a,b), (8) und (9) lassen sich nun für jede Schalenkonfiguration vier kritische Belastungen ermitteln, die unterschiedlichen Versagensformen zugeordnet sind. Sie werden, außer in extremen Ausnahmefällen, unterschiedlich groß sein, so daß für den praktischen Entwurf die jeweils kleinste maßgebend wird. Die zulässige Belastung ist also durch

$$p_{zul} = \rho\; \text{Min}\,(\, p_{ki}^{el},\, p_{ki}^{pl},\, p_u\,) \tag{10}$$

gegeben, wobei $\rho \leq 1$ einen geeignet festgelegten Abminderungs– bzw. Sicherheitsfaktor bezeichnet, über den weitere tragfähigkeitsmindernde Einflüsse, wie zum Beispiel geometrische Imperfektionen, etc., berücksichtigt werden.

3.2 Torikonische Böden unter Innendruck

Das Tragverhalten von torikonischen Böden unter Innendruck unterscheidet sich erheblich von dem außendruckbelasteter Schalen [17,13]. Der wesentliche Unterschied besteht darin, daß Innendruck in der Schale in erster Linie Zug- anstatt Druckkräfte hervorruft und daß diese bei steigender Belastung zusammen mit den geometrisch nichtlinearen Termen eine zunehmende Systemversteifung bewirken. Infolge der Kegelneigung entstehen im Krempenbereich aber auch nach innen gerichtete Meridianzugspannungen, die relativ hohe Ringdruckspannungen zur Folge haben. Diese wiederum führen beim Erreichen eines kritischen Wertes zur Ausbildung von lokal begrenzten

Beulen, deren Wellenlängen in Umfangsrichtung, je nach Torusradius, um bis zu zwei Größenordnungen kleiner sind als die der Eigenformen außendruckbelasteter Böden. Entsprechend liegen bei Innendruck die elastischen Verzweigungslasten p_{ki}^{el} in der Regel um ein bis zwei Größenordnungen höher als bei Außendruck. Diese Art des Beulens tritt vor allem bei sehr dünnen Böden auf. Bei größeren Wandstärken erreicht dagegen die für den Beulvorgang ausschlaggebende Ringdruckkraft unter Umständen keinen kritischen Wert mehr, so daß es auch im elastischen Bereich möglicherweise nicht zu einer Verzweigung, sondern bei steigender Belastung entweder zu einer weiteren Versteifung oder zu einem stärkeren Anwachsen der axialsymmetrischen Verschiebungen kommt. In solchen Fällen dient dann nicht die Verzweigungslast p_{ki}^{el}, sondern eine entsprechend definierte Grenzlast dazu, die zulässige elastische Belastung nach oben hin zu begrenzen, (vgl. [13]).

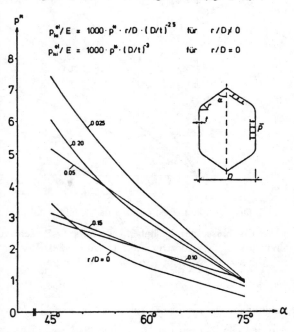

Wie im Fall des Außendrucks wurden auch für die Innendruckbelastung umfangreiche numerische Untersuchungen durchgeführt und daraus gleichartig strukturierte Bemessungsformeln und –diagramme abgeleitet (siehe auch [13]). Allerdings war es aufgrund des sehr viel ausgeprägteren nichtlinearen Verhaltens und der mechanisch ganz andersgearteten Tragwirkung des Torusbereichs nicht mehr möglich, für die elastischen Verzweigungslasten p_{ki}^{el} ähnlich einfache, geschlossene Ausdrücke (siehe (6a,b)) zu entwickeln. Stattdessen wurden die numerischen Ergebnisse in dem Diagramm in Bild 3 zusammengefaßt. Daraus läßt sich direkt eine Näherung für die elastische ideale Beullast p_{ki}^{el} der Gesamtschale entnehmen, ohne daß zwei getrennte Werte für die Beuldrücke von Kegel und Zylinder ermittelt werden müssen. Letzteres wäre hier auch gar nicht möglich, da sich unter Inndendruckdie Beulformen entweder nur über den Torus erstrecken oder aber Zylinder und Kegel gleichzeitig erfassen.

Bild 3: Diagramm zur Bestimmung der elastischen Beullasten p_{ki}^{el} von torikonischen Böden unter Innendruck

Andererseits sind die mit Hilfe von Bild 3 ermittelten elastischen Verzweigungslasten nur bei ausreichend dünnen Schalen von praktischer Bedeutung, da sie häufig so groß sind, daß die zugehörigen Membranspannungen die Fließspannung σ_F überschreiten. In diesen Fällen ist deshalb vor Erreichen der Verzweigungslast mit dem Auftreten bleibender plastischer Dehnungen zu rechnen. Die damit verbundene Abnahme der Materialsteifigkeit führt dann dazu, daß die plastischen Verzweigungslasten p_{ki}^{pl} deutlich – teilweise um bis zu 70 Prozent – niedriger liegen als die entsprechenden Werte von p_{ki}^{el} (siehe [13]). Auch sie wurden numerisch bestimmt und können, ähnlich wie im Fall des Außendrucks, in Abhängigkeit von der Größe des Krempenradius r aus einer der beiden Näherungsformeln

$$p_{ki}^{pl} = (0,3 - 2\ r/D)p_{ki}^{el} + (0,6 + 2\ r/D)p_F \qquad (r/D \leq 0,1) \qquad (11a)$$

$$p_{ki}^{pl} = 0,1p_{ki}^{el} + 0,8p_F \qquad (r/D \geq 0,1) \qquad (11b)$$

bestimmt werden, wobei sich p_{ki}^{el} aus Bild 4 ergibt und der entsprechende Wert für die Fließlast p_F aus dem Diagramm in Bild 4 zu entnehmen ist.

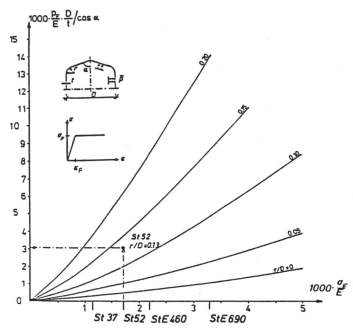

Bild 4: Diagramm zur Bestimmung der 'Fließlasten' p_F von torikonischen Böden unter Innendruck

Bei ausreichend großen Wandstärken tritt auch im plastischen Bereich keine Verzweigung mehr auf. Vielmehr nehmen dann oberhalb eines gewissen Lastniveaus die axialsymmetrischen Verschiebungen rasch zu und es kommt zu dem oben beschriebenen 'plastischen Versagen'. Die in solchen Fällen maßgebende 'plastische Grenzlast' p_u läßt sich sehr einfach mit Hilfe der Beziehung

$$p_u = (1 + \frac{0,4 - 2\ r/D}{\cos\alpha})p_F \qquad (12)$$

abschätzen, wobei die 'Fließlast' p_F wieder aus Bild 4 entnommen werden kann. In diesem Zusammenhang sollte allerdings noch einmal daran erinnert werden, daß p_u nicht unbedingt immer die Tragfähigkeitsgrenze markiert, sondern daß bei innendruckbelasteten Behältern unter Umständen auch dann noch beträchtliche Laststeigerungen möglich sind, wenn der maximal beanspruchte Querschnitt im Torus bereits vollständig durchplastiziert ist und das verwendete Material keinerlei Verfestigungsvermögen besitzt.

Mit Hilfe von Bild 3 und den Ausdrücken (11a) oder (11b) und (12) lassen sich nun für jede Schalenkonfiguration drei kritische Belastungen bestimmen, von denen die jeweils kleinste für die Bemessung maßgebend ist. Die zulässige Belastung ist dann wieder durch (10) definiert, wobei im Fall innendruckbelasteter Schalen, z.B. aufgrund eines gänzlich anderen Verhaltens beim Vorhandensein von Imperfektionen, ein anderer Abminderungsfaktor ρ angenommen werden muß als im Fall des Außendrucks. Ergänzend soll noch erwähnt werden, daß die obigen Beziehungen auch dann Abminderungen der elastoplastischen gegenüber den elastischen Verzweigungslasten ergeben, wenn p_{ki}^{el} und p_F annähernd gleich groß sind. Damit wird der bereits unterhalb von p_F einsetzenden Plastizierung an der Krempeninnenseite Rechnung getragen. Schließlich läßt sich aus Formel (12) noch entnehmen, daß flache Kegel größere Laststeigerungen über p_F hinaus zulassen als steilere Kegel.

4. Beulverhalten von Kugelschalen unter Außendruck

In diesem Abschnitt werden noch einige Ergebnisse vorgestellt, die im Rahmen von Parameteruntersuchungen zum Trag- und Beulverhalten von offenen Kugelschalen erzielt wurden. Sie sollen teilweise auch in den zur Zeit vorbereiteten Teil 4 der DIN 18 800 mit dem Titel 'Stabilität im Stahlbau – Schalenbeulen' einfließen.

Allen numerischen Berechnungen lag der Elastizitätsmodul $E = 2,1 \cdot 10^5$ N/mm^2 und die Querdehnungszahl $\nu = 0,3$ von Stahl sowie die für St 37 geltende Fließspannung $\sigma_F = 240$ N/mm^2 zugrunde, und wie zuvor wurde vorausgesetzt, daß sich das Material elastisch–idealplastisch verhält. Andere Materialien wurden nicht berücksichtigt, dagegen wurde der halbe Öffnungswinkel α, das Radius-zu-Dickenverhältnis R/t sowie die Randbedingungen in den angegebenen Grenzen variiert.

Ein wichtiges Ergebnis der systematischen Berechnungen war, daß sich bei konstanter radialer Außendruckbelastung in allen betrachteten Fällen eine Spannungsverteilung einstellt, die lediglich in einem Randstörungsbereich von dem bekannten homogenen Membranspannungszustand der Vollkugel abweicht. Dies gilt für alle untersuchten Öffnungswinkel und Randbedingungen. Auch die Ergebnisse für die Verzweigungslasten p_{ki}^{el}, die in Bild 5 für zwei R/t-Verhältnisse dargestellt sind, zeigen kaum eine Abhängigkeit von α. Dagegen spielen die Randbedingungen eine sehr wichtige Rolle. Erwartungsgemäß ergibt die feste Einspannung die jeweils höchsten Werte von p_{ki}^{el}. Sie beträgt zum Beispiel bei $\alpha = 120°$ annähernd 90 Prozent der klassischen Verzweigungslast der Vollkugel, der sogenannten Zoelly-Last $p_z = (2E / \sqrt{3(1 - \nu^2)})(t/R)^2$. Eine horizontal verschiebliche Lagerung liefert dagegen mit nur etwa 20 bis 30 Prozent von p_z die niedrigsten Verzweigungslasten, während die sogenannte Membranlagerung für alle untersuchten Öffnungswinkel und R/t-Verhältnisse den annähernd konstanten Wert $p_{ki}^{el} = 0.5\ p_z$ ergab. Interessanterweise traten in den meisten untersuchten Fällen nichtaxialsymmetrische Verzweigungspunkte auf und bei dünnen Schalen besaßen die zugehörigen Eigenformen eine relativ hohe Zahl von Umfangswellen (bis zu 30). Bei vergleichsweise dicken Schalen und besonders bei kleineren Öffnungswinkeln und horizontal verschieblicher Lagerung besteht jedoch auch die Möglichkeit eines axialsymmetrischen Durchschlagens, nachdem das Maximum p_{max} der Last-Verschiebungskurve erreicht ist.

Vor allem bei dickeren Schalen ist mit dem Auftreten von bleibenden plastischen Dehnungen zu rechnen. Diese haben dann eine Reduktion der Systemsteifigkeit zur Folge, so daß es in diesen Fällen auch bei größeren Öffnungswinkeln sowie verhältnismäßig 'fester' Lagerung zum axialsymmetrischen Durchschlagen kommen kann. In erster Linie hat das Auftreten von Plastizierungen jedoch eine Abminderung der jeweiligen Verzweigungs- bzw. Durchschlagslasten zur Folge. Wie die numerischen Berechnungen ergaben, hängt der Grad der Abminderung wieder nur wenig vom Öffnungswinkel α, dagegen wesentlich vom Radius-zu-Dickenverhältnis R/t und von den Randbedingungen ab. In Bild 6 ist dies für den Fall der 'weichen', horizontal verschieblichen Lagerung sowie für die Membranlagerung dargestellt. Bild 6a zeigt zum Beispiel sehr deutlich, daß im Fall der horizontal verschieblichen Lagerung das Auftreten plastischer Dehnungen eine beträchtliche Verminderung der jeweiligen kritischen Lasten zur Folge hat und daß sich diese erwartungsgemäß bei dickeren Schalen stärker auswirkt als bei dünneren. Interessant ist auch, daß die bei elastischen Schalen noch beobachtbaren Abhängigkeiten von α durch die Plastizierungen vollkommen zum Verschwinden gebracht werden. Die in Bild 6b dargestellten Ergebnisse für die Membranlagerung zeigen bei der dünnen Schale (R/t = 500) keinen Unterschied zwischen den elastischen und den elastisch–plastischen Ergebnissen. Dies ist darauf zurückzuführen, daß hier die geometrisch–nichtlinearen Terme dominieren, die plastischen Bereiche lokal sehr begrenzt sind und daß der Verzweigungspunkt erreicht wird, bevor sich die durch Plastizierungen hervorgerufenen Steifigkeitsabminderungen global bemerkbar machen. Bei dickeren Schalen (R/t = 50) gilt dies jedoch nicht. In diesem Fall führen Plastizierungen wieder zu starken Abminderungen, die für die vorliegenden Membran-Randbedingungen deutlich geringer ausfallen als bei der horizontal verschieblichen Lagerung.

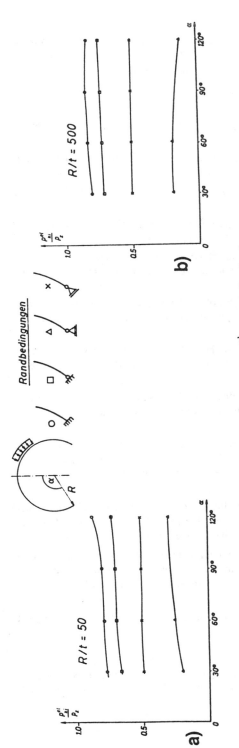

Bild 5: Elastische ideale Beullasten p_{ki}^{el} unter Außendruck

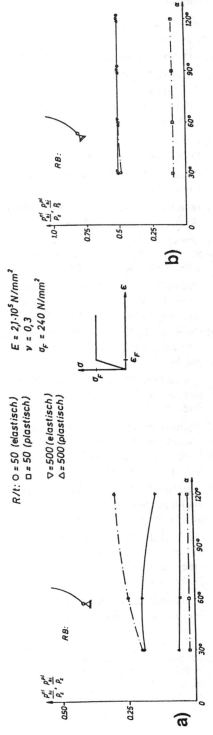

Bild 6: Elastische und elastoplastische Beullasten unter Außendruck

6. Literatur

[1] ASME Boiler and Pressure Vessel Code, Section III: Nuclear power plant components, ASME, New York (1977).

[2] AD–Merkblätter B0 – B10, VdTÜV Essen, Beuth Verlag, Berlin (1988).

[3] BS 5500: 'Specifications for unfired fusion welded pressure vessels', British Standards Institution (1981).

[4] CODAP – Code Francais de Construction des Appareils a Pression Non–Soumis a l'Action de la Flamme (1980).

[5] DASt Richtlinie 013: Beulsicherheitsnachweise für Schalen, Deutscher Ausschuß für Stahlbau, Köln (1980).

[6] Rules for the design, construction and inspection of offshore structures, Det Norske Veritas, Hovik (1982).

[7] Wunderlich, W.: 'Zur nichtlinearen Berechnung von Rotationsschalen', Wiss. Zeitschr. d. Hochsch. f. Arch. u. Bauwesen, Weimar, Bd. 28 (1982), pp. 221–225.

[8] Rensch, H.J.: 'Elastoplastisches Beulen und Imperfektionsempfindlichkeit torisphärischer Schalen', Tech.–Wiss. Mitteilung Nr. 82–13, Institut für Konstruktiven Ingenieurbau, Ruhr–Universität Bochum (1982).

[9] Wunderlich, W., Rensch, H.J., Obrecht, H.: 'Analysis of elastic–plastic buckling and imperfection–sensitivity of shells of revolution', in 'Buckling of Shells', Ramm, E. (ed.), Springer Verlag, Berlin (1982), pp. 137–174.

[10] Obrecht, H., Schnabel, F., Wunderlich, W.: 'Elastoplastisches Tragverhalten von Rotationsschalen', Wiss. Zeitschr. d. Hochsch. f. Arch. u. Bauwesen, Weimar, Bd. 30, H. 6 (1984), pp. 443–447.

[11] Wunderlich, W., Cramer, H., Obrecht, H.: 'Application of ring–elements in the nonlinear analysis of shells of revolution under nonaxisymmetric loading', Comp. Meth. Appl. Mech. Eng., vol. 51 (1985), pp. 259–275.

[12] Wunderlich, W., Cramer, H. Redanz, W.: 'Nonlinear analysis of shells of revolution including contact conditions', in 'Finite Element Methods for Nonlinear Problems', Proc. Europe–U.S. Symp., Trondheim, Aug. (1985), Bergan, P.G., Bathe, K.J., Wunderlich, W. (eds.), Springer Verlag, Berlin (1986), pp. 697–717.

[13] Wunderlich, W., Schnabel, F., Obrecht, H.: 'Tragfähigkeit zusammengesetzter Rotationsschalen im geometrisch und physikalisch nichtlinearen Bereich', Tech.–Wiss. Mitteilung Nr. 86–3, Institut für Konstruktiven Ingenieurbau, Ruhr–Universität Bochum (1986).

[14] Wunderlich, W., Obrecht, H., Schnabel, F.: 'Nonlinear behavior of externally pressurized toriconical shells – Analysis and design criteria', in 'Stability of Plate and Shell Structures', Proc. Int. Coll., Ghent, April 6–8, 1987, Dubas, P. & Vandepitte, D. (eds.), ECCS, Brussels (1987), pp. 373–384.

[15] Radhamohan, S.K., Galletly, G.D.: 'Plastic collapse of thin internally pressurized torispherical Shells', Trans. ASME, vol. 101, J. Press. Vess. Tech. (1979) pp. 311–320.

Die hier vorgestellten Untersuchungen wurden dankenswerterweise von der Deutschen Gesellschaft für Chemisches Apparatewesen, Chemische Technik und Biotechnologie e.V. (DECHEMA) sowie in Bezug auf die Kugelschalen vom Institut für Bautechnik unterstützt.

FE-Simulation des Tragverhaltens von brandbeanspruchten Stahlstützen

von Hans Michael Bock[*)]

1. Einleitung

Im Brandschutzlaboratorium der **Bundesanstalt für Materialforschung und -prüfung (BAM)** werden experimentelle Untersuchungen zum Brandverhalten von Bauteilen nach Normen und Richtlinien durchgeführt. Die Prüfung von Brandschutzbekleidungen in Verbindung mit Stahlbauteilen erfolgt nach DIN 4102 Teil 2 "Brandverhalten von Baustoffen und Bauteilen; Bauteile; Begriffe, Anforderungen und Prüfungen" [1]. Um die Ergebnisse dieser Normprüfungen aussagekräftiger zu machen und den Brandschutz wirtschaftlicher zu gestalten, werden die experimentellen Untersuchungen mit theoretischen Methoden begleitet.

2. Brandprüfungen von Bekleidungen in Verbindung mit Stahlstützen

DIN 4102 Teil 2 schreibt Normkonstruktionen für die Prüfung des Brandverhaltens von Bauteilen mit nichthinterlüfteten Bekleidungen vor. Nach Abschnitt 7.3 dieser Norm werden die brandschutztechnischen Eigenschaften der Bekleidung in Verbindung mit Stahlstützen geprüft, indem man die Auswirkungen der thermischen Beanspruchung auf das Tragverhalten der Stütze untersucht. Die Stahlstütze ist somit der Prüfkörper, an dem sich die Wirksamkeit der Bekleidung lesen läßt. Die Prüfung, die jeweils bei vierseitiger Brandbeanspruchung erfolgt, wird in der BAM in dem in **Bild 1** abgebildeten Stützenprüfstand durchgeführt. Der Prüfstand ist schematisch in **Bild 2** dargestellt. Er besteht aus einem geschlossenen Lastrahmen, über den die Prüflast mit Hilfe eines auf dem unteren Querhaupt stehenden Hydraulikzylinders in den Prüfkörper, d.h. die Stütze, eingeleitet wird. Die bekleidete und damit brandgeschützte 3,6 m lange Stütze befindet sich bis auf die Lasteinleitungsbereiche am Stützenkopf und Stützenfuß im Brandraum des Ofens. Die beflammte Länge beträgt 3,0 m. Die thermisch bedingte Dehnung der Stahlstütze wird nicht behindert. Die Temperatur im Brandraum wird nach der ebenfalls in diesem Teil der o.a. Norm festgelegten Einheits-Temperaturzeitkurve (**Bild 3**) gesteuert.

Entsprechend den Prüfrichtlinien wird die Probestütze während des Brandversuches mit der rechnerisch zulässigen Last nach DIN 1050 [2] und DIN 4114 [3] zentrisch belastet. Für die Knicklänge wird der

---

*)Dr.-Ing. Hans Michael Bock, Bundesanstalt für Materialforschung und -prüfung (BAM), Berlin

dritte Eulerfall angenommen und die Knickrichtung wird so vorgeben, daß die Knickung um die schwache Achse erfolgt. Auf **Bild 4** sind verschiedene Stahlstützen nach dem Brandversuch im entkleideten Zustand dargestellt.

Bild 5 zeigt das für den Stützenprüfstand der **BAM** zum Zeitpunkt des Versagens charakteristische Temperaturprofil in Längsrichtung der Stahlstütze mit dem Maximalwert im oberen Drittel. Es wurde aus 10 Versuchen gemittelt und für die Meßstelle 1 auf $500^{o}C$ normiert. In den einzelnen Querschnittsebenen wurden keine über die Meßsicherheit hinausgehenden Temperaturgradienten festgestellt. Die Prüfpraxis hat ergeben, daß die meisten Stützen erst oberhalb einer mittleren Stahltemperatur von $500^{o}C$, gebildet aus den Meßwerten an den Querschnitten 1, 2 und 3 (**Bild 5**), ihre Tragfähigkeit verlieren.

3. Das temperaturabhängige Materialverhalten von Baustahl

Die für die vorliegende Problematik maßgebenden temperaturabhängigen Materialeigenschaften werden von den Spannungs-Dehnungslinien und dem thermischen Ausdehnungskoeffizienten beschrieben. Entsprechende Untersuchungen zu ihrer Ermittlung wurden im Rahmen des Sonderforschungsbereiches 148 "Brandverhalten von Bauteilen" an der Technischen Universität Braunschweig durchgeführt ([4], [5]). **Bild 6** zeigt den thermischen Ausdehnungskoeffizienten und **Bild 7** die Werkstoffkennlinien in Abhängigkeit von der Temperatur.

Im Brandfall erreicht das Tragvermögen eines Stahlbauteiles dann ein kritisches Stadium, wenn die Streckgrenze infolge der Temperaturerhöhung im Bauteil vom Ausgangswert bei $20^{o}C$ in den Bereich der Bemessungsspannungen herabgesunken ist (**Bild 8**). Der Stahl fängt an zu fließen, die Verformungen nehmen stark zu, das Bauteil beginnt zu versagen. Die zugehörige mittlere Stahltemperatur zum Versagenszeitpunkt wird im Brandschutz als **kritische Stahltemperatur** bezeichnet. Sie beträgt, wie oben bereits erwähnt, etwa $500^{o}C$.

4. Rechnerische Simulation des Tragverhaltens brandbeanspruchter Stahlstützen

Das Tragverhalten brandbeanspruchter Stahlstützen wurde mit Hilfe der Methode der finiten Elemente rechnerisch simuliert. Die Untersuchungen wurden mit dem "Finite-Elemente"-Programmsystem ADINA [6],[7] durchgeführt. Es stellt zur Berechnung von thermoelastisch-plastischen Vorgängen ein bilineares Stoffmodell bereit, das sich in Abhängigkeit von den plastischen Dehnungen durch die Beziehung

$$\sigma_y = \sigma_p + T^p \cdot \varepsilon_v^{pl}$$

dargestellen läßt, wobei es sich bei σ_p um die Streckgrenze, bei T^p um den plastischen Tangentenmodul und bei ε_v^{pl} um die plastische Ver-gleichsdehnung handelt. In Bild 9 ist beispielhaft eine bilineare Approximation der Materialkennlinien nach Bild 7 aufgetragen. In [8] wird die Implementierung dieses Materialmodells ausführlich hergelei-tet. Dieses Stoffmodell reicht aus, Vorgänge zu untersuchen, bei denen große Dehnungen in dem nahezu linearen plastischen Bereich auftreten, wie es bei brandbeanspruchten Biegeträgern der Fall ist [9]. Stützen jedoch versagen bereits beim Übergang vom elastischen zum plastischen Materialverhalten dort, wo der plastische Tangentenmodul sich stark ändert. Es war deshalb erforderlich, das im ADINA-Programm implemen-tierte Stoffmodell zu modifizieren, damit auch stetig differenzierbare σ-ε-Verläufe vom Programm verarbeitet werden können. Im Gegensatz zur Ursprungsversion von ADINA [6], jedoch in Anlehnung an [8], wurde zur Beschreibung der plastischen Vorgänge die folgende Beziehung benutzt:

$$\sigma_y = \sigma_p + (\sigma^\star - \sigma_p) \cdot (\frac{\varepsilon_v^{pl}}{\varepsilon_v^{\star pl}})^\alpha$$

$\sigma^\star$ und $\varepsilon_v^{\star pl}$ definieren einen Punkt im plastischen Bereich auf der Spannungs-Dehnungslinie, dessen Form zwischen σ_p und $\sigma^\star$ von dem Ex-ponenten α beschrieben wird. Bei den Kurven in Bild 7 ist $\alpha = 0,5$.

In Bild 10 ist das statische System des Probekörpers dargestellt. Die Stütze, bei der es sich um eine Stahlstütze IPB 180 handelt, ist oben eingespannt und unten drehelastisch gelagert. Es liegen Lagerungsbe-dingungen vor, die sich in Abhängigkeit von der Federsteifigkeit der unteren Einspannung zwischen den Eulerfällen III und IV bewegen. Die elastische Wirkung der Belastungskonstruktion auf den Probekörper wird dabei durch die Drehfeder am Stützenfuß simuliert. Die Modellierung der Stütze erfolgt mit dem isoparametrischen 3D-SOLID-Element, dessen Geometrie durch maximal 21 Knotenpunkte beschrieben werden kann. Da die Stütze im belasteten Zustand während der Brandprüfung, bezogen auf ihre Geometrie und Schnittlasten zur xz-Ebene in Stegmitte symmetrisch ist, genügt es, die Untersuchung auf das halbe System des Probekörpers zu beschränken. In Längsrichtung wird das Stahlprofil in 15 Abschnitte aus jeweils fünf finiten Elementen unterteilt, so daß sich insgesamt 45 finite Elemente mit 750 Knotenpunkten ergeben - siehe Bild 10. Die äußere, am Stützenfuß angreifende Prüfkraft F wird als gleichmäßig verteilte Druckspannung in das Stahlprofil eingeleitet.

Die geometrisch und stofflich nichtlineare Steifigkeitsmatrix des FE-

Modells weist 1384 Freiheitsgrade auf. Die Lösung des Gleichungssystems erfolgt mit Hilfe der BFGS-Methode [6]. Insgesamt liegen die
Rechenzeiten für eine Traglastuntersuchung bei etwa 600 sec an der
CRAY-X-MP/24. Die Erwärmung der Stahlstütze wird entsprechend den gemessenen Temperaturen im Anfangsstadium, d.h. beim rein thermo-
elastischen Materialverhalten in Stufen von 65°C aufgebracht. Zur möglichst genauen Bestimmung des Versagenszeitpunktes werden sie im
plastischen Bereich bis auf 1,25^{O}C verringert.

Um den Einfluß der Elastizität des Lastrahmens und des Hydraulikzylinders auf das Prüfungsergebnis zu erfassen, wird angenommen, daß
die elastische Interaktion zwischen Stütze und Belastungskonstruktion
bei Stützen gleichen Typs immer gleich ist. Für alle Stützen eines
Typs muß es daher möglich sein, die elastische "Wirkung" des Prüf-
standes, die durch eine Drehfeder am Stützenfuß des FE-Modells simuliert wird, mit derselben Federkonstanten zu beschreiben.

Der Einfluß der Drehfedersteifigkeit auf die Versagenstemperatur wird
in einer Parameterstudie untersucht. Für die Federkonstante C_M= 0,3·
10^6 kN·mm ist die gemessene und berechnete Versagenstemperatur gleich
groß (Bild 11). Diese Steifigkeit der Drehfeder läßt sich durch Nachrechnung weiterer Brandversuche verifizieren. Für alle geprüften
Stahlstützen IPB 180 stimmen die gemessenen Versagenstemperaturen mit
den errechneten Versagenstemperaturen innerhalb eines Streubereiches
von weniger als 5% überein. Es ergeben sich also Versagenstemperatur-
zustände, die höchstens um 25 K von den gemessenen Werten abweichen
(Bild 12), wenn bei der Traglastuntersuchung an den IPB 180-Stützen
die Elastizität der Belastungskonstruktion mit dieser Federsteifigkeit
erfaßt wird. Die mittlere Abweichung liegt bei ± 3%.

Es fällt jedoch auf, daß bei zwei der Beispiele die Übereinstimmung
zwischen Versuch und Rechnung schlechter ist als bei den übrigen.
Die Vermutung liegt nahe, daß sie möglicherweise auf den Einfluß der
nachfolgend beschriebenen Imperfektionen bei der Versuchsvorrichtung
oder beim Probekörper zurückzuführen sind, die bei der Berechnung
unberücksichtigt bleiben.
Während des Brandversuches dehnt sich die Stahlstütze aus und schiebt
dabei den Kolben in den Hydraulikzylinder hinein. Um zu verhindern,
daß gleichzeitig der Druck im Zylinder ansteigt und damit die Prüfkraft größer wird, muß der Öldruck ständig nachgeregelt werden. Das
Konstanthalten der Prüfkraft erfolgt jedoch nur mit einer auf den
Sollwert bezogenen Meßsicherheit von 1,5%. Darüber hinaus werden für
die Temperaturmessungen im Brandraum und am Stahl nach DIN IEC 584
"Thermopaare" [10] Grenzabweichungen bis zu 2,5oC zugelassen. Die
Stahlstützen, d.h. die Prüfkörper, weisen ebenfalls Imperfektionen

im Hinblick auf ihre stofflichen Eigenschaften und ihre Form auf.
Von welcher dieser Größen nun das Tragverhalten der Probekörper entscheidend beeinflußt wird, sollen die folgenden Parameterstudien
zeigen.

In Bild 13 ist aufgetragen, wie sich die Versagenstemperatur in Abhängigkeit von der Streckgrenze ändert. Demnach erhöht sich bei einer
Vergrößerung der Streckgrenze von 240 N/mm^2 auf 300 N/mm^2 die Versagenstemperatur um ca. 65 K.
In Bild 14 ist der erhebliche Einfluß dargestellt, den der Lastausnutzungsgrad auf das Prüfungsergebnis hat. Schon die geringe Ungenauigkeit von ±3% beim Aufbringen der Prüfkraft kann die kritische
Stahltemperatur um ±10 K verändern.
Bild 15 zeigt den Einfluß, den zulässige Maß- und Formabweichungen
von den in DIN 1025 Teil 2 [11] vorgeschriebenen Querschnittsabmessungen haben können. Hierbei wurde die Abweichung so gewählt, daß sich
nur das für das Versagen maßgebende Trägheitsmoment nicht jedoch die
Querschnittsfläche veränderte.
In Bild 16 ist die Abhängigkeit der Versagenstemperatur von einer
eingeprägten Stützenkopfverdrehung aufgetragen. Diese Problematik kann
dann auftreten, wenn die Kopfplatte nicht rechtwinklig zur Stützen-
achse aufgeschweißt worden ist, so daß bei Versuchsbeginn das obere
Querhaupt der Belastungskonstruktion (Bild 2) der Kopfplatte und
damit der Stütze selbst eine entsprechende Verdrehung aufzwingt, um so
am Stützenkopf eine kraftschlüssige Verbindung herzustellen. Man
sieht, daß die Versagenstemperatur derartigen Imperfektionen gegenüber
relativ unempfindlich ist. Das liegt daran, daß sich die aus der eingeprägten Verdrehung ergebenden Zwängungsspannungszustände mit steigender Temperatur abbauen. Aus demselben Grund schlagen sich auch
kleine, senkrecht zur Achse eingeprägte Stützenkopfverschiebungen kaum
im Prüfungsergebnis nieder.

Ausgehend von den Ergebnissen dieser Parameterstudien lassen sich die
Unterschiede zwischen Versuch und Rechnung in erster Linie damit erklären, daß die obere Streckgrenze des jeweiligen Stahlprofiles nicht
genau genug bestimmt wurde. Wegen der Inhommogenität des Werkstoffes
ist u.U. ein Zugversuch zu seiner Ermittlung nicht ausreichend.

5. Zusammenfassung und Ausblick

Bei der Nachrechnung der Normbrandversuche wurde eine gute Übereinstimmung zwischen Versuch und Rechnung erzielt. Man kann daher davon
ausgehen, daß bei Brandprüfungen im Stützenprüfstand der BAM die thermischen und statischen Randbedingungen eingehalten werden und gut

reproduzierbar sind.

Darüber hinaus haben die Parameterstudien gezeigt, daß die Versagens-temperaturen der Stahlstützen verhältnismäßig unempfindlich sind gegenüber herstellungsbedingten geometrischen Imperfektionen und ein-geprägten Verformungen, die sich aus Ungenauigkeiten beim Einbau des Prüflings in den Prüfstand ergeben. Anders ist es jedoch in Bezug auf die stofflichen Eigenschaften des Prüfkörpers und seinen Lastausnut-zungsgrad. Die Versagenstemperatur von Stahlstützen ist in starkem Maße abhängig von dem aktuellen Wert der oberen Streckgrenze des Prüfkörpers und von der tatsächlich aufgebrachten Last.

Das hier vorgestellte Berechnungsverfahren wird eingesetzt, um die Prüfungsergebnisse an Bekleidungen in Verbindung mit Stahlstüzen vergleichend zu werten sowie darüber hinaus um die Zuverlässigkeit der Prüfvorrichtung zu kontrollieren und dadurch Meßunsicherheiten auf ein Minimum zu beschränken.

Literatur:

[1] DIN 4102 Teil 2: Brandverhalten von Baustoffen und Bauteilen; Bauteile; Begriffe, Anforderungen und Prüfungen - September 1977

[2] DIN 1050: Stahl im Hochbau; Berechnung und bauliche Durchbildung - Juni 1968

[3] DIN 4114 Teil 1 und Teil 2: Stahlbau; Stabilitätsfälle (Knickung, Kippung, Beulung) - Juli 1952 bzw. Februar 1953

[4] Kordina,K. et al.: Arbeitsbericht 1978-1980, Sonderforschungsbe-reich 148: Brandverhalten von Bauteilen, TU Braunschweig, Juni 1980

[5] Kordina,K. et al.: Arbeitsbericht 1981-1983, Sonderforschungsbe-reich 148: Brandverhalten von Bauteilen, TU Braunschweig, Mai 1983

[6] ADINA-A finite element program for automatic dynamic incremental nonlinear analysis, Report AE 81-1, ADINA Engineering, Sept. 1981

[7] Bathe,K.-J.: Static and dynamic geometric and material nonlinear analysis using ADINA, Report 82448-2, Acoustics and Vibration Lab., Mechanical Engineering Dept., MIT, Cambridge (Mass.), 1977

[8] Snyder,M.D., Bathe,K.-J.: Thermo-elastic-plastic and creep problems, Nuclear Engineering and Design 64(1981), No.1, S.49-80

[9] Bock,H.M., H. Wernersson: Zur rechnerischen Analyse des Trag-verhaltens brandbeanspruchter Stahlträger, Stahlbau 55(1986), Heft 1, S.7-14

[10] DIN IEC 584 Teil 1 u. 2: Thermopaare - Januar 1984

[11] DIN 1025 Teil 2: Warmgewalzte I-Träger; Breite I-Träger, IPB- und IB-Reihe; Maße, Gewichte, zulässige Abweichungen, statische Werte - Oktober 1963

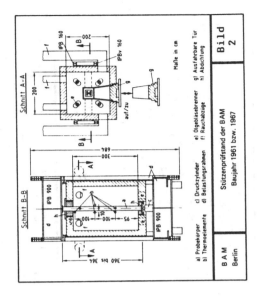

Schnitt A-A

Maße in cm

Bild 2

a) Probekörper
b) Thermoelemente
c) Druckzylinder
d) Belastungsrahmen
e) Ölgebläsebrenner
f) Rauchabzüge
g) Ausfahrbare Tür
h) Abdichtung

Stützenprüfstand der BAM
Baujahr 1961 bzw. 1967

B A M
Berlin

Schnitt B-B

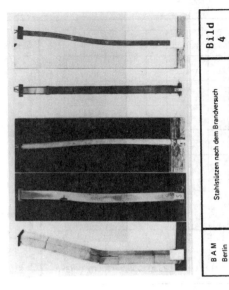

Bild 4

Stahlstützen nach dem Brandversuch

B A M
Berlin

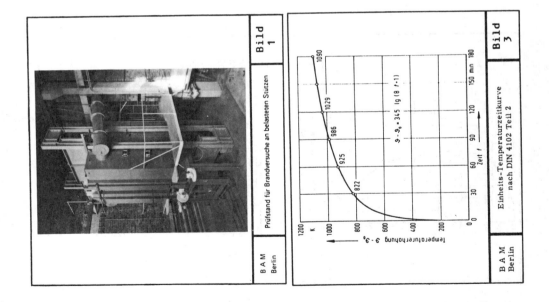

Prüfstand für Brandversuche an belasteten Stützen

Bild 1

B A M
Berlin

Einheits-Temperaturzeitkurve
nach DIN 4102 Teil 2

$\vartheta - \vartheta_o = 345 \lg (8 \ t + 1)$

Bild 3

B A M
Berlin

174

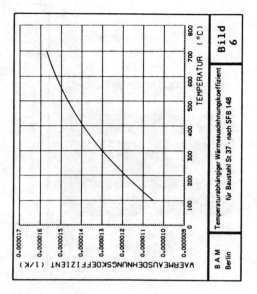

Temperaturabhängiger Wärmeausdehnungskoeffizient
für Baustahl St 37 - nach SFB 148

B A M
Berlin

Bild
6

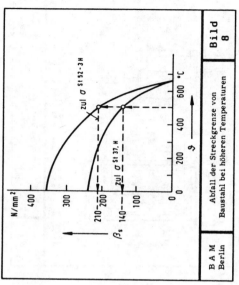

Abfall der Streckgrenze von
Baustahl bei höheren Temperaturen

B A M
Berlin

Bild
8

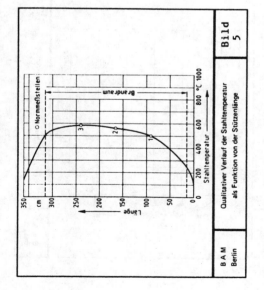

Qualitativer Verlauf der Stahltemperatur
als Funktion von der Stützenlänge

B A M
Berlin

Bild
5

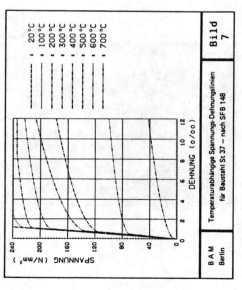

Temperaturabhängige Spannungs-Dehnungslinien
für Baustahl St 37 - nach SFB 148

B A M
Berlin

Bild
7

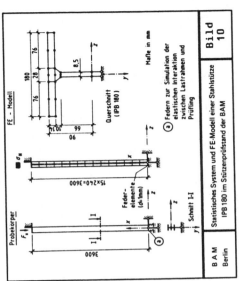

Bild 10

Statisches System und FE-Modell einer Stahlstütze IPB 180 im Stützenprüfstand der BAM

B A M Berlin

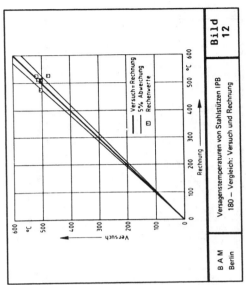

Bild 12

Versagenstemperaturen von Stahlstützen IPB 180 – Vergleich: Versuch und Rechnung

B A M Berlin

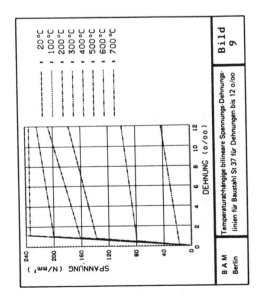

Bild 9

Temperaturabhängige bilineare Spannungs-Dehnungslinien für Baustahl St 37 für Dehnungen bis 12 o/oo

B A M Berlin

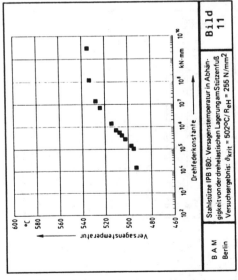

Bild 11

Stahlstütze IPB 180: Versagenstemperatur in Abhängigkeit von der drehelastischen Lagerung am Stützenfuß
Versuchsergebnis: ϑ_{krit} = 502°C / R_{eH} = 255 N/mm²

B A M Berlin

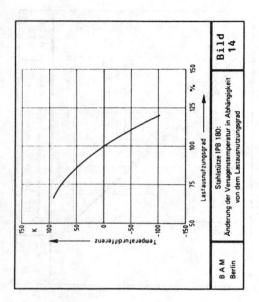

Stahlstütze IPB 180:
Änderung der Versagenstemperatur in Abhängigkeit
von dem Lastausnutzungsgrad

B A M
Berlin

Bild 14

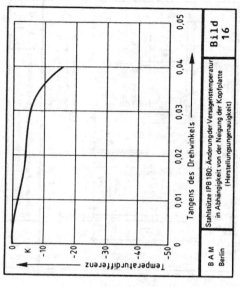

Stahlstütze IPB 180: Änderung der Versagenstemperatur
in Abhängigkeit von der Neigung der Kopfplatte
(Herstellungsungenauigkeit)

B A M
Berlin

Bild 16

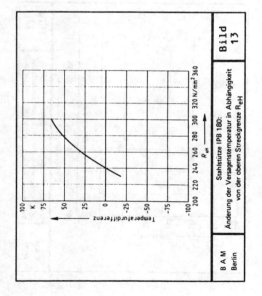

Stahlstütze IPB 180:
Änderung der Versagenstemperatur in Abhängigkeit
von der oberen Streckgrenze R_{eH}

B A M
Berlin

Bild 13

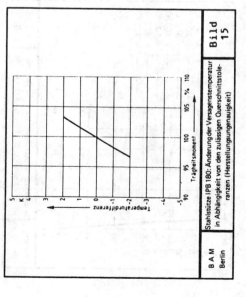

Stahlstütze IPB 180: Änderung der Versagenstemperatur
in Abhängigkeit von den zulässigen Querschnittstole-
ranzen (Herstellungsungenauigkeit)

B A M
Berlin

Bild 15

SCHWINGUNGEN INFOLGE ZEITLICH VERÄNDERLICHER, BEWEGTER LASTEN IM UNTERGRUND
(FE-BERECHNUNGEN UNTER VERWENDUNG ANALYTISCHER LÖSUNGEN)

H. Grundmann, G. Müller[*]

1. Einleitung

Belastungen im Untergrund oder auf einer Halbraumoberfläche, die ihren Betrag oder ihren Angriffspunkt ändern, rufen Raum- und Oberflächenwellen hervor, durch die sich die auftretenden Veränderungen auch weit entfernten Punkten mitteilen. Für zeitlich konstante, bewegte Lasten liegen analytische Lösungen nach der Theorie des elastischen Kontinuum vor, z.B. für den unbegrenzten Raum, [1], oder für den Halbraum unter einer bewegten Linienlast [2] oder für den Vollraum mit zylindrischer Öffnung [3].

Mit der Entwicklung der Methode der Finiten Elemente eröffnete sich die Möglichkeit, das Verhalten des Halbraums auch für weniger ideale geometrische Verhältnisse, z.B. den Halbraum mit geschichtetem Aufbau, in guter Näherung zu beschreiben. Allerdings benötigt man, wenn auch die hochfrequenten d.h. kurzwelligen Lösungsanteile erfaßt werden müssen, im gesamten abgebildeten Bereich eine enge Netzteilung. Darüberhinaus ergeben sich bekanntlich insofern Schwierigkeiten, als an den Begrenzungen eines nur endlich ausgedehnten Netzes in Wirklichkeit nicht vorhandene und damit die Ergebnisse verfälschende Reflexionen auftreten. Nachdem mit Rücksicht auf den entstehenden Rechenaufwand einer ausreichend weiten Ausdehnung eines engen Netzes Grenzen gesetzt sind, wurde der Versuch unternommen, die unerwünschten Reflexionen an den Rändern dadurch abzubauen, daß dort rechnerisch vikose Dämpfer angesetzt werden, die wenigstens einen Teil der mit den Wellen auftretenden Energie absorbieren [4]. Mit semifiniten, an einen endlichen FE-diskretisierten Bereich angeschlossenen, sich einseitig ins Unendliche erstreckenden Elementen, deren Verhalten unter Verwendung analytischer Lösungen beschrieben wird, hat WAAS [5] einen sehr überzeugenden leistungsfähigen Lösungsweg vorgestellt. Für die dynamische Bauwerk-Boden-Interaktion verwendet WOLF [6] schichtenförmige unendlich ausgedehnte Elemente auf der Grundlage analytischer Lösungen des elastischen Kontinuums.

*) Prof. Dr.-Ing. H. Grundmann, Dipl.-Ing.Univ. G. Müller
   Lehrstuhl für Baumechanik,
   Technische Universität München

Das nachfolgend dargestellte Berechnungsverfahren zur Ermittlung des Beanspruchungs- und Verschiebungszustandes in einem geschichteten Halbraum unter Einwirkung einer zeitlich veränderlichen , bewegten Last arbeitet ebenfalls mit in waagerechter Richtung unendlich ausgedehnten Schichten, deren Verhalten mit problemspezifisch gestalteten Ansätzen unter Verwendung der FOURIER-Transformation analytisch streng beschrieben wird. Dabei können die Lösungen je nach Anforderungen in Abhängikeit von den ursprünglichen Integrationskonstanten oder in Form von Steifigkeitsmatrizen waagerecht unendlich ausgedehnter Halbraum- oder Schichtenelemente dargestellt werden. Die Elemente der Steifigkeitsmatrizen nehmen abhängig von der Frequenz der zeitlich veränderlichen Anregung und von den Wellenzahlen $k_{\underline{x}}$ und $k_{\underline{y}}$ der FOURIER-Transformierten jeweils unterschiedliche Werte an. Wie viele k-Werte zu berücksichtigen sind, ist so festzulegen, daß die einwirkende Belastung und die durch sie verursachte Bodenbeanspruchungs- und - verschiebungszustände den gestellten Anforderungen entsprechend nachgebildet werden. Die für jede Zeitfrequenz und für jedes Zahlenpaar $k_{\underline{x}}$, $k_{\underline{y}}$ auszuführenden Berechnungen erfordern, wegen einer überaus kleinen Anzahl von Unbekannten jeweils nur einen sehr geringen Aufwand. die Berechnungen sind jedoch sehr häufig zu wiederholen, um aus den Teilergebnissen durch Superposition entsprechend den FOURIER-Rücktransformationen das endgültige Ergebnis aufbauen zu können.

2. Herleitung und Entwicklung des Lösungsverfahrens

Die herzuleitenden Beziehungen fußen auf den bekannten Grundgleichungen des elastischen Kontinuums, (z.B. [7], [8]), wonach die dynamischen Gleichgewichtsbedingungen für die Spannungsgrößen σ^{ij} und für die D`ALEMBERT-schen Trägheitskräfte $\rho\ddot{u}$ in tensorieller Schreibweise

$$\sigma^{ij}|_j - \rho\,\ddot{u}^i \tag{1}$$

lauten.
Die Spannungsgrößen sind mit den Verzerrungsgrößen

$$\epsilon_{ij} = 1/2\,(u_{i|j} + u_{j|i}) \tag{2}$$

über das Stoffgesetz

$$\sigma^{ij} = 2\,\mu\,\epsilon^{ij} + \lambda\,\epsilon^m_m\,g^{ij} \tag{3}$$

verknüpft.

Die darin auftretenden LAMÉschen Konstanten μ und λ hängen mit den in der Technik gebräuchlichen Konstanten, dem Schubmodul G, dem Elastizitätsmodul E und der Querdehnzahl ν mittels $\mu=G$ und $\lambda=\nu E/((1+\nu)(1-2\nu))$ zusammen. Indem diese Größen als komplex angesetzt werden, ist es möglich, die Wirkung einer hysteretischen Dämpfung zu erfassen.

Aus den angeschriebenen Gleichungen ergeben sich durch Einsetzen die LAMÉschen Gleichungen, partielle Differentialgleichungen für die unbekannten Verschiebungen u^i (x,y,z,t). Für das Aufsuchen von Lösungen der Grundgleichungen ist es i.a. vorteilhafter, unter Verwendung des HELMHOLTZschen Satzes die Lösung in zwei Teilzustände

$$u_i = \phi|_i + \psi^{k|j} \, \epsilon_{ijk} \qquad (4)$$

aufzugliedern, deren erster den Gradienten einer Skalarfunktion und deren zweiter mit dem Permutationstensor ϵ_{ijk} die Rotation eines Vektorfeldes beschreibt. Für die Größen ϕ und ψ ergeben sich nach Einführen des Ansatzes in die Grundgleichungen die folgenden Bestimmungsgleichungen:

$$\phi|_j^j - \rho/(\lambda + 2\mu) \, \phi^{\cdot\cdot}; \qquad \psi_i|_j^j - \rho/\mu \, \psi_i^{\cdot\cdot} \qquad (5)$$

Mit einem Ansatz, $y = \bar{y}$, $z = \bar{z}$

$$\phi(x,y,z,t) = \phi_{,p}(x-ct,y,z) \, e^{i\omega_p t} = \phi_{,p}(\bar{x},\bar{y},\bar{z}) \, e^{i\omega_p t}$$

$$\psi_{\alpha,p}(x,y,z,t) = \psi_{\alpha,p}(x-ct,y,z) \, e^{i\omega_p t} = \psi_{\alpha,p}(\bar{x},\bar{y},\bar{z}) \, e^{i\omega_p t}, \qquad (6)$$

der der zeitlichen Veränderlichkeit der Belastung sowie ihrer Bewegung mit konstanter Geschwindigkeit c entlang der x-Richtung angeglichen ist, nehmen die Gleichungen für jedes ω_p eine einfachere Form an, in der Variable t nicht mehr auftritt. Durch zweifache FOURIER-Transformation, d.h. den Übergang in den Raum der Wellenzahlen $k_{\bar{x}}$ und $k_{\bar{y}}$ können auch die Ableitungen nach $\bar{x}$ und $\bar{y}$ beseitigt werden, so daß schließlich zwei gewöhnliche Differentialgleichungen bezüglich der unabhängigen Variablen $z = \bar{z}$ entstehen

$$\frac{\delta^2}{\delta z^2} \, \phi_{,pk_{\bar{x}}k_{\bar{y}}}(\bar{z}) - \lambda_\phi^2 \, \phi_{,pk_{\bar{x}}k_{\bar{y}}}(\bar{z}) = 0$$

$$\frac{\delta^2}{\delta z^2} \, \psi_{\alpha,pk_{\bar{x}}k_{\bar{y}}}(\bar{z}) - \lambda_\psi^2 \, \psi_{\alpha,pk_{\bar{x}}k_{\bar{y}}}(\bar{z}) = 0 \qquad (7)$$

Diese zeigen den gleichen Aufbau wie die Grundgleichungen ebener Wellen. Die dabei verwendeten Abkürzungen

$$\lambda_\phi^2 = -r^2 = c_p^{-2}((k_x^2 + k_y^2)c_p^2 - (k_{\overline{x}}c \mp \omega_p)^2)$$

$$\lambda_\Psi^2 = -p^2 = c_s^{-2}((k_x^2 + k_y^2)c_s^2 - (k_{\overline{x}}c \mp \omega_p)^2) \tag{8}$$

hängen von der Frequenz ω_p der zeitlichen Veränderlichkeit der einwirkenden Belastung und von den Wellenzahlen $k_{\overline{x}}$ und $k_{\overline{y}}$ der FOURIER - Transformationen ab. Mit c_p bzw. c_s sind die Fortpflanzungsgeschwindigkeiten der Dilatations- und der Scherwelle

$$c_p = \sqrt{(\lambda + 2\mu)/\rho} \quad \text{und} \quad c_s = \sqrt{\mu/\rho} \tag{9}$$

beschrieben, während c, wie erwähnt, die konstante Geschwindigkeit beschreibt, mit der sich die Last fortbewegt.

Die Bestimmungsgleichungen (7) lassen sich unter Verwendung eines Exponentialansatzes leicht lösen. Durch entsprechende Ansätze für u,v und w findet man schließlich die Lösung in der gesuchten Form. Dabei ist zu beachten, daß die in den zuletzt genannten Ansätzen verwendeten Koeffizienten der Lösungsfunktionen so aufeinander abgestimmt werden, daß zugehörig zur Gleichung (7a) die Rotationen und zugehörig zu (7b) die Volumendehnung verschwinden. Außerdem sind die Teillösungen zu (7a) und zu (7b) zur Gesamtlösung aufzuaddieren. Der Aufbau der Lösung wird mit der Gleichung für die Verschiebung u in x-Richtung beispielhaft gezeigt.

$$u = u_\phi + u_\Psi = A_p e^{irz} + B_p e^{-irz} +$$

$$+ (pk_{\overline{x}}A_{s1} - k_{\overline{y}}A_{s2})/\sqrt{(k_x^2 + k_y^2)} \; e^{ipz} +$$

$$+ (pk_{\overline{x}}B_{s1} - k_{\overline{y}}B_{s2})/\sqrt{(k_x^2 + k_y^2)} \; e^{-irz} \tag{10}$$

In den ähnlich aufgebauten Ausdrücken für v und w treten dieselben 6 Konstanten A_p, A_{s1}, A_{s2} und B_p, B_{s1}, B_{s2} auf. Die mit den verschiedenen A-Konstanten multiplizierten Lösungsanteile beschreiben für reelle r- bzw. p-Exponenten in negativer z-Richtung fortschreitende Wellen, für imaginäre r- bzw. p-Werte in positiver z-Richtung exponentiell abklingende Lösungsanteile. Entsprechend handelt es sich bei den mit den B-Werten multiplizierten Lösungsanteilen um in positiver z-Richtung fortschreitende Wellen bzw. um in z-Richtung exponentiell zunehmende Anteile. Die mit dem Index p versehenen A bzw. B-Konstanten sind den Dilatationswellen (P-Wellen), die mit s bezeichneten Größen den Scherwellen (S-Wellen) zugeordnet.

Durch Einsetzen von Lösungen in die Beziehungen (2) und (3) können die Spannungen in Abhängigkeit von den Lösungsfunktionen und den Konstanten A_p, A_{s1}, A_{s2} und B_p, B_{s1}, B_{s2} dargestellt werden .

Um den Beanspruchungs- und Verformungszustand zugeordnet zu jeder ω_p - $k_{\bar{x}}$ - $k_{\bar{y}}$ - Kombination endgültig zu bestimmen, ist es noch erforderlich, die Konstanten A_p, A_{s1}, A_{s2}, B_p, B_{s1}, B_{s2} in Abhängigkeit von den Randbedingungen festzulegen. Ein Weg, der sich besonders für den geschichteten Halbraum anbietet, besteht in einer FE-Aufbereitung unter Verwendung von Halbraumelementen sowie Schichtelementen, die über die volle Dicke einer Schicht reichen und sich in beiden waagerechten Richtungen ins Unendliche erstrecken.

Das Halbraumelement hat eine besonders einfache Form dadurch, daß mit Rücksicht auf die Abstrahlungsbedingung aus dem Unendlichen aufsteigende oder mit zunehmenden z-Werten exponentiell zunehmende Lösungsanteile nicht berücksichtigt zu werden brauchen, so daß für reelles r und p alle Konstanten A entfallen, für imaginäres r und p dagegen alle Konstanten B.

In einer begrenzten Schicht der Dicke d (oberer Rand z=0, unterer Rand z=d), ist die Lösung mit allen Freiwerten A und B zu verwenden. Für den Fall imaginärer r- und p-Werte könnten sich hier numerische Schwierigkeiten mit dem in positiver z-Richtung exponentiell ansteigenden Lösungsanteil ergeben. Diese werden jedoch umgangen, indem die Lösungsanteile mit positiver Exponentaialfunktion in Beiträge umgeformt werden, die vom Rande z=d her in negativer z-Richtung abklingen. Dies gelingt mit einer Variablensubstitution $z=d-\bar{z}$. Statt der ursprünglich verwendeten Konstanten werden in diesem Fall um den Faktor

$$e^{-ird} \quad \text{bzw.} \quad e^{-ipd}$$

vergrößerte Unbekannte $\bar{B}...$ benutzt.

Nach dieser Vorbereitung ist die Steifigkeitsmatrix des Schichtelements für jeden ω_p-Wert im Raum der Wellenzahlen $k_{\bar{x}}$, $k_{\bar{y}}$ leicht herzuleiten, indem man zunächst die Verschiebungsgrößen {u} und die Beanspruchungsgrößen {σ} an den Schichtgrenzen z = 0 und z = d in Abhängigkeit von den Ansatzkonstanten A..., und B..., bzw. $\bar{B}...$ ausdrückt:

$$\{u\} = \{u(o), \ v(o), \ w(o), \ u(d), \ v(d), \ w(d)\}^T \tag{11a}$$

$$\{\sigma\} = \{\tau_{zx}(o), \ \tau_{zy}(o), \ \sigma_z(o), \ \tau_{zx}(d), \ \tau_{zy}(d), \ \sigma_z(d)\}^T \tag{11b}$$

$$\{A\bar{B}\} = \{A_p, \ A_{s1}, \ A_{s2}, \ \bar{B}_p, \ \bar{B}_{s1}, \ \bar{B}_{s2}\}^T \tag{11c}$$

$$\{u\} = [_u K_{A\bar{B}}] \ \{A\bar{B}\} \qquad \{\sigma\} = [_\sigma K_{A\bar{B}}] \ \{A\bar{B}\} \tag{11d} \tag{11e}$$

Durch Einsetzen der nach $\{A\bar{B}\}$ aufgelösten Gleichung (11d) in (11e) ergibt sich die Steifigkeitsmatrix der Schicht zu

$$[K] = [_\sigma K_{A\bar{B}}] \ [_u K_{A\bar{B}}]^{-1} \tag{12}$$

Nachdem die Steifigkeitsmatrizen für beliebige Schichten und für den Halbraum (als einfacheren Sonderfall) bekannt sind und die Belastung durch FOURIER-Transformation bezüglich der Koordinaten x und y entsprechend aufbereitet ist, kann die FE-Berechnung in üblicher Form wie für eine in z-Richtung linienförmige Struktur ausgeführt werden.

Diese Berechnungen verursachen nur einen sehr geringen Aufwand, da die Lösungsfunktionen einfach gebaut sind, nur eine geringe Anzahl von Operationen für die Berechnung der Steifigkeitsmatrix notwendig ist und das Gleichungssystem zur Bestimmung der zu einem $k_{\bar{x}}$, $k_{\bar{y}}$ - Wertepaar gehörigen Verschiebungsamplituden nur sehr wenige Unbekannte enthält. Andererseits ist zu bedenken, daß diese Berechnung sehr häufig durchlaufen werden müssen; wie oft, hängt davon ab, wieviele Werte $k_{\bar{x}}$ und $k_{\bar{y}}$ als diskrete Wellenzahlen der FOURIER-Transformation benötigt werden, um die Belastung einerseits und die Bewegungs- und Beanspruchungsgrößen andererseits mit ausreichender Genauigkeit abzubilden. Die Teilergebnisse sind schließlich nach den Vorschriften der FOURIER-Rücktransformation in diskreter Form zu superponieren. Mit dem kleinsten Wert der Wellenzahl wird die Periode eines in Wirklichkeit nicht vorhandenen örtlichen Wiederauftretens der Belastung festgelegt. Die höchste zu berücksichtigende Wellenzahl richtet sich einerseits nach der Abnahme der Last-FOURIER-Transformierten mit zunehmender Wellenzahl, andererseits nach dem Übertragungsverhalten des Untergrundes. Die Beziehungen für die verschiedenen Wellenzahlen sind nicht gekoppelt.

3. Anwendungsbeispiel

Zum Testen der Berechnungsansätze und des zugehörigen Programms wurde zu einer von WERKLE und WAAS [9] gelösten Aufgabe, der Ermittlung der Untergrundbewegungen als Folge einer sich ausbreitenden ebenen Luftdruckwelle, eine Vergleichslösung entwickelt. Die Autoren verwenden zwar auch eine FOURIER-Transformation zum Übergang von den Ortskoordinaten in den Raum der Wellenzahlen, wenden diese jedoch in gänzlich anderer Weise an und verfolgen auch ansonsten eine andere Lösungsstrategie unter Verwendung von Einflußfunktionen und Ansätzen für einen linearen Verlauf der Verschiebungsgrößen über die Dicke der einzelnen Schichten.

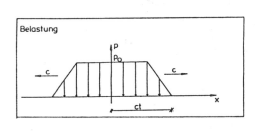

Bild 1: Luftdruckwelle

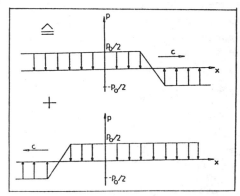

Bild 2: Gegenläufig fortschreitende Wellenzüge

Das vorgestellte Berechnungsverfahren eignet sich nicht unmittelbar zur Lösung der gestellten Aufgabe, nachdem, wie Bild 1 zeigt, die Störung am Punkt x=o beginnend sich mit konstanter Geschwindigkeit nach 2 Seiten, positiver und negativer x-Richtung, ausbreitet. Um einen derartigen Vorgang mit den vorgestellten Ansätzen beschreiben zu können, ist es notwendig, zwei sich gegenläufig bewegende Wellenzüge einzuführen, die sich zur Zeit t gerade in der auf Bild 2 gezeigten Stellung befinden. In der Superposition aus beiden Wellenzügen ergibt sich von dem Zeitpunkt an, zu dem ihre oberen Kanten bei x=o zusammengetroffen sind, der in [9] zugrundegelegte und auf Bild 1 gezeigte Verlauf der Druckwelle. Bis zu diesem Zeitpunkt jedoch, in dem sich eine dreiecksförmige Druckverteilung mit $p=p_o$ im Koordinatenursprung aufgebaut hat, weicht die Druckverteilung, die mit dem hier verwendeten Ansatz verknüpft ist, zwar geringfügig, aber systematisch, von den Ansatz in [9] ab. Aufgrund der geringen Unterschiede im Lastaufbau während dieses ersten sehr kurzen Zeitabschnitts braucht mit merklichen Unterschieden in den Ergebnissen nicht gerechnet zu werden.

Eine weitere Maßnahme zur Anpassung des Verfahrens an die vorliegende Aufgabe ist nötig: Zwar ergeben sich zum Zeitpunkt t=o keine Verschiebungen, die Geschwindigkeiten jedoch, die sich zugeordnet zu den jeweils aus dem Unendlichen kommenden einzelnen Wellenzügen ergeben haben, löschen sich nicht gegenseitig in der Superposition. Daher wird noch ein weiterer Lösungsbestandteil zur Anpassung an die Anfangsbedingungen des zu diesem Zeitpunkt noch unverschoben ruhenden Halbraums benötigt. Es handelt sich um einen Eigenschwingungszustand als Lösung der homogenen Gleichungen des Problems.

Nachdem das Verhalten einer homogenen Schicht auf starrem Grund nachgerechnet werden soll, gelten für das Eigenwertproblem die folgenden Randbedingungen z=o: τ_{zx}=O, σ_z=o und z=h: u=o, w=o. Beachtet man diese Forderungen, so ergibt sich nach einer Partitionierung des Verschiebungs- und Spannungsvektors entsprechend der Steifigkeitsmatix

$$\{u\} = \{\{u_o\}^T | \{u_d\}^T\}^T \qquad \sigma = \{\{\sigma_o\}^T | \{\sigma_d\}^T\}^T$$

$$[K] = \left[\begin{array}{c|c} K_{oo} & K_{od} \\ \hline K_{do} & K_{dd} \end{array} \right] \quad \text{mit } \{\sigma_o\} = \{o\} = [K_{oo}]\{u_o\}$$

ein Eigenwertproblem, dessen Lösung die noch fehlende Eigenschwingung liefert. Die zu berücksichtigenden Beiträge der verschiedenen Eigenschwingungen findet man schließlich, indem man die aus den beiden Wellenzügen superponierten Geschwindigkeiten u' und w' als Funktionen von z durch Reihenentwicklungen mit Hilfe der Eigenformen beschreibt. Die jeweilig negativ genommenen Koeffizienten der Reihe bestimmen den Anteil der Eigenschwingungen an der Lösung. Mit diesen Werten ergeben sich in der Überlagerung, wie gefordert, auch die Geschwindigkeiten zum Zeitpunkt des Beginns der Lasteinwirkung im gesamten Halbraum zu Null.

Mit den genannten Ergänzungen wurde das entwickelte Berechnungsverfahren auf die Aufgabe angewandt, Verschiebungen und Geschwindigkeiten für eine auf einer starren Unterlage aufliegende Schicht der Dicke h zu berechnen. Die Querdehnzahl wurde zu ν= O,3 und die Dämpfung zu β=o,o5 angesetzt. Die Druckwelle breitet sich mit dem o,25-fachen der Geschwindigkeit der Dilatationswelle des Bodens auf der Oberfläche von der Stelle x=o ausgehend nach beiden Richtungen aus. Die Lastanstiegsdauer wurde mit der Zeit gleichgesetzt, die eine P-Welle zum Durchlaufen der Schicht benötigt. Die errechneten Größen sind auf die Bezugswerte

w_o= p_oh/E und v_H=p_o/($\rho \cdot c_p$)

bezogen, wobei w_o die statische Zusammendrückung der Schicht unter einer gleichmäßig verteilten Last p_o bedeutet und mit v_H die maximale Geschwingigkeit beschrieben wird, die sich im homogenen Halbraum unter einer linear während der Zeit t_p von o auf p_o ansteigenden Last ergibt.

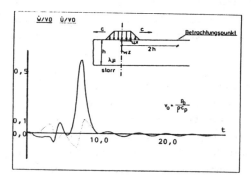

Bild 3.

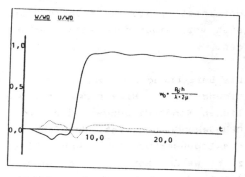

Bild 4.

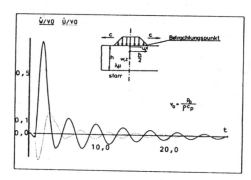

Bild 5.

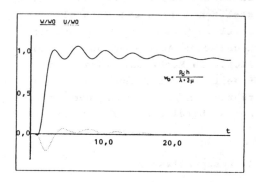

Bild 6.

Die Bilder 3 und 4 zeigen die Ergebnisse für den Punkt x=2h an der Schichtoberfläche. Ein Vergleich mit den Ergebnissen in [9] zeigt für die Geschwindigkeiten eine sehr gute Übereinstimmung in den jeweiligen Höchstwerten und gute Übereinstimmung hinsichtlich der sonstigen Werte. Hinsichtlich der Verschiebungen weist die entwickelte Lösung einen Fehler auf, der sich im Abfall der Verschiebungen w nach Erreichen des Höchstwertes w_{max} äußert. Diese Abweichung, die als systematischer Fehler zufolge der durch Diskretisierung entstehenden Periodisierung der Belastung entsteht, kann, wie Vergleichsrechnungen zeigen, durch Herabsetzung der Grundwellenzahl, d.h. aber erhöhten Rechenaufwand verringert werden.

Wie in [9] ausgeführt, zeigen sich an der betrachteten Stelle bereits vor dem Eintreffen der Druckwelle erste Bewegungen, da sich die Oberflächenwellen im Boden schneller fortbewegen als die Druckwelle an der Oberfläche, für die eine Geschwindigkeit von $c=0,25 \cdot c_p$ angesetzt wurde. Auf den Bildern 5 und 6 sind Auswertungen für eine Stelle x=o,5h, z=o dargestellt, die das frühere Eintreffen der Oberflächenwellen sowie den sich verkleinernden zeitlichen Abstand zur Ankunft der Druckwelle zeigen.

Die Berechnungen wurden an einer Cyber 995 ausgeführt. Unter Berücksichtigung von 15 Eigenformen zur Anpassung des Ergebnisses an die zeitlichen Randbedingungen wird für eine diskrete Wellenzahl $k_{\bar{x}}$ etwa eine CPU-Sekunde benötigt. Ungefähr 99 % dieser Zeit beansprucht die Lösung des Eigenwertproblems, wobei hierfür der Rechenaufwand wesentlich reduziert werden könnte. Dies ist für die ausgeführte Berechnung nicht erfolgt, da die Lösung des Eigenwertproblems nur für das Anwendungsbeispiel erforderlich war und keinen eigentlichen Bestandteil des vorgestellten Verfahrens darstellt. Für Fragestellungen, die sich zum Beispiel im Zusammenhang mit einsinnig bewegten Lasten ergeben, ist in der Regel eine Anpassung an die zeitlichen Randbedingungen nicht erforderlich. Die Rechenzeit beträgt dann nur ca. o.ol CPU-Sekunden für einen $k_{\bar{x}}$ - Wert. Für das Beispiel wurde die Berechnung für looo $k_{\bar{x}}$ - Werte ausgeführt. Vergleichsrechnungen zeigen, daß eine Berücksichtigung von 2oo Werten bereits gute Ergebnisse liefert.

4. Zusammenfassung

Für zeitlich veränderliche Anregungen, die sich auf der Oberfläche oder im Innern eines geschichteten elastischen Halbraums auf einer geraden Bahn mit konstanter Geschwindigkeit fortbewegen, wurde ein Berechnungsverfahren entwickelt. Es arbeitet unter Verwendung von FOURIER-Transformationen bezüglich der waagerechten Koordinaten x und y mit analytischen Lösungen für den Halbraum oder für Schichten endlicher Dicke innerhalb desselben. Für die Verknüpfung verschiedener Schichten miteinander kann ein FE-Verfahren entwickelt werden. Die im Raum der Wellenzahlen für die verschiedenen Frequenzanteile ω_p der zeitlich veränderlichen Belastung auszuführenden Berechnungen verursachen sehr wenig Aufwand, jedoch müssen sie mit Rücksicht auf die notwendigen FOURIER-Rücktransformationen sehr häufig für verschiedene Parameter, die unterschiedlichen Frequenzen und Wellenzahlen, wiederholt werden.

Als Anwendungsbeispiel, für dessen Behandlung das Verfahren einiger Ergänzungen bedurfte, wurden die Bodenbewegungen infolge einer Druckwelle, die sich auf der Oberfläche ausbreitet, bestimmt und mit in der Literatur vorliegenden Werten verglichen. Nach Beseitigung einer systematischen Abweichung für die Verschiebungsgrößen als Folge der Diskretisierung der FOURIER-Transformation ergab sich eine sehr gute Übereinstimmung.

Für Fragestellungen, die die für das Anwendungsbeispiel erforderlichen Ergänzungen nicht benötigen, ist das Verfahren aufgrund der einfachen Gleichungssysteme sehr wirtschaftlich.

5. Literatur

[1] Sneddon, I. N.: Stress produced by a pulse of pressure moving along the surface of a semi - infinite solid. Rendiconti Circolo Matematico di Palermo, 2 (1952)

[2] Cole, J., Huth, J.: Stresses produced in a half plane by moving loads, Transactions ASME, J. Appl. Mech., 1958

[3]Konrad, A.: Der Zylinder, der zylindrische Hohlraum und die dickwandige Kreiszylinderschale unter beliebigen, ruhenden oder bewegten Lasten. Dissertation München 1985

[4]Lysmer, J., Kuhlemeyer, R.L.: Finite dynamic model for infinite media. ASCE, EM4, 1969.

[5]Waas, G.: Linear Two-Dimensional Analysis of Soil Dynamics Problems in Semi-Infinite Layered Media, Dissertation University of California, Berkeley, 1972

[6]Wolf, J.: Soil-Structure-Interaction, Prentice Hall Englewood Cliffs, NJ

[7]Eringen, A.,Suhubi, S.: Elastodynamics, Vol. I: Finite Motions, Vol. II: Linear Theory. Academic Press. New York 1974, 1975

[8]Flügge, W.: Tensor Analysis and Continuum Mechanics. Springer Verlag 1972

[9]Werkle, H., Waas, G.: Analysis of ground motion caused by propagating air pressure waves. Soil Dynamics and Earthquake Engineering, 1987

ANWENDUNGSMÖGLICHKEITEN INTERAKTIVER BERECHNUNGSPROGRAMME

K.-H. Schrader *)

1. Einleitung

Interaktive Berechnungsprogramme bieten unter bestimmten Voraussetzungen ideale Möglichkeiten, das Trag- und Schwingungsverhalten einer Struktur im Hinblick auf unterschiedliche Einflüsse zu studieren. In Verbindung mit einer graphischen Ausgabe auf dem Bildschirm können sie die Strukturantwort wie bei einem Versuch simulieren. Sie ermöglichen damit dem entwerfenden Ingenieur oder dem Studenten, Konstruktionsvarianten zu vergleichen. Man erfährt den Einfluß unterschiedlicher Idealisierungen des zur Berechnung gewählten mechanischen Modelles, wie federnde anstelle starrer Lager, gelenkige Anschlüsse anstelle von Einspannungen, die Wirkung zusätzlicher Massen u.a. Ein erwünschter Nebeneffekt ist dabei, daß ein sachkundiger, mitdenkender Benutzer durch diese Vergleichsrechnungen in kurzer Zeit ein Gefühl für das Verhalten der so berechneten Strukturen bekommt, das er anders nur nach längerer Berufspraxis entwickeln kann.

Die erwähnten Voraussetzungen hierfür sind Arbeitsplatzrechner für den bearbeitenden Ingenieur, eine einfache kreative Steuerbarkeit des Berechnungsprozesses und eine graphische Ausgabe der Ergebnisse auf dem Bildschirm.

In diesem Beitrag wird zunächst diskutiert, was "interaktiv" heißt, wozu man die vorgestellten interaktiven Programme benutzen kann und wie das realisiert ist. An einem Beispiel wird exemplarisch die Arbeitsweise gezeigt, andere Beispiele werden erwähnt. Einige zusammenfassende und wertende Bemerkungen schließen den Beitrag ab.

2. Was heißt interaktiv?

2.1 Begriffsbestimmung

Unter "interaktiv" soll in diesem Beitrag "das Steuern des Berechnungsprozesses am Bildschirm" im "Dialog" mit dem Rechner verstanden werden.

Dieser "Dialog" ist "benutzerorientiert", d.h. das Programm "fragt", "bietet, an was es tun kann" und der Benutzer bestimmt, was getan werden soll. Dabei geht es sowohl um den Programmlauf selbst, als auch um Angaben zum Problem, das bearbeitet wird, wie etwa um Lasten und Randbedingungen. Was hierunter im Einzelnen zu verstehen ist, wird später noch näher erläutert werden.

2.2 Techniken zur Realisierung

Es gibt unterschiedliche Techniken diesen Dialog zu realisieren. Die Schnittstelle, die dabei zwischen Benutzer und Computer bzw. dem Programm entsteht, nennt man "Benutzeroberfläche". Einige Realisierungsmöglichkeiten sind in Tafel 1 zusammengestellt.

2.3 Diskussion von Vor- und Nachteilen

Alle diese Techniken haben ihre Vor- und Nachteile. Zu ihrer Bewertung und Auswahl muß man den Zweck und die Realisierbarkeit im Rahmen der vorgesehenen Hard- und Softwareumgebung berücksichtigen.

Der Zweck ist hier die Steuerung eines sequentiell ablaufenden Rechenprozesses. Der "Handlungsplan" ist daher

*) Prof. Dr.-Ing. K.-H. Schrader (Ruhr-Universität Bochum)

durch den Programmlauf vorgegeben. Nur wenige Teilprozesse sind "nebenläufig". Beliebig wählbare Piktogramme würden daher für eine interaktive Steuerung eines Berechnungsprozesses kaum Vorteile bringen, sondern würden den Benutzer eher verwirren. Abfragetexte begleiten dagegen den Prozeß und fragen immer nur Eingaben ab, die gerade in diesem Stadium des Prozesses benötigt werden.

Als Hard- und Softwareumgebung waren vorhanden und zweckentsprechend vorgegeben:

- Workstations der Domain- bzw. der Siemens WS 30-Klasse
- MESY 3 als Programmiersystem für Strukturmechanik
- ANSI - FORTRAN 77 als genormte Implementierungssprache

Das Betriebssystem dieser Rechner erlaubt mehrere Prozesse in Prozeßfenstern parallel zu bearbeiten, zugehörige Texte im Fenster separat einzutragen und Ergebnisse in Fenstern graphisch darzustellen. Zum Betriebssystem, hier speziell auch zum Display Manager und zu Graphics Primitives kann auf FORTRAN-Ebene zugegriffen werden. Auch dies spricht für eine Realisierung der Benutzeroberfläche in Form von Abfragetexten. Im vorliegenden Fall gibt es jedoch weitere Gründe:

- Textabfragen sind einfach zu implementieren, sind leicht veränderten Bedingungen anpaßbar und bieten trotzdem einen zufriedenstellenden Benutzerkomfort.
- Die Implementierung ist möglich, allein auf der Basis der genormten Programmiersprache FORTRAN 77.
- Textabfragen sind gegebenenfalls auch in einer einfacheren Umgebung, z.b. ohne Graphikbildschirm mit nur alphanumerischer Eingabe, zu benutzen.

Tafel 1: Möglichkeiten interaktiver Programmsteuerung Menüangebote und Eingaben

```
• BILDSCHIRM
  - Abfragetexte (20J.)
        → Tastatureingaben
  - Piktogramme/Textfelder (5J.)
        → Anpicken mit Cursor und Maus
  - Masken
        → Texte und Daten eintragen   (wie vor)
• DIGITALISIERTABLETT (15J.)
  - Piktogramme/Textfelder
        → Antippen mit Stift
• TASTATUR - SONDERTASTEN (10J.)
        → "Fl" ..... usw.
• SPRACHE
• KOMBINATION DIESER MÖGLICHKEITEN
  - z.B. in X-AID (GMD)
  - "wissensbasierende Mensch-Computer Schnittstelle"
```

Andere in Tafel 1 aufgeführte Möglichkeiten, wie Spracheingabe, sind dort nur der Vollständigkeit halber aufgeführt bzw. wären zwar vielleicht wünschenswert, sind aber eine Nummer zu groß. Hierzu gehört die als letzter Punkt aufgeführte Möglichkeit. Schließlich sind Maskeneingaben wie Piktogramme zu werten.

2.4 Die Benutzeroberfläche

Die ANTWORT auf die Frage "was ist interaktiv ?" lautet also hier: "Steuern des Berechnungsprozesses am Bildschirm durch Antworten auf Abfragetexte ", d.h. durch EINTASTEN mit der Tastatur von :

- JA oder NEIN
- STEUERZAHLEN aus einem Menü

- TEXT z.B. Dateinamen

- ZAHLEN als Datenelemente

- SONDERZEICHEN, wie:

  ? (FRAGEZEICHEN) für zusätzliche Ausgabe eines erläuternden Textes

  ! (AUSRUFUNGSZEICHEN) für Übernahme eines einzutragenden Textes als Hinweis, Anregung, Kritik usw.

  / (SCHRÄGSTRICH) für "weiter" bzw. "keine Eingabe"

Tafel 2 : Ausschnitt aus einem Prozeßprotokoll

```
*** I N T E R A K T I V E   E I N G A B E N

*** P R O G R A M M A N G A B E N

 ? PROGRAMMLAUF - NUMMER ?
 ?<
 0403881

 ? PROGRAMMLAUF - KENNWORT ?
 ?<
 BOGENBRÜCKE EIGENSYSTEME AUSGANGSDATEN

 ?  ANZAHL DER ZU BERECHNENDEN EIGENSYSTEME ?
 ?<1
 ?
 >>EIGENSYSTEM IST DER OBERBEGRIFF FÜR EIGENFREQUENZ UND EIGENFORM. ES
   WERDEN MINDESTENS EIN EIGENSYSTEM UND HÖCHSTENS ALLE EIGENSYSTEME
   BERECHNET. DIE EINZUGEBENDE ZAHL IST DAHER GRÖSSER/GLEICH 1 UND
   KLEINER/GLEICH DER ZAHL DER FREIHEITSGRADE DES SYSTEMS.
 ?<
 5

*** Z U M   D A T E N T R A N S F E R
 ? VON WELCHER DATEI SOLLEN DIE STRUKTURDATEN GELESEN WERDEN ?
 ?<
 DATADS_BOG
 ? VON WELCHER DATEI SOLLEN DIE PROBLEMDATEN GELESEN WERDEN ?
 ?<
 PBLD_BOG
 ? IN WELCHE DATEI SOLLEN DIE ERGEBNISSE AUSGEGEBEN WERDEN ?
 ?<
 /
 ? ES WIRD DER STANDARDNAME EINGESETZT :              ERG
 ? IN WELCHE DATEI SOLLEN DIE EIGENSYSTEME GERETTET WERDEN ?
 ?<

 ? ES WIRD DER STANDARDNAME EINGESETZT :              EIF
 M E L D U N G  : DIE SYSTEMDIMENSIONEN WURDEN GELESEN
 M E L D U N G  : DIE STRUKTURDATEN WURDEN GELESEN
```

Tafel 2 zeigt einen Ausschnitt aus einem Prozessprotokoll. Die Abfragetexte sind mit "?" eingeleitet, die Benutzereingaben stehen in den Zeilen hinter den Promptzeichen "?<" . Bei der dritten Abfrage zur Anzahl der zu berechnenden Eigensysteme wurde ein "?" eingegeben und damit der zusätzlich zur Erläuterung ausgegebene Text ">>EIGENSYSTEM IST ......" angefordert. Die Möglichkeit durch Eingabe eines Fragezeichens zusätzliche Erläuterungen anzufordern, erlaubt die Standardabfragetexte knapp zu halten und auf einen sachkundigen Gelegenheitsbenutzer zuzuschneiden. Damit vermeidet man diesen wahrscheinlich häufigsten Benutzertyp durch zu ausführliche Texte zu langweilen. Schließlich wird dem Benutzer durch freie Texteingaben hinter einem Ausrufungszeichen eine Kommunikationsmöglichkeit mit dem System ersteller gegeben. Sie hilft diesem das Produkt zu verbessern und ermöglicht dem Benutzer dies mitzugestalten bzw. auch seinen Ärger abzureagieren (nicht im Protokoll).

3. Was kann man mit interaktiven Programmen machen?

Bevor auf die Realisierung eigegangen wird, soll kurz zusammengestellt werden, wozu man so gesteuerte interaktive Programme benutzen kann. Sie sind zum Beispiel nützlich zum:

- <u>Vergleich</u> von Konstruktionsvarianten im Hinblick auf ihr Tragverhalten und ihr Schwingungsverhalten
- <u>Bewerten</u> ausgeführter Konstruktionen, z.B. zum Beurteilen von Schadensfällen und Durchspielen von Sanierungsvarianten
- <u>Beurteilen</u> von Berechnungsmodellen bzgl. Einfluß von Berechnungsannahmen: Parameterstudien
- <u>Studium</u> des Systemverhaltens an Hand der "Steckbriefe", die ein System charakterisieren: Eigensysteme, Frequenzgänge, Impulsantworten, Phasendiagramme, Responsespektren oder anderes, wie zur Stabilität einer Struktur das Berechnen der ersten Eigenfrequenzen als Funktion eines Lastparameters.

Bei der Anwendung kommt man sicher noch auf andere Möglichkeiten. Natürlich braucht man dazu nicht unbedingt interaktive Programme, aber dieser Beitrag soll deutlich machen, inwiefern es damit besser und schneller geht.

4. Wie ist das realisierbar?

Der oben beschriebene interaktive Betrieb ist realisiert mit Hilfe :
- eines a n g e p a s s t e n K o n z e p t e s für die programmtechnische Lösung
- eines a n g e p a s s t e n B e t r i e b e s

4.1 Zum angepaßten Konzept

Hierunter werden eine Reihe von Entwurfskriterien zur programmtechnischen Lösung verstanden, wie sie in Tafel 3 zusammengestellt sind. Ein besonders wichtiger Punkt dabei ist das Datenkonzept, das die leichte und schnelle Verfügbarkeit von Eingabedaten unterstützt. Denn wenn für jeden in Abschnitt 3 aufgeführten Anwendungsfall ein neuer

Tafel 3 : Konzept zur programmtechnischen Lösung

```
•   Jeder Problemklasse ist ein spezielles IM - Programm zugeordnet.
Z.B.:
      IMEIB : Eigenschwingungen beliebiger Rahmentragwerke
      IMHAB : Harmonische Schwingungen beliebiger Rahmentragwerke
      IMFRQG: Frequenzgänge
      IMEISR: Eigenschwingungen von Rotationsschalen
      u.s.w
•   alle IM-Programme sind
    - "konfektionierte MESY-Individualprogramme"
    - haben gleiche Benutzeroberflächen
•   alle IM-Programme benutzen denselben MESY-DATA-Strukturdatensatz
    (d.s. die Daten, die bei der Konstruktion anfallen zur Geometrie,
    Topologie und Elementdaten)
•   neben den gemeinsamen Strukturdaten werden
    - Problemdaten
      (Elementlasten, Element-Randbedingungen,
      Systemlasten und=Federn, System-Randbedingungen) sowie
    - Prozeßdaten
      (die lediglich den Berechnungsprozeß steuern)
    unterschieden
```

Datensatz zusammengestellt werden müßte, wo möglich noch mit Hilfe eines Handbuches, könnte man das ganze vergessen. Aus diesem Grunde wurden für die vorgestellten IM-Programme drei getrennt verarbeitbare Datengruppen eingeführt :

- S t r u k t u r d a t e n
- P r o b l e m d a t e n und

• **Prozessdaten**

Die - in der Regel umfangreichen - **S t r u k t u r d a t e n** sind für alle Berechnungen mit IM-Programmen - unabhängig vom zu bearbeitenden Problem - nur einmal aufzubereiten.

P r o b l e m d a t e n sind - wie der Name sagt - "problemabhängig". Hierzu gehören daher alle :

• Elementlasten

• Element-Randbedingungen

• Systemlasten und – Federn

• System-Randbedingungen

Dies sind in der Regel wesentlich weniger Daten als die Strukturdaten. Sie müssen jedoch von Fall zu Fall für einzelne Programmläufe verfügbar und daher auch "on line" erzeugbar sein. Im vorliegenden Fall wird dies dadurch erreicht, daß diese Daten alternativ :

• interaktiv während des Programmlaufes eingegeben werden können

• vorab interaktiv eingegeben und von einer Problemdatendatei gelesen werden können

und daß sie :

• in beliebiger Kombination einem Lastfall zugeordnet werden können

• in beliebiger Reihenfolge auch als so definierter Lastfall zugegriffen werden können

• bei der interaktiven Eingabe verbal benannt werden, wie z.B. als "Eigengewicht", "Gelenkstab", "Linienlast" u.s.w.

Die Ausschnitte aus den Prozeßprotokollen zum Demonstrationsbeispiel im folgenden Abschnitt 5 werden das deutlich machen.

Zu den **P r o z e s s d a t e n** gehören alle Daten, die den Rechenprozeß selbst steuern. Es sind verhältnismässig wenige Daten, die im Normalfall nur interaktiv abgefragt werden. Hierzu gehören z.B. Namen von Dateien, die Zahl zu berechnender Eigensysteme usw., wie auch der Ausschnitt des Prozeßprotokolles in Tafel 2 zeigte.

4.2 Zum angepaßten Betrieb

Hierunter wird das Benutzungsschema in Tafel 4 verstanden, das für alle interaktiven Programme das gleiche ist.

Tafel 4: Zum angepaßten Betrieb: **Benutzungsschema**

```
•    Aufbereiten des Strukturdatensatzes
     (einmalig für alle IM-Programme !!)
•    Aufruf des geeigneten IM - Programmes

•    dem jeweiligen P r o g r a m m d i a l o g  folgen , d.h.
     den  M e n u e - T e x t a b f r a g e n zu :

     - P r o g r a m m k e n n d a t e n
     - D a t e i n a m e n
     - P r o z e s s d a t e n
     - P r o b l e m d a t e n
     - A e n d e r n  von  S t r u k t u r d a t e n
     - L i s t e n ,  S i c h e r n ,  P l o t t e n ,
       B i l d s c h i r m g r a p h i k
       von  E r g e b n i s s e n
     - u.a......
```

Hier sind zwei Dinge hervorzuheben, die bezüglich des Betriebes für die Nutzbarkeit der Programme wichtig sind. Das sind die interaktiven Eingaben und die graphische Ausgabe von Ergebnissen auf dem Bildschirm.

Die interaktiven Eingaben betreffen die Benutzeroberfläche, die in Abschnitt 2 beschrieben wurde. Beispiele für graphische Ausgaben auf dem Bildschirm werden mit den Beispielen in Abschnitt 5 gezeigt. Graphische Ausgaben auf dem Bildschirm sind deshalb wichtig, weil das bequeme und schnelle Rechnen von Varianten entwertet würde, wenn man zum Beurteilen der Ergebnisse darauf angewiesen wäre, lange Listen mit Zahlen zu studieren.

5. Beispiele

5.1 Vorbemerkung

Die folgenden Beispiele können die Möglichkeiten interaktiver Berechnungsprogramme nur andeuten. Auf die Problemstellung, die Überlegungen zur Modellbildung und das Deuten der Ergebnisse kann im Rahmen dieses Beitrages leider nicht eingegangen werden. Die Bilder sollen weniger die Ergebnisse präsentieren, als einen Eindruck von der Benutzeroberfläche, der Vorgehensweise bei der Anwendung und einige Möglichkeiten in Verbindung mit der Graphik in "Fenstern" zeigen.

5.2 Bogenbrücke

Hier geht es um das :

- **B e w e r t e n der a u s g e f ü h r t e n K o n s t r u k t i o n** bezüglich des Verdachts einer Schädigung der Hängerbewehrung infolge dynamischer Beanspruchung.

  B e u r t e i l e n des S y s t e m v e r h a l t e n s bei Systemänderungen an Hand zugehöriger Eigensysteme und Frequenzgänge

5.2.1 Zum Bewerten

Hierfür werden zunächst die Schnittgrößen infolge Schwingungen aus Verkehrslast abgeschätzt und durch Beantworten folgender Fragen beurteilt :

- Welche ist die ungünstigste Eigenform ?
- Welche Schnittgrößen ergeben sich aus einer erzwungenen harmonischen Schwingung mit dieser Frequenz und mit einer eingeprägten Schwingungsamplitude von 5 cm ? (Entsprechend den maximal vor Ort beobachteten Amplituden.)
- Welchen Wert haben diese Schnittgrößen im Vergleich zu den Schnittgrößen aus Eigengewicht und Verkehr ? (Die Ergebnisse können im Rahmen des Beitages nicht gezeigt werden)

5.2.2 Zum Systemverhalten

Feststellen der Änderungen charakteristischer Systemeigenschaften :

- Wie ändern sich die Eigenschwingungen, wenn

  - die Hänger statt eingespannt, gelenkig angeschlossen werden ?

  - eine Zusatzmasse von 60 t (entsprechend der Verkehrslast) leicht aussermittig angenommen wird?

  - zwei Zusatzmassen von je 30 t mittig, symmetrisch angenommen werden ?

- Welche Frequenzen erweisen sich als kritisch aus Frequenzgängen der Schnittgrößen :

  - bei einer harmonischen Belastung mit einer geeigneten Einzellast (hier z.B. 10 KN im Mittelteil des Untergurtes)

  - Wie groß ist der abmindernde Einfluß einer Dämpfung?

5.2.3 Arbeitsschritte und Ergebnisse

Dem Bearbeitungsschema in Tafel 4 folgend, sind zunächst die Strukturdaten aufzubereiten. Bild 1 zeigt schematisch das Vorgehen, das hier nur angedeutet werden kann. Das Ergebnis ist der Strukturdatensatz, der - wie bereits betont - keine Problem- oder Prozeßdaten enthält und daher insbesondere auch keine Randbedingungen.

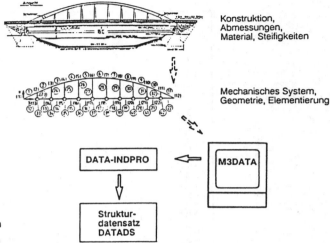

Konstruktion,
Abmessungen,
Material, Steifigkeiten

Mechanisches System,
Geometrie, Elementierung

Bild 1:

Erzeugen des Strukturdatensatzes mit
M3DATA und DATA-Individualprogramm
Binärdatei DATADS bzw, DATADS_BOG

Im nächsten Bearbeitungsschritt sind interaktiv, vorab oder von Lauf zu Lauf, so wie sie gebraucht werden, Problemdaten einzugeben und gegebenenfalls in der Problemdatendatei PBLD_nn abzulegen.Das Vorgehen zeigt schematisch Bild 2. Hier wurde das IM-Programm IMEIB benutzt, obwohl die Daten später u.a. auch mit IMHAB

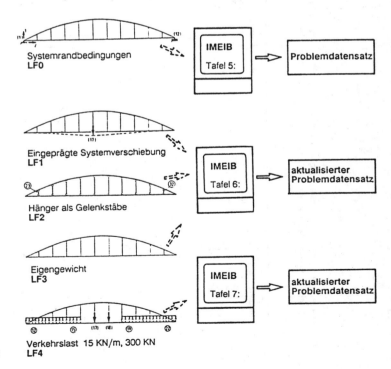

Bild 2 :

Eingaben zu Problemdaten
"Lastfälle" LF0 bis LF4
COMMON-Bereich
und/oder Datei PBLD_BOG

zugegriffen werden. Zugehörige Prozeßprotokolle zeigen die Tafeln 5 bis 7. Zum Eingeben von Zusatzmassen sind im Beispiel die Strukturdaten zu ändern. Die für den Querträger und die Fahrbahnmasse im Modell eingesetze Einzelmasse Element 37 ist auf 60 [t] zu setzen. Die zugehörigen Eingaben zeigt Tafel 8, die Kontrollausgaben Tafel 9. Die Bilder 3 bis 6 sind Originalaufnahmen vom Bildschirm und zeigen Prozeßfenster, Fenster auf Textdateien und jeweils speziell eingerichtete Graphikfenster zur Darstellung von Eigenformen und Frequenzgängen.

Tafel 5 : Auszug aus Prozessprotokoll zu Eingabe Problemdaten
Lastfall 0: System-Randbedingungen

```
? PROBLEMDATEN AUS/VOM/IN :
  1 DATEI LESEN
  2 BILDSCHIRM LESEN
  3 DATEISCHREIBEN
  4 LISTEN
  / MENUE - ENDE
?<
2

? PROBLEMDATEN VOM BILDSCHIRM LESEN
  MENUESCHLUESSEL:
  1 ELEMENTLASTEN
  2 ELEMENT-RANDBEDINGUNGEN
  3 SYSTEM-LASTEN UND-FEDERN
  4 SYSTEM-RANDBEDINGUNGEN
  / SCHLUSSZEICHEN BZW KEINE EINGABE
?<
4

? MENUE ZU SYSTEM-RANDBEDINGUNGEN
  1 KNOTENVERSCHIEBUNG
  2 KNOTENDREHUNG
  3 KNOTENFEST
  / SCHLUSSZEICHEN BZW KEINE EINGABE
?<
3

? KNOTENFEST
  EINGABEN ZEILENWEISE LISTEN, ENDE DER EINGABE /
  KNR   LF
?<  1   0
/ 1

? KNOTENVERSCHIEBUNG
  EINGABEN ZEILENWEISE LISTEN, ENDE DER EINGABE /
  KNR  IW  WERT  LF  (IW=1/2/3)
?<  12   1    0   0
/
```

Tafel 6 : Auszug aus Prozessprotokoll zu Eingabe Problemdaten
Lastfälle 1, 2, 3:

```
? KNOTENVERSCHIEBUNG
  EINGABEN ZEILENWEISE LISTEN, ENDE DER EINGABE /
  KNR  IW  WERT  LF  (IW=1/2/3)
?<  17   1  -0.05   1
/

? MENUE ZU ELEMENT-RANDBEDINGUNGEN
  1 GELENKSTAB
  2 RANDVERSCHIEBUNG FREI
  3 EINGEPRAEGTE RANDSCHNITTLAST
  4 ANFANGS-RANDVERSCHIEBUNG
  / SCHLUSSZEICHEN BZW KEINE EINGABE
?<
1

? GELENKSTAB
  EINGABEN ZEILENWEISE LISTEN, ENDE DER EINGABE /
  IE1 IE2 LF
?<  23  32   2
/

? MENUE ZU ELEMENTLASTEN
  1 EINZELLAST
  2 EINZELLAST
  3 EINZELMOMENTEN
  4 EINZELMOMENTENLAST
  5 TEMPERATURLAST
  6 EIGENGEWICHT
  7 SCHNEELAST
  / SCHLUSSZEICHEN BZW KEINE EINGABE
?<
6

? EIGENGEWICHT
  RICHTUNG IW = +-1/+-2/+-3 FUER GLOGAL +-X/+-Y/+-Z)
  IW LF
?<  -1  3
/
```

Tafel 7 : Auszug aus Prozessprotokoll zu Eingabe Problemdaten Lastfall 4: Verkehr

```
?  L I N I E N L A S T
   EINGABEN ZEILENWEISE LISTEN, ENDE DER EINGABE /
   IE1   IE2   IR   XL   XR   GL    GR    LF   (IR =10/20/30/1/2/3)
 ?<
    12    15   10    0    1 -15.0 -15.0   4
    19    22   10    0    1 -15.0 -15.0   4
 /

 ? K N O T E N K R A F T
   EINGABEN ZEILENWEISE LISTEN, ENDE DER EINGABE /
   KNR    IW    WERT    LF   (IW=1/2/3)
 ?<
    17     1   -300     4
    18     1   -300     4
 /
```

Tafel 8 : Auszug aus Prozessprotokoll zu ändern der Strukturdaten
              Einzelmasse 60t für Element 37 als Eizelmasse im Knoten (17)

```
 ?>SOLLEN STRUKTURDATEN GEAENDERT WERDEN, J/N ?
 ?<
 J
 ?>M E N U E S C H L U E S S E L
     1 E L E M E N T D A T E N  A E N D E R N
       (ANDERE EINGABEN NOCH NICHT IMPLEMENTIERT)
       / SCHLUSSZEICHENB, BZW. KEINE EINGABE
 ?<
 1

 ? E L E M E N T D A T E N  A E N D E R N
   ZEILENWEISE LISTEN, ENDE DER EINGABE /
   EL-NUMMER    DAT-INDEX    DAT-WERT
 ?<
 37 1 60
 /
   . . . . . . . . . .
```

Tafel 9 : Auszug aus Prozessprotokoll zu ändern der Strukturdaten

```
 ? WELCHER LASTFALL SOLL GERECHNET WERDEN ?
 ?<
 0

*** E I N G A B E K O N T R O L L E  ZUM GERECHNETEN  L A U F
    ------------  P R O B L E M L A U F   1  ---------------

 . L A S T F A L L                        LF =       0
 . (GEGEBENENFALLS EINSCHLIESSLICH LF = 0 )
 . ZU  B E R E C H N E N D E  EIGENSYSTEME    NES =      5

 . G E A E N D E R T E   E L E M E N T D A T E N
   LFD-NR         EL-NR         ELD-INDEX      ELD-WERT
       1            37             1           60.0000

   . . . . . . . . .

*** E L E M E N T S E K T I O N E N
 . . . . .
   36  MASSENELEMENT M6
>>>ZU ELNR. 37: BS-EINGABE : PAR( 1) =     60.0000
   37  MASSENELEMENT M6
 . . . . .
*** E N D E   E L E M E N T S E K T I O N E N

   . . . . . . . . .
```

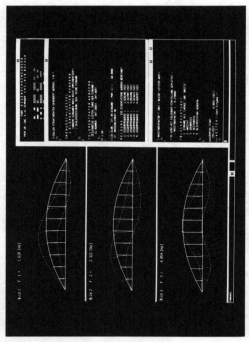

Bild 3 : System mit Zusatzmasse 60t

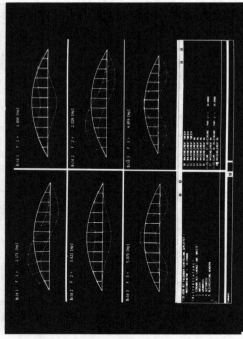

Bild 4 : Ausgangssystem und System mit
2 Zusatzmassen 2*30t (2 Prozesse)

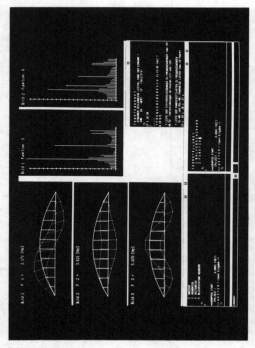

Bild 5 : Ausgangssystem

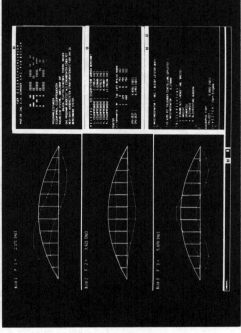

Bild 6 : Eigenformen und Frequenzgänge
(2 Prozesse)

5.3 Lüfteraggregat

Es war die Struktur zu bewerten, ähnlich wie im Beispiel der Bogenbrücke, nur ging es hier um einen Wellen- bzw. Kupplungsschaden. Im Rahmen dieses Beitrages soll nur exemplarisch in Bild 7 gezeigt werden, wie man auch eine Eigenform in unterschiedlichen Projektionen in 4 verschiedenen Fenstern darstellen kann.

5.4 Turm

Dies ist ein akademisches Beispiel zum Bewerten eines Berechnungsmodelles, bei dem alternativ die Systemantworten der Gesamtstruktur oder einer Teilstruktur berechnet werden, die mit den Antworten aus der Berechnung der Gesamtstruktur erregt wird. Es geht darum, die Gleichheit der Ergebnisse zu demonstrieren und die numerische Empfindlichkeit bei großen Steifigkeits – und Massenverhältnissen zu beurteilen.

Hierzu werden Frequenzgänge der Horizontalverschiebung der Turmspitze bei harmonischer Erregung verglichen und zwar :

- ein Frequenzgang aus Berechnung des Gesamtsystems
- ein Frequenzgang aus Berechnung eines abgeschnittenen Teilsystems, erregt mit den Verschiebungen des Gesamtsystemes an der Schittstelle

Eine Gegenüberstellung der Frequenzgänge aus beiden Modellen zeigt Bild 8. Die Frequenzantworten wurden für 1 bis 80 [Hz] berechnet.

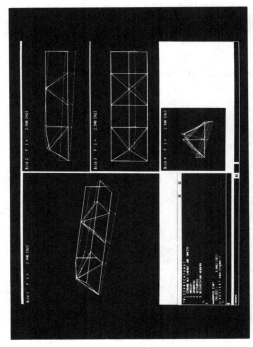

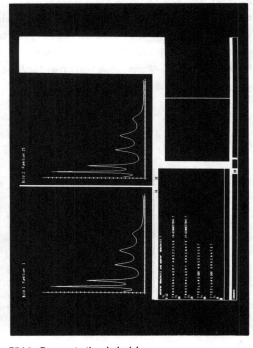

Bild 7 : Lüfteraggregat 1. Eigenform

Bild 8 : Demonstrationsbeispiel
Vergleich von Frequenzgängen

6.   Abschließender Kommentar

Man kann fragen, ob dies nicht auch ohne interaktive Programme geht und welches die Vorteile gegenüber einer Berechnung mit vollkommen vorab erstellten Daten sind. Daten, wie sie üblicherweise auch sonst bei FE-Programmen vorab erstellt werden.

Die Antwort lautet :

- es geht natürlich auch ohne,

aber

- nicht so einfach,
- nicht so schnell bzw. komfortabel,
- und besonders nicht so zweckentsprechend.

Der eigentliche Zweck sollte ja sein, kreativ zu "spielen", um das Tragverhalten der Stuktur zu erfahren.

Die Bedingungen, die das im hier vorgetragenen Fall besonders begünstigen sind :

- Die Leistung der zur Verfügung stehenden Arbeitsplatzrechner
- Die dem Zweck besonders angepaßte Datenstruktur, gegliedert in "Strukturdaten", "Problemdaten" und "Prozeßdaten"
- Die Führung des Benutzers durch Dialog, der auch einem Gelegenheitsbenutzer das Nachschlagen in einem Benutzerhandbuch erspart, wenn er nur weiß, was zu berechnen ist. Er ist der Fachmann bzw. der "Experte", nicht das Programm.

Die Stärke der hier vorgestellten IM-Programme liegt speziell auch in ihrer leichten Anpaßbarkeit an Benutzerbedingungen, die in der Schichtenstruktur und der besonderen Modularität der Basissoftware des Konzeptes MeSy begründet ist. Die IM-Programme sind ja eigentlich interaktiv gesteuerte Individualprogramme, allerdings in Verbindung mit ergänzenden Hilfspaketen. Dies ermöglichte das Entwicklungsziel Flexibilität mit Komfort zu verbinden weitgehend zu erreichen. Die dahinterstehenden Programme sind auch keineswegs gewöhnliche, einfachste Stabwerkprogramme. All dies konnte im Rahmen des Vortrages nicht behandelt werden.

SIMULATION VON GRUNDWASSERSTRÖMUNGEN
J. Gotthardt, C. König, G. Schmid [*]

1. Einleitung

Da in der Bundesrepublik ein stetig ansteigender Bedarf an qualitativ hochwertigem Verbrauchswasser besteht, werden die vorhandenen Grundwasserreserven immer intensiver genutzt. Infolge der fortschreitenden Verunreinigung des Grundwassers ist es von immer größerer Bedeutung, die Herkunft des Grundwassers genau zu kennen. Auch die Auswirkungen von geplanten Entnahmen auf den natürlichen Grundwasserhaushalt müssen immer vorausschauender und exakter geplant werden.

Mathematisch-numerische Simulationsmodelle haben sich dabei als sinnvolles Hilfsmittel für Planungszwecke bereits bewährt.

Als Beispiele wären hier zu nennen:

1) Grundwassermodelle als Grundlage wasserwirtschaftlicher Planung
   zur Ermittlung des nutzbaren Wasserdargebotes,
   zur Erstellung von Grundwasserbilanzen,
   für Bewässerungsprobleme,
   zur Berechnung von Salzwasserintrusionen.

2) Grundwassermodelle in der Landschaftsplanung
   bei der Auswirkung geplanter Stauseen auf den Wasserhaushalt,
   bei Bodensenkungen oder Enteertragsminderungen als Folgen von Grundwasserstandsänderungen

3) Grundwassermodelle im Bereich des Grundbaus
   die Wasserhaltung um Baugruben,
   das klassische Problem der Dammdurchströmung.

4) Grundwassermodelle für den Bergbau
   wo Sümpfungsmaßnahmen im Braunkohletagebau berechnet werden
   oder der Einfluß von Bergsenkungen im Steinkohle- und Salzbergbau ermittelt werden kann.

Nicht zuletzt ist ein Grundwassermodell Grundlage jedes Transportmodelles.

---

[*] Institut für Konstruktiven Ingenieurbau, Arbeitsgruppe IV, Ruhr-Universität Bochum, 4630 Bochum, Universitätsstraße 150

Für die Erfassung von großräumigen und komplexen Grundwasserströmungen werden zunehmend Finite-Element-Programme eingesetzt, bei deren praktischer Anwendung leistungsfähige Pre- und Postprozessoren sowie schnelle Gleichungslöser zur Verfügung stehen müssen.

Im folgenden werden Anwendungsbeispiele aus wasserwirtschaftlichen Aufgaben aufgezeigt.

2. Mathematische Grundlagen

Durch Kopplung des Darcyschen Gesetzes

$$v_f = - k_f \cdot \text{grad } h, \tag{1}$$

und der Kontinuitätsbedingung

$$\text{div } v_f = - S_o \frac{\partial h}{\partial t} \tag{2}$$

ergibt sich die Differentialgleichung

$$S_o \frac{\partial h}{\partial t} = \text{div } (k_f \cdot \text{grad } h) \tag{3}$$

wobei S_o die Speicherkapazität, grad h das Potential der Standrohrspiegelhöhe und K_f die Durchlässigkeit des Bodens darstellen.

Im Verhältnis zu ihrer Ausdehnung haben Grundwasserleiter meist eine sehr geringe Mächtigkeit m, d.h. unter Vernachlässigung der Vertikalkomponente der Filterströmung hat man es mit einem zweidimensionalen Strömungsproblem zu tun.

In der Massenbilanz müssen für den Grundwasserleiter mit Mächtigkeit m, zusätzlich noch Zu- und Abflüsse q_n berücksichtigt werden, beispielsweise Brunnenentnahmen oder Grundwasserneubildungsraten. Man erhält die Differentialgleichung

$$S \frac{\partial h}{\partial t} = \frac{\partial}{\partial x} (m \cdot K_{fx} \frac{\partial h}{\partial x}) + \frac{\partial}{\partial y} (m \cdot k_{fy} \frac{\partial h}{\partial y}) + q_n \tag{4}$$

Daraus ergibt sich als Lösung die Standrohrspiegelhöhe h als Funktion des Ortes und der Zeit.

$$h = h(x,y,t)$$

und die daraus abgeleitete Geschwindigkeit

$$v_f = v_f(x,y,t).$$

Für die Berechnung müssen folgende Eingangsgrößen bekannt sein:

die Parameter   - Speicherkoeffizient S_o
                - Durchlässigkeit k_f und Mächtigkeit m
                - Zu- und Abflüsse, Grundwasserneubildung q_n

und die Rand- und Anfangsbedingungen.

Die mathematische Formulierung führt für konstante Daten auf ein zeitunabhängiges (stationäres) Randwertproblem; im allgemeinen auf ein zeitabhängiges (instationäres) Anfangswertproblem. Eine analytische Lösung für diese partielle Differentialgleichung ist im allgemeinen nicht möglich, und wenn, dann nur für Fälle mit sehr einfachen Randbedingungen.

Bei der Anwendung der Methode der finiten Elemente wird der Grundwasserleiter in Elemente eingeteilt, die an Knotenpunkten verbunden sind. Da die Form der Elemente beliebig ist, läßt sich jede geometrische Form der Berandung leicht anpassen.

Alle Daten und Größen zur Kennzeichnung des Aquifers und seiner Eigenschaften werden diesen Knoten und Elementen zugeordnet.

3. Programmstruktur

Das Programmsystem läßt sich in drei Teile aufgliedern:

a) Modellaufbau:
Hierzu gehören Programme, die mittels eines Digitalisiertisches Punkte, Isolinien und Wertzuweisungen direkt aus einer topographischen Karte koordinatengemäß aufnehmen können. Weiterhin Programme zur Datenaufbereitung, automatische Optimierung der Knotennummern für das Skylineverfahren, Datenkontrolle und zur Datenabspeicherung auf Binärdateien. Programme zur Netzmodifizierung sowie zur Netzverfeinerung und Substrukturtechnik zählen ebenso dazu.

b) Modelleichung und Berechnung:
Diese Programme sind die eigentlichen FEM-Rechenprogramme für stationäre und instationäre Grundwasserströmungen. Da die Durchlässigkeiten in der Regel die am wenigsten bekannte Größe der Eingabedaten sind, erfolgt vor der Rechnung die automatische Eichung der K_f-Werte. Dies geschieht durch eine iterative Anpassung an einen bekannten Zustand (Lösung des inversen Problems).

c) Darstellung der Ergebnisse:
In einem Nachlaufprogramm werden die berechneten Ergebnisse wie Potentiale, Geschwindigkeiten oder Reaktionsmengen etc. maßstabgerecht als Isolinienplot oder in dreidimensionaler Darstellung bzw. als flächenmäßiger Farbplot ausgewertet.

3.1 Anforderungen an Pre- und Postprozessoren

Der Umfang der Eingabedaten eines Finite-Element Programmes ist in der Regel sehr groß. Dadurch bedingt werden die Datendateien sehr unübersichtlich und nur für gut eingearbeitete Benutzer zugänglich. Preprozessoren sollen diese Probleme verbessern, um dem Anwender eine schnelle, praktische und komfortable Eingabe zu ermöglichen. Es steht ein spezieller Einlesealgorithmus zur Verfügung, der den Umfang der anfallenden Daten wesentlich verringern kann und die Bearbeitung der Datendatei so einfach wie möglich macht. Die einzelnen Datenarten werden durch Überschriften im Klartext gekennzeichnet. Das Korrigieren einzelner Daten wird so erleichtert. Eine weitere große Hilfe sind Netzgeneratoren, die unter 3.2 ausführlich dargestellt werden.

Viele Daten bringen viele Fehler mit sich. Um diese schnell zu erkennen, wurden neben den rein numerischen Fehlerabfragen Routinen zur graphischen Darstellung aller wesentlichen Eingabedaten entwickelt. Hierbei werden die Daten direkt in das ausgewählte Gebiet geplottet, und zwar genau in die Elemente oder an die Knoten, denen sie zugeordnet sind. Diese Graphiken sind sehr übersichtlich und ermöglichen eine rasche Korrektur.

Grundlage für alle Daten bildet das Netz aus den finiten Elementen (Dreiecke und Vierecke). Durch dieses Netz werden die Geometrie und die geographischen Gegebenheiten festgelegt bzw. wiedergegeben. Die Ecken der Elemente (Knoten) sind die konkreten Punkte des Gebietes, für welche die gesuchten Werte berechnet werden. Jedes Element und jeder Knoten muß numeriert sein. Über diese Nummern werden die einzelnen Daten zugeordnet. Die Gesamtheit der Daten läßt sich in 4 größere Gruppen zerlegen:

1. Geometrische Daten

Dies sind alle Daten, die zur Erstellung des Netzes erforderlich sind.

2. Materialdaten

Hierzu gehören alle hydrogeologischen Daten wie Durchlässigkeiten und Speicherfähigkeit.

3. Randbedingungen

Alle Zu- und Abflüsse, Versickerungen und vorgeschriebene Potentiale.

4. Zusätzliche Eingabewerte zur grafischen Darstellung

Hierzu gehören Kennzeichnungen in den Plots und Textzeilen.

Der Datenfluß von den Preprozessoren zu dem FE-Programm und zu Postprozessoren geschieht über Hintergrunddateien, die binär abgespeichert sind.

Bei iterativen oder instationären Berechnungen werden die Ergebnisse auf Zwischenspeicher abgelegt, so daß von einem vorher durchgeführten Rechenlauf die Ergebnisse für eine Anschlußrechnung übernommen werden können.

Da die Numerierung der Knoten maßgeblich ist für die Bandbreite des Gleichungssystems, gehören die Bandbreitenoptimierung und Speicherung in Hülltechnik (Skyline-Verfahren) ebenso zu den Aufgaben eines Preprozessors.

3.2 Netzgenerierung

Die Netzerstellung kann in zwei Phasen aufgeteilt werden. Der erste "geometrische" Teil wird durch den folgenden Ablauf charakterisiert:

1. Definition des Modellgebietes (Randlinien, Randpunkte)
2. Definition von Knotenpunkten im Gebietsinnern
   (Entnahmebrunnen, Grundwassermeßstellen, Vorfluter, Flächen gleicher Grundwasser-neubildung, geologische Besonderheiten (Tonlinsen))
3. Strukturierung des Gebietes (Generierung von Elementen).

Im zweiten Teil, der Attributzuweisungsphase, werden den Elementen und Knoten Materialeigenschaften sowie Rand- und Anfangsbedingungen zugeordnet. In der Grund-wassersimulation nehmen diese beiden Phasen ca. 50 % der Bearbeitungszeit eines Projektes in Anspruch (ca. 40 % der Bearbeitungszeit zur Eichung und nur 10 % für Simulationsrechnungen). Der Aufbau des Grundwassermodells ist in Bild 1 durch ein Systemflußdiagramm verdeutlicht.

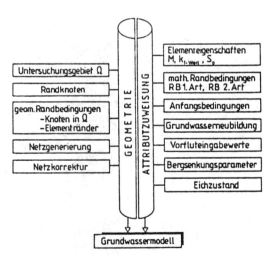

Bild 1: Systemflußdiagramm

Allgemeine Anforderungen an einen Netzgenerator sind:
- geringer Aufwand zur Dateneingabe
- Diskretisierung beliebiger Gebietsränder
- numerisch "gute" Elementeinteilungen (keine spitzen Winkel in einem Element; keine zu großen Abweichungen der Elementgröße nebeneinanderliegender Elemente)

Die Fragestellung der Berücksichtigung von Bergsenkungen in einem großräumigen Strömungsmodell führt auf zusätzliche Anforderungen an den Netzgenerator:

- Netzverdichtungen in Bergsenkungsgebieten
- benutzerfreundliche Handhabung bei großen Untersuchungsgebieten (Digitalisiertisch, Maus, graphische Kontrolle)
- Berücksichtigung vorgegebener Zwangspunkte des Netzes (Knoten, Elementränder).

Entnahme- oder Schluckbrunnen, in denen die entsprechende Randbedingung angegeben wird, sind ebenso zu berücksichtigen, wie die Grundwassermeßstellen, in denen das Ergebnis z.B. der instationären Eichung überprüft werden kann. Weiterhin kommen topographische und geologische Besonderheiten hinzu, die im Netz als Linien, auf denen Elementränder liegen, erscheinen. Desgleichen müssen Vorfluter ebenso wie offene Wasserflächen (Baggerseen), deren Einfluß auf die Grundwasserströmung durch Knoten gleichen aber unbekannten Potentiales beschrieben wird, in der Diskretisierung erfaßt werden. Das führt dazu, daß eine große Anzahl von Punkten im Gebietsinnern der Lage nach vorgegeben ist.

Am Beispiel eines Netzes aus der praktischen Anwendung soll diese Problematik verdeutlicht werden. Ca. 60 % der über 3000 Knoten sind vorab festgelegt. Die Linien in der linken Hälfte des Bildes stehen für Elementränder, die im endgültigen Netz zu berücksichtigen sind (Vorfluter, Baggerseen, Grenzen von Grundwasserneubildungszonen, etc.).

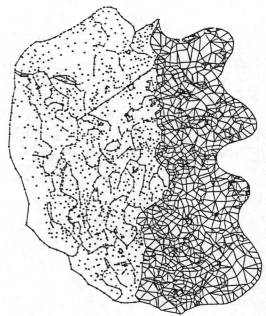

Bild 2: Zwangspunkte der Netzgenerierung eines Grundwassermodelles (in der rechten Hälfte sind die bereits generierten Elemente dargestellt)

3.3 Netzverfeinerung um Singularitätsstellen und Substrukturtechnik

Die Brunnenströmung wird analytisch durch einen parabelförmigen Verlauf der Wasser-spiegelfläche beschrieben. Um zu vermeiden, daß die Lösung in der Brunnenachse singulär wird (S = ∞), wird der Brunnenradius r_0 eingeführt (siehe Bild 3).

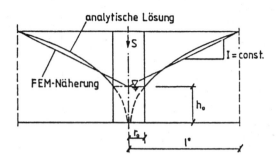

Bild 3: Schematische Darstellung der Absenkkurven der analytischen Lösung und FEM-Näherung

In einer zweidimensionalen diskretisierten Formulierung wird der Brunnen durch einen Knotenpunkt idealisiert.

Ziel der folgenden Erörterungen ist es, die Genauigkeit der FEM-Lösung in dem Knoten, der den Brunnen simuliert, zu steigern. Wege zur Lösung des Problems können in drei Kategorien eingeteilt werden:

1. Höhere Ansatzfunktionen
2. Singuläre Ansatzfunktionen
3. Netzverfeinerung.

Die FEM-Lösung konvergiert mit kleiner werdender Maschenweite zu der exakten Lösung. Die erzielte Konvergenz durch fortlaufende Verkleinerung der Elemente ($h_{max} \rightarrow 0$) wird als h-Version der Methode der finiten Elemente bezeichnet. Hier sollen nur regelmäßige Verfeinerungsstrategien zur Erfassung von Singularitätsstellen betrachtet werden.

Die Verfeinerung ist auf den Absenktrichter eines Förderbrunnens abgestimmt. Das heißt, daß die Elementgröße von beliebig kleinen Elementen zu der Größe der umliegenden Elemente gesteigert wird.

Um die Größe der neuen zusätzlichen Elemente an diesen Verlauf der Absenkkurve anzu-passen, werden vom Brunnenradius R1 beginnend und exponentiell steigend um den Brunnen Kreise gezogen und auf diese neue Punkte gelegt.

So entspricht die nach innen steigende Verfeinerung dem größer werdenden Gefälle des

Grundwassers. Anschließend werden die alten und neuen Knoten zu neuen Elementen geordnet. Die zugehörigen Attributzuweisungen (Potentiale, KF-Werte, Grundwasserneubildung, usw.) werden vom alten auf das neue Netz übertragen und auf die neuen Knoten und Elemente interpoliert.

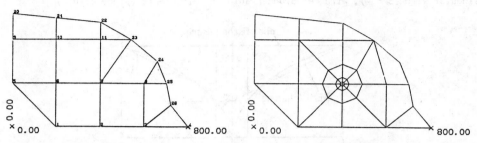

Bild 4: Ursprüngliches Netz (links) und um den Knoten 7 verfeinertes Netz (rechts).

In einem Grundwassermodell spielen sehr oft Detailfragen eine wichtige Rolle. Grundwasserabsenkungen wirken sich nicht nur global auf das Strömungsbild aus, sondern es interessieren bei der Ermittlung des Flurabstandes auch die lokalen Einflüsse. Eine andere Frage, die ebenfalls verstärkt bei der Berücksichtigung von Bergsenkungen - z.B. bei der Modellierung einer Flußniederung - auftritt, ist die nach der Standsicherheit von Deichen. Auch in diesem Fall ist die Kenntnis des Verlaufes der Grundwasseroberfläche von eminenter Bedeutung.

All diese Problemstellungen erfordern wegen ihres Detail- (Mikro-) Charakters starke Netzverdichtungen. Die daraus resultierenden Gleichungssysteme stoßen zum Teil an die Grenzen der im Augenblick zur Verfügung stehenden Rechenanlagen (Kernspeicherbedarf), oder machen eine Bearbeitung des Gesamtproblems unwirtschaftlich (Rechenzeit).

Ein Lösungsweg besteht darin, den interessierenden Bereich als Teilgebiet abzutrennen, und erst dann verfeinert zu betrachten.

Zunächst muß das Teilgebiet, das verfeinert werden soll, definiert werden. Dabei ist darauf zu achten, daß die Grenzen nicht zu dicht um die zu untersuchenden lokalen Störungen (Brunnen) liegen. Dadurch wird deren Einfluß auf die Randbedingungen gering gehalten. Die Kopplung erfolgt durch die Vorgabe der Randbedingungen aus dem Gesamtgebiet. Testrechnungen mit Modellen haben gezeigt, daß eine Vorgabe von Randbedingungen 1. Art auf den Randknoten des Teilgebietes zu guten Ergebnissen führt [6].

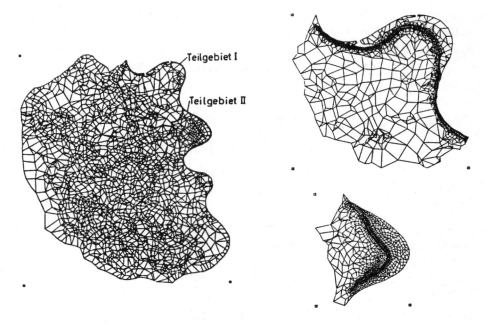

Bild 5: Netz des Gesamtgebietes (links) mit zwei verfeinerten Teilgebieten (rechts)

Da die Abtrennung der Gebiete mit EDV Unterstützung durchgeführt wird, ist der Aufwand relativ gering (Eingabe einer Liste der Randknoten → Digitalisiertisch).

3.4 Effektive Gleichungslöser bei Arbeitsplatzrechnern

Um Modelle von Grundwasserströmungen mit mehr als 6000 Unbekannten auf einer Mikro-Computer-Arbeitsstation simulieren zu können, sind Lösungsalgorithmen mit möglichst geringem Speicherbedarf und kurzen Rechenzeiten nötig. Besonders wichtig wird die Rechenzeit für instationäre Simulationsläufe sowie bei der Berücksichtigung von Nichtlinearitäten.

Die von uns verwendeten Lösungsverfahren sind:

a) **Gauß-Gleichungslöser**
   (mit Bandbreitenoptimierung und Hülltechnikabspeicherung [12])

b) **PCG-Gleichungslöser**
   (vorkonditioniertes konjugierte Gradientenverfahren [4])

c) **Mehrgitterverfahren**
   (modifiziertes Relaxationsverfahren auf jedem Gitter [3])

Da die ersten beiden Verfahren im Programmsystem SICK 100 [11] implementiert sind, konnten ausführliche Testläufe mit unterschiedlichen Modellgebieten durchgeführt werden. Wie Bild 6 zeigt, ist das iterative PCG-Verfahren dem Gauß-Verfahren bereits ab ca. 500 Unbekannten hinsichtlich der Rechenzeit und des Speicherbedarfs überlegen.

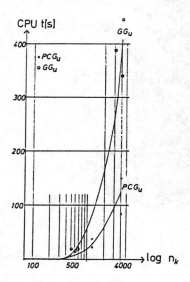

Bild 6: Rechenzeiten des Gauß-(GG) und des Gradientenverfahrens (PCG) in Abhängigkeit von der Anzahl der Knoten bei unregelmäßigen Netzen aus praktischen Anwendungen (CPU-Zeiten ermittelt auf Apollo Domain DN 3000)

Vergleichsrechnungen mit dem Mehrgitterverfahren wurden an dem klassischen Problem der Dammdurchströmung durchgeführt.

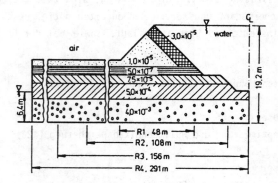

Bild 7: Geometrie und Durchlässigkeiten [cm/s] des Dammproblems.

Ein Rechenzeitvergleich (Bild 8) mit regelmäßigen Netzen (Gauß und PCG) und dem lang-gestreckten Vertikalmodell der Dammdurchströmung (Mehrgitter) mit einer sehr schmalen Bandbreite zeigt deutlich den Vorteil der iterativen Gleichungslöser.

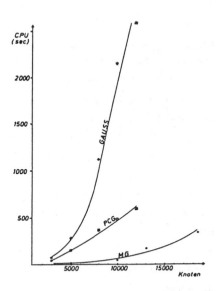

Bild 8: Rechenzeiten der Gauß-, PCG- und Mehrgitterverfahren bei regelmäßigen Netzen.

4. Zusammenfassung

Bei der Modellierung von Grundwasserströmungen sind die Finiten-Elemente das geeignetste Mittel. Die Erfassung der Topologie, Geologie und Hydrologie ist durch variable drei- und viereckige Elemente problemlos möglich. Durch Netzverdichtung kann die Genauigkeit der Ergebnisse in einzelnen Bereichen gesteigert werden.

Um die zeitaufwendige Phase der Modellerstellung zu verkürzen, benötigt man eine computerunterstützte, graphisch-orientierte Datenverwaltung. Insbesondere Netz-korrekturen und Netzverfeinerungen werden mit Methoden des CAD/CAP (computergestütztes Entwerfen und Planen) vereinfacht.

Dank der gesteigerten Leistungsfähigkeit und integrierten Graphikfunktionen sind die 32-Bit-Arbeitsplatzrechner hervorragend dafür geeignet, Simulationsmodelle zu rechnen.

Eine Voraussetzung, um große Modelle auf Arbeitsplatzrechnern bearbeiten zu können, sind leistungsfähige und problemangepaßte Gleichungslöser. Im praktischen Einsatz hat sich das iterative Gradientenverfahren (PCG) bestens bewährt.

Für spezielle Aufgabenstellungen, wie etwa das Dammproblem läßt sich die große Leistungsfähigkeit von Mehrgitterverfahren mit Erfolg nutzen.

Literatur

[1] Abschlußbericht, LINEG, Moers, 1986

[2] Axelsson, O. and Barker, V.A.: Finite Element Solution of Boundary Value Problems. Academic Press, 1984

[3] Bollrath, C.: Zwei Mehrgitterverfahren zur numerischen Berechnung von stationären Strömungen durch poröse Medien mit freiem Rand, Dissertation an der Abteilung für Mathematik der Ruhr-Universität Bochum, 1985

[4] Braess, D.: PRECY - Programm zum schnellen Lösen von großen linearen Gleichungssystemen. Programmbeschreibung zu einem konjugierten Gradientenverfahren mit Vorkonditionierung, Abteilung für Mathematik, Ruhr-Universität Bochum

[5] FASDAM - Berechung des Dammproblems. Programmbeschreibung, Abteilung für Mathematik, Ruhr-Universität Bochum

[6] Hoffmann, C.: Einfluß von Bergsenkungen bei der mathematischen Simulation von Grundwasserströmungen, Tech. wiss. Mitteilung Nr. 86-7, Inst. für Konstr. Ing.bau, Ruhr-Universität Bochum, 1986

[7] Hoffmann, C.: Auswirkungen des Bergbaus auf die Grundwassersituation im Bereich der LINEG, Zwischenbericht, LINEG e.V., Moers, 1986

[8] Schmid, G.: Simulationsverfahren von Grundwassserströmungen, Arbeitsgruppe IV der Abteilung für Bauingenieurwesen, Ruhr-Universität Bochum, 1984

[9] Schmid, G., Braess, D.: Comparison of fast Equation Solvers for Groundwater Flow Problems in 'Groundwater Flow and Quality Modelling', NATO ASI Series, 1988

[10] Schwarz, H.R.: Methode der finiten Elemente. B.G. Teubner, Stuttgart, 1980

[11] SICK 100 - Berechnung von stationären und instationären Grundwasserströmungen. Int. Mitteilung Nr. 87/1 der Arbeitsgruppe IV der Abteilung für Bauingenieurwesen, Ruhr-Universität Bochum

[12] Willms, G.: Verbesserung des Gleichungslösers durch das Skyline-Verfahren, Arbeitsgruppe IV der Abteilung für Bauingenieurwesen, Ruhr-Universität Bochum

EIN FINITES STABSCHALENELEMENT FÜR DIE STRUKTURANALYSE DÜNNWANDIGER
KONSTRUKTIONEN

von Johannes Altenbach und Michael Zwicke [*]

1. Einleitung

In den vergangenen Jahren wurde bei der weiteren Ausgestaltung des
universellen Finite-Elemente-Programmsystems COSAR /1/ der Erweiterung des Elementkataloges besondere Aufmerksamkeit geschenkt. Somit
stehen dem Nutzer nun für die wichtigsten ein-, zwei- und dreidimensionalen Modelle der linearen Elastizitätstheorie entsprechende finite Elemente zur Verfügung, die er separat oder kombiniert anwenden
kann. Obwohl dies eine Verbesserung der Effektivität und eine Vergrößerung des Anwendungsgebietes zur Folge hatte, kann der Diskreti-
sierungs- und Berechnungsaufwand bei der Finite-Elemente-Analyse von
realen Konstruktionen immer noch verhältnismäßig hoch sein. Besonders
in der Entwicklungs- und Projektierungsphase, während der die Berechnung mehrfach erfolgen muß, sind die damit verbundenen Kosten oft
nicht vertretbar.

Für eine bestimmte Klasse dünnwandiger Konstruktionen, wie z.B. Hoch-
hauskerne, Schiffe, Vollwand- oder Kastenträgerbrücken, bieten sich
in diesem Fall als Alternative die klassischen Balkentheorien an. Um
das globale mechanische Verhalten dieser dünnwandigen Konstruktionen
genügend genau widerzuspiegeln, ist es dann aber notwendig, Schub-
verzerrungen, Querschnittskonturdeformationen und höhere lineare oder
nichtlineare Querschnittsverwölbungen zusätzlich zu berücksichtigen.
Aus diesem Grunde ist speziell für die globale linear-elastische
Strukturanalyse von dünnwandigen abschnittsweise prismatischen oder
schwach nichtprismatischen, d.h. faltwerksähnlichen, Konstruktionen
ein neuartiges finites Element entwickelt, in das Programmsystem
COSAR implementiert und getestet worden.

2. Auswahl und Ableitung des quasi-eindimensionalen Berechnungs- modells

Die Auswahl des dem Stabschalenelement zugrunde liegenden Berechnungsmodells erfolgte unter dem Gesichtspunkt, daß

*) Prof.Dr.sc.techn. J. Altenbach; Dr.-Ing. M. Zwicke
   Technische Universität "Otto von Guericke" Magdeburg

- eine effektive globale Analyse ermöglicht wird,
- das Modell alle für das Verhalten der Gesamtkonstruktion wesentlichen Verformungseffekte berücksichtigt,
- es sich gleichermaßen für offene wie für geschlossene Querschnitte (Bild 1) anwenden läßt und
- auf der Grundlage einer einfachen Querschnittsbeschreibung auch eine automatische Ermittlung aller benötigten Querschnittskennwerte realisiert werden konnte.

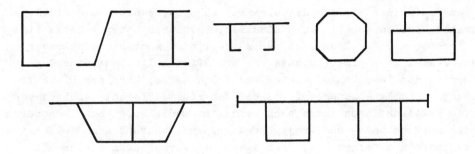

Bild 1: Beispiele für die erfaßbaren dünnwandigen Querschnitte

Als Ausgangspunkt für dessen Ableitung dient ein vollständiges Scheiben-/Plattenmodell dünnwandiger prismatischer Schalen. Eine solche Stabschale besteht geometrisch aus dünnwandigen ebenen rechteckigen Schalenstreifen, welche an ihren in Längsrichtung verlaufenden Seitenkanten biegesteif miteinander verbunden sind (Bild 2a). Ihre Beschreibung erfolgt mit globalen (z,x,y) und lokalen (z,s_i,n_i) kartesischen Koordinaten (Bild 2b). Des weiteren werden die lokalen Verschiebungen u_i, v_i und w_i definiert.

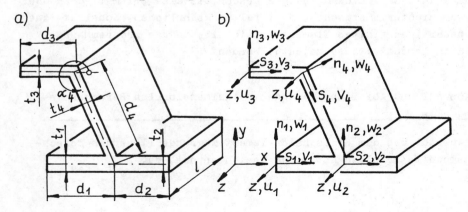

Bild 2: Beispiel für eine dünnwandige prismatische Schale (Stabsch.)
    a) Geometrie, b) Koordinatensysteme und Verschiebungen

Zur Vereinfachung der Darstellung sei homogenes und isotropes Material
vorausgesetzt. Außerdem werden in den Gleichungen die Flächenlasten
$p_{zi}(z,s_i)$, $p_{si}(z,s_i)$, $p_{ni}(z,s_i)$ und die Randlinienlasten $q_{zi}(s_i)$,
$q_{si}(s_i)$, $q_{ni}(s_i)$ berücksichtigt. Diese Belastungen sind in positive
Achsrichtung positiv definiert.

Da sich das elastische Potential eines einzelnen Schalenstreifens aus
der Superposition des ebenen Scheibenspannungszustandes mit dem Biege-
spannungszustand der Kirchhoffschen Plattentheorie ergibt, liefert
die Summation über alle Schalenstreifen das folgende elastische Gesamtpotential

$$
\Pi = \sum_{(i)} \left[\frac{1}{2} \int_0^l \int_0^{d_i} \left\{ \bar{E} t_i \left[(u_i' + \nu \dot{v}_i) u_i' + (\dot{v}_i + \nu u_i') \dot{v}_i \right] + G t_i \left[u_i' + v_i' \right]^2 \right. \right.
$$
$$
+ \bar{E} \frac{1}{12} t_i^3 \left[(\ddot{w}_i + w_i'')^2 - 2(1-\nu)(\ddot{w}_i w_i'' - \dot{w}_i'^2) \right] \tag{2.1}
$$
$$
- 2 \left[p_{zi} u_i + p_{si} v_i + p_{ni} w_i \right] \right\} ds_i \, dz
$$
$$
+ \int_0^{d_i} \left\{ - \left[q_{zi} u_i + q_{si} v_i + q_{ni} w_i \right] \Big|_{z=0} - \left[q_{zi} u_i + q_{si} v_i + q_{ni} w_i \right] \Big|_{z=l} \right\} ds_i \left. \right]
$$

Hierbei gilt

$$
\bar{E} = \frac{E}{1-\nu^2} \qquad G = \frac{E}{2(1+\nu)} \qquad (\ )' = \frac{\partial}{\partial z} \qquad (\ )^{\cdot} = \frac{\partial}{\partial s_i} \tag{2.2}
$$

Mit geeigneten Reihenansätzen für die unbekannten Verschiebungen

$$
u_i(z,s_i) = \sum_{(j)} U_j(z) \cdot \varphi_j(s_i)
$$
$$
v_i(z,s_i) = \sum_{(k)} V_k(z) \cdot \psi_k(s_i) \tag{2.3}
$$
$$
w_i(z,s_i) = \sum_{(k)} V_k(z) \cdot \xi_k(s_i)
$$

läßt sich das Berechnungsmodell auf eine eindimensionale Aufgabe
reduzieren. Durch die Einführung verallgemeinerter Koordinatenfunktionen φ_j, ψ_k und ξ_k wird die Verformungskinematik des Querschnitts (z=konst.) auf eine Linearkombination von endlich vielen
linear unabhängigen Verformungszuständen eingeschränkt. Auf Grund
dessen ist deren Auswahl bzw. Festlegung für die Qualität der Lösung
von entscheidender Bedeutung. Als unbekannte Funktionen verbleiben

die verallgemeinerten Verschiebungen $U_j(z)$ und $V_k(z)$, wobei V_k die
Verschiebungen innerhalb der Querschnittsebene und U_j die Verschie-
bungen senkrecht dazu beinhalten. Mit Hilfe der Vektoren und
Matrizen

$$\boldsymbol{\varphi}^T = [\varphi_1, \varphi_2, \dots] \quad \boldsymbol{\psi}^T = [\psi_1, \psi_2, \dots] \quad \boldsymbol{\xi}^T = [\xi_1, \xi_2, \dots]$$

$$\boldsymbol{u}^T = [u_1, u_2, \dots] \quad \boldsymbol{V}^T = [v_1, v_2, \dots]$$

$$\boldsymbol{f}_z = \sum_{(i)} \int_0^{d_i} p_{zi}\,\boldsymbol{\varphi}\,ds_i \qquad \boldsymbol{f}_s = \sum_{(i)} \int_0^{d_i} p_{si}\,\boldsymbol{\psi}\,ds_i \qquad \boldsymbol{f}_n = \sum_{(i)} \int_0^{d_i} p_{ni}\,\boldsymbol{\xi}\,ds_i$$

$$\boldsymbol{r}_z = \sum_{(i)} \int_0^{d_i} q_{zi}\,\boldsymbol{\varphi}\,ds_i \qquad \boldsymbol{r}_s = \sum_{(i)} \int_0^{d_i} q_{si}\,\boldsymbol{\psi}\,ds_i \qquad \boldsymbol{r}_n = \sum_{(i)} \int_0^{d_i} q_{ni}\,\boldsymbol{\xi}\,ds_i$$

$$\tag{2.4}$$

$$\boldsymbol{A} = \sum_{(i)} \int_0^{d_i} \boldsymbol{\varphi}\,\boldsymbol{\varphi}^T t_i\,ds_i \qquad \boldsymbol{B} = \sum_{(i)} \int_0^{d_i} \dot{\boldsymbol{\varphi}}\,\dot{\boldsymbol{\varphi}}^T t_i\,ds_i \qquad \boldsymbol{C} = \sum_{(i)} \int_0^{d_i} \dot{\boldsymbol{\varphi}}\,\dot{\boldsymbol{\varphi}}^T t_i\,ds_i$$

$$\boldsymbol{D} = \sum_{(i)} \int_0^{d_i} \boldsymbol{\varphi}\,\dot{\boldsymbol{\psi}}^T t_i\,ds_i \qquad \boldsymbol{H} = \sum_{(i)} \int_0^{d_i} \dot{\boldsymbol{\psi}}\,\dot{\boldsymbol{\psi}}^T t_i\,ds_i \qquad \boldsymbol{R} = \sum_{(i)} \int_0^{d_i} \boldsymbol{\psi}\,\boldsymbol{\psi}^T t_i\,ds_i$$

$$\boldsymbol{S} = \sum_{(i)} \int_0^{d_i} \ddot{\boldsymbol{\xi}}\,\ddot{\boldsymbol{\xi}}^T \frac{t_i^3}{12}\,ds_i \qquad \boldsymbol{T} = \sum_{(i)} \int_0^{d_i} \dot{\boldsymbol{\xi}}\,\dot{\boldsymbol{\xi}}^T \frac{t_i^3}{12}\,ds_i \qquad \boldsymbol{Q} = \sum_{(i)} \int_0^{d_i} \ddot{\boldsymbol{\xi}}\,\boldsymbol{\xi}^T \frac{t_i^3}{12}\,ds_i$$

$$\boldsymbol{N} = \sum_{(i)} \int_0^{d_i} \boldsymbol{\xi}\,\boldsymbol{\xi}^T \frac{t_i^3}{12}\,ds_i$$

$$\tag{2.5}$$

erhält das elastische Potential des eindimensionalen Berechnungsmodells folgende Form

$$\Pi = \frac{1}{2} \int_0^l \Big\{ \; E\,\boldsymbol{u}'^T\boldsymbol{A}\boldsymbol{u}' \;+\; E\,\boldsymbol{V}^T\boldsymbol{H}\boldsymbol{V} \;+\; \nu E\,\boldsymbol{u}'^T\boldsymbol{D}\boldsymbol{V} \;+\; \nu E\,\boldsymbol{V}^T\boldsymbol{D}^T\boldsymbol{u}'$$

$$+\; G\,\boldsymbol{u}^T\boldsymbol{B}\boldsymbol{u} \;+\; G\,\boldsymbol{V}'^T\boldsymbol{R}\boldsymbol{V}' \;+\; G\,\boldsymbol{u}^T\boldsymbol{C}\boldsymbol{V}' \;+\; G\,\boldsymbol{V}'^T\boldsymbol{C}^T\boldsymbol{u}$$

$$+\; E\,\boldsymbol{V}^T\boldsymbol{S}\boldsymbol{V} \;+\; E\,\boldsymbol{V}''^T\boldsymbol{N}\boldsymbol{V}'' \;+\; \nu E\,\boldsymbol{V}^T\boldsymbol{Q}\boldsymbol{V}'' \;+\; \nu E\,\boldsymbol{V}''^T\boldsymbol{Q}^T\boldsymbol{V}$$

$$+\; 4G\,\boldsymbol{V}'^T\boldsymbol{T}\boldsymbol{V}' \;-\; 2(\boldsymbol{f}_z^T\boldsymbol{u} + \boldsymbol{f}_s^T\boldsymbol{V} + \boldsymbol{f}_n^T\boldsymbol{V}) \Big\}\,dz$$

$$-\,(\boldsymbol{r}_z^T\boldsymbol{u} + \boldsymbol{r}_s^T\boldsymbol{V} + \boldsymbol{r}_n^T\boldsymbol{V})\Big|_{z=0} -\,(\boldsymbol{r}_z^T\boldsymbol{u} + \boldsymbol{r}_s^T\boldsymbol{V} + \boldsymbol{r}_n^T\boldsymbol{V})\Big|_{z=l}$$

$$\tag{2.6}$$

Es sei bemerkt, daß es sich hier um eine allgemeine Darstellung han-
delt, denn die in der Literatur anzutreffenden verallgemeinerten
Stabmodelle lassen sich daraus auf deduktivem Wege gewinnen /2/, /3/.
In Gl. (2.6) sind noch alle Anteile der ebenen Scheiben- und der

Kirchhoffschen Plattentheorie enthalten. Inwieweit sie bei der Lösung
wirksam werden, ist allerdings von den zugrunde gelegten verallgemeinerten Koordinatenfunktionen abhängig. Natürlich ist es ebenfalls
möglich, von vornherein Vereinfachungen in Gl. (2.6) vorzunehmen.
Dementsprechend sind bei der Konzeption des Stabschalenelementes umfangreiche Voruntersuchungen /2/, /3/, /4/[*] zur Abschätzung des Einflusses der einzelnen Anteile bzw. Verformungseffekte durchgeführt
worden. Im Ergebnis dessen und unter Beachtung des eingangs genannten
Gesichtspunktes wurden im elastischen Potential des Stabschalenelementes lediglich die Längskrümmungen der Schalenmittelfläche, d.h. die
mit den Matrizen N und Q verbundenen Anteile, vernachlässigt.

3. Finite-Elemente-Formulierung

Auf Grund dieser Vereinfachung treten im Potential nur noch höchstens
1.Ableitungen der verallgemeinerten Verschiebungen auf, und bei der
Lösung mit Hilfe der Finite-Elemente-Methode sind C_o-stetige Ansatz-
funktionen ausreichend. Deshalb werden im Stabschalenelement zur
Approximation der verallgemeinerten Verschiebungen quadratische
Lagrangesche Interpolationspolynome (Bild 3) verwendet.

$$U(z) = \sum_{m=1}^{3} G_m(z) \, u_m \qquad\qquad (3.1)$$

$$V(z) = \sum_{m=1}^{3} G_m(z) \, v_m$$

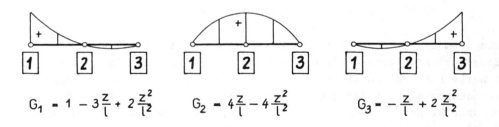

$$G_1 = 1 - 3\frac{z}{l} + 2\frac{z^2}{l^2} \qquad G_2 = 4\frac{z}{l} - 4\frac{z^2}{l^2} \qquad G_3 = -\frac{z}{l} + 2\frac{z^2}{l^2}$$

Bild 3: Ansatzfunktionen des Stabschalenelementes

[*] Hier findet man auch eine ausführliche Zusammenstellung und Einordnung von internationaler Literatur über die verallgemeinerten
Modelle dünnwandiger Stäbe.

Demnach verfügt das eindimensionale Stabschalenelement über drei
Elementknoten, die aber nicht nur einen Punkt, sondern jeweils den
gesamten Querschnitt verkörpern (Bild 4). Zur Beschreibung der beliebigen, aus geraden Profillinienabschnitten bestehenden dünnwandigen
Querschnitte dienen sogenannte Profilhaupt- und -nebenknoten /5/
(Bild 4b). Durch ihre Zuordnung zu einzelnen Schalenstreifen, die Angabe der Streifendicke t_i und aller x- und y-Koordinaten der Profilhauptknoten läßt sich der Querschnitt eindeutig festlegen.

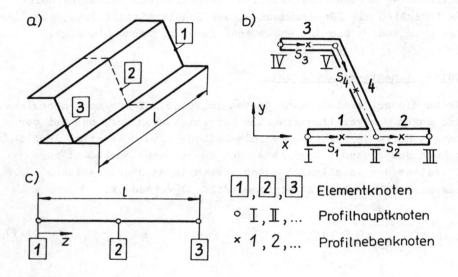

Bild 4:   Stabschalenelement
          a) Beispiel für die Geometrie des Elementes
          b) Querschnittsbeschreibung
          c) Eindimensionale Modellvorstellung

Die Grundlage für die automatische Definition der verallgemeinerten
Koordinatenfunktionen bilden dann die Deformationszustände, bei denen
jeweils nur ein Profilhauptknoten in eine der drei Raumrichtungen
verschoben oder in der Querschnittsebene verdreht wird (Bild 5a).
Darüber hinaus hat der Nutzer die Möglichkeit, wahlweise noch weitere
Verformungszustände, z.B. die im Bild 5b dargestellten, zu aktivieren.

Eine Besonderheit des Stabschalenelementes ist der variable Freiheits-
grad, der nicht nur die Realisierung von verschiedenen dünnwandigen
Querschnitten, sondern auch eine vom Nutzer gesteuerte Beeinflussung
der Verformungskinematik des Modells gestattet.

a)

Verschiebung in z-Richtung:

$$\varphi(s_3) = \frac{s_3}{d_3} \qquad\qquad \varphi(s_4) = 1 - \frac{s_4}{d_4}$$

Verschiebung in x-Richtung:

$$\psi(s_3) = \frac{s_3}{d_3} \qquad\qquad \psi(s_4) = \cos\alpha_4\left(1 - \frac{s_4}{d_4}\right)$$

$$\xi(s_4) = -\sin\alpha_4\left(1 - 3\frac{s_4^2}{d_4^2} + 2\frac{s_4^3}{d_4^3}\right)$$

Verschiebung in y-Richtung:

$$\psi(s_4) = \sin\alpha_4\left(1 - \frac{s_4}{d_4}\right)$$

$$\xi(s_3) = 3\frac{s_3^2}{d_3^2} - 2\frac{s_3^3}{d_3^3} \qquad \xi(s_4) = \cos\alpha_4\left(1 - 3\frac{s_4^2}{d_4^2} + 2\frac{s_4^3}{d_4^3}\right)$$

Verdrehung in der Querschnittsebene:

$$\xi(s_3) = -\frac{s_3^2}{d_3} + \frac{s_3^3}{d_3^2} \qquad \xi(s_4) = s_4 - 2\frac{s_4^2}{d_4} + \frac{s_4^3}{d_4^2}$$

b)

Quadratische Verschiebung in z-Richtung:

$$\varphi(s_4) = \frac{s_4}{d_4} - \frac{s_4^2}{d_4^2}$$

Quadratische Verschiebung in s-Richtung:

$$\psi(s_4) = \frac{s_4}{d_4} - \frac{s_4^2}{d_4^2}$$

Bild 5: Beispiele für die Deformationszustände des Querschnitts und
die verallgemeinerten Koordinatenfunktionen
a) Profilhauptknotenansätze
b) Profilnebenknotenansätze

Von Bedeutung für die praktische Anwendung, insbesondere im Brückenbau, ist außerdem die Möglichkeit der näherungsweisen Berechnung von
schwach nichtprismatischen Konstruktionen. Dazu werden die verallgemeinerten Querschnittskennwerte, Gln. (2.5), und die Lastvektoren f_z,
f_s, f_n zwischen den Elementknoten mit Hilfe der Ansatzfunktionen
(Bild 3) interpoliert, z.B.

$$A(z) = \sum_{h=1}^{3} G_h(z) A_h \tag{3.2}$$

Die unbekannten Verschiebungsparameter der drei Elementknoten sind
im Elementverschiebungsvektor

$$v^T = \left[u_1^T, v_1^T, u_2^T, v_2^T, u_3^T, v_3^T \right] \tag{3.3}$$

zusammengefaßt. Damit ergeben sich die Elementsteifigkeitsmatrix K
und der Elementlastvektor f des Stabschalenelementes in folgender
Form

$$K = \begin{bmatrix} K_{11} & K_{12} & K_{13} \\ K_{12}^T & K_{22} & K_{23} \\ K_{13}^T & K_{23}^T & K_{33} \end{bmatrix} \tag{3.4}$$

$$K_{mn} = \sum_{h=1}^{3} \left[\begin{array}{c|c} \bar{E} A_h \int_0^l G_h G_m' G_n' \, dz & \bar{E} D_h \int_0^l G_h G_m' G_n \, dz \\ + G B_h \int_0^l G_h G_m G_n \, dz & + G C_h \int_0^l G_h G_m G_n' \, dz \\ \hline \bar{E} D_h^T \int_0^l G_h G_m G_n' \, dz & \bar{E}(H_h + S_h) \int_0^l G_h G_m G_n \, dz \\ + G C_h^T \int_0^l G_h G_m' G_n \, dz & + G(R_h + 4T_h) \int_0^l G_h G_m' G_n' \, dz \end{array} \right]$$

$$f = \begin{bmatrix} f_1 \\ f_2 \\ f_3 \end{bmatrix} \qquad f_m = \sum_{h=1}^{3} \left[\begin{array}{c} f_{zh} \int_0^l G_h G_m \, dz \\ \hline (f_{sh} + f_{nh}) \int_0^l G_h G_m \, dz \end{array} \right] \tag{3.5}$$

Die bisher für statische Probleme angestellten Überlegungen sind auch
auf globale Eigenschwingungsanalysen linear-elastischer Strukturen
übertragbar /3/. Im Stabschalenelement wird dafür das gleiche mechanische Modell benutzt, wobei die analog zu den Gln. (2.5) definier-
ten Matrizen $\bar{A}$, $\bar{R}$ und $\bar{N}$ die Trägheitswirkung erfassen und die konsistente Elementmassenmatrix M wie folgt aufgebaut ist

$$
M = \begin{bmatrix} M_{11} & M_{12} & M_{13} \\ M_{12}^T & M_{22} & M_{23} \\ M_{13}^T & M_{23}^T & M_{33} \end{bmatrix}
\qquad
\begin{aligned}
\bar{A} &= \sum_{(i)} \int_0^{d_i} \varphi \varphi^T \varsigma t_i \, ds_i \\
\bar{R} &= \sum_{(i)} \int_0^{d_i} \psi \psi^T \varsigma t_i \, ds_i \\
\bar{N} &= \sum_{(i)} \int_0^{d_i} \xi \xi^T \varsigma t_i \, ds_i
\end{aligned}
$$

$$
M_{mn} = \sum_{h=1}^{3} \left[\begin{array}{c|c} \bar{A}_h \int_0^l G_h G_m G_n \, dz & O \\ \hline O & (\bar{R}_h + \bar{N}_h) \int_0^l G_h G_m G_n \, dz \end{array} \right] \qquad (3.6)
$$

Ergänzend sei bemerkt, daß speziell beim Stabschalenelement der Einsatz von diagonalisierten Massenmatrizen nicht empfohlen werden kann,
weil in den dazu durchgeführten Testrechnungen stärkere Ergebnisab-
weichungen auftraten.

Bei der Implementierung des Stabschalenelementes sind die im Programmsystem COSAR zur Testung von neuen Elementtypen vorhandenen
Schnittstellen ausgenutzt worden. Deshalb brauchten die Entwicklungs-
arbeiten nur auf Elementebene zu erfolgen. Den Aufbau und die Lösung
der Systemsteifigkeitsbeziehung hat vollständig das Programmsystem
übernommen. Dabei haben sich die Substrukturtechnik, das "Block"-
Cholesky-Verfahren und zur Lösung von Eigenwertproblemen das Subspace-
Iterationsverfahren erneut bewährt.

4. Numerisches Beispiel

Seit der Implementierung des Stabschalenelementes ins Programmsystem
COSAR ist eine Reihe von Testrechnungen durchgeführt worden. Zunächst
ging es darum, die Auswahl des zugrunde gelegten Berechnungsmodells
abzusichern (/2/, /3/) und die Funktionstüchtigkeit des Elementes
nachzuweisen. Später konnten Leistungsfähigkeit und Anwendungs-

grenzen veranschaulicht werden. So ist z.B. die Berechnung einer auf
Wölbkrafttorsion belasteten Brücke erfolgt, welche einen gemischt
offen-geschlossenen zweizelligen Trapezquerschnitt besitzt. Die dabei erzielten Ergebnisse (/6/ bzw. /7/) verdeutlichen einerseits
die Wirkung der Querschnittskonturdeformationen und des Effektes der
mittragenden Breite und zeigen andererseits den lokalen Charakter
des Einflusses der Querdehnungen. In einer anderen Rechnung wurden
Torsionsschwingungen eines Schiffsrumpfes analysiert /7/. Dies ist
ein typisches Beispiel für die Anwendung während der Projektierung,
denn dort konnte mit verhältnismäßig geringem Aufwand der Einfluß
von konstruktiven Veränderungen auf das globale Eigenschwingungsverhalten abgeschätzt werden.

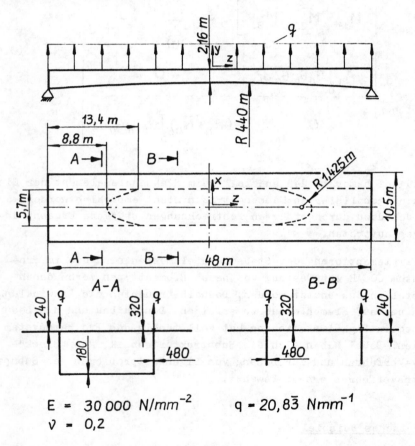

Bild 6: Aufgabenstellung

Zur Demonstration von Leistungsfähigkeit und Anwendungsmöglichkeiten
soll eine mit zwei gegengleichen Linienlasten beauflagte Betonbrücke
(Bild 6) dienen. Es wird angenommen, daß sie an beiden Enden gelenkig

gelagert und mit dehnstarren aber biegeschlaffen Endschotten versehen
ist. In Feldmitte besitzt die Brücke einen offenen Plattenbalkenquer-
schnitt, der aber im Bereich der Stützen durch einen Untergurt geschlossen wurde. Besondere Aufmerksamkeit gilt deshalb dem Abschnitt,
wo der offene in einen geschlossenen Querschnitt übergeht, d.h. der
Untergurtverziehung. Bei der Vernetzung mit Stabschalenelementen
(Bild 7) läßt sich dieses Detail nur näherungsweise erfassen. Genauer
konnte dies in der zum Vergleich mit dünnwandigen Semiloof-Schalen-
elementen vorgenommenen Diskretisierung (Bild 8) erfolgen. Die doppel-
te Symmetrie ist in beiden Rechnungen ausgenutzt worden.

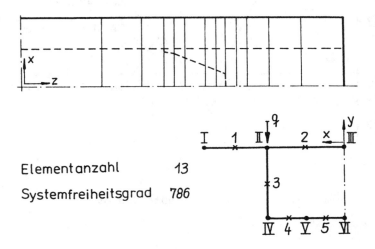

Elementanzahl   13

Systemfreiheitsgrad   786

Bild 7: Diskretisierung mit Stabschalenelementen

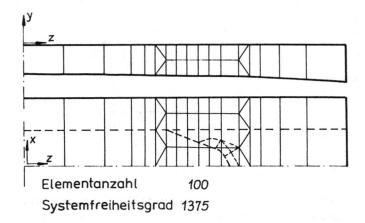

Elementanzahl   100

Systemfreiheitsgrad   1375

Bild 8: FE-Netz der Vergleichsrechnung

Eine Gegenüberstellung der Ergebnisse (Bild 9 und 10) macht die mit
den Stabschalenelementen erreichte Aussagequalität deutlich, und dabei ist noch zu bedenken, daß für die Semiloof-Vergleichsrechnung der
etwa vierfache manuelle und Rechenzeitaufwand erbracht werden mußte.

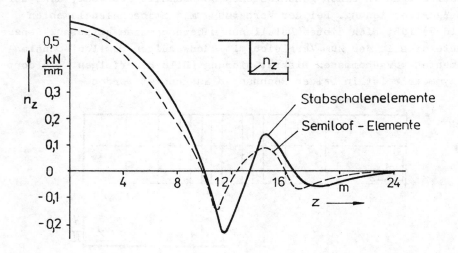

Bild 9: Längsnormalkraft an der Unterkante des Steges

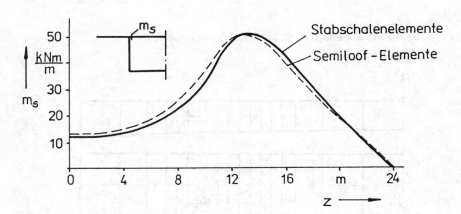

Bild 10: Verlauf des Querbiegemomentes

Die für die Unterkante des Steges dargestellte Längsnormalkraft
(Bild 9) gibt einen Überblick über die in der Brücke auftretende
Wölbkrafttorsion. Die größten Wölbnormalspannungen sind natür-
lich an der Innenkante im Bereich der Untergurtverziehung vorhanden.
Mit den Stabschalenelementen wurde dort $\sigma_{zmax} = -4,6$ Nmm^{-2} und damit

den Semiloofelementen $\sigma_{zmax} = -3,8$ Nmm^{-2} errechnet. Einen Eindruck von der Querschnittskonturdeformation vermittelt das in der Fahrbahnplatte an der Innenseite des Steges ausgewertete Querbiegemoment (Bild 10). Es zeigt sich, daß diese vor allem durch den Wechsel der Querschnittsform hervorgerufen wird.

5. Zusammenfassung

Wie das vorgestellte Beispiel veranschaulicht, ordnet sich das neuentwickelte Stabschalenelement zwischen den Stab- bzw. Balken- und den dünnwandigen Schalenelementen ein. Somit stellt es eine sinnvolle Bereicherung des Elementkataloges von COSAR dar. Sein Einsatz wird sich besonders dann als vorteilhaft erweisen, wenn die Analyse des globalen Verhaltens der Gesamtkonstruktion im Vordergrund steht. Obwohl hier aus Platzgründen die Ableitung vorrangig für den statischen Fall erfolgt ist, läßt sich das Stabschalenelement auch für Schwingungsanalysen anwenden. Dabei wird natürlich die Dominanz der globalen Schwingformen vorausgesetzt.

Auf alle Details kann an dieser Stelle nicht eingegangen werden. Deshalb seien z.B. die Möglichkeiten zur Einbeziehung von gelenkigen Kantenverbindungen, von Einzelkräften und Linienlasten oder von stationären Temperaturfeldern nur erwähnt. Hinsichtlich der Anwendung auf Stahlbetonkonstruktionen ist zu bemerken, daß die Erweiterung auf anisotropes Materialverhalten keine prinzipiellen Schwierigkeiten bereitet. Damit wird sich eine der folgenden Arbeiten beschäftigen.

Literatur

/1/ Altenbach,J.; Gabbert,U.: Das universelle Finite-Elemente-Programmsystem COSAR - gegenwärtiger Stand und Entwicklungstendenzen. In: Technische Mechanik 9 (1988) 1, 7-21

/2/ Altenbach,J.; Zwicke,M.: Theoretische Ableitung und Bewertung unterschiedlicher quasi-eindimensionaler Modelle für die statische Strukturanalyse dünnwandiger komplexer Konstruktionen. In: Technische Mechanik 7 (1986) 3, 52-64

/3/ Altenbach,J.; Zwicke,M.: Theoretische Ableitung und Bewertung unterschiedlicher quasi-eindimensionaler Modelle für die Eigenschwingungsanalyse dünnwandiger Konstruktionen. In: Technische Mechanik 7 (1986) 4, 5-14

/4/ Zwicke,M.: Ein quasi-eindimensionales finites Element für die globale mechanische Strukturanalyse dünnwandiger, stabähnlicher Konstruktionen. TU Magdeburg, Dissertation A, 1987

/5/ Möller,R.: Zur Berechnung prismatischer Strukturen mit beliebigem nichtformtreuem Querschnitt. TH Darmstadt, Dissertation A, 1982

/6/ Altenbach,J.; Zwicke,M.: Ableitung und Bewertung verallgemeinerter Stabmodelle zur Strukturanalyse dünnwandiger Konstruktionen. XI.Internationaler Kongreß über Anwendungen der Mathematik in den Ingenieurwissenschaften, Weimar 1987, H.1, 11-15

/7/ Altenbach, J.; Zwicke,M.: Statische und dynamische Strukturanalyse unter Verwendung des COSAR-Stabschalenelements. In: Technische Mechanik 9 (1988) 1,

FINITE-ELEMENT-ANWENDUNGEN IN DER GEOTECHNIK

VON HEINZ DUDDECK *

Der Aufsatz will die spezifischen Probleme darlegen, die die Finite-Element-Methode bei geotechnischen Anwendungen zu überwinden hat, und zugleich exemplarisch aufzeigen, woran Wissenschaft auf diesem Gebiet z.Z. arbeitet, was also demnächst - so hoffen Hochschulen - in die Praxis Eingang findet.

1 Hauptprobleme der Anwendung diskreter Methoden auf geotechnische Probleme

Was ist bei der Berechnung von Spannungs-Verformungsproblemen in der Geotechnik wesentlich anders, als z.B. bei der Berechnung einer Brücke oder irgendeines anderen gefertigten Bauteils ? Bei Tunneln, Stollen, Kavernen, Deponien, aber auch bei Böschungen, Baugruben, Dämmen übernimmt in der Regel hauptsächlich der Baugrund die Aufgabe, die Stabilität des Bauwerks zu sichern. Daraus ergeben sich auch für die Finite-Element-Methode besondere Anforderungen. Die wichtigsten Punkte sind:

- Eine Brücke erhält nachträglich Lasten. Eine Baugrube wird durch Aushub von Boden, also durch Entspannung des Baugrunds gefährdet. Für Tunnel und Kavernen gibt es im Grunde überhaupt keine Lasten, sondern nur innere Spannungen, also Gebirgsdrücke. Deren maßgebende Werte folgen erst aus dem Bauprozeß des Entspannens und Sicherns und somit aus dem rechnerischen Nachvollzug des Baugrundverhaltens.

- Ein Bauteil hat endliche Ränder, der Baugrund nicht. Wer die Spannungen und Verformungen z.B. bei einem Bergwerk berechnen will, muß dreidimensionale Kontinua erfassen. Aber auch eine Baugrube trägt mindestens in den Eckbereichen räumlich ab.

- Die Bauzustände eines Hochbaus werden in der Regel vernachlässigt. Beim Stahlbeton hilft da noch Kriechen kräftig mit. Beim Tunnel in Fels wirkt nur ein Anteil, oft nur ein Restanteil der Entspannung auf den fertiggestellten Ausbau. Also muß die Berechnung die Bauphasen als wesentliche Zustände miterfassen, z.B. die Ankerungen, Aushubphasen einer Baugrube.

* Professor Dr.-Ing. H. Duddeck, Institut für Statik der Technischen Universität Braunschweig

- Die Gütesicherung der Baustoffe läßt uns mit einigem Vertrauen ideale elastische oder elastisch-plastische Stoffgesetze anwenden. Berechnungsmodelle für den Baugrund müssen dagegen den natürlichen Boden erfassen. Und dies sowohl für örtlich oft stark wechselnde Eigenschaften, als auch für real hochgradig nichtlineares Stoffverhalten. Wenn sich bei Entspannungen kohäsionsloser Sand oder wassergesättigter Ton ganz anders verhalten, muß dies auch in den Stoffgesetzen der Finite - Element-Ansätze erfaßt werden.

- Die Antwort auf die Frage nach der Sicherheit setzt die Definition und das rechnerische Erfassen sicherheitsrelevanter Versagenszustände voraus. Selbst beim recht komplexen Bruchverhalten von Stahlbeton können wir uns immer noch auf laborgetestete, statistisch abgesicherte Grenzbeanspruchungen stützen. In der Geotechnik müßten wir in Analogie dazu z.B. einen Tunnelbau zunächst erst bis zum Einsturz ausreizen, um zu erfahren wie ein Bruch phänomenologisch eintritt und was die zugehörigen rechnerischen Grenzwerte sind. Was charakterisiert überhaupt Versagen eines geotechnischen Bauwerks? Die Spannungen, die Verzerrungen? Oder besser Verschiebungen, Bruchzustände: die Hangrutschung also oder der Siloverbruch an der Tunnelortsbrust? Wie erfassen wir Versagen einer Deponiedichtung?

Diese Hauptprobleme geotechnischer Modelle sind zunächst nicht spezifisch für die Finite-Element Anwendung. Da aber fast alle geotechnischen Probleme nur noch mit numerischen Verfahren gelöst werden können, sind dies zugleich die Anforderungen an den Einsatz von finiten Elementen in diesem Gebiet.

2 Topologische Probleme

Schon bei der geometrischen Abbildung der zu berechnenden Struktur ergeben sich in der Geotechnik spezielle Fragen.
Müssen wir dreidimensional, können wir nicht doch näherungsweise zweidimensional rechnen? Welchen Ausschnitt dürfen wir berechnen? Mit welchen Randbedingungen? FE-Netze müssen kritische Zonen oder z.B. Strukturteile, für die wir Biegemomente errechnen wollen, durch Verdichtung voraussehen. Bei dynamischen Problemen dürfen die Ausschnittsränder nicht Wellenreflektionen erzeugen. Die Netze müssen die geologische Stratigraphie, den Aushub, den Ausbruch, die nach und nach eingesetzten Sicherungsmittel erfassen. Bei zeitabhängigen Problemen wie z.B. bei Berechnungen von Kriecheinflüssen im Salzgestein gehört auch die Wahl der richtigen Zeitintervalle in diese Problemgruppe.

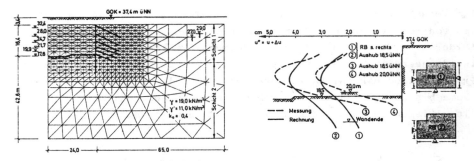

Bild 1: Berechnungsausschnitt Baugrube   Bild 2: Verschiebung der
                                                     Baugrubenwand

Die Ergebnisse einer ebenen Baugruben-Berechnung in Bild 1 sind der
Dissertation von Winselmann /2/ entnommen. Hiermit soll der Einfluß von
Randbedingungen gezeigt werden. Bei der Randbedingung (1) ist der Aus-
schnittrand starr gehalten, bei der Randbedingung (2) frei. Die Verschiebungen (die fett ausgezogenen Kurven (1) und (2) in Bild 1 unterscheiden sich um rd 30 %. Der weggelassene Baugrund beeinflußt also
noch die Ergebnisse. Wenn jedoch der Einfluß so weit reicht, dann dürfen wir wahrscheinlich auch nicht mehr nur zweidimensionale Netze untersuchen. Die horizontale Stützung um die Ecken der Baugrube herum ist
vielleicht nicht mehr vernachlässigbar.

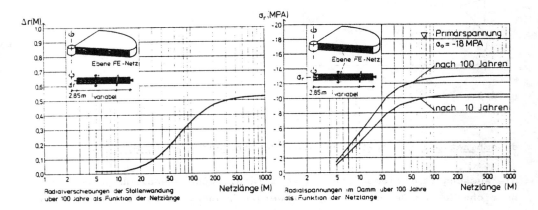

Bild 2 (nach Westhaus /3/)

Für Salzgebirge mit ausgeprägten rheologischen Eigenschaft ist die Wahl
richtiger Ausschnitte noch wichtiger. Als Beispiel /3/ sind in Bild 2
die Spannungen und die Verschiebungen am Hohlraumrand eines Stollens
von 5,709 m Durchmesser im Salzgebirge als Funktion des Radius, d.h.
der Netzlänge der untersuchten Kreisscheibe aufgetragen. Für die Radi-
alspannungen sieht es so aus, als ob etwa 100 m Netzlänge ausreichen.

Die Verschiebungen des Öffnungsrandes zeigen jedoch, daß sich ein Stollen von rd. sechs Meter Durchmesser noch aus 1000 m Entfernung das erforderliche Volumen der Kriechverformungen herholt. Bei den Spannungen ist dargestellt, wie weit sie sich in 10 und in 100 Jahren wieder dem Primärzustand nähern. Salzstöcke reagieren also selbst auf kleine Hohlräume bis zu den Rändern des Neben- und Deckgebirges. Die Netze der Finiten-Element-Methode können nicht groß genug sein.

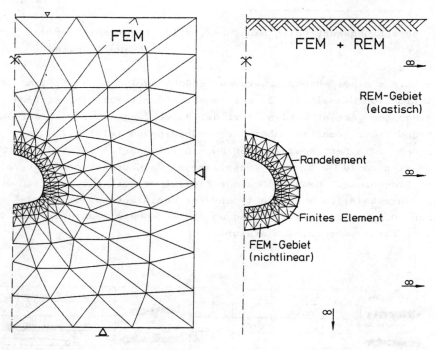

Bild 3:

3 Kombination: Finite-Element-Methode mit Rand-Element-Methode

Die Ausschnittprobleme kann man vermeiden, wenn unendlich große Außenbereiche in der Berechnung erfaßt werden können. Dies leistet die inzwischen weit entwickelte Rand-Element-Methode. Die Finite-Element-Methode für die nichtlinearen, komplexeren Bereiche kann mit Randelementen gekoppelt werden, die den gesamten Außenbereich erfassen (Bild 3). Wenn dieser Außenbereich gar noch wegen seines geringeren Einflusses auf den Innenbereich als elastisch angesetzt werden kann, gewinnen wir viel für geotechnische Probleme. In Bild 4 ist gezeigt, daß sich die Gesamt-Steifigkeits-Matrix aus der Summe der Finiten- und der Rand-Elemente ergibt.

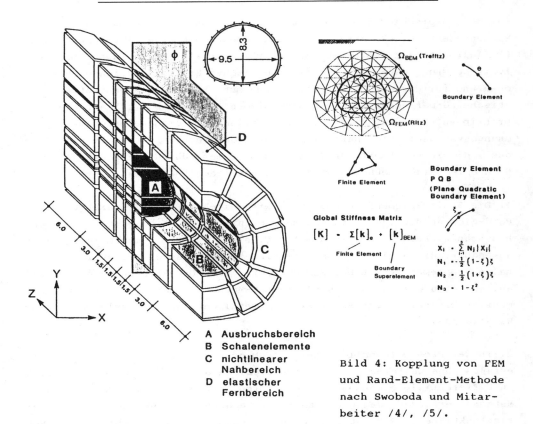

A Ausbruchsbereich
B Schalenelemente
C nichtlinearer
  Nahbereich
D elastischer
  Fernbereich

Bild 4: Kopplung von FEM
und Rand-Element-Methode
nach Swoboda und Mitar-
beiter /4/, /5/.

In Bild 4 ist ein Anwendungsbeispiel der Rand-Element-Methode nach Swoboda /5/ für die Ausbruchsphasen eines Tunnelbaus gezeigt. Grundlagen
und weitere Anwendungen sind u.a. aus /6/, /7/, /8/ zu entnehmen. Die
wesentlichen Unterschiede sind nachfolgend gegenübergestellt.

Merkmale der Element-Methoden

FEM

- endliche Elemente

- Ansätze über FE-Gebiet

- Gleichgewicht und Verträg-
  lichkeit durch Prinzip virt.
  Arbeiten erfüllt

- Auswertung von Gebiets-
  integralen

- symmetrisches Gleichungssystem

Randelemente REM

- Rand eines Gebietes, das auch
  unendlich groß sein kann

- Ansätze auf dem Rand

- Einflußfunktionen als
  Grundlösungen

- Auswertung von Randintegralen

- vollbesetztes Gleichungssystem

Bei den unterschiedlichen Merkmalen ist wesentlich, daß bei der Rand-Element-Methode ein Ansatz für Randelemente mit einer Integration über Einflußfunktionen den ganzen Außenbereich erfaßt. Dazu braucht man analytische Grundlösungen, die den Green'schen Einflußfunktionen entsprechen und für die der Betti-Satz gelten muß. Solche Lösungen setzen elastische Körper voraus. Die Finite-Element-Methode basiert auf Energieprinzipien und führt daher zu symmetrischen, diagonalbetonten Gleichungssystemen. Die Rand-Element-Methode wertet Integralgleichungen aus, die zu vollbesetzten Gleichungssystemen führen. Für die Vor- und Nachteile beider Methoden gilt im wesentlichen folgendes:

1. Die Finite-Element-Methode meistert beliebige Nichtlinearitäten. Die Rand-Element-Methode ist dagegen prinzipiell auf elastische Probleme beschränkt. Leider ist sie damit z.B. nicht auf Probleme im Salzgebirge anwendbar, die große Außengebiete einbeziehen müssen. Bei dreidimensionalen Problemen steigt bei FEM die Zahl der Unbekannten exponentiell an. Dagegen wird bei der Rand-Element-Methode immer noch mit einer Dimension kleiner gerechnet, z.B. bei dreidimensionalen Problemen mit 2D-Randflächen.

2. In der Problemformulierung ist FEM grundsätzlich unbeschränkt. Sie erfaßt ohne weiteres nichtlineare Probleme und auch solche, die nicht in Differentialgleichungs-Systemen formuliert sind. Die Rand-Element-Methode erfordert dagegen integrierbare Grundlösungen in Form von Einflußfunktionen. REM hat den Vorteil, unendlich große Gebiete erfassen zu können.

3. FEM kann auch Inhomogenitäten erfassen, z.B. Kontakt-Elemente mit Zugversagen. REM setzt homogene Gebiete voraus. Große Gradienten der Lösungen wie bei Spannungsspitzen bereiten FEM Schwierigkeiten, die Einflußfunktionen der RE-Methode können dagegen auch Singularitäten enthalten.

4. Neben der unterschiedlichen Besetzung der Gleichungssysteme kann noch vermerkt werden, daß Diskretisierungsfehler bei REM wegen strenger Integration nicht auftreten.

5. Die Finite-Element-Methode (eigentlich von Bauingenieuren erfunden) läßt sich als natürliche Erweiterung des Weggrößenverfahrens sehr schön veranschaulichen. Die Boundary-Element-Methode sträubt sich in ihrer mathematischen Ausformulierung einer unmittelbar einsehbaren Veranschaulichung. Das Entwicklungspotential, vor allem in der Kopplung beider Methoden erscheint jedoch noch groß.

4 Erfassung von Bauphasen

Praxis und Theorie ist vertraut, daß die Bauphasen bei geotechnischen Problemen sehr wesentlich sind. Der Zeitpunkt, zu dem z.B. ein Tunnelausbau wirksam wird und damit der Grad der Gebirgsentspannung vor diesem Zeitpunkt, ist von großem Einfluß auf die Beanspruchung des Ausbaus. Ein Tunnelvortrieb ist in der Regel sehr komplex, denn an der Ortsbrust besteht eine räumliche Stützwirkung. Dreidimensionale Diskretisierungen sind erforderlich, um dies alles zu erfassen. Ein Beispiel für den Kalottenvortrieb zeigt Bild 5.

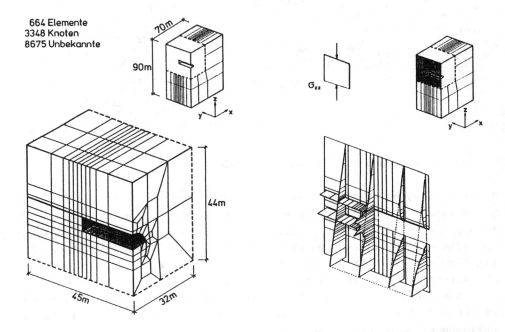

Dreidimensionales FEM-Modell für die Berechnung eines Kalottenvortriebs

Vertikalspannungen in der Symmetrieebene beim Kalottenvortrieb

Bild 5: Simulation eines Kallotenvortriebs (aus Kielbassa /9/).

Etwas Wesentliches kommt hinzu: Bei vielen geotechnischen Bauaufgaben haben wir es nicht mit Last- und Kraftproblemen, sondern mit Verformungsproblemen zu tun. Das Verformungsverhalten des Baugrunds bestimmt entscheidend die Beanspruchungen. Daher kommt es auf die richtige Erfassung der Spannungs-Verformungsbeziehungen an, also auf die Stoffgesetze in der Geotechnik.

5 Stoffgesetze geotechnischer Probleme

Die Verformungsgesetzmäßigkeiten von Sand, Ton, geklüftetem Fels, Salz usw. sind an sich schon komplex, aber noch schwieriger, wenn Grenzzustände, Versagenszustände untersucht werden sollen. Hierzu werden nachfolgend drei Fälle exemplarisch aufgezeigt, die z.Z. eher noch Forschungsprojekte, also die Praxis der Zukunft sind.

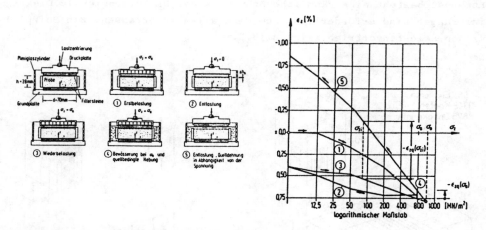

Bild 6 : Quellversuche nach Huder und Amberg

Die eingeprägten Verformungen aus Quellen von Anhydrit oder Ton sind ein besonders deutliches Beispiel von verformungsabhängigen Beanspruchungen. Zunächst muß im Versuch die durch Wasserzutritt und Entspannung erzeugte Volumenzunahme ermittelt werden. Im klassischen Huder/Amberg Ödometer-Versuch (Bild 6) kann man zunächst mit Spannungs-Dehnungs-Aufnahmen Erstbelastung (1), Entlastung (2), Wiederbelastung (3), Bewässerung bei konstant bleibender Spannung (4) und Quellen bei Entlastung (5) verfolgen. Daraus müssen Beziehungen für Quelldruck und Quelldehnung hergeleitet werden.

Für die Übertragung in reale Verhältnisse brauchen wir jedoch mehr: Die Entspannungsvorgänge z.B. im Sohlbereich eines Tunnels vom primären zum sekundären Zustand (Bild 7) sind in den drei Achsen verschieden. Ist die Volumenzunahme in jeder Richtung proportional zur Differenzspannung? Oder folgt sie mehr einer gleichmäßigen Verteilung in allen Richtungen? Oder geht sie vorwiegend nur in Richtung der Entlastung? Diese und viele andere Fragen, wie z.B. die von der Wasserzugänglichkeit abhängige Zeitabhängigkeit, sind z.Z. noch wenig geklärt /10/. Der internationale Arbeitskreis für Quellen von Fels der ISRM, konzentriert sich vorerst auf die Entwicklung geeigneter Versuchsverfahren. Die Entwicklung von entsprechenden FE-Simulationen muß hier noch auf experimentelle Ergebnisse warten.

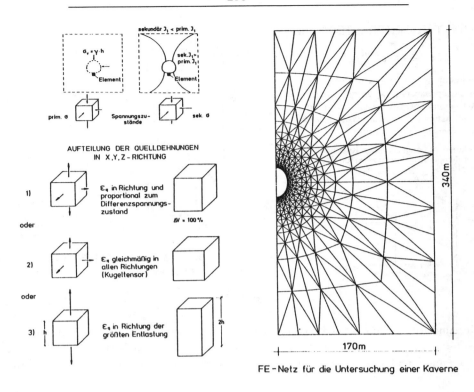

sekundär J_1 < prim. J_1

$\sigma_v = \gamma \cdot h$

sek.J_1 > prim.J_1

Element

Element

prim. σ — Spannungszu-stände — sek. σ

AUFTEILUNG DER QUELLDEHNUNGEN IN X,Y,Z - RICHTUNG

1) ε_q in Richtung und proportional zum Differenzspannungs-zustand

$\Delta V = 100\%$

oder

2) ε_q gleichmäßig in allen Richtungen (Kugeltensor)

oder

3) ε_q in Richtung der größten Entlastung

340m

170m

FE-Netz für die Untersuchung einer Kaverne

Bild 7   Bild 8

Beispiel für ausgeprägtes rheologisches Verhalten von Baugrund ist, wie Bild 8 zeigt, eine Kaverne in Salzgestein. Wir müssen uns bei Stoffgesetzen mit zeitlichen Abhängigkeiten (Bild 9) auch mit den Zeitinkrementen an Gradienten der Veränderlichkeit anpassen, um numerische Stabilität der Iterationsprozesse zu erreichen. Bei starker Abhängigkeit kann man gezielt und gesteuert kleinere Zeitinkremente wählen, um Fehler zu vermeiden (Bild 10). Man kann auch eine implizite Formulierung der Zeitabhängigkeit mit höheren Ansätzen analog zur Finite -Element-Methode verbinden, um Konvergenz und Stabilität zu verbessern.

Das dritte Beispiel zur Weiterentwicklung von Stoffgesetzen "Berücksichtigung des Porenwasserdrucks bei Ton", ist der Dissertation von F. König /11/ entnommen. Das instationäre Konsolidationsproblem kann mit der starren Kopplung von parallelen Boden- und Wasservolumina veranschaulicht werden (Bild 11). Die Anfangsbelastung geht wegen der Verformbarkeit des Bodens voll in das Porenwasser. Erst mit einer Wasserauspressung beteiligt sich der Boden je nach Bodendurchlässigkeit an der Lastaufnahme. Die Konsolidation ist ein Problem eines Zweiphasenstoffes, bei dem Spannungs-Verformungsbeziehungen von bindigem

STOFFPARAMETER STEINSALZ

$$\dot{\varepsilon} = \frac{\dot{\sigma}}{E} + A \cdot e^{-Q/RT} \cdot \sigma^N$$

E-Modul $\quad\quad E = 10000\ldots 25000\ \text{MPa}$

Strukturparameter $\quad A_u = 2{,}3 \cdot 10^{-4} \ldots A_o = 0{,}18\ \text{MPa}^{-5}/\text{d}$

Aktivierungsenergie $\quad Q_u = 41{,}9 \ldots Q_o = 54{,}0\ \text{kJ/mol}$

Gaskonstante $\quad\quad R = 8{,}3143 \cdot 10^{-3}\ \text{kJ/mol} \cdot \text{K}$

σ -Exponent $\quad\quad N = 5$

Relative Abhängigkeit des Kriechens von der Temperatur T (0°C = 273 K) für Grenz-werte :
$$\alpha = \frac{A_o}{A_u} \cdot e^{-(Q_o - Q_u)/RT}$$

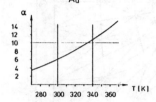

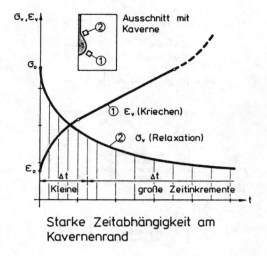

① ε_v (Kriechen)

② σ_v (Relaxation)

Kleine $\quad$ große Zeitinkremente

Starke Zeitabhängigkeit am Kavernenrand

Bild 9 $\quad\quad\quad\quad\quad\quad\quad\quad$ Bild 10

Baugrund (d.h. effektive Spannungen, Porenwasserdruck, zeitabhängiges Durchströmungsverhalten) durch Volumenbilanzen gekoppelt sind. Die finite Raum- und die inkrementelle Zeitinkrementierung sind unerläßlich.

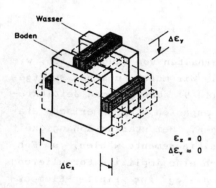

Gedankenmodell des Zwei-Phasen-Stoffes unter vollständig undrainierten Bedingungen

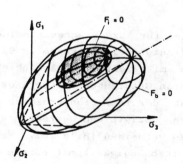

Das isotrop-kinematische "Critical State" Modell

Bild 11 $\quad\quad\quad\quad\quad\quad\quad\quad$ Bild 12

Da in die Volumenbilanz die Verformungseigenschaften von Ton eingehen, muß das stark nichtlineare Verhalten bindiger Böden genauer erfaßt werden. Porenwasserdruck-Gefährdungen treten vor allem bei schnellen oder wchselnden Beanspruchungen ein, daher müssen Be- und Entlastungzyklen, isotrope und kinematische Verfestigungen vom Stoffgesetz erfaßt werden. Will man Grenzzustände ermitteln, braucht man auch Fließflächen wie die in Bild 12 gezeigten mit dem inneren, je nach Spannungspfad veränderlichen elastischen Ellipsoid.

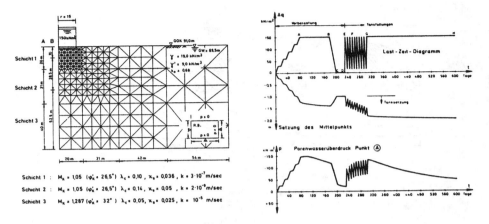

Bild 13. Berechnungsausschnitt für öltank auf bindigem Boden /11/

Bild 14: Setzung und Porenwasserdruck während Vorbelastung und anschließenden Tankfüllungen /11/

Mit solchen komplexen Stoffgesetzen kann man z.B. (wie in /11/) die Folgen zyklischen Füllens eines Tankbehälters auf unterschiedlich durchlässigen Schichten (Bild 13) rechnerisch ermitteln. Die erste Schicht ist sandiger Schluff mit einer Durchlässigkeit von $K = 3 \cdot 10^{-7}$ m/sec, die Zweite weicher Ton mit $K = 2 \cdot 10^{-9}$ m/sec, darunter liegt durchlässiger Sand mit $K = 10^{-5}$ m/sec.

Bild 14 zeigt eine Last-Zeit-Vorgabe an der Sohle des Öltanks, die zugehörige zeitabhängige Setzung in Tankmitte und den Porenwasserdruck darunter, etwas oberhalb der Grenze zu Schicht 2 (siehe Bild 13). Bild 15 zeigt einige der vielen Ergebnisse von F. König /11/, aus denen deutlich wird, was damit für die Praxis gewonnen wird. Man kann darlegen, daß eine zu rasche Füllung des Tanks (hier in 2 Tagen) ohne Drainage zum Grundbruch führt, denn die Scherfestigkeit ist zu mehr als 95 % erschöpft. Bei Drainage der oberen Schichten ist nur noch ein oberer Randbereich gefährdet. Bild 14 zeigt, daß man eine Drainierung auch durch langsame Vorbelastung erreicht, wenn der Boden genügend Zeit hat zu konsolidieren. Spätere Belastungszyklen sind sowohl für die Setzungen des Tanks als auch für Porenwasserdrücke im Baugrund nicht mehr so kritisch.

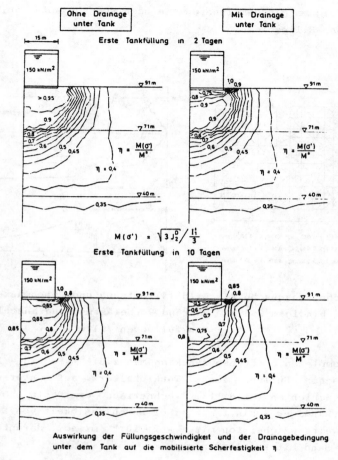

$$M(\sigma') = \sqrt{3\,J_2^D} \Big/ \frac{I_1}{3}$$

Auswirkung der Füllungsgeschwindigkeit und der Drainagebedingung
unter dem Tank auf die mobilisierte Scherfestigkeit η

Bild 15 /11/

6 Zukünftige Anwendung der FE-Methode in der Geotechnik

Zunächst seien noch einige geotechnische Probleme genannt, bei denen
die Finite-Element-Methode es schwer hat. Dies sind vor allem die Be-
messungszustände, denen kinematische Bruchmechanismen zugrunde liegen.
Schon der sehr einfache Bemessungsfall einer Baugrubenwand mit aktivem
Erddruck e_a ist mit FEM kaum nachvollziehbar, weil e_a mit hinreichend
großen Verformungen der Baugrubenwand den Gleitkreis, also einen kine-
matischen Grenzzustand der Traglasttheorie, voraussetzt. Die FE-Methode
errechnet in der Regel wesentlich größere Baugrunddrücke. Die Finite-
Element-Methode ist von ihrem Ursprung her eine Kontinuumsmethode, sie
kann daher sich aus der Beanspruchung entwickelnde Bruchmechanismen nur
schwer oder gar nicht simulieren.

Daher sind auch z.B. Verbrüche im Tunnelbau mit siloartigem Herein-
fließen des Verbruchmaterials von der Ortsbrust her z.Z. noch nicht in
FE-Modellen erfaßbar. Wenn wir Ingenieure vor solchen Versagensfällen
des Baugrunds stehen, fragen wir uns, und werden auch von anderen gefragt, ob auch solche Zustände in unseren Berechnungsmodellen für die
Standsicherheitsnachweise enthalten sind und ob wir hierfür Sicherhei-
ten angeben können.

- In Zukunft werden wir verstärkt dreidimensionale Finite-Element-
Ansätze anwenden, anwenden müssen, um bei geotechnischen Problemen
größere Realitätsnähe zu erreichen.

- Wenn Sicherheitskonzepte auf Grenzzuständen basieren, müssen auch FE-
Berechnungen Grenztragzustände erfassen.

- Es ist absehbar, daß der Bau unterirdischer Speicherkavernen und unterirdischer Abfalldeponien (z.B. toxischer Stoffe) neue Aufgaben auch
an die Berechnungsverfahren stellen wird.

- Die bei der Finiten-Element-Methode entwickelten Verfahren können
auch auf Sickerströmungen, Modelle für zweiphasige Wasser-Boden-Stoffe
angewandt werden.

- Der Bergbau, komplexere Stoffgesetze, die Kopplung mit Randelementen
oder gar mit Diskontinuitätsmodellen sind weitere Aufgabenfelder.

Die FE-Methoden gehören in der Geotechnik sicherlich schon zum klassischen Handwerkzeug. Dennoch bleibt noch viel zu tun, auch beim Transfer
von Forschung in der Praxis.

7 Literatur

/ 1/ Dungar, R.u. Studer, J.A. (Editor): Geomechanical Modelling in
      Engineering Practice, Balkema, Rotterdam 1986

/ 2/ Winselmann, D.: Stoffgesetze mit isotroper und kinematischer Ver-
      festigung sowie deren Anwendung auf Sand. Bericht Nr. 84-44 aus
      dem Institut für Statik der TU Braunschweig, 1984

/ 3/ Westhaus, T.: Standsicherheit von Dämmen im Salzgebirge. Bericht
      aus dem Institut für Statik (1988 in Vorbereitung)

/ 4/ Swoboda, A.; Beer, G.: Städtischer Tunnelbau - Rechenmodelle und
      Resultatinterpretation als Grundlage für Planung und Bauausfüh-
      rung. Finite Elemente, Anwendungen in der Baupraxis. Ernst &
      Sohn, 1985, S. 367-376.

/ 5/ Swoboda, G.; Mertz, W.: Rheological Analysis of Tunnel Excavati-
      ons by Means of coupled Finite Element (FEM)-Boundary Element
      (BEM) Analysis. Int. J. Numerical a. Analytical Methods in Geome-
      chanics. Vol. 11, (1987), p . 115-129.

/ 6/ Hartmann, Fr.: Methode der Randelemente. Springer-Verlag, Berlin
      1987

/ 7/ Brebbia, C.A. (Editor): Topics in Boundary Element Research, Vol.
      4: Applications in Geomechanics. Springer Verlag, Berlin 1987

/ 8/ Proceedings 6th Intern. Conf. Numer. Methods in Geomechanics,
      April 11-15, 1988, Innsbruck, Balkema (in Vorbereitung)

/ 9/ Kielbassa, St.: Untersuchungen der Spannungs-Verformungszustände
      im Ortsbrustbereich von Tunneln. Forschungsarbeit am Institut für
      Statik der TU Braunschweig (1988 in Vorbereitung)

/10/ Schwesig, M.; Duddeck, H.: Beanspruchung des Tunnelausbaus infol-
      ge Quellverhalten von Tonsteingebirge. Bericht Nr. 85-47 aus dem
      Institut für Statik der TU Braunschweig, 1985.

/11/ König, F.: Stoffmodelle für isotrop-kinematisch verfestigende Bö-
      den bei nichtmonotoner Belastung und instationären Porenwasser-
      drücken. Bericht Nr. 85-46 aus dem Institut für Statik der TU
      Braunschweig, 1985.

DIE ANWENDUNG SPEZIELLER ELEMENTTYPEN BEI DER FE - BERECHNUNG
VON BODEN- UND FELSMECHANISCHEN PROBLEMEN
W. HAAS* und H.F. SCHWEIGER+

Zusammenfassung: Die Anwendung numerischer Methoden zur Lösung von
Problemstellungen im Bereich der Geotechnik stellt eine Reihe
spezieller Anforderungen an das gewählte Berechnungsverfahren. Diese
ergeben sich einerseits durch das nichtlineare Materialverhalten von
Boden und Fels und andererseits daraus, daß z.B. unendlich ausgedehnte
Bereiche, Kontaktzonen Boden - Bauwerk sowie Bewehrungselemente
(Anker, Geotextilien usw.) diskretisiert werden müssen. Bei der Anwendung der Methode der finiten Elemente ergibt sich daher die Notwendigkeit, spezielle Elementtypen einzusetzen, um diesen Anforderungen gerecht zu werden. In diesem Beitrag soll die praktische Verwendung von speziellen Elementformulierungen diskutiert werden,
während das nichtlineare Materialverhalten nicht gesondert behandelt
wird.

Alle Berechnungen wurden mit dem Programmsystem MISES3 von TDV zum
Teil in Zusammenarbeit mit dem Institut für Bodenmechanik der TU Graz
durchgeführt.

1 Einleitung

Die Methode der finiten Elemente hat in den letzten Jahren neben
anderen numerischen Verfahren - wie etwa der Methode der Randelemente -
verstärkt Anwendung zur Lösung geotechnischer Probleme gefunden.
Obwohl die gestellten Anforderungen zum Teil (noch) nicht ganz erfüllt
werden können [1], sind dennoch entscheidende Verbesserungen in der
praktischen Anwendungsmöglichkeit gelungen, wenn auch in anderen
Bereichen des Ingenieurwesens ein rascherer Fortschritt erzielt wurde.
Die Gründe dafür sind vielfältig wie z.B. nichtlineares Materialverhalten, Zusammenwirken Boden/Fels - Bauwerk und der dabei
auftretenden Kontaktzonen, theoretisch unendlich große Berechnungsausschnitte, ausgeprägte Störzonen im Untergrund und vieles mehr.
Einige dieser Punkte sollen in diesem Beitrag behandelt werden.

Zur Diskretisierung unendlich ausgedehnter Berechnungsausschnitte hat
sich im Rahmen der Methode der finiten Elemente die Verwendung von

*) Dipl.-Ing. W. Haas, TDV - Technische Datenverarbeitung, Graz
+) Dipl.-Ing. H.F. Schweiger, Institut für Bodenmechanik, Felsmechanik
   und Grundbau, Technische Universität Graz

infiniten Elementen gut bewährt. Sie verringern einerseits den
Rechenaufwand (Elementanzahl) und andererseits die Einflüsse von
notwendigen Randbedingungen auf das Ergebnis. Von der Programm-
konzeption gesehen erscheint diese Lösung vorteilhafter als die
ebenfalls gebräuchliche Koppelung FEM - BEM, die im wesentlichen
vergleichbare Ergebnisse liefert. Die Genauigkeit, die mit infiniten
Elementen erzielt werden kann, wird an einem klassischen Beispiel
gezeigt und die praktische Anwendung an einer Setzungsberechnung
demonstriert.

Ein weiterer Abschnitt befaßt sich mit dem Problem von Kontaktflächen
Bauwerk - Untergrund, wie sie etwa bei Schlitzwänden, eingeschütteten
Rohren, Tunnelröhren usw. auftreten. Das mechanische Verhalten dieser
Zonen kann einen wesentlichen Einfluß auf Spannungen und Verformungen
und damit gegebenenfalls auf Schnittkräfte haben. Charakteristisch für
diese Zonen ist, daß sie im allgemeinen sehr dünn sind und damit im
Rahmen der FE-Methode eine spezielle Formulierung erfordern, um
numerische Schwierigkeiten zu vermeiden. Nach einem kurzen Hinweis
auf aus der Literatur bekannte Elemente wird eine neue Formulierung
aus bekannten Ansätzen vorgestellt und die Anwendung anhand eines
einfachen Versuches und an einem praktischen Beispiel gezeigt.

Im letzten Teil des Beitrages wird die Verwendung von isoparametrischen
Stabelementen zur Simulierung von Verbundankern demonstriert, wobei
numerische Ergebnisse mit Modellversuchen verglichen werden.

2 Anwendung infiniter Elemente

2.1 Allgemeine Bemerkungen

Ein häufig auftretendes Problem bei der Berechnung von boden- und
felsmechanischen Problemen ist die notwendige Diskretisierung eines
theoretisch unbegrenzten Berechnungsausschnittes. Im allgemeinen werden
in diesen Fällen ein endlicher Berechnungsausschnitt sowie entsprechende Randbedingungen in der Weise festgelegt, daß keine unerwünschten
Einflüsse auf die Ergebnisse zu erwarten sind. Je nach Materialverhalten und Bauwerk kann dies zu großen und damit kostenintensiven
Systemen führen. Als Ausweg wird oft eine Koppelung von finiten
Elementen und Randelementen gewählt [2]. Die gleiche Genauigkeit bei
vergleichbaren Rechenzeiten läßt sich jedoch auch mit infiniten
Elementen erreichen, mit dem zusätzlichen Vorteil einer leichteren
Programmorganisation [3,4].
Charakterisiert werden infinite Elemente durch einen Verschiebungs-

ansatz, der sich aus der Standard-Formfunktion (N$_i$) in der einen
Richtung, multipliziert mit einer abklingenden Funktion (z.B.
proportional zu 1/r^n) in der "infiniten" Richtung zusammensetzt.

$$\Phi = \Sigma \ N_i \ \Phi_i \qquad\qquad\qquad (1)$$

2.2 Vergleich mit analytischen Lösungen

Am Beispiel der gelochten Scheibe unter Innendruck wird die mit
infiniten Elementen erzielbare Genauigkeitsverbesserung gezeigt. Bild 1
zeigt die beiden untersuchten Netze. Netz 1 besteht aus 88 finiten
Elementen, Netz 2 aus 40 finiten und 8 infiniten Elementen.

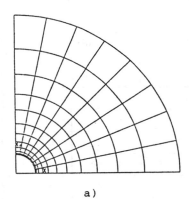 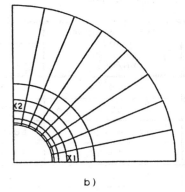

a)   b)

Bild 1: FE - Diskretisierung einer gelochten Scheibe
        a) ohne infinite Elemente   b) mit infiniten Elementen

In den Tabellen 1 und 2 sind die Ergebnisse aus den Berechnungen mit
Netz 1 und 2 der exakten Lösung gegenübergestellt. Es ist zu ersehen,
daß Netz 2 - mit infiniten Elementen - die Radialverschiebung praktisch
exakt ermittelt, während für Netz 1 - ohne infinite Elemente - der
Fehler nach außen anwächst und maximal fast 30% beträgt. Auch im
Vergleich der Spannungen wird deutlich, daß unter Verwendung von
infiniten Elementen praktisch die exakte Lösung erhalten wird.

Die Anwendung für den dreidimensionalen Fall ist in Bild 2 dargestellt
und es zeigt sich wiederum, daß mit Verwendung infiniter Elemente eine
zufriedenstellende Genauigkeit erzielbar ist, während auch eine relativ
große Anzahl finiter Elemente lokal einen Fehler in der Größenordnung
von 60% ergibt. In Tabelle 3 sind die Fehler der errechneten Spannungen
gegenüber der exakten Lösung angegeben, Tabelle 4 zeigt einen Vergleich
der Verformungen. Es ist anzumerken, daß Berechnungen mit Randelementen
gekoppelt mit finiten Elementen ähnlich gute Ergebnisse liefern [2,5].

Tabelle 1: Gelochte Scheibe unter Innendruck - Vergleich
der Verschiebungen

R [m]	Theoretische Lösung Δr [mm]	Netz 2 Δr [mm]	Netz 1 Δr [mm] / % Fehler
4.75	- 0.2058	- 0.206	- 0.196 / - 4.8
5.55	- 0.1761	- 0.176	- 0.167 / - 5.2
6.55	- 0.1493	- 0.149	- 0.140 / - 6.2
10.00	- 0.0977	- 0.098	- 0.088 / - 9.9
20.00	- 0.0489	- 0.049	- 0.035 / - 28.4

Tabelle 2: Gelochte Scheibe unter Innendruck - Vergleich der
Spannungen

R [m]	Theoretische Lösung σ_r / σ_θ [kN/m²]	Netz 2 σ_r	σ_θ [kN/m²]	Netz 1 σ_r	σ_θ [kN/m²]
4.79	+/- 98.34	97.67	- 98.29	97.75	- 91.54
5.10	+/- 86.75	86.11	- 86.06	86.58	- 79.73
5.75	+/- 68.24	68.04	- 67.93	69.23	- 62.21
6.83	+/- 48.37	48.20	- 48.17	49.96	- 43.13
8.37	+/- 32.21	32.14	- 32.13	34.45	- 27.63
12.67	+/- 14.06	14.04	- 14.03		
47.29	+/- 1.01	1.01	- 1.01		

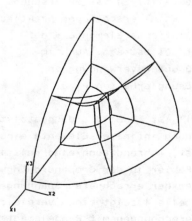

Bild 2: 3-D Testbeispiel

Tabelle 3: 3-D Beispiel-
Fehler in den Spannungen [%]

r/a	80 FE+40 IFE
1.105	0.03
1.3935	1.02
1.6047	0.27
1.8932	0.35
2.4998	2.58
8.9738	8.01

Tabelle 4: 3-D Problem - Vergleich der Verschiebungen $\delta_{FE}/\delta_{exact}$ [%]

r/a	6 FE	3 FE+3 IFE	20 FE	10 FE+10 IFE	80 FE+40 IFE
1.0	1.6	0.29	1.3	0.83	0.25
1.5	0.06	5.24	2.6	2.07	0.24
2.0	2.32	7.37	8.7	1.55	1.30
4.0	62.24	5.61	63.6	0.64	1.26

2.3 Anwendung an praktischem Beispiel

Die praktische Anwendung infiniter Elemente soll kurz am Beispiel einer
Setzungsberechnung eines etwa 40 m hohen Schutzdammes gezeigt werden,
wobei in erster Linie die Verformung der Aufstandsfläche von Interesse
war. Näherungsweise konnten axisymmetrische Verhältnisse vorausgesetzt
werden. Der Untergrund besteht aus einer 9 m dicken Sandschicht über
einer etwa 15 m dicken Schicht aus schluffigem Ton, darunter steht eine
relativ feste Sandschicht an. Die Dammaufstandsbreite beträgt etwa 75 m
und es ist zu erwarten, daß Schichten bis zu einer Tiefe von mindestens
150 m Beiträge zu den Setzungen liefern werden. Um ein unnötig großes
System zu vermeiden, wurden infinite Elemente am unteren Rand angeordnet. Als Vergleich dazu wurde der untere Rand gesperrt. In Bild 3
sind die Verformungen aus beiden - elastischen - Berechnungen dargestellt. Die maximalen Setzungsunterschiede betragen dabei etwa 15% in
der Mitte des Dammes. Hervorzuheben ist die unterschiedliche Setzungs-
mulde, die aufgrund der benachbarten Bebauung und eines Durchlasses
durch den Damm in diesem Fall von großer Bedeutung war.

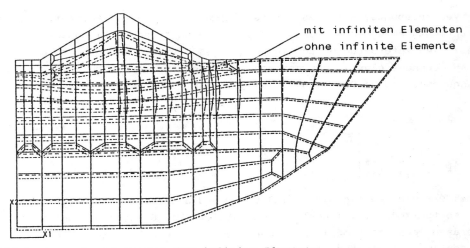

Bild 3: Anwendungsbeispiel für infinite Elemente

3 Interface Elemente

3.1 Allgemeine Bemerkungen

Die wirklichkeitsnahe Beschreibung des mechanischen Verhaltens von Kontaktzonen zwischen Bauwerk und Boden bzw. Fels kann bei der Anwendung numerischer Methoden in der Geomechanik von Bedeutung sein. Ähnliche Problemstellungen ergeben sich in der Felsmechanik wenn sehr dünne Trennflächen (Klüfte, Störungszonen, Schichtgrenzen) diskretisiert werden müssen. Aus der Literatur sind einige Ansätze für Kluftelemente bekannt [6,7,8]. Sie werden meist in Richtung normal zur Trennfläche unendlich dünn und unendlich steif angenommen. Als Unbekannte werden i.a. Relativverschiebungen angesetzt, um numerische Schwierigkeiten zu vermeiden. Daraus folgt, daß für diese Elementtypen eigene Routinen im FE - Programm vorgesehen werden müssen. Auch konventionelle isoparametrische Elemente wurden auf ihre Anwendbarkeit als Kluftelemente untersucht [9], wobei jedoch meist keine realistische Spannungsverteilung in den Kontaktzonen erhalten wird. Auch die Spannungswerte in den Nachbarelementen werden dadurch beeinflußt, was zu wesentlichen Fehlern in einer nichtlinearen Berechnung führen kann. Überdies können die mechanischen Eigenschaften (große Relativverschiebung über dünne Schicht, Wandreibung) nur ungenügend erfaßt werden. Ausgehend von diesen Überlegungen wird in der Folge ein Interface - Element vorgestellt, das unter Verwendung von Standard FE - Routinen zur numerischen Simulation von Kontaktzonen verwendet werden kann.

3.2 Grundlegende Annahmen

Der Verschiebungsansatz des vorgeschlagenen Interface - Elementes entspricht dem eines konventionellen isoparametrischen Elementes. Die speziellen Anforderungen an ein derartiges Element werden durch ein entsprechendes elastisch-plastisches Stoffgesetz erreicht. Die Spannungs-Dehnungs Beziehung in allgemeiner Form lautet

$$\underline{\sigma} = \underline{D}\,\underline{\varepsilon} \tag{2}$$

mit

$$\underline{D} = \begin{bmatrix} D_{nn} & D_{ns} \\ D_{sn} & D_{ss} \end{bmatrix} \tag{3}$$

wobei D_{nn} die Steifigkeit normal und D_{ss} die Steifigkeit tangentiell zur Kontaktzone bzw. Trennfläche darstellt. Die Glieder D_{ns} und D_{sn} repräsentieren eine mögliche Koppelung der beiden Steifigkeiten. Sie werden im vorliegenden Fall vernachlässigt. In der Formulierung eines

sogenannten Thin-Layer Elementes für 3-D Anwendungen wird von Desai
[10] vorgeschlagen, in der Elastizitätsmatrix D einen unabhängigen
Schubmodul (G*) einzuführen, der experimentell zu bestimmen ist. Sind
keine Experimente vorhanden, kann als Anhaltspunkt die Beziehung

$$G^* = G \cdot t / B \qquad\qquad (4)$$

mit $G = E/(2 \cdot (1+\nu))$, t der Dicke und B der Breite des finiten Elementes
gelten. Gute Ergebnisse werden damit für Werte t/B = 0.01 bis 0.10
erzielt [10]. Dieser Ansatz wird in der hier vorgestellten
Formulierung zur Beschreibung des elastischen Materialverhaltens
verwendet. Abweichend von Desai's Vorschlag, wird das plastische
Materialverhalten mit Hilfe des Mehrschichtmodells beschrieben, wie es
für Berechnungen im geklüfteten Fels verwendet wird. Dabei wird ein
über die Dicke des Elementes verschmiert angenommener Einfluß von
Diskontinuitäten angenommen. Herkömmliche Formulierungen aus der
Plastizitätstheorie (Fließ- oder Bruchbedingung, assoziierte oder nicht
assoziierte Fließregel) finden dabei Verwendung und kontrollieren die
Verformungen im irreversiblen Bereich. Eine detaillierte Beschreibung
dieses von Pande erstmals vorgestelltem Modell ist aus Platzgründen an
dieser Stelle nicht möglich, sie findet sich z.B. in [11] und [12].
Kurz zusammengefaßt sind folgende Schritte in der FE - Berechnung
durchzuführen:

--- die Steifigkeitsmatrix für das Thin-Layer Element wird unter
Verwendung eines unabhängigen Schubmodules standardmäßig ermittelt und
in die globale Steifigkeitsmatrix assembliert, wobei zu beachten ist,
daß eine 3-Punkt Gauss Integration notwendig ist [13]
--- die erhaltenen Spannungen werden in den Gausspunkten in
Komponenten normal und tangentiell zur Kontaktfläche zerlegt
--- die Fließ- bzw. Bruchbedingung wird in den über das Kontaktelement verschmiert gedachten Diskontinuitäten überprüft, plastische
Dehnungen werden gemäß Plastizitätstheorie ermittelt.

3.3 Bemerkung zum Konvergenzverhalten

Auch wenn kein zeitabhängiges Materialverhalten berücksichtigt wird,
kann ein viskoplastischer Algorithmus effizient zur Lösung nichtlinearer Gleichungssysteme herangezogen werden. Er ist vergleichbar mit
der Methode der Anfangsdehnungen. Die Zeitschrittlänge kann dabei nicht
willkürlich gewählt werden, sondern darf eine bestimmte Größe nicht
überschreiten, um eine stabile Lösung zu gewährleisten. Für das Thin-
Layer Element gibt es kein theoretisches Zeitschrittlimit und auch
keine Erfahrungswerte. Es wurden daher Vergleichsrechnungen mit einer

empirischen Zeitschrittlänge, wie sie für das Mehrschichtmodell verwendet wird, durchgeführt, was zu sehr schlechtem Konvergenz- verhalten und folglich zu langen Rechenzeiten führte. Im Zuge dieser Berechnungen konnte festgestellt werden, daß ein variabler Zeit- schritt, der mit zunehmender Anzahl von Iterationen größer werden kann, Rechenzeitverkürzungen um etwa 50% bewirkt [13]. Es ist jedoch zu beachten, daß der Konvergenzverlauf beobachtet werden muß, um unzulässige Oszillationen in der Lösung zu vermeiden.

3.4 Einfaches Beispiel

Um die Wirkungsweise des oben beschriebenen Elementes zu zeigen, sollen kurz die Ergebnisse einer numerischen Simulation eines einfachen Versuches gezeigt werden. Bild 4 zeigt die Problemstellung. Das Kontaktelement (Element Nr. 2) wird in der Dicke variiert, wobei Verhältnisse von t/B von 0.1 bis 0.1×10^{-5} untersucht wurden. Es zeigte sich, daß für t/B > 0.001 das Gleichungssystem ungünstig konditioniert wird, der Genauigkeits- verlust jedoch noch nicht signifikant ist. Die unterschiedlichen Verformungsbilder, je nachdem, ob als Kontaktelement ein konventionelles oder ein Thin-Layer Element (mit elastischem oder plastischem Materialverhalten) verwendet wurde, sind in den Bildern 5 bis 7 für t/B = 0.1 darge- stellt. Bild 8 zeigt die Verformungen für t/b = 0.01. Die Möglichkeiten, die die Ver- wendung dieses Elementes eröffnen, gehen aus diesen Abbildungen anschaulich hervor.

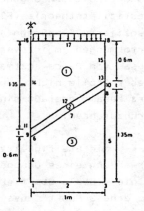

Bild 4: Testbeispiel

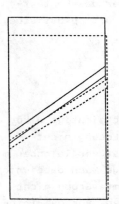

Bild 5: Element 2 = konventionelles Element

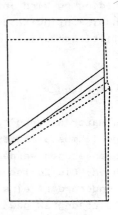

Bild 6: Element 2 = Thin-Layer elast.

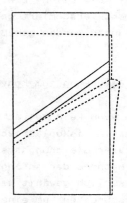

Bild 7: Element 2 = Thin-Layer plast.

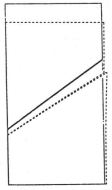

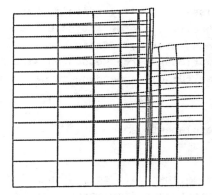

Bild 8: Element 2 =
Thin-Layer plast. t/b=0.01

Bild 9: Beispiel - Baugrube
Verformungen

3.5 Anwendungsbeispiel für Thin-Layer Element

Obwohl die Anwendung der FEM zur Dimensionierung von Baugruben-
umschließungen problematisch ist (siehe z.B. [1]), soll hier kurz die
Wirkungsweise des vorgestellten Elementtyps anhand einer Berechnung
eines Baugrubenaushubes kommentiert werden, da die FEM doch auch in
diesem Bereich zur Vorhersage von Verformungen Anwendung findet. Die
Baugrubenumschließung ist als 80 cm starke Schlitzwand ausgeführt, die
Aushubtiefe beträgt etwa 10 m. Da nur die grundsätzliche Wirkungsweise
des Elementes gezeigt werden soll, wird der Aushub in einem Schritt
simuliert. Der E-Modul und die Kohäsion des Bodens werden mit der Tiefe
zunehmend angenommen, der Reibungswinkel beträgt 35°. Als Bruchkriterium wird Mohr-Coulomb verwendet. Für die rund um die Schlitzwand
angeordneten Kontaktelemente wurde ein Reibungswinkel von 20° und eine
Kohäsion von 5 kN/m² angenommen. Der Vergleich mit einer Berechnung
ohne Kontaktelemente zeigt, daß der Schnittgrößenverlauf in der
Schlitzwand nur unwesentlich beeinflußt wird, das Verformungsbild
ändert sich jedoch signifikant. Ähnliche Erfahrungen werden in [14]
berichtet. Die horizontale Verschiebung am Kopf der Wand beträgt im
gegebenen Fall etwa 7 mm mit Kontaktelementen und etwa 1 mm ohne diese.
Bild 9 zeigt die berechneten Verformungen. Es ist deutlich zu sehen,
daß große Relativverschiebungen an der Wand auftreten, die mit
konventionellen Elementen nicht nachvollziehbar wären. Der Spannungszustand (hauptsächlich Schubspannungen) in Bodenelementen nahe der
Schlitzwand wird durch die Anordnung von Kontaktelementen ebenfalls
beeinflußt [14], was wiederum in einer elastisch-plastischen Rechnung
von Bedeutung sein kann.

Abschließend sei bemerkt, daß noch wenig Erfahrungen mit der Anwendung
von Elementen dieses Typs vorliegen und auch die hier vorgelegten

Ergebnisse sind als Studien zu verstehen, die die grundsätzlichen
Möglichkeiten, die derartige Elemente im Rahmen einer finiten Elemente
Berechnung bieten, aufzeigen sollen. Weitere Untersuchungen und
Verifikationen durch Messungen sind jedenfalls notwendig, um klare
Aussagen für die Anwendung in der Praxis treffen zu können.

4. Ankerelemente

Im letzten Abschnitt soll noch auf die Anwendung isoparametrischer
Stabelemente zur Simulierung von Verbundankern im Felsbau eingegangen
werden. Ein Problem, dem vor allem bei der Berechnung von Hohlraum-
ausbrüchen nach der NÖT große Bedeutung zukommt. Im Zuge einer
systematischen Studie wurden numerische Ergebnisse [15] Modellversuchen [16] gegenübergestellt. Einige Aussagen sollen hier kurz
dargelegt werden. Untersucht wurden in erster Linie Stabelemente mit
linearem und quadratischem Ansatz, die mit achtknotigen Viereck-
elementen verknüpft wurden. Weiters wurde der Einfluß der Netzteilung
zwischen den Ankerreihen untersucht. Bild 10 definiert die Problemstellung, in Bildern 11 bis 13 sind die drei untersuchten Varianten mit
linearen Stabelementen gezeigt. Die Bilder 14 und 15 zeigen die errechneten Ankerkräfte. Es ist zu erkennen, daß in der Nähe des Ausbruchs ein sehr feines Netz erforderlich ist, um einen einigermaßen
geglätteten Spannungsverlauf zu erhalten. Dies trifft vor allem für
Anker an den Ulmen zu, im Firstbereich sind die Unterschiede weniger
ausgeprägt (Bild 15). Bei Verwendung parabolischer Elemente wurden mit
der halben Anzahl von Ankerelementen ähnliche Ergebnisse erzielt. In
Bild 16 und 17 sind die numerischen Ergebnisse dem Modellversuch
gegenübergestellt und es ist zu sehen, daß der Grad der Übereinstimmung mit der Ankerposition schwankt. Auch hier sind weitere
Vergleiche von numerischen Berechnungen mit in situ Messungen
erforderlich, um die Wirkungsweise von Verbundankern in der FE-
Berechnung realitätsnah nachbilden zu können.

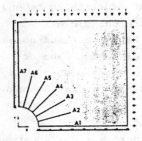

Bild 10: Problemdefinition

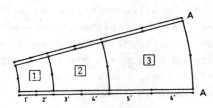

Bild 11: FE-Netz Variante A1

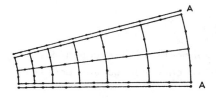

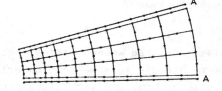

Bild 12: FE-Netz Variante A2   Bild 13: FE-Netz Variante A3

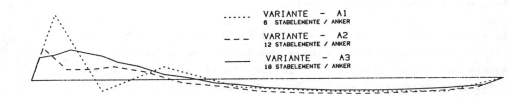

Bild 14: Kraftverlauf im Anker - Ulmenbereich

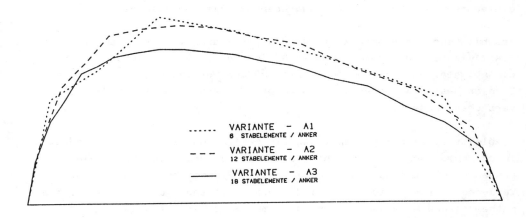

Bild 15: Kraftverlauf im Anker - Firstbereich

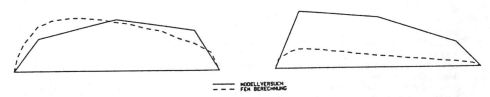

Bild 16: Vergleich mit Modell-   Bild 17: Vergleich mit Modellversuch - Anker A7   versuch - Anker A3

5. Zusammenfassung

In diesem Beitrag wurden einige spezielle Elementformulierungen diskutiert, die die Aussagekraft numerischer Berechnungen boden- und felsmechanischer Probleme verbessern können.

Die Vorteile infiniter Elemente zur Diskretisierung theoretisch unendlich ausgedehnter Berechnungsausschnitte und die damit erzielbare Genauigkeit wurden durch Vergleiche mit analytischen Lösungen und an einem praktischen Beispiel gezeigt.

Ein Element, das in der Lage ist, das mechanische Verhalten von Kontaktzonen Bauwerk - Boden/Fels zumindest näherungsweise zu beschreiben wurde vorgestellt. Das für dieses Element verwendete Stoffgesetz setzt sich aus bekannten Ansätzen zusammen, wobei im elastischen Bereich ein unabhängiger Schubmodul eingeführt wird und im nichtlinearen Bereich das Mehrschichtmodell Verwendung findet. Die Wirkungsweise wurde an einem einfachen Beispiel und an der vereinfachten Berechnung einer Baugrubenumschließung gezeigt.

Abschließend wurde noch kurz auf die Verwendung von isoparametrischen Stabelementen zur numerischen Modellierung von Verbundankern eingegangen. Der entscheidende Einfluß der Netzteilung vor allem im Bereich des Ankerkopfes wurde gezeigt und Vergleiche mit Modellversuchen präsentiert.

Es bleibt zu bemerken, daß trotz der zweifellos gemachten Fortschritte in der numerischen Berechnung geotechnischer Probleme noch viele Fragen ungelöst sind, und eine intensive Einbeziehung von Messungen und Versuchen erforderlich sein wird, um realitätsnahe und praxisgerechte mathematische Modelle zur Lösung geomechanischer Aufgaben zu finden.

6. Literaturhinweise

[1] Duddeck,H.
     Was FE-Methoden im Grund- und Felsbau leisten und
     leisten sollten
     Finite Elemente in der Baupraxis, München 1984
[2] Beer,G., Meek,L.
     Coupled finite element - boundary element analysis of infinite
     domain problems in geomechanics
     Int.Conf.on Num.Meth. for Coupled Problems, Swansea 1981
[3] Bettess,P.
     Infinite elements
     Int.Jou.Num.Meth.Enging. 11, 53-64, 1977

[4] Zienkiewicz,O.C., Emson,C., Bettess,P.
     A novel boundary infinite element
     Int.Jou.Num.Meth.Enging., 19, 393-404, 1983
[5] Li,H.B., Han,G.M., Mang,H.A., Torzicky,P.
     A new method for the coupling of finite element and boundary
     element discretized subdomains of elastic bodies
     Int.Jou.Comp.Meth.i.Appl.Mech.a.Enging., 54, 1986
[6] Goodman,R.E., Taylor,R.L., Brekke,T.L.
     A model for the mechanics of jointed rock
     Jou.Soil Mech.Found.Div., ASCE, 94, 1968
[7] Ghaboussi,J., Wilson,E.L., Isenberg,V.
     Finite element for rock joints and interfaces
     Jou.Soil Mech.Found.Div., ASCE, 99, 1973
[8] Beer,G.
     An isoparametric joint/interface element for finite element
     analysis
     Int.Jou.Num.Meth.Enging., 21, 585-600, 1985
[9] Pande,G.N., Sharma,K.G.
     On joint/interface elements and associated problems of
     numerical ill-conditioning
     Int.Jou.Num.a.Analyt.Meth.i.Geomech., 3, 1979
[10] Desai,C.S., Zaman,M.M., Lightner,J.G., Siriwardane, H.J.
     Thin-Layer element for interfaces and joints
     Int.Jou.Num.a.Analyt.Meth.i.Geomech., 8, 1984
[11] Zienkiewicz,O.C., Pande,G.N.
     Time-Dependent multilaminate model of rocks - a numerical
     study of deformation and failure of rock masses
     Int.Jou.Num.a.Analyt.Meth.i.Geomech., 1, 219-247, 1977
[12] Pande,G.N., Xiong,W.
     An improved multi-laminate model of jointed rock masses
     Int.Symp.on Num.Models i.Geomechanics, Zürich, 1982
[13] Schweiger,H.F., Haas,W.
     Application of the thin-layer element to geotechnical problems
     Int.Conf.of Num.Meth.i.Geomechanics , Innsbruck, 1988
[14] Felix,B., Frank,R., Kutniak,M.
     F.E.M. calculations of a diaphragm wall, influence of the
     initial pressures and of the contact laws
     Int.Symp.on Num.Models i.Geomechanics, Zürich, 1982
[15] Bauer,E.
     Studie über die Netzteilung bei Berechnung nach der Finiten
     Elemente Methode für einen Hohlraumausbruch in einem elastischen
     Gebirgsmodell mit Systemankerung
     Diplomarbeit, TU-Graz, 1983
[16] Lackner,K.R.
     Versuche zur Wirkung der Systemanker vor dem Auftreten großer
     Deformationen oder Bruchzustände im nicht geklüfteten Gebirge
     Dissertation, TU-Graz, 1981

COMPUTERGESTÜTZTER ENTWURF UND RÜCKRECHNUNG FÜR EINEN STEINSCHÜTT-
DAMM MIT ERDKERN

Von Christian Kutzner, Klaus Hönisch und Bernd R. Hein*

Zusammenfassung

Für den rund 76 m hohen kerngedichteten Kinda-Steinschüttdamm in
Burma wurden entwurfsbegleitende Berechnungen nach der FEM durchgeführt und durch Rückrechnungen auf der Basis gemessener Dammverformungen überprüft. Die Entwurfsunterstützung konzentriert sich auf:

- Zu erwartende Setzungen von Kern und Stützkörper.

- Eignung des Dammaufbaus z. B. in Bezug auf Aufhängen des Kerns an
  den Randzonen und Gefahr hydraulischen Aufreißens des Kerns.

- Erforderliche Dicke der OW- und UW-seitigen Übergangszonen.

- Auffinden von Zonen geringer und hoher Belastung und Verformung.

- Eignung der Dammbaustoffe in Bezug auf Spannungen und Dehnungen.

Die Rückrechnung führte durch schrittweise Anpassung der nichtlinearen Stoffparameter nach Duncan & Chang für Kern- und Stützkörpermaterial zu Aussagen über die Entwicklung von Steifigkeiten und Spannungen im gesamten Dammquerschnitt. Die Ergebnisse stimmen zufriedenstellend mit den Messungen überein.

Die rückgerechneten Verformungsmoduli sind deutlich geringer als ursprünglich angenommen, obwohl diese Werte an bisherigen Erfahrungen
orientiert waren und die Baustoffe als gut geeignet eingestuft werden können. Geringfügiges Aufhängen des Kerns, das sich im Mittel
durch um 20 % herabgesetzte Vertikalspannungen äußert, erwies sich
als unschädlich.

Bei der Simulierung des nichtlinearen Dammverhaltens hat sich allein
der Einsatz der FEM mit schrittweiser Änderung der Gesamtstruktur
und Anpassung der Steifigkeiten an den aktuellen Spannungszustand
als geeignet erwiesen.

* Dr.-Ing. C. Kutzner, Dipl.-Ing. K. Hönisch und Dipl.-Ing. B.R.
Hein, Lahmeyer International, Beratende Ingenieure, Frankfurt/M.

1. Das Projekt

Das Kinda-Projekt liegt in Zentralburma. Es dient zur Schaffung
eines Reservoirs für Bewässerung und Energieerzeugung. Nach drei
vorausgegangenen Durchführbarkeitsstudien begann 1982 der Bau, der
im April 1985 mit dem Einstau des Reservoirs endete. Die Kraftwerks-
leistung beträgt 2 x 30,5 MW; 85 000 ha sollen durch den 36 km^2
großen Stausee bewässert werden.

Kernstück der Anlage ist ein rund 76 m hoher und 625 m langer Damm
(Bild 1). Ein relativ breiter, zentraler Kern aus tonigem, sandigem
Schluff bildet das Dichtungselement, das in der Felsaufstandsfläche
durch einen Injektionsschleier fortgesetzt wird. Die OW- und UW-
Stützkörper bestehen aus Felsschüttmaterial, das durch zwei Filter-
lagen vom Kernmaterial getrennt ist, um Ausspülungen zu verhindern.
Zusätzlich dient eine Übergangschicht auf der OW-Seite zum Ausgleich
von Scherverformungen bei Einstau. Die Kornverteilung der Dammbaustoffe ist in Bild 2 dargestellt.

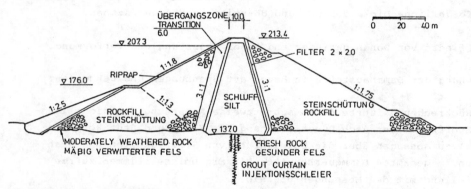

Bild 1: Steinschüttdamm Kinda, Burma. Typischer Dammquerschnitt

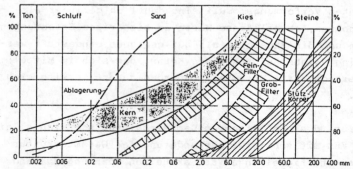

Bild 2: Kornverteilung der Dammschüttstoffe

Der Untergrund besteht aus massigem Quarzit, der im Kernbereich bis
zum gesunden, sonst bis zum mäßig verwitterten Fels freigelegt wurde.

Das Kernmaterial wurde an der Gewinnungsstelle homogenisiert und durch Zugabe von Wasser auf den Einbauwassergehalt von etwa 2 % über dem Optimum gebracht. Das Felsschüttmaterial wurde aus einem Andesitsteinbruch gewonnen. Es ist gut abgestuft und hat einen Sand-/Kies-Anteil unter 20 bzw. 60 mm Größe von höchstens bzw. mindestens 30 %. Die Filterschichten wurden aus künstlich gemischten Sanden und Kiesen hergestellt. Die Übergangsschicht auf der Wasserseite besteht aus gebrochenem Diorit und Quarzit der Größe 1-150 mm.

2. Meßsystem

Drei Querschnitte des Dammes wurden mit Meßgeräten für Porenwasserdrücke, Erddrücke und Deformationen nach Bild 3 ausgerüstet. Drei Paare von Piezometern jeweils OW und UW des Schleiers zeigen die Entwicklung der Unterströmung des Dammes an. Darüber wird in /4/ berichtet. Im Dammkern wird der Porenwasserdruck kurz über der Felssohle sowie im unteren und oberen Drittelspunkt gemessen. An den gleichen Stellen sind Meßgeber für den vertikalen und horizontalen Erddruck eingebaut. Zusätzlich werden die vertikalen Erddrücke des Felsschüttmaterials UW-seitig in den beiden unteren Horizonten gemessen.

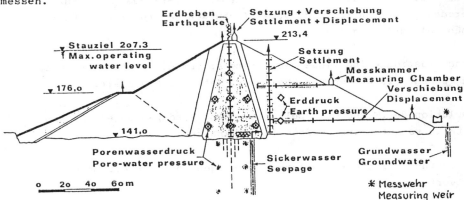

Bild 3: Anordnung der Meßinstrumente im Hauptquerschnitt

Die Bewegungen im Damm werden durch Metallplatten mit Hilfe einer Radiosonde (System Idel) bestimmt. Eine solche Meßkette ist vertikal in der Kernachse eingebaut, eine weitere ist UW-seitig vertikal in der Felsschüttung angebracht und zwei liegen dort horizontal etwa auf viertel und halber Dammhöhe. Der Abstand der Meßplatten ist vertikal 5 m und horizontal 15 m. Die Bewegungen der Dammoberfläche können durch ein Netz von ca. 25 geodätischen Meßpunkten nach Höhe und Lage verfolgt werden. Am luftseitigen Dammfuß sind insgesamt 18 Piezometer zur Messung des Grundwasserstandes und im Tal ein Meßwehr zur Messung des Sickerwassers angeordnet. Dazu kommt je ein Seismo-

graph in der Kernaufstandsfläche und an der Krone. Zwei weitere
Querschnitte sind mit einem Teil der Instrumente ausgerüstet, die
das Bild des Dammverhaltens ergänzen. Messungen liegen seit 1984
vor, d.h. für die Bauzeit und für drei Jahre Beckenbetrieb.

3. Grundlagen der Berechnungen

Die Berechnungen dienten dem Zweck, die Dammverformungen und die
Dehnungen und Spannungen unter Berücksichtigung der Spannungsabhängigkeit von Verformungs- und Kompressionsmoduli und teilweise auch
der Reibungswinkel für Bau- und Einstauzustände zu bestimmen. Hierfür sind folgende Anforderungen an das FEM-Programm zu stellen:

- Alle spannungsabhängigen Größen sind iterativ an den aktuellen
  Spannungszustand an jeder Stelle des Dammes anzupassen.

- Dammschüttung und Einstau sind durch schrittweisen Aufbau der betrachteten Struktur und später des Wasserspiegels nachzubilden.

Das System der Berechnungen setzt sich aus Analysen vor, während und
nach dem Bau und Vorliegen aktueller Meßergebnisse zusammen. Für die
Vorberechnung wurden folgende Vereinfachungen gegenüber der Rückrechnung als zulässig erachtet:

- Vernachlässigung individueller Parameter für die Filter- und Übergangszonen. Sie werden wie Steinschüttmaterial behandelt.

- Simulation der Wasserdruckbelastung durch Randspannungen am Kern
  anstelle von Strömungskräften im Kerninnern.

- Betrachtung errechneter Gesamtverformungen anstelle der meßbaren
  Teilverformungen.

- Vernachlässigung von Sättigungssetzungen.

Bei den Rückrechnungen werden diese Vereinfachungen durch die genannten genaueren Eingaben ersetzt. Die Vorberechnungen wurden mit
dem Programmsystem SGG-STATAN-15 /5/, baubegleitende und Rückrechnungen mit dem Programm TELSTA /6/ durchgeführt. Diese Programme
führen eine schrittweise lineare Berechnung mit normierten Span-
nungs- Dehnungsbeziehungen nach Vorschlägen von JANBU/3/ und
DUNCAN & CHANG/2/ durch. Vorberechnungen und Rückrechnungen behandelten im wesentlichen folgende Fragen:

1. Eignung des gewählten Zonenaufbaus in Bezug auf Dehnungen.

2. Mögliches "Aufhängen" des Kerns an den Stützkörpern und daraus resultierende Risse.

3. Verhältnis von Vertikal- und Horizontalspannungen im Kern im Hinblick auf hydraulisches Aufreißen.

4. Größe der Setzungen von Kern und Stützkörpern und Größe der Horizontalverformungen.

5. Eignung der Dammbaustoffe bezüglich Spannungen und Dehnungen.

Weitere wichtige Untersuchungen im Rahmen der Vorberechnung werden hier aus Platzgründen nicht behandelt.

Bei den Vorberechnungen unter den o.g. Vereinfachungen hatte sich gezeigt, daß der gedrungene Dammkörper keine hohen Anforderungen an die Feinheit der Elementierung stellt. Die Rückrechnungen wurden mit einem verfeinertem Netz für die ebene Gesamtstruktur von 218 Elementen und 248 Knoten (404 Unbekannte) durchgeführt (Bild 4). Die Dammschüttung wurde in neun Schritten, der Einstauvorgang in drei Schritten idealisiert.

Der Untergrund wurde als starr angenommen. Dies ist bei einem ermittelten Felsverformungsmodul von 3000 MPa und geschätzten Untergrundsetzungen von etwa 1 bis 3 cm gerechtfertigt. Die Annahme eines ebenen Dehnungszustandes war wegen des Verhältnisses von Länge und Höhe des Damms L/H = 8,2 angemessen.

Die Vorberechnungen begannen mit zunächst geschätzten Materialkennwerten. Mit zur Verfügung stehenden Parametern aus Triaxialversuchen und aus Messungen am Damm während des Baus wurden die Berechnungen verfeinert, woraus zuletzt die in Tabelle 1 zusammengestellten Parameter resultierten. Aufgrund der verschiedenen verwendeten Programme wurde erst die Querdehnungszahl, später der Kompressionsmodul benötigt. Die Wirkung der Ent-/Wiederbelastung wurde erst im Tangentenmodul, später im Kompressionsmodul berücksichtigt.

Jede annähernde Rückrechnung könnte angesichts von 11 variablen Stoffparametern für jede Zone zwecklos erscheinen. Sie wird jedoch dadurch erleichtert, daß z. B. drei Scherfestigkeitsparameter und die Bruchzahl ("failure ratio") versuchsmäßig gut geeicht werden können. Ferner hat das Raumgewicht keinen Einfluß und die Stoffparameter für Ent-/Wiederbelastung wirken sich nicht stark aus. Es muß zuerst der Proportionalitätsfaktor K und danach der Exponent n für den Anfangs-Tangentenmodul bestimmt werden. Faktor K_b und Exponent m für den Kompressionsmodul werden in Abstimmung mit einer sinnvollen - wenn möglich gemessenen - Querdehnung angepaßt.

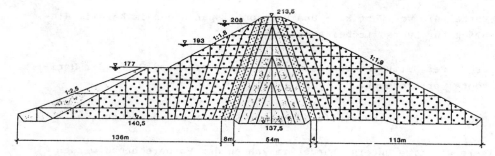

Bild 4: Berechnungsnetz für den Hauptquerschnitt

Tabelle 1: Stoffparameter für die letzte Rückrechnung (1986)

Material	Tangentenmodul (Erstbelast.) K	n	Kompressionsmodul (Erstbelast.) Kb	m	Querdehnungsz. ν	Bruchzahl R_f	Feuchtgewicht γ (kN/m³)	Reibungswinkel $\varphi, \Delta\varphi$ (°)	Kohäsion c (kN/m²)
Kern	135	0,35	135	0,35	0,33	0,75	20	17,5; 0	50
Übergangsz.	175	0,35	110	0,35	0,23	0,75	21	35 ; 4	0
Stützkörper	290	0,35	140	0,35	0,15	0,75	22	42 ; 8	0

Der Kompressionsmodul für Ent-/Wiederbelastung wird beschrieben durch $K_{bur} = 1{,}5\ K_b$ und $m_{ur} = m$

Die bei den Triaxialversuchen verwendeten Seitendrücke von 200, 600 und 1000 KPa ensprechen gut den auf 3/4 und 1/4 der Dammhöhe sowie im Sohlbereich erwarteten und rückgerechneten Seitendrücken. Die Scherfestigkeit des Kernmaterials wurde mit $\emptyset' = 17{,}5°$ und c' = 70 - 80 KPa gemessen. Die axiale Bruchdehnung betrug 6 - 10 %, diejenige des Übergangsmaterials 9 - 12 %. Die Bandbreite der Ergebnisse für die dimensionslosen Parameter K und n zur Beschreibung der Kernsteifigkeit betrug in Versuchen 140 < K < 390 und 0,60 > n > 0,25. Die Querdehnungszahlen des Kernmaterials lagen zwischen ν = 0,20 und ν = 0,35. Für das Stützkörpermaterial ergaben sich Werte von 300 < K < 560 und 0,51 > n > 0,30. Die Parameter werden durch andere Beispiele und durch die Literatur, z.B. /1/, bestätigt.

4. Ergebnisse der Berechnungen und Messungen

Die Meßergebnisse und die Anordnung der Instrumente erlauben eine Anpassung der Kennwerte - unabhängig für Kern und Stützkörper - an das beobachtete Setzungsverhalten sowie eine Interpretation des Querdehnungsverhaltens (UW-Stützkörper) und der Seitendrücke (Kern).

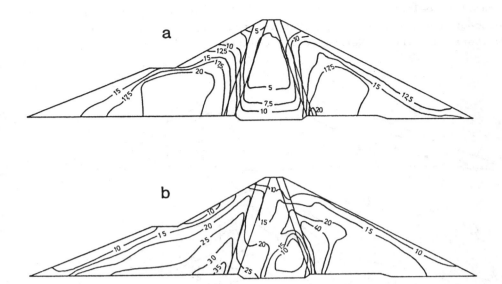

Bild 5: Verteilung der Verformungsmoduli (MPa).
a) Bauende, b) Vollstau.

4.1 Verformungsmoduli (Bild 5):

Bei Ende der Schüttung (Bild 5a) tritt ein ausgeprägtes Minimum in
Kernmitte auf. Das deutet auf geringere Steifigkeit und auf vermin-
derte Spannungen im Kern hin. Die Iso-Linien gleichen sich quer
durch die Übergangs- bzw. Filterzonen den Maxima in den Stützkörpern
an. Die Werte liegen zwischen 4 und 11 MPa im Kern und 10 bis 23 MPa
in den Stützkörpern. In den Filtern werden max. 16 MPa erreicht. Das
bestätigt deren Funktion als Übergangzone.

Bei Vollstau (Bild 5b) finden naturgemäß durchweg Erhöhungen der
Verformungsmoduli auf etwa die doppelten Werte statt. Deutlicher als
bei Bauende verlaufen die Iso-Linien in den Stützkörpern etwa
parallel zur Oberfläche mit nach innen zunehmenden Werten.

4.2 Vertikalspannungen (Bild 6):

Die rückgerechneten Vertikalspannungen zeigen deutlich die Vertei-
lung im Damm und deren Änderung von Bauende (Bild 6a) zu Vollstau
(Bild 6b) auf. Die größte Vertikalspannung von 14 MPa liegt im
Bau- und Einstauzustand im UW-seitigen Stützkörper direkt neben der
Übergangszone. Infolge Auftrieb bei Einstau wandern die Iso-Linien
im OW-Stützkörper nach innen. Der Kern wird durch den Strömungsdruck

zusätzlich belastet. Dadurch werden die Iso-Linien in Richtung UW
verschoben und das Defizit an Vertikalspannungen im Kern wird an der
OW-Oberfläche und in Kernmitte ausgeglichen.

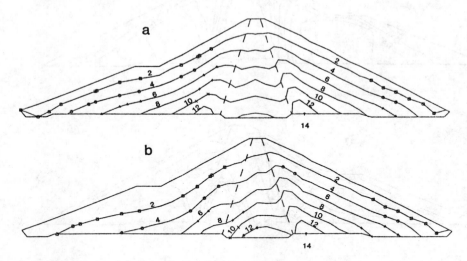

Bild 6: Verteilung der errechneten Vertikalspannungen (MPa)
        a) Bauende und b) Vollstau

Die mit gemessenen Setzungen gut im Einklang stehenden gerechneten
Spannungen (Bild 7a) werden durch die Meßwerte der Porenwasserdruck-
geber - bzw. aus den daraus abgeleitenden vertikalen Erddrücken -
gut und durch die Meßwerte der Erddruckgeber teilweise bestätigt.
Hierzu ist zu bemerken, daß ein nennenswerter Anteil der Erddruckgeber zu niedrige Werte anzeigt (Werte links der Linie γ x h x 0,8 in
Bild 7a). Das liegt an dem bekannten Problem, die Steifigkeit der
Instrumentenbettung beim Einbau exakt der Steifigkeit der Umgebung
anzupassen. Es besteht eine deutliche Tendenz lokaler Brückenbildung
über den Instrumenten, die nicht mit der gefürchteten Gewölbewirkung
in Horizontalschnitten quer durch den ganzen Kern verwechselt werden
darf. Werte rechts der "Soll-Linie" deuten eine Lastkonzentration am
Instrument infolge überhöhter Steifigkeit an. Das Defizit der Vertikalspannungen gegenüber dem Überlagerungsdruck beträgt im Mittel
20 %. Das Maximum tritt nahe an Übergangszonen in halber Höhe auf.
Der Vergleich der kleinsten Hauptspannung mit dem größten auftretenden Wasserdruck zeigt keine Gefahr des Aufreißens.

4.3 Seitendruckfaktoren

Meß- und Rechenergebnisse geben einen Hinweis auf die wirksamen Seitendruckfaktoren. Das ist als Erweiterung der Kenntnisse über
Schüttmaterialverhalten von Interesse.

Im Kern ist eine ausgeprägte Höhenabhängigkeit festzustellen (Bild 7b). Die Werte $\lambda = \delta_H/\delta_V$ nehmen mit der Dammhöhe etwa von 0,68 auf 0,38 ab. Die Streuung um die rechnerische Linie ergibt sich aus dem Phänomen der Brückenbildung bzw. der Lastkonzentration um die Instrumente. In den Übergangszonen (nicht dargestellt) wurden Werte zwischen 0,35 und 0,50 ermittelt. Die Stützkörper weisen - soweit untersucht - etwa 0,35 bis 0,40 auf. Es wird deutlich, daß der Seitendruck außerhalb des Kerns erwartungsgemäß merklich niedriger ist als 50 % der Vertikalspannung und nirgendwo durch die linear elastische Beziehung $\lambda = \nu/(1-\nu)$ beschrieben werden kann.

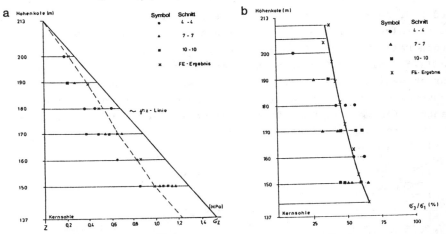

Bild 7: Vergleich gemessener und errechneter Vertikalspannungen (a) und Seitendruckfaktoren (b) im Kern

4.4 Kern- und Stützkörpersetzungen (Bild 8):

Die Setzungen können sehr zuverlässig mit einer Genauigkeit von etwa ± 1 cm gemessen werden. Die Verzögerung der Nullmessung gegenüber dem Konsolidierungsvorgang der Schüttung ist gering. Es wird geschätzt, daß 90 % der wahren Setzungen meßtechnisch erfaßt werden.

In Übereinstimmung mit bisherigen Kenntnissen tritt ein ausgeprägtes Maximum (hier ca. 180 cm) im oberen Drittelspunkt des Kerns auf. Die Verteilung der Setzungen bei Bauende ist symmetrisch zur Achse. Etwas weiter oben sind auch die größten Setzungsdifferenzen zwischen den Zonen zu finden (ca. 40 cm). Die Setzungen der Stützkörper betragen höchstens 150 cm. Am Meßpegel sind sie rechnerisch etwa 100 cm. Die um 10 % erhöhten gemessenen Setzungen (Bild 9) betragen etwa 145 cm (Kern) und 70 cm (UW-Stützkörper). Demnach ist der Kern zuerst etwas zu steif, dann im Endzustand etwas zu weich simuliert (Tabelle 1). Es kann trotzdem von zufriedenstellender Übereinstimmung der Rechen- und Meßwerte gesprochen werden.

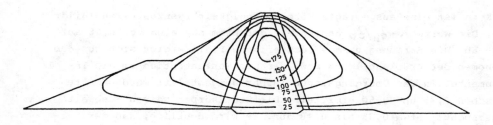

Bild 8: Verteilung der errechneten Gesamtsetzungen bei Bauende (cm)

Es wird hier darauf verzichtet, die Setzungen nach dem Einstau weiter zu verfolgen. Der Konsolidierungsvorgang des Kerns wurde im vorliegenden Fall durch den Einstau überlagert, so daß die durch Einstau allein bedingten Setzungen nur geschätzt werden könnten. Gemessen wurden wenige Zentimeter. Für eine Rückrechnung müssen mittlere
Volumenverminderungen von ca. 1 % im Kern und 2 % in den Stützkörpern angenommen werden. Ohne diese Annahme liefert die FE-Analyse im
OW und im Kern hauptsächlich Hebungen.

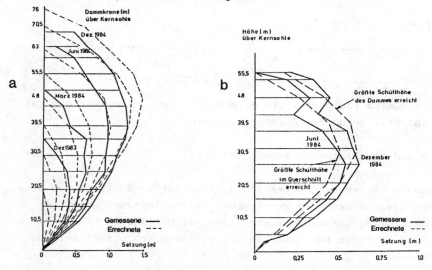

Bild 9: Vergleich gemessener und errechneter Setzungen (m) in Kern
        (a) und luftseitigem Stützkörper (b).

4.5 Horizontalverformungen (Bild 10):

Bei dem bisherigen Einstau bis zu etwa 2/3 des Stauziels treten zusätzliche rechnerische Verformungen (horizontal) bis 25 cm auf. Erwartungsgemäß schneiden die Iso-Linien die äußeren Dammkonturen etwa
normal. Sie zeigen die Tendenz einer Kippbewegung des Kerns, im Ge-

gensatz zu einer ebenfalls denkbaren Gleitbewegung im Gründungsbe-
reich. Diese Tendenz wird durch das Ansteigen der Iso-Linien im UW-
Stützkörper vom Inneren zur Böschung hin bestätigt. Die gemessenen
Horizontalverschiebungen an der Oberfläche und im Damminneren sind
bedeutend geringer als die Rechenwerte. Diese wären im Falle des
Auftretens ebenfalls unbedenklich.

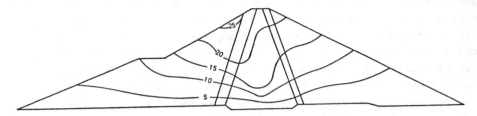

Positive Verformungen in Fließrichtung des Wassers

Bild 10: Verteilung der errechneten Horizontalverformungen infolge
2/3 Einstau (cm)

5. Schlußfolgerungen

Die vorangehenden Betrachtungen zeigen, daß die Ergebnisse derartiger Berechnungen geeignet sind, das Dammverhalten in Abhängigkeit
von der Aufteilung der Zonen dem Entwerfer sofort zu veranschaulichen. Die Aussagen der Bilder 5 bis 10 sind dafür gute Beispiele.
Man wird einem Entwurf Zweckmäßigkeit zubilligen, wenn die Iso-
Linien unterschiedlicher Größen ein übersichtliches und gut inter-
pretierbares Bild ergeben, wie z. B. die Vertikalspannungen in Bild
6 und die Verformungen in den Bildern 8 und 10.

Darüber hinaus kommt es zur Entwurfshilfe durch Computer-Unterstüt-
zung u.a. in der Frage der Übergangszonen zwischen Stützkörper und
Kern und der damit zusammenhängenden Gefahr der Rißbildung im Kern
durch Gewölbewirkung. Bild 6 zeigt, daß die Vertikalspannungen bei
Bauende am Rand des Kerns herabgesetzt sind. Das Defizit hängt von
der Neigung der Kernoberflächen, vom Verhältnis der Steifigkeiten
der benachbarten Baustoffe und der Breite der Ausgleichszonen ab.

Die Berechnung mit realistischen Stoffkennwerten der Übergangszonen
zeigt zunächst, daß Differenzsetzungen zwischen Kern und Stützkörper
auftreten, die vor Einstaubeginn OW- und UW-seitig vom Kern etwa
gleich groß sind, mit dem Maximum im oberen Drittel. Das führt zum
Entwurf großzügig bemessener Übergangszonen, weit über die Breite
hinaus, die sich aus der erforderlichen Drainagekapazität ergäbe.
Die Berechnung zeigt weiterhin, daß diese Differenzsetzungen nach

dem Einstau an der Wasserseite deutlich und an der Luftseite nicht
zunehmen. Deshalb ist es vorteilhaft, die Übergangszone wasserseitig
z.B. von 4 m auf 8 m zu verbreitern . Der günstige Effekt wird nur
dann wirksam, wenn die Übergangszonen nicht in ihrer dichtesten Lagerung, sondern in einer Lagerungdichte von 60-70 % eingebaut sind.

Es kann zu horizontalen Rissen im Kern führen, wenn sich der Kern
durch Reibung an den Rändern aufhängt und somit eine Gewölbewirkung
eintritt. Ein oberer Teil des Kerns stützt sich durch diese Gewölbewirkung an den Randzonen ab, während sich der untere Teil durch Eigengewicht weiter setzt und abreißen kann. Die Tendenz zur Gewölbewirkung ist umso größer, je steiler die Kernflanken geneigt sind.
Die Gefahr der horizontalen Risse wächst mit der Größe der Differenzsetzungen. Sie ist demnach am Rand des Kerns im oberen Drittel
am größten.

Das beobachtete Dammverhalten und die gemessene, extrem geringe gesamte Sickerwassermenge von weniger als 10 l/sec zeigen, daß die
Tendenz zur Gewölbewirkung unter den gegebenen Umständen unschädlich
ist. Dafür sind die Kohäsion des Kerns, die Neigung der Kernflanken
von 3V : 1H und die Breite der Übergangszonen verantwortlich.

Schrifttum

/1/ Duncan, J.M., Byrne, P., Wong, K.S. and Mabry, P.: Strength,
    Stress-Strain and Bulk Modulus Parameter for Finite Element
    Analyses. Report No. UCB/GT/80-81, Univ. Berkeley, August 1980.

/2/ Duncan, J.M. and Chang, C.Y.: Nonlinear Analysis of Stress and
    Strain in Soils. Journal of the Soil Mechanics and Foundation
    Division, ASCE, Vol. 96, No. SM5, pp. 1629-1653, September 1970.

/3/ Janbu, N.: Soil Compressibility as Determined by Oedometer and
    Triaxial Tests. Eur. Conf. Soil Mech. Found. Eng. Wiesbaden, 1963

/4/ Kutzner, C.: Über die Wirksamkeit von Felsinjektionen.
    Wasserwirtschaft 77, Heft 6, S. 317-320, 1987

/5/ Software Gruppe Geotechnik: SGG-STATAN-15 Geotechnical Version
    User's Manual. Darmstadt (Eigenverlag), 1979

/6/ TAGA Engng. Software Serv.: TELSTA: A Computer Programme for
    simplified Nonlinear Plane Strain or Axisymmetric Static Finite
    Element Analyses Berkeley, California (Eigenverlag), 1983

TUNNEL-FAHRBAHNPLATTEN UNTER BEWEGTEN LASTEN
-MODELLIERUNG UND BERECHNUNG MIT EINEM FE-PROGRAMM
von Rolf Thiede *

1. Einleitung

In Straßentunneln werden die Fahrbahnplatten zum Teil als frei
schwingende Stahlbetonplatten ausgebildet, die längsseitig gelagert
und durch Querfugen zur Aufnahme von Plattenlängenänderungen infolge
Temperaturbeeinflussung unterteilt sind (Bild 1). Durchfahren

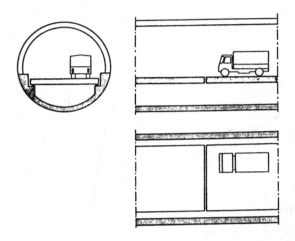

Bild 1: Straßentunnel mit frei schwingender
Fahrbahnplatte (BAB-Elbtunnel Hamburg)

Fahrzeuge einen solchen Tunnel, so werden derartig ausgebildete Platten zu Schwingungen angeregt, insbesondere, wenn die Fahrzeuge
die Querfugen überfahren [1] : Die sprungartig entlastete Platte
schwingt frei nach, während die sprungartig belastete Platte ebenfalls
zu Schwingungen angeregt wird. Für einen Kragbalken hat Frýba [2] diesen physikalischen Vorgang rechnerisch gelöst (Bild 2). Ein ähnliches
Verhalten tritt an den benachbarten freien Plattenrändern an einer
Fahrbahnplatten-Querfuge auf. In einem von der Stiftung Volkswagen-
werk geförderten Forschungsvorhaben ist dies Problem am Curt-Risch-
Institut der Universität Hannover untersucht worden. Dabei wurden
mit Hilfe des FE-Programms ADINA das Eigenschwingungsverhalten und

* Dr.-Ing. R. Thiede, Curt-Risch-Institut f. Dynamik, Schall- und Meß-
technik (Prof. Dr.rer.nat. H.G. Natke), Universität Hannover

das Schwingungsverhalten unter Erregung durch wandernde Lasten rechnerisch parametrisch analysiert, wobei Parametervariationen bezüglich der Plattendicke, Plattenspannweite, Plattenlänge, Plattenlagerung, Plattenkopplung an den Querfugen und Fahrzeuggeschwindigkeit durchgeführt wurden. Besondere Überlegungen waren bezüglich der Modellierung der wandernden Last erforderlich, um sie in dem zur Verfügung stehenden FE-Programm erfassen zu können. Hierüber wird nachfolgend berichtet.

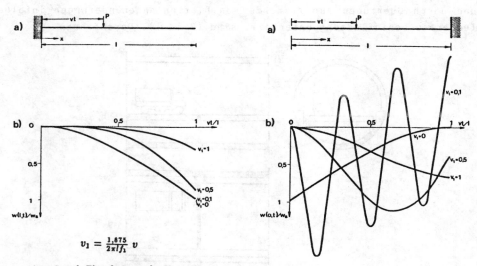

$$v_1 = \frac{1,875}{2\pi l f_1} v$$

f_1 = Grund- Eigenfrequenz des Kragträgers

Bild 2: a) Kragträger mit wandernder Last von der Einspannstelle zur Trägerspitze (linke Darstellung) bzw. umgekehrt (rechte Darstellung)

b) Einflußlinien für die Verschiebung der Kragarmspitze bei unterschiedlichen Geschwindigkeiten

2. Modellierung der bewegten Lasten

Kraftfahrzeuge sind komplizierte mechanische Systeme, bestehend aus Massen, Federn und Dämpfern. Die modellmäßige Erfassung derartiger Systeme geschieht auf sehr unterschiedliche Art, wie die mittlerweile große Zahl von Veröffentlichungen zeigt, die zusammenfassend u. a. in den Übersichten [3] und [4] dargestellt sind. Sie reicht, wie in Bild 3 dargestellt, von dem einfachsten Fall einer wandernden konstanten Kraft über eine wandernde Masse bis zu einfach oder mehrfach abgefederten und gedämpften Massen bzw. Massensystemen.

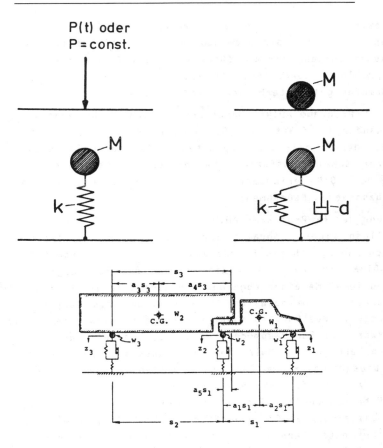

Bild 3: Unterschiedliche Modellierungen eines Fahrzeugs

Für welche Art der Modellierung man sich entscheidet, hängt letztlich von dem zu behandelnden Problem ab. Ist z. B. die bewegte Masse klein gegenüber der anzuregenden Masse der Tragkonstruktion, so ist auch der Trägheitskrafteinfluß aus der bewegten Masse klein, d. h. es ist ausreichend, in diesem Fall mit einer bewegten zeitlich konstanten Kraft zu rechnen. Vorausgesetzt werden muß dabei jedoch, daß keine Resonanzerscheinungen zwischen Fahrzeug und Fahrbahn zu erwarten sind. Ist dagegen die bewegte Masse annähernd von der Größenordnung der mitwirkenden (generalisierten) Masse der Tragkonstruktion oder größer als diese, so muß der Trägheitskrafteinfluß der bewegten Masse berücksichtigt werden, wenn die dynamische Antwort der Tragkonstruktion hinreichend genau ermittelt werden soll. Zwischen dem Fahrzeug und dem Fahrweg besteht Wechselwirkung, d. h. die z. B. durch eine Fahrbahnunebenheit oder die ungleichen Durchbiegungen benachbarter Platten an einer Fahrbahnquerfuge in Schwingungen versetzte Fahrzeugmasse bewirkt dynamische Verformungen der Fahrbahnplatte, die wiederum als Fußpunkterregung die Schwingungen des Fahrzeugs beeinflussen usw. Soll dieser Vorgang vom Berechnungsmodell erfaßt werden, ohne daß das Kontaktproblem interessiert, so ist das Fahrzeug als über Federn und evtl. Dämpfer gelagerte Masse zu modellieren.

Mit dem FE-Programm ADINA können nur konstante oder zeitlich veränderliche wandernde Kräfte erfaßt werden. Bei den dynamischen Untersuchungen der Tunnel-Fahrbahnplatten sollen jedoch auch die Einflüsse wandernder schwingungsfähiger Massen aufgezeigt werden. Bei der Benutzung von ADINA erfordert die Lösung dieses Problems eine der folgenden besonderen Maßnahmen:

- Änderung des FE-Programms ADINA.
- Erstellung eines Programms zur Berechnung der dynamischen Antwort des schwingungsfähigen Fahrzeugmodells, das schrittweise im Wechsel mit ADINA arbeitet, wobei die Antwort des Fahrzeugmodells als Belastung in ADINA eingegeben und die daraus resultierende Antwort der Fahrbahnplatte im nächsten Schritt wieder als Fußpunkterregung in das Programm des Fahrzeugmodells eingegeben wird, die daraus folgende Antwort des Fahrzeugmodells ist die neue Belastung, mit der ADINA die Fahrbahnplattenschwingungen im nächsten Lösungsschritt berechnet usw. Dieser Lösungsweg ist sehr aufwendig, er erfaßt jedoch gut die Fahrzeug-Fahrbahn-Wechselwirkung.
- Das Fahrzeugmodell wird durch eine Fußpunkterregung, wie sie z. B. bei einer Querfugenüberfahrt auftritt, in Schwingung versetzt. Die dabei entstehenden zeitlich veränderlichen Fußkräfte werden errechnet und abgespeichert. Das Programm ADINA holt sich dann aus diesem Speicher die für jeden Zeitschritt der Plattenrechnung aktuellen Lastwerte. Eine Rückwirkung der Plattenschwingungen auf das Fahrzeugmodell wird bei diesem Vorgehen nicht berücksichtigt.

Der dritte der vorstehend skizzierten Lösungswege ist verhältnismäßig einfach, er liefert jedoch nur mehr oder weniger gute Näherungen des wirklichen Systemverhaltens. Die Lösung ist umso genauer, je geringer die dynamischen Fahrbahnplattendurchbiegungen im Vergleich zur anfänglichen stoßartigen Fußpunkterregung des wandernden Fahrzeugmodells sind. Dieser Lösungsweg soll nachfolgend näher betrachtet werden.

3. Kontaktkräfte zwischen Fahrzeug und Fahrweg

Für das im Bild 4 dargestellte Fahrzeugmodell, das sich mit konstanter Geschwindigkeit bewegt, errechnen sich die Kontaktkräfte zwischen

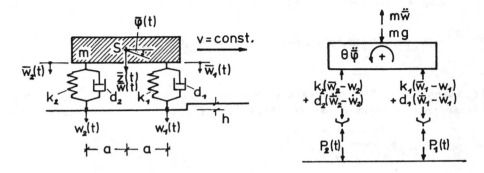

<u>Bild 4:</u> Fahrzeugmodell mit angreifenden Kräften

Fahrzeug und Fahrweg, die als Belastungen in ADINA eingehen, mit

$$\bar{w}_1(t) = \bar{w}(t) + \bar{\varphi}(t)a \quad , \quad \dot{\bar{w}}_1(t) = \dot{\bar{w}}(t) + \dot{\bar{\varphi}}(t)a \; \Bigg\}$$
$$\bar{w}_2(t) = \bar{w}(t) - \bar{\varphi}(t)a \quad , \quad \dot{\bar{w}}_2(t) = \dot{\bar{w}}(t) - \dot{\bar{\varphi}}(t)a \; \Bigg\}$$

(1)

zu

$$P_1(t) = k_1 \left[\bar{w}_1(t) - w_1(t) \right] + d_1 \left[\dot{\bar{w}}_1(t) - \dot{w}_1(t) \right]$$
$$= k_1 \left[\bar{w}(t) + \bar{\varphi}(t)a - w_1(t) \right] + d_1 \left[\dot{\bar{w}}(t) + \dot{\bar{\varphi}}(t)a - \dot{w}_1(t) \right]$$

(2a)

$$P_2(t) = k_2 \left[\bar{w}(t) - \bar{\varphi}(t)a - w_2(t) \right] + d_2 \left[\dot{\bar{w}}(t) - \dot{\bar{\varphi}}(t)a - \dot{w}_2(t) \right]$$

(2b)

In ihnen sind w_1 , $\dot{w}_1$, w_2 und $\dot{w}_2$ vorgegebene Größen der Fußpunkterregung, während $\bar{w}$, $\dot{\bar{w}}$, $\bar{\varphi}$ und $\dot{\bar{\varphi}}$ die unbekannten Schwerpunktbewegungen der starren Fahrzeugmasse darstellen. Letztere werden mit Hilfe der Bewegungsgleichungen um die statische Gleichgewichtslage der starren Fahrzeugmasse bestimmt:

$$m\ddot{\bar{w}}(t) + (d_1 + d_2)\dot{\bar{w}}(t) + (k_1 + k_2)\bar{w}(t) + (d_1 - d_2)a\dot{\bar{\varphi}}(t) + (k_1 - k_2)a\bar{\varphi}(t)$$
$$= d_1\dot{w}_1(t) + d_2\dot{w}_2(t) + k_1 w_1(t) + k_2 w_2(t) \quad ,$$

(3a)

$$\theta\ddot{\bar{\varphi}}(t) + (d_1 - d_2)a\dot{\bar{w}}(t) + (k_1 - k_2)a\bar{w}(t) + (d_1 + d_2)a^2\dot{\bar{\varphi}}(t) + (k_1 + k_2)a^2\bar{\varphi}(t)$$
$$= d_1 a\dot{w}_1(t) - d_2 a\dot{w}_2(t) + k_1 a w_1(t) - k_2 a w_2(t) \quad .$$

(3b)

Diese beiden über $\bar{w}$ und $\bar{\varphi}$ gekoppelten Differentialgleichungen ent-koppeln sich für den Fall, daß $k_1 = k_2 = k$ und $d_1 = d_2 = d$ angesetzt werden können:

$$m\ddot{\bar{w}}(t) + 2d\dot{\bar{w}}(t) + 2k\bar{w}(t) = d[\dot{w}_1(t) + \dot{w}_2(t)] + k[w_1(t) + w_2(t)] \quad , \tag{4a}$$

$$\theta\ddot{\bar{\varphi}}(t) + 2da^2\dot{\bar{\varphi}}(t) + 2ka^2\bar{\varphi}(t) = da[\dot{w}_1(t) - \dot{w}_2(t)] + ka[w_1(t) - w_2(t)] \quad . \tag{4b}$$

Die Lösung der Differentialgleichungen (4a) und (4b) muß für zwei Zeitbereiche angegeben werden (Bild 5). Wird mit t = o der Zeitpunkt

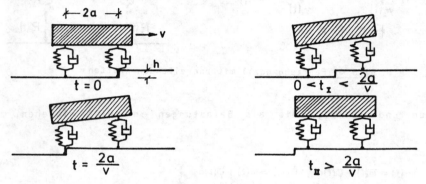

Bild 5: Laststellung an den Zeitbereichsgrenzen (links) und in den beiden Zeitbereichen (rechts)

gekennzeichnet, in dem sich die Fahrzeug-Vorderachse an dem Fahrbahn-absatz befindet und die Sprunghöhe h überwindet, so reicht der erste Zeitbereich von diesem Zeitpunkt bis zu dem, an dem die Hinterachse den Fahrbahnabsatz erreicht (t $\longrightarrow \frac{2a}{v}$). Der zweite Zeitbereich be-ginnt, wenn die Hinterachse auch die Sprunghöhe überwunden hat. Die Lösungen der entkoppelten Dgl'n lauten bei den Fußpunkterregungen

$$w_1(t) = \begin{cases} 0 \text{ für } t < 0 \\ -h \text{ für } t > 0 \end{cases} \quad , \quad \dot{w}_1(t) = 0 \text{ für } t \neq 0 \tag{5a}$$

$$w_2(t) = \begin{cases} 0 \text{ für } t < \dfrac{2a}{v} \\ -h \text{ für } t > \dfrac{2a}{v} \end{cases} \quad , \quad \dot{w}_2(t) = 0 \text{ für } t \neq \dfrac{2a}{v} \tag{5b}$$

für den Zeitbereich I $\qquad (0 < t_I < \frac{2a}{v})$

$$\overline{w}^I(t) = \frac{h}{4}\left\{e^{-\frac{d}{m}t}\left[\left(1 + \frac{d}{\sqrt{d^2-2km}}\right)e^{\frac{1}{m}\sqrt{d^2-2km}\,t}\right.\right.$$

$$\left.\left. + \left(1 - \frac{d}{\sqrt{d^2-2km}}\right)e^{-\frac{1}{m}\sqrt{d^2-2km}\,t}\right] - 2\right\} \qquad (6a)$$

$$\overline{\varphi}^I(t) = \frac{h}{4a}\left\{e^{-a^2\frac{d}{\theta}t}\left[\left(1 + \frac{ad}{\sqrt{a^2d^2-2k\theta}}\right)e^{\frac{a}{\theta}\sqrt{a^2d^2-2k\theta}\,t}\right.\right.$$

$$\left.\left. + \left(1 - \frac{ad}{\sqrt{a^2d^2-2k\theta}}\right)e^{-\frac{a}{\theta}\sqrt{a^2d^2-2k\theta}\,t}\right] - 2\right\} \qquad (6b)$$

und für den Zeitbereich II $\qquad (t_{II} > \frac{2a}{v})$

$$\overline{w}^{II}(t) = \frac{h}{4}\left\{e^{-\frac{d}{m}t}\left[\left(1 + \frac{d}{\sqrt{d^2-2km}}\right)\left(1 + e^{\frac{2a}{vm}(d-\sqrt{d^2-2km})}\right)e^{\frac{1}{m}\sqrt{d^2-2km}\,t}\right.\right.$$

$$\left.\left. + \left(1 - \frac{d}{\sqrt{d^2-2km}}\right)\left(1 + e^{\frac{2a}{vm}(d+\sqrt{d^2-2km})}\right)e^{-\frac{1}{m}\sqrt{d^2-2km}\,t}\right] - 4\right\} \qquad (7a)$$

$$\overline{\varphi}^{II}(t) = \frac{h}{4a}\,e^{-a^2\frac{d}{\theta}t}\left[\left(1 + \frac{ad}{\sqrt{a^2d^2-2k\theta}}\right)\left(1 - e^{\frac{2a^2}{v\theta}(ad-\sqrt{a^2d^2-2k\theta})}\right)e^{\frac{a}{\theta}\sqrt{a^2d^2-2k\theta}\,t}\right.$$

$$\left. + \left(1 - \frac{ad}{\sqrt{a^2d^2-2k\theta}}\right)\left(1 - e^{\frac{2a^2}{v\theta}(ad+\sqrt{a^2d^2-2k\theta})}\right)e^{-\frac{a}{\theta}\sqrt{a^2d^2-2k\theta}\,t}\right] \qquad (7b)$$

Die Gleichungen (6) und (7) für ein vorgegebenes Fahrzeug ausgewertet und in (2a) und (2b) eingesetzt, ergeben mit

$$m = 30t \quad,\quad k = 2.1 \cdot 10^6 \frac{N}{m} \quad,\quad d = 5.3 \cdot 10^4 \frac{Ns}{m}$$

$$a = 3m \quad,\quad v = 80\frac{km}{h} \cong 22,2\frac{m}{s}$$

die Kontaktkräfte für $0 < t_I < \frac{2a}{v} = 0,27\,s$

$$P_1^I(t) = \frac{h}{2}\left[e^{-1.767\,t}\left(2.1 \cdot 10^6 \cos 11.7t - 0.317 \cdot 10^6 \sin 11.7t\right)\right.$$
$$\left. + e^{-1.325\,t}\left(2.1 \cdot 10^6 \cos 10.161t - 0.275 \cdot 10^6 \sin 10.161t\right)\right] \qquad (8a)$$

$$P_2^I(t) = \frac{h}{2}\left[e^{-1.767\,t}\left(2.1 \cdot 10^6 \cos 11.7t - 0.317 \cdot 10^6 \sin 11.7t\right)\right.$$
$$\left. - e^{-1.325\,t}\left(2.1 \cdot 10^6 \cos 10.161t - 0.275 \cdot 10^6 \sin 10.161t\right)\right] \qquad (8b)$$

und für $t_{\kappa} > \dfrac{2a}{v} = 0{,}27\,s$

$$P_1^{II}(t) = \frac{h}{2}\left[e^{-1.767\,t}\left(1.293\cdot 10^6\cos 11.7t +\ \ 0.136\cdot 10^6\sin 11.7t\right)\right.$$
$$\left.+e^{-1.325\,t}\left(4.714\cdot 10^6\cos 10.161t - 1.802\cdot 10^6\sin 10.161t\right)\right] \tag{9a}$$

$$P_2^{II}(t) = \frac{h}{2}\left[e^{-1.767\,t}\left(1.293\cdot 10^6\cos 11.7t + 0.136\cdot 10^6\sin 11.7t\right)\right.$$
$$\left.-e^{-1.325\,t}\left(4.714\cdot 10^6\cos 10.161t - 1.802\cdot 10^6\sin 10.161t\right)\right] \tag{9b}$$

4. Eingabe der Kontaktkräfte in ADINA

Die Kontaktkräfte werden in ADINA in Form von Knotenlasten eingegeben, d. h. Lasten, die zwischen den Knoten stehen, müssen in Knotenlasten umgewandelt werden. In ADINA geschieht dies mit den Angaben aus Bild 6

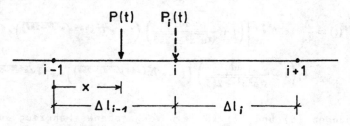

Bild 6: Ermittlung der Knotenlast

z. B. für eine Einzellast nach statischen Gesichtspunkten:

$$P_i(t) = P(t)\frac{x}{\Delta l_{i-1}} \qquad\qquad \text{für } 0 \le x \le \Delta l_{i-1}$$
$$P_i(t) = P(t)\left[1 - \frac{x - \Delta l_{i-1}}{\Delta l_i}\right] \quad \text{für } \Delta l_{i-1} \le x \le (\Delta l_{i-1} + \Delta l_i) \tag{10a,b}$$

Allgemein kann für (10a) und (10b) geschrieben werden

$$P_i(t) = P(t)\eta_i(x) \tag{11}$$

mit

$$\eta_i(x) = \begin{cases} \dfrac{x}{\Delta l_{i-1}} & \text{für } 0 \le x \le \Delta l_{i-1} \\[2mm] 1 - \dfrac{x - \Delta l_{i-1}}{\Delta l_i} & \text{für } \Delta l_{i-1} \le x \le (\Delta l_{i-1} + \Delta l_i) \end{cases} \tag{12}$$

η_i für alle x zwischen den Knoten i - 1 und i + 1 aufgetragen, ergibt die im Bild 7 dargestellte Einflußlinie für die Knotenlast P; .
Da sich bei einer wandernden Last der Lastangriffspunkt mit fort-

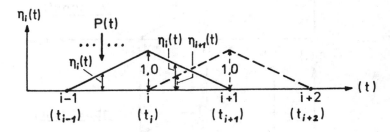

Bild 7: Einflußlinie für die Knotenlast $P_i(t)$

schreitender Zeit verlagert, d. h. x = x(t), kann die Abszisse des
Koordinatensystems im Bild 7 auch als Zeitachse aufgefaßt werden,
und die aufgetragenen Ordinaten η_i geben nun den Einfluß einer wandernden Last P(t) auf die Knotenlast P; (t) in Abhängigkeit von der
Zeit an, d. h. η_i = η_i (t). Für die Knotenlast P_{i+1} (t) existiert eine analoge Einflußlinie zu der für P; (t). Befindet sich nun P(t) zwischen den Knoten i und i + 1, so gilt die Beziehung

$$P_i(t) + P_{i+1}(t) = P(t)\eta_i(t) + P(t)\eta_{i+1}(t) = P(t) \ ,$$
(13)

da stets

$$\eta_i(t) + \eta_{i+1}(t) = 1$$
(14)

ist, d. h. in jedem Zeitpunkt entspricht die Summe aller Knotenlasten
der Größe der wandernden Lasten in diesem Zeitpunkt.
Ist P(t) konstant, so besitzt die zeitabhängige Knotenlastfunktion
P; (t) die Form der mit dem Lastwert multiplizierten Einflußlinie und
ist damit ohne Schwierigkeit von ADINA bei Angabe der Werte von P; (t)
in den Zeitpunkten t $_{i-1}$, t; und t $_{i+1}$ erfaßbar. Für alle Zwischen-
zeitschritte zwischen t $_{i-1}$ und t$_{i+1}$ ermittelt sich das Programm die
zugehörigen Knotenlasten selbst durch lineare Interpolation. Voraussetzung für dieses Vorgehen ist jedoch neben der zeitlichen Konstanz
des Lastwertes auch, daß sich die wandernde Last mit konstanter Geschwindigkeit über das Tragwerk bewegt. Bei abgebremster oder be-
schleunigter Bewegung deformieren sich die Einflußlinien (Bild 8),
so daß eine lineare Interpolation von Zwischenwerten nicht mehr möglich ist. Derartige Zeitfunktionen für die Knotenlast können ebenso
wie zeitlich nicht konstante wandernde Lasten nicht ohne weitere Maßnahmen in ADINA eingelesen werden [5] . In solchen Fällen muß$P_i(t)$

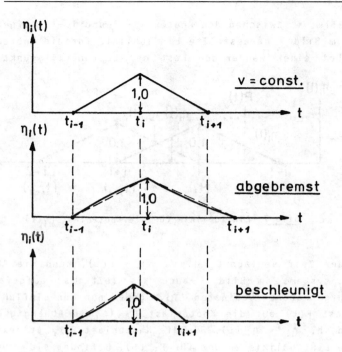

<u>Bild 8:</u> Knotenlast-Einflußlinien bei unterschiedlichen
Bewegungszuständen der wandernden Last

für jeden Knoten, der irgendwann im Laufe der Berechnung belastet
wird, vorab entsprechend Gl. (11) mit Hilfe der Gleichungen (2)
bzw. (8) und (9) für die Kontaktkräfte errechnet werden, und zwar für
jeden Zeitschritt zwischen t_{i-1} und t_{i+1}. Diese Knotenlasten werden
in einer Datei abgespeichert, aus der sich das Programm ADINA dann im
Verlaufe der Berechnung für jeden Zeitschritt die entsprechenden Knotenlasten herausliest.
Zur Ermittlung der Knotenlasten für jeden Zeitschritt aus den vorher
angegebenen Kontaktkräften P_1 (t) und P_2 (t) (Gl. (8) und (9)), wurde
ein Auswerteprogramm geschrieben. Dabei waren in jeder Radspur zwei
hintereinander angeordnete Einzellasten zu erfassen. Da jedoch für
jede Einzellast das vorher Gesagte gilt, bedeutet die Berücksichtigung
von zwei und mehr Einzellasten, daß entsprechend Bild 9 zwei oder mehr

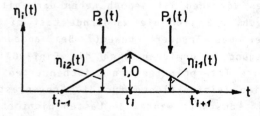

<u>Bild 9:</u> Knotenlastermittlung bei mehreren wandernden Lasten

Knotenlastanteile zu berechnen und zur Gesamtknotenlast zu superponieren sind:

$$P_i(t) = P_1(t)\eta_{i1}(t) + P_2(t)\eta_{i2}(t) + \cdots + P_n(t)\eta_{in}(t) = \sum_{k=1}^{n} P_k(t)\eta_{ik}(t) \qquad (15)$$

5. Ergebnisse

Die mit den Daten für ein vorgegebenes Fahrzeug ermittelten dynamischen Kontaktkräfte (8) und (9) wurden mit dem Auswerteprogramm für
eine Fahrbahnstufenhöhe h = 0,001 m und Zeitschritten von Δt = 0,005 s
für die nacheinander belasteten Knotenpunkte der Fahrspur ausgewertet.
Bild 10 zeigt für einige Knotenpunkte die Ergebnisse dieser Auswertung, wobei je Knoten die Lastwerte für maximal 85 aufeinanderfolgende
Zeitschritte aufgetragen sind. Diesen dynamischen Anteilen der Knotenlasten werden die statischen Anteile, wie sie in Bild 11 dargestellt
sind,überlagert.

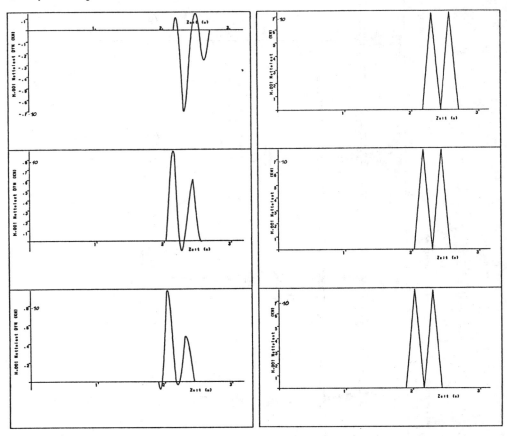

Bild 10: Dynamische Anteile der
        Knotenlasten

Bild 11: Statische Anteile der
        Knotenlasten

Die dynamische Antwort eines in den Querfugen durch ein elastisches Fugenfüllmaterial gekoppelten Fahrbahnplattensystems(Bild 12) auf die so ermittelten zeitabhängigen Knotenlasten ist im Bild 13 gezeigt. Dargestellt sind die Zeitschriebe der Schwinggeschwindigkeiten in benachbarten Knotenpunkten an den Querfugen (s. Bild 12). Sehr deutlich treten die Schwinggeschwindigkeitsspitzen in den einzelnen Knotenpunkten bei Überfahrt der Räder

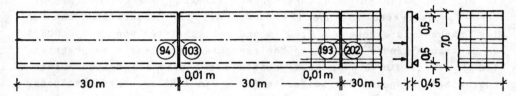

Bild 12: Beispiel für ein Koppelplattensystem

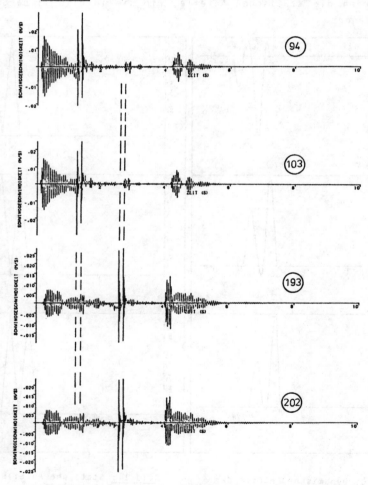

Bild 13: Dynamische Antwort (Schwinggeschwindigkeiten) in Knotenpunkten an den Querfugen

über die Querfugen hervor. Gut zu erkennen sind auch die zeitverzö-
gerten Antworten in den jeweils entsprechenden Knotenpunkten an der
anderen Fuge. Die Zeitverzögerung gibt die Laufzeit einer Biegewelle
durch die 30 m lange Platte an.

Das über eine Fourier-Analyse gewonnene Spektrum der Plattenschwingungen (Bild 14) zeigt ausgeprägte Amplituden in den Eigenfrequenzen

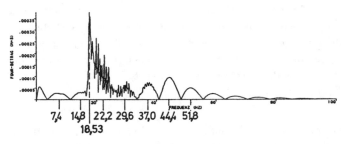

Bild 14: Spektrum der Plattenschwingungen im
Knotenpunkt 94

der Koppelplatte, die zu

$$f_1 = 18,53 \text{ Hz}, \quad f_2 = 19,29 \text{ Hz}, \quad f_3 = 19,77 \text{ Hz usw.}$$

ermittelt wurden. Die Nebenmaxima sind Anregungsfrequenzen F_n zuzuordnen, die sich durch die Überfahrt der beiden Fahrzeugachsen
im Abstand von 3 m über die Fuge bei einer Fahrzeuggeschwindigkeit
von 80 km/h errechnen lassen zu

n	1	2	3	4	5	6	7
F_n [Hz]	7,4	14,8	22,2	29,6	37,0	44,4	51,8

Bei den vorstehend diskutierten Untersuchungen wurden für die Fußpunkterregungen des Fahrzeugmodells unterschiedliche Fahrbahnsprung-
höhen h angesetzt. Mit welcher Größe dieses h in eine Berechnung einzuführen ist, hängt von dem zu behandelnden Problem ab. Stellt die
Sprunghöhe z. B. den Unterschied der Plattendurchbiegungen an einer
Fahrbahnfuge dar, so kann als Näherung dieser Unterschied aus einer
statischen Untersuchung gewonnen werden. Soll eine Nachrechnung
für ein bereits gebautes Projekt durchgeführt werden, so kann h durch
gezielte Messungen ermittelt werden.

6. Zusammenfassung

Sollen Schwingungsberechnungen von Tunnel-Fahrbahnplatten unter zeitlich veränderlichen wandernden Lasten durchgeführt werden, so ist dieses bei Benutzung des FE-Programms ADINA nicht ohne zusätzliche
Maßnahmen bei der Ermittlung der in das Rechenprogramm einzugebenden
Knotenlasten möglich. Es wird ein Weg gezeigt, wie die zeitliche Veränderlichkeit der wandernden Last bei der Berechnung der dynamischen
Antworten von Fahrbahnplatten näherungsweise berücksichtigt werden
kann. Dabei wird ein schwingungsfähiges System als Modell eines Kraft-
fahrzeugs durch eine Fußpunkterregung in Schwingung versetzt und die
analytisch gewonnene Antwort dieses Systems in Knotenlasten für das
FE-System der Fahrbahnplatten umgerechnet.

Literatur

[1] NATKE, H.G.: Ursachenfindung zur Lärm- und Erschütterungsentste-
hung in der Nachbarschaft des Elbtunnels. STUVA Forschung + Praxis
H. 23, 1980, S. 166

[2] FRYBA, L.: Vibration of solids and structures under moving loads.
Noordhoff International Publishing, Groningen, 1972

[3] TING, E.C., GENIN, J., GINSBERG, J.H.: Dynamic interaction of
bridge structures and vehicles. The Shock and Vibration Digest 7
(1975) No. 11, p. 61

[4] HUANG, T.: Vibration of bridges. The Shock and Vibration Digest 8
(1976) No. 3, p. 61

[5] SCHNEIDER, H.-J., ELF, H.P., KÖLLE, P.: Modelling of travelling-
loads and time-dependent masses with ADINA. Computers & Structures
17 (1983), p. 749

DER LASTFALL KÄLTESCHOCK AUF EINEN ROTATIONSSYMMETRISCHEN SPANNBETONBEHÄLTER

von Prof.Dr.-Ing.H.-J. Niemann und Dipl.-Ing. T.N.Nguyen

1 EINLEITUNG

Flüssigerdgas, in Englisch LNG (liquefied natural gas), hat bei atmosphärischem Druck eine Temperatur von ca -165°C. Die Erdgasverflüssigung reduziert sein Volumen um das Verhältnis 600:1 und macht damit eine Lagerung in Behältern sinnvoll und wirtschaftlich.

Die ersten LNG Behälter wurden aus Stahl gebaut und bestanden aus einem Innenbehälter aus kaltzähem Stahl und einem Sicherheitsbehälter aus Kohlenstoffstahl. Diese Bauart genügt den heutigen Sicherheitsbedürfnissen nicht mehr.

Eine andere Lösung besteht aus einem Stahlinnenbehälter und einem Sicherheitsbehälter aus Stahlbeton oder Spannbeton.

Die neueste Konzeption sieht vor, daß Innenbehälter und Sicherheitsbehälter aus Spannbeton zu bauen sind. Siehe Bild 1.

Bei den genannten Bauweisen kann der Lastfall Kälteschock sowohl als Störfall als auch planmäßig auftreten.

Der Störfall gilt einem Sicherheitsbehälter und tritt schlagartig infolge des Versagens vom Innenbehälter auf. Der planmäßige, kontrollierte Kälteschock tritt beim Füllvorgang eines Innenbehälters auf, wobei die Abkühlgeschwindigkeit des Betons gegenüber dem Störfall wesentlich kleiner ist.

In beiden Fällen erleidet die Spannbetonschale durch den Temperaturabfall eine große Zwangsbeanspruchung.

Der Temperaturzwangslastfall ist nicht mit einem herkömmlichen Lastfall vergleichbar, der z.B. durch Normen und Richtlinien bereits geregelt ist und bei dem der Lastzustand für die Berechnung eingefroren betrachtet wird. U.a. ist die Zwangsbeanspruchung eine Funktion der Zeit.

Aus genanntem Grund ist es daher erforderlich, zunächst den Lastfall Kälteschock rechnerisch zu beschreiben, d.h.die Berechnungen der Temperaturfelder im Bauwerk infolge des Kälteschocks vorzunehmen, bevor die Ermittlung der Zwangbeanspruchung erfolgen kann.

2 DIE PLATTENVERSUCHE

Zur Untersuchung dieses Lastfalls wurden Kälteschockversuche an Spannbetonplattenstreifen durchgeführt. Die Versuchsanordnung, die in Bild 2 dargestellt ist, sah vor, daß auf einem definierten Bereich der statisch bestimmt aufgelagerten Platte ein lokaler Kälteschock aufgebracht wurde. Die dadurch entstandenen Temperaturprofile wurden gemessen. Die Zwangsbeanspruchung der Platte, die einen ungestörten Abschnitt des zylindrischen Teils eines Behälters darstellt, wird durch Einleitung zweier Vertikalkräfte erzeugt und ermittelt. Diese sollten die Platte, die sich unter der Temperatur nach unten krümmt, in die waagerechte Ausgangslage zurückbringen.

3 DIE BERECHNUNG DER TEMPERATURFELDER INFOLGE DES KÄLTESCHOCKS IM BAUWERK

3.1 Allgemeines

Zur Ermittlung eines Temperaturfeldes in einem Festkörper wird die Fouriersche Differentialgleichung der Wärmeleitung zugrunde gelegt. Sie lautet :

$$\frac{\partial \Theta}{\partial t} = \frac{\lambda}{c \cdot \rho} \cdot \left(\frac{\partial \Theta}{\partial x^2} + \frac{\partial \Theta}{\partial y^2} + \frac{\partial \Theta}{\partial z^2} \right) + \frac{1}{c \cdot \rho} \cdot f(x,y,z,t) \qquad (1)$$

Hierin bedeuten :

Θ	Temperatur
t	Zeit
λ	Wärmeleitfähigkeit [W/m·K]
c	Spezifische Wärmekapazität [W·h/Kg·K]
ρ	Spezifisches Gewicht [Kg/mη]
x,y,z	Kartesische Koordinaten

$f(x,y,z,t) = W =$ Wärmemenge, die dem Körper zugeführt wird als Funktion von Ort und Zeit.

Zur Lösung dieses Problems sind drei Arten von räumlichen Randbedingungen anzugeben.

- Randbedingung erster Art : sie besteht in der Angabe einer definierten Oberflächentemperatur. Diese Randbedingung ist für den Lastfall Kälteschock infolge eines Störfalls gegeben. Im Schockbereich ist sie gleich der Temperatur des LNG, außerhalb des Schockbereichs ist sie zu Beginn des Schockvorgangs gleich der Umgebungstemperatur.

- Randbedingung zweiter Art : sie besteht in der Angabe des Wärmeflusses für die Oberfläche des Temperaturfelds. Diese Randbedingung wird bei der Behandlung des Lastfalls Kälteschock nicht benötigt.

- Randbedingung dritter Art : sie besteht in der Angabe der Umgebungstemperatur und eines Gesetzes für den Wärmeaustausch zwischen Oberfläche des Temperaturfelds und der Umgebung. Dieses Gesetz wird Newtonsches Abkühlungsgesetz genannt und lautet :

$$d^2Q = \alpha(\Theta_u - \Theta_0)\,dF \cdot dt \qquad (2)$$

Q   Wärmemenge, die an die Umgebung abgegeben wird
dF   Oberflächenelement
dt   Zeit
Θ_u Umgebungstemperatur
Θ_0 Oberflächentemperatur des Körpers

Diese Randbedingung ist grundsätzlich für die nicht abgekühlte Seite des Bauwerks anzusetzen. Sie ist ferner beim Lastfall Füllen eines Innenbehälters für die langsam abgekühlte Seite vorhanden.

Die o.g. Differentialgleichung ist allgemein in geschlossener Form nicht lösbar. Nur für spezielle Fälle und unter bestimmten Voraussetzungen werden geschlossene Lösungen angegeben. Mit der Methode der finiten Elemente gelingt es jedoch, mit sehr guter Näherung auch die allgemeine Differentialgleichung zu lösen. Die in dieser Arbeit angegebenen Berechnungen werden daher mit Hilfe dieser Methode durchgeführt. Es wurden 2 verschiedene Programme verwendet. Eines davon ist eine Eigenentwicklung der Ruhr-Universität Bochum, SICK 100 INSTAT. Dieses wurde ursprünglich zur Berechnung von Sickerwasserströmungen entwickelt, die hierfür zugrunde liegende Differentialgleichung entspricht jedoch genau der der Wärmeleitung. Das andere Programm ist ADINAT. Da die mit beiden Programmen erzielten Ergebnisse nahezu identisch sind, wird in diesem Aufsatz nur von den gemeinsamen Ergebnissen berichtet.

3.2 Die Besonderheiten

Die Berechnung der Temperaturfelder für den Lastfall Kälteschock bringt eine ganze Reihe von Besonderheiten mit sich, deren Nichtberücksichtigung zu falschen Ergebnissen führt.

a. Die Temperaturspanne ist sehr hoch. Bei LNG beträgt sie 185K. Aus diesem Grund ist es nicht mehr zutreffend, wenn λ, c und α als konstante Größen angesetzt werden.

b. λ und c sind ferner Funktionen der verwendeten Baustoffe.

c. Die Modellierung eines Betonkörpers ist unvollständig, wenn die Stahlanteile als wärme- bzw. kälteleitende Komponente unberücksichtigt bleiben.

d. LNG Behälter werden generell innenseitig mit einer Dichthaut - Liner genannt - versehen. Neben der Dichtigkeitsfunktion hat der Liner auch eine Isolierungswirkung. Bei Kopfbolzenlinern wird der Isolierungseffekt durch das Abheben des Liners unter Kälteeinwirkung verstärkt, da zwischen ihm und der Lineroberfläche ein Luftspalt entsteht, der bekanntlich sehr gut isoliert. Siehe Bild 3.

3.3 Das thermische Berechnungsmodell

Das thermische Berechnungsmodell ist zweidimensional und besteht aus 4-Knotenelementen. Die wärmeleitende Wirkung der Stahlanteile (Bewehrung, Spannglieder) wird durch Stab elemente berücksichtigt. Die Definition der Randbedingungen ist aus Bild 4 ersichtlich. Entsprechend der Versuchsanordnung wurde der Kälteschock rechnerisch auf einen Bereich von 2,30m von der Gesamtlänge von 3,40m aufgebracht. Siehe Bild 2.

3.4 Die Ergebnisse der Temperaturberechnungen

Die Ergebnisse der Temperaturberechnungen sind in den Bildern 5a und 5b dargestellt. Es zeigt sich, daß unter Beachtung der unter Absatz 2 genannten Besonderheiten eine gute Übereinstimmung zwischen Versuch und Berechnung erzielt werden kann. Ferner kann hier die Isolierungswirkung eines Liners verdeutlicht werden.

4. DIE BEANSPRUCHUNG DURCH EINEN KÄLTESCHOCK

4.1 Allgemeines

Unter Temperatur erfährt ein statisch unbestimmtes System Zwangsschnittkräfte.

Diese lassen sich zusammensetzen aus :

- Kräfte bzw. Spannungen aus gleichmäßiger Temperatur
- Kräfte bzw. Spannungen aus linearem Temperaturunterschied
- Kräfte bzw. Spannungen aus nichtlinearem Temperaturunterschied

Die Versuchsanordnung für die Platten sieht vor, daß durch die Einleitung der Querkräfte, die Verformung des Balkens in vertikaler Richtung vollkommen behindert wurde.

Die Längsdehnung dagegen wurde nicht behindert, da die Versuchskörper auf Rollen gelagert wurden. Damit entfallen die Kräfte bzw. Spannungen, die infolge gleichmäßiger Temperatursenkung auftreten würden. Untersucht wird also nur die Zwangsbeanspruchung infolge des linearen und des nichtlinearen Temperaturunterschiedes. Letztere sind Eigenspannungen. Damit entspricht das Verhalten des Versuchskörpers einem Abschnitt im ungestörten Bereich des zylindrischen Teils eines Behälters.

Da es sehr schwierig ist, bei den Versuchen die tatsächliche Zwangsbeanspruchung des Betons zu messen, werden die Messungen auf die Dehnung des Stahls sowie auf die obere und untere Betondehnung konzentriert. Damit können jedoch Rückschlüsse über die Zwangsbeanspruchung im Beton gezogen werden.

4.2. Die Besonderheiten

Unter tiefer Temperatur ändern sich die mechanischen Eigenschaften von Beton und Stahl zum Teil beachtlich gegenüber den Werten bei Raumtemperatur. Bei Beton sind dies Der E-Modul, die Zug- und die Druckfestigkeit. Bei Stahl erfahren die Streckgrenze und die Zugfestigkeit eine wesentliche Steigerung.

Da Stahl und Beton unter tiefer Temperatur unterschiedliche Ausdehnungskoeffizienten haben,(α_T von Stahl ist kleiner als α_T von Beton) entsteht ein Effekt der Selbstvorspannung, ähnlich in einem Spannbett.

Unter Raumtemperatur wird üblicherweise die Betonzugfestigkeit nicht angesetzt, da sie generell einen Unsicherheitsfaktor darstellt. Unter tiefer Temperatur und bei der Ermittlung der Zwangsbeanspruchung ist deren Ansatz jedoch unerläßlich, da eine Nichtberücksichtigung der Betonzugfestigkeit sofort zum rechnerischen Versagen der Platte führt, was bei keinem Versuch beobachtet werden konnte.

4.3 Das mechanische Berechnungsmodell

Die Elementeinteilung des mechanischen Berechnungsmodells der Platten ist mit der des Berechnungsmodells der Temperaturfelder identisch. Damit ist es möglich, die aus der thermischen Berechnung ermittelten Temperaturen sofort zu übernehmen, um damit die Zwangsbelastung zu definieren.

Der Beton wird mit zweidimensionalen 4-Knotenelementen, die Bewehrung mit Stabwerkselementen und die zentrische Vorspannung mit einem Stabwerkselement mit vorgegebener Dehnung modelliert. Der Verbund zwischen Beton und Bewehrung wird als ideal angenommen und ist an den gemeinsamen Knoten von Beton- und Stahlelementen definiert. Um diesen jedoch möglichst wirklichkeitsnah zu modellieren, wird die Elementenlänge dem bei den Versuchen ermittelten mittleren Rißabstand angepaßt. Hieraus ergibt sich eine Elementlänge von 5 cm. Siehe Bild 6.

Die Einleitung der äußeren Belastung entspricht exakt dem tatsächlichen Verlauf der Anbringung der Kräfte während des Versuchs. Als Rechenzeitschritt wurde ein Zeitabstand von 5 Minuten gewählt.

Wegen des sehr schwachen Einflußes der Bolzen und der verschiedenen Liner auf die globale Tragfähigkeit des Bauwerkes wird deren mechanische Mitwirkung nicht berücksichtigt.

4.4 Die Ergebnisse

Die Stahlzugkraft in der oberen Bewehrung eines linerlosen Prüfkörpers sind in den Bildern 7a und 7b dargestellt. Sie zeigen, daß auch hier eine gute Übereinstimmung zwischen Versuch und Berechnung erzielt werden konnte.

Die Zwangsbeanpruchung eines Bauwerks infolge eines Kälteschocks baut sich allmählich auf und erreicht das Maximum während des instationären Temperaturzustands, danach wird sie kleiner und fällt mit dem Erreichen des stationären Temperaturzustands auf ein Minimum zurück.

Die Stahldehnung liegt noch unterhalb der 2,0‰ Grenze, so daß ein Fließen infolge der Zwangsbeanspruchung nicht in Frage kommt.

5. Zusammenfassung

Anhand der Plattenversuche und Plattenberechnungen wird die Vorgehensweise zur Erfassung der Temperaturen und der Zwangsbeanspruchung eines Behälters unter dem Lastfall Kälteschock gezeigt. Unter Beachtung der Besonderheiten hinsichtlich der Bauweise des Behälters, der thermischen und mechanischen Eigenschaften der Baustoffe Stahl und Beton kann dieser Lastfall zuverlässig rechnerisch beschrieben werden. Damit wird die Voraussetzung für eine zutreffende Quantifizierung der Tragfähigkeit bzw. der Tragreserven des Bauwerks unter der beschriebenen Belastung geschaffen.

L I T E R A T U R

[1] ADINA A finite element program for automatic dynamic incremental nonlinear analysis Report AE 84-1

[2] ADINAT A finite element pr ogram for automatic dynamic incremental nonlinear analysis of temperatures. Report AE 81-2.

[3] Niemann H.-J., Schübel V.
Tieftempertaurversuche an Spannbetonplattenstreifen mit und ohne Liner. Bericht zum Projekt LNG-Speichertechnik, 1985, unveröffentlicht.

[4] Schäper M.,
Tieftemperaturbeanspruchte Spannbetonbehälter
Sicherheitsbehälter für verflüssigte Gase
Universität-Gesamthochschule-Essen, Forschungsberichte aus dem Fachbereich Bauwesen, Heft 27

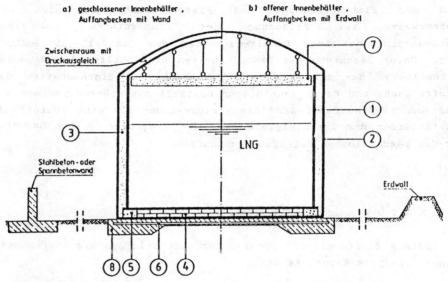

Behältersystem:
Selbsttragender Stahlinnenbehälter, Stahlaußenbehälter mit Umwallung

a) geschlossener Innenbehälter,
   Auffangbecken mit Wand

b) offener Innenbehälter,
   Auffangbecken mit Erdwall

Zwischenraum mit
Druckausgleich

LNG

Stahlbeton- oder
Spannbetonwand

Erdwall

1 – Ni-Stahl – Innenbehälter
2 – Stahl – Außenbehälter
3 – Wandisolierung
4 – Druckfeste Bodenisolierung
5 – Gasbetonring

6 – Heizungsrohre
7 – Abgehängte Decke mit Isolierung
8 – Gründung, je nach Bodenverhältnissen als Flach-
    gründung (beheizt) oder Pfahlgründung

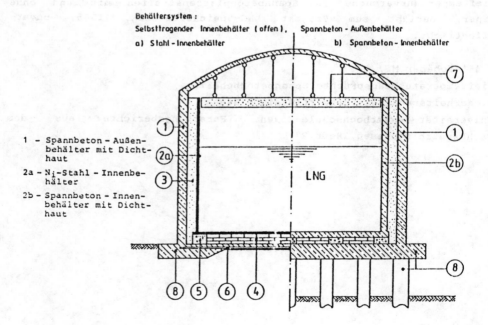

Behältersystem:
Selbsttragender Innenbehälter (offen), Spannbeton - Außenbehälter

a) Stahl - Innenbehälter

b) Spannbeton - Innenbehälter

LNG

1 – Spannbeton – Außen-
    behälter mit Dicht-
    haut
2a – Ni-Stahl – Innenbe-
    hälter
2b – Spannbeton – Innen-
    behälter mit Dicht-
    haut

Bild 1 :   LNG-Tank-Konzeptionen (aus [4])

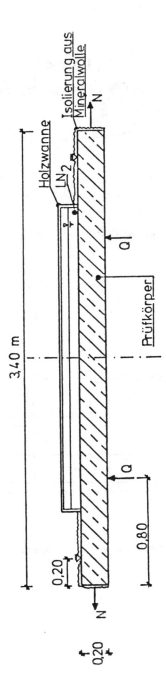

Bild 2 : Schematische Darstellung der Versuchsanordnung

Versuchsablauf:

a.) Erzeugung eines einseitigen, lokalen Kälteschocks mit LN_2 (0 = -196°C)

b.) Einleitung der Querkraft Q, um den Prüfkörper waagerecht zu halten
   $\hat{=}$ Ermittlung des Biegezwangs unter Kälteschock

c.) Nach Erreichen des stationären Temperaturzustandes schrittweise Einleitung der Quer- und Längskraft zur Ermittlung der Tragfähigkeit des Prüfkörpers

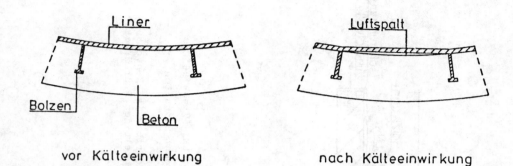

Bild 3 : isolierende Wirkung eines Stahlbolzenliners

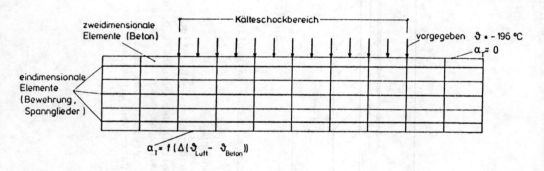

Bild 4 : Berechnungsmodell für die Ermittlung der Temperaturen in den Versuchsplatten unter Kälteschock

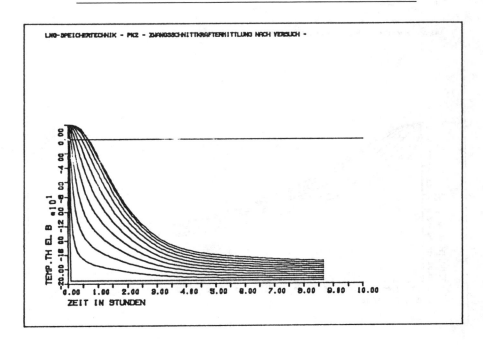

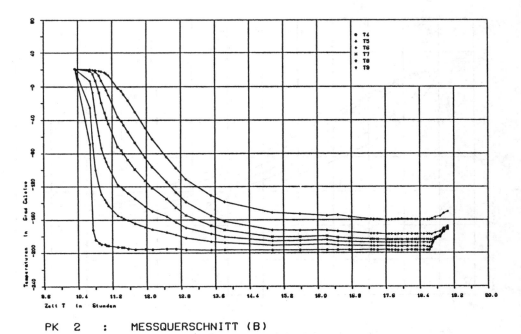

PK 2 : MESSQUERSCHNITT (B)

Bild 5a : gemessene und berechnete Temperaturentwicklung in einem
linerlosen Versuchskörper

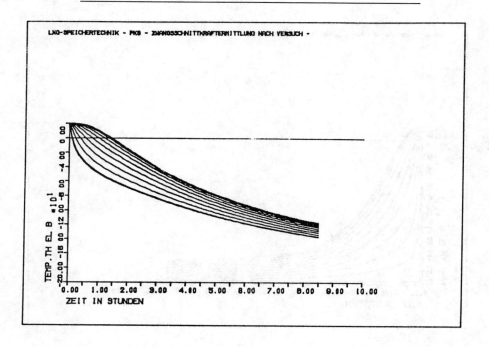

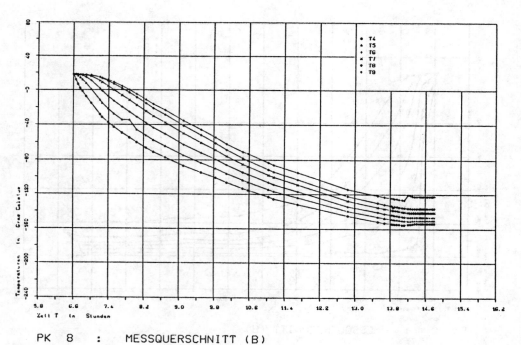

PK 8 : MESSQUERSCHNITT (B)

Bild 5b : gemessene und berechnete Temperaturentwicklung in einem Versuchskörper mit Stahlbolzenliner.

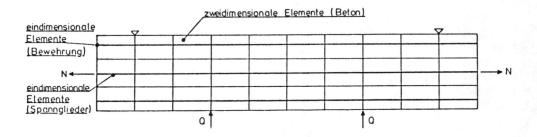

Bild 6 : Berechnungsmodell für die Ermittlung der Temperaturzwangsbeanspruchung der Versuchsplatten.

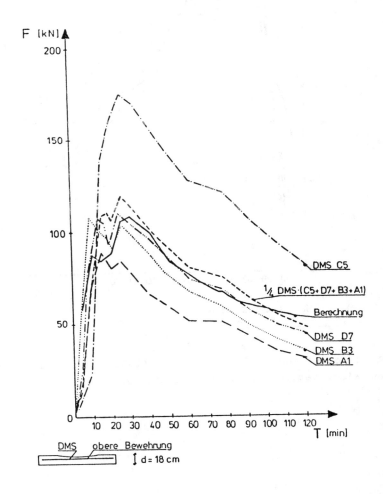

Bild 7a : gemessene und berechnete Stahlzugkraft in der oberen Bewehrung einer Versuchsplatte mit Verjüngung in Plattenmitte

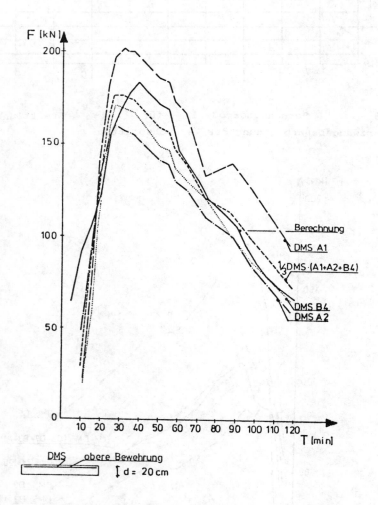

Bild 7b : gemessene und berechnete Stahlzugkraft in der oberen Bewehrung einer Versuchsplatte mit konstanter Dicke

ENTWICKLUNG EINES DURCHGÄNGIGEN WERKZEUGES FÜR DIE
TRAGWERKSPLANUNG AUF PC-BASIS

von Hans-Georg Leitner und Horst Schillberg *

1. Einleitung

Die computerunterstützte Erstellung von Bauausführungsunterlagen war
bisher vor allem auf statische und dynamische Berechnungen beschränkt.

Mit der zunehmenden Leistungsfähigkeit von Software (CAD- und FE-
Programme) und Hardware (PC) ist es jetzt aber an der Zeit, den
nächsten Schritt zur Rationalisierung der Projektbearbeitungen zu
tun. Der Umstieg der Konstruktionsbüros vom Zeichenbrett zum Bild-
schirmarbeitsplatz ist auch im Bauwesen nicht mehr aufzuhalten, und
vorne ist, wer diesen Schritt mit Vernunft, Geschick und Kostenbewußtsein tut.

Vernunft braucht es, um die eigenen Anforderungen zu definieren und
deren Erfüllbarkeit zu erkennen, Geschick erfordert die Auswahl und
Einführung der zutreffenden Programme und das Kostenbewußtsein muß
schließlich vor finanziellen Verlusten schützen.

Was heute als PC vor Ihnen am Arbeitstisch steht, war vor einigen
Jahren noch unvorstellbar (sh. Bild 1). Das Verhältnis von Leistung
zu Preis von Hard- und Sofware steigt von Jahr zu Jahr und macht den
wirtschaftlichen Einsatz von CAD auf PC-Basis im Ingenieurbüro
möglich.

Verbindet man PC und Host, so können zeitaufwendige Berechnungen auf
dem Host-Rechner durchgeführt und deren Ergebnisse am PC weiterbearbeitet werden.

Betrachtet man die im Ingenieurbüro anfallenden Haupttätigkeiten, so
stellen sich Berechnungen nach der Methode der Finiten Elemente ein-
gebettet in CAD-Bearbeitungen dar (sh. Bild 2).

---

* Dipl.Ing.Dr.techn. Hans-Georg Leitner, Siemens AG Österrreich
  Bautechnik VE 7 Linz und Dipl.Ing. Horst Schillberg, Siemens AG
  Erlangen UB KWU, U8652

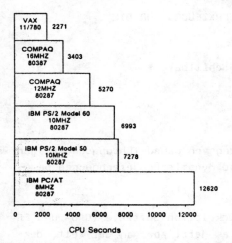

Bild 1: Vergleich von Rechnerleistungen anhand des ANSYS-Code Benchmark SP-3 Tests (aus ANSYS News, fourth issue, 1987, mit
Genehmigung des ANSYS-Distributors)

Der Schwerpunkt der EDV-unterstützten Bearbeitung verschiebt sich
durch die Einführung von CAD deutlich von FE-Berechnungen hin zum CAD.
Der Aufwand zur Erstellung von Architektur-, Schal-, Bewehrungs- und
Detailplänen übersteigt, in Mannstunden gerechnet, den Aufwand zur
Erstellung von statischen Berechnungen bei weitem.

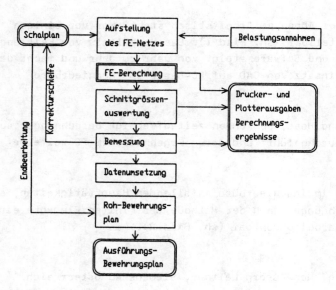

Bild 2: Einbettung der FE-Berechnungen im alltäglichen Arbeitsfluß
einer Konstruktionsabteilung.

Das zeigt aber auch, wo der Hebel bei der Durchführung von Rationali-
sierungsmaßnahmen primär anzusetzen ist, nämlich beim CAD-Arbeitsplatz.

Rationalisieren beim CAD-Arbeitsplatz - wo er noch kaum aufgestellt
ist?
Nun, wir haben mit CAD vor ca. drei Jahren begonnen und erwarten nach
unseren bisherigen Erfahrungen alle 1 - 2 Jahre einen deutlichen
Rationalisierungsschub, um die Geschwindigkeit der Planerstellung
weiter zu steigern.

Dies bedeutet hier Nachkaufen von besserer Hard- und Software und
Durchführen der erforderlichen Eigenentwicklungen.

Damit sind wir beim eigentlichen Thema:

Es geht hier um die ENTWICKLUNG eines möglichst DURCHGÄNGIGEN WERK-
ZEUGES für die TRAGSWERKSPLANUNG, d.h., es geht primär um das Werkzeug
zur Verbesserung der Tragwerksplanung, und die Entwicklung artet dabei
nicht zum Selbstzweck aus!

2. Entwicklung

Was wollen wir überhaupt?

Wir sind Bauingenieure und verdienen unser Geld mit dem ALLTAGSGE-
SCHÄFT, d.h. mit dem Erstellen von Durchschnittsplänen und Berechnungen für Baukonstruktionen. Sonderkonstruktionen sind die Ausnahme.

Die Entwicklung eines durchgängigen Werkzeuges für die Tragwerksplanung hat als Fernziel, CAD-Pläne und FE-Berechnungen mit allen
Massen- und Stücklistenermittlungen datenmäßig auf einer gemeinsamen
Basis zu erfassen.
Sieht man die Vielfalt von verschiedenartigen Anforderungen und Kon-
struktionsarten, so wird klar, daß dieses Fernziel noch sehr fern ist,
wenn es mit wirtschaftlichem Aufwand überhaupt zu erreichen ist.

Bei der Aufstellung der erforderlichen Zwischenschritte zum Erreichen
von Hauptzielen erkennt man aber jene Nahziele, die einfach zu erreichen sind und einen unmittelbaren wirtschaftlichen Erfolg versprechen.

So ist es zum Beispiel erklärtes Teilziel für uns, bis Herbst dieses Jahres die Erstellung von Bewehrungsplänen mit CAD so zu beschleunigen, daß im Schnitt über die ganze Projektbreite und Mannschaft ein DIN-AO-Bewehrungsplan in einem Arbeitstag leicht zu schaffen ist. Dies bedeutet eine Reduktion der Bearbeitungszeit auf etwa die Hälfte.

Ein weiteres Teilziel für die nächsten Monate ist es, die EDV-mäßige Bemessung von Stabtragwerken direkt an die Ergebnisse der MAX-MIN-Auswertung anzuschließen, wie wir dies bei Flächentragwerken bereits getan haben.

Wir haben uns zur Maxime gemacht, die Entwicklungen immer erst dann anzugehen, wenn wir sie für ein gegebenes Projekt brauchen. So werden wir z.B. im Sommer d.J. für das vorgespannte Kopftragwerk eines Betonkesselhauses Spannkabelpläne erstellen. Das wird der Anstoß sein für die Entwicklung von Spannkabelführung in CAD, Datenübergabe in das FE-Programm, Schnittgrößenberechnung, Spannungsnachweise, Spannkraftverlauf und Spannanweisung.

Selbstverständlich heißt das nicht, daß wir alles neu programmieren: Entwicklung bedeutet in diesem Fall das Zusammenfügen von vorhandenen Einzelbausteinen so, daß der gesamte Arbeitsablauf von uns mit unseren CAD- und FE-Programmen am PC durchgezogen werden kann.

Die Eigenentwicklung beschränkt sich immer dort auf Schnittstellenprogrammierung, wo gute Einzelprogramme zugekauft werden können. So kann die Entwicklung auch rasch und während der Projektsbearbeitung erfolgen.

Damit wird die Entwicklung aber auch optimiert, weil die Anforderungen an ein Software-Produkt nie so direkt und vielfältig gestellt werden wie anhand eines konkreten Projektes. Dazu hilft in unserem Falle noch der Umstand, daß Anwender und Entwickler Bauingenieure und Konstrukteure sind, die im gleichen Büro am selben Projekt zusammenarbeiten.

Wir entwickeln also für uns selbst und müssen die Kosten dafür innerhalb der Projektsbearbeitungen hereinbringen. Damit verfallen wir nicht der Verlockung, viele Mannjahre Entwicklung in ein CAD/FE-System für Bauwesen zu investieren, für das es dann keinen Markt gibt, über den man die Kosten wieder halbwegs hereinbekommt.

Bei größeren Entwicklungsvorhaben, wie z.B. der Entwicklung des Bewehrungsplanes, werden die Anforderungen an das Programmpaket klar
definiert und die Einzelschritte und deren Zusammenfügung gesteuert.
Solche Vorhaben werden nicht projektgebunden ausgeführt und müssen
sich daher bei der Anwendung so rasch als möglich amortisieren. Wir
haben bei diesen Entwicklungen keine Konzessionen an die EDV gemacht,
d.h. der mit CAD erstellte Bewehrungsplan muß mindestens den gleichen
Informationsgehalt aufweisen wie ein konventionell erstellter.

Bei allen Entwicklungsvorhaben stimmen wir uns mit den kooperierenden
Abteilungen unseres Hauses sowie mit unseren Software-Kunden und
externen Kooperationspartnern ab.

Bewertungskriterien :

▨	Derzeitiges Leistungsvermögen des FE-Programmpaketes ...... max. 10 Punkte
▩	Grafikfähigkeit von Input und Output .... max. 20 Punkte
▨	Spezialteile für Bauingenieurwesen .... max. 20 Punkte
▨	Zukünftiges Entwicklungspotential .... max. 20 Punkte
▨	Zugriff zur Datenbasis und CAD-Schnittstellen .... max. 10 Punkte

Bild 3: Beispiel zur Auswahl eines FE-Programmpaketes anhand von Bewertungskriterien und Punktevergabe.

Eine weitere Forderung haben wir uns für eigene Entwicklungen erhoben:
Unsere Konstrukteure und Ingenieure sollen durch die Computerunterstützung dazulernen und nicht durch banale Fragen des Programmes
frustriert werden oder gar das konstruktive Denken verlernen. Aus
diesem Grunde wird z.B. die Entscheidung der Übergreifungslängen von
Bewehrungseisen dem Konstrukteur überlassen (er weiß sie ohnehin
auswendig) und nicht dem Programm.

So gelingt es, mit Hilfe der Computerunterstützung das Niveau der gesamten Mannschaft in das CAD-Zeitalter zu heben. Das Echo der Mannschaft ist durchwegs positiv.

3. Das Werkzeug

Die Abteilungen U 8652 der Siemens AG Erlangen und VE 7-Bautechnik
Linz der Siemens AG Österreich haben sich entschlossen, das Alltagsgeschäft mit weitestgehender Computerunterstützung auf PC-Basis abzu-
wickeln.

Es waren somit ein CAD- und ein FE-System zu suchen, welche auf PC
liefen und den Anforderungen beider Abteilungen entsprachen.

Die Programme mußten von der gesamten Mannschaft der Konstrukteure und
Ingenieure anwendbar, d.h. leicht erlernbar und überschaubar sein.

Es war auch klar, was die Mannschaft erlernen mußte: Das Betriebssystem
MS-DOS, das CAD-Programm, das FE-Programm (nur die Statiker) Inter-
face-Programme und auch Programmiersprachen (Auto-LISP, BASIC teilweise). Dies alles erfordert besondere Sorgfalt bei der Auswahl der
Programme.

Die Auswahl der Hardware gestaltet sich einfacher und kann nach der
Auswahl der Software erfolgen.

Als FE-Programm wurde ANSYS ausgewählt. Die Selektion erfolgte nach
Durchsicht von 14 FE-Paketen. Die Bewertungskriterien und deren Anwendung auf die vorselektierten 4 Programme sind aus Bild 3 zu ersehen. Aufgrund der Punktebewertung wurde ANSYS gewählt, obwohl dieses
allgemeine FE-Programm fast keine Spezialteile für Bauingenieure aufweist.

Wesentlich für die Wahl war die enorme Grafikfähigkeit, die als be-
deutendes Hilfsmittel zur Fehlererkennung und zur Schulung der
Ingenieure hoch bewertet wurde. Aber auch die weite Verbreitung, das
Leistungsvermögen sowie die Standard-Schnittstellen zu CAD-Programmen
waren vergleichsweise gut zu bewerten.

Weiters konnten wir durch diese Wahl alle unsere 2D- und 3D-Stabwerks-
und FE-Programme durch ein einziges System (einheitliche Eingabe) ersetzen.

Da ANSYS-PC-LINEAR für den Einsatz im Alltagsgeschäft als ausreichend
befunden wurde, haben wir uns zu dieser PC-Version entschlossen.

Als CAD-System wurde mit AutoCAD ebenfalls ein allgemeines Programm gewählt, das aber bezüglich des Entwicklungspotentials viel versprach und bereits weltweiter Marktführer war.

Da beide Programme also gute Basispakete waren, aber nichts für unsere Bauingenieuranwendungen speziell boten, mußten wir uns in Eigenentwicklung Zusatzprogramme schaffen.

Die geschah bei CAD für Architekturpläne, Schalpläne, Lagepläne, Bewehrungspläne, Längenschnitte, Querprofile, Spiegelliniendarstellungen, usw.

Zu ANSYS haben wir bisher die MAX-MIN-Auswertung für Verformungen und Schnittgrößen sowie die Bemessung für Flächentragwerke und die Rückgabe dieser Ergebnisse zur grafischen Darstellung ins ANSYS dazugehängt.

Als Hardware setzen wir Siemens PC 16-20 und PCD-2 ein (AT-kompatible Rechner) mit 14"-EGA-Schirmen für Statik sowie 19"-Farbschirmen für CAD, zusätzlich Tablet, Drucker und Plotter.

Ziel ist, daß alle Mitarbeiter mit diesem Werkzeug so umgehen können, wie sie es bisher mit Zeichenbrett, Bleistift und Taschenrechner gewohnt waren.

4. Die Durchgängigkeit in der Tragwerksplanung

Die Wirtschaftlichkeit der Gesamtplanung steigt mit steigender Plandurchgängigkeit. Das heißt, wenn es gelingt, vom Entwurf des Architekten über Werkplan, Schalplan, Statik, Bemessung bis zum Bewehrungsplan bzw. zu den einzelnen Gewerks-Detailplänen auf den einmal eingegebenen Grunddaten aufzubauen, dann kann der erforderliche Planungsaufwand erheblich reduziert werden. Gleichzeitig sinkt die Zahl von Übertragungsfehlern stark.
Diese Durchgängigkeit haben wir dort, wo es am meisten bringt, nämlich bei der CAD-Planung, bereits erreicht (sh. Bild 4).
Wir erhalten z.B. Architekturpläne auf Disketten und wandeln diese in Rohschalpläne um. Nach Ergänzung dieser durch Schnitte, Aussparungen, usw. werden die fertigen Schalpläne als Grundlage für die Bewehrungspläne verwendet. Hier ist es vorteilhaft, wenn der gleiche Bearbeiter Schal- und Bewehrungsplan erstellt.

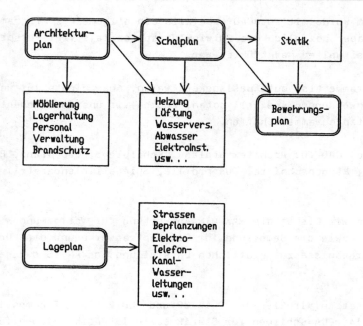

Bild 4: Durchgängigkeit der Planung: Derzeitiger Stand bei der Siemens AG Österreich, Abteilung VE 7 Bautechnik Linz.

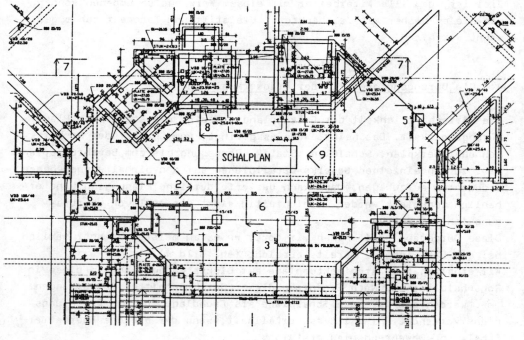

Bild 5: Ausschnitt aus einem Decken-Schalplan

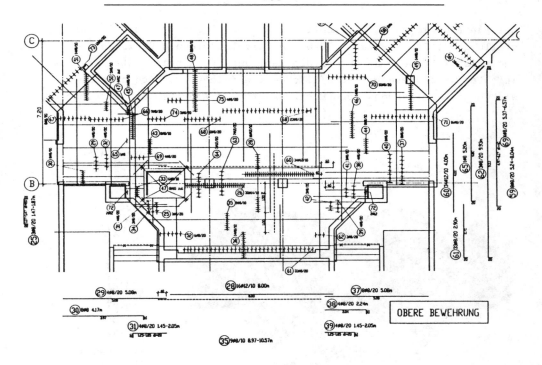

OBERE BEWEHRUNG

Bild 6: Ausschnitt aus dem zum Schalplan lt. Bild 5 gehörenden Plan
der oberen Deckenbewehrung.

Die Bilder 5, 6 und 7 zeigen den Ausschnitt einer Hochbaudecke, und
zwar Schalplan, Bewehrungsplan und Schichtenlinien der erforderlichen
Bewehrung nach FE-Berechnung und Bemessung.

Voraussetzung zur Erreichung dieser Durchgängigkeit war die Abstimmung
von Hard- und Software und Erstellung von bereichsübergreifenden
Layerkonzepten.
Wenn das Layerkonzept einer kooperierenden Abteilung bekannt ist, kann
ein Plan durch ein einfaches AutoLISP-Programm in wenigen Minuten auf
die eigenen Bedürfnisse umgebaut werden (Umbenennung, Wegschalten bzw.
Hervorheben von Layern). Das Schreiben dieser Programme erfolgt in
vielen Fällen durch die Anwender selbst.

Diese Durchgängigkeit kann aber zunächst nur für jene Projekte vorausgesetzt werden, bei denen alle beteiligten Planer mit dem gleichen
CAD-System arbeiten. Da dies nicht bei allen Projekten zutrifft, gilt
als Grundvoraussetzung für die CAD-Planung: Der CAD-Einsatz muß bereits bei Einzelplänen wirtschaftlich sein!

Bei einer üblichen PC-CAD-Konfiguration heißt das, daß die Planerstellung mit CAD etwa 20 - 30 % schneller erfolgen muß als beim
manuellen Zeichnen. Je größer die Zahl der CAD-Arbeitsplätze ist, umso
leichter wird diese Wirtschaftlichkeit erreicht, da sich dann Ent-
wicklungs-, Betreuungs- und Plotterkosten je Arbeitsplatz verringern.

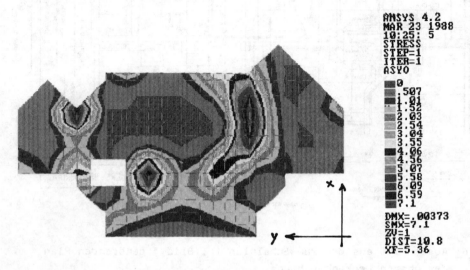

Bild 7: Deckenausschnitt wie bei Bild 5 bzw. 6:
        Erforderliche obere Bewehrung in y-Richtung (Schichtenflächen-
        plot farbig) als Ergebnis nach FE-Berechnung und Bemessung.

Nur teilweise haben wir die Durchgängigkeit bisher bei der Verbindung
von CAD mit den FE-Berechnungen erreicht.
Wir generieren die FE-Geometrie dann im CAD-System, wenn eine komplizierte räumliche Struktur zu berechnen ist. Über Attributauszug
filtern wir die Koordinaten aus dem Plan heraus und lesen sie in den
Input-file des FE-Programmes ein. Wir haben diese Methode bisher für
mehrere Sperrenbauwerke mit Erfolg angewendet (sh. Bilder 8, 9 und
10).

Was uns noch fehlt, ist die Datenübergabe von der Bemessung hin zur
Erstellung des Bewehrungsplanes. Da die Beschleunigung der Bewehrungs-
planerstellung aber unser erklärtes Nahziel ist, fällt auch dieser
Punkt zur Bearbeitung an.

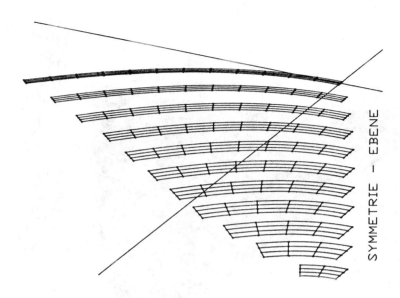

Bild 8: Aufbereitung der Geometriedaten für die FE-Berechnung einer
doppelt gekrümmten Talsperre in CAD (Auto CAD).

Nicht jeder Bewehrungsplan hat aber eine FE-Berechnung und EDV-Be-
messung als Vorlauf bzw. dies wird oft nur für Teilbereiche durchgeführt (sh. Bild 7). Hier bleibt die interaktive Bewehrungsplaneingabe,
durch Macros weitestgehend unterstützt, ein sinnvoller Weg zur Erstellung des Bewehrungsplanes.

Ein vollständig durchgängiges Planungs- und Bemessungsinstrument ist
für den Fertigteilbau möglich. Hier bietet sich das Vorprogrammieren,
basierend auf unserem allgemeinen Programmpaket, natürlich an.

Wir verwenden bisher noch keine externe Datenbank und haben die PC`s
untereinander auch noch nicht vernetzt. Was wir allerdings benützen,
sind die gebotenen Schnittstellen vom CAD- und FE-Programm sowie die
Datenbasen der beiden Systeme.

Je besser die Datenbasen und Schnittstellen von CAD- und FE-Programmen
sind, umso länger kann man auf eine zusätzliche Datenbank verzichten.

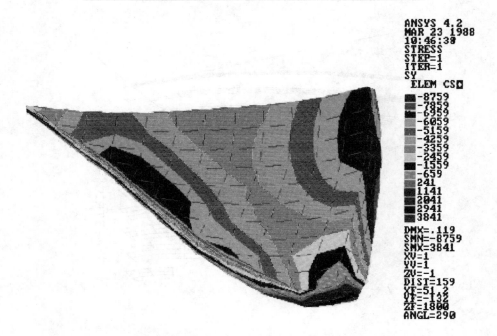

ANSYS 4.2
MAR 23 1988
10:46:38
STRESS
STEP=1
ITER=1
SY
ELEM CS

-8759
-7859
-6959
-6059
-5159
-4259
-3359
-2459
-1559
-659
241
1141
2041
2941
3841

DMX=.119
SMN=-8759
SMX=3841
XV=1
YV=1
ZV=-1
DIST=159
XF=51.2
YF=-132
ZF=1800
ANGL=290

Bild 9: Horizontalspannungen (kN/m²) der Talsperre infolge Wasserdruck
als Ergebnis der FE-Berechnung; Ansicht von der Luftseite her.

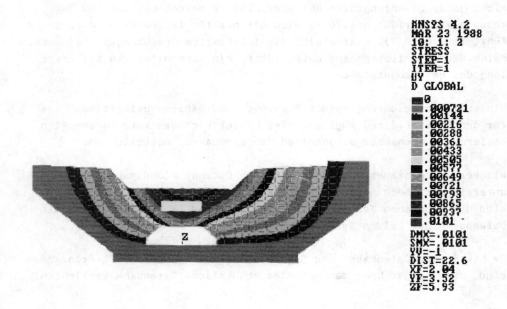

ANSYS 4.2
MAR 23 1988
10: 1: 2
STRESS
STEP=1
ITER=1
UY
D GLOBAL

0
.000721
.00144
.00216
.00288
.00361
.00433
.00505
.00577
.00649
.00721
.00793
.00865
.00937
.0101

DMX=.0101
SMX=.0101
YV=-1
DIST=22.6
XF=2.04
YF=3.52
ZF=5.93

Bild 10: Bogenförmige, eingespannte Geschiebesperre:
Talwärtige Verformungen (in m).

Unsere derzeitige Datenorganisation ist einfach, strikt und außerordentlich wirksam:

Wenn ein Mitarbeiter den Bildschirm-Arbeitsplatz verläßt, hat er selbst seine Daten auf Disketten 2-fach zu sichern. Jeder Kollege darf auf der Festplatte Zeichnungsfiles löschen, wenn er Platz braucht. Selbstverständlich werden die beiden Sicherungsdisketten nach Projekten getrennt und leicht auffindbar aufbewahrt. Wir pflegen also das Verantwortungsbewußtsein der Mitarbeiter und haben bis heute noch keinen Zeichnungsfile verloren.

5. Zusammenfassung

Wir haben bisher die allgemeinen Zielsetzungen für einen erfolgreichen CAD-Einsatz, wie z.B. schnellere Bearbeitung, höhere Planqualität und weitgehende Planungsdurchgängigkeit erreicht und werden in nächster Zukunft jene Teilziele forcieren, die den besten wirtschaftlichen Erfolg versprechen.

Wir entwickeln als Bauingenieure nach unserem eigenen Bedarf und nur anhand von konkreten Aufgabenstellungen. Entwicklung artet nicht in Selbstzweck aus, sondern ist ein Hilfsmittel für Konstrukteur und Ingenieur.

Was wir wollen, ist ein optimales Werkzeug für eine weitgehend durchgängige Tragwerksplanung, wir verzichten aber auf "Durchgängigkeit um jeden Preis".

Wir nähern uns den Grenzen von Hard- und Software von unten her, also von der kostengünstigen Seite. Damit nehmen wir bewußt Mängel und Schwierigkeiten in Kauf und träumen nicht vom Gesamtsystem, das auf Knopfdruck alles kann.

Unsere Erfahrungen bisher sind weit besser als wir zu Beginn zu hoffen gewagt haben, und wir werden diesen Weg der kleinen, überschaubaren Schritte unter Einhaltung der durch die Fernziele vorgegebenen Richtung weiter gehen.

Wir haben inzwischen unsere Zusatz-Software mehrfach verkauft. Der Ruhruniversität Bochum, Herrn Prof. Krätzig, haben wir eine Kopie unserer Software für Forschungs-und Entwicklungszwecke überlassen.

CAD– UND EXPERTENSYSTEMUNTERSTÜTZTE FINITE–ELEMENT–EINGABE AM ARBEITS–
PLATZRECHNER

von H. Werner und A. Doster *

1 Grundgedanken

Die Finite–Element–Methode hat in den letzten 20 Jahren einen hohen Entwicklungsstand erreicht. Die Weiterent–
wicklung bezog sich auf neue Einsatzgebiete, auf verfeinerte Elementtypen, auf verbesserte Berechnungsmethoden
und in neuerer Zeit auf Fehlerabschätzungen und automatische Modellanpassungen (adaptive Verfahren /1/).

Den Schwachpunkt der FE–Programme bildet nach wie vor ihre Handhabung, d.h. die Erzeugung der Eingabe–
daten, die volle Ausnutzung der Einsatzmöglichkeiten sowie die Darstellung und Interpretation der Berechnungs–
ergebnisse.

Die Aufbereitung von Netzen, Materialbeschreibungen und Belastungen in Kennworte und Zahlen als Eingabedaten
beansprucht einen hohen Anteil des Ingenieuraufwandes; Informationen über die zugrunde liegenden Ansätze,
über die Anwendungsmöglichkeiten und über die Qualität der Ergebnisse erhält man meist nur aus (oft unvoll–
ständigen) Handbüchern. Das Unbehagen des Ingenieurs beim Einsatz solch leistungsfähiger Werkzeuge ist nicht zu
übersehen.

An dieser Stelle setzen Forschungen zur Softwareergonomie ein /2/, /3/, /4/, deren Ziel die Entwicklung von
'Benutzeroberflächen' mit ingenieurgerechten Dialogen ist.

Die graphisch–interaktiven Möglichkeiten heutiger, multifunktionaler Arbeitsplatzrechner legen es nahe, CAD–
Techniken auch bei der Handhabung von Finite–Element–Programmen einzusetzen. Für die Beratung und Anwen–
dungsunterstützung bietet sich die Technik der heute aufkommenden Expertensysteme an.

2 Nutzung von CAD–Techniken

2.1 Grundlagen

Eine komfortable Finite–Element–Eingabe im Dialog mit dem Arbeitsplatzrechner verlangt mindestens drei
Grundfunktionen:

1. Eingabe geometrischer und topologischer Informationen mittels einer Maus oder eines Digitalisierstiftes und
   sofortige Sichtbarmachung am graphischen Bildschirm,
2. freie Wahl der Eingabeaktionen durch Cursoransteuerung in variablen Menüs und
3. Beratung und Unterstützung des Anwenders während der Bearbeitung.
Auf die letzte Funktion wird im Abschnitt 3 eingegangen.

Die beiden ersten bieten folgende Handhabungsvorteile:
1. Mit der sofortigen visuellen Kontrolle vermindern sich Eingabefehler erheblich,

*) Prof. Dr.–Ing. H. Werner, Dipl.–Ing. A. Doster, Technische Universität München

2. formelle Aufgaben, wie z.B. Knoten– und Elementnumerierungen, werden automatisch vom Programm durchgeführt und

3. die strenge Beachtung der Syntax von Kennworten und der Reihenfolge von Zahlenwerten entfällt für den Ingenieur; die fehleranfällige Tastatureingabe wird minimiert.

An der Technischen Universität München wurde das graphisch–interaktive Eingabeprogramm MENSET als Preprozessor zu der Finite–Element–Programmkette SET /5/ entwickelt. MENSET erzeugt eine kennwortorientierte, alphanumerische Zwischendatei als Eingabe zum Generierungsmodul GENSET (Bild 1).

Zusätzlich ist MENSET geeignet, eine so geschaffene Eingabedatei interaktiv zu modifizieren, d.h. Netz, Belastung oder Materialwerte zu verändern /6/.

Die folgenden Ausführungen beziehen sich auf den genannten Preprozessor MENSET.

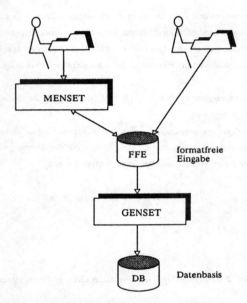

Bild 1: MENSET als Preprozessor zum Programm GENSET

2.2 Benutzeroberfläche

Als Hardwarevoraussetzung für den graphisch–interaktiven Dialog wird ein Graphikbildschirm hoher Auflösung (etwa 1000 x 800 Punkte) und eine Maus oder ein Digitalisiertablett als Eingabegerät benötigt.

Der Bildschirm wird in mehrere Fenster aufgeteilt (s. Bild 2):

– Am Konstruktionsfenster, das den größten Teil des Bildschirms einnimmt, kann der Ingenieur den Fortgang seiner Eingabe verfolgen,

– im variablen Menüfenster links oder rechts neben dem Zeichenbereich werden mit dem Fadenkreuz Befehle angefahren und Aktionen ausgelöst (Zeichnen, Löschen, Elementwahl usw.),

– häufig verwendete Zeichenbefehle werden ständig über oder unter dem Zeichenbereich bereitgehalten (Koordinateneingabe, Netzgenerierung, Ende usw.),

– ein Echobereich für Systemmeldungen und eine mitlaufende Koordinatenanzeige für die Konstruktion befinden sich am unteren Bildschirmrand.

Zusätzlich kann der Zeichenbereich mit einem Ausschnittsfenster überlagert werden.

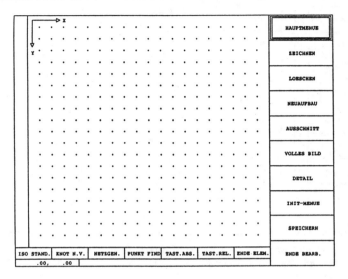

Bild 2: Bildschirmaufbau

2.3 Handhabung

Der Benutzer definiert in einem Initialisierungsmenü reale Koordinaten seiner Konstruktion (sogenannte "Weltkoordinaten") für das Zeichenfenster. Zusätzlich kann er ein frei wählbares Raster anlegen, so daß alle Punktkoordinaten auf exakte Werte gerundet werden. Im darauf folgenden Hauptmenü wird in eine der gewünschten Aktionen verzweigt: z.B. Zeichnen, Löschen, Neuaufbau des Bildschirms, Ausschnitt, Anwahl eines Detailfensters, Zwischenspeicherung des Systems oder Ende der Bearbeitung (Bild 2).

Mit der Wahl des Menüfeldes "Zeichnen" werden dem Benutzer die verfügbaren Elementgruppen angezeigt, so daß zwischen ein-, zwei- oder dreidimensionalen Elementen, Auflagern, Querschnitten, Materialien und Lasten ausgewählt werden kann. Im Untermenü "Elemente 1D" schließlich kann das Zeichnen eines stabförmigen Elementes, z.B. Fachwerkstab oder Balkenelement, gestartet werden (Bild 3).

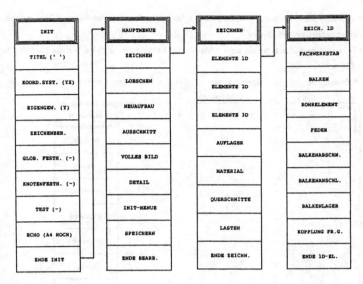

INIT	HAUPTMENUE	ZEICHNEN	ZEICH. 1D
TITEL (' ')	ZEICHNEN	ELEMENTE 1D	FACHWERKSTAB
KOORD.SYST. (YZ)	LOESCHEN	ELEMENTE 2D	BALKEN
EIGENGEW. (Y)	NEUAUFBAU	ELEMENTE 3D	ROHRELEMENT
ZEICHENBER.	AUSSCHNITT	AUFLAGER	FEDER
GLOB. FESTH. (-)	VOLLES BILD	MATERIAL	BALKENABSCHN.
KNOTENFESTH. (-)	DETAIL	QUERSCHNITTE	BALKENANSCHL.
TEST (-)	INIT-MENUE	LASTEN	BALKENLAGER
ECHO (A4 HOCH)	SPEICHERN		KOPPLUNG FR.G.
ENDE INIT	ENDE BEARB.	ENDE ZEICHN.	ENDE 1D-EL.

<u>Bild 3</u>: Menüfolge

Die Elemente werden nun durch Eingabe der Koordinaten ihrer End- oder Eckknoten mit dem Fadenkreuz gezeichnet. Dieser Vorgang setzt sich solange fort, bis durch Anwahl des am unteren Rand des Zeichenfensters befindlichen Befehls "Ende Element" die Eingabe beendet wird. Im Menüfeld erscheint anschließend eine Menü-auswahl für die in der Berechnung benötigten Elementeigenschaften, wie z.B. Querschnittsbeschreibungen oder Materialverhalten. Für die meisten Werte existieren sinnvolle Voreinstellungen, so daß der Benutzer nicht alle Daten eingeben muß.

Liegen Knotenkoordinaten zwischen den definierten Rasterlinien, dann kann mit Hilfe der Zeichenbefehle "Tastatur absolut" bzw. "Tastatur relativ" die Koordinateneingabe auch über die Tastatur wahlweise bezogen auf den Koordinatenursprung oder relativ zum zuletzt eingegebenen Knoten erfolgen. Die Funktion "Netz generieren" legt automatisch ein Netz von Dreiecks-, Vierecks- oder Stabelementen in einen durch Eckknoten vordefinierten Makrobereich.

Für die Definition von Auflagern oder von Lasten wird nach Anwahl der entsprechenden Aktion im Menü der gewünschte Knoten oder das betroffene Element mit dem Fadenkreuz angefahren (Bild 4). Eine Fangfunktion stellt den Knoten oder das Element fest.

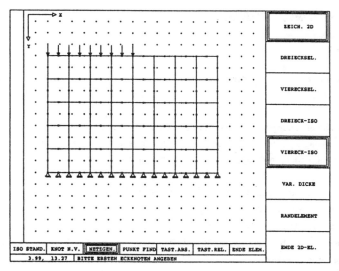

Bild 4: Elementnetz mit Auflagern und Lasten

2.3 Strukturierung und Implementierung

Der Programmaufbau von MENSET ist analog der Menüstruktur hierarchisch. Jeweils eine Verteilerroutine steuert die Verzweigung in die Aktionen des Hauptmenüs und der Untermenüs. Die Verwaltung der Knotendaten erfolgt zentral durch Verwaltungsroutinen, um über sortierte Koordinatenfelder ein schnelles Auffinden angewählter Knoten zu ermöglichen /6/. Mit einer Elementanwahl wird die Eingabe der Knoten und ihre Abspeicherung, das Zeichnen des Elementes und das Einlesen der Elementeigenschaften gestartet.

Die Menütexte befinden sich auf einer externen Datei, um sie jederzeit ändern zu können. Die Identifizierung erfolgt durch eine Menünummer, die während des Programmlaufs je nach Stand im Menü aktualisiert wird.

Das Einlesen einer über Maus oder Digitalisierstift bewegten Cursorposition geschieht auf zwei verschiedene Arten:
- Eingabe eines Menübefehls: Der Cursor wird als Pfeil angezeigt, es wird nur eine Eingabe innerhalb des Menüfensters angenommen. In Abhängigkeit von dem gewählten Menüfeld wird das folgende Untermenü aufgerufen oder eine Aktion ausgeführt.
- Konstruktion im Zeichenbereich: Der Cursor erscheint als Fadenkreuz; er kann den Zeichenbereich nicht verlassen. Die auszuführende Aktion wird im Echobereich angezeigt (Beispiel: "Bitte Stab–Anfangsknoten eingeben"). Während der Konstruktion können die verschiedenen Zeichenbefehle angewählt werden (z.B. "Netz generieren"). Dieser Konstruktionsmodus kann erst durch den Zeichenbefehl "Ende Element" verlassen werden. Danach wird die Eingabe der Elementeigenschaften verlangt.

Alle erzeugten Daten werden in Arbeitsfeldern gespeichert und erst bei Anwahl von "Ende Bearbeitung" in das kennwortorientierte, lesbare GENSET–Eingabeformat umgesetzt und auf Datei geschrieben.

Die graphischen Funktionen wurden auf Basis von GKS /7/ implementiert.

3 Benutzerunterstützung durch ein Expertensystem

3.1 Benutzerberatung

Ein wichtiges Gestaltungskriterium für den interaktiven Dialog ist nach DIN 66.234, Teil 8 die Selbstbeschreibungsfähigkeit /3/:

> 'Ein Dialog ist selbstbeschreibungsfähig, wenn dem Benutzer auf Verlangen Einsatzzweck sowie Leistungsumfang des Dialogsystems erläutert werden können und wenn jeder einzelne Dialogschritt unmittelbar verständlich ist oder der Benutzer auf Verlangen dem jeweiligen Dialogschritt entsprechende Erläuterungen erhalten kann'.

Für die Erzeugung einer Finite-Element-Eingabe bedeutet dieses Kriterium nicht einfach ein 'Handbuch im Rechner', sondern vielmehr eine gezielte Führung durch die weitverzweigten Möglichkeiten und Abhängigkeiten der Eingangsdaten hin auf spezielle Anwendungen. So sind bei der Verwendung von Stabelementen auch Stabquerschnitte zu definieren, oder bei nichtlinearen Berechnungen sind nähere Angaben zur Art der Nichtlinearität oder zu Lösungsstrategien zu machen.

Umfang und Folge von Eingabedaten gehorchen also bestimmten *Regeln*, die von einem Beratungssystem zu beachten und zu verarbeiten sind. Es bietet sich an, die Eingabeberatung einem Expertensystem zu übertragen, das vordefinierte Regeln verarbeitet, auf Anfrage Auskunft gibt und, wenn verlangt, die Begründung für die Auskunft (= durchlaufene Entscheidungen) mitliefert.

In /8/ wird ein in der auf Interlisp-D aufbauenden Programmiersprache LOOPS formuliertes Expertensystem beschrieben, das eine Beratung bei der Aufstellung von NASTRAN-Eingabedaten anbietet. An der TU München wurden die Eingaberegeln für das Generierungsprogramm GENSET /5/ aufbereitet und mit Hilfe der in der Expertensystemshell INSIGHT 2+ /9/ vorhandenen Werkzeuge in ein Eingabeberatungssystem INSET /10/ umgesetzt.

INSET läuft auf einem IBM/AT-kompatiblen PC. Es führt den Ingenieur bei der Aufstellung der GENSET-Eingabezeilen und liefert auf Wunsch nähere Erläuterungen.

Bild 5 zeigt ein Beispiel für die Beratung bei der Erzeugung eines STAB-Satzes.

```
                        Die STAB-Zeile
                        --------------

   STAB      NR    KA   KE   QNR  ANFA  ENDE
   Standard  -     -    -    1    -     -
   Die STAB-Zeile dient der Definition von Stabelementen zwischen zwei Knoten.
   Dabei werden Exzentrizitäten und Richtungen berücksichtigt.

      NR      Elementnummer                          I3
      KA      Knotennummer Stabanfang                I3
      KE      Knotennummer Stabende                  I3
      KR      Richtungsknoten (im räumlichen Fall)   I3
              im ebenen Fall nicht eingeben
      QNR     Querschnittsnummer                     I3
      ANFA    Anschlußnummer am Stabanfang           I3
      ENDE    Anschlußnummer am Stabende             I3
```

Bild 5: Beratungstext

3.2 Unterstützung und Überprüfung bei der graphisch–interaktiven Eingabe

Während die oben beschriebene Beratung als eigenständiges Expertensystem neben der manuellen Datenerstellung läuft, dient das folgende System der Unterstützung und zusätzlich der aktiven Überprüfung während der graphisch–interaktiven Eingabe.

Das bedeutet, daß laufend Informationen über interaktiv eingegebene Daten an das Unterstützungs– und Überprüfungssystem übermittelt werden und daß dieses im Hintergrund aktive Expertensystem seinerseits Informationen, wie z.B. erneute Eingabeanforderungen an das Dialogsystem zurückgibt.

Solche Verknüpfungen zwischen Expertensystemen, die in Wissensbasen gespeicherte Regeln verwenden, und algorithmischen Programmen, die Daten nach vorgegebenen Algorithmen verarbeiten, werden als 'hybride Systeme' bezeichnet /11/.

An der TU München wird z.Zt. ein hybrides System entwickelt, das die interaktive MENSET–Eingabe unterstützt und überprüft.

Die folgenden Funktionen sind vorgesehen:

1. Beratung zum aktuellen Bearbeitungsstand, der als Menüposition dem Expertensystem mitgeteilt wurde;
2. Kontrolle auf Vollständigkeit der Eingabeinformationen. Die abgeschlossenen Eingabedaten werden übergeben, so daß das Expertensystem aufgrund seiner verfügbaren Regeln überprüfen kann, ob sie für das eingegebene Finite–Element–Modell auch vollständig sind. Es meldet sich z.B. automatisch am Ende der Eingabe, wenn Materialdaten fehlen, auf die in Querschnittsbeschreibungen Bezug genommen wurde.
3. Überprüfung der Eingabedaten während der Konstruktion auf ihre Plausibilität, d.h. ihre Einhaltung zulässiger Grenzwerte oder ihrer Konsistenz mit anderen Eingabewerten (z.B. Stahleinlagen nicht außerhalb der Querschnittsabmessungen).

Die folgenden Beispiele mögen die Funktionen 1 bis 3 illustrieren:

Zu 1. Beratung:

Der Benutzer stellt am Eingabeprozessor ein Fachwerksystem auf. Er wählt im Menü "Elemente 1D zeichnen" die Elementart "Fachwerkstab" an und zeichnet ein ebenes Fachwerk. Bei der Eingabe der Elementeigenschaften ist ihm die Funktion des Eingabewertes "QUERS. NR." unklar. Er fährt mit der Maus den Menüpunkt an und drückt die dritte Maustaste (Hilfe–Taste). Die Hilfeanforderung wird vom Expertensystem festgestellt und es wird ein Erklärungstext dargestellt:

```
     FACHWERKSTAB: QUERSCHNITTSNUMMER
     -----------------------------------

 Definition einer Querschnittsnummer für den Fachwerkstab.

 Ein Querschnitt mit dieser Nummer muß im Menüpunkt "Querschnitte" im
 Zeichnen-Menü definiert werden.
 Es sind alle Nummern > 0 zulässig, Voreinstellung ist Nummer 1.
```

Bild 6: Erklärungstext

Zu 2. Kontrolle auf Vollständigkeit:

Nach Eingabe von Auflagern und Lasten am Fachwerk beendet der Benutzer seine Eingabe. Er hatte für die Stabelemente die Querschnittsnummer 1 definiert, jedoch die Eingabe eines Querschnitts Nr. 1 mit entsprechenden Werten vergessen. Dies wird vom Expertensystem bei der Vollständigkeitsprüfung festgestellt und eine entsprechende Mitteilung angezeigt. Der Benutzer kann also vor Abschluß seiner Eingabe die Querschnittsdefinition nachtragen.

```
              FEHLENDE EINGABE: QUERSCHNITT
              ---------------------------------

    Sie haben ein Element mit der Querschnittsnummer   1 erzeugt.

    Ein Querschnitt mit dieser Nummer wurde nicht definiert.

    Bitte einen Querschnitt Nr.   1 eingeben.
```

Bild 7: Überprüfung auf Vollständigkeit

Zu 3. Plausibilitätsprüfung:

Bei der Definition eines Kreisringquerschnittes aus Beton mit Bewehrung gibt der Benutzer eine Wandstärke (Außenradius−Innenradius) ein, die kleiner als die Summe der Überdeckungen (innen+außen) ist. Das Expertensystem stellt den Widerspruch fest und fordert ihn auf, die Werte zu korrigieren. Nach Eingabe entsprechender Maße kann die Eingabe des Systems erfolgreich abgeschlossen werden.

```
          FEHLERHAFTER WERT: KREISRINGQUERSCHNITT
          ------------------------------------------

    Sie haben einen Kreisringquerschnitt Nr.   1 definiert, dessen Wandstärke
    kleiner als die Summe der Bewehrungsüberdeckungen (innen+außen) ist.

    Bitte diese Werte korrigieren.
```

Bild 8: Überprüfung auf Konsistenz

3.3 Strukturierung und Implementierung

Das oben beschriebene hybride Eingabesystem enthält folgende Komponenten (s. Bild 9):

1. den graphisch−interaktiven Eingabeprozessor MENSET nach Abschnitt 2 und
2. das Expertensystem EXPSET, das in einer Regelbasis gespeicherte Regeln verarbeitet, aktuelle Erläuterungstexte liefert und das auf Daten über ein Datenverwaltungssystem zugreift.

Beide Komponenten laufen als getrennte Prozesse. Die Informationsübermittlung erfolgt über eine Nachrichten−kopplung, so daß die Prozesse entweder auf unterschiedlichen, jedoch miteinander gekoppelten Rechnern oder auf dem gleichen Rechner in unterschiedlichen Tasks ablaufen können.

In der derzeitigen Ausbaustufe läuft MENSET, wie oben erwähnt, auf einem Workstation-Rechner unter dem Betriebssystem UNIX. Ausgehend von dem in Abschnitt 3.1 beschriebenen Beratungssystem INSET wurde das aktive Hilfs- und Überprüfungssystem EXPSET auf der Basis von INSIGHT 2+ für den veränderten Einsatz entwickelt. EXPSET steht somit als Prototyp auf einem IBM/AT-kompatiblen Rechner unter dem Betriebssystem MS-DOS zur Verfügung. Die Kopplung zwischen beiden Systemen erfolgt über eine V.24-Schnittstelle.

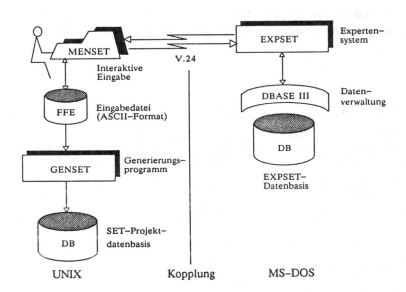

Bild 9: Kopplung der Systeme und Implementierung

Das Programm MENSET schickt seine Daten direkt auf diese Schnittstelle. INSIGHT 2+ liest die ankommenden Daten über eine Turbo-Pascal-Schnittstelle, die standardmäßig zur Verfügung steht und die mit Hilfe einer Assemblerroutine auf einen Pufferspeicher zugreift. Basierend auf die übermittelten Daten werden Erläuterungstexte, Warnungen und Fehlermeldungen vom Expertensystem dargestellt.

INSIGHT 2+ ist nicht in der Lage, eingelesene Werte in Feldern abzuspeichern und zu verarbeiten. Eine Lösung bildet die Kopplung mit einer Datenbasis über ein unter dem gleichen Betriebssystem laufendes Datenverwaltungssystem. INSIGHT 2+ bietet hier standardmäßig eine Schnittstelle zur Verwaltung von DBASE III-Dateien.

Für die Verarbeitung der Regeln in der Wissensbasis wird von INSIGHT 2+ standardmäßig 'Backward Chaining' unterstützt. Durch das CYCLE-Kommando ist aber auch 'Forward Chaining' möglich. Im vorliegenden System wird als Lösungsstrategie eine Verbindung von Forward und Backward Chaining eingesetzt: Es müssen große Mengen von ankommenden Daten verarbeitet und zu einer Lösung kombiniert werden (Forward Chaining); es wird jedoch auf ein einziges Ziel, die vollständige und konsistente FE-Eingabe, hingearbeitet (Backward Chaining).

Bisherige Erfahrungen mit der Hybridlösung bestätigen die Wirksamkeit des eingeschlagenen Weges. Einen rechenzeitlichen Engpaß bilden bisher noch die Übertragung der Daten über die V.24–Schnittstelle und der Ausgang von INSIGHT 2+ auf die externen Programme zum Einlesen und Abspeichern der Daten. Dieser wird voraussichtlich dann überwunden, wenn eine Expertensystem–Shell auf dem UNIX–Rechner verfügbar ist.

4 Zusammenfassung

Durch die Kombination eines interaktiven graphischen Eingabeprozessors mit einem Expertensystem als Hilfe– und Beratungssystem wird die Eingabe für das FE–Programmsystem wesentlich erleichtert. Der Benutzer kann jederzeit Erklärungen abfragen, und die Fehlermöglichkeiten bei der Eingabe werden auf ein Minimum reduziert.

5 Literatur

/1/ J. Bellmann, St. Holzer, H. Werner: Adaptive Verfahren für elastisch gebettete und aufgelagerte Tragwerke. Im gleichen Band.
/2/ H.–J. Bullinger (Hrsg.): Softwareergonomie '85. B.G. Teubner, Stuttgart 1985
/3/ R. Oppermann: Evaluation software–ergonomischer Eigenschaften. In M. Paul (Hrsg.): GI – 17. Jahrestagung, Computerintegrierter Arbeitsplatz im Büro, Informatik–Fachberichte 156. Springer–Verlag Berlin Heidelberg New York 1987.
/4/ H. Werner: CAE–Arbeitsplatzrechner im Bauingenieurwesen. Informationstechnik it 29 (1987), Heft 5 (Sonderheft Arbeitsplatzrechner), S. 275–289.
/5/ K. Axhausen, Th. Fink, C. Katz, E. Rank, J. Stieda, Th. v.Verschuer, H. Werner: CAD–Berichte: Die Programmkette SET, Benutzerhandbuch Teil I. GENSET – Generierung von Strukturen, KfK–CAD 173. Karlsruhe 1980.
/6/ A. Doster, H. Werner: Ingenieurgerechte Dateneingabe bei Berechnungsprogrammen. Bauingenieur 63 (1988), S.105–111.
/7/ J. Bechlars, R. Buhtz: GKS in der Praxis. Springer–Verlag Berlin Heidelberg New York, 1986.
/8/ J. Cagan, V. Genberg: PLASHTRAN: An Expert Consultant on Two–Dimensional Finite Element Modeling Techniques. Engineering with Computers, V.2 (1987), p. 199–208.
/9/ Level Five Research: INSIGHT 2+ Reference Manual. Indialantic, Florida, USA 1986.
/10/ B. Sagmeister: Expertensystemunterstützte Eingabeführung für das FE–Programm GENSET. Diplomarbeit, TU München 1987.
/11/ R.H. Allen, M.G. Boarnet, C.J. Culbert, R.T. Savely: Using Hybrid Expert System Approaches for Engineering Applications. Engineering with Computers, V.2 (1987), p. 95–110.

COMPUTERGESTÜTZTER ENTWURF (CAD) UND KOPPLUNG MIT FE-BERECHNUNGEN

Prof. Dipl.-Ing. G. Nemetschek, Dipl.-Ing. G. Gold
Ingenieurbüro Prof. Dipl.-Ing. Nemetschek

Kurzfassung

In Zukunft wird der Ingenieur bei der Bearbeitung statisch-konstruk-
tiver Aufgabenstellungen von CAE-Systemen unterstützt. 1986 wurde CAD
und FEM in dem System ALLFEM integriert. Modellierung, Kontrolle und
Weiterverarbeitung der Ergebnisse erfolgen in einem Bruchteil der früher erforderlichen Zeit. Grundsatz der Gesamtentwicklung war es, ein
allgemeines Werkzeug ohne Beschränkung auf Sonderfälle zu schaffen.

Durch klar definierte Schnittstellen können für die Berechnung auch
Fremdsysteme verwendet werden. Als Hardware können Personalcomputer und
Workstations eingesetzt werden.

Computer Aided Engineering im Bauwesen

Die Entwicklung auf dem Gebiet der Hardware mit praktisch unbegrenzten
Arbeits- und Massenspeichern und höchster Performance bei niedrigen
Preisen macht den Weg frei von Insel- und verketteten Lösungen hin zur
vollen Integration der Bearbeitung auf dem Gebiet der Tragwerksplanung. In modernen CAE-Systemen stehen dem Ingenieur Berechnungs-,
Konstruktions-, Datenverwaltungs-, Informations- und Expertensysteme
gleichzeitig zur Verfügung.

Äußerlich wird die Integration für den Benutzer sichtbar in verschiedenen Fenstern auf dem Bildschirm, in denen Prozesse unter Verwendung
der oben genannten Werkzeuge ablaufen, die unter sich Daten tauschen
können.

Damit stehen bei Berechnungsaufgaben mit FEM stets die graphischen
Werkzeuge des CAD-Systems zur Verfügung.

Welche Auswirkungen ergeben sich aus dem Vorhandensein integrierter
Systeme auf die Arbeitsweise des Ingenieurs?

In der Entwurfsphase unterstützen in der Methodenbank vorhandene
Rechenalgorithmen, Normendatenbanken, Datenbanken von bereits
ausgeführten Projekten und Expertensysteme den Tragwerksplaner.

Nach Fertigstellung des Entwurfs stehen dem Ingenieur die Geometriedaten als digitales Modell zur Verfügung. Auf dieses digitale Modell
greift er in einem Fenster seines Bildschirmes zu, um ihm Abmessungen
oder Belastungen zu entnehmen.

In diesem Modell werden aber auch Ergebnisse der Berechnungen ver-
ankert, die in einem anderen Fenster erstellt werden. So ist es zu
einem späteren Zeitpunkt möglich, den Positionsplan automatisch aus-
plotten zu lassen. Gleichzeitig wird die statische Berechnung in prüf-
barer Form erzeugt, wobei der Ingenieur die Möglichkeit hat, in anderen Teilen dieser Berechnung in einem Bildschirmfenster zu blättern,
um von dort Werte entnehmen zu können oder in alten Berechnungen
Analogien zu früheren Bearbeitungen zu finden.

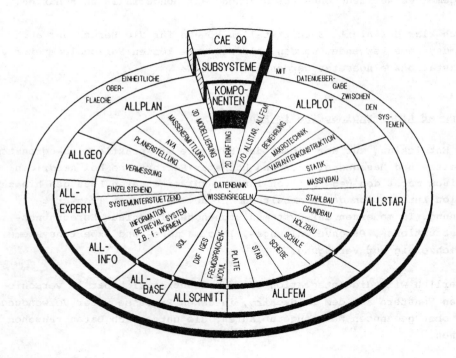

Bild 1: Integriertes CAE-System

Dem Tragwerksplaner stehen alle erforderlichen Vorschriften im System zur Verfügung, die mit Information Retrieval aufbereitet sind und die nach Suchkriterien aufgeblättert und mit allen Verweisen gleichzeitig sichtbar gemacht werden können. Expertensysteme springen dort ein, wo Expertenwissen gefragt oder wo die Grundlagen von Nachweisen schwer algorithmisierbar sind.

Alle Daten sind in einer gemeinsamen relationalen Datenbank abgelegt, wobei vor allem geometrische Werte als Schlüssel verwendet werden.

FEM-CAD-Integration

Im Jahre 1986 hat unser Haus einen Teil des oben beschriebenen CAE-Systems, nämlich die Integration von FEM und CAD, verwirklicht, in Kürze werden wir ein CAE-System mit allen oben angeführten Komponenten vorstellen.

Theoretisches (wirklich anzustrebendes?) Fernziel ist die vollkommen automatische Berechnung und Konstruktion von Bauwerken auf der Grundlage des digitalen geometrischen Gebäudemodells. Artificial Intelligence könnte, wie behutsame Ansätze zeigen, ein Hilfsmittel auf dem Weg dorthin sein.

Heute ist es in der Praxis noch der Mensch, der für die vorhandenen äußerst leistungsfähigen FE-Systeme das erforderliche Berechnungsmodell definiert.

Dieses Modell, das in den Köpfen erfahrener Ingenieure schnell entsteht, dem Computer mitzuteilen, ist das eigentliche Problem. Mit der trivialen Lösung, dieses Modell als Koordinatenhaufen und nur Kennzahlen verstehende Definitionsaussagen digital zu entwickeln und einzutippen, haben sich die Ingenieure herumgeschlagen, seit FEM Anfang der 70-er Jahre die Praxis durchdrungen hat. Automatische Netzgeneratoren wurden entwickelt und brachten Erleichterungen, ließen jedoch häufig Allgemeingültigkeit und Vollständigkeit für alle Eingaben vermissen.

Mit dem Aufkommen von CAD mußte allgemein ein Problem geklärt werden: Wie übermittle ich dem Rechner nicht nur Daten, sondern auch Gedankengänge. Als Beispiel: Bewehre eine Rechteckplatte bestimmter Abmessungen mit Matten gegebener Stärke, wobei alle Konstruktionsvorschriften der DIN 1045 zu beachten sind. Es liegt nahe, hierfür in CAD entwickelte Methoden des interaktiven Arbeitens am Bildschirm mit

Menuetechnik und Maus oder Tablett auch auf das Gebiet des Aufbaues von FE-Modellen zu übertragen. Dieses Verfahren bietet weitere Vorteile insoweit, als alle im CAD-System verankerten Manipulationsbefehle wie Löschen, Verschieben, Verzerren, Kopieren, Spiegeln, Rotieren, Abspeichern, Symbol-, Makro- und Variantentechnik verwendet werden können.

Weiterhin stehen die geometrischen Grundabmessungen aus dem ohnehin vorhandenen Geometriemodell des Bauwerkes zur Verfügung, und die Ergebnisse der Berechnung können dem System zur konstruktiven Bearbeitung weitergegeben werden. Neben den Objekten wie Linie, Text, Wand, Makro usw. mußte das Objekt Element in das CAD-System aufgenommen und mit den zugehörigen Algorithmen versehen werden.

Dabei wurde darauf geachtet, daß alle Manipulationen, die zum Erstellen des FE-Modells erforderlich sind, mit dem Grundprinzip der CAD-Bedienung, nämlich mit "Zeigen" oder "Antippen" gesteuert werden können.

Die Steuerung erfolgt graphisch-interaktiv mit Digitalisiertablett und Tastenlupe. Beim Bewegen der Lupe über das Tablett wandert das Fadenkreuz am Bildschirm und dient einerseits zum Aufruf der gewünschten Funktion (also des entsprechenden Menues) und andererseits zum Eingeben oder Aktivieren von Punkten und Elementen oder auch von ganzen Bereichen.

In Bild 2 ist eine typische Bildschirmaufteilung des hier verwendeten CAD-Systems ALLPLOT gezeigt. Um den Zeichenbereich gruppieren sich 3 dynamisch belegte Menueleisten. Wichtige, immer zur Verfügung stehende Funktionen, wie Zoomen, Verschieben, Messen, Fenstermanipulationen, Symbol- und Makrobearbeitung, Variantenkonstruktion und Digitalisieren sind links zu finden. Veränderliche, die Spezialanwendung betreffende Menues sind oben und unten am Bildschirm angeordnet. Der Benutzer kann in einer eigenen Sprache solche Menues auch selbst generieren.

Die Aufteilung des verbleibenden Zeichenbereichs ist frei definierbar, z.B. können in verschiedenen Fenstern Details vergrößert dargestellt oder, im 3D-Bereich, unterschiedliche Ansichten aufgebaut werden.

Die Informationen des Modells werden in Folien oder Layers abgelegt, so daß Grundriß, Vermaßung, Elementteilung oder Ergebnisse beliebig miteinander kombiniert werden können.

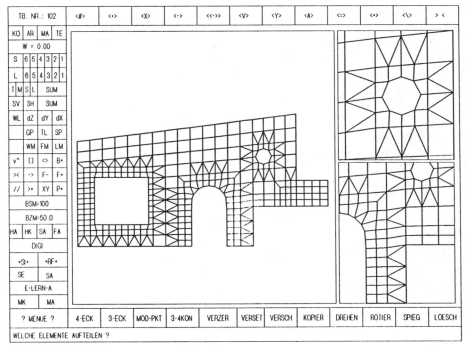

Bild 2: Aufteilung des Bildschirms

In Symbolen können wieder verwendbare Zeichnungsteile, wie z.B. FE-Netzverdichtungen an Stützen, abgelegt und später verzerrt oder verdreht wieder eingesetzt werden. In Makros werden zusätzliche Attribute, wie Baustoffe, Bezeichnungen oder Belastungen, festgeschrieben.

Erzeugung des FE-Modells

Das FE-Modell wird auf einer Folie erzeugt, die über die geometrische Darstellung des zu berechnenden Bauteils gelegt wird.

Zunächst erfolgt eine Einteilung in große Bereiche oder Rechtecke, indem man die entsprechenden Ecken antippt. Diese Grobelementierung kann mit den am oberen Bildschirmrand anwählbaren Funktionen verfeinert werden.

Nach Anwahl des Menues <#> und Antippen des gewünschten Elements können z.B. an jeder Seite entweder die Anzahl der Unterteilungen angegeben werden, um äquidistante Abstände zu erreichen, oder aber einzelne Punkte angetippt werden, um Zwangsstellen als Knoten zu definieren. (Bild 3)

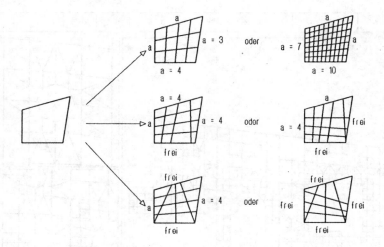

Bild 3: Wirkungsweise der Funktionen <#>

Generatoren, die in Bild 4 zusammengestellt sind, können auf beliebig viele Elemente gleichzeitig (bereichsweise) angewandt werden.

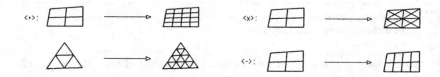

Bild 4: Bereichsweise anwendbare Funktionen

Bei den in Bild 5 dargestellten Funktionen gibt man zu jedem Element den oder die Übergangspunkte an.

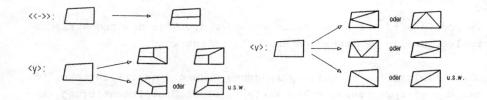

Bild 5: Elementweise anwendbare Funktionen

Derart erzeugte Netze bleiben weiterhin voll modifizierbar und sind nicht mehr an die anfangs festgelegten Dreiecke und Vierecke gebunden. Die Elemente können also noch weiter unterteilt (Netzverfeinerungen im Stützenbereich), modifiziert oder gelöscht (Anpassung an Aussparungen) und auch wieder zusammengefaßt werden.

Außerdem stehen dem Anwender alle CAD-Funktionen wie Löschen, Drehen, Spiegeln, Rotieren, Verschieben, Modifizieren einzelner Punkte sowie ganzer Bereiche, Symbol-, Makrotechnik und Variantenkonstruktion zur Verfügung.

Bei der Netzerzeugung selbst sind Kontrollfunktionen eingebaut, die nicht erlaubte Elementgeometrien selbst korrigieren oder aber dem Anwender melden.

Eventuell nötige Netz-Ergänzungen (Knoten eines Elementes dürfen nicht an den Seiten eines anderen Elementes zum Liegen kommen) werden vom Rechner wahlweise angezeigt oder selbst korrigiert (Bild 6).

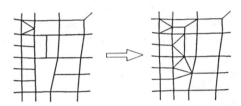

Bild 6: Automatische Netzergänzung

Rasterkorrekturen sowie Anpassungen des Rasters an Aussparungen werden nach Angabe des gewünschten Korrekturbereichs automatisch durchgeführt.

Bild 7: Korrekturen und Anpassungen des Netzes

Grundsatz der Gesamtentwicklung war es, ein Werkzeug ohne Beschränkung auf Sonderfälle zu schaffen.

Nach der Netzgenerierung werden Elementeigenschaften (Materialart, Dicke, elastische Bettung), Bewehrungsrichtungen, Knotenfesthaltungen und Federelemente ebenfalls graphisch interaktiv am Bildschirm festgelegt, wobei die Eingaben dokumentiert werden. Selbst der Umfang der Ausgabe kann, getrennt nach den verschiedenen Ergebnissen wie Knotenverformungen, Schnittgrößen, Auflagerreaktionen, Kombinationsgrößen, Bewehrungswerte, hier festgelegt werden.

Eingaben von Element-, Knoten-, Stab- und Linienlasten nach Lastfällen getrennt, erfolgen auf gleichem Wege.

Durch die optische Kontrolle beim graphisch-interaktiven Arbeiten am
Bildschirm werden Eingabefehler vermieden und logisch falsche Werte,
wie negative Elementdicken oder Bettungsmodule, abgefangen, so daß
zusammen mit den bereits erwähnten Korrektur- und Kontrollmechanismen
im eigentlichen Berechnungslauf keine Fehler zu erwarten sind. Die
eigentliche FE-Berechnung ist auf bekannten Verfahren - deren Erläuterung den hier gesteckten Rahmen sprengen würde - aufgebaut und
liefert aus den lastfallbezogenen Schnittgrößen auch die Ergebnisse aus
der Überlagerung nach anzugebender Kombinationsvorschrift, die einem
Bemessungsmodul zugeführt werden.

Neben der üblichen digitalen Form der Ausgabe können alle Ergebnisse
graphisch aufbereitet und an das CAD-System übergeben werden. Für die
Ergebnisinterpretation ist also der ganze Komfort einer CAD-Umgebung
bereitgestellt. Darüber hinaus wird das Bewehren in den Modulen Matten-
und Rundstahlverlegung unterstützt durch Anzeigen der erforderlichen
Bewehrungsquerschnitte in den einzelnen Punkten. Beim Mattenverlegen
beispielsweise zeigt das System, in welchen Bereichen die Deckung durch
die bereits verlegten Matten erreicht ist oder aber wieviel Restbe-
wehrung noch eingelegt werden muß.

Anwendungsbeispiel

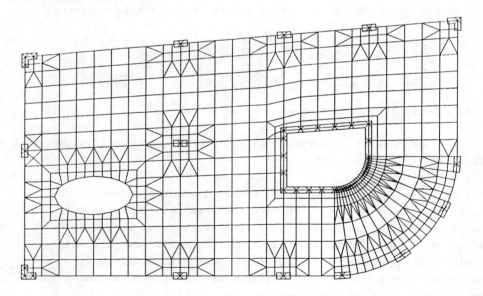

Bild 8: Anwendungsbeispiel

Um die erreichte Komfortstufe und Eingabegeschwindigkeit, die sich nur
unzulänglich in Worte fassen läßt, zu verdeutlichen, wurde während des
Vortrages das in Bild 8 gezeigte FE-Netz mit allen nötigen Defini-
tionen, Festhaltungen und Belastungsangaben in 12 Minuten simultan am
Bildschirm in Echtzeit erzeugt. Unmittelbar anschließend kann der
Berechnungslauf gestartet werden.

Zusätzlich wurde beispielhaft ein Teil der Platte interaktiv am Bildschirm bewehrt, einige der graphisch aufbereiteten Ergebnisse gezeigt
und verschiedene bei der Netz-Erzeugung verwendete Automatikfunktionen
näher erläutert.

Hardware

Das vorgestellte Programmsystem ist lauffähig auf IBM-kompatiblen
Computern der Prozessor-Familien 80286, 80386 von Intel unter MS-DOS
und OS/2 und auf Workstations mit Motorola-Prozessoren unter UNIX.

Eine Alternative mit besonders günstigem Preisleistungsverhältnis
stellen Doppelprozessoranlagen dar, bei denen die Betriebssysteme MS-
DOS (Intelprozessor) und UNIX (Fairchild Clipper-Prozessor) die Soft-
warevielfalt der PC-Welt mit der Leistungsfähigkeit der Workstation
verbinden.

Für die unabdingbare graphische Ausgabe stehen Plotter, DIN A4-Laser-
drucker oder, als besonders preisgünstige Alternative, 24-Nadel-Drucker
zur Verfügung. Letztere können mit einer Auflösung von 150 Punkten pro
cm (360 dpi) bis zu A2 große Pläne in Plotterqualität erstellen.

ERFAHRUNGEN BEI DER ANWENDUNG VON CAD UND FEM
IM BEREICH DER TRAGWERKSPLANUNG
von Klaus Tompert, Stuttgart *)

1. EINLEITUNG

Die allgemeine Entwicklung sowie eigene Erfahrungen bei der Anwendung
eines CAD-Systems in einem Zeitraum von 4-1/2 Jahren haben gezeigt, daß
e i n wesentlicher Vorteil des rechnergestützten Konstruierens darin
besteht, daß die einmal erzeugten geometrischen Daten in vielfältiger
Weise weiterverwendet werden können.

Hier soll darüber berichtet werden, wie Schalpläne, die am CAD-System
teilweise oder bereits vollständig hergestellt sind, bei der Berechnung
von Platten mit der FE- Methode als Grundlage für die Abbildung eines
Rechenmodells genutzt werden können.

Die Ausführungen stützen sich auf Erfahrungen mit den Programmen
ZEIRIS, ZEIFIP und APLAT des RIB/RZB, Stuttgart. Gearbeitet wird
derzeit an 15 rechnergestützten, vernetzten Arbeitsplätzen, von denen
zehn Stationen auch mit CAD-Programmen bedient werden können.
Dadurch ist der äußerst wichtige Datenaustausch und die Verknüpfung
zwischen Zeichnen und Berechnen hergestellt. Eine strenge Trennung
zwischen den Tätigkeiten von Ingenieuren und Konstrukteuren, wie dies
bei herkömmlichen Bürostrukturen üblich ist, erscheint nicht mehr
sinnvoll und praktikabel.

2. ERZEUGEN DER EINGABEDATEN

2.1 VORBEMERKUNG

Am Beispiel eines Verwaltungsgebäudes aus der täglichen Praxis sowie
einem einfachen Grundriß des Wohnungsbaus soll die Vorgehensweise dar -
gelegt und die Möglichkeiten einer rationellen Bearbeitung im tech -
nischen Büro beschrieben werden. Um die CAD/FEM - Koppelung überhaupt
nutzen zu können, muß der Ablauf eines Projekts im Büro so gesteuert
werden, daß die CAD - Bearbeitung der Schalpläne mit einem ausrei -
chenden zeitlichen Vorlauf mindestens soweit vorangetrieben wird, daß
alle für die Berechnung relevanten Informationen bereits vorhanden
sind. Darunter wird bei dem im Bild 1 dargestellten Verwaltungsgebäude
verstanden, daß alle tragenden bzw. stützenden Elemente in sämtlichen

---

Dr.-Ing.K.Tompert VDI, Beratender Ingenieur VBI, Stuttgart

Geschoßen am CAD-System erzeugt sind.
Nur dann kann das Ziel erreicht werden,
die Berechnung der Decken von vier Ober -
geschoßen und zwei Tiefgaragengeschoßen
in Verbindung mit der Abtragung der Ver -
tikallasten rationell durchzuführen. Im
vorliegenden Fall ist dies von besonderer
Bedeutung, weil die Geschoße terrassen -
förmig gegeneinander versetzt sind und
deshalb erhebliche Abfangungen bei der
Deckenberechnung berücksichtigt werden
müssen. Die dargestellten Systeme er -
fordern die Bearbeitung mit einem allge-
gemeinen FEM-Plattenprogramm. Viele Probleme des Hoch- und Industriebaus können
jedoch bei orthogonaler Geometrie mit
hierfür geeigneten Programmen viel ein -
facher und auch schneller behandelt wer -
Das weitere Vorgehen wird an kleineren
Systemen mit orthogonalem Netz darge -
stellt. Sämtliche Möglichkeiten lassen
sich jedoch auf allgemeine Plattensysteme übertragen.

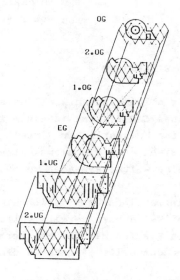

Bild 1: Grundrisse eines
Verwaltungsgebäudes

SCHALPLAN   EG

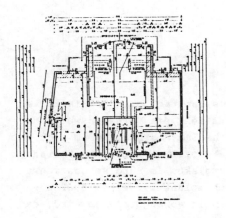

– WAENDE
– STUETZEN
– TRAEGER
– SCHEIBEN
– DECKENRAND
– AUSSPARUNGEN

MAKRO EG

Bild 2: Schalplan EG

Bild 3: Reduzierter Schalplan EG

2.2 ELEMENTNETZ

Das Bild 2 zeigt den im Idealfall zur rechnerischen Bearbeitung vor -
liegenden vollständigen Schalplan mit Vermaßung und allen für die Ausführung notwendigen Einzelheiten. Durch Ausblenden der Folien (Over -
lays), die für das Abbilden des Rechenmodells ohne Bedeutung sind, erhält der Ingenieur am Bildschirm alle hierfür notwendigen Informatio -
nen (Bild 3). Da auch die im weiteren beschriebenen Tätigkeiten zur
Generierung der Eingabedaten für die FE-Berechnung ingenieurmäßige Beurteilung mit guten Kenntnissen über diese Methode zwingend verlangen,
ist deutlich, daß Ingenieure in den technischen Büros schon aus diesem
Grund den Umgang mit CAD-Systemen erlernen müssen.

Die Makros mit den Grundrissen der verschiedenen Geschoße werden in
einer neuen Datei in getrennten Overlays zusammengefaßt. Wichtig ist
dabei die geometrische Zuordnung übereinander liegender Punkte, so daß
bei Einblenden aller Folien der größte gemeinsame Grundriß leicht er -
kennbar ist (Bild 4). Damit ist es möglich, zunächst Hauptrasterli-
nien zu erzeugen, die bereits für sämtliche Geschoße Stützungen, Be -
lastungen (Einzellasten, Linienlasten) und Berandungen erfassen. Das
Gesamtnetz erhält man durch äquidistante Teilungen zwischen den Haupt-
rastern und eventuell notwendigen Korrekturen durch Verschieben oder
Löschen von Rasterlinien (Bild 5). Durch Eliminieren einzelner Ele -
mente entstehen die FE-Netze der verschiedenen Geschoße, die in jeweils
separaten Overlays der vorher beschriebenen CAD-Datei abgelegt werden.

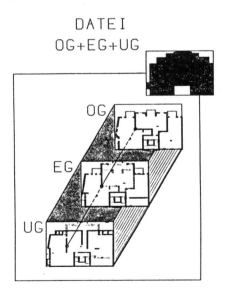

Bild 4: Grundrisse aller
Geschoße

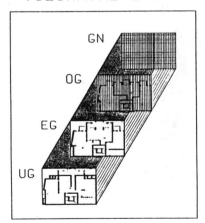

Bild 5: Gesamtnetz für
alle Geschoße

Beim Erzeugen des Elementnetzes und den folgenden Operationen ist der am Bildschirm stets erkennbare Bezug zwischen realer Struktur und idealisiertem Modell von ganz besonderer Bedeutung. Alle Vernach - lässigungen und Vereinfachungen können gut erkannt, ingenieurmäßig ab- geschätzt und beurteilt werden. Darüberhinaus wird die Fehleranfällig- keit bei der Systembeschreibung durch die visuelle Kontrolle mit dem Bauwerk im Hintergrund erheblich vermindert.

2.3 STATISCHES SYSTEM

Im nächsten Schritt können Lagerbedingungen, Plattendicken, Steifig - keiten, Bettung etc. und damit das gesamte statische System beschrie- ben werden. Auch diese Informationen werden optisch umgesetzt und in einem Overlay SYSTEM abgelegt. Für den Anwender ist es besonders wich- tig, daß in Zukunft sämtliche Eingabedaten graphisch umgesetzt und da- mit leicht kontrolliert werden können. Ein Vorschlag hierzu kann dem Bild 6 entnommen werden. Wenn eine zusammenhängende Berechnung mehrerer Deckensysteme eines Bauwerks durchgeführt wird, müssen zur konsequenten Weiterleitung der Lasten auch alle Träger als Balkenelemente in die Systembeschreibung eingeführt werden. Wandscheiben, die einseitig ex- zentrisch gestützt und durch die Deckenscheiben zentriert sind, können leicht in das Rechenmodell mit einbezogen werden. Die Balkensteifig - keiten müssen im Einzelfall jedoch sehr genau bedacht werden, um die Plattenbalkenwirkung richtig abzuschätzen. Schon um nicht den Anschein einer "ganz genauen" Berechnung zu erwecken, empfiehlt es sich, die Bie- gesteifigkeit gegenüber dem errechneten Wert gegebenenfalls dann ange- messen zu erhöhen, wenn man bei ingenieurmäßiger Betrachtung ohnehin eine starre Stützung der Deckenplatte einführen würde.

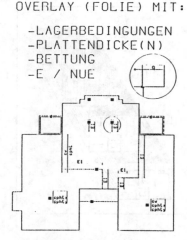

Bild 6: Overlay mit
statischem System

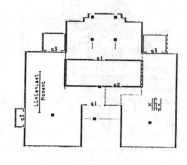

Bild 7: Overlay mit
Belastung

Um an einspringenden Wandecken oder vergleichbaren singulären Stellen
vernünftige Auflagerkräfte zu erhalten, sollten dort federnde Stützungen
eingeführt werden. Schon die elastische Nachgiebgkeit einer stockwerks-
hohen Stahlbeton- oder Mauerwerkswand - durch Federn simuliert - bringt
die erwünschte Glättung der Stützkräfte. Selbstverständlich muß berücksichtigt werden, daß über die Geschoße ein weiterer Ausgleich der Auf -
lagerkräfte stattfindet, der mit einer einfachen Gleichgewichtsbetrach-
tung und üblichen Ansätzen erfaßt werden kann.

2.4 BELASTUNG

Auch die Belastung wird interaktiv am Bildschirm beschrieben. Für jeden
Lastfall ist ein Overlay LAST vorgesehen, das dem Anwender sofort die
bereits eingegebenen Belastungen nach Art und Größe in einer sehr einfachen und einleuchtenden Symbolik anzeigt (Bild 7).

2.5 VISUELLE KONTROLLE

Die Overlays NETZ, SYSTEM und LAST können
nun mit allen Möglichkeiten des CAD -
Systems weiterbearbeitet und - wenn notwendig - hinsichtlich der Beschriftung
und Symbolik den Wünschen des Anwenders
angepaßt werden. Damit kann die Eingabe
voll am Bildschirm kontrolliert und gegebenenfalls korrigiert werden (Bild 8)
Selbstverständlich besteht die Möglichkeit, jedes Overlay getrennt oder alle
Folien zusammen zum Drucker oder zum
Plotter zu bringen. Die ebenfalls erzeugte Eingabedatei, die auch die interaktiv beschriebene Ausgabesteuerung enthält, muß damit nicht mehr durchgesehen
werden. Eingabedaten können auch nachträglich in gewohnter Weise editiert und
in veränderte Overlays umgesetzt werden.

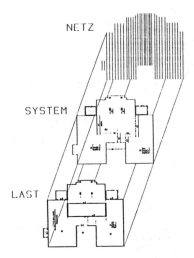

EG MIT OVERLAYS

NETZ

SYSTEM

LAST

Bild 8: Eingabe-Overlays

3. BERECHNUNG UND AUSGABE VON ERGEBNISSEN

Wenn die gezeigten Overlays für alle Geschoße erzeugt sind, stehen die
Daten für den Rechenprozeß zur Verfügung. Das weitere Vorgehen sei am
eingangs gezeigten Beispiel mit wechselnden Geschoßgrundrissen erläutert
(Bild 9). Die tabellarische Darstellung enthält auch Aussagen über
den möglichen organisatorischen Ablauf (2.Zeile: Tage) und den not -

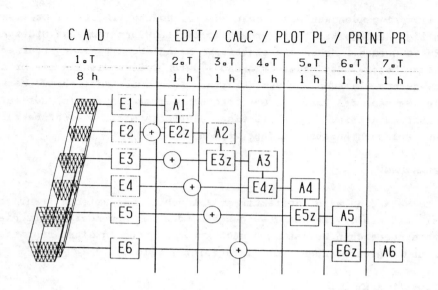

Bild 9: Organisationsschema für Berechnung und Ergebnisausgabe

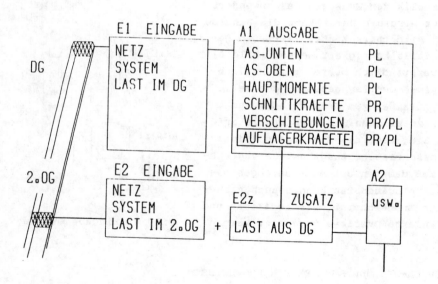

Bild 10: Details zum Organisationsschema von Bild 9

wendigen Zeitaufwand (3.Zeile: Stunden). Die vorbereitenden Arbeiten
(Erzeugen der Grundrisse, Zusammenstellung der Lasten etc.) sind in den
angegebenen Zeiten nicht berücksichtigt. Das Bild 10 gibt einen detail-
lierten Ausschnitt über die einzelnen Tätigkeiten und zeigt in Verbindung mit Bild 9, daß bereits nach sieben Tagen alle notwendigen Ausgaben
- weitgehend in graphischer Form - vorliegen können.

Damit wird deutlich, daß Deckensysteme bei Kopplung von CAD und FEM

- sehr wirtschaftlich
- bei geringer Fehleranfälligkeit und
- mit hohem Ein- und Ausgabekomfort

berechnet werden können.

4. ZUR BEWEHRUNG VON PLATTEN

Die Umsetzung der gewonnenen Er -
gebnisse soll am Beispiel Bewehrung
dargestellt werden. Um die obere
Bewehrung im Bereich einer punkt-
gestützten Platte zu entwerfen
(Bild 11) , ist es sehr hilfreich,
z.B. die Querverteilung der Bewehrung asy ins CAD-System einblenden zu
können (Bild 12). Das verwendete
FEM - Programm liefert eine hervor-
ragende integrale Übereinstimmung der
Schnittkräfte und auch der erforderlichen Bewehrung, die von der gewählten Elementteilung in weiten Bereichen
unabhängig ist und deshalb eine abgesicherte Extrapolation erlaubt.
Nach der Festlegung des Mattenanteils
der Bewehrung, wird am Rechner die
Zulagebewehrung Asy* und ihre Ver -
teilung angezeigt, die durch Rund-
stahl abzudecken ist. Für einen gewählten Stabdurchmesser liefert das
CAD-System in jedem beliebigen orthogonalen Schnitt die Zugkraftdeckung
mit Verankerungslängen.

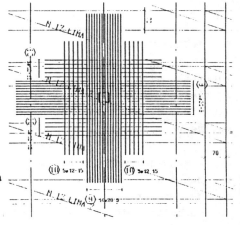

Bild 11: Bewehrung über der
Einzelstütze einer
Flachdecke

GRUNDRISS

MATTENANTEIL
RUNDSTAHLZULAGEN

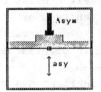

QUERVERTEILUNG
OBERE BEWEHRUNG asy

ZUGKRAFTDECKUNG
VERANKERUNGSLAENGEN

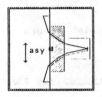

Bild 12: Querverteilung der
Bewehrung asy

Bild 13: Rundstahlzulagen,
Zugkraftdeckung

5. ZUSAMMENFASSUNG

Führt man sich vor Augen, daß die gezeigten Operationen auch bei
komplexen Systemen genauso einfach angewandt werden können, so wird
deutlich, daß sich mit der CAD/FEM - Anwendung qualitative und quanti-
tative Verbesserungen bei der Tragwerksplanung erzielen lassen.

Die komplexen mechanischen Zusammenhänge und deren Verknüpfungen mit
der Bauwerksgeometrie scheinen am CAD/FEM-Anwender spurlos vorbeizu-
gehen. Dieser Effekt ist zwar im Hinblick auf die notwendige Anwen-
derfreundlichkeit sehr erwünscht, erfordert aber andrerseits vom Benutzer mehr denn je eine umfassende Kenntnis der theoretischen Grundlagen.

Sonst sind gravierende Fehler bei der Anwendung "vorprogrammiert" !

KOPPLUNG VON CAD- und FEM-PROGRAMMEN IM STAHLBAU
von H. Hildebrandt und G. Meder *

1. Besondere Anforderungen im Stahlbau

Konstruktionen des Stahlbaus und Apparate- bzw. Maschinenbaus unterscheiden sich erheblich voneinander. Während im Maschinenbau Werkstücke
aus geometrischen Grundkörpern wie Kegelstumpf, Zylinder, Kugel und
Quader zusammengesetzt sind, bestehen Konstruktionen des Stahlbaus in
der Regel aus Profilen oder profilähnlichen Baugruppen.

Profile haben eine genormte Geometrie und lassen sich über Profilname
und Länge eindeutig beschreiben. Eine allgemein gehaltene geometrische
Beschreibung von Problemen, wie sie im Maschinenbau zwingend ist, liefert im Stahlbau keine zusätzlichen Möglichkeiten. Desweiteren sind die
im Stahlbau auftretenden Verbindungen, Auflager, Anschlüsse durch Regelwerke, Richtlinien usw. typisierbar, wobei der Trend zu einer Vereinfachung und Standardisierung geht.

In der vorliegenden Arbeit werden verschiedene Kopplungen für den
Stahlbau beschrieben. Sie wurden von den Verfassern praktisch erprobt.
Besonders wichtig scheint uns zu sein, zu verdeutlichen, daß es nicht
nur eine Kopplungslösung gibt, vielmehr ist die optimale Kopplung sehr
stark abhängig von der speziellen Aufgabe.

2. FEM-Programme

Heute werden, nicht zuletzt durch die stürmische Entwicklung der Hardware, FEM-Systeme fast überall angewendet und sind damit zu Standard-
werkzeugen für den Statiker geworden.

Es lassen sich zwei Tendenzen erkennen: Einerseits wird verstärkt daran
gearbeitet, intelligente Pre- und Postprozessoren zu entwickeln, die
unabhängig von speziellen FEM-Systemen einsetzbar sind. Stichworte sind
hier interaktive Dateneingabe, dialoggesteuerte Eingabemodi oder Darstellung der Ergebnisse auf graphischen Bildschirmen, Farbgraphik usw.
Auch hier zeigt sich wieder, daß der Stahlbau ganz spezifische Forderungen stellt und Lösungen, die im Maschinenbau optimal sind, zumindest
fraglich erscheinen. Andererseits werden die FEM-Programme selbst effizienter und durchsichtiger gemacht und in einzelne Bausteine aufgelöst. Durch die Aufspaltung der FEM-Programme in Bausteine kann der An-

---

*) Ing.(grad.) H. Hildebrandt, Dr.-Ing. G. Meder, ABB-AG Mannheim

wender selbst ein maßgeschneidertes FEM-System für seine speziellen Probleme erstellen.

3. CAD-Programme für den Stahlbau

Bisher wurden CAD-Systeme im Stahlbau im wesentlichen als Zeichnungs-erstellungprogramme verwendet. Aufgrund des topologischen Aufbaus der Stahlbaustrukturen mit ihren typisierten Verbindungen bot sich an, die CAD-Programme zu Expertensystemen weiterzuentwickeln - z.B. die Ausbildung von Detailkonstruktionen durch Logikelemente des CAD-Systems selbständig ausführen zu lassen. Auch die vom Programm völlig selbständig durchgeführte Aufsplittung der Stahlbaukonstruktion in gemäß den Stahlbaukonventionen übliche Fertigungszeichnungen für die Einzelteile, Hauptteile usw. mit kollisionsfreier Vermaßung ist hier zu nennen. Heute stehen sehr anwenderfreundliche und mächtige CAD-Systeme für den Stahlbau zu Verfügung.

4. Kopplung FEM - CAD

Interessanterweise kommen die Anstöße, FEM-Systeme mit den CAD-Systemen zu koppeln, von den CAD-Entwicklern. Das liegt im wesentlichen daran, daß heutige Stahlbau-CAD-Systeme, insbesondere aber die Experten-systeme, den Begriff Konstruktion ernst nehmen. Für den Stahlbauer sind Statik und Stahlbauausführung ohnehin untrennbar und liegen im allgemeinen auch in einer Hand.

Da für die vom CAD-Anwender selbst zu erstellenden Makros ohnehin eine CAD-Schnittstelle bereitgestellt werden mußte, war es nur folgerichtig, definierte Kopplungs-Schnittstellen nach außen anzubieten. Ebenso ermöglichen viele CAD-Programme auch durch Suchalgorithmen direkt die dreidimensionale CAD-Datenbank anzuzapfen, so daß der CAD-Anwender mit mehr oder weniger großem Aufwand sich die gewünschten Daten selbst suchen kann.

Somit besteht zumindest prinzipiell die Möglichkeit, FEM-Systeme direkt in das CAD-System zu integrieren. Praktisch ist dies jedoch sehr problematisch. Einerseits scheidet eine Implementierung des FEM-Systems in der CAD-Interpretersprache aus wegen der hohen Rechenkosten und wegen der beschränkten Kapazität, die anfallenden Datenmengen auf dieser Ebene zu verwalten. Andererseits wird eine Implementierung des FEM-Systems in das CAD-System unter Verwendung der CAD-Basis-Sprache, z.B. FORTRAN, schwer gemacht durch die dafür notwendige Kenntnis der CAD-Programmstruktur.

So bleibt für den Anwender meist nur die Kopplung über externe Daten-
medien. Welche Daten sollen jedoch transferiert werden? Die Bearbeitung
dieser Frage hängt in hohem Maße von der konkreten Aufgabenstellung,
der Bearbeitungsfolge und der Bearbeitungstiefe ab. Dabei ist es wichtig, sich bei der Aufstellung des Gesamtkonzeptes von Anfang an zu
überlegen, welche Aufgaben dem CAD-System, und welche dem FEM-System
zugeordnet werden.

4.1 Die einfache Kopplung

Bei der einfachen Kopplung liegt der Schwerpunkt entweder eindeutig bei
der CAD-Bearbeitung oder aber eindeutig bei der FEM-Bearbeitung. Betrachten wir zuerst die einfache Kopplung mit dem Schwerpunkt bei der
CAD-Bearbeitung (Bild 1).

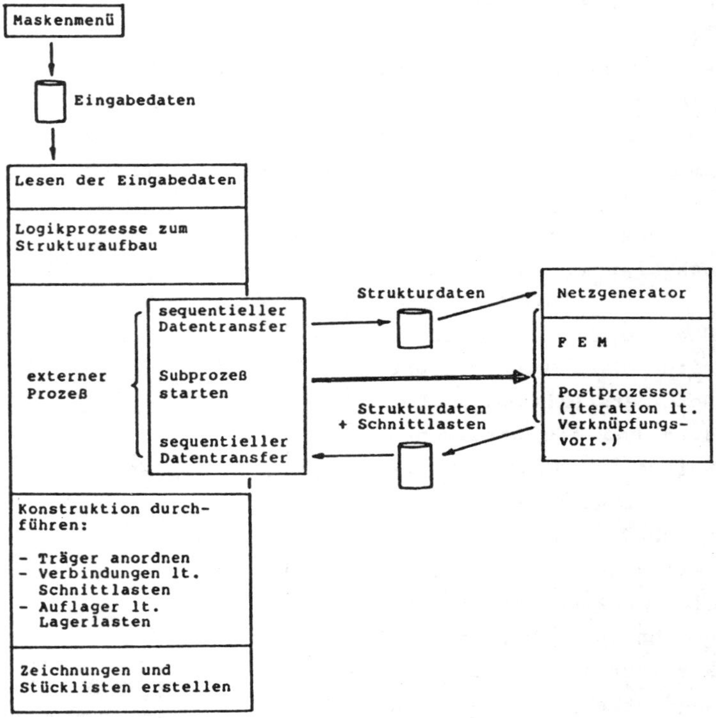

Alle Prozesse, die zum Aufbau der Konstruktion notwendig sind, werden auf der Interpreterebene des CAD-Systems bearbeitet. Gleichzeitig mit dem Aufbau der Rohkonstruktion, oder nachträglich über interne Suchalgorithmen aus dem dreidimensionalen Datenmodell, können die für das FEM-System notwendigen Strukturdaten aufgebaut werden. Unter Strukturdaten werden dabei Profilnamen, statische Profil-

Bild 1: Kopplung CAD-FEM mit Schwerpunkt CAD

werte, Lagekoordinaten, Freiheitsgrade verstanden. Diese werden über
das File-Management des CAD-Systems nach außen übermittelt und stehen
dem FEM-System zur Verfügung. In der Regel handelt es sich dabei um se-
quentielle Transferdateien.

Ein Netzgenerator zerlegt die Hauptträger der Konstruktion in Balken-elemente, um eine ausreichende Genauigkeit der Berechnung zu gewähr-leisten und den Lastort und die Art der Lasten (Punktlast oder Linien-last) zu berücksichtigen.

Das FEM-System wird als Subprozeß gestartet und läuft autonom vom CAD-System ab. Hier kann es sinnvoll sein, bei einfachen Stahlbaukonstruk-tionen oder Variantenkonstruktionen eine Optimierung der Struktur, z.B. durch selbständiges Austauschen von Trägern, mit zu veranlassen. Da-durch wird eine Iteration innerhalb der CAD-FEM-Kette vermieden. Dazu muß allerdings das FEM-System verändert worden sein.

Am Ende der FEM-Bearbeitung werden die um die Schnittlasten ergänzten Strukturdaten in das CAD-System transferiert, wo dann alle CAD-Prozesse bis zur vollständigen Aufbereitung und Abarbeitung der Konstruktion durchlaufen werden.

Der Einsatz dieser Methode wird durch zwei wesentliche Engpässe be-grenzt, nämlich durch das Vermögen des CAD-Systems, die zusätzliche Verwaltung der Strukturdaten und die logischen Prozesse durchzuführen, und durch die Größe der sequentiellen Transferfiles.

Betrachten wir noch als Alternative die einfache Kopplung mit dem Schwerpunkt FEM (Bild 2).

Über den Preprozessor wird das topologische Netz erstellt. Die La-sten und die statischen Werte der Profile wer-den zugeordnet. Nach Durchführung aller Be-rechnungen, einschließ-lich Dokumentation der Ergebnisse, werden die Strukturdaten über ein sequentielles File an das CAD-System überge-ben und in eine Rohkon-struktion der Struktur umgewandelt. Der Bear-beiter kann dann auf CAD-Ebene mit der De-taillierung der Kon-struktion beginnen.

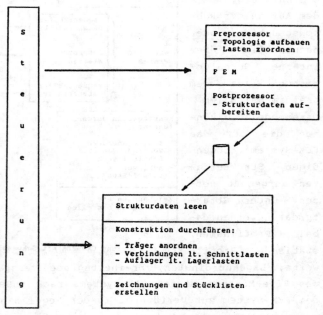

Bild 2: Kopplung CAD-FEM mit Schwerpunkt FEM

Bei dieser Vorgehensweise treten zweierlei Probleme auf. Die Elemente des FEM-Netzes müssen reduziert werden auf die wesentlichen Träger. Das ist bei manchen Netzgeneratoren durch Einführung von übergeordneten Gruppen möglich. Die FEM-Postprozessoren müssen erweitert werden, um den Trägern, Anschlüssen und Auflagern einen Bezug zu dem entsprechenden Logikelement im CAD-System zu ermöglichen.

Wenn auch der Gedanke, mit dem FEM-Programm zu beginnen und erst nach einer vollständigen Bemessung in das CAD-System überzugehen, zunächst bestechend ist, so zeigt eine tiefere Analyse doch, daß sich schwerwiegende Nachteile ergeben. Der Anwender muß den Befehlsvorrat des FEM- und CAD-Systems beherrschen und wird somit nicht vom Problem der Bemessung entlastet. Der Unterschied zur bisherigen, nicht integrierten CAD-FEM-Lösung ist lediglich, daß die Insellösungen FEM und CAD nicht mehr von Hand, sondern durch ein Übergabefile verknüpft werden. Kein Systemsegment kann die Steuerung übernehmen. Diese muß entweder durch ein Kommandorezept oder durch den Bearbeiter selbst abgewickelt werden.

4.2 Die Vernetzung

Will man die hohen Rechenzeiten der einfachen Kopplung vermeiden, eine höhere Bearbeitungstiefe erreichen und eine allgemeine Vernetzung des CAD-FEM-Systems aufbauen, so sind zum Punkt Transfermedien andere Akzente zu setzen.

Eine Möglichkeit bietet die Aufstellung einer gemeinsamen externen Datenbank, in der neben den notwendigen Strukturdaten auch Daten, die nur für irgendwelche Logikprozesse benötigt werden, abgelagert werden können (Bild 3).

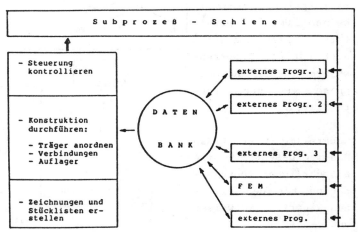

Bild 3: Vernetzung CAD-FEM

Damit ist der Zugriff jederzeit sowohl vom CAD-System als auch vom FEM-System möglich und die zur Aufbereitung notwendigen Logikprozesse können aus dem CAD-System verlagert werden. Weiterhin müssen nicht mehr alle Daten gleichzeitig gelesen werden, sondern nur die gerade zur Verarbeitung benötigten müssen angesprochen werden. Die Strukturdaten können also segmentweise extern aufgebaut, vom FEM-System bearbeitet, und dann zurück in die zentrale Datenbank geschrieben werden. Das CAD-System kann ebenso die Strukturdaten elementweise ansprechen und so Element für Element fertig konstruieren. So hat das CAD-System nur noch die Aufgabe, die Steuerung des Ablaufes zu kontrollieren und die eigentliche Konstruktion durchzuführen. Es bleibt bei seiner ursprünglichen Aufgabe und muß nicht mit zeitfressenden Logikprozessen und der Verwaltung zusätzlicher Datenmengen belastet werden.

Der große Vorteil einer solchen Methode liegt in der Möglichkeit, alle wichtigen Prozesse in einer Standard-Programmiersprache aufzubauen und diese in mehrere externe Programme zu integrieren. Diese sind um ein vielfaches schneller als ähnliche Makros im CAD-System. Insgesamt erhält man ein stark strukturiertes System, bedingt durch die Verteilung der Aufgaben über die zentrale Datenbank. Das System wird also sehr flexibel und läßt sich verhältnismäßig leicht in seinem Umfang erweitern. Dies erweist sich für ein Expertensystem in der Aufbauphase als sehr vorteilhaft.

Nachteilig ist, daß das CAD-System eine ausführliche Dokumentation für den externen Zugriff aufweisen muß.

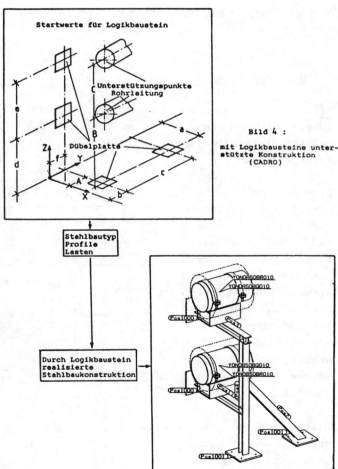

Bild 4 :
mit Logikbausteine unterstützte Konstruktion (CADRO)

5. Ausgeführte Beispiele

Als Beispiel für die erwähnten Kopplungsarten läßt sich das von den Verfassern entwickelte CAD-System CADRO (CAD im Rohrleitungsbau) anführen. Es ist ein Expertensystem zur Erstellung von Rohrhalterungen einschließlich des zugehörigen Stahlbaus.

Als CAD-Grundprogramm wird das Programm BOCAD-3D der Firma BOCAD GmbH verwendet. Dieses ist speziell für den Stahlbau zugeschnitten und verfügt über eine Profildatei und eine breite sprachliche Unterstützung, die es ermöglicht, sowohl konstruktive Probleme als auch allgemeine logische Prozesse zu beschreiben. Das File-Management verfügt über alle Dateien-Typen (sequentiell, random) und die Schnittstellen nach außen sind zufriedenstellend dokumentiert. Es sind also alle Voraussetzungen gegeben, um beide Kopplungsarten durchzuführen.

Typisch für das CAD-System CADRO ist der relativ kleine Teileumfang, dafür wird von der Konstruktion ein hohes Maß an Flexibilität verlangt, um sich den jeweiligen Lasten- und Baugegebenheiten anzupassen.

Der Stahlbau der Rohrhalterungen wird über Logikelemente vom Programm automatisch erstellt. Der Bearbeiter wählt lediglich den Stahlbautyp (Stahlbaumodul) und gibt die Daten an, die vom Programm nicht logisch erschlossen werden können, z.B. die Lasten. Bild 4 zeigt die prinzipielle Vorgehensweise. Bild 5 zeigt beispielhaft die Flexibilität des Logikbausteins an einem Stahlbaumodul.

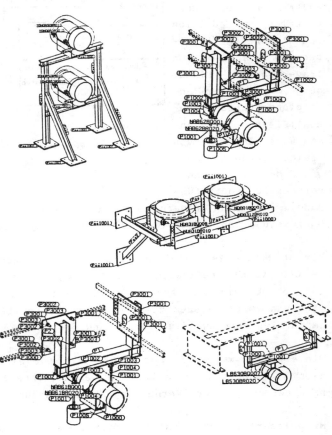

Bild 5: Beispiel der Flexibilität eines Stahlbau-Moduls im CAD-System CADRO

5.1 Beispiel der einfachen Kopplung

Im ersten Schritt wurde CADRO nach der Methode der einfachen Kopplung konzipiert (Bild 6). Nach anfänglichen Berechnungen mit Überschlagsformeln wurde schnell erkannt, daß nur ein FEM-Programm die erforderliche Flexibilität erbringen konnte.

Das verwendete FEM-System ist eine angepaßte Version eines Basissystems. Es wurde für die im Stahlbau erforderlichen Aufgaben angepaßt – wie Beschränkung der Elementbibliothek auf Balkenelemente, Subtraktion und Addition von Elementsteifigkeiten zum Austausch von Trägergrößen, Einfügung von starren Ankopplungspunkten zur Realisierung der Anschlüsse, Löschen von Freiheitsgraden aufgrund der Verbindungsvorschrift und Einführung einer nach Trägern geordneten Gruppenstruktur der Elemente. Eine Optimierung der Träger (Gewichtsoptimierung) wurde eingebaut.

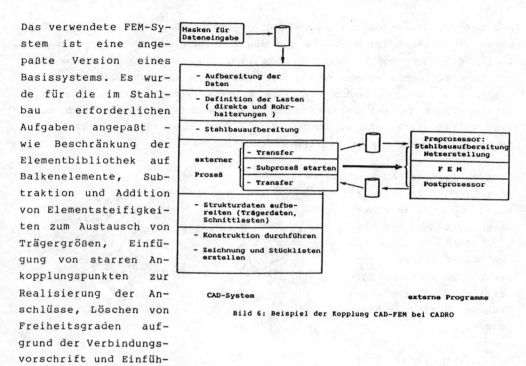

Bild 6: Beispiel der Kopplung CAD-FEM bei CADRO

Die Struktur des Stahlbaus wird über lastengesteuerte Module teilweise im CAD-System, teilweise im FEM-Preprozessor aufgebaut. Der Datenfluß ist, obwohl sich die Anzahl der Teile in Grenzen hält, schon beträchtlich und im CAD-System ziemlich träge. Einen besonderen Umfang nahm die im CAD-System notwendige Verwaltung der Daten an.

Wie erwartet waren die Durchlaufzeiten für eine Rohrhalterungskonstruktion beträchtlich, dies war ein wesentliches Motiv, das Expertensystem nach der Methode der Vernetzung neu aufzubauen.

Mit dieser CAD-FEM-Version wurden etwa 600 Halterungen für ein laufendes Kraftwerkprojekt erstellt. Das Ziel, den Bearbeiter von der Bemessung der Stahlbaukonstruktion zu entlasten und ihm mehr Freiraum für übergeordnete Konstruktionsaufgaben zu geben, wurde voll erfüllt. Ins-

besondere konnte durch die automatische Bemessung der Stahlbaukonstruk-
tionen (Gewichtsoptimierung) das Halterungsgewicht im Vergleich zur
konventionellen Bearbeitung drastisch gesenkt werden.

5.2 Beispiel für die Vernetzung

Die überarbeitete Version von CADRO wurde nach der Methode der Vernetzung konzipiert (Bild 7), vom Leitgedanken geführt, über eine zentrale
Datenbank als externe Randomdatei sowohl das CAD-System, das FEM-System, als auch andere notwendige logische Prozesse zu betreiben.

In der Datenbank wer-
den die Daten nach
verschiedenen Begrif-
fen blockweise abge-
speichert. Die Zuord-
nung der Daten bleibt
durch die Einführung
einer Baumstruktur
der Begriffe erhal-
ten. Oberbegriff ist
im Stahlbau der Trä-
ger. Ihm werden die
Begriffe Last, Bauan-
schluß, Verbindung,
Rippen und Schweißnäh-
te zugeordnet. Mit
Aufruf eines Begrif-
fes lassen sich alle
anderen des gleichen

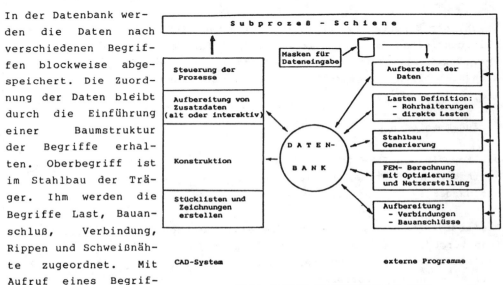

Bild 7: Beispiel der Vernetzung bei CADRO

Trägers wiederfinden. So können die Daten optimal für den jeweiligen
logischen Prozeß im externen Teil als auch für den konstruktiven Teil
im CAD-System abgerufen bzw. eingeschrieben werden.

Mehrere der vorher im CAD-System vorhandenen logischen Prozesse wurden
extern verlagert und gleichzeitig für einen allgemeineren Einsatz erweitert. Insgesamt gibt es folgende externe Prozesse:

- Einlesen der Startdaten, die mit einem separaten Programm erstellt
  wurden, in die Datenbank,
- Lastenformulierung aufgrund der Rohranschlußteile,
- Stahlbaugenerierung mittels lastengesteuerter Module, Einzelträger
  und Verbindungsangaben,
- Bauanschluß-Festlegung und Überprüfung lt. Schnittlasten,

- Knotenausführung lt. Vorgaben und Schnittlasten,
- FEM-System mit Pre- und Postprozessor, Optimierung der Träger. Hinzu-
  gefügt wurde eine allgemeine Lastenüberlagerung nach verschiedenen
  Methoden (arithmetisch, absolut, quadratisch), die es ermöglicht,
  alle vorhandenen Lastkombinationen abzufahren.

Veranlaßt werden diese im CAD-System. Es hat also die Steuerung der externen Prozesse, die Ausführung der 3D-Konstruktion und die Erstellung
der Zeichnungen und Stücklisten auszuführen. Es hat also die Aufgabe
eines üblichen CAD-Systems. Dies bedeutet auch eine wesentliche Erleichterung für die Implementierung einer überarbeiteten Version des
CAD-Systems. Die Arbeiten sind zur Zeit noch nicht abgeschlossen.

Obwohl das Experten-System mächtig gewachsen ist, ist mit einer Rechen-
zeitreduzierung um einen Faktor 2 bis 3 für den Gesamtablauf zu rechnen. Das zeigen bereits erste Testläufe. Entscheidend verbessert haben
sich auch die Wartungsprobleme durch die bessere Modularität.

6. Zusammenfassung

Das Koppeln von FEM- und CAD-Systemen beinhaltet nicht nur die formelle
Anbindung der Systeme, vielmehr greift es tief in die allgemeine Definition der Systeme selbst ein.

Die erstgenannte Kopplungsart, die einfache Kopplung mit sequentiellen
Transfermedien, eignet sich nur für kleinere Systeme mit dem Vorteil
des einfachen Aufbaus und der schnellen Verwirklichung, aber den Nachteil einer hohen Anforderung an das CAD-System und hoher Rechenzeiten.

Mit dem Konzept der Vernetzung lassen sich große Probleme bei starker
Flexibilität mit vertretbarem Aufwand abarbeiten. Eine hohe Modularität
erleichtert Wartung, Änderung und Einführen von neuen Bauteilfamilien.
Darüber hinaus bleibt das CAD-System ein Standardsystem.

Fehlerabschätzung und Verbesserung
von FE-Ergebnissen
von Erwin Stein und Lothar Plank

1. Fehlerquellen für Ingenieurberechnungen

Um das Tragverhalten von Ingenieurkonstruktionen bei verschiedenen Beanspruchungsarten in Gebrauchs- und Versagenszuständen qualitativ und quantitativ zugänglich zu machen, müssen idealisierende und insbesondere homogenisierende **mechanische** und hieraus **mathematische Modelle** erstellt werden. Diese entstehen in der Regel durch makroskopische Beobachtungen und Messungen von Objekten und Prozessen sowie der zugehörigen Lasten und Vergleichen mit den Lösungen der Anfangs- Randwertprobleme der genannten Modelle. In Abhängigkeit von Schwierigkeit und Bedeutung (z.B. der Gefahrenklasse oder des Wertes eines Bauwerks) werden die Modelle mit aufsteigender Komplexität verfeinert, um bestimmte lokale und globale Eigenschaften beschreiben zu können. Hierbei werden heutzutage nicht nur immer weiter verfeinerte Modelle der Materialtheorie auf der Grundlage der Punkte- und Direktorkontinua zur Beschreibung inelastischer und zeitabhängiger Deformationsprozesse mit Verfestigung, Schädigung und Lokalisierung (Mikrolöcher, -scherbänder, -risse) herangezogen, sondern zunehmend auch Modelle und Methoden der Kristall- und Quantenphysik.

Es sei erwähnt, daß die Identifikation der Parameter, insbesondere impliziter, sogenannter interner Variablen aus Versuchen oder anderen Modellberechnungen, ein mathematisch schlecht gestelltes Problem ist. Gut gestellte Probleme erfüllen nach Hadamard die Existenz und Eindeutigkeit der Lösung sowie die stetige Abhängigkeit von den Eingabedaten. Im Hinblick auf die in dieser Arbeit behandelten Diskretisierungsfehler sei darauf hingewiesen, daß in Zukunft auch Fehlerbetrachtungen bei der Modellbildung eine wichtige Rolle spielen werden.

Im folgenden beschränken wir uns wegen des Hauptanliegens - der Diskretisierungsfehler - auf klassische linear-elastische Probleme. Dies erhöht die Verständlichkeit und ist auch aus Platzgründen notwendig.

Wir betrachten also eine lineare Randwertaufgabe - hier die Navier-Lamé'schen Differentialgleichungen der linearen Elastostatik - , deren Lösung in der Regel nur numerisch mit einem Approximationsverfahren (hier mit der Finite-Element- Methode) erfolgen kann. Der dabei entstehende **Diskretisierungsfehler** und die daraus zu entwickelnden sogenannten a–posteriori Fehlerindikatoren für verbesserte – adaptive – Lösungen sollen im folgenden untersucht werden. Einflüsse auf den Fehler der Näherungslösung sind: Art des Ansatzes für ein finites Element, Form und Dichte des Netzes, Anpassung an die Strukturgeometrie und Erfassung der Belastung.

Die **Rundungsfehler** beim Lösen der Gleichungssysteme spielen keine Rolle, wenn man stabile FE-Verfahren und Ansätze sowie (erfahrungsgemäß) mit mindestens zwölfstelliger Genauigkeit rechnet. Dies gilt für Eliminations- und Iterationsverfahren. Im folgenden werden stabile FE-Verfahren mit hinreichender Regularität vorausgesetzt, so daß Rundungsfehler nicht weiter betrachtet werden.

Prof. Dr.-Ing. E. Stein, Dipl. Math. L. Plank, Institut für Baumechanik und Numerische Mechanik, Universität Hannover

2. Darstellung eines Fehlerindikators am Beispiel der Scheibe

2.1. Randwertproblem

Zunächst werden zur Festlegung der Bezeichnungen die wichtigsten Gleichungen für die lineare, elastische Scheibe, belastet durch eine Randlast $\underline{\bar{t}}$ und eine Flächenlast $\underline{f}$, angegeben. Es wird vorausgesetzt, daß diese Lasten konservativ sind.

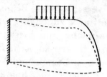

Bild 1: Scheibe mit den geometrischen und statischen Randbedingungen
Der Verschiebungszustand der Scheibe sei

$$\underline{\vec{u}} = u_1(x_1, x_2)\underline{\vec{e}}_1 + u_2(x_1, x_2)\underline{\vec{e}}_2 \ ; \qquad \underline{u} = \begin{bmatrix} u_1 \\ u_2 \end{bmatrix} , \tag{1}$$

mit der Randbedingung

$$\underline{u} = \underline{0} \qquad \text{auf } \partial\Omega_u . \tag{2}$$

Die (Ingenieur-)dehnungen $\underline{\varepsilon}$ sind definiert durch

$$\underline{\varepsilon} = \begin{bmatrix} \varepsilon_{11} \\ \varepsilon_{22} \\ 2\varepsilon_{12} \end{bmatrix} = \begin{bmatrix} u_{1,1} \\ u_{2,2} \\ u_{1,2} + u_{2,1} \end{bmatrix} \tag{3a}$$

bzw.

$$\underline{\varepsilon} = \underline{D}\,\underline{u} = \begin{bmatrix} \frac{\partial}{\partial x_1} & 0 \\ 0 & \frac{\partial}{\partial x_2} \\ \frac{\partial}{\partial x_2} & \frac{\partial}{\partial x_1} \end{bmatrix} \begin{bmatrix} u_1 \\ u_2 \end{bmatrix} . \tag{3b}$$

Weiterhin müssen die Gleichgewichtsbedingungen

$$\text{im Gebiet}: \quad \underline{D}^T\underline{\sigma} + \underline{f} = \underline{0} \quad \text{in} \quad \Omega \tag{4a}$$

$$\text{und auf dem Rand} \quad \underbrace{\underline{N}^T\underline{\sigma}}_{\underline{\sigma}_n} = \underline{\bar{t}} \quad \text{auf} \quad \partial\Omega_\sigma \ , \tag{4b}$$

$$\text{mit} \quad \underline{N} = \begin{bmatrix} \cos(\underline{n}, \underline{e}_1) & 0 \\ 0 & \cos(\underline{n}, \underline{e}_2) \\ \cos(\underline{n}, \underline{e}_2) & \cos(\underline{n}, \underline{e}_1) \end{bmatrix}$$

erfüllt sein.
Das linear elastische Stoffgesetz lautet

$$\underline{\sigma} = \underline{C}\,\underline{\varepsilon} \ ; \qquad \underline{C} = \frac{E}{1-\nu^2} \begin{bmatrix} 1 & \nu & 0 \\ \nu & 1 & 0 \\ 0 & 0 & \frac{1-\nu}{2} \end{bmatrix} \ . \tag{5}$$

Durch Einsetzen von (3b) und (5) in (4a) erhält man die Navier–Lamé'schen Differentialgleichungen

$$\underbrace{(\underline{D}^T\,\underline{C}\,\underline{D})}_{\underline{L} = \underline{L}^T}\,\underline{u} + \underline{f} = \underline{0} \ , \tag{6}$$

mit den Nebenbedingungen (2) und (4b), oder kurz $\qquad \underline{L}\,\underline{u} + \underline{f} = \underline{0}$.

Im Hinblick auf die Methode der Finiten Elemente ist der Ubergang zur Variationsformulierung erforderlich. Dazu wird das Energiefunktional Π eingeführt, als

$$\Pi(\underline{u}) = \frac{1}{2} \int\limits_{\Omega} \underline{\varepsilon}^T(\underline{u})\underline{\sigma}(\underline{u})dx - \int\limits_{\Omega} \underline{u}^T\underline{f}dx - \int\limits_{\partial\Omega_\sigma} \underline{u}^T\bar{\underline{t}}\, ds \, . \tag{7}$$

Π nimmt in $\underline{u}$ ein stabiles Minimum an, wenn es Lösung von (6) ist. Man erhält also die notwendige Stationaritätsbedingung

$$\delta\Pi(\underline{u}) = 0 \qquad \Longleftrightarrow \qquad \Pi \to stat.$$

und daraus die schwache Formulierung des Gleichgewichts

$$\int\limits_{\Omega} \delta\underline{\varepsilon}^T \underbrace{\underline{C}\, \underline{\varepsilon}}_{\underline{\sigma}}\, dx - \int\limits_{\Omega} \delta\underline{u}^T\underline{f}dx - \int\limits_{\partial\Omega_\sigma} \delta\underline{u}^T\bar{\underline{t}}\, ds = 0 \, . \tag{8}$$

Diese Darstellung kann noch weiter verkürzt werden durch Einführung der symmetrischen, positiv-definiten Bilinearform a

$$a(\underline{u},\underline{u}) := \int\limits_{\Omega} \underline{\sigma}^T(\underline{u})\, \underline{\varepsilon}(\underline{u})dx = \int\limits_{\Omega} \underline{\varepsilon}^T(\underline{u})\, \underline{C}\, \underline{\varepsilon}(\underline{u})dx = 2\, \Pi_{(i)} \tag{9}$$

und den Linearformen b und c

$$b(\underline{u}) := \int\limits_{\Omega} \underline{f}^T\underline{u}\, dx \, ; \qquad c(\underline{u}) := \int\limits_{\partial\Omega_\sigma} \bar{\underline{t}}^T\underline{u}\, ds \, . \tag{10}$$

Man erhält damit das Minimalproblem

$$\Pi(\underline{u}) = \frac{1}{2}a(\underline{u},\underline{u}) - b(\underline{u}) - c(\underline{u}) \qquad \to min \tag{11}$$

oder die dazu äquivalente Variationsaufgabe

$$a(\underline{u},\underline{\eta}) = b(\underline{\eta}) + c(\underline{\eta}) \tag{12}$$

für alle Vergleichsfunktionen η .
Es soll nun ein Funktionenraum definiert werden, der die gesuchte Lösung $\underline{u}$ enthält. Dazu werden folgende Forderungen aufgestellt:
– die Erfüllung der Randbedingung $\underline{u} = \underline{0}$ auf $\partial\Omega_u$
– $\underline{u}$ muß so regulär sein, daß die in $\Pi(u)$ auftretenden Terme der Form $\int\limits_{\Omega} u_{i,j}^2\, dx$ definiert sind.

Das führt zu der Wahl

$$\underline{u} \in \tilde{H}_1 := \left\{ \underline{y} \in H_1(\omega) : \underline{y} = \underline{0} \text{ in } \partial\Omega_u \right\} \quad ,$$

wobei H_1 den Raum der Funktionen, deren erste (schwache) Ableitung noch quadratisch integrierbar ist, bezeichnet.
Als Norm in $\tilde{H}_1$ wurde

$$\|\underline{u}\|_1^2 = \int\limits_{\Omega} (u_1^2(x) + u_2^2(x))dx + \int\limits_{\Omega} (u_{1,1}^2 + u_{1,2}^2 + u_{2,1}^2 + u_{2,2}^2)dx \, , \tag{13}$$

oder, äquivalent, die Energienorm

$$\|\underline{u}\|_E^2 = \int\limits_{\Omega} \underline{\sigma}^T(\underline{u})\, \underline{\varepsilon}^T(\underline{u})\, dx \tag{14}$$

verwendet.

2.2. FE-Diskretisierung und Fehlerbetrachtung

Zur näherungsweisen Lösung der Minimalaufgabe (11) führen wir in der üblichen Weise die FE-Verschiebungsmethode ein (siehe z.B. Bathe [5], Schwarz [11]).

Dann führen wir im Gebiet Ω die Knoten k_i und Elemente Ω_e ein. Die Formfunktionen werden mit Ψ bezeichnet und erfüllen die Bedingung

$$\Psi_i(k_j) = \delta_{ij} \; .$$

Zusätzlich wird ein Element-"Patch" P_i definiert als die Menge aller Elemente, die den Knoten k_i enthalten.

Bild 2: Elementpatch P_i

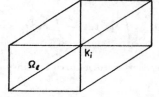

Die Näherungslösung $\underline{u}^{(h)}$ ist von der Form

$$\underline{u}^{(h)} = \sum_k \underline{\Psi}_k \underline{v}_k \; . \tag{15}$$

Zusätzlich sind die Diskretisierungsfehler $\underline{e}^{(h)}$ definiert

$$\underline{e}^{(h)} = \underline{u}^{(h)} - \underline{u} \qquad (\underline{u} : \text{ exakte Lösung}) \; . \tag{16}$$

Im folgenden wird die Energienorm des Gesamtfehlers durch eine Summe lokaler, berechenbarer Größen abgeschätzt. Diese Fehlerabschätzungen wurden zuerst von Babuška, Rheinboldt [2] angegeben; die Erweiterung auf die Mindlin-Platte stammt von Rank [9].

Wir betrachten den Fehler auf P_i und führen dazu eine "Abschneidefunktion" $\underline{\eta}$ ein, die außerhalb von P_i verschwindet und in P genügend glatt ist. Mit der Abkürzung

$$\underline{\sigma}^h = \underline{\sigma}(\underline{u}^h)$$

erhält man

$$a(\underline{e}^{(h)}, \underline{\eta}) = \int_{P_i} (\underline{\sigma}^h - \underline{\sigma})^T \underline{D} \, \underline{\eta} \, dx \; .$$

Für die weiteren Umformungen sei $\underline{\sigma}$ genügend glatt (mindestens zweimal stetig differenzierbar), während $\underline{\sigma}^h$ nur innerhalb eines Elementes glatt sein soll. (Im einfachsten Fall eines linearen Ansatzes auf Dreieckselementen ist $\underline{\sigma}^h$ elementweise konstant, aber unstetig am Elementrand.) Durch elementweise Anwendung einer Greenschen Formel erhält man

$$a(\underline{e}^{(h)}, \underline{\eta}) = \sum_{\Omega_l} \int_{\partial\Omega_l} (\underline{\sigma}^h - \underline{\sigma})_n^T \, \underline{\eta} \, ds - \sum_{\Omega_l} \int_{\Omega_l} (\underline{D}^T(\underline{\sigma}^h - \underline{\sigma}))^T \underline{\eta} \, dx \; , \tag{17}$$

wobei sich die Summe jeweils über die Elemente des Patches erstreckt. Durch Zusammenfassen der Beträge zu den Elementseiten und Verwendung von

$$\underline{D}^T \underline{\sigma} = -\underline{f}; \quad \underline{\sigma}_n = \underline{\overline{t}} \quad \text{auf} \quad \partial\Omega_\sigma$$

erhält man

$$a(\underline{e}^{(h)}, \underline{\eta}) = \sum_{\text{innere Seiten}} \int_{\partial\Omega} (J(\underline{\sigma}^h)^T_n \underline{\eta} \; ds \; +$$

$$\sum_{\text{Randseiten}} \int_{\partial\Omega_e} ((\underline{\sigma}^h)_n - \underline{t})^T \underline{\eta} \; ds - \sum_{\Omega_l} \int_{\Omega_l} \underbrace{((\underline{D}^T\underline{\sigma}^{(h)})_n + \underline{f})^T}_{(Lu+f)} \underline{\eta} \; dx \; . \qquad (18)$$

Gleichung (18) enthält die Testfunktion $\underline{\eta}$ und kann daher nicht direkt verwendet werden, wobei die Sprungfunktion J die Differenz der Spannungen zwischen den Elementen bezeichnet. Zur Elimination von $\underline{\eta}$ wird

$$\tilde{H}_{1|P_i} := \left\{ \underline{\tilde{\eta}} \in \tilde{H}_1; \underline{\tilde{\eta}} = \underline{0} \quad \text{außerhalb} \quad P_i \right\} \qquad (19)$$

und $\wp_i(\underline{e}^{(h)})$, die Projektion von $\underline{e}^{(h)}$ auf $\tilde{H}_{1|P_i}$, eingeführt; es gilt

$$\|\wp_i(\underline{e}^{(h)})\|_E = \sup_{\underline{\tilde{\eta}} \in \tilde{H}_{1|P_i}} \frac{|a(\underline{e}^{(h)}, \underline{\tilde{\eta}})|}{\|\underline{\tilde{\eta}}\|_E} \; . \qquad (20)$$

Nach [2] gilt

$$C_1 \sum_{i=1}^{M} \|\wp_i(\underline{e}^{(h)})\|_E^2 \; \leq \; \|\underline{e}^{(h)}\|_1^2 \; \leq \; C_2 \sum_{i=1}^{M} \|\wp_i(\underline{e}^{(h)})\|^2 \qquad (21)$$

unter recht allgemeinen Voraussetzungen.

Die Größen $\|\wp_i(\underline{e}^{(h)})\|_E$ sind die gesuchten Fehlerindikatoren.

Für Randwertaufgaben 2. Ordnung (z.B. Scheibengleichung, Mindlin-Platte) kann für (20) eine berechenbare Abschätzung angegeben werden:

$$\|\wp_i(\underline{e}^{(h)})\|_E^2 \approx h_i^2 \int_{\Omega_i} (L\underline{u}^{(h)} + \underline{f})^T (\underbrace{L\underline{u}^{(h)} + \underline{f}}_{-\underline{f}^{(h)}}) \; dx + h_i \int_{\partial\Omega_i} J(\underline{\sigma}^{(h)})^T J(\underline{\sigma}^{(h)}) \; ds \; , \qquad (22)$$

siehe Babuška, Miller [1].

Somit enthält der Fehlerindikator nur folgende berechenbare (und mechanisch interpretierbare) Größen:

- die "Fehlkraft" im Elementinneren
- die Spannungssprünge zwischen den Elementen
- die "Fehlkraft" am Rand des Gebietes

3. Weitere Kriterien für Netzverdichtungen

Im Ingenieurbereich sind in Testprogrammen einige andere Strategien für Netzverdichtungen — in der Regel ohne mathematische Begründung — vorgeschlagen und zum Teil erprobt worden, die im folgenden kurz diskutiert werden. Weiterhin wird kurz auf Vorschläge aus dem Bereich der numerischen Mathematik eingegangen.

Die von Hartmann, Pickhardt [8] vorgeschlagenen **Fehlerlasten** als Indikator für die Verdichtung gehen von den zu der Näherungslösung gehörigen Lasten und deren Differenzen zu der gegebenen Belastung aus. So wird zum Beispiel bei Scheiben die Verfeinerung in Bereichen großer Spannungssprünge an den Elementgrenzen und deren Abweichung von gegebenen Linienlasten heuristisch vorgenommen. Es wird jedoch kein Skalierungsfaktor (z.B. die Elementgröße h) und keine Fehlernorm (z.B. Fehler in der Energienorm) angegeben. Damit ist kein Fehlermaß vorhanden, und die Netzverdichtung ist nicht algorithmisch faßbar. Der Grundgedanke ist jedoch mechanisch und mathematisch einleuchtend und müßte ähnlich wie in Kapitel 2 weiter entwickelt werden.

Einen anderen Ansatz stellen Roberti und Melkanoff [10] vor. Die Differenz in den Spannungsergebnissen zweier Verfeinerungsstufen wird hier als Fehlerindikator verwendet.

Die in Kapitel 2 vorgestellte Vorgehensweise ist keineswegs die einzige Möglichkeit, zu mathematisch fundierten Fehlerabschätzungen zu gelangen. So gibt Bank [4] eine Methode an, mit der durch Lösung eines lokalen Hilfsproblems in jedem Element eine Fehlerfunktion ermittelt wird. Das hat den Vorteil, daß man verschiedene Fehlernormen verwenden kann; das Verfahren ist jedoch in der Entwicklung und im Einsatz aufwendiger.

4. Problem der Fehlerabschätzung in der FEM

In der Finiten-Element-Methode benötigt man Fehlerabschätzungen zur Konstruktion angepasster FE-Netze und zur Ergebnisbewertung.

Es ist in der Regel zu aufwendig und zu uneffektiv, angepasste FE-Netze "von Hand" zu erzeugen. Bei den meisten FE-Programmsystemen kann das Netz automatisch gleichmäßig verfeinert werden. Die auf diese Weise erzeugten Netze sind oft völlig unwirtschaftlich. Das gilt insbesondere dann, wenn die gesuchte Lösung Singularitäten (z.B. an Ecken) aufweist. In diesem Fall tritt bei gleichmäßiger Verfeinerung eine globale Konvergenzverschlechterung ein; adaptive Netzverfeinerung ist daher unbedingt erforderlich. Dazu werden elementweise Fehlerindikatoren berechnet und das Netz so modifiziert, daß diese Indikatoren nach der Neuberechnung näherungsweise gleich sind. Eine mögliche Vorgehensweise besteht darin, die Anzahl der Elemente konstant zu halten und nur die Knotenkoordinaten zu verändern. Das führt auf eine nichtlineare Optimierungsaufgabe, deren Lösung in der Regel zu viel Rechenzeit beansprucht.

Stattdessen erhöht man meist die Anzahl der Elemente, indem diejenigen Elemente, deren Fehlerindikatoren einen vorgegebenen Wert überschreiten, unterteilt werden. Auf diese Weise erhält man eine Folge von FE-Netzen und zugehörigen Lösungen, was zugleich den Einsatz effizienter iterativer Verfahren (z.B. Mehrgitterverfahren siehe z.B. [12],[13]) ermöglicht. Als Abbruchkriterien kommen beispielsweise folgende Kriterien in Frage:
- Anzahl der Variablen auf dem feinsten Netz
- Schranke für den Fehlerestimator
- Schranke für Differenzen bei sukzessiven Näherungslösungen (insbesondere Untersuchung der Konvergenz der Spannungen).

Das letzte Kriterium führt bereits in den Problemkreis der Ergebnisbewertung. Für eine sinnvolle Ergebnisbewertung muß zunächst sichergestellt sein, daß der verwendete Elementansatz keine prinzipiellen Mängel aufweist (z.B. zero energy modes, locking). Wünschenswert und optimal wäre eine punktweise Abschätzung des Fehlers in den Verschiebungen und vor allem in den Spannungen, die sowohl sicher als auch genügend scharf ist. Eine derartige Abschätzung ist zur Zeit unseres Wissens nicht verfügbar. Das oben vorgestellte Verfahren liefert nur eine Abschätzung in der (schwächeren) Energienorm, und diese Abschätzung ist auch nur asymptotisch exakt. Der Einsatz dieser a-posteriori Fehlerabschätzung ist jedoch in jedem Fall sinnvoll, da sie sich in Testrechnungen als sehr zuverlässig erwiesen hat; man muß sich nur darüber im klaren sein, daß sie nicht absolut sicher ist.

5. Adaptive Netzgenerierung

5.1. Beschreibung der Strukturgeometrie

Da das FE-Netz im Lauf der Berechnung verändert wird, müssen Geometrie und Belastung der zu berechnenden Struktur unabhängig von der Diskretisierung beschrieben werden können. Im Hinblick auf die Kopplung mit CAD-Systemen sollte diese Geometriebeschreibung auf existierende Standards (z.B. IGES, CAD*I (siehe [6]), VDAFS) aufbauen. Bei einer genaueren Prüfung zeigte sich jedoch, daß die genannten Schnittstellen den Anforderungen eines FE-Programmsystems nicht genügend angepasst sind. Wir mussten daher für das Programmsystem INA-SP*, in dem die hier vorgestellte Netzadaption realisiert wurde, eine eigene Geometriebeschreibung entwickeln, die sich bisher gut bewährt hat.

---

* INA-SP (INelastic Analysis of Shells and Plates) wurde am Institut im Rahmen des DFG-Projekts Ste 238/7 entwickelt.

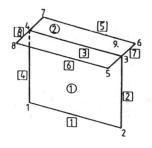 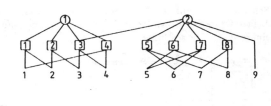

Bild 3: Hierarchisches Geometriemodell

5.2. Datenstrukturen für Netzadaption

Nach der ersten Stufe des Verfeinerungsprozesses, in der nur diejenigen Elemente, die ein Verfeinerungskriterium erfüllen, unterteilt werden, entstehen an den Rändern des Verfeinerungsbereiches irreguläre Knoten. In dem Programm SAFESET (Rank [9]) werden die Verschiebungen an den irregulären Knoten durch die Verschiebungen der Nachbarknoten interpoliert. In INA–SP werden stattdessen die Nachbarelemente in modifizierter Weise verfeinert, und auf diese Weise wieder ein reguläres Netz erzeugt, was zwar den Verfeinerungsprozess komplizierter macht, aber dafür keine Änderung in den Algorithmen erfordert. Die Netzverfeinerung kann damit problemlos an die üblichen FE–Programme angeschlossen werden.

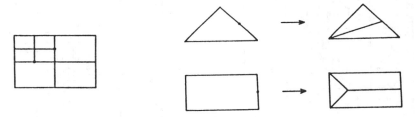

Bild 4: Strategien für die Netzverfeinerung unter Vermeidung irregulärer Knoten

5.3. Verfeinerungskriterien

Folgende a–priori Kriterien werden derzeit in INA–SP verwendet:
- maximale Elementseitenlänge
- ungünstiges Seitenverhältnis bei Vierecken
- Anpassung an die Strukturgeometrie.

Als a–posteriori Kriterien werden die in Kapitel 2 dargestellten Fehlerindikatoren eingesetzt.

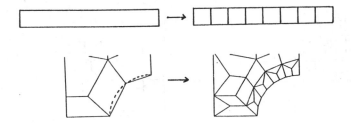

Bild 5: Netzadaption nach a–priori Kriterien

6. Beispiele

6.1. Scheibe mit Riss unter Querbelastung

Die Scheibe ist am unteren Rand eingespannt und am oberen Rand durch eine konstante Linienlast belastet. In der Rißspitze tritt eine Spannungssingularität auf, die zu einer starken lokalen Verfeinerung des Netzes führt.

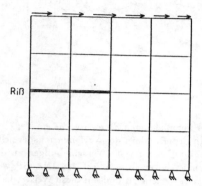

Bild 6a: Ausgangsnetz, Belastung und Randbedingungen

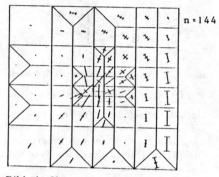

Bild 6b: Netz 3 (mit Hauptspannungen)

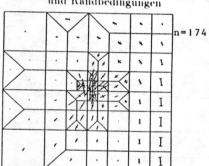

Bild 6c: Netz 4 (mit Hauptspannungen)

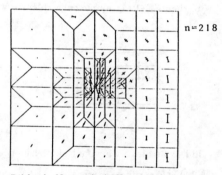

Bild 6d: Netz 5 (mit Hauptspannungen)

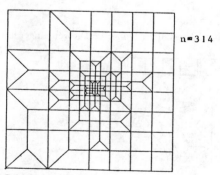

Bild 6e: Netz 7

n=Anzahl der Variablen

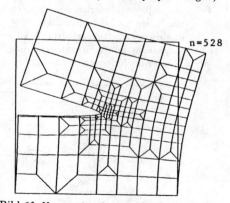

Bild 6f: Netz 10 (verformte Konfiguration)

6.2. I-Profil

Der Träger wird durch eine konstante Linienlast auf dem Obergurt in der Symmetrieebene belastet und ist an den Enden elastisch gelagert. Aus Symmetriegründen wird nur eine Hälfte des Systems diskretisiert. Das Netz wird hier hauptsächlich im Steg in der Nähe der Lasteinleitung verfeinert.

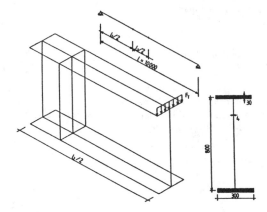

Bild 7a: Geometrie und Belastung

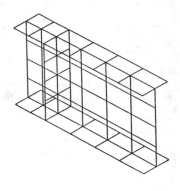

Bild 7b: Ausgangsnetz

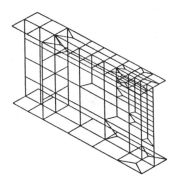

Bild 7c: Netz 3

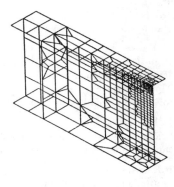

Bild 7d: Netz 5

7. Schlußbemerkungen

Fehlerkontrollen und adaptive Netzverfeinerung werden bislang in der Praxis noch selten verwendet, obwohl sie für sichere und wirtschaftliche Berechnungen unbedingt erforderlich sind. Insbesondere sind kaum allgemein verfügbare Programmsysteme mit Netzadaption vorhanden. Wie dieser Beitrag zeigt, existieren bereits fundierte Theorien und Verfahren zur Fehlerkontrolle und Netzadaption, die auch für den Ingenieur einsichtig und leicht zu handhaben sind. Im Hinblick auf viele Aufgabenstellungen – z.B. Flachdecke auf Einzelstützen – sollten daher Netzadaption und a-posteriori Fehlerabschätzungen in praxisnahen FE-Programmen implementiert werden.

Literaturverzeichnis

[1] I. Babuška, A. Miller:
A posteriori error estimates and adaptive techniques for the finite element method
Univ. of Maryland; Inst. f. Physic. Sci. and Tech.; Tech. Note BN-968, 1981

[2] I. Babuška, W.C. Rheinboldt:
Error estimates for adaptive finite element computations
SIAM J. Num. Anal. 15 (1978), 736-754

[3] I. Babuška, W.C. Rheinboldt:
A posteriori error estimates for the finite element method
Int. J. Num. Meth. Eng. 12 (1978) 1597-1615

[4] R.E. Bank:
Analysis of a local a posteriori error estimate for elliptic equations
in: Accuracy estimates and adaptive refinements in finite element computations (eds.
I. Babuška, O.C. Zienkiewicz, J. Gago, E.R. de A. Oliveira), 1986

[5] K.J. Bathe:
Finite Element Procedures in Engeneering Analysis
Prentice-Hall, Engle wood Cliffs, 1982

[6] I. Bey, J. Leuridan (ed.):
ESPRIT Project 322:
CAD*I: CAD Interfaces, Status Report 2, KfK-PFT 121

[7] P. Groth, H.M. Hilber, C. Katz, H. Werner:
FEDIS – Finite Element Data Interface Standard
KfK-PFT 114

[8] F. Hartmann, S. Pickhardt:
Die Fehler bei Finiten Elementen
Bauingenieur 60 (1985) 463-468

[9] E. Rank:
A-posteriori-Fehlerabschätzungen und adaptive Netzverfeinerung für Finite-Element und
Randintegralelement-Methoden
München 1985
in: Mitteilungen aus dem Institut für Bauingenieurwesen I, Technische Universität München

[10] P. Roberti, M. Melkanoff:
Self-adaptive stress analysis based on stress convergence
Int. J. Num. Meth. Eng. 24 (1987) 1973-1992

[11] H.R. Schwarz:
Methode der finiten Elemente
Teubner-Verlag, 1980

[12] E. Stein, D. Bischoff, G. Brand, L. Plank:
Methods of convergence acceleration by uniform and adaptive refining and coarsening of
finite element meshes, with application to contact problems
in: Accuracy estimates and adaptive refinements in finite element computations (eds.
I. Babuška, O.C. Zienkiewicz, J. Gago, E.R. de A. Oliveira), 1986

[13] E. Stein, D. Bischoff, G. Brand, L. Plank:
Adaptive multi-grid methods for finite element systems with bi- and unilateral constraints
in: Computer Meth. in Applied Mech. and Eng. 51/52 (1985) 873-884

NETZGENERIERUNG, BANDBREITENOPTIMIERUNG UND NETZANPASSUNG
FÜR FINITE-ELEMENT-BERECHNUNGEN

von Claus Bremer*

Ein effizienter Einsatz der FEM setzt Programmsysteme voraus, die die komfortable und schnelle Modellbildung, Variantenuntersuchung und Konstruktionsoptimierung ermöglichen. Von den hierbei verwendeten Algorithmen wird ein hohes Leistungsniveau erwartet. Denn sie sollen möglichst "vollautomatisch" und auch "in heiklen Fällen" funktionieren. Für die Netzgenerierung und -glättung, Bandbreiten-/Profil-/Front-Optimierung und Netzanpassung wird gezeigt, daß Algorithmen mit ausgefeilten heuristischen Strategien Teilaufgaben des FE-Prozesses eigenständig erledigen können.

1 Netzgenerierung

Fast sämtliche Netzgeneratoren verwenden Triangulator- oder Interpolator-Algorithmen. Bei den Triangulatoren muß der Benutzer die Strukturberandung durch geschlossene Polygonzüge beschreiben. Gemäß der vorgegebenen Knotendichte werden die Knoten generiert und dann durch Triangulation zu Dreieck- bzw. Tetraeder-Elementen verknüpft. Triangulatoren sind sehr anpassungsfähig, jedoch führen sie wegen ihrer lokal begrenzten Generierungsstrategie leicht zu unbefriedigenden Elementteilungen.
Bei dem hier kurz skizzierten Interpolator muß das Berechnungsgebiet zunächst in Superelemente (übergeordnete Elemente) eingeteilt werden (Bild 1). Die Knoten des FE-Netzes werden durch Rasterung der Superelemente erzeugt. Die Koordinaten errechnen sich, ähnlich wie bei der Formulierung der isoparametrischen Elemente, aus der Interpolation von Formfunktionen (hier geradlinige und kreisbogenförmige Konturen). Die Elementteilungen ergeben sich direkt aus dem Knotenraster. Der Übergang zwischen unterschiedlich dicht diskretisierten Gebieten wird durch spezielle Verdichtungs-/Aufweitungs-Superelemente hergestellt (s. a. Bild 4 links).

2 Netzglättung

Netzgeneratoren erzeugen in vielen Fällen schlecht proportionierte Elemente. Nachträglich sollen die Knoten durch Glätten so verschoben werden, daß sich die Elementproportionen verbessern. Der gebräuchlichste Glättungsalgorithmus ist die iterative Laplace-Interpolation: In jedem Itera-

---

*) Dr.-Ing. C. Bremer, Beratungszentrum CIM-Technologie (BCT), Dortmund

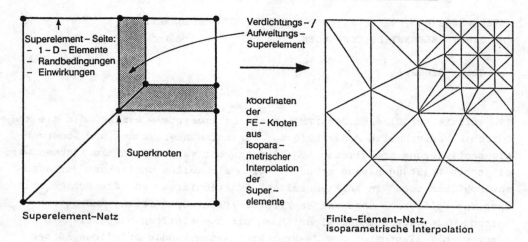

Bild 1: Netzgenerierung mit dem Superelement-Konzept

tionsschritt wird jeder Knoten einmal verschoben; der zu verschiebende
Zentralknoten und seine Nachbarknoten bilden die Interpolationszelle
(Bild 2); der Zentralknoten wird in den Koordinaten-Mittelwert der Randknoten verschoben; die Iteration ist abgeschlossen, wenn die Verschiebe-
wege ein Mindestmaß unterschreiten. In der Praxis zeigt die Laplace-
Interpolation allerdings gravierende Mängel: So werden z. B. bei
einspringenden Ecken die Netzkonturen oftmals überschnitten. Des weiteren
bleibt das eigentliche Ziel der Glättung, nämlich die Verbesserung der
Elementproportionen, mehr oder weniger dem Zufall überlassen, da beim Verschieben der Knoten die Veränderungen der Elementproportionen in keiner
Weise berücksichtigt werden.

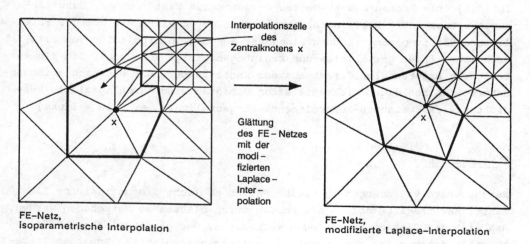

Bild 2: Netzglättung mit der "modifizierten Laplace-Interpolation"

Durch eine Reihe von Verbesserungen wird ein robuster und schneller Iterationsverlauf gewährleistet. Die wichtigste Verbesserung der modifizierten Laplace-Interpolation ist, daß ein Zentralknoten nur dann verschoben wird, wenn sich die Form des am schlechtesten proportionierten Elementes der Interpolationszelle verbessert. Durch Anwendung verschiedener Proportionskontrollen können sich die Elementformen nur in Richtung "gleichseitiges Dreieck" bzw. "Quadrat" verändern; hierdurch werden gleichzeitig Randüberschneidungen unterdrückt. Diese Kontrollbedingungen dürfen jedoch die Iteration zur optimalen Topologie nicht behindern. Bild 3 zeigt, daß die modifizierte Laplace-Interpolation aus den verzerrten Knotenpositionen in die optimale Ausgangslage zurückfindet und daß die Iteration bereits nach wenigen Schritten abgeschlossen ist. In der Regel reichen auch bei komplexen Netzen (Bild 4) drei Iterationsschritte aus.

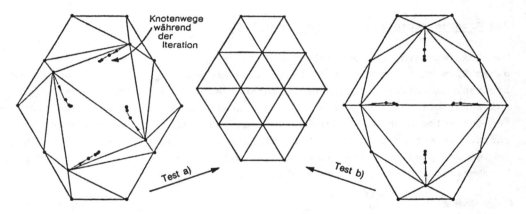

Bild 3: Wiederfinden der idealen Topologie beim Glätten

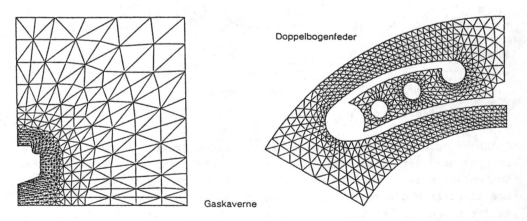

Bild 4: Praxisbeispiele für Netzgenerierung und Netzglättung

3 Bandbreiten-/Profil-/Front-Optimierung

Nach der Netzgenerierung müssen für die eigentliche FE-Berechnung noch die
Voraussetzungen für eine effiziente Bearbeitung der Systemgleichungen
(Dreieckszerlegung etc.) geschaffen werden. Die FE-Systemmatrizen sind in
der Regel spärlich belegt. Die nur wenigen Nicht-Null-Matrixelemente sollen durch Umnumerieren der Knoten entlang der Hauptdiagonalen gebündelt
werden, so daß man nur eine Bandmatrix bzw. Profilmatrix oder Frontmatrix
abzuspeichern braucht. Bei Out-Core-Frontlösern muß entsprechend die
Elementnumerierung optimiert werden.
Um die optimale Knotennumerierung zu finden, müßten alle N! Numerierungen
untersucht werden. Da dies einen unvertretbaren Aufwand bedeutet, wird mit
heuristischen Strategien eine "fast optimale" Numerierung gesucht.

3.1 Graphentheoretischer Algorithmus "ALL"

Wenn die Nummern von Nachbarknoten (Nachbarknoten = Knoten, die jeweils
einem Element angehören) nahe beieinanderliegen, ergeben sich kleine Band-
breiten. Mit Hilfe von Stufenstrukturen lassen sich solche Numerierungen
aufbauen (Bild 5). Ausgehend von einem Startknoten werden die Nachbarknoten der Reihe nach bis N durchgezählt und so in Stufen wohlgeordnet numeriert. Die Anzahl der Stufen wird Exzentrizität genannt. Wenn der Startknoten die größtmögliche Exzentrizität besitzt, liegt er auf dem wahren
Durchmesser des zum FE-Netz gehörigen Graphen (vgl. /1/).

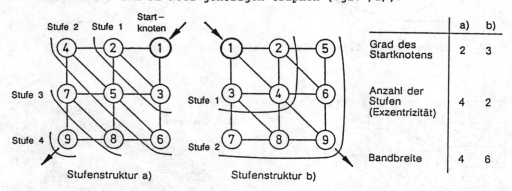

	a)	b)
Grad des Startknotens	2	3
Anzahl der Stufen (Exzentrizität)	4	2
Bandbreite	4	6

Stufenstruktur a)   Stufenstruktur b)

Bild 5: Stufenstrukturen

Optimierungsalgorithmus ALL baut alle N Stufenstrukturen auf. Er beginnt
entsprechend der Annahme "kleiner Grad = kleine Bandbreite" mit dem Startknoten kleinsten Grades (Grad = Anzahl der Nachbarn eines Knotens), um
möglichst früh die beste Numerierung zu finden. Bei komplexeren Netzen
trifft diese Annahme allerdings häufig nicht zu. Zwar ermittelt Algorithmus ALL wegen des Aufbaus aller N Stufenstrukturen die bestmögliche Stu-
fenstruktur-Numerierung; dies wird jedoch mit langen Rechenzeiten erkauft.

3.2 Graphentheoretischer Algorithmus "BRE"

Der Optimierungsalgorithmus BRE ist, bei ähnlicher Leistungsstärke wie
ALL, um Größenordnungen schneller. Dies wird durch die Beschränkung auf
wenige aussichtsreiche Stufenstrukturen erreicht. Die Schwierigkeit besteht darin, Kriterien zu finden, mit denen die erfolgversprechendsten
Startknoten aus den N Kandidaten herausgefunden werden können.
Die Exzentrizität als netzübergreifendes Maß erweist sich - verglichen mit
dem lokalen, nur auf den Startknoten bezogenem Maß "Grad" - als treffsi-
cheres Auswahlkriterium. Die Knoten mit der größten Exzentrizität - also
Knoten auf dem wahren Durchmesser des Graphen - sind danach die aussichts-
reichsten Startknoten. Da zur Ermittlung des wahren Durchmessers wiederum
alle N Stufenstrukturen aufgebaut werden müßten und damit die Rechenzeitersparnis verloren ginge, wird mit einer heuristischen Strategie lediglich ein Pseudodurchmesser bestimmt. Es ist jedoch riskant, nur einen
einzigen Pseudodurchmesser als Grundlage der Optimierung zu wählen, da es
zum einen nicht garantiert ist, daß der Pseudodurchmesser dem wahren
Durchmesser nahekommt und da zum anderen ein Startknoten - auch wenn er
auf dem wahren Durchmesser liegt - nicht unbedingt eine kleine Bandbreite
zur Folge haben muß.

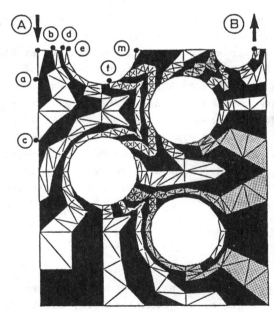

1.Stufenstruktur zur Bestimmung
des Pseudodurchmessers
Exzentrität von 'A' = 19
Bandbreite = 61

Stufenstruktur 'quer' zum
Pseudodurchmesser
Exzentrität von 'm' = 20
Bandbreite = 46

Bild 6: Stufenstrukturen eines komplexen Netzes (Schiffsgetriebe)

Algorithmus BRE begrenzt das Risiko, indem er einen definierten Satz von erfolgversprechenden Startknoten untersucht. Zunächst wird mit zwei hintereinandergeschalteten Stufenstrukturen (Startknoten "A" und "B" in Bild 6) ein Pseudodurchmesser bestimmt (die Stufen in Bild 6 sind abwechselnd weiß und schwarz dargestellt; die gerastert dargestellten Stufen sind für die maximale Bandbreite verantwortlich). Dann werden sechs weitere Startknoten ("a" bis "f") durch "Schwenken" des Pseudodurchmessers bestimmt. Da in einigen Fällen der Pseudodurchmesser in der "falschen Richtung" verläuft (wie z. B. im Beispiel Bild 6), wird noch eine weitere Stufenstruktur quer zum Pseudodurchmesser aufgebaut (Startknoten "m"). Diese Strategie verhindert zuverlässig, daß der Algorithmus sich "in einer Sackgasse festläuft".

3.3 Iterativer Algorithmus "AD"

Die Algorithmen ALL und BRE numerieren die Knoten mit den in aller Regel erfolgreichen Stufenstrukturen um. Was aber ist, wenn bei einem FE-Netz die Stufenstruktur-Numerierungen versagen sollten? Die Unsicherheit wird am einfachsten dadurch gesenkt, indem man mit einer gänzlich anderen Strategie weiteroptimiert. Hierfür bietet sich der iterative Algorithmus AD (in Anlehnung an Akhras/Dhatt) an. Algorithmus AD basiert auf Beobachtungen an einfachen, optimal numerierten Netzen. Dort erfüllt die Belegung der Koeffizientenmatrix folgende Kriterien: die geometrischen "Mitten" der Zeilen der Koeffizientenmatrix (gemessen vom ersten bis zum letzten Nicht-Null-Element der Zeilen) und die "Schwerpunkte" der Zeilen sind in aufsteigender Reihenfolge (also entlang der Hauptdiagonalen) geordnet.
Die ungeordnete Numerierung wird abwechselnd nach den beiden o.g. Kriterien so lange umsortiert, bis beide Kriterien möglichst gut erfüllt sind. Durch Anwendung von Kontrollbedingungen wird einerseits erreicht, daß die Iteration nicht bei lokalen Minima des Optimierungszielwertes (Bandbreite, Profil, Frontbreite etc.) abschließt, sondern aus den "Senken" herausgeführt wird. Andererseits wird durch geeignete Abbruchkriterien die Iteration in einem sinnvollen Stadium beendet.

3.4 Benchmarks

Alle Optimierungsalgorithmen sind heuristischer Natur. Eine theoretisch strikte Beurteilung ist daher nicht möglich. Die Schnelligkeit, Leistungsfähigkeit und Robustheit eines Algorithmus kann nur durch vergleichende Testrechnungen nachgewiesen werden. In /1/ werden 70 größtenteils international verbreitete Netze mit bis zu 7200 Knoten untersucht. Die State-of-the-Art-Algorithmen von Gibbs/Poole/Stockmeyer (GPS) sowie von Gibbs/King (GK) werden als Referenz-Algorithmen herangezogen.

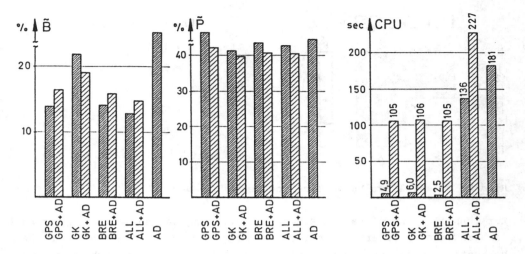

Bild 7: Summarische Auswertung der Benchmarks

Die Benchmarks liefern folgende Ergebnisse (vgl. Bild 7):
- Bei der Optimierung der Bandbreite erweisen sich die Algorithmen BRE und
  ALL als sehr robust und leistungsstark. Die Bandbreite B wird im Schnitt
  auf ca. 15 % des Originalwertes gesenkt.
- Das Profil P wird von allen Algorithmen im Mittel auf ca. 45 % gesenkt.
  Mit Algorithmus AD ist häufig eine weitere Profilminimierung möglich.
- Bei der Frontbreitenoptimierung werden vergleichbare Ergebnisse erzielt.
- Algorithmus BRE benötigt nur halb so viel CPU-Zeit wie Algorithmus GPS,
  der bislang als der schnellste Algorithmus galt. Die Optimierungsrechen-
  zeit ist vergleichsweise sehr kurz: Sie beträgt 2,5 sec; mit der Optimierung wird die Rechenzeit zur Dreieckszerlegung aller Benchmark-Koef-
  fizientenmatrizen von 5040 sec auf 240 sec reduziert (zwei Freiheitsgrade je Knoten; Rechner: AMDAHL 470-V7).

Insbesondere Algorithmus BRE bietet also aufgrund seiner Leistungsfähigkeit, Robustheit und Schnelligkeit alle Voraussetzungen für einen effizienten Einsatz als Optimierungs-Modul in FE-Systemen.

4 Netzanpassung

An die Generierung und Aufbereitung des Netzes schließt sich die eigentliche FE-Analyse an (Beispiel s. Bild 8). Nach Auswertung der Berechnungsergebnisse bleibt noch die Frage offen, ob die FE-Näherungslösung den Genau-
igkeitsansprüchen genügt und wie sie verbessert werden kann. Der nahelie-
gendste Weg, die FE-Lösung zu verbessern, ist, die Netzdichte dem Bean-
spruchungszustand anzupassen (h-Adaption). Hierzu wird ein einfacher Weg
aufgezeigt. Es werden die bewährten Fehlerindikatoren und Verdichtungsin-
dikatoren auf der Basis der Verteilung der Verzerrungsenergie verwendet.

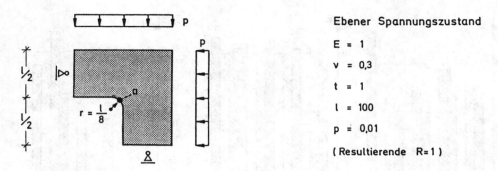

Bild 8: Beispiel für FE-Analyse und Netzanpassung

Zur schnellen und einfachen Erzeugung eines angepaßten Netzes bietet sich
das eingangs erläuterte Generierungskonzept an. Denn im Gegensatz zu den
bekannten Anpassungsmethoden, die das Finite-Element-Netz anpassen, wird
hier mit sehr viel weniger Aufwand das Superelement-Netz angepaßt.

Zunächst müssen die Netzbereiche lokalisiert werden, in denen die Elementteilung fein sein muß bzw. grob sein darf. Hierzu wird zunächst mit einem
einfachen Netz eine Startlösung bestimmt (Bild 9). Die U*-Isolinien geben
die Verteilung der Verzerrungsenergie über dem Berechnungsgebiet an. Die
Verzerrungsenergiedichte U* läßt sich mit wenig Aufwand elementweise als
Skalar über Steifigkeitsmatrix, Verschiebungsvektor und Fläche berechnen;
U* wird anschließend zu Knotenwerten gemittelt. U** gibt die je Element
maximal auftretende Differenz der Verzerrungsenergiedichte an.

Die Verzerrungsenergiedichte-Differenz U** wird als Relativmaß für die
Verteilung des Approximationsfehlers innerhalb des Netzgebietes verwendet.
Hohe Werte des Fehlerindikators zeigen an, daß ein Element einen Struktur-
bereich mit stark variierenden Zustandsgrößen umfaßt. Dieses Element besitzt einen vergleichsweise hohen Approximationsfehler.

Als Verdichtungs-/Aufweitungsindikator wird die Verzerrungsenergiedichte
U* verwendet. Wenn die Elementabmessungen proportional zu den Abständen
der U*-Isolinien gewählt werden, ergeben sich gleichmäßig über das Berechnungsgebiet verteilte Approximationsfehler. Dies ist das Kriterium für
eine optimal abgestufte Elementdichte. Ein Netz ist um so besser angepaßt,
je höher das U*-Niveau und je niedriger das U**-Niveau ist.

Ein Vergleich der U*-Isolinien zeigt, daß die Kerbwirkung vom angepaßten
Netz erheblich besser erfaßt wird als von dem gleichmäßig geteilten
Startnetz. Der Gradient der angepaßten Lösung ist jedoch so stark, daß die
Elemente im Kerbbereich - verglichen mit der "harmlosen" Startlösung -
größere Differenzen an Verzerrungsenergie verarbeiten müssen. Hier wäre
eventuell eine noch dichtere Elementteilung angebracht.

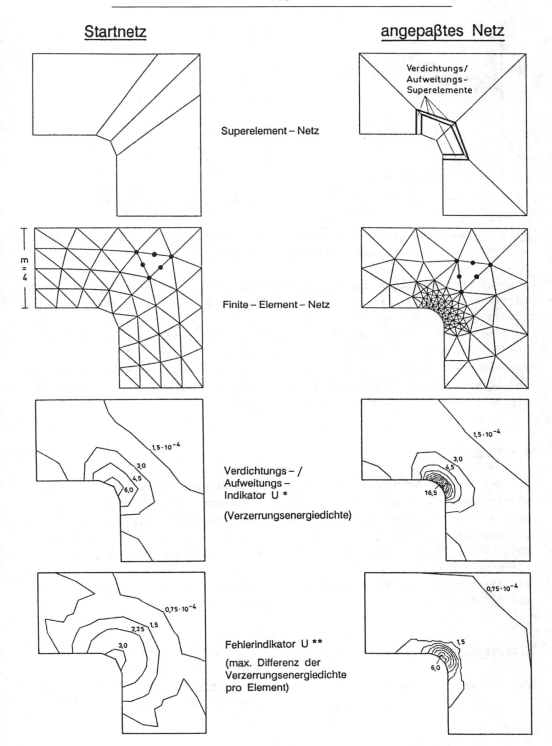

Bild 9: Anpassung des Superelement-Netzes und Finite-Element-Netzes

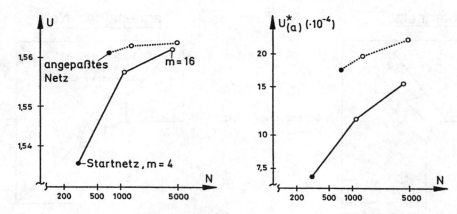

Bild 10: Gesamtverzerrungsenergie U und Verzerrungsenergiedichte U* in
Pkt. a in Abhängigkeit von der Anzahl der Systemfreiheitsgrade N

Die Verzerrungsenergie U des Gesamtsystems in Bild 10 zeigt, daß das angepaßte Netz bereits mit relativ wenigen Freiheitsgraden eine recht genaue
Lösung liefert. Die Verzerrungsenergiedichte U* im Scheitelpunkt der Ausrundung (Punkt a) zeigt einen noch größeren Vorsprung des angepaßten Netzes vor dem gleichmäßig geteilten Startnetz. Die Leistungsfähigkeit des
Adaptionsverfahrens zeigt sich darin, daß mit geringem Arbeitsaufwand
(Modifikation des Superelement-Netzes) und mit relativ wenigen Freiheitsgraden ausreichend genaue Ergebnisse erzielt werden.

5 Zusammenfassung

Die gestiegenen Anforderungen an die Finite-Element-Methode verlangen nach
leistungsstarken Algorithmen, um einen effizienten Einsatz der FEM zu gewährleisten. Die hier nur kurz skizzierten, in /1/ ausführlich dargestellten Algorithmen zeigen, daß es mit ausgefeilten heuristischen Strategien
möglich ist, Teilaufgaben des FE-Prozesses von Software und Computer erledigen zu lassen.
Die Algorithmen und FORTRAN-Programme sind über die Software-Bibliothek
der Deutschen Forschungsgemeinschaft "DFGBIB" zugänglich.

6 Literatur

/1/ Bremer, C.: Algorithmen zum effizienteren Einsatz der Finite-Element-
Methode. Bericht Nr. 86-48, Inst. f. Statik, TU Braunschweig, 1986.

DIE MAXIMALE SPANNUNG ALS INDIKATOR FÜR ADAPTIVE NETZVERFEINERUNG

von Rainer Pallacks *

1. Einleitung

Auf modernen CAD-Anlagen kann heute die Geometrie eines Bauteiles effizient erstellt und modifiziert werden. Leistungsfähige Softwarepakete ermöglichen es, zu untersuchen, wie sich dieses Bauteil unter verschiedenen Belastungen verhält. Diese Softwarepakete basieren in der Regel auf der Methode der Finiten Elemente und die Anwendung dieser Methode setzt voraus, daß das Bauteil geeignet diskretisiert wurde.

Da die Diskretisierung die Genauigkeit der numerischen Lösung und den Aufwand sie zu berechnen entscheidet beeinflußt, sind folgende Forderungen an das Netz zu stellen:

    i) in kritischen Bereichen soll die Elementgröße so klein sein, daß die Lösung dort mit einem möglichst geringen Fehler behaftet ist.

    ii) in unkritischen Bereichen soll die Elementgröße so groß wie möglich sein. Wichtig ist, daß die Fehler hier die Ergebnisse in kritischen Bereichen nicht verfälschen.

Die Erstellung eines solchen Netzes geschieht heute noch weitgehend iterativ:

    i)   Generierung eines Ausgangsnetzes
    ii) Berechnung einer Näherungslösung
    iii) Prüfen, ob das Netz angemessen war und gegebenenfalls Anpassung des Netzes.

Abhängig von der Erfahrung des Ingenieurs und der Komplexität des Bauteiles führt dieser Prozeß mehr oder weniger schnell zum Ziel.

Schon wegen des großen Aufwandes ein sinnvolles Ausgangsnetz zu erstellen und dieses dann von Hand anzupassen, ist es wünschenswert, den gesamten Prozeß der Netzgenerierung dem Computer zu übergeben. Die hierzu notwendigen Konzepte wurden in den letzten Jahren entwickelt ([1]). Die Vorgehensweise ist wie oben beschrieben. Dabei kann das Ausgangsnetz sehr grob sein. Beim Überprüfen des Netzes (Punkt iii) werden aus der Lösung Verfeinerungsindikatoren berechnet und mittels eines Schwellwertes bestimmt, welche Elemente als nächstes verfeinert werden sollen.

Zur genaueren Beschreibung dieser Begriffe zunächst einige Bezeichnungen:

$$\Omega \; := \{ \text{Elemente } \omega_\ell \text{, die das Netz bilden} \}$$
$$V \; := \{ \omega_\ell \in \Omega \; ; \; \omega_\ell \text{ soll verfeinert werden} \}$$

Verfeinerungsindikator : $i : \Omega \longrightarrow \mathbf{R}$
$$\omega_\ell \longmapsto i (\omega_\ell)$$

*) Dipl.Math. R. Pallacks, Universität der Bundeswehr, Hamburg

Schwellwert: $\qquad V = \{\ \omega_\ell \in \Omega \ ; i(\omega_\ell) > a \ \max_{\omega_k \in \Omega} [i(\omega_k)]\}$

$0 < a < 1$

Hierin enthalten ist als Spezialfall ($a = 0$) die gleichmäßige Verfeinerung. Bei $a > 0$ ergibt sich asymptotisch, daß die Indikatorwerte konstant sind über Ω.

2. Verfeinerungsindikatoren, basierend auf der Energienorm

Die klassischen Verfeinerungsindikatoren basieren auf der Energienorm des Fehlers der FE-Lösung ($|\ |\ |$) :

$$(2.1) \quad \|u_{Exakt} - u_{FEM}\|_E = \|e\|_E = \left(\ \sum_{\omega_\ell \in \Omega} \|e\|^2_{E,\omega\ell}\right)^{1/2} = O(h^n)$$

Hierin bezeichne u_{Exakt} beziehugsweise u_{FEM} dieLösung des zugrunde liegenden Randwert-problemes beziehungsweise die durch die FEM-Methode berechnete Approximation. e steht für den Fehler und h sei ein charakteristischer Elementdurchmesser.

Die Darstellung als Quadratsumme über die Energienorm des Fehlers bezogen auf ein Element ω_ℓ führt auf den Fehlerindikator:

$$(2.2) \quad i_E : \Omega \longrightarrow \mathbf{R}$$
$$\omega_\ell \longmapsto i_E(\omega_\ell) := \|e\|^2_{E,\omega\ell}$$

Bei den verwendeten 6-Knoten-Elementen in der Ebene gilt unter hinreichenden Glattheits-voraussetzungen an u_{Exakt} in (2.1) n = 2. Für diese Elemente ergeben sich die Folgerungen:

    i) $a > 0{,}25$: Das Element mit dem maximalen Fehler wird im folgenden Verfeine-
               rungsschritt nicht verfeinert, d.h.: zu viele Verfeinerungsschritte.

    ii) $a \ll 0{,}25$: Verfeinerung unnötig vieler Elemente.

Um die Anzahl der Verfeinerungsschritte zu reduzieren, sollten etwas mehr Elemente als notwendig verfeinert werden ($a < 0{,}25$). Die numerischen Experimente zeigen, daß bei $a = 0{,}125$ die quadratische Konvergenz der Energienorm auch bei Problemen mit singulären Punkten erhalten bleibt. Die Ergebnisse zeigen allerdings auch, daß a nicht kleiner als 0,125 gewählt werden sollte, da sich die Konvergenz dann verschlechtert.

Eigenschaften des Indikators i_E:

    i) $\lim_{h \to 0} i(\omega_\ell) = 0$: alle Elemente werden verfeinert, falls der
                                                    Verfeinerungsprozeß lange genug läuft.

    ii) $\lim_{h \to 0} \sum_{\omega_\ell \in \Omega} [i(\omega_\ell)] = 0$: die Summe der Indikatorwerte kann als
                                                      Schätzer für den Fehler der Lösung gelten.
                                                        (Abbruchkriterium).

    iii) $i_E(\omega_\ell) = const \ \wedge \ \omega_\ell \in \Omega$: gleichmäßige Verteilung des Fehlers über
                                                        das Netz.

Der letzte Punkt widerspricht dem eingangs formulierten Ziel, eines wesentlich geringeren Fehlers in kritischen Bereichen.

3 Verfeinerungsindikatoren, basierend auf der maximalen Spannung

Besonders bei spröden Materialien ist es notwendig, die maximal auftretende Spannung genau zu kennen. Da der Diskretisierungsfehler von der Größe der Elemente abhängt, macht es Sinn, den lokalen Fehler in der Nähe der maximalen Spannung durch Verfeinerung des Netzes zu reduzieren. Dieses kann durch folgenden Verfeinerungsindikator geschehen:

(3.1)
$$i_S : \quad \Omega \; \text{-----} > \; \mathbb{R}$$
$$\omega_\ell \longmapsto i_S(\omega_\ell) := \| \sigma \|_{\infty, \omega_\ell}$$

Hier bezeichnet σ die berechnete Spannung.

Eigenschaften des Indikators i_S:

i) Die Indikatorwerte konvergieren nicht gegen Null. Daraus ergibt sich, daß sich aus i_S kein Abbruchkriterium ableiten läßt.

ii) Der maximale Indikatorwert konvergiert nicht gegen Null. Daraus folgt, daß nicht notwendigerweise alle Elemente verfeinert werden, auch wenn der Verfeinerungsprozeß beliebig lange läuft.

iii) Bei σ fest und $\lim_{h \to 0} \max[\, i_S(\omega_\ell)\,] < \infty$: Gleichmäßige Verfeinerung des Netzes in einer festen Umgebung eines Extremwertes.

iv) Verfeinerung in einem unwichtigen Bereich, falls dort wegen besserer Auflösung des Bereiches die Spannung höher ist, als in schlecht aufgelösten wichtigen Bereichen.
Wegen der Eigenschaft ii) kann es passieren, daß der wichtige Bereich nie verfeinert wird. Daraus folgt die Konvergenz gegen eine falsche maximale Spannung.

v) Keine Kontrolle des globalen Fehlers.

Die unter iii) aufgelistete Eigenschaft von i_S läßt diese Verfeinerungsstrategie schnell in die gleichmäßige Verfeinerung übergehen. Der Diskretisierungsfehler wird in einer festen Umgebung gleichförmig reduziert. Da der Fehler mit zunehmender Entfernung vom Extremum anwachsen kann, führt dieses zu unnötig kleinen Elementgrößen. Deshalb sollte die Elementgröße kontinuierlich mit der Entfernung vom kritischen Punkt anwachsen. Solche Netze sind konstruierbar mittels des Verfeinerungsindikators:

(3.2)
$$i_S^* : \quad \Omega \; \longrightarrow \; \mathbb{R}$$
$$\omega_\ell \longmapsto i_S^*(\omega_\ell) := \int_{\omega_\ell} |\sigma|^\gamma \, dA$$

Eigenschaften von i_S^* :

i*) In der Umgebung kritischer Punkte x_S gilt: [2]

(3.3) $\sigma(x) = a\, r^{-\beta}$ $r = \mathrm{dist}\,(\,x\,;x_S\,)$

Die möglichen Werte von β hängen davon ab, ob x_S zum Netz gehört.

$x_S \in \Omega \; : \; 0 < \beta < 1$

$x_S \notin \Omega \; : \; 1 \leq \beta$ z.B. $\beta = 2$ für die gelochte Scheibe [3]

Falls $i_S^*(\omega_\ell) = \mathrm{const} \; \wedge \; \omega_\ell \in \Omega$, so ergibt sich $h_{\omega_\ell} \sim r^{\gamma\beta/2}$.

Dieses bedeutet für den Indikator i_S^*, daß je größer γ ist, um so schneller wächst die Elementgröße mit zunehmender Entfernung von x_S an. Damit ergibt ein von γ abhängiges Mesh-Grading in Richtung des singulären Punktes.

ii*) Falls $i_S^*(\omega_\ell) = \mathrm{const} \; \wedge \; \omega_\ell \in \Omega$, so geht die durch i_S^* induzierte Verfeinerungsstrategie in die gleichmäßige Verfeinerung über.

iii*) Falls $x_S \notin \Omega$, so gilt $\lim_{h \to 0} i_S^*(\omega_\ell) = 0$, daß heißt, alle Elemente werden verfeinert, falls der Verfeinerungsprozeß beliebig lange läuft.

iv*) Keine Kontrolle des globalen Fehlers.

Die Eigenschaften iii) bzw. ii*) machen es notwendig, daß

- bei i_S der Schwellwert α_S sehr hoch gewählt wird, um das Gebiet gleichmäßiger Verfeinerung auf die unmittelbare Umgebung zu beschränken. Die durchgeführten numerischen Tests lassen $\alpha_S = 0{,}95$ sinnvoll erscheinen.

- bei i_S^* ergibt sich der Schwellwert α_S^* zu 0,25 aus der Konvergenz des Indikators bei Netzverfeinerung. Der Übergang zur gleichmäßigen Verfeinerung kann dann nur durch die Wahl von γ beeinflußt werden. Hier legen die Tests $\gamma \approx 25$ nahe.

4. Verfeinerungsindikatoren, basierend auf der Kombination beider Indikatoren.

Die Verfeinerungsindikatoren, welche auf der Spannung basieren haben den Vorteil, daß sie effizient im Bereich hoher Spannungen verfeinern. Dem stehen einige gravierende Nachteile gegenüber :

- kein Abbruchkriterium:
Um den Verfeinerungsprozeß ohne Eingriff von außen ablaufen lassen zu können, muß ein Fehlerschätzer zur Verfügung stehen. Dieser erlaubt es, den Lauf zu beenden, falls die Genauigkeit des Ergebnisses ausreicht.

- keine Kontrolle des globalen Fehlers :
Durch starke Verfeinerung im kritischen Bereich wird lokal der Diskretisierungsfehler reduziert und die Form des Spannungsverlaufes richtig berechnet. Doch zeigen die Theorie und die numerischen Tests, daß die absoluten Werte auch durch Einflüsse

von entfernten Stellen beeinflußt werden. Werden diese Stellen nicht ausreichend diskretisiert, so kann der erzeugte globale Fehler den lokalen übersteigen.

-Nichterkennen kritischer Bereiche:
Die hohen Schwellwerte, die notwendig sind, um eine effiziente Verfeinerung in einem kritischen Bereich zu gewährleisten, bedingen die Gefahr, daß schlecht aufgelöste kritische Bereiche nicht, oder erst nach vielen Verfeinerungen, aufgelöst werden und dadurch ihre Relevanz für die Beurteilung der Festigkeit des Bauteiles nicht, oder erst nach vielen Verfeinerungen in unwichtigeren Bereichen, erkannt wird.

Eine Abhilfe kann die Kombination der auf der Spannung basierenden Indikatoren mit einem auf der Energienorm basierenden Indikator sein:

$$(4.1) \quad V := \left\{ \omega_\ell \in \Omega \; ; \; \frac{i_S(\omega_\ell)}{i_S{}^*(\omega_\ell)} \geq a_S \max \frac{i_S(\omega_k)}{i_S{}^*(\omega_k)} \quad \vee \quad i_E(\omega_\ell) \geq a_E \max i_E(\omega_k) \right\}$$

Da eine effiziente Verfeinerung im Bereich der maximalen Spannung angestrebt wird, sollten die freien Parameter wie in Abschnitt 3 angegeben gewählt werden. Bei der Wahl von a_E muß abgewogen werden zwischen

- Aufwand, in Form von Freiheitsgraden, zur Minimierung der Energie des Fehlers.
- Notwendigkeit der Kontrolle des globalen Fehlers.

Für das zweite Ziel ist nach Abschnitt 2 $a_E = 0,25$ sicher ausreichend. Die numerischen Tests zeigen, daß a_E nicht größer als 0,5 gewählt werden sollte.

5. Numerische Ergebnisse

Die Wirksamkeit der vorgestellten Verfeinerungsindikatoren soll anhand eines achsensymmetrischen Druckgefäßes demonstriert werden. Dieses Problem wurde zunächst durch C.G.Floyd [3] untersucht. Durch spannungsoptische Methoden stellte er ein Spannungsmaximum von 75 fest. K.-J. Bathe und T. Sussmann haben dann dieses Problem aufgegriffen und numerische Lösungen mittels des Programmsystems ADINA berechnet ([4]). Sie verwenden isoparametrische 8-Knoten-Vierecke in Netzen mit 500 - 1000 Knoten. Ihre Rechnung liefert maximale Spannungen zwischen 96 - 97,5 im Zentrum der ausgerundeten Ecke.

Bild 1 zeigt die Geometrie des Bauteiles. Aufgrund der Symmetrie reicht es 1/4 zu rechnen. In Bild 1 ist ebenfalls das verwendete Ausgangsnetz wiedergegeben. Die eingesetzten Elemente sind isoparametrische 6-Knoten-Dreiecke. Alle Geometriedaten und Materialparameter wurden [4] entnommen. Die Verfeinerungen wurden wie in [5] beschrieben durchgeführt.

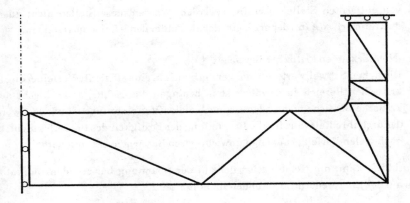

Bild 1 : Grob-Netz für FEM-Rechnung

Der Verfeinerungsprozeß gliedert sich in 2 Phasen:

1. Phase: Die Ausrundung der Ecke ist nicht ausreichend aufgelöst.
In dieser Phase steigt die maximale Spannung von 52 auf 110 an. Der indirekt in Abschnitt 3 eingeführte Fehlerschätzer

$$(5.1) \qquad \Phi(u) = \left(\sum_{\omega_\ell \in \Omega} \| e \|^2_{E,\omega_\ell} \right)^{1/2} / \| u_{Exakt} \|_E$$

geht von 20 % im Ausgangsnetz auf 5 % zurück.

Der Einfluß der eingesetzten Indikatoren auf die Ergebnisse ist sehr gering.
Am Ende dieser Phase, daß heißt nach 3 Verfeinerungsschritten, haben die Netze zwischen 160 und 190 Knoten.

2. Phase: Die Ausrundung der Ecke ist ausreichend aufgelöst.
Hier beginnen sich die Indikatoren stark zu unterscheiden. Dieses soll exemplarisch an einigen Indikatoren dargestellt werden.

Tabelle1 : Indikator i_E mit $a_E = 0,125$

Verfeine-rungsstufe	Anzahl Knoten	$\Phi(u)$	maximale Spannung	Fehler in der Spannungs-randbedingung
4	482	2,4%	102	5,0
5	991	1,2%	98	3,5
6	2130	0,5%	97,5	1,5
7	3850	0,3%	97	0,5

Der Indikator i_E mit $a_E = 0,25$ liefert fast dieselben Resultate mit dem Hauptunterschied, daß zwischen Stufe 3 und 5 eine zusätzliche Verfeinerung durchgeführt wird und nochmals zwischen Stufe 5 und Stufe 7.

Der Fehler in der Energienorm halbiert sich bei Verdoppelung der Anzahl der Knoten, was der vorhergesagten quadratischen Konvergenz in h entspricht. Geiches gilt auch für den Fehler in der Erfüllung der Spannungsrandbedingung. Allerdings muß eine hohe Anzahl von Knoten erzeugt werden, um die Genauigkeit der maximalen Spannung zu erhöhen.

<u>Tabelle2</u>: Indikator i_S^* mit $a_S^* = 0,25$ und $\gamma = 25$

Verfeine- rungsstufe	Anzahl Knoten	$\Phi(u)$	maximale Spannung	Fehler in der Spannungs- randbedingung
7	355	14%	99,2	0,1
8	591	14%	99,15	0,04
9	1148	14%	99,15	0,01
10	1851	14%	99,3	0,0025
11	4483	14%	98,4	0,002

Die letzte Spalte in der Tabelle 2 zeigt an, daß der lokale Fehler durch i_S^* effizient reduziert wird. Doch zeigt die sprunghafte Änderung der maximalen Spannung, zwischen Stufe 10 und 11, und der gleichbleibende Wert des Fehlerfunktionals $\Phi(u)$ an, daß ein globaler Fehler die Genauigkeit der maximalen Spannung bestimmt.

Mit kleiner werdendem γ verringert sich der Einfluß des globalen Fehlers, allerdings nimmt auch die Anzahl der Freiheitsgrade stark zu, so daß sich keine Verbesserung gegenüber i_E ergibt. Der Indikator i_S zeigt ein ähnliches Verhalten.

Eine besondere Gefahr liegt darin, daß die maximale Spannung anscheinend sehr gut konvergiert. Daß diese Konvergenz gegen einen falschen Wert stattfindet, läßt sich nur mittels eines globalen Fehlerschätzers erkennen.

<u>Tabelle3</u>: Indikator i_S^* mit $a_S^* = 0,25$ und $\gamma = 25$
Indikator i_E mit $a_E = 0,125$

Verfeine- rungsstufe	Anzahl Knoten	$\Phi(u)$	maximale Spannung	Fehler in der Spannungs- randbedingung
4	338	3,3%	102	5
6	992	1,2%	97,1	0,5
7	1947	0,6%	96,7	0,1
8	2775	0,4%	96,6	0,03

Verglichen mit Tabelle 1 zeigt sich in Tabelle 3 die effizientere Verfeinerung im Bereich der maximalen Spannung und die geringere Abnahme des Fehlerschätzers. Doch reicht die Konvergenz von $\Phi(u)$ aus, um sicher zu sein, daß die maximale Spannung gegen den richtigen Wert konvergiert.

Wird, bei sonst gleichen Parametern wie in Tabelle 3, $a_E = 0,5$ gesetzt, so treten bei zunehmender Verfeinerung sprunghafte Änderungen der maximalen Spannung auf. Daß heißt, daß der globale Fehler nur bedingt kontrolliert wird.

6. Zusammenfassung

Der klassische Verfeinerungsindikator i_E erzeugt Netze, welche eine effiziente Reduzierung des globalen Fehlers der Näherungslösung von FE-Rechnungen bringen. Diese Netze tragen jedoch nicht dem Ziel Rechnung, den Fehler in kritischen Bereichen besonders gering zu halten.

Für den Fall, daß die auftretende maximale Spannung möglichst sicher vorhergesagt werden soll, eignen sich zur Erzeugung angemessener Netze Indikatoren, welche auf der Spannung basieren. Jedoch stellt die fehlende Kontrolle des globalen Fehlers ein gravierendes Problem dar. Dieses kann gelöst werden, in dem beide Verfeinerungsindikatoren kombiniert werden. Die durchgeführten numerischen Tests bestätigen die vorhergesagten Eigenschaften der Indikatoren und zeigen die Effizienz des Verfeinerungsprozesses bei Anwendung beider Indikatoren.

Literaturverzeichnis

[1] I. Babuska, 'Feedback, Adaptivity, and a posteriori Estimates in Finite Elements: Aims, Theory, and Experience', in Accuracy Estimates and Adaptive Refinements in Finite Element Computations (Eds I. Babuska et. al.), J. Wiley & Sons, 1986

[2] S. P. Timoskenko und J. N. Goodier, 'Theory of Elasticity', Mc Graw-Hill, 1970

[3] C. G. Floyd, 'The Determination of Stresses Using a Combined Theoretical and Experimental Analysis Approach', Computational Methods and Experimental Methods, Proceedings 2nd International Conference, June/July, 1984

[4] T. Sussman und K. J. Bathe, 'Studies of Finite Element Procedures - On Mesh Selection', J. Computers and Structures, 21, pp. 257 - 264, 1985

[5] R. E. Bank und A. H. Sherman, 'An Adaptive, Multi-Level Method for Elliptic Boundary Value Problems', Computig 26, pp. 91-105, 1981

ADAPTIVE VERFAHREN FÜR ELASTISCH GEBETTETE UND AUFGELAGERTE TRAGWERKE

von Jürgen Bellmann*, Stefan Holzer** und Heinrich Werner**

1. A-posteriori-Fehlerabschätzung aus Finite-Element-Ergebnissen

Die Finite-Element-Methode ist bekannt als ein Näherungsverfahren zur Berechnung physikalischer Zustände in Flächen oder Körpern. Die Näherung liegt bei den Funktionsansätzen für Verformungen oder Schnittgrößen in den Finiten Elementen. Je feiner die Elementeinteilung und je höher die Ansatzfunktionen gewählt werden, um so mehr nähern sich die Rechenergebnisse den wahren Verformungen und Beanspruchungen. Unmittelbar sichtbar werden Ergebnisungenauigkeiten an den Übergängen zwischen zusammenhängenden Elementen.

Bei elastischen Problemen deuten Spannungssprünge an den Elementkanten auf unzureichende Verformungsansätze hin. Interpretiert man solche Sprünge als "Beanspruchungen aus örtlichen Fehlerlasten"[1], dann kann man eine durch sie verursachte Verformungsenergie angeben [2]:

$$E \quad = \quad 1/2 \cdot \int_V (\epsilon^T \cdot \sigma) \, dV \qquad (1)$$

mit $\quad \sigma \quad = \quad$ Vektor der Anstengungen(Spannungen, Schnittgrößen)

$\quad \epsilon \quad = \quad$ Vektor der Verzerrungen und

$\quad V \quad = \quad$ Volumen des Einflußbereiches.

Unter der Annahme, daß die Sprungwerte J an der Kante k je zur Hälfte zwei angrenzenden Elementen e zugewiesen werden und daß ihr Einfluss über diese Elemente hinweg linear auf Null abklingt, erhält man für ein Element den Verzerrungsenergieanteil [2]

$$E_k(e) = 1/2 \cdot (J^T(\sigma)/2 \cdot J(\epsilon)/2 \cdot h/3) \quad = 1/24 \cdot J^T(\sigma) \cdot J(\epsilon) \cdot h \qquad (2)$$

oder mit $\sigma = K \cdot \epsilon$:

$$E_k(e) = h \, /24 \cdot J^T(\sigma) \cdot K^{-1} \cdot J(\sigma) \qquad (3)$$

mit $\quad J \quad = \quad$ Integrale der Sprünge über eine Kante und

$\quad h \quad = \quad$ mittlere Elementbreite senkrecht zur Kante.

Zu den Schnittgrössen entlang einer Kante gehören z.B. bei der Scheibe die Normalkraft senkrecht zum Rand n_n und die Schubkraft n_{nt} oder bei der schubelastischen Platte das Moment senkrecht zum Rand m_n, das Drillmoment m_{nt} und die Querkraft q_n.

* Dr.-Ing. J. Bellmann, Dyckerhoff und Widmann AG, München

** Prof. Dr.-Ing. H. Werner, Dipl.-Ing. S. Holzer, Technische Universität München

Bei dieser Fehlerabschätzung genügt es, nur die Diagonalglieder k_{ii} der Steifigkeitsmatrix **K** zu beachten. Höhere Polynomansätze mit dem maximalen Polynomgrad p vermindern den Energiewert um den heuristischen Faktor 1/p. Gleichung (3) geht damit über in

$$E_k(e) = h /24p \cdot \sum_i J^2(\sigma_i)/k_{ii} \qquad (4)$$

Als elementeigener Fehlerindikator λ_e hat sich die Norm der Verzerrungsenergie aus den gedachten Fehlerlasten als brauchbar erwiesen:

$$\lambda_e = \sqrt{\sum_k E_k(e)} \qquad (5).$$

Die Summierung der Fehlerenergien über alle Elemente liefert einen globalen Fehlerestimator η^2 als Energiedifferenz zwischen dem eigentlichen Tragwerk und seinem Finite-Element-Modell:

$$\eta^2 = \sum_e \lambda_e^2 \qquad (6).$$

Selbstverständlich können alle Fehlerangaben nur Schätzwerte sein. Die lokalen Fehlerindikatoren bieten aber einen brauchbaren Hinweis auf ungenügende Netzfeinheiten, und der Fehlerestimator gibt einen globalen Anhalt über die Genauigkeit des Finite-Element-Modells.

2. Adaptive Verbesserung von Finite-Element-Netzen

Überschreitet in einem Element der Fehlerindikator eine gesetzte Schranke, dann ist dieses Element zu verfeinern. Der Prozeß setzt sich so lange fort, bis der Estimator unter einer gesetzten Genauigkeitsschranke bleibt.

Für eine fortlaufende, hierarchische Elementverbesserung stehen die folgenden Möglichkeiten zur Verfügung:

1. Unterteilung des Elementes in weitere Unterelemente gleichen Ansatzgrades. Entstehende Zwischenknoten werden linear an die Endknoten der Kante angehängt. Dieses als 'adaptive h-Version' bezeichnete Vorgehen wird z.B. in /2/ beschrieben.

2. Qualitätsverbesserung des Elementes durch Einführung einer nächsthöheren Stufe von Ansatzfunktionen. Die Kompatibilität benachbarter Elemente wird in den höheren Verschiebungsableitungen dadurch gewahrt, daß die höheren Ansatzfunktionen kantenbezogen, d.h. auf die Nachbarelemente gleichzeitig angesetzt werden. Diese 'adaptive p-Version' erlaubt in Bereichen mit ungestörten Beanspruchungen den Einsatz relativ großer Elemente. Ihre Konvergenzrate ist in solchen Fällen erheblich besser als bei adaptiver oder gar gleichmäßiger h-Verfeinerung /3/.

3. Die Tatsache, daß in glatten Bereichen die adaptive p-Version vorteilhaft eingesetzt wird, daß aber in Bereichen singulärer Beanspruchungen, wo die p-Version zu Oszillationen neigt, eine adaptive Netzverfeinerung angezeigt ist, führt zu der dritten Möglichkeit, der 'hp-Version'. Sie setzt parallel die adaptive h-Version in der Nähe singulärer Ecken und die adaptive p-Version in den übrigen Bereichen ein /4,5/.

In Bild 1 werden für einen wandartigen Träger mit Öffnung, belastet durch Eigengewicht, die genannten Verfahren nebeneinandergestellt. Bild 1a zeigt das Ausgangsnetz, Bild 1b das sich einstellende Netz bei der h-Version nach 6

Verfeinerungsschritten, und Bild 1c zeigt das Netz und die verschobene Struktur bei Anwendung der hp–Version nach 4 Verfeinerungsschritten.

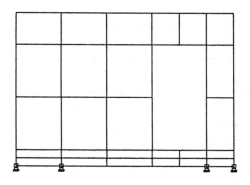

a) Ausgangsnetz

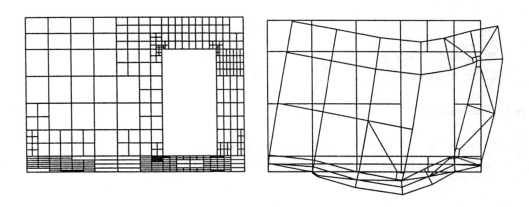

b) Netzverfeinerung, h–Version

c) Verschobene Struktur, hp–Version

Bild 1: Vergleich verschiedener adaptiver Verbesserungen des Ausgangsnetzes am wandartigen Träger.

3. <u>Hierarchische Ansätze für elastische Auflagerungen und Bettungen</u>

In /6/ wurden eindimensionale finite Randelemente für die Auflagerung oder Kopplung von Finite-Element-Strukturen entlang von Elementkanten sowie zweidimensionale finite Bettungselemente zur Auflagerung oder Kopplung ganzer Elementoberflächen beschrieben.

Eine Anwendung der p-Version mit hierarchischen Ansatzfunktionen auf diese Elemente macht es möglich, auch Bettungs- und Kopplungsprobleme mit wenigen Ausgangselementen zu modellieren. Für die in /7/ entwickelte, nachfolgend skizzierte Lösung konnte gezeigt werden, daß sie diesen Erwartungen genügt.

Die Verformungen eines Randelementes und der zugehörigen Elementkante müssen kompatibel sein, d.h. für das Randelement gilt der kantenbezogene Verschiebungsansatz des anschließenden Kontinuumselementes e. Das Randelement R kann als eigenständiges Element aufgefaßt werden, dessen Elementsteifigkeitsmatrix sich aus seinem Beitrag zur inneren Energie des Systems ableiten läßt.

Bei nur einer Verschiebungsrichtung des Systems (Durchsenkung w) gilt für die innere Energie eines Randelementes

$$\Pi_{iR} = 1/2 \int_R w(s) \cdot C(s) \cdot w(s) \cdot ds, \qquad (7)$$

wobei s   die lokale Koordinate längs der Kante und

C(s) der lokale Bettungswert ist.

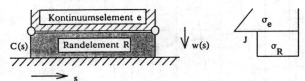

<u>Bild 2:</u> Randelement R

Die Verschiebung w(s) ist bei der hierarchischen p-Version allgemein durch

$$w(s) = N(\xi) \cdot x_R \qquad (8)$$

beschrieben,

mit $N(\xi)$ =   Vektor der normierten Ansatzfunktionen (siehe Bild 3) im Standardelement $-1 \leq \xi \leq 1$ und

x_R =   Vektor der zugehörigen unbekannten Parameter der Verschiebungsfunktion im Element R.

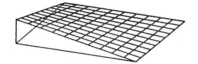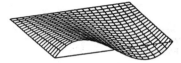

Bild 3: Hierarchische Ansatzfunktionen für zweidimensionale Probleme.

Gleichung (8) ist mit $ds = J(\xi) \cdot d\xi$ auf das Standardkoordinatensystem zu transformieren.

$$\Pi_{iR} = 1/2 \quad x_R^T \cdot \int_{-1}^{1} (N(\xi)^T \cdot C(\xi) \cdot N(\xi) \cdot J(\xi)) \cdot d\xi \cdot x_R \quad = 1/2 \cdot x_R^T \cdot S_R \cdot x_R \qquad (9)$$

In Gleichung (9) ist S_R die gesuchte Steifigkeitsmatrix des Randelementes. Die Integration über die Kante R von $\xi = -1$ bis $\xi = 1$ wird numerisch durchgeführt, so daß beliebige Verläufe $C(\xi)$ vorgegeben werden können.

Bettungselemente eignen sich z.B. für eine flächenhafte Bettung von Fundamentplatten oder eine flächenhafte Kopplung oder Bettung von dreidimensionalen Körpern oder Schalen. Für sie gelten in der adaptiven p–Version analoge Überlegungen wie für die Randelemente. Die Integration entsprechend Gl. (9) ist in beiden Richtungen ξ, η des Standardelementes durchzuführen.

Für die praktische Handhabung werden die Steifigkeitsanteile des Bettungselementes zu denen des Kontinuumselementes addiert, so daß im weiteren Verlauf versteifte (d.h. elastisch gebettete) Kontinuumselemente e verwendet werden.

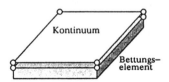

Bild 4: Bettungselement B

4. Praktischer Einsatz der Rand– und Bettungselemente

Mit den dargestellten hierarchischen Rand– und Bettungselementen wurden an der Technischen Universität München Testrechnungen durchgeführt /7/. Bild 5 zeigt einen elastisch gebetteten Balken, der aus nur zwei Rechteckelementen besteht. Zur Demonstration der Brauchbarkeit der Rand– und Bettungselemente wurde der Balken sowohl als längs der unteren Kante elastisch gelagerte Scheibe als auch als flächenhaft elastisch gebettete Platte gerechnet. Die Gegenüberstellung der Berechnungsergebnisse mit den Werten, die sich nach klassischer Theorie ergeben, macht die Wirksamkeit der adaptiven p–Version bei diesem Beispiel deutlich (Tabelle 1).

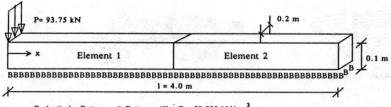

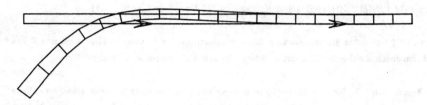

Bild 5: Elastisch gebetteter Balken, System und FE–Modell

Durchbiegung w in mm

x(m)	exakt	Platte	Scheibe
0.0	31.030	31.114	31.037
0.2	21.077	21.081	21.084
0.4	12.626	12.602	12.628
0.6	6.280	6.253	6.272
0.8	2.018	2.001	2.016
1.0	−.498	−.503	−.477
1.2	−1.718	−1.713	−1.675
1.4	−2.076	−2.067	−2.034
1.6	−1.935	−1.924	−1.915
1.8	−1.557	−1.549	−1.562
2.0	−1.117	−1.112	−1.149
2.2	−.715	−.712	−.792
2.4	−.395	−.394	−.490
2.6	−.167	−.168	−.244
2.8	−.024	−.024	−.054
3.0	.054	.054	.081
3.4	.089	.093	.183
3.8	.058	.069	.063
4.0	.039	.052	.081

Biegemoment m in kNm/m

x(m)	exakt	Platte	Scheibe
0.1	−39.545	−39.599	−39.593
0.5	−91.163	−90.969	−91.326
1.0	−53.943	−53.883	−53.892
1.6	−9.506	−9.610	−9.443
2.4	3.939	3.838	2.317
3.1	1.915	1.875	2.324
3.5	.408	.404	2.320

Tabelle 1: Elastisch gebetteter Balken, p–Version: Vergleich zwischen elastisch gebetteter Platte, elastisch gelagerter Scheibe und exakter Lösung

Bild 6 zeigt eine baupraktische Anwendung der p–Version. Die Stützung einer Pilzdecke durch eine Einzelstütze wird durch eine elastische Bettung des Auflagerungsbereichs modelliert. So lassen sich realistische Momenten– und Querkraftverläufe erzielen /9/. Die adaptive Anpassung der Ansatzgrade p läßt es zu, den Stützenbereich mit nur einem Grobelement zu modellieren. Numerische Ungenauigkeiten infolge schiefwinkliger Elemente haben, wie in /5/ gezeigt werden konnte, bei höherem Ansatzgrad kaum mehr nachteiligen Einfluß.

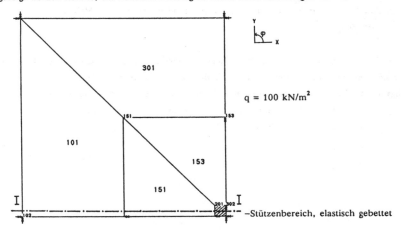

Bild 6a: Pilzdecke (3.00 x 3.00 m), FE–Modell eines Quadranten

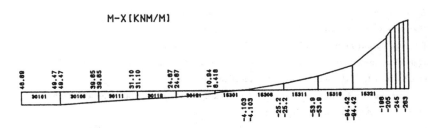

Bild 6b: Pilzdecke, Moment m_x im Schnitt I–I

5. Das Rechenprogramm HIPSET

Alle bisher vorgestellten Berechnungsergebnisse der p– und hp–Version wurden mit dem an der Technischen Universität München entwickelten Rechenprogramm HIPSET erzielt. Im derzeitigen Ausbauzustand erlaubt dieses Programm die Untersuchung ebener Elastizitätsprobleme (Scheiben, Platten, zusätzlich elastische Auflagerung und Bettung) sowie ebener Potentialprobleme (Sickerwasserströmung und Wärmeleitung). Durch die Anbindung des Programmes an die Finite–Element–Programmkette SET /8/ steht deren gesamter Ein– und Ausgabekomfort zur Verfügung.

Aufgabe des Programmes HIPSET ist es, in automatisch hintereinander ablaufenden Berechnungsdurchgängen (ausgehend von einem vorgegebenen Grobnetz) die a–posteriori–Fehlerabschätzung gemäß Abschnitt 1 durchzuführen. Aufgrund der ermittelten Fehlerverteilung werden anschließend die Polynomgrade p der

Verschiebung an denjenigen Kanten um 1 erhöht, an denen der Fehlerindikator den vom Benutzer definierten Grenzwert übersteigt. Bei Plattenberechnungen nach der Reissner–Mindlin–Theorie wird zur Vermeidung von Schubsperrungen der Polynomgrad der Durchbiegung stets um 1 höher als der der Verdrehungen angesetzt. Das Ausgangsnetz ist vom Benutzer so zu wählen, daß erwartete singuläre Punkte der Beanspruchung mit Knotenpunkten zusammenfallen. An diesen Stellen werden in den HIPSET–Berechnungsdurchgängen bei Bedarf (d.h. bei überdurchschnittlich großem Elementfehler) die angrenzenden Elemente im Verhältnis 0.15 : 1 zum singulären Punkt hin verfeinert.

Abweichend von herkömmlichen Finite–Element–Programmen mit elementbezogener Datenstruktur hat sich für die p– und hp–Version ein kantenorientierter Datenaufbau als zweckmäßig erwiesen. Zur Lösung des in jedem Berechnungsdurchgang anwachsenden Gleichungssystems wird ein iterativer Algorithmus verwendet. Zur Ergebnisdarstellung wird über das adaptiv verbesserte Ausgangsnetz ein virtuelles Feinnetz gelegt, das die Ergebnisverläufe innerhalb der Grobelemente feiner aufschließt.

LITERATUR

/1/ Hartmann, F.; Pickhardt, S.: Der Fehler bei Finiten Elementen.
Bauingenieur 60 (1985), S. 463–468

/2/ Rank, E.; Roßmann, A.: Fehlerschätzung und automatische Netzanpassung bei Finite–Element–Berechnungen. Bauingenieur 62 (1987), S. 449–454

/3/ Rank, E.: A posteriori Fehlerabschätzung und adaptive Netzverfeinerung für Finite–Element– und Randintegralelementmethoden, Dissertation München 1985. Mitteilungen aus dem Institut für Bauingenieurwesen I, Technische Universität München, Heft 16, 1985

/4/ Rank, E.; Babuska, I.: An expert–system–like feedback approach in the finite element method. Finite Elements in Analysis and Design 3 (1987), S. 127–147

/5/ Bellmann, J.: Hierarchische Finite–Element–Ansätze und adaptive Methoden für Scheiben– und Plattenprobleme. Dissertation München 1987. Mitteilungen aus dem Institut für Bauingenieurwesen I, Technische Universität München, Heft 21, 1987

/6/ Katz, C.; Werner, H.: Implementation of nonlinear boundary conditions in finite element analysis. Computers & Structures, V. 15 (1982), Nr.3, S. 299–304

/7/ Holzer, S.: Bettungselemente für ebene Probleme in einem adaptiven Finite–Element–Programm. Diplomarbeit Fachgebiet Baumechanik, TU München 1987 (unveröff.)

/8/ Axhausen,K.; Fink, T.; Katz, C.; Rank, E.; Stieda, J.; v. Verschuer, T.; Werner, H.: Die Programmkette SET. Berechnungen im konstruktiven Ingenieurbau, Benutzerhandbuch. CAD–Berichte Nr. 173–175, Kernforschungszentrum Karlsruhe, Karlsruhe 1980.

/9/ Ramm, E.; Müller, J.: Flachdecken und Finite Elemente – Einfluß des Rechenmodells im Stützenbereich in: Grundmann, H.; Stein, E.; Wunderlich, W. (Hrsg.): Finite Elemente – Anwendungen in der Baupraxis 1984, München. Ernst & Sohn, Berlin 1985, S. 86–95

FE-STUDIEN BEI DER PLANUNG DES NEUENBERGTUNNELS DER NBS MANNHEIM /
STUTTGART

von A. Erdogan, P. Meyer, G. Weißbach *

1.   Einführung

Im Aufstieg aus dem Rheintal durchfährt die Neubaustrecke Mannheim /
Stuttgart der Deutschen Bundesbahn das Kraichgauer Hügelland. Der
762 m lange Neuenbergtunnel durchörtert in seinen Randbereichen (A,C)
Erhebungen. Im Mittelabschnitt (B) liegt der Tunnel in einer natürlichen Senke, die im Rahmen einer Geländemodellierung mit Überschußmas-
sen aus den Tunnelvortrieben und Einschnittsbereichen der Neubaustrecke verfüllt wurde.

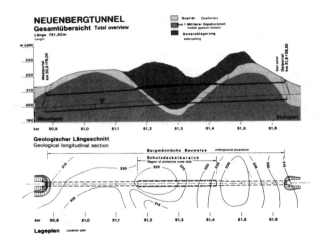

Bild 1: Längsschnitt mit Baugrundverhältnissen, Grundriß

Das Gebirge baut sich in den Randbereichen aus halbfesten bis festen
Schlufftonsteinen des Gipskeupers auf, der mit einer mehrere Meter
mächtigen Lößschicht abgedeckt ist. Im Bereich der Mulde steht ein
1-4 m mächtiger Fließerdehorizont mit weicher bis halbfester Konsistenz an. Der Grundwasserspiegel liegt im gesamten Tunnelbereich unter Sohlniveau und spielt somit für den Bau des Tunnels keine Rolle.

*) Dipl.-Ing. A. Erdogan, Planungsbüro Obermeyer, München
   Dipl.-Ing. (FH) P. Meyer, Planungsbüro Obermeyer, München
   Dipl.-Geol., Dr. G. Weißbach, Planungsbüro Obermeyer, München.

2.   Bauverfahren, Standsicherheitsnachweise

2.1   Offene Bauweise

Das erste Planungskonzept basierte auf einem Tunnel in offener Bauweise. Die Untersuchung der gängigen Querschnittsformen ergab, daß
wegen der großen Überdeckung im Abschnitt B herkömmliche Querschnitte wegen der zu großen Betonstärken nicht mehr zu vertreten sind.
Als wirtschaftlich günstigste Lösung erwies sich das Maulprofil mit
Sohlgewölbe, analog den Tragwerken bergmännischer Vortriebe.
Die Schnittgrößen für die Ausführungsstatik werden nach der FEM mit
dem Programmsystem SET ermittelt. Bei dieser ersten Variante über-
brückt der auf einem Erddamm betonierte und anschließend überfüllte
Tunnel die Mulde im Abschnitt B. Die Setzungen im Abschnitt B, die
nach dem Überschütten des Tunnels zu erwarten waren, ließen die offene Bauweise jedoch als technisch nicht optimale Lösung erscheinen.
Trotz einer aufwendigen Verdichtung mußte, nach Aussage des Bau-
grundgutachters, mit Setzungen der Röhre von über 50 cm nach der Verfüllung gerechnet werden. Dabei war nicht von einer kontinuierlichen
Setzung in Tunnellängsrichtung auszugehen. Setzungsunterschiede der
einzelnen Blöcke von über 10 cm waren einzukalkulieren. Neben
den Lasten aus Bodeneigengewicht wirkten somit Zwängungen aus der
unterschiedlichen Längssetzung der Einzelblöcke auf die Schale ein.
Der rechnersichen Optimierung im Querschnitt waren somit durch die
Belastung in Längsrichtung Grenzen gesetzt. Unter Berücksichtigung
des technischen Risikos, der Kosten und des Landschaftsschutzes fiel
somit die Entscheidung zugunsten einer bergmännischen Bauweise.

2.2   Bergmännische Bauweise

2.2.1 Abschnitte A/C

Die Auffahrung der Tunnel erfolgt in den Bereichen A und C in einem
Kalotten- und nachgezogenen Strossen- bzw. Sohlvortrieb. Die Spritzbetonstärke liegt durchgängig bei 30 cm mit einer 2-lagigen Bewen-
rung. Die geringe Firstüberdeckung und die söhlige Lagerung erfordern eine vorauseilende Sicherung mit Spießen und einen Stützkern
in der Kalotte.

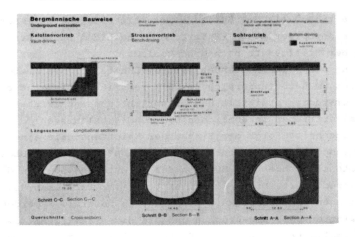

Bild 2: Bergmännische Bauweise Bereiche A/C Längsschnitt Vortrieb,
Querschnitt mit Innenschale.

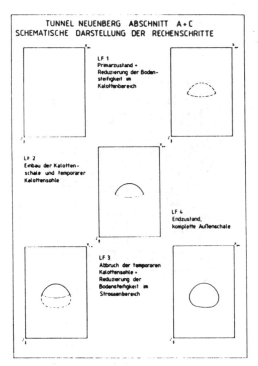

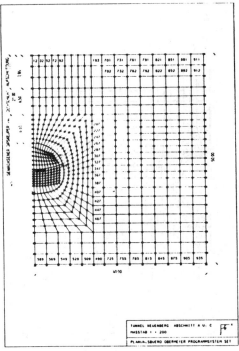

Bild 3: Rechenschritte Bauzustände Außenschale A, C

Bild 4: FE - Netz , Abschnitte A, C

Der Standsicherheitsnachweis der Spritzbetonschale erfolgte in einer
2-dimensionalen elastoplastischen FE-Berechnung nach dem Stützkernverfahren mit einem Stoffgesetz nach Mohr-Coulomb.
Unter Einbeziehung des Primärzustandes wird im Lastfall 1 die Steifigkeit des Bodens im Kalottenbereich um 50 % reduziert. Dieser Wert
wurde in Parameterstudien ermittelt und entspricht unseren Erfahrungen bei Tunnelvortrieben in ähnlichen Baugrundverhältnissen.
Im nächsten Rechenschritt folgt der Einbau der Kalottenschale einschließlich der temporären Kalottensohle über Stabelemente. Die Steifigkeiten des Betons ist hier auf 80 % in der Kalotte und 50 % in der
temporären Sohle reduziert. Diese Reduktion trägt der in diesem Bauzustand noch geringen Betonfestigkeit Rechnung. Im Lastfall 3 werden
die temporäre Kalottensohle abgebrochen und die Bodensteifigkeit im
Strossenbereich analog LF 1 auf 50 % reduziert. Gleichzeitig wird die
Steifigkeit der Spritzbetonschale in der Kalotte auf 100 % erhöht.

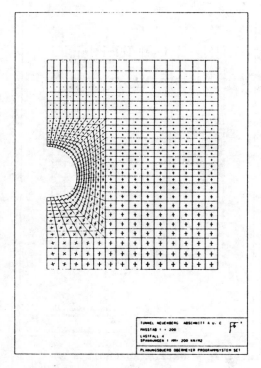
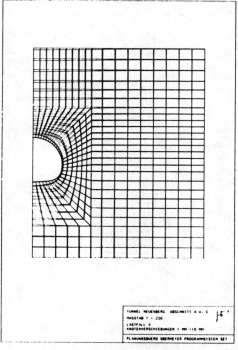

Bild 5: Hauptspannungen LF 4   Bild 6: Verformungen LF 4

Im letzten Berechnungsschritt wird der Einbau der Spritzbetonschale in der Strosse einschließlich Sohle nachvollzogen. Im Endzustand liegen die Firstverformungen bei 40 mm. Dieser Wert liegt in einer Größenordnung, der für ähnliche Tunnelvortriebe realistisch ist. Beim Verlauf der Normalkräfte und Momente im Lastfall 4 (Bild 7, 8) fällt die Unregelmäßigkeit im Ulmenbereich auf. Das Hereinspringen des Momentes ist auf die Berücksichtigung der Bauzustände Vortrieb Kalotte und v.a. den herannahenden Strossenvortrieb zurückzuführen.

Zur Bemessung der Außenschale wurden die maßgebenden Schnittgrößen der relevanten Bauzustände herangezogen.

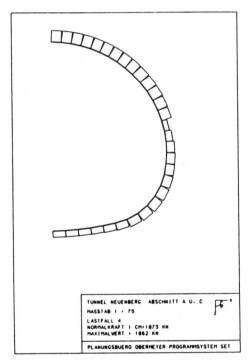

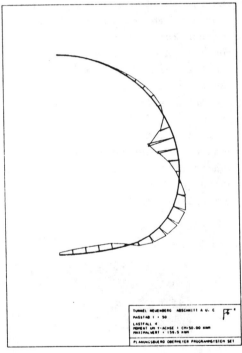

Bild 7: Normalkraftverlauf LF 4   Bild 8: Momentenverlauf LF 4

2.2.2 Abschnitt B

Nachdem die Lösung der offenen Bauweise wegen der zu großen Setzungen bzw. Setzungsunterschiede zwischen den Blöcken ausschied mußten Wege gesucht werden, die großen Verformungen vor Errichtung des Bauwerkes vorwegzunehmen. Dies konnte nur durch die vollständige Verfüllung der Mulde erreicht werden.

Die bergmännische Durchfahrung der Verfüllung ohne Stabilisierungs-
maßnahmen, zumindest im Kalottenbereich, erschien jedoch als zu riskant. So wurde das Konzept entwickelt, sich ein "Dach" für den Kalottenvortrieb zu schaffen, den Gewölbedeckel.

In der zunächst untersuchten Lösung übernahm diese Funktion der auf
einem Erddamm aufbetonierte steife Stahlbetondeckel, der die Tunnel-
außenschale in der Kalotte ersetzten sollte. Die Form des Deckels war
durch ein entsprechend modelliertes Erdgewölbe vorgegeben. Das Tragverhalten des Deckels in Querrichtung während dem Überschütten, bei
der Tunnelauffahrung und im Endzustand wurde mit FEM nachgewiesen.
Das Tragverhalten in Längsrichtung wurde am Modell des elastisch gebetteten Balkens nachvollzogen. Die statischen Untersuchungen er-
brachten, daß die Längsbeanspruchung des Deckels nach dem Überschütten nur mit sehr großen Bewehrungsgehalten abzutragen war. Mit einer
teilweisen Zerstörung des steifen Deckels war bereits in dieser Phase
zu rechnen. Zudem erforderten die hohen Pressungen unter den Deckel-
fundamenten eine Stabilisierung des Bodens mit Zement. Die aufwendigen Zusatzmaßnahmen, die zu hohen Kosten führten, schlossen das Konzept eines steifen Stahlbetondeckels, der die Kalottenaußenschale ersetzt aus.

Als logische Konsequenz aus der FE-Berechnung ergab sich die Abminderung der Schalensteifigkeit durch Reduktion der Schalenstärke. Dem
so konzipierten Schutzdeckel, (Bild 9) mit einer Stärke von 15 cm,
kommt nur noch die Funktion einer vorauseilenden Sicherung während
des Vortriebes zu.

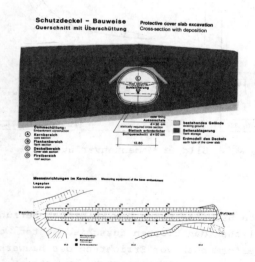

Bild 9: Querschnitt Abschnitt B mit Schutzdeckel und Deponie

Risse im Deckel sind nun weniger problematisch, da die tragende Funktion die Spritzbetonaußenschale (Stärke 30 cm) übernimmt.

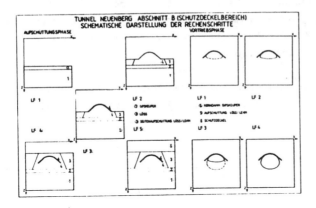

Bild 10: Rechenschritte, Bauzustände, Abschnitt B

Bei der FE-Berechnung werden neben den unterschiedlichen Bodenschichten auch die einzelnen Schüttphasen beim Aufbau der Deponie berücksichtigt. Im LF 1 wird der Primärspannungszustand erzeugt. Im LF 2

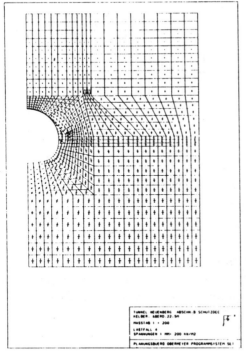

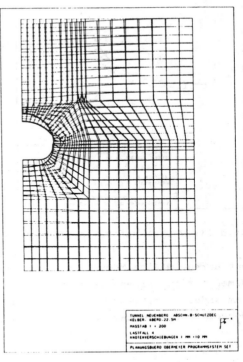

Bild 11: Hauptspannungen LF 4   Bild 12: Verformungen LF 4

folgt der Bau des Kerndammes. Im LF 3 ist der Schutzdeckel betoniert. Die LF 4 und 5 simulieren die Aufschüttung des restlichen Bodens. Der Tunnelvortrieb wird analog den Bereichen A/C in den 4 Berechnungsschritten Auflockerung Bodenelemente Kalotte (LF 1), Einbau Spritzbetonschale Kalotte (LF 2), Auflockerung Bodenelemente Strosse (LF 3) und Ringschluß (LF 4) nachvollzogen.

Die Gesamtfirstverformungen erreichten den Wert von 90 mm. Dieser hohe Wert schien aufgrund der geringen Bodensteifigkeiten (Bild 15) realistisch.

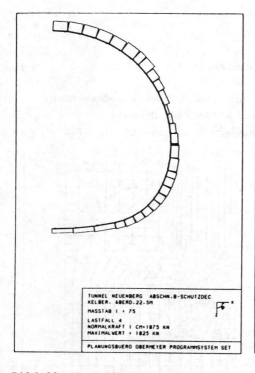

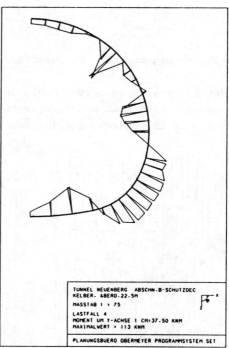

Bild 13: Normalkraftverlauf LF 4   Bild 14: Momentenverlauf LF 4

Der unregelmäßige Momenten- und Normalkraftverlauf im Bereich der Ulmen ist zum einen wiederum auf die Berücksichtigung der Bauzustände zum anderen aber auch auf die Verfüllung des Zwischenraums zwischen Deckel- und Kalottenfuß mit Beton zurückzuführen.

3. Korrelation der Berechnungsergebnisse mit der Bauausführung

3.1 Abschnitte A/C

Der Tunnel wurde von Westen beginnend aufgefahren. Zum Zeitpunkt der Abfassung des Artikels ist die Kalotte komplett aufgefahren, die Straße steht im Anfangsbereich des Abschnittes C.

Als wesentliches Kriterium für die Überprüfung der rechnerischen Annahmen werden die beim Vortrieb gemessen Verformungen herangezogen. Die Gesamtfirstsetzung im Abschnitt A variierte beim Vortrieb zwischen 40 und 45 mm. Die rechnerischen Werte liegen in der gleichen Größenordnung. Bei den in situ gemessenen Werten wird die Vorverformung natürlich nicht registriert. D. h. die Summe aller Setzungen dürfte höher liegen. Dennoch kann man sicher von einer guten Übereinstimmung zwischen den rechnerischen Annahmen und der Ausführung sprechen.

3.2 Abschnitt B

Beim Abschnitt B können 2 Kriterien zur Überprüfung der Rechenannahmen herangezogen werden. Das erste ist die Setzung des Deckels beim Überschütten der Seitenablagerung. Das zweite, wie im Abschnitt A, die Verformung beim Tunnelvortrieb. Von den Setzungen beim Überschüttvorgang müssen natürlich die zeitabhängigen Verformungen reduziert werden, da bei der FE-Berechnung nur die aus der Auflast resultierenden Verschiebungen bestimmbar sind.

Die Setzungen des Kerndammes und der seitlichen Bereiche wurden in insgesamt 20 Setzungspegeln und 4 Extensometern laufend kontrolliert. Die Prognose der Gesamtsetzungen des Deckels variierte zwischen 11 cm und 55 cm je nach Überschüttungshöhe. Diese Werte wurden tatsächlich erreicht. Der zeitabhängige Anteil liegt bei ca. 30 %, so daß von Sofortsetzungen nach dem Überschütten von ca. 8 cm bis 38 cm auszugehen war.

Aus der FE-Berechnung ergab sich ein Maximalwert von 46 cm. Die Übereinstimmung mit den tatsächlichen Werten war ausreichend und lag auf der sicheren Seite.

Die rechnerischen Firstverformungen beliefen sich auf maximal 9,0 cm.
Dieser Wert wurde beim Vortrieb jedoch erheblich überschritten. Im
Bereich des Berechnungsquerschnittes lag die Höchstsetzung bei 21 cm.
Dieser hohe Wert ist auf große Nachsetzungen nach dem Einbau der Kalottensohle, die aus einer nicht optimalen Konsolidierung des Auf-
schüttmaterials resultieren, zurückzuführen. Diese Nachsetzungen und
das stark divergente Verhalten führten zu einer Umstellung der Bauweise mit einem unvermittelten Nachziehen der Strosse und Sohle.

Die zeitabhängigen Verformungen sind mit der FE-Berechnung, bei dem
verwendeten Stoffgesetz, nicht zu erfassen. Die Richtigkeit der Berechnungsannahmen konnte bei den angesetzten Kennwerten für den Abschnitt B in situ nicht direkt über die Verformungen bestätigt werden.

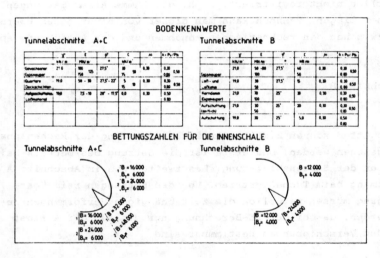

Bild 15: Kennwerte

4. Vergleich FE-Berechnung - Elastisch gebetteter Stabzug

Bei der Planung einfacher Tunnelbauwerke mit gesicherten Lastannahmen
und Bodenkennwerten bzw. Bettungsziffern ist, bei der Betrachtung von
Endzuständen einschließlich Innenschalenberechnungen, die elastisch
gebettete Stabzugberechnung ausreichend. Sind jedoch die Bauzustände
für die Durchführbarkeit von Bedeutung, so kommt man sicherlich um
kostspieligere FE-Berechnung nicht herum. Als Beispiel sind im

Bild 16 die Schnittgrößen der Außenschale in den Abschnitten A und C
gegenübergestellt. Während die Normalkräfte nahezu deckungsgleich
sind, weichen die Momente wegen der Berücksichtigung der Bauzustände
bei der FE-Berechnung voneinander ab.

Die Frage FE- oder Stabzugberechnung bei Tunnelplanungen sollte sich
deshalb nicht am Rechenaufwand bzw. an den Planungskosten orientieren, sondern muß immer projektbezogen beantwortet werden.

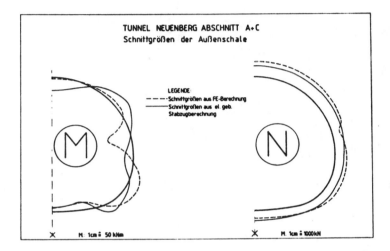

Bild 16 : Normalkraft- Momentenverlauf, elastisch gebetteter Stabzug-
         FE-Berechnung

Sicherlich ist auch bei Tunnelberechnungen nach der FE-Methode, wie
im Vorspann zu dieser Tagung vermerkt, eine gewisse Konsoldierung
vielleicht sogar Stagnation eingetreten. Dies hat jedoch weniger mit
den Berechnungsverfahren an sich zu tun, sondern vielmehr mit den
nach wie vor großen Unzulänglichkeiten bei der Bestimmung der Ge-
birgskennwerte, zutreffenden Stoffgesetzen und felsmechanischen Modellen. Zudem weicht die Ausführung doch im Regelfall erheblich von
der Planung ab, was Spritzbetonstärke und Qualität, Geometrie der Aus-
bruchslaibung und dgl. betrifft. Dennoch wird jeder verantwortungs-
volle Planer das für sein Bauwerk zutreffendste Berechnungsverfahren
bei der Planung verwenden. Und das ist für Tunnelbauten unseres Er-
achtens nach wie vor die FE-Methode.

BERECHNUNG VON TUNNEL IN SAND BEI BERGBAULICHEN ZWANGSVERFORMUNGEN

von H. Ahrens und D. Winselmann *

1 Einleitung

Der tiefe Bergbau im Ruhrgebiet führt u.a. zu großflächigen Senkungen
an der Geländeoberfläche und damit auch zu horizontalen Zwangsverformungen (Dehnungen bzw. Verkürzungen) im Baugrund, Bild 1. Mit fort-
schreitendem Abbau wandert die Senkungsmulde, so daß sich die Verformungen an jeder Stelle verändern und bei mehreren Abbaudurchgängen auch
aufsummieren.

Im Bergsenkungsgebiet von Gelsenkirchen werden seit über 15 Jahren
Tunnel geplant /1/ und gebaut, wobei mit horizontalen Verkürzungen und
Dehnungen von insgesamt bis zu 10 o/oo in jeder Richtung gerechnet werden muß. Der dadurch erweiterte Problemkreis stellt besondere Anforderungen an das Konstruktionsprinzip, die konstruktive Durchbildung sowie
an den Werkstoff des Tunnels. Die intensive technische Bearbeitung dieser Problematik führte zu einem stählernen Ausbau mit ausreichender
Steifigkeit aber auch genügend großer, stetiger Verformbarkeit in
Längs- und Querrichtung /1,2/.

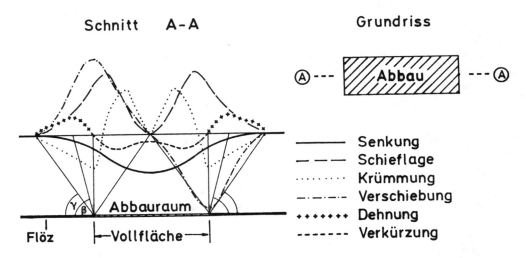

Bild 1: Einwirkungen des tiefen Bergbaus auf die Tagesoberfläche
        bei flacher Lagerung nach NIEMCZYK, aus /1/

----

* Prof. Dr.-Ing. H. Ahrens, Dr.-Ing. D. Winselmann
  Institut für Statik der TU Braunschweig

Während bei den schon ausgeführten Losen der Baugrund im Trassenbereich überwiegend aus Mergel besteht, stehen im Bereich der Emscher dagegen in der Trasse vor allem Sande an. Im Rahmen der Beratung der Stadt Gelsenkirchen für den Amtsentwurf und bei der Überprüfung des Ausführungsentwurfs wurde daher in den letzten Jahren hierfür das Trag- und Verformungsverhalten der gekoppelten Struktur aus Kreistunnel und Sand mit der FEM untersucht. Beim wellenförmigen Ausbau konnte dabei auf die positiven Erfahrungen bei den bereits ausgeführten Losen zurückgegriffen werden.

Die nachfolgenden statischen Untersuchungen sind nur ein Teil der Arbeit des Stadtbahnbauamtes (Professor Westhaus) und des gesamten Beraterkreises und wurden auch von dort maßgebend beeinflußt.

2 Stoffgesetze für Sand

Neben der Standsicherheit des Tunnels war nachzuweisen, daß der Tunnel bei Zwangsverformungen über die daraus resultierenden Verformungen der Geländeoberfläche keine negativen Folgen auf die Bebauung hat. Die verwendeten Stoffgesetze für den Baugrund sind im vorliegenden Fall von besonderer Bedeutung, da die Beanspruchung des Tunnels im wesentlichen aus den großen Zwangsverformungen resultiert und somit das Spannungs-Verformungsverhalten des Bodens maßgeblich eingeht.

Bei dem Vergleich und bei einer Wertung verschiedener Stoffgesetze für Sand ist daher die Beschreibung des Volumenverhaltens für Verkürzungen bzw. Dehnungen bis zu 10 o/oo und damit bis weit in den plastischen Bereich hinein wesentlich. Neben den Fließbedingungen (als plastische Grenze der Spannungszustände) ist auch die Fließregel (als Richtungsangabe plastischer Verformungen) zur Erfassung des Volumenverhaltens (z.B. Dilatanz) von größerer Bedeutung.

Die Entwicklung der Fließgesetze für Sand führte von der Verallgemeinerung der in der Praxis üblichen Mohr-Coulomb-Bruchbedingung über die für die Programmierung einfachere Form von Drucker/Prager (mit drei

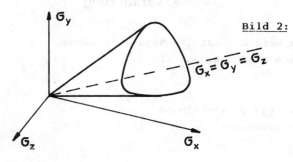

Bild 2: Allgemeine Kegelform einer Fließbedingung im dreidimensionalen Hauptspannungsraum

verschieden großen Kegeln zur besseren Anpassung an die Mohr-Coulomb-Bedingung) für jeweils spezielle Spannungsbereiche zu der in neueren Arbeiten aus Versuchen abgeleiteten Form von Lade /3/. Bild 2 zeigt die Form einer Fließbedingung im dreidimensionalen Hauptspannungsraum und Bild 3 die unterschiedlichen Formen der zuvor angesprochenen Fließbedingungen bei einem Schnitt senkrecht zur Kegelachse $\sigma_x = \sigma_y = \sigma_z$ (Deviatorebene).

Die Unterschiede in Bild 3 erscheinen für praktische Aufgaben nicht sehr bedeutend. Bild 3 ist jedoch nicht die für unsere Aufgabe geeignete Darstellung zur Veranschaulichung der Unterschiede. Man kann davon ausgehen, daß sich die Vertikalspannung entsprechend der Auflast im Boden praktisch nicht stark ändert. Daher verlaufen Spannungsänderungen in einem Bodenteil in einer Ebene des Hauptspannungsraumes, z. B. für σ_y = konst. Ein solcher Schnitt ist in Bild 4 dargestellt und zeigt in Teilen doch erhebliche Abweichungen zwischen den einzelnen Fließbedingungen.

In den meisten praktischen Berechnungen wurde bisher die Richtung der plastischen Verzerrungen senkrecht zur Fließfläche angesetzt. In diesem Fall einer assoziierten Fließregel haben Fließbedingung und Fließregel den gleichen formelmäßigen Aufbau. Dies hat rechentechnisch erhebliche Vorteile, da dann die elastisch-plastische Stoffmatrix und damit die Elementmatrix sowie das zu lösende Gesamtgleichungssystem symmetrisch sind. Das dabei rechnerisch ermittelte Volumenverhalten im plastischen Bereich entspricht jedoch nicht der aus Versuchen bekannten Realität.

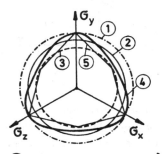

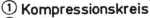

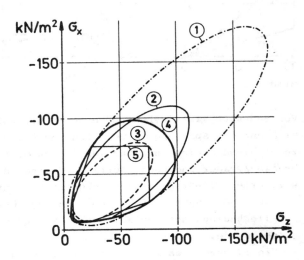

Bild 3: Fließbedingungen in der Deviatorebene

Bild 4: Fließbedingungen für σ_y = konst. = -25 kN/m²

Zur Verdeutlichung wurden in Vorberechnungen an einem Bodenwürfel für
verschiedene Stoffgesetze die Unterschiede bei assoziierter und nichtassoziierter Fließregel aufgezeigt, Bild 5. Um einen besseren Vergleich
mit den Ergebnissen nach Drucker/Prager zu ermöglichen und zur besseren
Anpassung an die Technischen Vorschriften der Stadt /2/ wurde von Lade
nur die Fließbedingung und die Fließregel, jedoch nicht die von ihm angegebenen elastischen Parameter übernommen, d.h. der Elastizitätsmodul
und die Querdehnzahl wurden in Anlehnung an die Werte der TV gewählt.
Es wurde ein Bodenwürfel mit konstanter Vertikalspannung als Auflast
und k_o-fachem Seitendruck unter Annahme eines ebenen Verformungszustandes in z-Richtung rechnerisch in x-Richtung gedehnt (Grenze: aktiver
Erddruck) bzw. verkürzt (Grenze: passiver Erddruck).

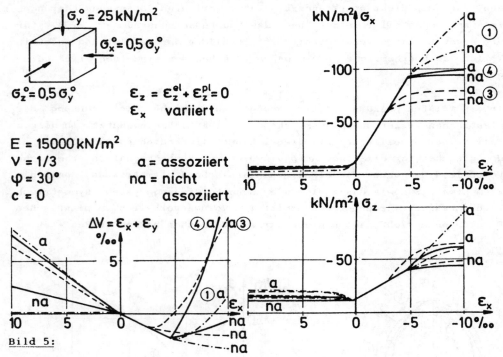

Bild 5:

Von Bedeutung ist insbesondere neben der Entwicklung der Spannung in x-
Richtung die Spannung in Querrichtung und das Volumenverhalten. Bild 5
zeigt diese Größen in Abhängigkeit von ε_x für die Fließbedingungen von
Drucker/Prager und Lade. Auffallend sind für die zunächst mit einer assoziierten Fließregel (a) durchgeführten Untersuchungen:

- die großen Unterschiede in σ_x bei Verkürzungen für die verschiedenen
  Fließbedingungen auf die schon im Zusammenhang mit Bild 4 hingewiesen wurde,

- die im Vergleich zu σ_x unrealistisch großen Querspannungen σ_z bei
  Dehnungen,

- die zu starken Volumenvergrößerungen bei Verkürzungen.

Die letzten beiden Punkte sind Folgen der assoziierten Fließregel. Sie
können durch die Annahme einer nichtassoziierten Fließregel (na) korrigiert werden, wobei bei Lade nach /3/ eine geringe Dilatanz und bei
Drucker/Prager vereinfachend Volumenkonstanz angesetzt wurde.

Darüber hinaus zeigt Bild 5 noch einmal, von welch großem Einfluß der
Ansatz der Fließregel nicht nur auf die Größe der Volumenverformungen
sondern auch auf die Größe des rechnerisch ermittelten Erdwiderstands
und auf die Querspannungen ist. Für den zu untersuchenden Tunnel bedeutet dies, daß die Beanspruchung der Auskleidung nicht nur von der
Fließbedingung, sondern auch maßgeblich von der Fließregel beeinflußt
wird. Der Grund für dies zunächst nicht offensichtliche Tatsache ist im
Bild 6 verdeutlicht. Es zeigt zunächst noch einmal die Fließflächen
entsprechend Bild 4.

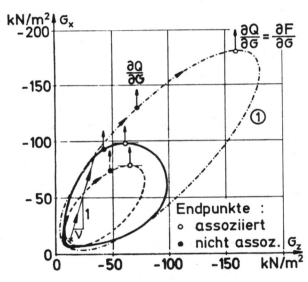

Bild 6: Endpunkte des Spannungs-
        pfades bei Verkürzung ε_x

Ausgehend von den Primär-
spannungen werden die
Spannungen in x- und z-
Richtung zunächst im Ver-
hältnis 1 : V elastisch
gesteigert. Mit dem Erreichen der Fließfläche z.B.
Kurve (1) ist eine weitere
Steigerung der Spannungen
auf der Fließfläche mög-
lich. Im Fall einer asso-
ziierten Fließregel ist
die Richtung der plasti-
schen Dehnungen immer senkrecht zur Fließfläche,
d.h. es gibt zunächst plastische Dehnungen in x-und
z-Richtung. Da die Gesamt-
dehnungen in z – Richtung
aber wegen des ebenen Verformungszustandes Null

sind, muß es zahlenmäßig gleich große elastische Dehnungs- und damit
Spannungsänderungen in z-Richtung geben. Die eingeprägten Dehnungen in
x-Richtung werden erst dann ohne elastische Spannungsänderungen voll
zu plastischen Dehnungen nur in x-Richtung wenn die Richtung der plastischen Dehnungen nur in x-Richtung zeigt. Im Fall einer nichtassoziierten Fließregel steht die Richtung der plastischen Dehnungen senkrecht zu einer anderen Fläche. Dafür wurde hier im Fall (1) ein Zylinder angesetzt. Diese Richtung der plastischen Dehnungen zeigt schon
frühzeitiger nur in x-Richtung und legt damit schon eher den Spannungs-
endpunkt fest. Besonders deutlich wird im Bild 6 noch einmal der daraus

resultierende starke Unterschied in den maximalen Spannungen in x- und z-Richtung.

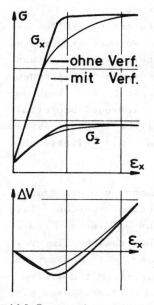

Bild 7: Annäherung eines Stoffgesetzes

Zu fragen bleibt, ob es für die vorliegende Problemstellung genau genug ist, mit einem elastisch-plastischen Stoffgesetz zu rechnen oder ob zusätzlich durch ein Verfestigungsgesetz plastische Einflüsse schon bei niedrigeren Spannungen berücksichtigt werden müssen. Einmal ist anzumerken, daß für den vorliegenden Sand die Kennwerte für entsprechende Stoffgesetze noch nicht vorliegen. Zum anderen zeigt Bild 7, daß es möglich ist, für die Bodenprobe das Spannungs-Dehnungsverhalten beim Stoffgesetz von Arslan /4/ (mit Stoffkennwerten für einen Sand, der im Vergleich zum hier vorliegenden zu steif ist) ausreichend genau durch ein elastisch-plastisches Gesetz anzunähern. Das Stoffgesetz von Arslan gilt genau genommen nur für Triaxialversuche, bei denen zwei Hauptspannungen gleich groß sind und mußte für allgemeine Spannungszustände noch in Invarianten umformuliert werden /5/.

3 Grundlagen des FEM-Programms

- Scheiben-Dreieckselemente mit linearem Verschiebungsansatz.
- Ebener Verformungszustand mit zusätzlich konstant vorgebbaren Verzerrungen in Dickenrichtung.
- Nicht assoziierte Fließregel: Unsymmetrie in der Stoffmatrix, in der Elementsteifigkeitsmatrix und im Gesamtgleichungssystem.
- Ablösen der Plastizität als Unbekannte auf Elementebene nach Zienkiewicz.
- Direkt inkrementelle Rechnung mit ständiger Reduktion des Spannungszustandes in jedem Element auf die Fließfläche.
- Biegestäbe mit Theorie I. Ordnung oder Theorie II. Ordnung.
- An den Stabenden M-, Q- bzw. N-Gelenke mit/ohne relativer Federsteifigkeit möglich.

4 Anwendungsbeispiel

Es wird hier nur ein Beispiel für bergbauliche Verkürzungen ausführlicher dargestellt.

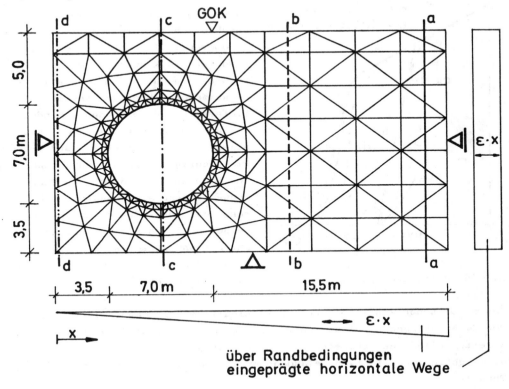

Bild 8:

Bild 8 zeigt das Elementnetz unter Ausnutzung der Symmetrie zwischen zwei nebeneinander liegenden Tunnelröhren. Es wurden für den Sand beim Stoffgesetz von Lade die gleichen Stoffparameter angesetzt wie in den Vorberechnungen. Der Ausbau mit sinusförmigem Querschnitt wurde in Anlehnung an bereits ausgeführte Baulose mit EJ = 46.200 kNm²/m und EF = 4.620.000 kN/m gewählt. Es wurde Sand in voller Höhe über dem Tunnel, d.h. hier noch kein geschichteter Baugrund angesetzt. Bis 1 m unter Gelände steht Grundwasser an.

Vergleichsrechnungen zeigten, daß neben den sofort aufgebrachten Ungleichgewichtslasten aus dem Primärspannungszustand und dem Wasserdruck an der Kontur zwischen Baugrund und Ausbau die horizontalen Verkürzungen bis zu 10 o/oo durch Randbedingungen eingeprägt in Inkrementen von jeweils 1,0 o/oo aufgebracht werden konnten. Nach 5 o/oo und 10 o/oo wurde jeweils einmal nachiteriert.

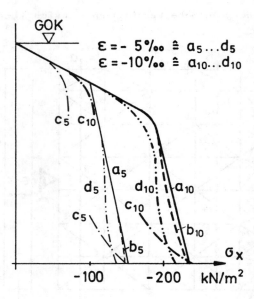

Auch zur Kontrolle sind in Bild 9 die Horizontalspannungen in vier Schnitten, siehe Bild 8, für Verkürzungen von 5 o/oo und 10 o/oo aufgetragen. Die Ergebnisse waren anschaulich zu erwarten: Während im oberen Teil des Bodens der passive Erddruck schon erreicht ist, reagiert nach einem elastisch-plastischen Übergangsbereich in tieferen Lagen der Boden zumindest im ungestörten Bereich noch elastisch, siehe Schnitt a-a und b-b. Die niedrigeren Baugrundspannungen im Schnitt c-c durch die Tunnelachse lassen sich dadurch erklären, daß der Tunnelausbau wegen seiner größeren Steifigkeit Kräfte anzieht und zwischen den Röhren, siehe Schnitt d-d, wieder an den Baugrund abgibt.

Bild 9: Horizontalspannungen

Das zuvor schon angesprochene unterschiedliche Volumenverhalten wird an den Geländehebungen bei 5 o/oo Verkürzung deutlich, Bild 10. Eine assoziierte Fließregel überschätzt die absoluten, sie unterschätzt jedoch die wichtigeren relativen Geländehebungen und damit den Einfluß des Tunnels.

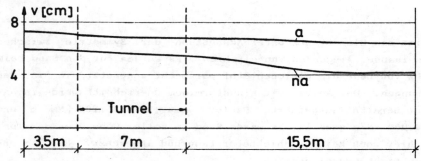

Bild 10: Hebung der Geländeoberfläche bei $\varepsilon = -5$ o/oo

Der Ausbau verformt sich zu einem stehenden Oval und erhält bei 10 o/oo Verkürzung zahlenmäßig fast gleich große Momente von 400 kNm/m in der Firste und der Sohle sowie in den Ulmen. Bei Annahme einer assoziierten Fließregel vergrößern sich die Momente um ca. 10 %. Der Unterschied ist in diesem Beispiel noch nicht größer, weil der Baugrund in wesentlichen Bereichen noch elastisch ist. Über 80 % der Spannungen im Ausbau entstehen aus Biegung. Der Ausbau bleibt bei St 52 noch elastisch.

Bei den Untersuchungen für horizontale Dehnungen mußten wesentlich kleinere Inkremente aufgebracht werden. Es entstehen sonst in einem Rechenschritt unrealistische Zugspannungen, für die auch eine Reduktion der Spannungen auf die nur im Druckbereich definierte Fließfläche nicht möglich ist. Der Umfang der untersuchten Dehnungsfälle konnte niedriger gehalten werden, da frühzeitig erkennbar wurde, daß die Beanspruchungen im Ausbau geringer bleiben und die Geländeabsenkungen nicht ungünstiger werden.

Bei den insgesamt durchgeführten Untersuchungen für Dehnungen und insbesondere für Verkürzungen, wurden folgende Größen variiert:

- Fließbedingungen
- Fließregeln
- gleichzeitige Zwangsverformungen in Tunnellängsrichtung
- Elastizitätsmodul und Querdehnungszahl
- Überdeckungshöhe
- eingelagerte weichere Schichten
- Mergelhorizont
- Federgelenke in der Firste bzw. unterhalb der Ulme.

Es zeigte sich, daß alle hier aufgeführten Parameter einen nicht unwesentlichen Einfluß auf die Ergebnisse hatten.

Literatur:

/1/ Duddeck, H., Hollmann, F., Kotulla,B., Meißner, H., Westhaus,K.-H., Zerna, W. und Ahrens, H.: Verkehrstunnel in Bergsenkungsgebieten. Konstruktiver Ingenieurbau, Berichte. Vulkan Verlag Dr. W. Classen, Essen 1973.

/2/ Zusätzliche Technische Vorschriften und Besondere Technische Vorschriften für die jeweiligen Baulose der Stadtbahn Gelsenkirchen. Stadt Gelsenkirchen, Stadtbahnbauamt.

/3/ Lade, P.V. and Duncan, J.M.: Elastoplastic Stress-Strain Theory for Cohesionless Soil. In: Journal of the Geotechnical Engineering Division, October 1975, S. 1037-1053.

/4/ Arslan, M.U.: Beitrag zum Spannungs-Verformungsverhalten der Böden. Dissertation Darmstadt, Mitteilungen der Versuchsanstalt für Bodenmechanik und Grundbau der TH Darmstadt, Heft 23, August 1980.

/5/ Winselmann, D.: Stoffgesetze mit isotroper und kinematischer Verfestigung sowie deren Anwendung auf Sand. Bericht Nr. 84-44 aus dem Institut für Statik der TU Braunschweig, 1984.

Erfahrungen mit der Anwendung der FEM bei der Neuen Österreichischen Tunnelbauweise

von G. Brem *

1. Vorbemerkungen

Der Wert statischer Berechnungen im Tunnelbau wird auch heute noch kontrovers diskutiert.

Dementsprechend enthalten Bauverträge mitunter Beschreibungen von Planungsaufgaben, die vom völligen Verzicht auf jegliche statische Berechnung der Spritzbetonaußenschale bis hin zu dreidimensionalen FEM-Berechnungen von Gebirge und Ausbau reichen.

Einen kleinen Beitrag zu dieser Fragestellung mögen einige Erfahrungen liefern, die im Alltagsgeschäft gewonnen wurden.

Sie beziehen sich ausschließlich auf die Methode der Finiten Elemente und auf ebene Berechnungsmodelle. Statische Berechnungen der Innenschale des Tunnels in offener oder bergmännischer Bauweise sollen gleichfalls nicht behandelt werden.

2. Berechnungsmodelle im Tunnelbau

Zur statischen Berechnung stehen im Tunnelbau bekanntlich die in Bild 1 gezeigten Berechnungsmodelle zur Verfügung. Wir haben die Wahl, die Tunnelschale mit vorgegebenen Belastungen aus dem Baugrund zu untersuchen, wobei die Schale in diesem Fall über Bettungsfedern vom Baugrund

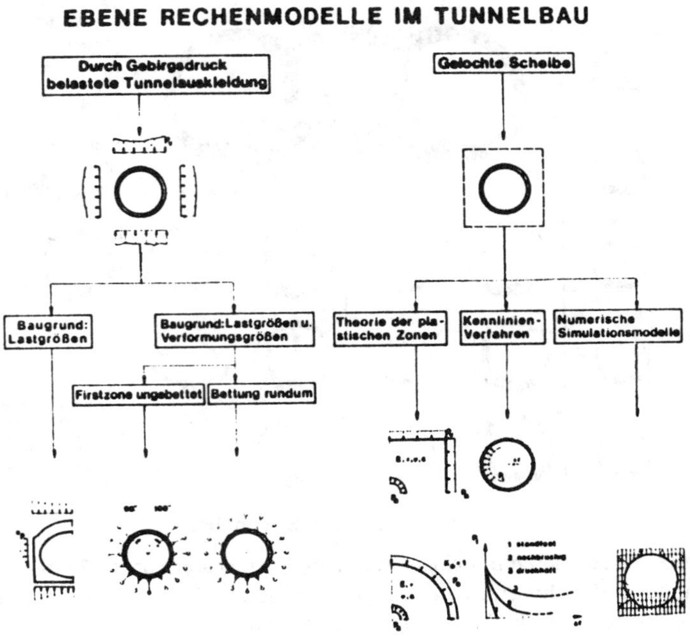

Bild 1: Berechnungsmodelle

gestützt wird. Wir können aber auch das Kontinuumsmodell der gelochten Scheibe zugrundelegen, worunter sich auch die numerischen Simulationsmodelle der Finite-Element-Methode einordnen lassen. In beiden Fällen haben wir es mit ebenen Berechnungsverfahren zu tun.

---

* Dipl.-Ing. G. Brem, Hochtief AG, Frankfurt

Die beim Bau eines unterirdischen Hohlraumes an der Ortsbrust auftretenden räumlichen und zeitlichen Bauzustände können jedoch durch verschiedene Näherungsverfahren berücksichtigt werden. Natürlich besteht darüber hinaus die Möglichkeit, Ortsbrustzustände in räumlichen Finite–Element–Netzen zu untersuchen.

Wegen des größeren Aufwandes gegenüber ebenen Verfahren beschränkt sich diese Vorgehensweise in der Regel auf eher wissenschaftliche Untersuchungen. Sicherlich kann nicht a priori festgestellt werden, welches der geschilderten Rechenmodelle die mit der Realität am besten übereinstimmenden Ergebnisse liefert. Fordert man jedoch Aussagen über Setzungen an der Geländeoberfläche, über Einflüsse benachbarter Tunnelröhren, Interpretationen von Extensometermeßquerschnitten zur Überprüfung des Tragverhaltens des Gebirges, ist eine Finite–Element–Rechnung unumgänglich. Angesichts leistungsfähiger Rechenanlagen und ausreichend verfügbarer Rechenprogramme ist dies heute ohne Probleme möglich.

3. U–Bahn Frankfurt – Station Schweizer Platz

Als Beispiel einer verhältnismäßig komplexen Tunnelbauaufgabe sei ein mehrzelliger Querschnitt aus dem innerstädtischen Verkehrstunnelbau erwähnt (Bild 2).

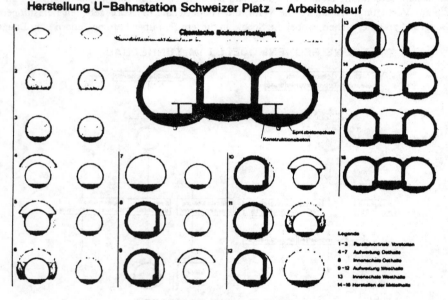

Bild 2: Mehrzeiliger U–Bahnhof

Er besteht aus zwei Außenröhren mit einem Ausbruchdurchmesser von 10,50 m und einem Mittelschiff. Der gesamte Ausbruchquerschnitt beträgt rund 230 m². Im Verhältnis zur gesamten Querschnittsbreite von 24,30 m ist die Überdeckung gering. So sind es von der Firste bis zur Geländeoberkante 11 m, bis zu den Kellersohlen der über dem Tunnel liegenden Bebauung stellenweise nur rund 5 m. Unter diesen Umständen ist eine abschnittsweise Herstellung des Bauwerks unumgänglich.

Zusätzlich zu den in Bild 2 beschriebenen Ablaufphasen waren in der Berechnung die unterschiedlichen Eigenschaften des Baugrunds zu berücksichtigen. Zwar liegen die Röhren selbst im tertiären Ton, jedoch befindet sich in geringem Abstand über der Tunnelfirste die Grenze zu Kies– und Sandschichten des Quartärs. Wegen der geringen Eigenstandfestigkeit dieser Schichten wurde über dem Bahnhof eine 3 m mächtige Bodenverfestigung vor Beginn des Tunnelausbruchs hergestellt.

Somit waren in der Berechnung drei verschiedene Bodenformationen abzubilden: Ton, verfestigtes und unverfestigtes Quartär (Bild 3).

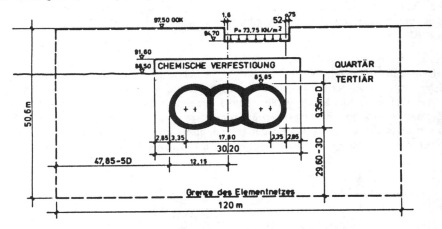

Bild 3: Berechnungsquerschnitt

Nun weist das Verformungsverhalten des Frankfurter Tons eine stark ausgeprägte Abhängigkeit von der Spannungsgeschichte auf. Dies war bei der Auswahl der zu verwendenden Spannungs–Dehnungs–Beziehung zu berücksichtigen. Besonders geeignet erschien es für diesen Fall, einen spannungsabhängigen und nichtlinearen E–Modul zu verwenden. Vorteilhaft war, daß hierbei auf andere Untersuchungen zurückgegriffen werden konnte, die an tiefen Baugruben in vergleichbarem Boden durchgeführt worden waren. Nach dieser Beziehung wurden alle Bodenformationen beschrieben, jedoch jeweils mit anderen Kennwerten, die aus Laboruntersuchungen abzuleiten sind. Spritzbeton und Beton der Innenschale erhalten näherungsweise einen konstanten E–Modul, wobei derjenige des Spritzbetons zur Berücksichtigung der Verformungswilligkeit des jungen Betons mit $E_B = 15.000$ kN/m^2 angesetzt wurde.

Zunächst wird dem Boden ein Anfangsspannungszustand eingeprägt, der von der geologischen Vorbelastung des Baugrunds abhängig ist. Die Verformungen und Spannungen infolge des Tunnel-

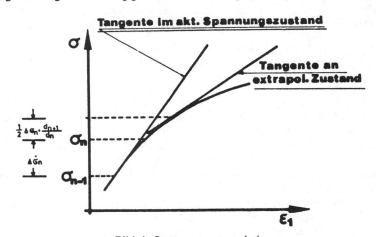

Bild 4: Spannungsextrapolation

ausbruchs ergeben sich durch stufenweise Verringerung des Eigengewichts der betreffenden Elemente. Zunächst betrage die Gewichtsminderung z.B. nur 1 Prozent; die zugehörigen Verformungen und Spannungen werden mit demjenigen E-Modul ermittelt, der zum Anfangsspannungszustand gehört. Im nächsten Schritt werden die zuvor ermittelten Spannungsänderungen auf den nächsten Schritt extrapoliert. Derjenige E-Modul, der sich für die mittlere Spannung zwischen aktuellem und hochgerechnetem Wert ergibt, wird alsdann dem nächsten Iterationsschritt zugrundegelegt (Bild 4).

Damit ist es allerdings noch nicht möglich, unterschiedliche Verformungseigenschaften bei Erstbelastung bzw. Ent- oder Wiederbelastung zu berücksichtigen. Vor der endgültigen Festlegung des E-Moduls muß bei der Extrapolation abgefragt werden, welcher Zustand (Erstbelastung, Ent- bzw. Wiederbelastung oder Bruch) vorliegt. Bild 5 verdeutlicht die Grenzlinien zwischen den einzelnen Zuständen. Das Entscheidungskriterium für Belastung ist dabei das Erreichen des höchsten bisher erreichten Reibungswinkels bzw. der größten bisher erreichten Scherspannung. Im Falle der Ent- oder Wiederbelastung wird näherungsweise ein konstanter E-Modul verwendet.

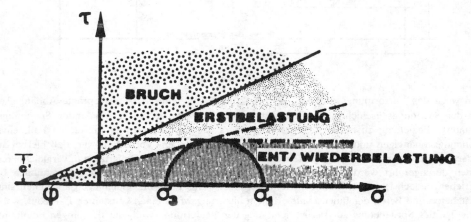

Bild 5: Zustandsbereiche

Die beim Tunnelvortrieb an der Ortsbrust vorhandenen räumlichen Spannungszustände lassen sich durch verschiedene Näherungsverfahren erfassen. Gewählt wurde hier ein dem sog. Stützlastverfahren ähnliches Prinzip. Es besteht darin, daß in den einzelnen Teilausbruchschritten eine geschlossene Spritzbetonschale mit allmählich zunehmender Dehnsteifigkeit eingeführt wird.

Die Richtigkeit der eingeführten Parameter konnte durch Vergleiche der Ergebnisse aus dem Berechnungsschritt "Vollausbruch Vorstollen" mit bereits ausgeführten Vortrieben von Streckenröhren überprüft werden.

Vergleicht man die Resultate der Berechnung mit den Beobachtungen vor Ort, so kann insgesamt festgestellt werden, daß die Finite-Element-Berechnung die in sie gestellten Erwartungen erfüllt hat. Die Druckspannungen in den Spritzbetonschalen wurden auf der sicheren Seite liegend berechnet. Die Setzungsbeträge an der Geländeoberfläche wurden insgesamt etwas zu gering errechnet, die Setzungsmulden stimmen jedoch recht gut mit den Meßwerten überein. Da für eine über dem Tunnel liegende Bebauung weniger Absolutwerte von Setzungen als vielmehr Schiefstellungen relevant sind, ist auch dies ein zufriedenstellendes Ergebnis. Hingegen waren keine Aussagen über die Stabilität der Ortsbrust der Teilvortriebe und über die Einflüsse unterschiedlicher Ringschlußzeiten auf Standsicherheit und Setzungen möglich. Diese Lücke mußte nach wie vor durch Erfahrungen, Beobachtungen und konstruktive Maßnahmen im Zuge des Vortriebs vor Ort ausgefüllt werden. Zur Bemessung der Ortbetoninnenschalen wurde die FE-Rechnung gleichfalls nicht herangezogen, da hier Lastfälle für zukünftige Bebauung, einseitige Abgrabungen und unterschiedliche Bemessungswasserstände maßgebend waren.

4. Tunnel der DB–Neubaustrecken

Nun zu zwei anderen Objekten, die dem Bereich der Neubaustrecke Hannover–Würzburg entnommen sind. Hier hat der Auftraggeber die im Rahmen der Ausführungsplanung erforderlichen Standsicherheitsuntersuchungen bereits näher beschrieben. Sie sind in sogenannten Technischen Vorschriften und Rahmenbedingungen für Konstruktion und Bemessung von Tunnelbauten (abgekürzt: TVR) angegeben. Die TVR ergänzen die Empfehlungen der Deutschen Gesellschaft für Erd- und Grundbau für Tunnel im Lockergestein und im Fels. Sie enthalten auch die Ergebnisse der ingenieurgeologischen und felsmechanischen Vorerkundung. Damit stehen für jeden charakteristischen Gebirgsbereich bereits wesentliche Angaben zur Verfügung.

Auf Sonderfälle wie Quelldruck, Subrosionsgefährdung und Erdfälle soll hier nicht eingegangen werden. Zu den einzelnen Kenngrößen werden zugleich wahrscheinliche Streubereiche angegeben.

Für den aufzufahrenden Tunnel sind unter anderem die folgenden Einflüsse zu berücksichtigen:

- der primäre Spannungszustand und die Kluftkörperstruktur des Gebirges;
- der Entspannungsgrad bis zum Wirksamwerden der Sicherungsmaßnahmen, z.B. zeitliche Folge und Sohlschluß;
- die hydrogeologischen Verhältnisse;
- Abschätzungen der Gebirgsauflockerungen;
- Abschätzung der Zeiteinflüsse während der Dauer des jeweiligen Bemessungszustandes.

Neben den Gleichgewichtsbedingungen sollen die errechneten Spannungs- und Verformungszustände auch die steifigkeitsabhängigen Verformungsbedingungen erfüllen.

Unter den gegebenen Randbedingungen erscheint die Finite-Element-Rechnung zunächst als das leistungsfähigere Verfahren.

FE-BERECHNUNG AUSSENSCHALE
RECHENQUERSCHNITTE

		RECHENQUERSCHNITTE					
		1	2	3	4	5	6
ÜBERLAGERUNG	m	10	25	40	40	50	120
AUSBRUCHSKL.		8b/9b	6,5d	6,5d	6,5c	6,5c/6,5d	6,5b/6,5c
KALOTTENSOHLE		JA			NEIN		
SPRITZBETON d=	m	0,25			0,20		
E-MODUL AUSSENSCHALE MN/m²		15 000					
ANKER		JA					
LASTFÄLLE		1 - 4					
GEBIRGSKENNWERTE	WICHTE γ kN/m³	25					
	POISSONZAHL μ	0,2					
	SEITENDRUCK K_0	0,5	0,35	0,5	0,25	0,5	0,5
	GEBIRGS-MODUL · E	100/150	100/150	330/500	330/500	500/750	660/1000
	REIBUNGS-WINKEL φ	25	27,5	27,5	40	35	40
	KOHÄSION c MN/m²	0,075	0,15	0,15	0,5	0,33	0,5
	DRUCK-FESTIGKEIT MN/m²	0,25	0,5	0,5	2,0	1,25	2,0

Bild 6: Variationsrechnungen

Wegen der Unsicherheiten, die die Gebirgserkundung der anstehenden Buntsandstein-, Muschelkalk- und Keuperformationen in die Berechnung hineinbringt, gilt hier umso mehr der Grundsatz, daß eine einzige Berechnung so gut wie keine Berechnung ist. Aus diesem Grund sind Variationen wesentlicher Gebirgsparameter in der Berechnung unumgänglich (Bild 6). Hierzu gehören Seitendruck, Gebirgsmodul, Reibungswinkel, Kohäsion und die Druckfestigkeit in verschiedenen Kombinationen zueinander.

Das Gebirge wird als isotropes, elastoplastisches Kontinuum dargestellt. Bis zum Erreichen der Bruchspannungsgrenze verhält sich das Material linear elastisch. Die Spannungs–Dehnungs–Beziehung folgt dem Hooke'schen Gesetz. Als Bruchkriterium dient die Bedingung von Drucker–Prager. Ist an einer Stelle die Tragfähigkeit des Materials erschöpft, so führt jede weitere Beanspruchung zu plastischen Verformungen. Die nicht mehr aufnehmbaren Spannungen lagern sich auf das noch belastbare Material der Umgebung um. Die plastischen Verformungen berechnen sich nach einer assoziierten Fließregel. Sie bleiben begrenzt, wenn sich durch Spannungsumlagerungen innerhalb des belasteten Gebirgsbereichs ein neuer Gleichgewichtszustand einstellen kann.

Die Berechnung selbst wird mit dem ebenen Programm "Tunnel" des RIB/RZB Stuttgart durchgeführt. Aus Gründen der Symmetrie ist es ausreichend, das Elementnetz nur zu Hälfte darzustellen. Zur Simulation des Gebirges dienen acht– bzw. sechsknotige Elemente mit quadratischer Ansatzfunktion. Die Spritzbetonschale wird mit neunknotigen Flächenelementen abgebildet.

Die Größe des Tunnelquerschnitts bedingt im Regelfall eine abschnittsweise Herstellung mit vorlaufender Kalotte und nachfolgender Strosse und Sohle. Dies sowie der dem Ausbruch nachfolgende Einbau der Sicherung werden durch unterschiedliche statische Systeme berücksichtigt (Bild 7).

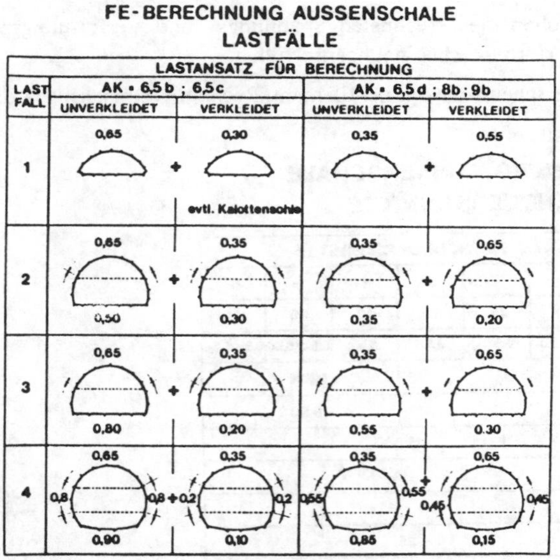

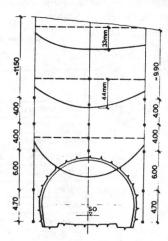

FE-BERECHNUNG AUSSENSCHALE LASTFÄLLE

MESSQUERSCHNITT EXTENSOMETER

Bild 7: Lastfälle

Bild 8: Setzungen bei geringer Überlagerungshöhe

Dem räumlichen Trag– und Verformungsverhalten im Bereich der Ortsbrust läßt sich Rechnung tragen, wenn entsprechende Laststufen auf das verkleidete und unverkleidete Gebirge aufgebracht werden. Entsprechende Lastabminderungsfaktoren liegen hierzu aus Untersuchungen von Baudendistel vor. Das ebenfalls zeitabhängige Verformungsverhalten des Spritzbetons wird durch einen abgeminderten E–Modul von 15.000 MN/m² berücksichtigt.

Bei der Anwendung der Finite–Element–Methode auf Tunnelbauwerke mit großem Querschnitt und geringer Überdeckung ist weiterhin dem Umstand Rechnung zu tragen, daß das Eigentragvermögen des Gebirges durch oberflächennahe Entfestigung stark herabgesetzt sein kann. Eine Vielzahl von Extensometermessungen hat diesen Effekt mittlerweile bestätigt (Bild 8). Das Gebirge neigt sozusagen zum "Durchsacken" oder Abscheren an nahezu senkrecht stehenden Gleitflächen und belastet dann den Ausbau stärker als prognostiziert.

In diesen Fällen sind weitere Variantenberechnungen vonnöten. Am Beispiel eines Tunnels mit 22 m Firstüberdeckung wurden hierzu zwei Varianten untersucht, die sich im wesentlichen durch die Wahl des Gebirgsmoduls unterscheiden (Bild 9). Betrachten wir stellvertretend für alle Ergebnisse

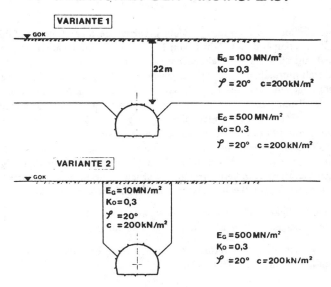

Bild 9: Variantenberechnung

den Bauzustand "Kalottenvortrieb" und hiervon wiederum die Firstsetzungen und die Normalkräfte, so läßt sich folgendes feststellen (Bild 10): Das Berechnungsmodell der Variante 1 führt zu geringeren Firstsetzungen als gemessen, das der Variante 2 zu größeren Setzungen als gemessen. Für die Normalkräfte gilt grundsätzlich das gleiche. Angesichts der geringen Unterschiedsbeträge läßt sich jedoch feststellen, daß die Realität zutreffend "eingefangen" wurde.

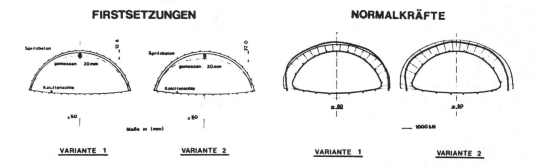

Bild 10: Firstsetzungen und Normalkräfte

Generell ist festzustellen, daß in Vortriebsstrecken, in denen vom tunnelbautechnischen Standpunkt her durchschnittliche bis gute Gebirgsverhältnisse vorlagen, die beobachteten Setzungen des Tunnelausbaus insgesamt recht gut mit den Prognosewerten übereinstimmten. Die in den Spritzbeton-schalen beobachteten Betondruckspannungen wurden tendenziell stets etwas größer berechnet als gemessen und lagen somit auf der sicheren Seite, führten aber andererseits nicht zu einer unwirt-schaftlichen Auslegung der Tunnelsicherung.

Unter guten bis durchschnittlichen tunnelbautechnischen Verhältnissen sind hier Abschlagslängen größer oder gleich 1,50 m in der Kalotte, 20 bis 25 cm dicker ein- oder zweilagig bewehrter Spritzbeton, eine flache Sohle und 8-12 Stück Anker pro lfm Tunnel in einer Länge von 4 bis 6 m zu verstehen.

Betrachten wir demgegenüber stark entfestigte Gebirgspartien geringer Eigentragfähigkeit, wie wir sie beispielsweise am Weltkugeltunnel südlich von Kassel angetroffen haben. Hier traten auf den ersten 400 m tunnelbautechnische und felsmechanische Probleme auf. Das Gebirge ist auf den ersten 100 Metern durch tiefreichende Verwitterungsvorgänge gekennzeichnet. Im weiteren Bereich bis Tunnelmeter 400 liegt eine tektonisch stark bewegte Zone mit einem hohen Durchtrennungs-grad vor. Während des Tunnelvortriebs ergaben sich unerwartet große Verformungen. Mit zuneh-mender Überlagerung war auch ein entsprechender Anstieg der Firstsetzungen zu verzeichnen. Bei Station 71 stiegen diese auf 178 mm aus dem Kalottenvortrieb und auf 245 mm aus dem Strossen- und Sohlvortrieb. Außerdem bewegte sich der ganze Gebirgskörper über mehrere Monate hinweg in der Größenordnung von 1 bis 6 mm pro Monat. Da die Meßwerte über denjenigen liegen, die mit den angegebenen Gebirgsparametern errechnet wurden, führten wir Parameterstudien durch, um zutreffende Eingangswerte für die Berechnung der Innenschale zu erhalten.

Unterschiedliche Dehnsteifigkeiten der Spritzbetonschale, in Bild 11 durch den E-Modul des Spritzbetons dargestellt, zeigen nur einen geringen Einfluß auf die Firstsetzungen.

Auch Variationen des Seitendruckbeiwertes Ko machen sich erst dann bemerkbar, wenn der Gebirgsmodul wesentlich kleiner wird (Bild 12).

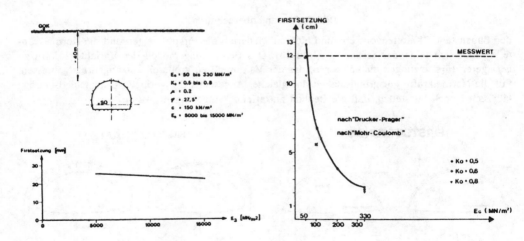

Bild 11: Einfluß der
      Schalensteifigkeit

Bild 12: Einfluß von Seitendruck
      und Gebirgsmodul

Von entscheidender Bedeutung hingegen erweist sich unter den gegebenen Umständen die Größe des Gebirgsmoduls. Eine 'back-analysis', in der statt der Fließbedingung nach Drucker-Prager eine solche nach Mohr-Coulomb eingeführt wurde, zeigt keine großen Unterschiede im Berechnungser-gebnis.

Eine gleichzeitige rechnerische Übereinstimmung auch bei den Horizontalverformungen ist selbst nach umfangreichen Variationen der Lastfaktoren und nach Berücksichtigung von anisotropem Gebirgsverhalten nicht gelungen.

Besonders große Differenzen zwischen Berechnung und Messung zeigten sich auch immer dann, wenn der Gebirgsverband durch steilstehende und zudem tunnelparallele Störungen durchtrennt wurde. Dies ist auch nicht verwunderlich, wenn wir uns daran erinnern, daß wir eigentlich in der Berechnung homogenes und isotropes Gebirgsverhalten vorausgesetzt haben. In den Störungen bestimmen jedoch die Eigenschaften des Füllmaterials Verformungs- und Tragverhalten des Gebirgstragringes. Besonders kritisch ist dieser Umstand auch deshalb zu bewerten, weil die geologische Vorerkundung nur bedingt in der Lage ist, derartige Störungen sowohl hinsichtlich ihrer Lage als auch hinsichtlich ihrer gebirgsmechanischen Eigenschaften einigermaßen zutreffend zu prognostizieren.

Wie rasch das felsmechanisch/tunnelbautechnische Gebirgsmodell im Verlauf des Vortriebs Veränderungen erfahren kann, soll durch eine Abfolge von Ortsbrustaufnahmen verdeutlicht werden (Bild 13). Bei Station 127 muß infolge der beiden steilstehenden Störungen, die nach oben aufeinander zulaufen, ein möglicher Keileinbruch bedacht werden. Hingegen zeigt die Ortsbrustaufnahme bei Station 150 ein völlig anderes Bild.

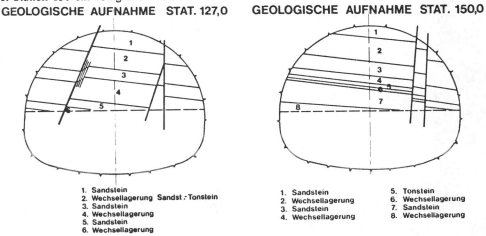

GEOLOGISCHE AUFNAHME STAT. 127,0   **GEOLOGISCHE AUFNAHME STAT. 150,0**

1. Sandstein
2. Wechsellagerung Sandst.-Tonstein
3. Sandstein
4. Wechsellagerung
5. Sandstein
6. Wechsellagerung

1. Sandstein
2. Wechsellagerung
3. Sandstein
4. Wechsellagerung
5. Tonstein
6. Wechsellagerung
7. Sandstein
8. Wechsellagerung

Bild 13: Vergleich von Ortsbrustkartierungen

Die geschilderten Verhältnisse mögen uns zugleich davor warnen, die Bedeutung rechnerischer Standsicherheitsuntersuchungen im Tunnelbau zu überschätzen. Dies umso mehr, als gerade der oberflächennahe Tunnelbau in entfestigtem Gebirge in erster Linie bestrebt sein muß, schädliche Auflockerungen und damit verbundene nachdrängende Gewichtsbelastungen zu vermeiden. Ob dies am besten erreicht wird, wenn wir beispielsweise die Abschlagslänge verringern, die Kalottenfüße verbreitern, die Sicherung verstärken oder einen Brustkern zur Stützung verwenden, kann letztlich nur durch Beobachtung und Messung vor Ort beurteilt werden. Zur Interpretation vortriebsbedingter Setzungen und Konvergenzen ist eine vorab durchgeführte FEM-Berechnung ein wertvolles Hilfsmittel.

STABILITÄTSUNTERSUCHUNG VON SALZKAVERNEN
von Rudolf Pöttler*

1 Einleitung

Der Bedarf an Kavernen für Speicherzwecke (Öl, Gas, Druckluft) und De-
poniezwecke (Sondermüll, Industrieabfälle, radioaktive Abfälle) steigt
ständig. Die günstigen mechanischen Eigenschaften von Salzgestein haben
zur Anlage großer Kavernen im Salzgebirge geführt.

Für die sichere Anlage von derartigen Kavernen liegen langjährige Erfahrungen vor. Dennoch kommt gerade hier dem rechnerischen Standsicherheitsnachweis eine erhöhte Bedeutung zu, da die nicht begehbaren Kavernen weder mit einfachen Mitteln laufend überwacht noch bei Versagen
einzelner Gebirgspartien (Abschalungen, Rißbildung) durch nachträgliche
Sicherheitsmaßnahmen stabilisiert werden können.

2 Problemstellung

Aufgrund des komplexen Materialverhaltens von Steinsalz konnte bis heute
noch kein allgemein anerkanntes Stoffgesetz, das alle materialtypischen
Phänomene ausreichend genau erfaßt, entwickelt werden. In /1/ wird daher
vorgeschlagen, bei Stabilitätsuntersuchungen je nach Fragestellung
Stoffgesetze mit jeweils entsprechendem Schwerpunkt zu wählen. Es sind
zwei Problemkreise zu unterscheiden:

- Abschätzung der Gebirgsbeanspruchung bei Innendruckänderung mit
  hoher Rate (Kurzzeitverhalten).
  Der unter Beachtung des nichtlinearen Materialverhaltens von Steinsalz ermittelte Spannungszustand wird einem Bruchkriterium oder Aus-
  nutzungskriterium gegenübergestellt. Auf die Zeitabhängigkeit des
  Spannungs-/Verformungszustandes wird dabei nicht eingegangen. Der
  zeitunabhängig ermittelte Zustand kann nur für einen begrenzten
  Zeitraum nach der Innendruckänderung als relevant angesehen werden,
  da durch viskose Spannungsumlagerung ein Abbau der deviatorischen
  Beanspruchung erfolgt. Diese nimmt jedoch eine gewisse Zeit in Anspruch, die das Gebirge bruchlos überstehen muß.

* Dipl.-Ing.Dr.techn.R.Pöttler, Ingenieurgemeinschaft Lässer-Feizlmayr
  A-6020 Innsbruck, Framsweg 16, D-8000 München 81, Arabellastraße 21

- Abschätzung der zeitabhängigen Gebirgsverformung (Langzeitverhalten).

Das Kriechen von Steinsalz setzt sich aus einem transienten und einem stationären Anteil zusammen. Der transiente Kriechanteil tritt unmittelbar nach einer Innendruckänderung auf, der stationäre Anteil ist für die Gebirgsverformung bei konstantem Innendruck über einen längeren Zeitraum maßgebend.

Aus ingenieurmäßiger Sicht ist es sinnvoll, die Entscheidung über die Stabilität von Kavernen auf eine möglichst breite Basis zu stellen.

Für ein bestimmtes Projekt wurde der Lastfall Gaskaverne unter atmosphärischem Druck (p = OMPa), der einen Katastrophenlastfall darstellt, daher unter Zugrundelegung verschiedener Berechnungsmodelle und Dimensionierungskonzepte untersucht. Der Lastfall p = OMPa stellt einen Paradelastfall für den Problemkreis Kurzzeitverhalten dar. Bei diesem Lastfall treten keine Zugspannungen auf. Es wird daher auf das Trennbruchversagen infolge Zugbeanspruchungen nicht eingegangen. Untersucht wird das lokale Druck-/Schubbruch- bzw. Trennbruchversagen infolge mehraxialer Druckbeanspruchung.

3 Berechnungsmodell

3.1 Allgemeines

Die Berechnung wurde nach der Methode der finiten Elemente (FEM) durchgeführt. Der Berechnungsausschnitt wurde durch 156 isoparametrische rotationssymmetrische Elemente diskretisiert. Die Hauptabmessungen und Kennwerte sind in Bild 1 dargestellt. Zur Absicherung der Ergebnisse wurden zwei FE-Netze mit unterschiedlicher Feinheit untersucht. Da bei der Untersuchung der Kurzzeitstabilität nicht auf das Kriechen eingegangen wird, konnte der Berechnungsausschnitt gegenüber einer Kriechuntersuchung entsprechend enger begrenzt werden.
Die Berechnungen wurden mit dem Programmsystem MISES3, entwickelt von TDV Pircher & Partner, Graz /2/, durchgeführt.

3.2 Einfluß der Netzteilung

Zur Abschätzung der Genauigkeit des FE-Netzes wurde die Fehlerabschätzung nach /3/ angewandt. Die Elementanzahl wurde gleich belassen. Die feinere Teilung zum Kavernenrand hin beim FE-Netz 1 erhöht erwartungsgemäß wesentlich die Genauigkeit in diesem Bereich. In Bild 2 sind die maximal zu erwartenden, jedoch nicht unbedingt auftretenden

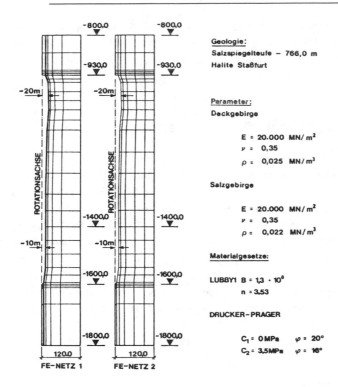

Bild 1: FE-Diskretisierung und Parameter

"Fehler" in der Teufenlage 1400 bei elastischem Materialverhalten dargestellt. Diese Ergebnisse können als Anhaltswerte für die nichtlinear-
elastische Berechnung herangezogen werden. Die größere Ungenauigkeit des
FE-Netzes 1 in größerem Abstand von der Kaverne spielt für die Stand-
sicherheitsuntersuchung keine Rolle. Auf eine weitere Diskretisierung
des Berechnungsausschnittes in diesem Bereich konnte daher verzichtet
werden.

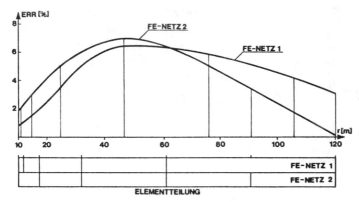

Bild 2: Fehlerindikator für FE-Netz 1 und FE-Netz 2

Der maximal zu erwartende "Fehler" von 1 - 2 % im unmittelbaren Ka-
vernenbereich wurde als tragbar erachtet, sodaß auch hier keine weitere
Netzverfeinerung durchgeführt werden mußte. Den folgenden Berechnungen
wurde das FE-Netz 1 zugrundegelegt.

3.3 Elastisch-viscoplastisches Berechnungsmodell

Die Erfassung des Materialverhaltens von Steinsalz durch ein elastisch-
viscoplastisches Materialgesetz ist umstritten /4/, /5/. Der Vorteil
dieses Berechnungsmodells liegt jedoch in der Berücksichtigung der
Festigkeitsparameter in der Berechnung, d.h. diese beeinflussen direkt
die Ermittlung des Spannungs-/Verformungszustandes. Als Nachteil muß die
Nichterfassung der Nichtlinearität des Materialverhaltens von Steinsalz
im Bereich unter der Bruchfestigkeit sowie die große Streubreite der
Scherparameter angesehen werden. Für den vorliegend niedrigen Spannungszustand ($I_1 < 100 \cdot \sqrt{3}$ MPa) trifft näherungsweise die Bruchbedingung nach
Drucker-Prager zu. Es wurden zwei Parameterkombinationen untersucht /4/:

$$C_1 = 0,0 \text{ MPa} \qquad C_2 = 3,5 \text{ MPa}$$
$$\varphi_1 = 20^\circ \qquad \varphi_2 = 16^\circ$$

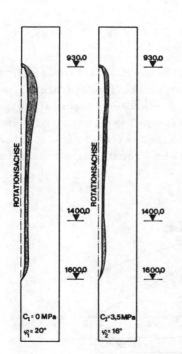

Im Hinblick auf den rechnerischen
Standsicherheitsnachweis ist folgendes
Kriterium wesentlich /4/:
Die plastischen Zonen dürfen nur im
Salzgebirge auftreten und müssen auf
die nähere Umgebung des Hohlraumes beschränkt bleiben. Bei hohen
zylindrischen Kavernen sollten die
plastischen Zonen im mittleren Bereich
den zweifachen Durchmesser nicht überschreiten. Wie aus Bild 3 hervorgeht,
ist die genannte Grenze der Ausdehnung
der plastischen Zonen insbesondere für
die Parameterkombination 2 erreicht
bzw. bereits überschritten.

Bild 3: Elastisch-Viscoplastisches Berechnungsmodell: Plastische Zonen

Als Ergebnis der Stabilitätsuntersuchung ergibt sich, daß die Standsicherheit der Kaverne unter atmosphärischem Druck nicht allzu lange gewährleistet ist.

3.4 Pseudoelastisches Berechnungsmodell

Bei der Durchführung der Berechnung mit einem pseudoelastischen Berechnungsmodell werden die aus der FE-Berechnung erhaltenen Spannungszustände $f(\sigma,t)_{FE}$ mit Bruchspannungszuständen $f(\sigma,t)_{BH}$ verglichen.
Es werden η Werte erhalten, sogenannte Ausnutzungsgrade, die als Reziprokwerte des Sicherheitsfaktors gedeutet werden können.

$$\eta = \frac{f(\sigma,t)_{FE}}{f(\sigma,t)_{BH}} \tag{1}$$

Die Bruchspannungszustände werden unabhängig von der numerischen Berechnung definiert. Sie beeinflussen die Ermittlung des Spannungs-/Verformungszustandes nicht. Spannungsumlagerungen infolge örtlich begrenzten Bruchvorgängen werden daher nicht erfaßt, was als gewisser Nachteil dieses Modells angesehen werden kann.
Die unter Zugrundelegung des pseudoelastischen Materialgesetzes LUBBY1 /4/ in Teufenlage 1400 der Kaverne ermittelten Spannungen sind in Bild 4 dargestellt.

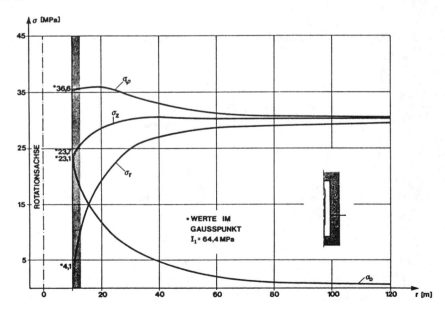

Bild 4: Pseudoelastisches Berechnungsmodell: Spannungszustand in Teufenlage 1400

Aus der Literatur sind verschiedene Definitionen des Ausnutzungsgrades bekannt. Ein umfassender Ausnutzungsgrad, der sowohl die Ergebnisse von Kompressions- (TC) als auch von Extensionsversuchen (TE) berücksichtigt, ist /4/ zu entnehmen. Dazu werden die Ergebnisse von TE- und TC-Versuchen in der Invariantenebene aufgetragen (Bild 5).

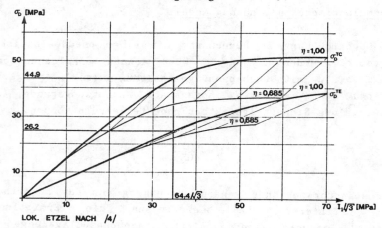

Bild 5: TC- und TE-Versuche in der Invariantenebene

Für den aktuellen Spannungszustand werden die entsprechenden Druckfestigkeiten σ_D^{TC} und σ_D^{TE} aus diesem Diagramm abgegriffen und in die Deviatorebene projiziert (Bild 6), in die auch der Wert σ_D des aktuellen Spannungszustandes eingetragen wird. Aus dem Vergleich der vorhandenen Invarianten σ_D mit den aufnehmbaren Invarianten β_D^{CAL} kann ersehen werden, ob der Spannungszustand vom Material ertragen werden kann oder nicht.

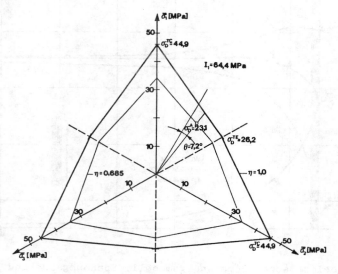

Bild 6: TC- und TE-Versuche in der Deviatorebene

$$\eta_{LUX} = \frac{\sigma_D}{\beta_D^{CAL}} \qquad\qquad (2)$$

Bei einem Ausnutzungsgrad von

$$\eta_{LUX} > 0.70 \qquad\qquad (3)$$

ist aufgrund der hohen Kriechrate innerhalb sehr kurzer Zeit mit einem
Kriechbruchversagen und einem Kollaps der Kaverne zu rechnen.
Der Maximalwert in Teufenlage 1400 liegt mit $\eta = 0.685$ im Bereich des
angegebenen Grenzwertes (Bild 7). Damit ist mit einem raschen Versagen
der Kaverne unter atmosphärischem Druck zu rechnen.

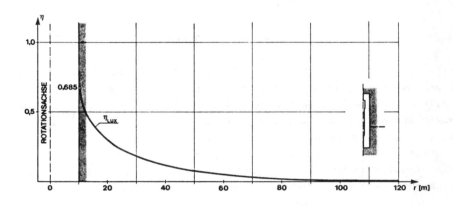

Bild 7: Ausnutzungsgrad in Teufenlage 1400

4 Zusammenfassung und Ausblick

Der Lastfall p = OMPa wurde unter Zugrundelegung von zwei verschiedenen
Dimensionierungskonzepten und Berechnungsmodellen untersucht. Die Interpretation der Rechenergebnisse wurde dem jeweils gewählten Verfahren
angepaßt. Beide Verfahren zeigten, daß die Kaverne unter atmosphärischem
Druck nur bedingt standfest ist. Selbstverständlich wurden auch Ver-
zerrungsraten ausgewertet, auf die jedoch hier nicht eingegangen wurde.

Jedes der beiden Berechnungsmodelle hat Vor- und Nachteile. Es wurde daher im "Integrierten Berechnungsmodell" eine Koppelung von beiden Verfahren durchgeführt, sodaß die Nachteile der Verfahren ausgeschaltet
sind und die Vorteile eines jeden Verfahrens zum Tragen kommen. Dazu
wird eine pseudoelastisch-viscoplastische Berechnung durchgeführt. Das
Materialverhalten unterhalb der Bruchgrenze wird pseudoelastisch angesetzt, die Berechnung mit dem Stoffgesetz LUBBY1 durchgeführt.
Wird eine durch TE- und TC-Versuche bestimmte Bruchgrenze oder Fließfunktion erreicht, so werden viscoplastische Verformungen errechnet.

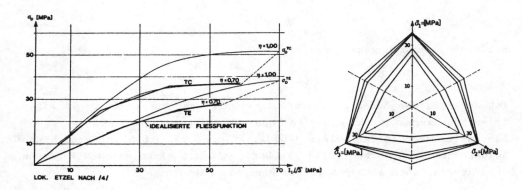

Bild 8: Fließfunktion des "Integrierten Berechnungsmodells"

In Bild 8 ist diese Fließfunktion idealisiert dargestellt, wobei der Reduktionsfaktor gegenüber der Kurzzeitfestigkeit des Steinsalzes mit $\eta = 0{,}70$ angesetzt ist, da höhere Ausnutzungsgrade zu einem sehr raschen Versagen des Materials führen. Durch diese Vorgangsweise wird das nichtlineare Materialverhalten von Steinsalz berücksichtigt und die Bruchfestigkeit sowie das Verhalten nach dem Bruch ohne den Nachteil der großen Streubreite der Scherparameter direkt in der Berechnung erfaßt. Spannungsumlagerungen infolge geringer Festigkeitsüberschreitungen können damit untersucht werden, wodurch es zu einer Erleichterung der Interpretation der Rechenergebnisse kommt.

Über Ergebnisse unter Anwendung dieses "Integrierten Berechnungsmodells" wird demnächst zu berichten sein.

5 Formeln

$$\sigma_m = \tfrac{1}{3}(\sigma_1 + \sigma_2 + \sigma_3)$$

$$I_1 = \sigma_1 + \sigma_2 + \sigma_3$$

$$I_2^D = \tfrac{1}{6}\left[(\sigma_1 - \sigma_2)^2 + (\sigma_2 - \sigma_3)^2 + (\sigma_3 - \sigma_1)^2\right]$$

$$I_3^D = (\sigma_1 - \sigma_m)(\sigma_2 - \sigma_m)(\sigma_3 - \sigma_m)$$

$$\sigma_D = \sqrt{2\,I_2^D}$$

$$\theta = -\tfrac{1}{3}\arcsin\left(\frac{3\sqrt{3}}{2(I_2^D)^{1{,}5}}\,I_3^D\right)$$

$$\epsilon = \frac{\sigma}{E} + B\left(\frac{\sigma}{E}\right)^n$$

6 Literatur

/1/ Lux K.H., Quast P., Rokahr R.: 1987 20 Jahre Erfahrung mit Salzkavernen, Erdöl, Erdgas, Kohle, 103, 11, 481-485.

/2/ Haas W.: 1987 MISES3, Rev. 8.07, Users Manual.

/3/ Zienkiewiez O.C. and Zhu J.Z.: 1987 A simple error estimator and
adaptive procedure for practical engineering analysis. Int. J. Num.
Meth. Eng. 24, 337-357.

/4/ Lux K.-H.: 1984 Gebirgsmechanischer Entwurf und Felderfahrungen im
Salzkavernenbau. Enke, Stuttgart.

/5/ Schmidt A.: 1984 Berechnung rheologischer Zustände im Salzgebirge
mit vertikalem Abbauen in Anlehnung an In-Situ-Messungen. Bericht
Nr. 84 - 43 aus dem Institut für Statik der TU Braunschweig.

NICHTLINEARES BERECHNUNGSMODELL EINES DOPPELRÖHRIGEN LEHNENTUNNELS
IN GESCHICHTETEM FELS

von H.M. Hilber, K. Beschorner und K. Stanek *

1 Einleitung

Die Semmering-Schnellstraße zwischen Wien und Graz durchschneidet in einem topographisch sehr ungünstigen Gelände einen markanten und weithin sichtbaren Felssporn, die sogenannte Eselsteinrippe (Bild 1). Im Verlauf des Genehmigungsverfahrens erfolgte von Seiten des Naturschutzes ein Einspruch gegen den aus wirtschaftlichen Gründen ursprünglich vorgesehenen Abtrag dieser steil abfallenden Felsrippe. Somit war die Errichtung eines ca. 110m langen Tunnels mit extrem geringer talseitiger Überdeckung erforderlich (Bild 2).

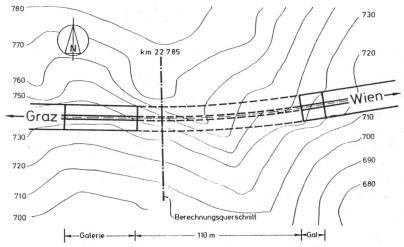

Bild 1: Lageplan des Eselsteintunnels

Für diesen seichtliegenden Lehnentunnel wurde daher schon im Entwurfskonzept eine räumliche Systemankerung der kritischen Bereiche vorgesehen. Die Sicherung der talseitigen Felsleibung erfolgte in den gefährdetsten Bereichen durch eine zusätzliche Ankerung, die während des Vortriebes unmittelbar nach der Ortsbrust angebracht wurde (Bild 2).

Auffahrvorgang Aufgrund der Gesamtausbruchsfläche von rund 160m^2 für die beiden Tunnelröhren ergab sich die Erfordernis eines im voraus herzustellenden Pfeilerstollens fast zwangsläufig. Gleichzeitig ermöglichte dieser Vortrieb einen weiteren Aufschluß über das Gebirge [1], und durch die begleitenden Messungen einen ersten Anhaltspunkt über das Verformungsverhalten. Die Sicherung des von Westen nach Osten unter einem Gefälle von 3 % durchgeführten Vortriebes erfolgte in üblicher Weise mittels einer 20cm starken Spritzbetonauskleidung. Nach dem Ausbruch des Pfeilerstollens und der Herstellung des Betonpfeilers zwischen den beiden Richtungsfahrbahnen erfolgten die weiteren Ankerungsmaßnahmen von der Geländeoberfläche aus. Anschließend konnte dann die talseitige Tunnelröhre mit voreilender Kalotte aufgefahren werden, wobei neben der unmittelbaren Sicherung durch Spritzbeton und Radialanker auch die eingangs erwähnte Durchankerung des Felspfeilers vorgenommen wurde. Danach erfolgte in analoger Weise die Herstellung der bergseitigen Röhre.

* Dipl.-Ing. H.M. Hilber, Ph.D., RIB/RZB, Stuttgart.
  Dipl.-Ing. K. Beschorner, Dipl.-Ing. K. Stanek, Ingenieurbüro Pauser, Beschorner, Biberschick, Wien.

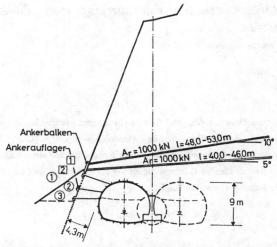

Bild 2: Charakteristischer Tunnelquerschnitt mit Ortbetonpfeiler und Felsanker

<u>Geologische Situation</u> Der Eselsteintunnel durchfährt eine schwach metamorphe mitteltriadische Karbonatgesteinsfolge aus Rauhwacken und Dolomitmarmorbrekzien [1]. Vorherrschend ist ein Gebirgstyp von Lockergesteinscharakter mit geringen bis mäßigen Festigkeitseigenschaften. Bei den Kluftflächen dominieren steilstehende N-S streichende Trennflächen. Insgesamt sind die Gesteinsserien stark heterogen und weisen überwiegend steiles Einfallen nach SSW auf. Tunneltechnisch gesehen liegt im allgemeinen ein günstiger "Sandwichbau" vor, das heißt nördlich und südlich der beiden Röhren liegen massige Kalkrauhwacken, die die dazwischenliegenden Dolomitmarmorbrekzien einschließen. Als äußerst ungünstig ist jedoch der in Bild 3 dargestellte, ca. 20m nach dem Westportal gegebene geologische Aufbau zu sehen, bei dem die Kluftscharen etwa unter einem Winkel von 108° in den Tunnel einfallen.

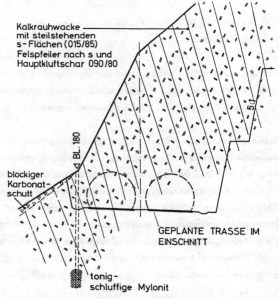

Bild 3: Geologie im Geltungsbereich des Berechnungsquerschnittes

<u>Aufgabenstellung und Übersicht</u> Ziel der Berechnung ist es, quantitative Anhaltspunkte für die Bemessung der Spritzbetonschalen und Felsanker zu liefern, und damit die Beurteilung der Sicherheit des Auffahrvorganges zu erleichtern. Die Ausführung der Berechnung erfolgte in den folgenden Schritten: Festlegung des Berechnungsmodells (Kap. 2), Bereitstellung eines nichtlinearen Stoffgesetzes für geschichteten Fels (Kap. 3), Berechnung des primären Spannungszustandes (Kap. 4), Test des nichtlinearen Rechenmodells an einem vereinfachten Berechnungsquerschnitt (Kap. 5), Generierung des Elementnetzes am CAD-Arbeitsplatz (Kap. 6), Durchführung und Auswertung der Projektberechnung (Kap. 7). Die wichtigsten Schlußfolgerungen aus dieser Arbeit sind in Kap. 8 zusammengefaßt.

2 Berechnungsmodell

Sowohl das Geländeprofil als auch die Gefügestruktur des Gebirges ändern sich laufend in Tunnellängsrichtung. Um diesen stark wechselhaften Gegebenheiten Rechnung zu tragen, hätten mehrere Berechnungsquerschnitte untersucht werden müssen. Wegen der relativ geringen Tunnellänge war dies jedoch aus wirtschaftlichen Gründen nicht zu rechtfertigen. Deshalb wurde ein (relativ ungünstiger) repräsentativer Berechnungsquerschnitt festgelegt, dessen Profil und Gefügecharakteristik der in Bild 1 eingezeichneten Lage entspricht. Ferner wurde angenommen, daß die Trennschichten und Störzonen annähernd parallel zur Tunnelachse verlaufen und unter einem Winkel von 108° in den Tunnel einfallen (Bild 4a).

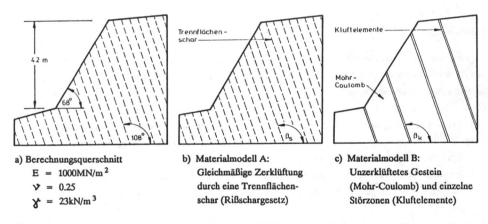

a) Berechnungsquerschnitt
$E = 1000 MN/m^2$
$\nu = 0.25$
$\gamma = 23 kN/m^3$

b) Materialmodell A:
Gleichmäßige Zerklüftung
durch eine Trennflächen-
schar (Rißschargesetz)

c) Materialmodell B:
Unzerklüftetes Gestein
(Mohr-Coulomb) und einzelne
Störzonen (Kluftelemente)

Bild 4: Idealisierter Berechnungsquerschnitt und die beiden in Frage kommenden Materialmodelle

Die Festlegung der für die statische Berechnung benötigten Materialangaben aufgrund der vorliegenden baugeologischen Dokumentation war nicht möglich. Einerseits waren die vorgefundenen Gesteinsschichten meist lockergesteinsartig und von so geringer Festigkeit, daß die Bohrkernproben keine brauchbaren Ergebnisse lieferten. Andererseits wurden trotz der geringen Gebirgsfestigkeiten beim Vortrieb des Pfeilerstollens eine gute Profilhaltigkeit und nur minimale Konvergenzen beobachtet [1].

Deshalb sind die in Bild 4a angegebenen Zahlenwerte für die Materialsteifigkeit und das spezifische Gewicht des intakten Gesteins geschätzt. Für die Beschreibung der Festigkeitsgrenzen und Gefügecharakteristik des Gebirges kommen die zwei in Bild 4b,c gezeigten nichtlinearen Materialmodelle in Betracht.

Das Modell A (Rißschargesetz) beschreibt einen gleichmäßig geschichteten Fels mittels der Annahme, daß die schieferungsbedingte Abminderung der Festigkeit in jedem Raumpunkt vorhanden ist. Es handelt sich somit um ein Kontinuumsmodell, das die Einzeleffekte von Trennflächen und Rissen verschmiert, und durch ein homogenes Material mit anisotropen Festigkeitseigenschaften ersetzt [2].

Das Modell B (Mohr-Coulomb und Kluftelemente) beschreibt ein vorwiegend intaktes Gebirge mit isotropen Festigkeitseigenschaften, das durch eine Reihe von Hauptkluftschichten und Spalten durchschnitten ist. Die isotropen Festigkeitsgrenzen werden durch das Mohr-Coulomb Gesetz simuliert, die einzelnen Trennflächen durch Kluftelemente [3].

Im Laufe der Vorarbeiten wurde das Modell B aus den folgenden Gründen fallen gelassen:

Die im Bereich des Berechnungsquerschnittes vorherrschende gleichmäßige Zerklüftung wird durch das Rißscharmodell besser beschrieben. Aus den vorliegenden geologischen Unterlagen konnten die für das Modell B benötigten Daten wie z.B. Anzahl und Lage der Hauptklüfte bzw. Störzonen nicht entnommen werden. Da auch die mechanischen Eigenschaften des Gebirges weitgehend unbekannt waren, wurde das Materialmodell mit der kleinsten Anzahl von Eingabeparametern gewählt.

Die Entscheidung für ein bestimmtes Materialmodell ist jedoch nicht nur eine Frage der Wirklichkeitsnähe, sondern auch der Kosten. Lineare Berechnungen verursachen grundsätzlich geringere Kosten als nichtlineare, weil sie immer zu einem Ergebnis führen, unabhängig von den gewählten Lastinkrementen und Materialparametern. Deshalb weisen wir hier darauf hin, daß die beiden in Bild 4 gezeigten nichtlinearen Materialmodelle auch durch entsprechende lineare Modelle angenähert werden können. Die lineare Alternative zu Modell A ist ein elastisch-anisotropes Material. Im linearen Modell B wird das intakte Gestein durch elastisch-isotropes Material und die Kluftschichten durch elastische Kluftelemente beschrieben. In der Vorstudie an einem vereinfachten Testquerschnitt wurde u.a. auch das elastisch-anisotrope Materialmodell untersucht. Typische Ergebnisse sind in Kap. 5, Tabelle 1 enthalten.

3 Rißschargesetz

Die mathematische Formulierung des Rißschargesetzes folgt dem in der Plastizitätstheorie üblichen Vorgehen, d.h. sie beruht auf der Definition der Festigkeitsgrenzen (Fließgrenze), der plastischen Dehnungen (Fließregel) und des Verfestigungsverhaltens (strain hardening).

Ähnliche Materialgesetze für gleichmäßig geschichteten Fels sind seit ca. 10 Jahren in der Literatur zu finden (z.B. [4-6]), jedoch ohne nähere Angaben zu den Fragen der Dilatanz, der Rißsimulation und der algorithmischen Zustandsbestimmung. Das Rißschargesetz ist in [2] ausführlich beschrieben, so daß wir uns im folgenden auf eine vereinfachte Darstellung der wesentlichsten Aspekte beschränken können.

Im Gegensatz zu den bekannten Materialgesetzen mit isotropen Festigkeitseigenschaften (wie z.B. Mohr-Coulomb) besitzt das Rißschargesetz anisotrope Festigkeitseigenschaften, die nur die Normal- und Schubspannungen der Schichtebenen berücksichtigen (Bild 5).

Die totalen Verformungen (in Matrizenschreibweise [2])

$$d\mathcal{E} = d\mathcal{E}^e + d\mathcal{E}^p \tag{3.1}$$

setzen sich zusammen aus den elastischen Dehnungen

$$d\mathcal{E}^e = E_o^{-1} \, d\sigma \tag{3.2}$$

und den plastischen Dehnungen, die sich aus der Fließregel

$$d\mathcal{E}^p = \frac{\partial G}{\partial \sigma} \, d\lambda \quad , \quad d\lambda \geqq 0 \tag{3.3}$$

ergeben.

Das Fließpotential G in (3.3) richtet sich nach der Versagensart:

$$\begin{aligned} G_s &= |\mathcal{T}_{ns}| + \sigma_n \, tan\varphi \quad \text{bei Schubbruch} \\ G_n &= \sigma_n \qquad\qquad\qquad \text{bei Trennbruch} \end{aligned} \tag{3.4}$$

und der Differentialfaktor $d\lambda$ in (3.3) ergibt sich aus der Grenzbedingung im Bruchzustand

$$\begin{aligned} dF_s &= 0 \qquad\qquad \text{bei Schubbruch} \\ dF_n &= 0 \qquad\qquad \text{bei Trennbruch} \end{aligned} \tag{3.5}$$

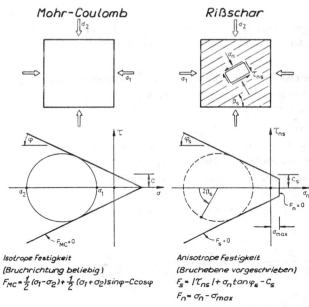

Bild 5: Festigkeitsgrenzen des Rißschargesetzes im Vergleich zu Mohr-Coulomb

Die Eigenschaften des Rißschargesetzes werden somit durch die Festigkeitsparameter C_s, φ_s, σ_{max} und den Dilatanzwinkel ϕ gesteuert, die wiederum von den im Fels stattfindenden plastischen Dehnungen abhängen können. Dilatanz bezeichnet das Auseinandergehen der Schichtebenen bei Schubverformungen, das man sich anschaulich als Verzahnungseffekt nach Bild 6 erklären kann. Mathematisch ergibt sich dieser Effekt aus den Gln. (3.3) und (3.4), die nach einigen Zwischenschritten auf die Beziehung

$$d\varepsilon_n^p = \tan\phi \; |d\gamma_{ns}^p| \tag{3.6}$$

zwischen den plastischen Normal- und Schubdehnungen (im Zustand Schubbruch) führen.

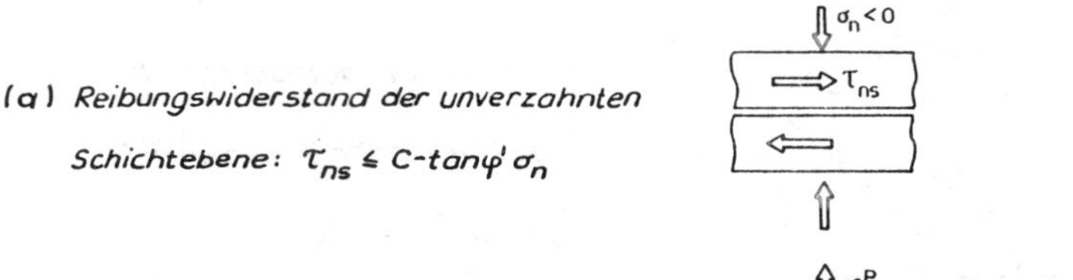

(a) *Reibungswiderstand der unverzahnten*

$\quad$ *Schichtebene:* $\tau_{ns} \leq C - \tan\varphi' \, \sigma_n$

(b) *Verzahnungseffekt (Dilatanz):* $\dfrac{d\varepsilon_n^p}{|d\gamma_{ns}^p|} = \tan\phi$

Bild 6: Idealisierte Darstellung von Reibungswiderstand und Verzahnungseffekt

Der Dilatanzwinkel beeinflußt jedoch nicht nur die plastischen Verformungen der Rißschar, sondern indirekt auch deren Schubfestigkeit. Betrachtet man eine einzelne Rißebene, so kann man sich die Schubfestigkeit zusammengesetzt denken aus dem Reibungswiderstand der unverzahnten Fläche (Bild 6a) und dem Widerstand aus der Verzahnung ($\varphi \sim \varphi' + \phi$). Diese Überlegung macht deutlich, daß die assoziierte Fließregel ($\phi = \varphi$) i.a. nicht realistisch ist, weil durch sie die stabilisierende Wirkung der Dilatanz zu hoch angesetzt wird.

In Wirklichkeit nimmt der Dilatanzeffekt mit fortschreitender Schubverformung ab und verschwindet schließlich vollständig. Diese verformungsbedingte Abnahme von ϕ ist zwar im Programm vorgesehen, im vorliegenden Projekt wurde von dieser Möglichkeit jedoch kein Gebrauch gemacht. Dafür wurden die einzelnen Bauzustände mit abnehmendem Dilatanzwinkel berechnet (Kap.7).

Der nächste hier zu erwähnende Punkt betrifft die Rißsimulation. Erreicht die Normalspannung senkrecht zur Rißebene den maximal aufnehmbaren Wert (σ_{max}), so tritt Trennbruch ein ($F_n = 0$ und $\Delta\overline{\sigma_n} > 0$). Das weitere Öffnen und Schließen des Spaltes wird mit Hilfe der Rißbreite

$$\varepsilon_R = \varepsilon_R^o + \int d\varepsilon_n^p \,, \qquad \varepsilon_R^o = \sigma_{max}/E_{nn} \tag{3.7}$$

überwacht. Die Rißbreite ergibt sich gemäß (3.7) aus der Summe der plastischen Dehnungen im Zustand Trennbruch. Sobald die Rißbreite bei abnehmendem Dehnungsinkrement ($\Delta\varepsilon_n^p < 0$) den Wert Null erreicht hat, ist der Spalt geschlossen, und es kann wieder eine Druckspannung übertragen werden (Bild 7).

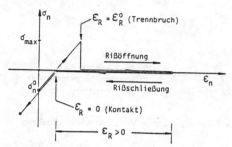

Bild 7: Schematische Darstellung von Rißbildung und Rißschließung

Schließlich noch eine Bemerkung zu den singulären Spannungszuständen. Befindet sich das Material z.B. in einem Schubbruch (Punkt 1 in Bild 8) bei abnehmendem Normaldruck, so kann es zu einem sekundären Trennbruch kommen (Punkt 2). Ein gleichzeitiger Schub- und Trennbruch entspricht einer mathematischen Singularität, weil die Normale der Bruchfläche in diesem Punkt nicht definiert ist. Derartige simultane Bruchzustände (2 - 3 in Bild 8) kommen in praktischen Anwendungen oft vor und erfordern sowohl mathematisch als auch rechentechnisch eine besondere Behandlung [2].

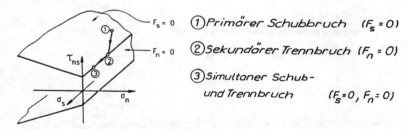

Bild 8: Übergang vom Zustand Schubbruch in den simultanen Schub- und Trennbruch

Das Rißschargesetz unterscheidet zwischen den 4 Materialzuständen elastisch, Schubbruch, Trennbruch und simultaner Schub- und Trennbruch. Aufgabe der Zustandsbestimmung ist es, für jeden der 4 möglichen Ausgangszustände σ_o und ein beliebiges Verformungsinkrement $\Delta\varepsilon$ den neuen Spannungszustand

$$\sigma = \sigma_o + \int_o^{\Delta\varepsilon} E(\sigma)\, d\varepsilon \tag{3.8}$$

zu berechnen. Diese Aufgabe löst das Programm mit Hilfe eines rekursiv ablaufenden Algorithmus, der von Zustandswechsel zu Zustandswechsel gehend das totale Dehnungsinkrement in stetige Subinkremente zerlegt und die Zustandsintegration nach (3.8) schrittweise so lange durchführt, bis der neue Endzustand erreicht ist [2].

4 Primärer Spannungszustand

Bevor mit der Berechnung der Bauzustände begonnen werden kann, müssen die vor Beginn der Baumaßnahmen im betrachteten Berechnungsquerschnitt vorhandenen Spannungen bestimmt werden. Wir zitieren dazu aus [6]: "Der vor dem bautechnischen Eingriff im Fels herrschende Spannungszustand ist für die Planung und Ausführung von Felsbauwerken von großer Bedeutung, weil er einen dominierenden Einfluß auf die ausbruchbedingten Verformungen und die Beanspruchung der Sicherungsmittel (wie Spritzbetonschale und Felsanker) und somit auf die Standsicherheit des Tunnels hat."

Sowohl das Geländeprofil der Felsrippe als auch die im Pfeilerstollen angetroffenen wechselhaften Gesteinsstrukturen lassen einen dreidimensionalen Primärspannungszustand vermuten. Über die wirklich vorhandenen primären Spannungen liegen jedoch keine Meßwerte vor. Deshalb nehmen wir an, daß die primären Spannungen durch eine nichtlineare Berechnung der Felsscheibe unter Eigengewicht bestimmt werden können. Als Ausgangszustand kommt im Prinzip jeder beliebige elastische Spannungszustand in Frage, also z.B. auch die spannungsfreie Scheibe. Um über den Seitendruckbeiwert eine Justiermöglichkeit zu besitzen, gehen wir von den Anfangsspannungen

$$\sigma_{yy} = -\gamma (H-y) \ , \quad \sigma_{xx} = K_o \, \sigma_{yy} \ , \quad \sigma_{zz} = K_o \, \sigma_{yy}$$

entsprechend einer fiktiven horizontalen Geländeoberkante und $K_o = 0.4$ aus.

Der Versuch, die primäre Felsscheibe (s. Bilder 4a und 11a) unter Eigengewicht mit den ursprünglich angenommenen Festigkeitswerten $\varphi = 35°$ und $C = 5 \text{ kN/m}^2$ zu berechnen, führte zu Divergenzabbruch wegen Böschungsversagens. Auch kleine Erhöhungen von C und φ genügten nicht, um die Böschung standfest zu machen.

Da die vorgegebenen Festigkeitsparameter nicht brauchbar waren, mußten höhere Zahlenwerte festgelegt werden. Dazu wurde eine Testserie durchgeführt, um für den (willkürlich festgelegten) Reibungswinkel $\varphi = 45°$ die kleinstmögliche Kohäsion zu finden, für die die Böschung standfest ist [5]. Das Ergebnis für dilatantes Materialverhalten ($\phi = \varphi$) und $\sigma_{max} = 1 \text{ kN/m}^2$ lautet $C_s = 20 \text{ kN/m}^2$. Führt man dieselbe Parameterstudie für Mohr-Coulomb Material durch, so erhält man dagegen eine Mindestkohäsion von $C = 80 \text{ kN/m}^2$ (Bild 9). Die ebenfalls in Bild 9 abgebildeten plastischen Zonen zeigen das deutlich unterschiedliche Bruchverhalten der beiden Materialgesetze.

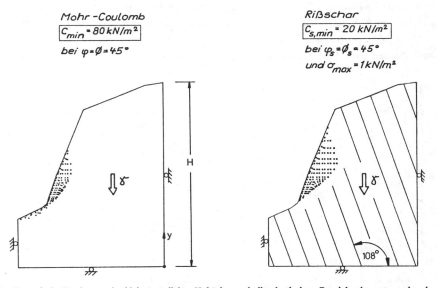

Bild 9: Numerische Festlegung der kleinstmöglichen Kohäsion und die plastischen Bereiche der entsprechenden Primärspannungszustände für Mohr-Coulomb und Rißschargesetz

5 Voruntersuchung an einem vereinfachten Berechnungsquerschnitt

Um die Kosten für die relativ aufwendigen Projektberechnungen möglichst niedrig zu halten, wurden die noch offenen Fragen zur Simulation der Felsanker, zum Dilatanzwinkel, zur Stützkernsteifigkeit und zur Iterationsmethode vorab an einem vereinfachten einröhrigen Testquerschnitt geklärt.

Die Tunnelröhre des Testquerschnitts entspricht in Lage und Größe der talseitigen Röhre des Eselsteintunnels. Der Auffahrvorgang wird in den zwei Bauzuständen "Teilentspannung" und "Spritzbetonschale eingebaut" zusammengefaßt. Die Teilentspannung erfolgt nach dem Stützkernverfahren [7].

Nach der Berechnung des Primärzustandes werden die folgenden Änderungen durchgeführt:

(1) Annullierung der primären Verformungen (inkl. der plastischen Dehnungen) und Erhöhung der Kohäsion um $\Delta C = 2 kN/m^2$. (2) Starre Lagerung der vertikalen Ränder. (3) Anbringung der Ankerkräfte. (4) Im Stützkern Umstellung auf elastisches Material mit $\sigma = 0$, $\gamma' = 0$ und $E_{SK} = \alpha E$. (5) Entspannungsmodul im Gebirge unterhalb der Tunnelsohle: $E_u = 2E$.

Die Erhöhung der Kohäsion entspricht der Annahme, daß sich der primäre Fels in einem stabilen elastischen Zustand befindet. Diese Annahme stützt sich auf die bei der Herstellung des Pfeilerstollens gemachten Erfahrungen. Der Zahlenwert von ΔC richtet sich nach den im primären Gebirge vorhandenen Tragreserven, die selbstverständlich nur grob geschätzt bzw. durch eine Parameterstudie erfaßt werden können. Die Elementnetze des Testquerschnitts sind in Bild 11 zu sehen. Die Spritzbetonschale besitzt die folgenden Eigenschaften:

$$E_b = 15000 MN/m^2, \quad \nu = 0.2, \quad \gamma = 0 \text{ (gewichtslos)}, \quad d = 20cm \text{ bzw. } d_s = 35cm \text{ (Sohle)}$$

<u>Felsanker</u> Die vorgespannten Felsanker ersetzen wir durch eine über ein Element verteilte Flächenlast von $800 kN/m^2$. Dies entspricht einer resultierenden Ankerersatzkraft von $A_r = 1880 kN$, deren Lage und Richtung Bild 2 zu entnehmen ist. Das Anbringen der stützenden Ankerkraft an der Böschungsoberfläche im Bauzustand 1 wirkt sich sehr stabilisierend aus. Ohne diese Ankerwirkung ist der talseitige Felspfeiler (im Rechenmodell) nicht standfest, die Gleichgewichtsiteration divergiert. Bei vorhandener Ankerkraft konvergiert das Programm monoton und erreicht nach 10 K_o-Iterationen einen Gleichgewichtszustand mit einer Genauigkeit von 5% [3]. Da wir ohne Ankerelemente arbeiten, muß die Änderung der Ankerkraft aus der Änderung des Abstandes der beiden Ankerendpunkte für jeden Bauzustand aus der Gleichung.

$$A_r = A_{ro} + (EA/l) \Delta l$$

abgeschätzt werden, wobei der Einfluß der Ankersteifigkeit im Gesamtsystem vernachlässigt wird (s. Tabelle 1).

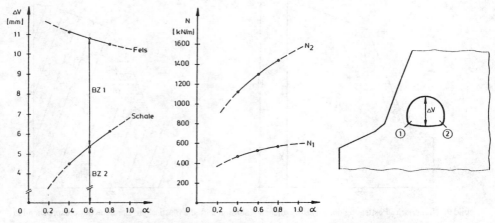

Bild 10: Vertikale Konvergenzen und Normalkräfte N_1, N_2 in Abhängigkeit vom Stützfaktor α

<u>Dilatanzwinkel</u> Dilatanz bezeichnet das Aufgleiten der Rißschar bei Schubversagen (s. Kap.3, Bild 6). Wird dieses Auseinandergehen verhindert, so baut sich eine Druckspannung normal zur Gleitschicht auf, die sich sehr stabilisierend auswirkt. Testberechnungen mit verschiedenen Dilatanzwinkeln bestätigten diese Aussage. Ohne Dilatanz (d.h. ϕ = 0) divergiert das Programm sowohl im Primärzustand als auch in BZ 2. Um ein in allen Bauzuständen stabiles und standfestes Rechenmodell zu erhalten, ist ein Dilatanzwinkel $\phi \gtrsim 10°$ notwendig.

<u>Stützkernsteifigkeit</u> Der Einfluß des Stützfaktors α auf die vertikale Verformung Δv und die Normalkraft in der Außenschale ist in Bild 10 aufgetragen. Die Ergebnisse entsprechen den aus früheren Untersuchungen zu erwartenden Tendenzen [7], d.h. zunehmende Schnittkräfte mit zunehmender Stützkernsteifigkeit. Stünden genaue Meßwerte zur Verfügung, so könnte das Rechenmodell anhand dieser Kurven geeicht werden. Die Projektberechnungen wurden mit dem Stützfaktor α =0.6 durchgeführt, da hiermit die berechneten Verformungen am besten mit den gemessenen übereinstimmten.

<u>Iterationsverfahren</u> Die Gleichgewichtsiteration wird durch die zwei Parameter KITR und MITR gesteuert [8]:
KITR = Anzahl von Iterationen mit elastischer Steifigkeit.   MITR = Maximale Anzahl von Iterationen.
Für KITR = 0 iteriert das Programm mit der tangentialen Steifigkeit (Newton-Raphson method). Setzt man dagegen KITR = MITR, so wird mit der elastischen Steifigkeit iteriert (constant stiffness iteration). Im allgemeinen, d.h. für 0 < KITR < MITR iteriert das Programm zunächst KITR mal mit der elastischen Steifigkeit K_0. Die dadurch erreichte Näherungslösung dient als Ausgangszustand für die anschließenden tangentialen Iterationen. Nach einigen numerischen Tests mit unterschiedlichen Iterationsmethoden haben wir uns aus Kostengründen auf das langsamere Iterationsverfahren mit elastischer Steifigkeit (bei einer Toleranzgrenze von 5%) beschränkt.
Damit sind alle benötigten Eingabewerte festgelegt. Typische Ergebnisse des Testquerschnitts sind in den Bildern 11 und 12 zu sehen. Bild 11 zeigt die Elementnetze, Hauptspannungen und Bruchzonen von Primärzustand und BZ 2, Bild 12 die relativen Verformungen und Schalenschnittkräfte in BZ 2. Die quantitativen Ergebnisse von 4 Vergleichsberechnungen mit den Materialgesetzen elastisch-isotrop, elastisch-anisotrop, Rißschar assoziert (ϕ = ψ = 45°) und Rißschar nicht assoziert (ϕ = 10°) sind in Tabelle 1 zusammengestellt.

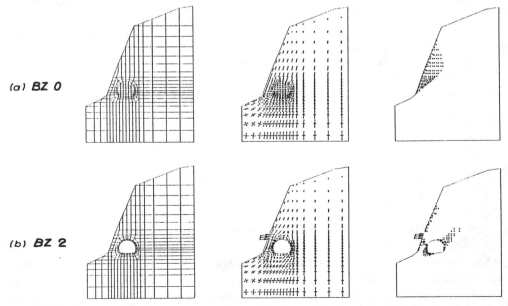

(a) BZ 0

(b) BZ 2

Bild 11: Elementnetz, Hauptspannungen und plastische Bereiche von Primärzustand und BZ 2 des Testquerschnitts

Die in Bild 12 gezeigten Verformungen und Schnittkraftverläufe stammen vom Rißscharmodell mit nichtassoziierter Fließ-regel, entsprechend Zeile 4 von Tabelle 1.

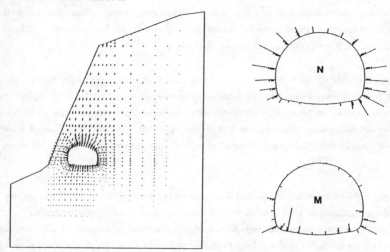

Bild 12: Relative Verformungen und Schalenschnittkräfte des Testquerschnitts in BZ 2

	Firstsenkung in BZ 2 Δv_F [mm]	insgesamt v_F [mm]	Ankerstreckung in BZ 2 Δl_A [mm]	Ausbuchtung d. Felspfeilers v_B [mm]	Schnittkräfte links $N_1 \left[\frac{kN}{m}\right]$	$M_1 \left[\frac{kNm}{m}\right]$	Schnittkräfte rechts $N_2 \left[\frac{kN}{m}\right]$	$M_2 \left[\frac{kNm}{m}\right]$
Elastisch isotrop	3.8	6.8	0.3	1.1	460	-4.0	1258	-15.1
Elastisch anisotrop	4.9	8.5	0.3	1.5	616	-7.8	1386	-23.3
Rißschar assoziiert $\emptyset \cdot \varphi$	3.7	6.7	0.7	2.6	532	-7.0	1308	-21.2
Rißschar nicht assoz. $\emptyset \cdot 10°$	4.2	7.2	1.0	2.5	526	-12.9	1114	-14.3

Tabelle 1: Ergebnisse von 4 verschiedenen Materialmodellen mit $\alpha = 0.6$

Die Materialkennwerte der anisotropen Berechnung sind in Tabelle 2 wiedergegeben.

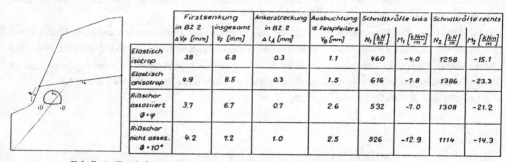

$$E_\beta = \begin{bmatrix} E_{ss} & E_{sn} & 0 & E_{sz} \\ & E_{nn} & 0 & E_{sn} \\ & & G & 0 \\ sym. & & & E_{ss} \end{bmatrix}$$

	isotrop	anisotrop
E_{ss}	1200 MN/m²	1200 MN/m²
E_{sn}	400 MN/m²	300 MN/m²
E_{nn}	1200 MN/m²	900 MN/m²
G	400 MN/m²	200 MN/m²
E_{sz}	400 MN/m²	400 MN/m²

Tabelle 2: Schichtbezogene Elastizitätskonstante der elastisch-anisotropen Berechnung

In Anbetracht der groben Näherung unseres Scheibenmodells gegenüber der dreidimensionalen Wirklichkeit stellen wir fest, daß die Ergebnisse der 4 Varianten praktisch in derselben Größenordnung liegen. Auch die hier nicht gezeigten Schnittkraftverläufe der unterschiedlichen Modelle stimmen qualitativ erstaunlich gut überein. Besonders unempfindlich gegen Modelländerungen sind die Firstsenkung und die Normalkräfte. Die größten Unterschiede treten in den Momenten und in der Ausbuchtung des Felspfeilers auf. Die wichtigste Schlußfolgerung aus dieser Voruntersuchung am vereinfachten Rechenmodell ist jedoch, daß die kostengünstigeren elastischen Berechnungen (Zeilen 1 und 2 von Tabelle 1) praktisch denselben Aussagewert liefern wie die nichtlinearen Berechnungen.

6 Netzerstellung am CAD-Arbeitsplatz

Der kostenintensivste Arbeitsgang einer Tunnelberechnung ist ohne Zweifel die Erstellung des Elementnetzes. Aufwendig ist nicht nur die Elementierung der Ausbruchbereiche und Bodenschichten, sondern vor allem die Anpassung des Elementnetzes an das sich von Bauzustand zu Bauzustand verändernde statische System. Die dadurch erforderliche baukastenartige Unterteilung des gesamten Elementnetzes in einzelne Netzbereiche (Teilsysteme), die an den Rändern mit allen im Laufe der Berechnung aktivierten Nachbarbereichen verträglich sein müssen, macht es vor allem aus wirtschaftlichen Gründen erforderlich, für die Netzerstellung computertechnische Hilfen einzusetzen. Die in vielen technischen Büros eingeführten CAD-Programme legen es nahe, unter Verwendung dieser interaktiven Programme die Zeit für die Netzerstellung zu verkürzen.

Sowohl das RIB/RZB als auch das Ingenieurbüro Pauser arbeiten zur Zeit an der Entwicklung von interaktiven Netzgenerierprogrammen auf CAD-Basis. Wesentlich dabei ist, daß die Generierung nicht automatisch abläuft, sondern interaktiv am graphischen Bildschirm vom Anwender gesteuert wird, entsprechend der konstruktiven Arbeitsweise am CAD-Bildschirm. Dabei stehen verschiedene Hilfsfunktionen zur Verfügung, die speziell auf tunneltechnische Erfordernisse abgestimmt sind, wie z.B. Generierung in Polarkoordinaten, Algorithmen zur Elementierung von Linien und Flächen, die Verträglichkeitsprüfungen bei zusammenstoßenden Teilsystemen, die automatische Generierung von Seitenmittelpunkten, die optimale Durchnumerierung der Knoten (Bandbreitenoptimierung), etc. Durch Speicherung der so erzeugten Netz-Daten in einer Schnittstellendatei erfolgt der Übergang in das FE-Programm.

Bild 13 zeigt den Regelquerschnitt des Tunnels, wie er im Normalfall im Ausschreibungsstadium bereits vorliegt. Dabei ist es günstig, wenn die Pläne bereits auf CAD-Basis erstellt wurden. Ausgehend von diesem Regelquerschnitt und dem gewählten Berechnungsquerschnitt werden nun mit Hilfe von Standardfunktionen Hilfslinien am Bildschirm gezeichnet und schrittweise die endgültige Netzgeometrie erstellt.

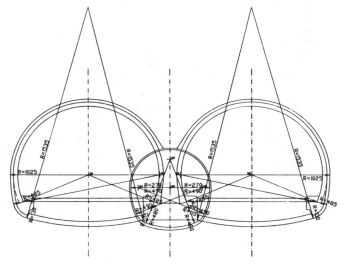

Bild 13: Regelquerschnitt Eselsteintunnel

Dies entspricht weitgehend der Entwurfstätigkeit am Schreibtisch mit Papier und Bleistift. Dabei können alle in einem CAD-Programm zur Verfügung stehenden Möglichkeiten wie spiegeln, rotieren, kopieren usw. genützt werden. Dann erfolgt das halbautomatische Generieren der Einzelelemente. Bild 14 zeigt einen Ausschnitt nach dem Generieren. Die einzelnen Teilsysteme können dabei ein- und ausgeblendet werden.

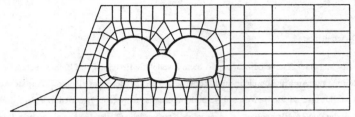

Bild 14: Plot der Teilsysteme 1, 7, 9, 10, 11 und 12

Nach erfolgtem Generieren wird die Zeichnungsinformation ausgewertet. Erst jetzt legt das Auswertungsprogramm Knoten- und Elementnumerierung sowie Zuordnungen fest. Die Auswertung dauert ca. eine Minute. Netzfehler können sofort erkannt und behoben werden. Die besonderen Vorteile sind die laufende optische Kontrolle des Netzes, sehr komfortable Netzänderungen und eine fast optimale Bandbreite nach der Auswertung. Das FE-Netz des Eselsteintunnels konnte damit nach einer kurzen Einarbeitungszeit in ca. 1 - 2 Tagen erstellt werden.

7 Projektberechnung

Aufbauend auf die in der vorbereitenden Studie (Kap. 5) gewonnenen Erkenntnisse war nun die Durchführung einer FE-Berechnung für den gesamten Tunnelausbruch, unterteilt in die einzelnen Bauzustände möglich. Der relativ komplizierte Auffahrvorgang wird in den in Bild 15 gezeigten 11 Bauzuständen nachvollzogen. Das für die Berechnung verwendete FE-Netz besteht aus max. 500 Elementen (mit quadratischen Verschiebungsansätzen) und 1600 Knotenpunkten. Als typisches Beispiel für die Dichte und Komplexität des Elementnetzes ist in Bild 16 die Elementierung des Berechnungsquerschnitts von Bauzustand 9 abgebildet.

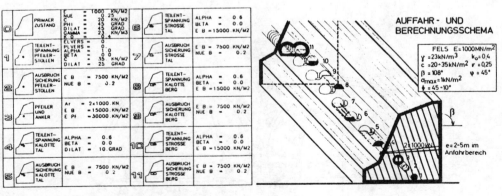

Bild 15: Gerechnete Bauzustände

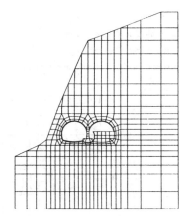

Bild 16: Elementnetz der
Bauzustände 9 und 10

Bei einem Problem dieser Größenordnung ist eine lineare Erstberechnung unumgänglich, um die Eingabedaten des elastischen Scheibenmodells zu testen und die grundsätzlichen Größenordnungen der relevanten Ergebnisse kennenzulernen. Wie sich im weiteren zeigte, sind dadurch vor allem in Hinblick auf die Beanspruchung der Spritzbetonschale schon sehr zielführende Aussagen möglich.

Die nichtlineare Berechnung ergibt bereits in den ersten Bauzuständen (Teilentspannung und Sicherung des Pfeilerstollens) größere plastische Zonen über dem talseitigen Felspfeiler. Die zugehörigen Verformungen werden zwar durch die anschließend angesetzten Ankerkräfte wieder teilweise rückgängig gemacht, die plastischen Zonen vergrößern sich jedoch auch in den folgenden Bauzuständen, bis letztlich zum Zeitpunkt des kompletten Tunnelausbruchs ein erheblicher Teil des gesamten Querschnitts davon betroffen ist. Diese im Vergleich zum Testquerschnitt deutlich vergrößerten Bruchzonen sind u.a. auf die größeren Ausbruchsquerschnitte zurückzuführen.

In Bild 17 sind die Firstsenkungen der Tunnelröhren und die Pfeilerschnittkräfte für beide Berechnungsarten in den verschiedenen Ausbruchszuständen gegenübergestellt. Im wesentlichen zeigt sich bei der plastischen Berechnung eine Zunahme der Verformungen und eine Abnahme der Schnittkräfte. Das Gesamtausmaß der Differenzen in den Verformungen ist jedoch im Vergleich zur Übereinstimmung mit den Meßwerten nicht weiter signifikant.

VERGLEICH DER VERTIKALVERFORMUNGEN

		FIRSTE PFEILER 1		FIRSTE TAL 2		FIRSTE BERG 3	
		ELAST.	PLAST.	ELAST.	PLAST.	ELAST.	PLAST.
TEILENTSPANNUNG PFEILERSTOLLEN	1	1,7	1,7	0,4	0,4	0,6	0,7
AUSBRUCH SICHERUNG PFEILERSTOLLEN	2	3,5	3,6	0,5	0,5	1,2	1,5
PFEILER UND ANKER	3	3,6	3,7	0,5	0,5	1,2	1,5
TEILENTSPANNUNG KALOTTE TAL	4	3,5	3,7	2,2	2,2	1,4	1,7
AUSBRUCH SICHERUNG KALOTTE TAL	5	4,4	4,8	7,0	8,0	2,6	3,3
TEILENTSPANNUNG STROSSE TAL	6	4,3	4,5	7,1	8,1	2,6	3,2
AUSBRUCH SICHERUNG STROSSE TAL	7	4,4	4,4	7,3	8,3	2,7	3,2
TEILENTSPANNUNG KALOTTE BERG	8	4,0	3,9	7,3	8,4	4,7	5,3
AUSBRUCH SICHERUNG KALOTTE BERG	9	3,9	3,7	8,0	9,8	9,8	11,3
TEILENTSPANNUNG STROSSE BERG	10	3,7	3,3	7,9	9,7	9,9	11,5
AUSBRUCH SICHERUNG STROSSE BERG	11	3,7	3,3	7,9	9,8	10,0	11,5

SCHNITTKRÄFTE IM PFEILER

		NORMALKRAFT		BIEGEMOMENT	
		ELAST.	PLAST.	ELAST.	PLAST.
PFEILER UND ANKER	3	−94	−90	−167	−160
TEILENTSPANNUNG KALOTTE TAL	4	548	551	100	113
AUSBRUCH SICHERUNG KALOTTE TAL	5	3092	3003	1211	1297
TEILENTSPANNUNG STROSSE TAL	6	3198	3027	1294	1326
AUSBRUCH SICHERUNG STROSSE TAL	7	3199	2980	1324	1292
TEILENTSPANNUNG KALOTTE BERG	8	3827	3484	1226	1120
AUSBRUCH SICHERUNG KALOTTE BERG	9	6418	5820	972	646
TEILENTSPANNUNG STROSSE BERG	10	6618	6065	1029	594
AUSBRUCH SICHERUNG STROSSE BERG	11	6677	6119	1065	692

Bild 17: Firstsenkung und Pfeilerschnittkräfte der elastischen und elastoplastischen Berechnungen

Von besonderem Interesse ist der Spannungsverlauf im sogenannten Felspfeiler vor der talseitigen Tunnelröhre. In einem horizontalen Schnitt etwa in Höhe der Kalottensohle sind die Vertikalspannungen in den Bauzuständen aufgetragen (Bild 18). Hierbei ist, durch die Begrenzung der aufnehmbaren Zugspannungen bzw. dem Eintreten von Schub- und Trennbruch, die Spannungsumlagerung klar zu erkennen, wobei die beiden tunnelleibungsnahen Bereiche eine entsprechende Abminderung der Spannungsspitzen aufweisen.

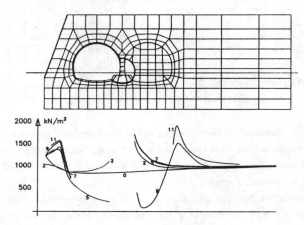

HORIZONTALSCHNITT 1

Bild 18: Verlauf der Vertikalspannungen
in einem Horizontalschnitt
für die Bauzustände 1 bis 11

8 Zusammenfassung

Der Bericht beschreibt ein nichtlineares Scheibenmodell eines seichtliegenden doppelröhrigen Straßentunnels durch eine steil abfallende klüftige Felsrippe. Außer den für ebene Rechenmodelle der Tunnelstatik üblichen Fragen wie z.B. die Festlegung der Bauzustände und Teilentspannungsfaktoren, mußten für dieses Projekt insbesondere die folgenden Probleme gelöst werden:

- Nichtlineare Berechnung des Primärspannungszustandes.
- Bereitstellung eines Materialmodells für geschichteten Fels.
- Sinnvolle Festlegung der benötigten Materialparameter.

Diese Fragen wurden in einer Vorstudie an einem vereinfachten Testquerschnitt geklärt. Im Zuge der Projektbearbeitung ergaben sich als wesentlichste Schlußfolgerungen:

- Das vorgestellte Rißschargesetz berücksichtigt nur eine Trennflächenschar. In Wirklichkeit sind jedoch meistens 2 oder 3 Trennflächenscharen gleichzeitig vorhanden. Eine derartige Programmerweiterung ist machbar, indem der vorhandene Rißscharalgorithmus in jedem Integrationspunkt nacheinander für jede Schichtebene eingesetzt wird.
- Der Aufwand für die nichtlineare Berechnung ist erheblich und erscheint in Anbetracht der Unsicherheiten in den Eingabedaten nicht gerechtfertigt.
- Deshalb liegt es nahe, ein weniger aufwendiges Rechenmodell für Tunnelbauwerke in klüftigem Fels zu suchen. Wie in der Vorstudie (Kap. 5) und in der Projektbearbeitung (Kap. 7) gezeigt, liefert schon das elastisch-isotrope Scheibenmodell brauchbare Ergebnisse. Weiter verfeinerte lineare Rechenmodelle mit elastisch-anisotropem Material und, wenn nötig, mit elastischen Kluftelementen zur Nachbildung der wichtigsten Störzonen, wurden vorgeschlagen. Die linearen Rechenmodelle sind nicht nur wirtschaftlicher im Einsatz, sondern erfordern auch weniger und leichter zu beschaffende Materialkennwerte.

An dem hier dargestellten Beispiel zeigt sich wiederum die Problematik von nichtlinearen numerischen Berechnungen. Der erfahrene Tunnelplaner, der derzeit aufwendigen Finite-Elemente-Berechnungen mit einer gewissen Skepsis gegenüber steht, ist wegen der vielen Unsicherheiten bezüglich Primärzustand, Materialmodell, Stützfaktoren etc. versucht, dieser Berechnung gänzlich aus dem Wege zu gehen, insbesondere da diese in vielen Fällen auch einen erheblichen Kostenfaktor darstellt.

Angeregt durch die Überprüfungstätigkeit in den an den Tunnel anschließenden Bereichen der Galerien und der Hangsicherungen und der hierbei zutage tretenden offenen Fragen der Gesamtsicherheit haben die zweitgenannten Verfasser den Versuch unternommen, durch ergänzende numerische Berechnungen auch für derart komplexe Verhältnisse einen Fortschritt im theoretischen Bereich zu erzielen. Wie für jede sinnvolle Tunnelberechnung unumgänglich, war auch hier vorgesehen, sie durch Vergleich mit den entsprechenden Messungen zu eichen. Dieses Vorhaben ist jedoch wegen der überraschend geringen Gebirgsverformungen nur sehr beschränkt gelungen.

Ein Fortschritt könnte daher unserer Meinung nach dadurch erzielt werden, daß neben den der Sicherheit des Vortriebes dienenden Messungen neu konzipierte Meßreihen durchgeführt werden, die auf die aus der Berechnung erzielbaren Daten abgestimmt sind [9].

Literatur

[1] G. Riedmüller: Baugeologische Dokumentation, Pfeilerstollen - Eselstein.
   Institut für technische Geologie, Petrographie und Mineralogie. Technische Universität Graz, Oktober 1986.

[2] H.M. Hilber: Implementierung des Rißschargesetzes FELS in das FEM-Programm TUNNEL.
   RIB/RZB - Datenverarbeitung im Bauwesen GmbH, Stuttgart, 1986.

[3] H.M. Hilber und D. Raisch: Nichtlineare zweidimensionale Finite-Element-Modelle für praxisnahe Tunnelberechnungen. Proc. of the 11th Int. FEM-Congress (IKOSS), Baden-Baden, 1982.

[4] H. Cramer, W. Wunderlich, H.K. Kutter und W. Rahn: Finite element analysis of stress distribution, induced fracture and post-failure behaviour along a shear zone in rock. Proc. Third Int. Conf. on Num. Methods in Geomechanics, Aachen, 1979.

[5] O.C. Zienkiewicz and G.N. Pande: Time-dependent multilaminate model of rocks - a numerical study of deformation and failure of rock masses. Int. J. Num. and Analytical Methods in Geomechanics, Vol. 1, 1977.

[6] W. Wittke: Felsmechanik, Grundlagen für wirtschaftliches Bauen im Fels. Springer Verlag, Berlin, 1984.

[7] Th. Baumann und H.M. Hilber: Zur Berechnung von U-Bahn-Tunnels im Lockergestein.
   Finite Elemente - Anwendungen in der Baupraxis. Verlag Ernst und Sohn, Berlin, 1985.

[8] D.W. Scharpf und H.M. Hilber: TUNNEL - Zweidimensionale elasto-plastische Festigkeitsberechnungen des Grund- und Tunnelbaus nach der Methode der Finiten Elemente (Benutzerhandbuch), RIB/RZB - Datenverarbeitung im Bauwesen GmbH, Stuttgart, 1982.

[9] Th. Baumann: Messung der Beanspruchung von Tunnelschalen, Bauingenieur 60, 449-454 , 1985.

INTEGRIERTER INGENIEURENTWURF AUF MIKROCOMPUTERN

von Wilfried B. Krätzig, Christof Schürmann und Burkhard Weber [*]

1 Einleitung

Innerhalb weniger Jahre haben Mikrocomputer Inhalte und Ziele der Datenverarbeitung des Konstruktiven Ingenieurbaus grundlegend verändert. Ihr attraktives Preis-Leistungsverhältnis, ihre vielfältigen Fähigkeiten, ihre dezentrale Verfügbarkeit, ihre Standardisierung von Hardware- und Softwareelementen haben weitflächige Automatisierungsprozesse eingeleitet. Ein sich ständig ausweitender quantitativer und qualitativer Leistungsstandard von 16- und 32-Bit-Mikrocomputern setzt neue Maßstäbe für die Automatisierung der Tragwerksplanung.

Zunehmend gefordert ist der Datenverbund zwischen Festigkeitsberechnung, Bemessung und Konstruktion. Damit wandeln sich die bisherigen Techniken der Datenverarbeitung des Konstruktiven Ingenieurbaus. Integrierte Informationsverarbeitung erfaßt und verwaltet in globalen, relationalen Datenbankmodellen den Datenbestand aus Planung, Berechnung, Bemessung und Konstruktion. Verbunden damit sind dezentrale Entwurfsprozesse am Arbeitsplatz des Tragwerksplaners, Ingenieurs oder Konstrukteurs.

Bereits heute erlaubt das Leistungsvermögen von Mikrocomputern die Implementation integrierter Softwaremodelle. In ihnen sind algorithmische, grafische, dokumentarische und wissensbasierte Datenverarbeitung vereint. Der vorliegende Beitrag erläutert einige Strategien integrierter Softwaremodelle am Beispiel des Softwaresystems SSt-micro. Im Vordergrund stehen dabei Aspekte relationaler Datenbanktechniken und wissensbasierter Datenverarbeitung.

2 Die Entwicklung der Mikrocomputertechnik

8-, 16- und 32-Bit-Mikrocomputer sind die Stationen einer rasanten Entwicklung zur dezentralen Datenverarbeitung. Rechenleistung und Speichervermögen wurden in kurzen Zeitabständen verbessert: die Taktfrequenz von 4,77 MHz auf 12 MHz und vereinzelt 20 MHz, die Breite des Datenbusses von 8 Bit auf 32 Bit, die Hauptspeicherkapazität von 64 KB auf 640 KB in der Grundausstattung und 16 MB in erweiterter Ausstattung, die Externspeicherkapazität der Diskettenlaufwerke von 360 KB auf 1,44 MB und der Festplattenlaufwerke von 10 MB auf 110 MB. Diese Leistungserhöhung beeinflußt die Bearbeitungszeiten von Software. Dies zeigt sich repräsentativ an einer statischen Strukturanalyse unter verschiedenen INTEL-Prozessoren und am I/O-Verhalten verschiedener IBM-PCs (Bild 1, Bild 2).

[*]
   o. Prof. Dr.-Ing. W.B. Krätzig
   Dipl.-Ing. C. Schürmann
   Dr.-Ing. B. Weber
   Ruhr-Universität Bochum, Institut für Statik und Dynamik

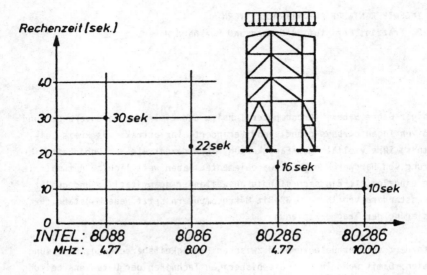

Bild 1: Statische Analyse unter verschiedenen INTEL-Prozessoren

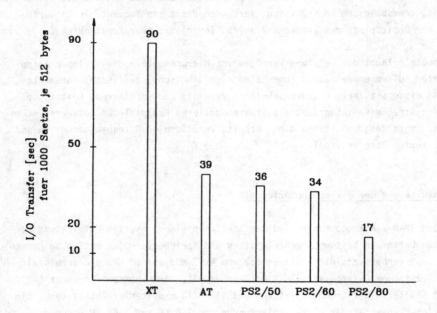

Bild 2: I/O-Verhalten von IBM-PCs

Derart rasche Leistungsveränderungen erschweren Analysen und Prognosen über Installationsschwerpunkte von Anwendungssoftware auf 16- und 32-Bit-Mikrocomputern /1/, /2/, /3/. Unterscheidet man nach virtueller (OS/2, UNIX) und nicht virtueller (MS-DOS) Betriebssystemfähigkeit, so ergeben sich Differenzierungen (Bild 3).

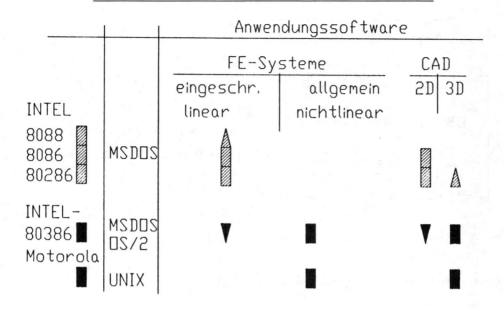

Bild 3: Installationsschwerpunkte von 16- und 32-Bit-Mikrocomputern

Finite-Element-Systeme sind ohne Einschränkungen an Elementvorrat und Berechnungs-
qualität auf 32-Bit-Mikrocomputern mit virtuellem Betriebssystem einzusetzen. Spezifiziert man den Elementvorrat oder den Tragwerkstyp z. B. für eine ausschließliche
Berechnung von Stab-, Scheiben- oder Plattentragwerken, so genügt die Leistungsfähigkeit von 16-Bit-Mikrocomputern mit nicht virtuellem Betriebssystem. CAD-Systeme
mit uneingeschränkter Zeichenfähigkeit erfordern virtuelle 32-Bit-Mikrocomputer. Bei
Einschränkung des Befehlsvorrats etwa auf 2D-Darstellungen erweisen sich 16-Bit-
Mikrocomputer als ausreichend leistungsfähig.

3 Die Integration von Standsicherheitsnachweis und Konstruktion

Die Vielfalt heute verfügbarer, attraktiver Einzelprogramme fordert Strategien ihres
Einsatzverbundes. Technische Nachweisprogramme (Berechnung, Bemessung) können mit
Konstruktionsprogrammen (CAD) gekoppelt werden, sofern modulare Programm- und Daten-
gestaltung dies unterstützt. Die angestrebte Entwurfsautomatisierung verbindet die
Tätigkeitsbereiche von Statiker und Konstrukteur. Sie verlangt vielfältige Schnittstellen, um gewohnte Entwurfsschritte auch bei automatisiertem Vorgehen steuern und
überwachen zu können (Bild 4).

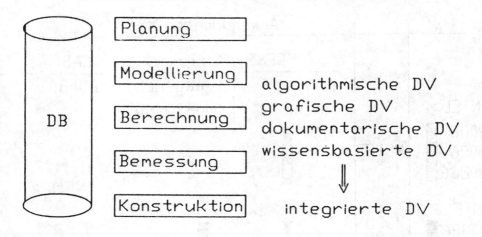

Bild 4: Die Komponenten integrierter Datenverarbeitung

Erläutert sei dies am Beispiel des Programmsystems SSt-micro (Bild 5) /4/. SSt-micro ermöglicht die integrierte Tragwerksplanung stabförmiger Stahl- und Stahlbetonkonstruktionen. Die statische Analyse schließt ebene und räumliche Elementtypen ein und erfolgt nach der Theorie 1. und 2. Ordnung und dem Traglastverfahren, jeweils auf der Grundlage des Weggrößen- und Übertragungsverfahrens. Dynamische Analysen ermöglichen die Ermittlung von Eigenwerten und Eigenformen mit anschließender modaler Analyse. Einzellastfälle können zu maßgebenden Bemessungslastfällen zusammengefaßt werden. Bemessungen erfolgen automatisch nach DIN 18800 und DIN 1045. Die genannten Leistungen werden durch autonome Moduln erbracht und können vom Benutzer getrennt abgerufen und kontrolliert werden. Die unmittelbare grafische Visualisierung aller Entwurfs- schritte erfolgt mehrfarbig auf der Grundlage des Grafischen Kernsystems GKS /5/.

Integrierte Tragwerksplanung erfordert zusätzlich die Kopplung mit branchenorien- tierten CAD-Systemen. So generiert BOCAD-3D die statische Systemeingabe zu SSt-micro für beliebige dreidimensionale Stahlkonstruktionen /6/. Für zweidimensionale Stahl- konstruktionen existiert ein automatischer Datenaustausch zwischen SSt-micro und dem CAD-System HiCAD /7/. Für Stahlbetonkonstruktionen ist eine Kopplung mit einer bran- chenspezifischen Erweiterung des CAD-Systems AutoCAD vorhanden /8/.

Voraussetzung für eine integrierte Entwurfsautomatisierung ist die Implementation einer globalen Datenbank. Die Datenbank beschreibt die Tragwerkseigenschaften. Sie differenziert dabei nach Daten zur statischen Analyse, zur Bemessung und zur Kon- struktion. Entscheidend ist der gleichberechtigte Zugriff aller Module auf die globale Datenbank, aber auch die jederzeitige manuelle Einflußnahme auf den vor-

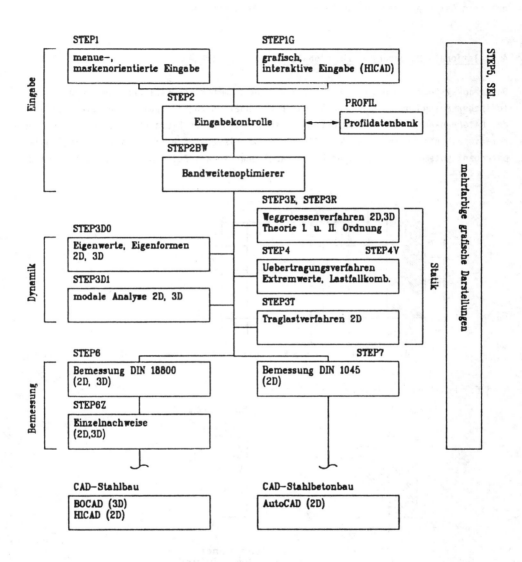

Bild 5: Modulare Gliederung des integrierten Softwaresystems SSt-micro

handenen Datenbestand durch den Statiker und den Konstrukteur. Die Verfügbarkeit leistungsfähiger Datenbanksysteme unterstützt die vielfältigen Ansprüche der integrierten Datenspeicherung aus Entwurfs- und Konstruktionsprozessen.

4 Relationale Datenbanken als globale Informationsträger

Datenbanksysteme haben ihren Einsatzschwerpunkt im Bereich kaufmännisch, organisatorischer Anwendungen. Sie ermöglichen den schnellen Zugriff auf große Datenbestände. Datenbanken sind strukturierte Dateisysteme, die als hierarchisch, netzartig oder relational unterschieden werden /9/. Die flexibelste Speicherform bieten relationale Datenbanksysteme. In ihnen sind Daten tabellenartig als Relationen gespeichert (Bild 6).

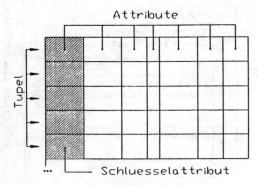

Bild 6: Relationales Datenmodell

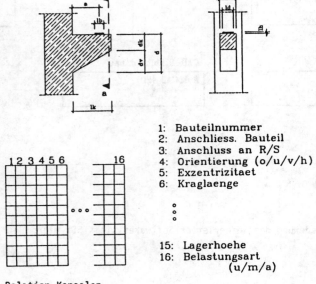

1: Bauteilnummer
2: Anschliess. Bauteil
3: Anschluss an R/S
4: Orientierung (o/u/v/h)
5: Exzentrizitaet
6: Kraglaenge

15: Lagerhoehe
16: Belastungsart
        (u/m/a)

Bild 7: Relation Konsolen

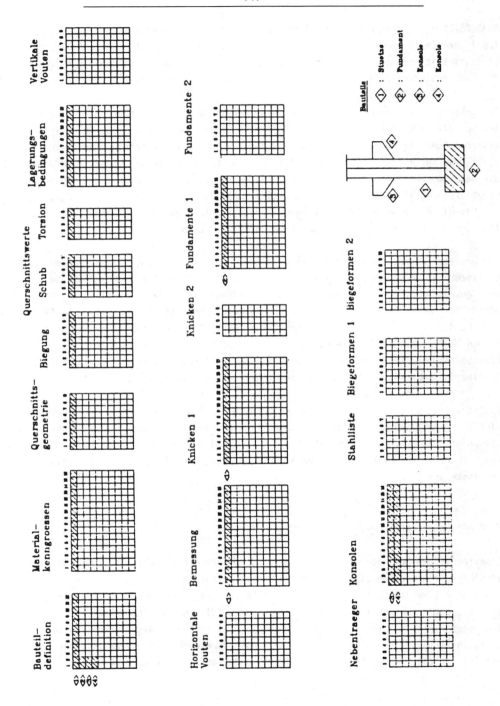

Bild 8: Relationenstruktur im Stahlbetonbau

Jede Relation besteht aus einer beliebigen Anzahl von Datensätzen, den Tupeln. Die
Tupel ihrerseits werden durch eine konstante Anzahl von Attributen beschrieben. Die
Eindeutigkeit der Speicherung wird durch Schlüsselattribute erzielt. Sie stellen
die Querverbindung zwischen einer beliebigen Anzahl von Relationen her.

Das hohe Speichervermögen der Mikrocomputer schafft die Voraussetzung zur dezentralen Vorhaltung großer Datenbestände. Datenbanksysteme sind die unerläßlichen Infor-
mationsträger der integrierten Tragwerksplanung. Statiker und Konstrukteure sind beteiligt am Aufbau der globalen Projektdatenbank. Durch gemeinsamen Zugriff werden
die Daten des beiderseits aktuellen Bearbeitungsstandes austauschbar. Die mögliche
Strukturierung einer globalen Datenbank sei am Beispiel der oben erwähnten Kopplung
von SSt-micro und AutoCAD (Branchenerweiterung Stahlbetonbau) veranschaulicht /10,
11/. Grundlage der Kopplung ist das Datenbanksystem dBASE /12/.

Der gesamte Datenbestand wird bauteilorientiert (Platte, Balken, Stütze, Konsole,
Fundament, u. a.) unter jeweils eindeutigen Schlüsselattributen (z. B. Positionsnum-
mer) gespeichert. Mögliche Relationen werden eingeteilt in Bauteildefinition, Mate-
rialgrößen, Querschnittsgeometrie, Lagerungsbedingungen, spezifische Bauteile (Vouten, Fundamente, Konsolen, Nebenträger), Bemessung, Knicken, Stahlliste und Biegeformen. Auf sie verteilt sich mit jeweils beliebiger Detaillierung (Bild 7) der
Datenbestand aus Berechnung, Bemessung und Konstruktion. Dies ist am Beispiel einer
Stahlbetonstütze mit zwei Konsolen und einem Fundament verdeutlicht (Bild 8).

Die Vorteile aus dem Einsatz von Datenbanksystemen sind vielfältig. Hervorzuheben
sind der jederzeitige Überblick über den Stand der Tragwerksplanung, die automatische
Datenhinterlegung bei der Erstellung von Schal- und Bewehrungsplänen, die Anbindung
des Datenbestandes an weitere Gewerke der Bauplanung und die unmittelbare Fähigkeit
zur Kostenanalyse.

5 Expertensysteme in der Entwurfsautomatisierung

Expertensysteme befinden sich im Anfangsstadium ihrer ingenieurtechnischen Entwicklung und Anwendung /13/. Mögliche Einsatzbereiche im Konstruktiven Ingenieurbau sind die Umsetzung technischer Regelwerke innerhalb des Standsicherheitsnach-
weises und der Konstruktion. Die Verarbeitung von Wissen, Regeln, Fakten und Erfahrungen verlangt Softwarestrukturen, die sich aufteilen in Algorithmus, Wissensbasis und Inferenzmechanismus (Theoremprüfung). Über die Benutzerschnittstelle
erfolgt der Zugriff auf Frage-, Erklärungs- und Wissenswerkskomponente.

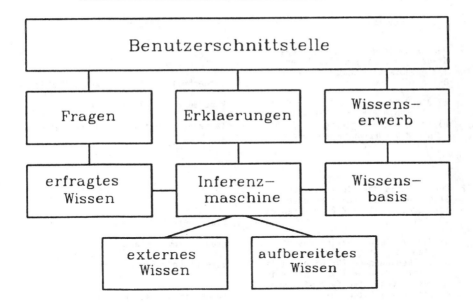

Bild 9:   Struktur eines Expertensystems

Die Verarbeitung von Wissen durch relationale Programmiersprachen wie PROLOG,
impliziert den Inferenzmechanismus. Mit seiner Hilfe werden Hypothesen unter Bezug auf die verwendete Regelbasis verifiziert. Die Formulierung einer Regelbasis
in PROLOG sei am Beispiel des Nachweises gegen Biegedrillknicken verdeutlicht
(Bild 10). DIN 18800 nennt Regeln, deren Verifikation an die Erfüllung von Prämissen gebunden ist. Durch die Einführung von Regeln zu Prämissen anderer Regeln
entstehen mehrstufige Regelsysteme. Derartige Prämissen sind etwa: 'Die Lagerung
des Stabes gegen Verdrehung Θ im Feld ist ausreichend behindert, wenn ...' (Regel 3) oder 'Die Bedingungen für einen vereinfachten Biegedrillknicknachweis sind
zutreffend, wenn ...' (Regel 4).

Die Integration von Expertensystemen in den Ingenieurentwurf verlangt ihre Anbin-
dung an die globale Projektdatenbank. Informationen aus der statischen Berechnung
(Strukturidealisierung, Schnittgrößen) oder aus der Konstruktion werden in den
Inferenzmechanismus eingefügt. Der Zugriff auf die Datenbank erfolgt interaktiv

DIN 18800	PROLOG

Regel 1 Der Nachweis der Sicherheit des Stabes gegen Biegedrillknicken ist gemäß Absatz 3.2.2, Unterabsatz 304 erfüllt, wenn

sicherheit (sich_bdkn, abs_322_304) :-

a) die Kräftekombination des Stabes planmäßig mittiger Druck ist und

kraefte_komb (planm_druck),

b) im Feld die Lagerung des Stabes gegen Verdrehung Θ ausreichend behindert ist.

lagerung (lag_feld, feld_ver-unmoegl).

Regel 2 Der Nachweis der Sicherheit des Stabes gegen Biegedrillknicken ist gemäß Absatz 3.2.2, Unterabsatz 304 erfüllt, wenn

sicherheit (sich_bdkn, abs_322_305) :-

a) die Kräftekombination des Stabes planmäßig mittiger Druck ist und

kraefte_komb (planm_druck),

b) die Bedingungen für einen vereinfachten Biegedrillknicknachweis des Stabes zutreffend sind und

vereinf_bdkn (zutreffend),

c) die Formel 301 erfüllt ist.

formel (f_301bk, erfuellt).

Regel 3 Die Lagerung des Stabes gegen Verdrehung Θ im Feld ist ausreichend behindert, wenn

lagerung (lag_feld, feld_ver_unmoegl) :-

a) der Querschnitt des Stabes doppeltsymmetrisch ist und

frage ('dop_sym ?', ja),

b) der Querschnitt ein I-Querschnitt ist (mit Abmessungsverhältnissen, die denen der Walzprofile entsprechen) und

frage ('i_quer ?', ja),

c) die Formel 305 erfüllt ist.

formel (f-305, erfuellt).

Regel 4 Die Bedingungen für einen vereinfachten Biegedrillknicknachweis des Stabes sind zutreffend, wenn

vereinf_bdkn (zutreffend) :-

a) die Kräftekombination des Stabes planmäßig mittiger Druck ist und

kraefte_komb (planm_druck),

b) der Querschnitt des Stabes unveränderlich ist und

frage ('quer_unver ?', ja),

c) die Lagerung an den Enden des Stabes unverschieblich ist.

lagerung (lag_end, lag_end_unver).

Regel 5 Die Kräftekombination des Stabes ist planmäßig mittiger Druck, wenn

kraefte_komb (planm_druck) :-

a) der Wert der Normalkraft des Stabes < 0 ist und

kraefte (my, MY), kraefte (mz, MZ), kraefte (nx, NX),

b) die Werte der Momente des Stabes = 0 sind.

MY=:=, MZ=:=0, NX < 0

Bild 10 Regelbasis Biegedrillknicken (DIN 18800) und ihre Prologformulierung

über die Datenbanksprache SQL (Structured Query Language) (Bild 11). Durch gezielte Anfrage werden gewünschte Resultate (z. B. Profilbezeichnung, Matrialgröße)
zur Weiterverarbeitung in einer ASCII-Datei gespeichert.

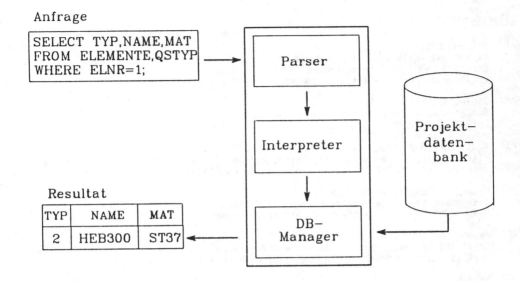

Bild 11   Kopplung Datenbank/Expertensystem

Die Leistungsfähigkeit von Mikrocomputern erlaubt derzeit nur die Berücksichtigung
einer begrenzten Anzahl von Regeln (maximal ca. 500 Regeln) einer Wisssensbasis.
Für die prototyphafte Entwicklung von Expertensystemen ist dies keine Einschränkung.
Innerhalb eines Forschungsvorhabens zum Thema 'Logische Strukturen eines Experten-
systems Statik-Stahlbau' werden von den Verfassern Modelle untersucht, die es
erlauben, auch umfangreiche Regelwerke bei entsprechender Verteilung auf mehrere
Wissensbasen zu verarbeiten. Die Verfasser bedanken sich für die Förderung dieser
Arbeiten beim Ministerium für Wissenschaft und Forschung des Landes Nordrhein-
Westfalen.

6   Zusammenfassung

Die Leistungsfähigkeit und die kostengünstige Verfügbarkeit von Hardware und Software ermöglichen Softwaremodelle für den integrierten Ingenieurentwurf auf Mikrocomputern. Der komplexe Entwurfsprozeß führt hier durch den Einsatz moderner Soft-
waretechnologien zur integrierten, durchgehend automatischen Entwurfsbearbeitung
am Rechner.

Relationale Datenbankmodelle wurden im vorliegenden Beitrag als globale Informations-
träger für den Einsatzverbund von Einzelprogrammen vorgestellt. In Entwurfsphasen,

die die Verarbeitung von Wissen erfordern, kommen Expertensystemtechniken zum Einsatz. Anhand von PROLOG wurde die wissensbasierte Formulierung einer beispielhaften Regelbasis der DIN 18800 gezeigt.

Literatur

/1/ Wilson, E.L.:
Structural analysis on microcomputers, In: Schrefler, B.A./Lewis, R.W./ Odorizzi, S.A. (ed): Proceedings of the 1st international conference on Engineering software for microcomputers, Venice 1984

/2/ Stein, E./Wriggers, P.:
Der Einsatz von Mikrorechnern im Ingenieuralltag, Der Bauingenieur 60 (1985), Heft 7, S. 247-250

/3/ Krätzig, W.B./Metz, H./Weber, B.:
Mikrocomputer in der Baustatik, Eigenschaften, Einsatzmöglichkeiten und Arbeitstechniken von 16-Bit-Mikros, Die Bautechnik 63 (1986), Heft 5, S. 169-175

/4/ Weber, B./Dubois, I./Schürmann, C.:
SSt-micro: Statik der Stabtragwerke auf Mikrocomputern, Benutzerhandbuch, Ruhr-Universität Bochum, Institut für Statik und Dynamik, 1987

/5/ Meibes, U./Weber, B.:
Grafische Datenverarbeitung im Bauingenieurwesen, Standardisierungen durch das Grafische Kernsystem GKS, Der Bauingenieur 63 (1988), Heft 3, S. 113-120

/6/ Pegels, G.:
CAD-Expertensysteme im Anlagen- und Stahlbau, Tagungsbericht Baustatik/Baupraxis 3, Stuttgart 1987

/7/ N.N.:
HiCAD, Benutzerhandbuch, Ingenieurgesellschaft für Statik und Dynamik, Dortmund

/8/ Leitner, H.G./Schillberg,, H.:
Entwicklung eines durchgängigen Werkzeugs für die Tragwerksplanung, Tagungsband Finite Elemente, Anwendungen in der Baupraxis, Bochum 1988

/9/ Schlageter, G./Stucky, W.: Datenbanksysteme, Konzepte und Modelle, B.G. Teubner Verlag, Stuttgart, 1977

/10/ Schnellenbach, M.:
Strategien automatischer Standsicherheitsnachweise nach DIN 1045 auf Mikrocomputern, Diplomarbeit am Institut für Statik und Dynamik, Ruhr-Universität Bochum, 1988

/11/ Pfingst, U.:
Die automatische Bewehrung ebener Stahlbetonrahmen auf Mikrocomputern, Diplomarbeit am Institut für Statik und Dynamik, Ruhr-Universität Bochum, 1988

/12/ N.N.:
dBASE III, user manual, Ashton Tate, USA, 1987

/13/ Hartmann, D. et al.:
Einsatz von Expertensystemen im Umfeld von FE-Applikationen, Tagungsband Finite Elemente, Anwendungen in der Baupraxis, Bochum 1988

DATENBANKSYSTEME ZUR SOFTWAREENTWICKLUNG IM KONSTRUKTIVEN
INGENIEURBAU

von H. Werkle und E. Beucke*

1. Einleitung

Die Entwicklung der elektronischen Datenverarbeitung in den letzten
Jahren ist neben dem verstärkten Einsatz von Mini- und Arbeitsplatzrechnern vor allem durch die Verbreitung leistungsfähiger Software
wie CAD-und Datenbanksystemen gekennzeichnet. Während bei der konventionellen Programmierung die Daten in Dateien, deren Aufbau von
den darauf zugreifenden Programmen bestimmt wird, abgespeichert werden, steht beim Datenbankkonzept der Grundgedanke der Unabhängigkeit
von Daten und Anwendungsprogrammen im Vordergrund. Ein Datenbanksystem besteht aus den systematisch abgespeicherten Daten (der Datenbasis, DB) und dem Datenbankverwaltungssystem (Datenbank-Management-
System, DBMS), Bild 1. Der Benutzer greift über Anwendungsprogramme,
die sich des Datenbankverwaltungssystems bedienen, auf die Datenbasis zu. Somit erfordert eine Änderung der Datenstruktur keine Änderung der Anwendungsprogramme. Der Zugriff auf die Datenbasis kann
nach unterschiedlichen Suchkriterien erfolgen. Weiterhin unterstützt
ein Datenbanksystem eine (weitgehend) redundanzfreie und konsistente
Datenhaltung /10/.

Von einem Datenbanksystem im engeren Sinne spricht man aber nur
dann, wenn die Daten eine beliebige Struktur besitzen können. Für

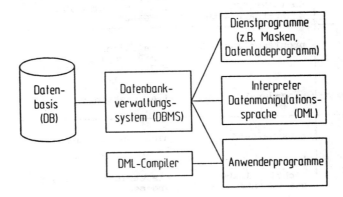

Bild 1:   Komponenten eines Datenbanksystems

---

* Dr.-Ing. H. Werkle, Dipl.-Ing.(FH) E. Beucke, Hochtief AG, Frankfurt

den technischen Entwurfsprozess, wie z.B. für CAD- und FE-Programme, wird oft eine auf die jeweilige Aufgabe spezialisierte Datenverwaltungssoftware verwendet, die gelegentlich auch als Datenbanksystem bezeichnet wird, aber kein Datenbanksystem im engeren Sinne darstellt. Wesentlich umfangreichere Standard-Datenbanksysteme werden traditionell im administrativ-betriebswirtschaftlichen Bereich eingesetzt. Im folgenden wird eine Übersicht über die Eigenschaften von Datenbanksystemen gegeben und untersucht, wo der Einsatz von auf dem Markt verfügbaren Standard-Datenbanksystemen im konstruktiven Ingenieurbau heute sinnvoll ist.

2. Eigenschaften von Datenbanksystemen

Datenbanksysteme unterscheiden sich aus der Sicht des Softwareentwicklers im wesentlichen hinsichtlich ihrer Leistungsfähigkeit zur Abbildung logischer Strukturen, der Effizienz des Datenzugriffs, der Kompaktheit der Datenspeicherung und dem Komfort bei der Nutzung der Datenbank. In Tabelle 1 sind typische Anforderungen an spezielle Datenverwaltungssysteme für den technischen Entwurf und an Datenbanksysteme für administrative Aufgaben zusammengestellt. Bei speziellen Datenverwaltungssystemen für Entwurfsaufgaben kommt der Effizienz des Datenzugriffs besondere Bedeutung zu. So ist beispielsweise bei CAD-Anwendungen die Geschwindigkeit des Datenzugriffs für die Performance des CAD-Systems entscheidend. Demgegenüber wird bei den erheblich umfangreicheren Standard-Datenbanksystemen, wie sie für administrative Aufgaben entwickelt wurden, Wert

MERKMAL	DATENVERWALTUNGS-SOFTWARE FÜR ENTWURFSAUFGABEN	STANDARD-DATENBANKSYSTEM FÜR ADMINISTRATIVE AUFGABEN
Datenmodell	problemorientiert	- relational - hierarchisch - Netzwerk
Datenmanipulations-system	prozedural	i.a. deskriptiv
Effizienz des Datenzugriffs	entscheidend	nicht entscheidend
Kompaktheit der Datenstruktur	wichtig, insbes. bei PC-Anwendungen	als weniger bedeutend angesehen
Komfort	unwesentlich	wichtig

Tabelle 1: Anforderungen an Datenbanksysteme

auf eine möglichst große Allgemeinheit bei der Abbildung logischer Strukturen und auf einen hohen Grad an Bedienungskomfort gelegt.

Standard-Datenbanksysteme wurden für unterschiedliche logische Datenstrukturen entwickelt. Im wesentlichen unterscheidet man zwischen hierarchischen Datenmodellen, Netzwerkmodellen und relationalen Datenmodellen. Damit ist die logische Struktur der Daten beschreibbar bzw. (beim hierarchischen Modell) bereits vorgegeben.

Ein allgemeines Konzept zur Darstellung von logischen Datenstrukturen stellt das sogenannte Relationenmodell dar. Relationen im Sinne des Relationenmodells sind Gruppen von Daten mit gleichen oder ähnlichen Merkmalen, die sich durch Tabellen darstellen lassen. Beispielsweise stellen Knotenpunkte, Materialien, Elemente und Lasten Relationen zur Finite-Element-Abbildung einer Struktur dar, Bild 2. In den Tabellen zur Darstellung von Relationen werden sowohl einfache Attribute (z.B. Koordination in der Relation Knotenpunkte) als auch Schlüssel zur Identifikation einer Zeile (z.B. Knotennummer in der Relation Knotenpunkte) sowie zur Darstellung der Beziehungen zwischen den Relationen (z.B. Knotennummern zur Beschreibung der Inzidenzen in der Relation Elemente) beschrieben. Das Relationenmodell zur Beschreibung von Datenstrukturen liegt den relationalen Datenbanksystemen zugrunde.

Relation KNOTEN:

KN_NR	X	Y	Z	FESTHALT

Relation MATERIAL:

MA	E	NUE	WICHTE

Relation ELEMENT:

EL_NR	INZ_KN1	INZ_KN2	INZ_KN3	EL_MAT

Relation LAST:

LA_NR	LA_X	LA_Y	LA_Z

Bild 2:   Demonstrationsbeispiel: Relationen eines
           Finite-Element-Modells

Die Manipulation der Datenbasis kann mit prozeduralen oder deskriptiven Datenbanksprachen erfolgen. Bei prozeduralen Sprachen beschreibt der Benutzer eine Operationenfolge, um auf die Datenbasis zuzugreifen bzw. diese zu verändern. Bei den - aus der Sicht des Benutzers - fortgeschritteneren deskriptiven Sprachen werden die auszuwählenden bzw. zu verändernden Daten als Datenmenge, die bestimmte Auswahlkriterien erfüllt, beschrieben. Eine weitverbreitete, auf dem Relationenmodell basierende deskriptive Sprache zur Datenmanipulation ist SQL (Structured Query Language), /1,3/. Die Grundstruktur der Abfrage läßt sich an folgendem Beispiel (vgl. Bild 2) verdeutlichen: Mit dem Befehl

        SELECT KN_NR,X,Y FROM KNOTEN WHERE X > 20

erhält man die Knotenpunktsnummer sowie die x- und y-Koordinaten aller Punkte mit x-Koordinatenwerten größer als 20. Es können auch Werte aus mehreren Tabellen miteinander verknüpft werden, so daß verhältnismäßig komplexe Abfragen möglich sind. Neben Abfragen existieren die Anweisungen UPDATE, DELETE und INSERT zur Veränderung der Datenbasis.

Der Zugriff auf die Datenbasis kann auf verschiedene Arten erfolgen. Kleinere Systeme besitzen meist ausschließlich einen Zugang über eine Programmierschnittstelle für eine höhere Programmiersprache wie FORTRAN oder C. Standard-Datenbanksysteme bieten hingegen eine Reihe zusätzlicher Möglichkeiten wie Software zur Interpretation und Ausführung von SQL-Befehlen und umfangreiche Möglichkeiten zur Erstellung von Bildschirmmasken für Abfragen und Änderungen der Datenbasis. Diese Hilfssoftware macht den erheblichen Komfort der Standard-Datenbanksysteme aus.

Der Konsistenzerhaltung der Datenbank kommt bei größeren administrativen Anwendungen große Bedeutung zu. Daher sind bei Standard-Datenbanken besondere Konzepte implementiert, die die Zugriffsrechte der Benutzer, den gleichzeitigen Zugriff mehrerer Benutzer auf die Datenbank oder ein 'Recovery' bei einem Systemzusammenbruch regeln. Diese Eigenschaften sind allerdings bei Anwendungen in Entwurf und Berechnung weniger von Bedeutung.

3. Einsatz von Standard-Datenbanksystemen

Im Bauingenieurwesen können Standard-Datenbanksysteme bei der Softwareentwicklung für administrative Aufgaben unmittelbar eingesetzt
werden. Dies gilt für kleinere Anwendungen wie Unterlagenverwal-
tung (Pläne, Statische Berechnungen) oder Listenerstellung (Türlis-
ten, Ausbauteile) wie auch für umfangreiche Abrechnungsprogramme etwa im Bereich des schlüsselfertigen Bauens. Vielfältige Einsatzmöglichkeiten bestehen zur Einrichtung von Informationssystemen über
Baustoffe (z. B. auch in Verbindung mit Standard-Klassifizierungs-
systemen /11/), Versuchsdaten u.ä..

Bei statischen Berechnungsprogrammen ist die Softwareentwicklung auf
der Grundlage von Standard-Datenbanksystemen immer dann vorteilhaft,
wenn der Aufwand zur Datenorganisation wesentlich höher ist als die
Aufwendungen zum eigentlichen 'Rechnen'. Aufwendige Programmierungen
zur Datenverwaltung können dann entfallen und gleichzeitig steht
eine komfortable Benutzeroberfläche zur Verfügung. Ein Beispiel
hierfür ist die in Abschnitt 4 beschriebene Lastabtragsberechnung.

Die Datenhaltung der vollständigen statischen Berechnungsdaten eines
Gebäudes wurde ebenfalls bereits vorgeschlagen. Derartige Anwendungen befinden sich bisher im Stadium von Konzeptstudien /9/. Da
die zur Zeit auf dem Markt verfügbaren Standard-Datenbanksysteme im
wesentlichen für administrative Anwendungen konzipiert sind, besitzen sie meist nicht alle Eigenschaften, die für derartige weitergehende Anwendungen in Entwurf und Berechnung von Bedeutung sind
/8/. In Forschungsansätzen zur Erweiterung relationaler Datenbanksysteme für technische Anwendungen werden komplexe Strukturen von
Daten, die sich auf unterschiedliche Relationen beziehen zu Einhei-
ten bezüglich der Speicherung, des Zugriffs und der Übertragung zusammengefaßt. Auch werden die Verwaltung von verschiedenen Varianten d.h. Zuständen in der Änderungsgeschichte von Daten unterstützt und neue Datentypen wie z.B. unformatierte Daten und Vektoren eingeführt /4,6,7/.

4. Beispiel Lastabtragsprogramm

Eine Lastabtragsberechnung stellt eine stark vereinfachte statische
Berechnung eines Gebäudes dar, bei der die Aufteilung der im Gebäude wirkenden statischen Vertikalbelastung auf die tragenden Wände
und Unterzüge und ihre Weiterleitung im Gebäude untersucht wird. Als
Ergebnis erhält man die auf die einzelnen Wände jedes Stockwerks
wirkende vertikale Belastung. Lastabtragsberechnungen werden bei
Großprojekten vor der detaillierteren Ausführungsstatik durchge-

führt, um bereits zu einem frühen Zeitpunkt der Projektbearbeitung
einen Überblick über die Kräfteverteilung im Gebäude und auf der
Sohlplatte zu erhalten.

Bei der programmtechnischen Realisierung ist vor allem die
Organisation der Daten zu lösen sowie auf eine benutzerfreundliche
Ein- und Ausgabe zu achten. Die eigentliche Berechnung beschränkt
sich auf einfache arithmetische Operationen wie z.B. die Summation
der Lasten auf die einzelnen Wände. Die Programmierung wird auf der
Grundlage des relationalen Datenbanksystems ORACLE durchgeführt. Das
sogenannte Entitätenblockdiagramm der Lastabtragsdaten, das die
Beziehungen zwischen den zu erfassenden Größen (Entitätsmengen)
beschreibt, ist in Bild 3 dargestellt. Die äußere Belastung wird
durch die Entitätsmengen FLÄCHENLASTEN, LINIENLASTEN, PUNKTLASTEN
und EIGENGEWICHT wiedergegeben. Die Zuordnung der Lasten zu Unterzügen und Wänden und die Lastübertragung zwischen den einzelnen
Stockwerken werden in der Entitätsmenge POSITIONIERUNG definiert.
Diese Entitätsmengen werden in der Datenstruktur in jeweils einer
Tabelle zusammengefaßt. Weitere, hier nicht angegebene Tabellen
werden für Zwischenergebnisse während der Berechnung und für die
Ausgabe benötigt.

Das Gebäudemodell besteht aus den Decken, auf die die Belastung
aufgebracht wird, und den Wänden und Unterzügen, die die Lasten
aufnehmen und weiterleiten. Zur Kennzeichnung der Decken und Wände
eines Gebäudes wird ein Schema zur Bezeichnung der Stockwerksebenen
eingeführt. Alle Stockwerksebenen werden - beginnend mit dem
obersten Stockwerk - mit einem Großbuchstaben gekennzeichnet, d.h.
'A' bezeichnet die oberste Stockwerksebene, 'B' die darunterliegende
Ebene u.s.w.. Belastungen d.h. Flächen-, Linien- oder Punktlasten
werden mit dem Kennbuchstaben der Stockwerksebene und einer Zahl zur
Nummerierung bezeichnet (z.B. 'E28'). Die als gleichförmig

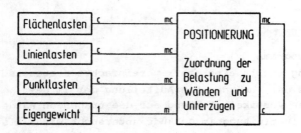

Bild 3:   Entitätenblockdiagramm der Lastabtragsdaten

459

angenommenen Flächenlasten werden durch Zerlegung der Grundrißfläche in Trapeze und Dreiecke nach /2/ auf Wände und Unterzüge verteilt, vgl. Bild 4. Wände bzw. Stützen werden mit zwei Buchstaben und einer Zahl gekennzeichnet. Die Buchstaben entsprechen den Stockwerksebenen, zwischen denen die Wand angeordnet ist, z.B. bezeichnet 'EF49' die 49. Wand im Stockwerk 'EF' zwischen Ebene 'E' und Ebene 'F'.

Ein Ausschnitt aus einem Lastabtragsplan ist in Bild 4 dargestellt. Bild 5 zeigt die zugehörigen Daten der Flächenlasttabelle. Die Eingabemaske wurde mit dem Maskengenerator des Datenbanksystems erstellt. Hierin bedeuten 'LNR' die Lastbezeichnung, 'A','B' und 'C' die Abmessungen der trapezförmigen Lastfläche, 'D' die Deckenstärke, 'GAM' die Wichte (Voreinstellung 25 kN/m^2), 'P' die Verkehrslast und 'PA' die außergewöhnliche Verkehrslast. Die Zuordnung der Lasten zu den Wänden erfolgt in der Positionierungs-Tabelle, Bild 6. Hierbei werden unter 'POS' die Kennbuchstaben und unter 'PNR' die Kennummer der belasteten Wandposition eingegeben. Die Spalte 'LART' enthält einen Kennbuchstaben der Belastungsart, z.B. bedeutet 'F' Flächenlast, 'L' Linienlast und 'P' Punktlast. Die Spalte 'LNR' beschreibt die Lastnummer. Wird die betrachtete Wand durch eine andere Wand belastet, so werden deren Kennbuchstaben in der Spalte

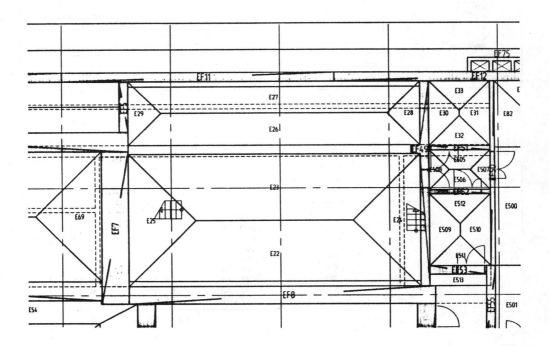

Bild 4:   Ausschnitt aus einem Lastabtragsplan

```
L A S T A B T R A G  -  Eingabeformular              Flaechenlasttabelle


LNR     A          B          C          D          GAM        P          PA

E26__   16.05      12.45      1.8        .35___     25         5          5
                                                    224.44___  128.25___  128.25___

E27__   16.05      12.45      1.8        .35___     25         5          5
                                                    224.44___  128.25___  128.25___

E28__   3.6        0.         1.8        .35___     25         5          5
                                                    28.35___   16.2___    16.2___

E29__   3.6        0.         1.8        .35___     25         5          5
                                                    28.35___   16.2___    16.2___

ANMERKUNG                                           SG         SP         SPA
```

Bild 5:   Eingabemaske der Flächenlasten-Tabelle

```
L A S T A B T R A G  -  Eingabeformular              Positionierungstabelle


POS PNR     LART LNR     FAK        FAKL       FAKR       ANMERKUNG

EF_ 49__    DE   34___   .5___
EF_ 49__    DE   36___   .39___
EF_ 49__    DE   42___   .5___
EF_ 49__    F    E24_    1___
EF_ 49__    F    E28_    1___
EF_ 49__    F    E30_    1___
EF_ 49__    F    E508_   1___
EF_ 49__    F    E509_   1___
```

Bild 6:   Eingabemaske der Positionierungs-Tabelle

```
PNR        LART LNR     FAK            SUM_G        SUM_P        SUM_PA


EF   49                                637.50
           DE   34      .50            149.70
           DE   36      .39            2936.07      2086.59      744.51
           DE   42      .50            282.43       74.38        74.38
           F    E24     1.00           308.03       130.06       136.90
           F    E28     1.00           28.35        16.20        16.20
           F    E30     1.00           28.96        16.55        16.55
           F    E508    1.00           10.59        12.10        6.05
           F    E509    1.00           34.04        38.90        19.45
     ****                              ---------------- ----------- -----------
     Summe
                                       4415.67      2374.78      1014.04
```

Bild 7:   Ergebnis der Lastabtragsberechnung   (Wand EF49)

'LART' und deren Kennummer in der Spalte 'LNR' eingetragen. Die Spalte 'FAK' enthält einen Multiplikationsfaktor der Belastung. Das Programm gestattet weiterhin die Verarbeitung von Unterzügen, auf die aber hier nicht eingegangen werden kann.

Die Dateneingabe erfolgt allgemein über Masken, die mit dem Maskengenerator des Datenbanksystems erstellt wurden. In Ergänzung hierzu wurde zur Eingabe der Flächenlast- und Wandtabellen, die im wesentlichen geometrische Informationen beinhalten, ein CAD-Preprocessor entwickelt. Dieser ermöglicht es, in einem CAD-Plan die Lastaufteilungsflächen und die Wandgeometrie zu definieren. Die Lastaufteilung kann hierbei mit Trapezen und Dreiecken erfolgen oder auch als beliebige Fläche konstruiert werden. Die Programmierung hierfür erfolgte in FORTRAN auf der Grundlage des CAD-Systems UNICAD /5/. Das System wird auf einem Arbeitsplatzrechner eingesetzt.

Die Programmierung der Lastabtragsberechnung wurde in SQL durchgeführt. Sinnvoller wäre allerdings die Programmierung in einer höheren Programmiersprache wie FORTRAN, da diese zur Beschreibung von Rechenprozeduren besser geeignet ist. Dieser Weg konnte hier nicht beschritten werden, da der Ersteller des verwendeten Datenbanksystems derzeit keinen FORTRAN-Precompiler auf dem PC zur Verfügung stellt. Neben dem eigentlichen Berechnungsprogramm zur Lastübertragung sind Prüfprogramme erforderlich, um die Konsistenz der Datenbasis zu prüfen. So muß beispielsweise überprüft werden, ob alle in der POSITIONIERUNG-Tabelle verwendeten Lasten auch in den Lasttabellen definiert sind. Nach der Durchführung des Rechenlaufes sind die Ergebnisse in einer hierfür definierten Tabelle gespeichert. In einem Nachlaufprogramm kann die Ausgabe entsprechend den Anforderungen der Benutzer weiter aufbereitet werden, Bild 7. Weiterhin steht eine Schnittstelle zur Übergabe der Lasten im untersten Stockwerk an ein Finite-Element-Programm zur Verfügung, um damit die statische Berechnung der Sohlplatte eines Gebäudes durchführen zu können.

Die Lastabtragsberechnung wurde auf einem Arbeitsplatzrechner mit 2 MB Hauptspeicher und einer 20 MB Festplatte durchgeführt. Es wurde ein größeres Gebäude mit etwa 5000 Decken, 4000 Wänden und 20000 Positionierungen bearbeitet. Aufgrund der Einfachheit und großen Flexibilität von SQL konnten weitere Auswertungen der Datenbasis (z.B. Stockwerkssummen der Lasten, Volumina aller Wände eines Bauwerksabschnitts etc.), deren Notwendigkeit sich erst im Laufe der Projektbearbeitung ergab, kurzfristig mit geringem Aufwand durchgeführt werden.

Literatur

/1/ Date C.J., 'A guide to the SQL Standard', Addison-Wesley (USA), 1987

/2/ DIN 1045, 'Beton und Stahlbeton, Bemessung und Ausführung', Dezember 1978

/3/ Eilers H., W. Jansen, H. de Volder, 'SQL in der Praxis', Addison-Wesley Verlag (Deutschland), 1986

/4/ Dittrich K.R., A.M. Kotz, J.A. Mülle, P.C. Lockemann, 'Datenbankunterstützung für den ingenieurwissenschaftlichen Entwurf', Informatik-Spektrum, Springer-Verlag, 1985

/5/ Hartig D., K. Beucke, E. Karner, 'Planung mittels CAD im technischen Büro einer Bauunternehmung', VDI-Berichte 610.3, VDI-Verlag, Düsseldorf, 1986

/6/ Katz R.H., 'Information Management for Engineering Design', Springer-Verlag, 1985

/7/ Meier A., 'Erweiterung relationaler Datenbanksysteme für technische Anwendungen', Informatik-Fachberichte 135, Springer-Verlag, 1987

/8/ Sidle T. W., 'Weaknesses of Commercial Data Base Management in Engineering Applications', Proc. 17th Design Automation Conf., 1980

/9/ Steiger F., 'Ein Beitrag zur arbeitsablaufgerechten DV-Unterstützung des Entwerfens von Bauwerken', Dissertation, Darmstadt 1985

/10/ Zehnder C. A., 'Informationssysteme und Datenbanken', Teubner, Stuttgart, 1987

/11/ Baucode, Rechen- und Entwicklungsinstitut für EDV im Bauwesen, Stuttgart, 1986

VORTEILE UND LEISTUNGSGRENZEN VON FE-SYSTEMEN AUF ARBEITSPLATZRECHNERN
von Klaus Wassermann *

1. Einleitung

Die Verfügbarkeit leistungsfähiger Arbeitsplatzrechner ermöglicht es, auch komplexe FE-Berechnungen unmittelbar am Arbeitsplatz des Ingenieurs durchzuführen. Vorteile gegenüber der konventionellen Berechnung am Großrechner werden sichtbar, wenn die besonderen interaktiven und grafischen Fähigkeiten des Arbeitsplatzrechners vom Programm genutzt werden. FEM-Programme neuer Generation enthalten diese Fähigkeiten und stellen dem Nutzer folgende Funktionen zur Verfügung:

- leistungsfähige Benutzeroberfläche zum Aufbau und zur
  Kontrolle des FE-Modells
- Algorithmen zum effektiven Aufbau des FEM-Modells
- ingenieurgerechte Darstellung der Rechenergebnisse

In den folgenden Abschnitten werden diese Themen ausführlich erläutert.

2. Hardware für den Einsatz in der Tragwerksplanung

Die derzeitige Marktsituation zeichnet sich dadurch aus, daß eine Vielzahl technisch-wissenschaftlicher Rechner mit unterschiedlichen Leistungsparametern angeboten werden (Tabelle 1).

Die Auswahl der Hardware wird für den Nutzer in einem Ingenieurbüro neben dem Kriterium des Investitionsumfangs durch die Verfügbarkeit geeigneter Anwendungs-Software bestimmt. Dies führt dazu, daß sich Rechnerklassen im allgemeinen durchsetzen, die mit einem standardisierten Betriebssystem angeboten werden. Für die Arbeitsplatzrechner (PC und Workstations) sind die Betriebssysteme MS-DOS (ggf. OS/2) und UNIX im Einsatz.

---

*) Prof. Dr.-Ing. K. Wassermann, Universität Kaiserslautern, EDV-gestütztes Entwerfen, Berechnen und Konstruieren im Bauingenieurwesen (Bauinformatik)

Für Anwendungen in einem Büro für Tragwerksplanung bieten sich die MS-DOS-Systeme an, da sie einfach in der Bedienung sind und durch ein vielfältiges Softwareangebot ergänzt werden. UNIX-Systeme eignen sich besonders für Mehrplatzsysteme, sie sind jedoch in ihrer Handhabung aufwendiger. Software-Angebote für die Tragwerksplanung stehen nur eingeschränkt zur Verfügung.

Tabelle 1: Klasse der technisch-wissenschaftlichen Rechner

Klasse	übliches Betriebssystem	Leistungsbereich [MIPS]	Hersteller
PC	MS-DOS, OS/2	0,5 – 2	IBM, Compaq, u.a.
Workstation	UNIX	1 – 5	HP, SUN, Apollo, DEC, Prime, u.a.
Mainframe	MVS, BS2000	2 – 12	IBM, Siemens, u.a.
Vektorrechner	spezielle	25 – 1000	Cray, CDC, u.a.

3. FEM-Programm neuer Generation

Ein Finite-Element Programm neuer Generation ist speziell für den Einsatz auf Arbeitsplatzrechnern entwickelt. Die Analysefähigkeit der bewährten Programme auf Großrechnern (Art und Güte des Elemente, statische und dynamische Berechnung) bleibt erhalten, jedoch Ein- und Ausgabe werden so gestaltet, daß ein effektiver und wirtschaftlicher Einsatz der Methode ermöglicht wird.

Die Wirtschaftlichkeit des baupraktischen FEM-Einsatzes wird nicht durch die benötigte Rechenzeit zur statischen oder dynamischen Analyse bestimmt, sondern maßgeblich durch den Personal- und Zeitaufwand in der Vor- und Nachbereitung der Analyse beeinflußt.

Zur Vor- und Nachbereitung einer FEM-Analyse gehören

- Generierung des FE-Modells incl. aller Materialwerte, Auflagerbedingungen und Belastungsgrößen

- grafische Kontrollausgaben incl. der gesonderten Darstellung der Auflagerbedingungen und der Lasten

- grafische Darstellung der Rechenergebnisse in ingenieur-
  gerechter Form

- baupraktische Nachbereitung der Rechenergebnisse wie
  z.B. Stahlbetonbemessung.

Die einfache Handhabung des FEM-Programms sollte auch für den gele-
gentlichen Anwender möglich sein. Das setzt voraus, daß eine Menü-
Technik die jeweils möglichen Optionen des Programms anzeigt,
Hilfstexte auf Anforderung am Bildschirm eingeblendet werden und die
Eingabe grundsätzlich maskengesteuert erfolgt.

Die Eingabe einer größeren Anzahl von Zahlenwerten sollte am Bildschirm in Tabellenform (Tabellen-Editor) ermöglicht werden. Die Eingabe eines Zahlenwertes muß syntaktisch sofort geprüft und Fehler zum
Zeitpunkt der Eingabe angezeigt werden. Es ist selbstverständlich, daß
alle Eingaben langfristig gespeichert und bei Bedarf interaktiv am
Bildschirm verändert werden können.

Die Realisierung o.g. Funktionen auf Arbeitsrechnern setzt den Einsatz
moderner Software-Technik voraus. Dazu gehören der Entwurf und Entwicklung einer FE-Datenbasis für das Modell und für Rechenergebnisse
sowie die Zerlegung des Gesamtprogramms in unabhängige Prozessoren,
die auf die gemeinsame Datenbasis zugreifen und sich gegenseitig aktivieren.

Das vom Verfasser entworfene FEM-Programm MicroFe [1] ist nach diesen
Vorgaben entwickelt worden und seit 4 Jahren im baupraktischen Einsatz.

In diesem Programm sind systematisch die Forderungen berücksichtigt,
die sich aus einem effektiven baupraktischen Einsatz ergeben:

- interaktive Eingabesteuerung
  Menue-Technik, Arbeiten ohne Handbuch auch bei gelegentlicher
  Nutzung
  Tabellen-Editor, Fehlererkennung schon bei der Eingabe

- Netzgenerierung
  Erzeugung des vollständigen FEM-Modells mit der
  Makro-Technik

- grafische Ausgabe des FEM-Modells und aller Ergebnisse
  ingenieurgerechte Darstellung, maßstabsgerecht auf Plotter
  oder Drucker

- selektive Ausgabe auch nach Neustart
  Vermeidung unnötiger umfangreicher Ausgaben

- leistungsstarke Algorithmen
  wahlweise Aktivierung von in-core und out-of-core Lösern,
  hybride Elemente

- Statik und Dynamik mit identischen Programmen

- Kopplung CAD-FEM-CAD.

4. Aufbau des FE-Modells mit der Makrotechnik

Eine Möglichkeit zur effektiven Generierung des Elementnetzes von Flächentragwerken (Scheiben, Platten und Schalen) stellt die Makrotechnik
dar. Ein Makroelement besitzt drei oder vier Knoten, die geradlinig
verbunden sind. Jede Seite eines Makroelements kann in eine beliebige
Anzahl finiter Elemente unterteilt werden. Die Unterteilung im Innern
des Makroelements berücksichtigt die unterschiedlichen Größen der Elemente auf den Rändern.

Es werden vorwiegend Viereckselemente im Innern generiert, bei einer
Verfeinerung des Elementnetzes werden auch Dreieckselemente verwendet.
Verschiedene Makroelemente können ganzkantig oder versetzt
aneinandergefügt werden. Eine Anpassung der Knoten auf den Rändern
zweier zusammengefügter Makroelemente erfolgt automatisch.

Die Eingabe von Materialkenngrößen, Randbedingungen und Lasten bezieht
sich ebenfalls auf die vorher definierten Makroelemente. Der Eingabe-
aufwand zur Beschreibung eines Rechenmodells ist dadurch minimiert.

Abbildung 1 zeigt die Systemskizze eines durchlaufenden Deckensystems.
Es sind drei verschiedene Auflagerbedingungen in Form eines freien
Randes, eines frei drehbaren Randes und einer Einspannung zu berücksichtigen. Das Deckensystem wird durch wechselnde Verkehrslasten und
mit den Eigengewicht belastet.

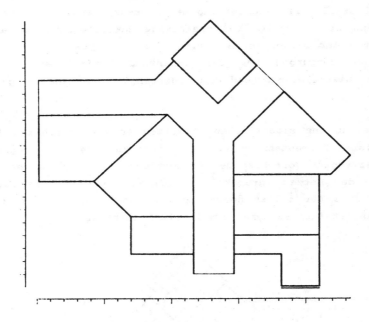

Bild 1: Systemskizze eines Deckensystems

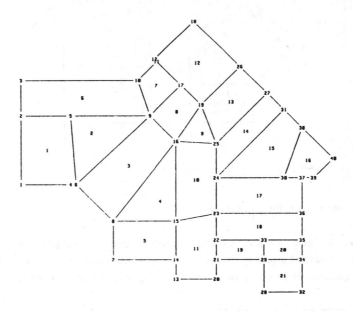

Bild 2: Unterteilung in Makroelemente

Abbildung 2 stellt die Unterteilung des Deckensystems in Makroelemente dar. Es sind 21 viereckige und dreieckige Makroelemente ausreichend, die Geometrie der Deckenplatte vollständig zu erfassen. Die Eingabe der Auflagerbedingungen und der Belastung bezieht sich auf die definierten Makroelemente und ist unabhängig vom später gewählten FE-Netz.

Die Generierung des eigentlichen FE-Netzes erfolgt durch die Eingabe einer mittleren Elementabmessung. Dies führt zu einem vom Programm automatisch erzeugten Vorschlag der Elementierung. Nun können bei Bedarf Korrekturen des Netzes interaktiv vorgenommen werden. Die Erfahrung lehrt, das dies nur selten notwendig ist. Abbildung 3 zeigt die für das oben dargestellte Beispiel ermittelte Elementierung.

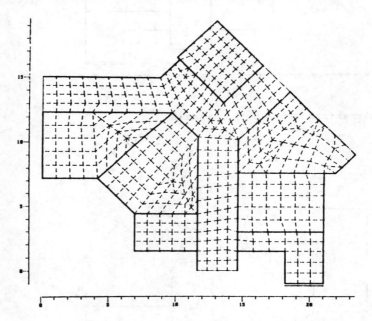

<u>Bild 3:</u> FE-Netz des Deckensystems

Ständige Lasten und Verkehrslasten werden pro Einzelplatte mit unterschiedlichen Lastfallnummern versehen und ermöglichen somit im Ergebnis eine automatische min/max Überlagerung der Schnittkräfte.

Die Generierung des dargestellten FE-Modells reduziert sich somit auf die Eingabe von weniger als 100 Zeilen im Programm-Editor. Auch ein gelegentlicher Programmbenutzer kann die Struktur in weniger als einer Stunde vollständig zur Berechnung bereitstellen.

5. Ingenieurgerechte Darstellung der Berechnungsergebnisse

Grundsätzlich müssen die Berechnungsergebnisse grafisch dargestellt werden können. Nur ein dreidimensionales Verformungsbild gibt bei komplexen Konstruktionen einen Einblick in das statische Tragverhlaten. Schnittkräfte der Flächentragwerke lassen sich sehr gut als Isobarenplots (Höhenliniendarstellung) grafisch präsentieren. (Abbildung 4)

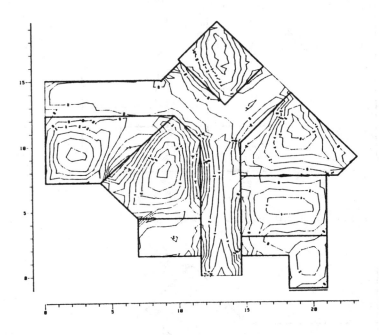

__Bild 4:__ Schnittkräfte Mx des Deckensystems

Die Ausgabe der Extremalschnittkräfte sowie eine min/max Überlagerung, ist hier ein wichtiges Hilfsmittel, um effektiv den Einfluß der Verkehrslasten zu erfassen.

Die Berechnung einer Deckenplatte wird erst durch eine Stahlbetonbemessung abgeschlossen. Hier ist es wichtig, daß eine Drehung des Bewehrungsnetzes relativ zum globalen Koordinatensystem berücksichtigt werden kann.

Abbildung 5 zeigt die Querschnittswerte der oberen Bewehrung der untersuchten Deckenplatte als Höhenliniendarstellung. Eine maßstäbliche Darstellung dieser Grafik (z.B. 1:50) erlaubt dem Konstrukteur, die Höhenlinien als Richtschnur zur Verlegung einer Stahlmattenbewehrung zu benutzen.

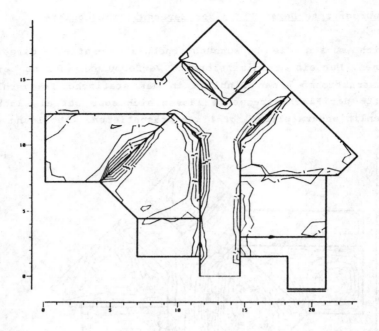

Bild 5: Bewehrung x-Richtung, obere Lage

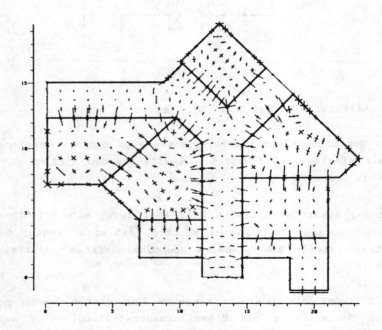

Bild 6: Hauptmomentenpfeile des Deckensystems

Die in Abbildung 6 dargestellten Hauptmomentenpfeile geben einen Anhaltspunkt für die verschiedenen Bewehrungsrichtungen in den einzelnen Deckenplatten.

6. Leistungsgrenzen des FEM-Systems auf Arbeitsplatzrechner

Die Leistungsfähigkeit eines FEM-Systems wird durch unterschiedliche
Faktoren bestimmt und aus Anwender und Entwicklersicht sehr verschieden beurteilt. Als wichtige Faktoren können genannt werden:

- Art und Güte der Elemente

- Art und Güte der grafischen Darstellungen

- Güte der Generierungstechnik

- Rechenzeit als Funktion der Elemente und Knoten

- max. Anzahl der Knoten und Elemente.

Während die ersten drei Kriterien im allgemeinen auf Arbeitsplatzrechnern erfüllt sind, stellen die beiden zuletzt genannten z.Zt. noch
eine Leistungsgrenze für PC-Lösungen dar. Die Hauptspeichergrenze von
640 KByte der MS-DOS-Systeme erfordern eine häufige Auslagerung von
langfristigen und temporären Daten auf Massenspeicherdateien. Dies
führt bei großen Projekten zu vom Anwender nicht akzeptierten Zeitver-
halten des Systems. Im besonderen Maße wird dies entscheidend bei
nichtlinearen Berechnungen der Tragwerksmechanik.

Als realistische Grenze für PC-Lösungen kann z.Zt. eine Grenze von ca.
1500 Knoten und 1500 Elementen genannt werden. Gleichzeitig zeigt die
Erfahrung mit vielen Projekten, daß dies keine baupraktische Begrenzung darstellt, was darin begründet liegt, daß innerhalb der Tragwerksplanung nicht das gesamte Tragwerk (gesamte Gebäude), sondern nur
einzelne Positionen mit einem FE-Modell erfaßt werden.

7. Ausblick

Die zukünftige Entwicklung des Einsatzes der FE-Methode im Bauwesen
kann sehr positiv beurteilt werden. Die Investition für die Hardware
wird sich weiter reduzieren oder bei gleichem Umfang den Erwerb lei-

stungsfähigerer Geräte ermöglichen. Die Handhabung der Software wird sich stetig verbessern und an den Entwicklungen im nicht-technischen Bereich orientieren. Ein FEM-System, das sich leicht an die neuen Entwicklungen der Hardware und Betriebssoftware anpassen läßt, wird sich behaupten können.

Der Funktionsumfang eines FEM-Systems wird sich zukünftig um die Komponente der CAD-Kopplung erweitern müssen. Diese Kopplung darf jedoch nicht einseitig ausgelegt sein, sondern muß an beiden Enden des FEM-Systems möglich sein. Eine Erzeugung des FEM-Modells in einer CAD-Umgebung hat die gleiche Gewichtung wie die Weiterverwendung der Rechenergebnisse im CAD-Programmteil. Eine Effektivitätssteigerung wird im wesentlichen dadurch erreicht, daß FEM-Daten zur Bewehrungsermittlung und Zeichnungserstellung unmittelbar verwendet werden. Eine aus Anwendersicht berechtigte Forderung nach einer Verknüpfbarkeit von beliebigen FEM- mit CAD-Systemen liegt jedoch in weiter Ferne. Die Normierung der Datenbestände beider Systeme ist im Bauwesen nicht in Sicht. Weiterhin wird der Anwender eines Systems die geschlossene Lösung eines Entwicklers einsetzen müssen.

[1]   MicroFe-Benutzerhandbuch,
        mb-Programme GmbH, Hameln

CAD-SYSTEME FÜR ENTWURF UND KONSTRUKTION IM HOLZBAU
von Martin H. Kessel *

1 Einleitung

Die im Holzbau eingesetzten CAD-Systeme reichen von Dachausmittlungs-
und Abbundprogrammen über 2D-Systeme bis hin zu vollständigen
3D-Systemen. Die Entwicklung dieser drei Systeme und ihre
Anwendungsgebiete unterscheiden sich erheblich. Während die
Dachausmittlungs- und Abbundprogramme ausschließlich auf PC's speziell
für die Anforderungen in Zimmereibetrieben entwickelt wurden, stehen
2D-Systeme auf den verschiedensten Arbeitsplatzrechnern zur Verfügung
und sind im wesentlichen auf die Anforderungen des Maschinenbaus, der
Elektrotechnik und eventuell der Architektur ausgerichtet. Sie lassen
sich jedoch ebenfalls sehr effizient für den Holzbau einsetzen, wenn
sie auch nicht speziell hierfür konzipiert wurden. Vollständige
3D-Systeme (incl. Bool'scher Operationen) wurden bislang wegen der
großen Anforderungen an die Rechenleistung ausschließlich auf
32-bit-Rechnern entwickelt. Solche Systeme sind für den Maschinenbau
im weitesten Sinne und für die Architektur einsatzfähig. Darüberhinaus
gibt es in Europa zur Zeit nur drei 3D-Programme, die auch für den
Entwurf und die Konstruktion von Holzkonstruktionen geeignet sind.
Die Einsatzmöglichkeiten der drei unterschiedlichen Programmtypen
sollen im folgenden an Beispielen erläutert werden.

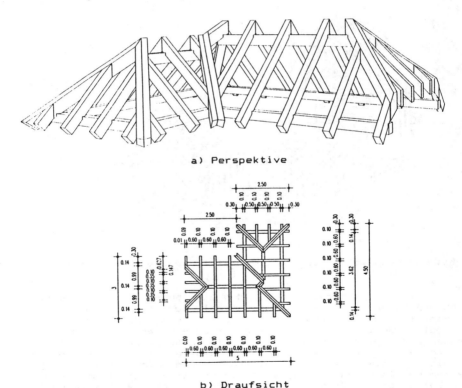

a) Perspektive

b) Draufsicht

Bild 1: Abgewinkeltes Walmdach

*) Prof.Dr.-Ing. M.H.Kessel, Labor für Holztechnik, Fachhochschule
Hildesheim/Holzminden, Fachbereich Bauingenieurwesen in Hildesheim

2 Abbundprogramme für Hausdächer

Die in Bild 1 dargestellte Perspektive des Gespärres eines
abgewinkelten Walmdachs macht die enorm hohe räumliche Komplexität
üblicher Dachkonstruktionen deutlich. Der Zuschnitt der einzelnen
Stäbe, wie Sparren, Kehlsparren, Gratsparren, Schifter und Pfetten und
ihr Anschluß untereinander erfordern vom Zimmermann ein
ausgezeichnetes räumliches Vorstellungsvermögen und handwerkliches
Geschick. Nicht umsonst besitzt das Zimmerhandwerk hohes Ansehen. Nach
dem Eindecken der Dachfläche bleiben diese komplexen räumlichen
Holzstrukturen unseren Augen in der Regel leider für immer verborgen.
Jahrhundertelang löste der Zimmermann alle geometrischen Probleme des
Abbunds auf dem Schnürboden. Infolge des Kostendrucks im Baugewerbe
und teilweise auch infolge des Mangels an qualifiziertem Nachwuchs
ersetzen heute jedoch immer mehr Zimmereibetriebe den Schnürboden
durch ein Abbundprogramm, das auf dem ohnehin für Kalkulation und
Abrechnung vorhandenen PC installiert wird.

Diese Abbundprogramme, die Dächer mit mehr als 30 unterschiedlichen
Teilflächen (Bild 2) bearbeiten können, arbeiten bei der Eingabe der
Geometrie- und Materialdaten alphanumerisch interaktiv und besitzen
eine graphische Ausgabe zur Darstellung aller für den räumlichen
Abbund wichtigen Maße.

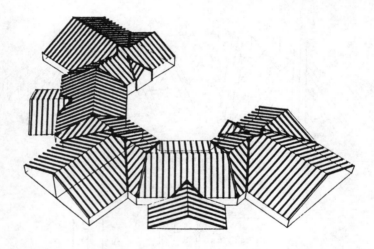

Bild 2: Mit Abbundprogramm bearbeitete komplexe Dachstruktur

Bild 3 zeigt den Sparrenplan und Bild 4 die Abbundmaße eines Sparrens.
Das Abbundprogramm erstellt also die kompletten Werkstattzeichnungen.
Daher kann ein solches Abbundprogramm durchaus als CAD-System
bezeichnet werden, denn es erlaubt ein rechnerunterstütztes Zeichnen
und sogar Konstruieren, wenn auch mit Einschränkungen. Mit
Abbundprogrammen können natürlich nur Hausdächer konventioneller Art
konstruiert werden, die ausschließlich aus den zuvor bereits erwähnten
Elementen bestehen. Für diese spezielle Konstruktionsart sind sie
jedoch bezüglich des Eingabekomforts jedem anderen CAD-System weit
überlegen.

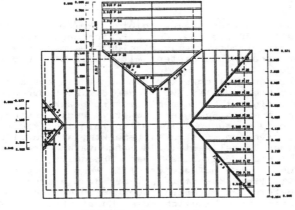

Bild 3: Sparrenplan

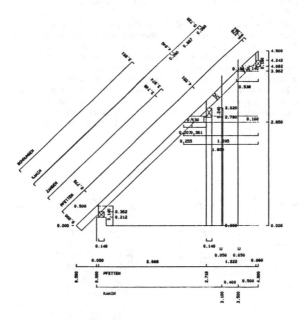

Bild 4: Abbundmaße eines Sparrens im Querschnitt

In der Zwischenzeit wurde erkannt, daß sich mit den im Abbundprogramm
für die Werkstattpläne berechneten geometrischen Daten die gesamte
räumliche Struktur der Dachkonstruktion beschreiben läßt. Daher ist es
naheliegend, das Abbundprogramm als Preprozessor für 2D- oder
3D-Systeme zu benutzen, um auf diese Weise die Darstellung von
Perspektiven wie in Bild 1 zum Zweck der Akquisition oder Montagehilfe
zu ermöglichen oder um in Anschlußdetails die Verbindungsmittel
einzutragen. Für das 2D- oder 3D-System erfüllt das Abbundprogramm
also dieselbe Aufgabe wie eine Variantenbeschreibung.

3 2D-CAD-Systeme

Anders als bei den Abbundprogrammen gibt es keine speziell für den
Holzbau entwickelten 2D-Systeme. Für 2D-Zeichnungen ist es
unerheblich, ob ein Stahlgussteil, eine Betonwand oder wie in Bild 5
die Rahmenhölzer eines Wintergartens mit Glasleisten und Verschraubung
konstruiert werden.
Bei der Bewertung der Möglichkeiten des Konstruierens mit solchen
Systemen, das als kreative Tätigkeit über das Zeichnen als
reproduzierende Tätigkeit hinausgeht, ist zu beachten, daß ein echtes
Konstruktionsprogramm die Fähigkeit besitzt, neue Konstruktionspunkte
durch Hilfslinien zu erzeugen. Eine Hilfslinie läßt sich dabei durch
zwei bereits existierende Konstruktionspunkte, als Parallele oder
Senkrechte zu einer Bauteilkante, als Tangente an einen Kreis etc.
erzeugen. Sie ist nicht Bestandteil des 2D-Modells, sondern temporär
und hat in der Regel ihre Aufgabe erfüllt, wenn ihr Schnittpunkt mit
einer anderen Hilfslinie bestimmt ist, der dann als neuer
Konstruktionspunkt in das 2D-Modell übernommen werden kann. Diese Art
des Konstruierens macht es möglich, eine Konstruktion ausschließlich
am Bildschirm zu entwickeln, ohne dabei Höhen, Abstände oder ähnliches
z.B. mit dem Taschenrechner berechnen zu müssen.

Natürlich lassen sich mit einem 2D-System auch Dachausmittlungen
durchführen und Sparren zeichnen, insbesondere wenn mit den zuvor
beschriebenen Hilfslinien gearbeitet werden kann, jedoch ist der
erforderliche Aufwand zweifellos wesentlich größer als mit einem
Abbundprogramm. Der Datenverbund beider Systeme bietet optimale
Möglichkeiten, da dann der Grundriß eines Gebäudes im 2D-System
entworfen, anschließend im Abbundprogramm über diesem Grundriß der
Dachstuhl konstruiert und schließlich nach Übergabe der Abbundmaße an
das 2D-System dort jedes Anschlußdetail ausgearbeitet werden kann.
Erste Versionen solcher Konfigurationen existieren bereits auf dem
Markt.

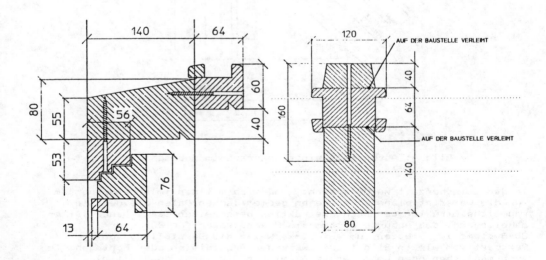

Bild 5: 2D-Konstruktion der Rahmenhölzer eines Wintergartens

4 3D-CAD-Systeme

Der Übergang von 2D- zu 3D-Systemen ist heute fließend. Viele
2D-Systeme wurden durch einfache räumliche Flächenmodelle und einen
Hidden-Line-Algorithmus erweitert, so daß damit Darstellungen wie in
Bild 6 möglich werden. Es handelt sich dabei um einen
Eichenfachwerkknoten des Knochenhaueramtshauses in Hildesheim. Der
Knoten konnte jedoch am Bildschirm nicht konstruiert werden, vielmehr
mußten Lage und Geometrie jeder Einzelfläche, die maximal nur 4
Eckpunkte besitzen darf und deren Normale senkrecht oder parallel zur
z-Achse gerichtet sein muß, explizit eingegeben werden.

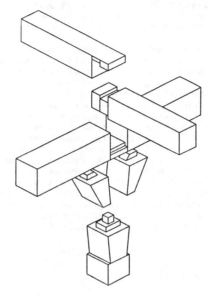

Bild 6: Eichenfachwerkknoten des Knochenhaueramtshauses
in Hildesheim

Für zukünftige Anwender von 3D-CAD ist es sinnvoll, mit einem kleinen
Testbeispiel auf die Suche nach geeigneten Systemen zu gehen. Damit
das Beispiel von leistungsfähigen Systemen in einer Viertelstunde
reproduziert werden kann, sollte es aus nicht mehr als 10 Körpern
bestehen, seine Geometrie auch einem Nichtholzbauer sofort
verständlich sein und dennoch die wesentlichsten Konstruktionsprobleme
beinhalten.

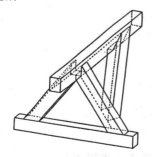

Bild 7: Pfette auf Strebenbock
Aussteifung durch
Klauenbug

Bild 8: Graphische Konstruktion
des Klauenbugs auf
einem PC/XT

Als ein solches Testbeispiel wurde der Sparren vom Verfasser in [1] erläutert. Ein weiteres Beispiel ist das in Bild 7 von Hand isometrisch dargestellte schrägliegende Kopfband, das auch als Klauenbug bezeichnet wird. An ihm wurden im Rahmen einer Diplomarbeit [2] verschiedene Systeme getestet. Insgesamt besteht das Beispiel aus 5 Körpern. Eine Pfette wird von einem Strebenbock getragen. Das Kopfband dient zur Aussteifung und liegt in der Ebene, die von der Pfette und einer der beiden Streben aufgespannt wird.

Die graphische Lösung des Konstruktionsproblems auf einem PC/XT zeigt Bild 8. Die Möglichkeiten dieses 3D-Systems gehen zwar über die des zuvor beschriebenen Flächenmodells weit hinaus, da damit eine Darstellung dieses Beispiels überhaupt nicht möglich ist, dennoch kann auch mit dem 3D-System die Konstruktionsaufgabe nicht vollständig gelöst werden. Das System hat mit den Anschlüssen an die Pfette deutliche Probleme.

Dies liegt daran, daß auch hier jede Einzelfläche explizit eingegeben werden muß. Insbesondere bei der Konstruktion des Klauenbugs treten große Probleme bei der Bestimmung der jeweiligen Arbeitsebene auf, die nur durch zusätzliche Berechnungen gelöst werden können. Zur exakten Lösung sind die Bool'schen Algorithmen zwingend notwendig, über die dieses System nicht verfügt. Die Rechenleistung eines PC/XT ist hierfür bei komplexeren Darstellungen auch sicherlich nicht ausreichend, da diese Algorithmen sehr rechenintensiv sind.

Eine vollständige Lösung der Konstruktionsaufgabe zeigen die Bilder 9a und 9b. Sie wurde mit einem wirklichen 3D-System auf einem 32-bit-Arbeitsplatzrechner erzielt. Die Geometrie der Verschneidungen der Pfette mit Strebenbock und Klauenbug wurden vom System selbst berechnet. Die Verschneidung von Bauteilen ist speziell für den Holzbau eines der wesentlichen Ziele, da sich aus der berechneten Geometrie eines Anschlusses direkt die Abbundmaße ergeben. Sie lassen sich in die in Bild 9c gezeigte Einzelstückzeichnung des Klauenbugs entsprechend den Zimmermannsregeln eintragen.

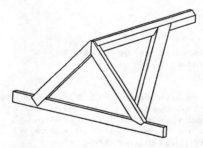

a) mit verdeckten Kanten

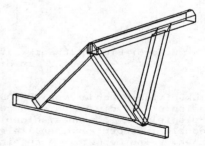

b) ohne verdeckte Kanten

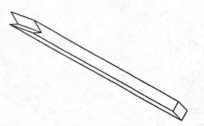

c) Einzelstückzeichnung des Klauenbugs

Bild 9: Konstruktion des Klauenbugs

Ein anderer häufig verwendeter zimmermannsmäßiger Anschlußtyp ist der Versatz mit Zapfen. Bild 10a zeigt diese Konstruktion für eine Pfette mit Kopfbändern, die mit demselben 3D-System erzeugt wurde. Dieser Anschlußtyp erfordert eine andere Konstruktionsmethode. Die Bool'schen Algorithmen allein reichen hier nicht aus. In Bild 10b wird gezeigt, wie zunächst mit Hilfslinien Versatz und Zapfen konstruiert werden. Anschließend wird dann das Kopfband mit Stiel und Pfette verschnitten, wie es in der Explosionszeichnung in Bild 10c deutlich zu erkennen ist. Die Hilfslinien erfüllen hier im 3D-Modell dieselben Aufgaben wie sie zuvor für die 2D-Systeme beschrieben wurden.

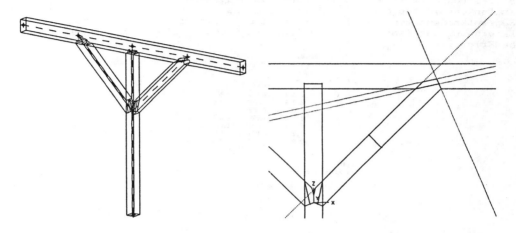

a) Gesamtdarstellung

b) Konstruktion mittels
   Hilfslinien

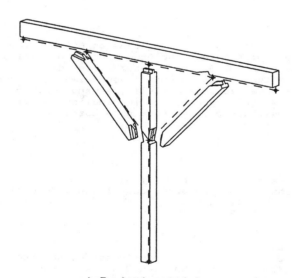

c) Explosionszeichnung

Bild 10: Kopfbandanschluß mit Versatz und Zapfen

Bei der Beurteilung von CAD-Systemen für Entwurf und Konstruktion im
Holzbau ist speziell bei 3D-Systemen nicht nur auf die graphischen,
visuell kontrollierbaren Fähigkeiten zu achten. Auch die Struktur der
Datenverwaltung hat auf die Anwendungsmöglichkeiten entscheidenden
Einfluß, worauf bereits in [3] aufmerksam gemacht wurde. Die
Datenhaltung sollte keinesfalls eine rein programminterne
Angelegenheit sein. Vielmehr sollte sie erstens für den Anwender
direkt von der Bedienungsoberfläche des CAD-Systems zugänglich und
zweitens so transparent gestaltet sein, daß sie der Anwender für seine
spezifischen Zwecke frei verwalten kann. So wurden z.B. für das in
Bild 10 dargestellte Beispiel über das graphische Menü die Liste der
Knotenkoordinaten der Systemlinien und das
Segmentknotennummernverzeichnis in Bild 11 erzeugt, da beides für die
Berechnung der Schnittgrößen mit dem FE-Stabwerksprogramm NILIST
benötigt wird.

```
LISTE DES NOEUDS
==================

NO NOEUD       X          Y          Z

    1        0.000      0.000      0.000
    2        0.000      0.000      1.000
    3        0.000      0.000     -1.600
    4        1.000      0.000      1.000
    5        2.000      0.000      1.000
    6       -1.000      0.000      1.000
    7       -2.000      0.000      1.000


LISTE DES SEGMENTS
==================

NO SEGMENT   NOEUD1     NOEUD2

    1          7          5
    2          2          3
    3          4          1
    4          6          1
```

Bild 11: Durch CAD-System erzeugte Liste der Knotenkoordinaten
und des Segmentknotennummernverzeichnisses

5 Zusammenfassung

Die spezifischen Anforderungen des Holzbaus an CAD-Systeme werden an
Beispielen für drei unterschiedliche Anwendungsebenen erläutert, für
Abbundprogramme, 2D- und 3D-Systeme. Dabei werden die
Anwendungsmöglichkeiten- und grenzen der verschiedenen Programme
aufgezeigt und Kriterien zusammengestellt, anhand derer eine richtige
Entscheidung für oder gegen ein System im Hinblick auf die
Anforderungen des Holzbaus auf dem kaum noch überschaubaren
Software-Markt getroffen werden kann.

Literatur

[1]   Natterer,J.; Kessel,M.H.; de Wolff,A.:
      Einsatzmöglichkeiten moderner Computertechnik in Gestaltung und
      Konstruktion von Holzbauten.
      VDI Berichte 570.3, S.1-18

[2]   Domning,R.:
      CAD im Holzbau.
      Diplomarbeit am Labor für Holztechnik der Fachhochschule
      Hildesheim/Holzminden, Fachbereich Bauingenieurwesen in Hildes-
      heim, WS 1987/1988, unveröffentlicht

[3]   Pfeiffer,E.; Meißner,U.; Stein,E.:
      Ingenieurgerechte Anwenderschnittstellen: eine Herausforderung an
      die Systementwickler.
      VDI Berichte 570.3, S.53-70

DIE FE-METHODE ALS TEIL DES COMPUTERUNTERSTUEZTEN ENTWURFSPROZESSES

von Dieter D. Pfaffinger *

1. Einleitung

Die Methode der Finiten Elemente gehört seit vielen Jahren zu den etablierten und bewährten Verfahren der Tragwerksberechnung. Dank hoher Anschaulichkeit, Vielseitigkeit, numerischer Effizienz und breiter Verfügbarkeit gehört die FEM zu den alltäglichen Hilfsmitteln des Ingenieurs. Die Methode erlaubt die Lösung vieler praktisch wichtiger linearer und nichtlinearer Probleme in Statik und Dynamik, in der Wärmeleitung, in der Hydro- und Aerodynamik und vielen weiteren Gebieten.

In den ersten Jahren der FEM stand vor allem der Wunsch nach effizienter numerischer Lösung des gestellten Problems im Vordergrund. Dementsprechend hatte die Entwicklung von leistungsfähigen Elementmodellen und Lösungsalgorithmen einen dominierenden Stellenwert. Diese Gewichtung hat sich im Laufe der letzten Jahre verschoben. Durch die zunehmende Verbreitung leistungsfähiger FE-Programme entstand ein vermehrtes Bedürfnis nach Komfort sowie zur Integration der FEM in den gesamten Entwurfsprozess. Diesen Wünschen wurde teilweise durch die Entwicklung von Modellierungssystemen für die Modellbildung und Datenvorbereitung sowie für die Auswertung der Resultate Rechnung getragen. In jüngster Zeit wurden diese Möglichkeiten durch Schnittstellen zu CAD-Systemen ergänzt. Damit wurde ein erster Schritt getan, um die FEM als integrierten Baustein innerhalb des computerunterstützten Entwurfs- und Konstruktionsprozesses zu verwenden.

2. Möglichkeiten von CAD-Systemen

Moderne CAD-Systeme bieten umfassende Möglichkeiten zum Entwurf von Tragwerken. Aus der dreidimensionalen Darstellung lassen sich sämtliche üblichen zweidimensionalen Darstellungen wie Grundrisse, Aufrisse, Ansichten, Perspektiven, Schnitte etc. gewinnen (Bild 1). CAD-Systeme sind in der Lage, über die verwendeten Materialien und Bauteile Datenbanken zu führen. Kernstück jedes CAD-Systems ist die geometrische Datenbank. Sie erlaubt auf der einen Seite die Abspeicherung und das Bearbeiten einzelner Tragwerksteile. Auf der anderen Seite ist es möglich, aus bestehenden Teilen oder Bibliotheken neue Teile durch Transformation zu erzeugen. Damit werden CAD-Systeme besonders für die Bearbeitung repetitiver Teile interessant. Da alle an einem Projekt Beteiligten auf die gleiche geometrische Datenbank zugreifen, werden viele bei der manuellen Bearbeitung auftretende Fehler automatisch eliminiert. Neben umfangreichen Darstellungsmöglichkeiten verfügen viele CAD-Systeme über weiterführende Bausteine. Darunter fällt die Erstellung von Massenauszügen, der Anschluss an Armierungsprogramme, sowie der Anschluss an die statische Berechnung mit finiten Elementen.

3. Modellbildung

Es ist naheliegend, die in der geometrischen Datenbank eines CAD-Systems bereits vorhandenen Tragwerksdaten auch zur Aufstellung des Berechnungsmodells zu verwenden. Dabei ist aber zu berücksichtigen, dass ein FE-Modell normalerweise wesentlich von der rein geometrischen Form eines Tragwerks abweicht. So werden beispielsweise bei Schalenkonstruktionen nur die Mittelflächen benötigt.Ueblicherweise werden auch für die statische Berechnung Vereinfachungen vorgenommen, einzelne Teile abgeschnitten oder über Randbedingungen simuliert. Als Beispiel zeigt Bild 2 das

---

* Priv. Doz. Dr. sc. techn. Dieter D. Pfaffinger, P + W Ingenieurbüro, Zürich, Schweiz

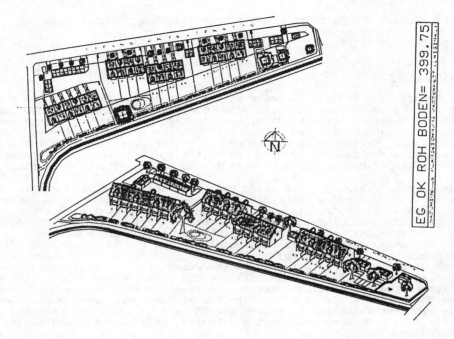

SUED-FASSADEN   HAUS 1-6 7-10

Bild 1   CAD-Entwurf einer Ueberbauung

FE-Modell einer Stütze auf einer Bohrinsel. Da nur der Spannungsverlauf
an den Anschlüssen der Stütze zu den seitlichen Streben gesucht war,
wurde auch nur dieser Teil mit einem Schalenmodell abgebildet. Alle
anderen Teile und insbesondere der Uebergang in die restliche Struktur
wurden vereinfacht mit Stäben dargestellt. Das Berechnungsmodell richtet
sich weiterhin wesentlich nach den Belastungen und der statischen
Funktionsweise des Tragwerks. So erfordert beispielsweise eine Traglastuntersuchung ein anderes Modell wie eine lineare statische oder eine
dynamische Berechnung. Nur in wenigen ausgezeichneten Fällen wie beispielsweise bei Membranen oder Platten ist es möglich, direkt auf die
geometrische Datenbank zuzugreifen und die dort vorhandenen Daten ohne
weitere Modifikation zu verwenden.

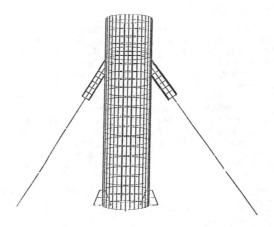

Bild 2: Modell einer Stütze aus Schalenelementen und Stäben

Es ist in einigen Fällen sinnvoll, statt der Uebernahme geometrischer Daten aus dem CAD-System in das FE-System den umgekehrten Weg zu beschreiten. Das FE-System wird dann zum Aufbau der Geometrie und das CAD-System zur Darstellung und Weiterverarbeitung verwendet. Bild 3 zeigt das Modell einer Bogenstaumauer, welches mit einem FE-Programm mit Spezialteilen zur Generierung der Geometrie erstellt wurde. Dabei kann der Ingenieur die Hauptschnitte, Zentrenlinien und Streckungsfaktoren über räumliche Polynome definieren und die Schalengeometrie als logarithmische Flächen beschreiben. Der Geometrieteil erlaubt die Generierung der Punkte auf der Wasser- und Luftseite und berechnet auf Wunsch automatisch die Schalenmittelebene. Die Flächen der Wasser- und Luftseite können an ein CAD-System übergeben und beispielsweise in Geländemodellen weiterverarbeitet werden. Ebenso ist die Absteckung mglich.

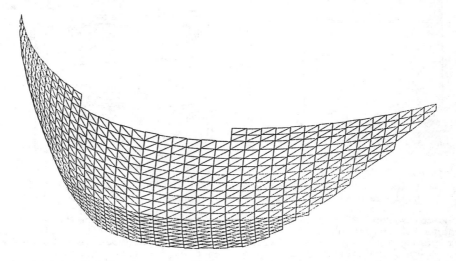

Bild 3: Geometrie einer Bogenstaumauer

4. Integration von FE und CAD

Für einfache Systeme wie beispielsweise Hochbaudecken lässt sich die Integration von FE und CAD relativ einfach vollziehen. Nach Uebernahme der Konturen der Decke hat der Benutzer die Möglichkeit, über einen Netzgenerator einen Netzvorschlag machen zu lassen. Dieser Vorschlag kann vom Ingenieur akzeptiert oder interaktiv modifiziert werden. Die Materialparameter, die Auflagerbedingungen, die Lasten sowie weitere FE-spezifische Bestimmungstücke für das Rechenmodell werden ebenfalls interaktiv festgelegt. Nach erfolgter Berechnung werden die Resultate ausgewertet und können dann in das CAD-System zurückgeholt werden. Hier erfolgt dann die weitere Bearbeitung beispielsweise mit der Erstellung der Armierungspläne und der Eisenlisten. Bild 4 zeigt zur Illustration das automatisch erstellte Netz einer Platte, die aus dem FE-System gewonnen Höhenlinien der erforderlichen Armierung sowie Auszüge aus den Armierungsplänen.

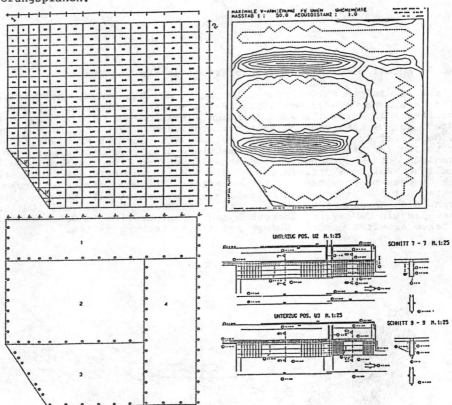

Bild 4: Automatisierte Netzgenerierung mit CAD und Armierung mit Hilfe der Resultate der FE-Berechnung

In komplexeren Fällen ist die direkte Umsetzung der Geometrie in das Rechenmodell nicht möglich. Hier müssen dem Benutzer interaktive Modellierungsmöglichkeiten zur Entwicklung seines Rechenmodells geboten werden. Nach erfolgter Berechnung müssen die Resultate interpretiert und die daraus folgenden Konsequenzen im CAD-System verwertet werden. Auch hier wird nur in ausgewählten Fllen eine automatische Umsetzung möglich sein. Die Entwicklung entsprechender interaktiver Bearbeitungshilfen stellt ein wichtiges Gebiet zukünftiger Forschungs- und Entwicklungsarbeit dar.

5. Schlussbemerkungen

Der grosse Vorteil der integrierten Bearbeitung besteht einmal darin, dass alle am Projekt Beteiligten auf eine gemeinsame Datenbasis zugreifen. Damit stehen immer die aktuellen Daten zur Verfügung. Da die Daten nur einmal aufbereitet werden, kann ein erheblicher Rationalisierungseffekt entstehen. Zudem werden die mit einer manuellen Neuerfassung verbundenen Fehler weitgehend ausgeschaltet. Auf der anderen Seite erfordert der integrierte Einsatz der FEM in einem grösseren Umfeld ausgebaute Hilfsmittel. Dazu gehören einmal gute automatisierte Netzgeneratoren. In diesem Zusammenhang spielen die Entwicklungen auf dem Gebiet der selbstanpassenden Lösungsalgorithmen eine wichtige Rolle. Weiterhin müssen die Hilfsmittel zur automatisierten Nachverarbeitung der Berechnungsergebnisse weiter ausgebaut werden. Darunter fallen z.B. normenkonforme Bemessungs- und Armierungsprogramme. Schliesslich ist der integrierte FEM-Einsatz nur mit entsprechenden Schnittstellen möglich. Da für Schnittstellen heute nur Ansätze zu einer Vereinheitlichung bestehen, bereitet der Datenaustausch häufig erhebliche Probleme. Hier sind im Interesse weiterer Rationalisierungen im Bauwesen noch grosse Anstrengungen nötig. Alle dies Entwicklungen führen in die Richtung von Expertensystemen. Es ist zu erwarten, dass mit derartigen integrierten Systemen dem Ingenieur bei der Lösung seiner Aufgaben eine wesentlich weitergehende Unterstützung durch die Software geboten werden kann, als dies heute der Fall ist.

LITERATUR

1. Pfaffinger D.: Neuere Entwicklungen in der Tragwerksberechnung. Eidgenössische Technische Hochschule, Zürich, 1981.

2. Pfaffinger, D.: Tendenzen in der Bauinformatik. Schweizerische Zentralstelle für Baurationalisierung, CRB-Bulletin 3, 1984.

3. ADA (Arch Dam Analysis) - div. Projektunterlagen. Zürich, 1987

4. Pfaffinger D. and Walder U.: The Use of CAD in Finite Element Analysis. 12th Congress of the International Association of Bridge and Structural Engineering (IABSE), Vancouver, 1984.

5. Pfaffinger D. und Zürcher U.: Datenverbund im Bauwesen - Ergebnisse und Folgerungen von Pilotversuchen. Schweizerischer Ingenieur- und Architektenverein, Tagung Basel, 1986.

EINSATZ VON EXPERTENSYSTEMEN IM UMFELD VON FINITE–ELEMENT APPLIKATIONEN

von D. Hartmann, E. Casper, K. Lehner, H.–J. Schneider *)

1.   Einleitende Bemerkung

Die konventionelle Datenverarbeitung im CAE ist hauptsächlich durch algorithmisch strukturierte DV-Prozesse geprägt, wobei sich die Programmentwicklung in den einzelnen Teildisziplinen des CAE weitgehend selbständig vollzog und "Insellösungen" entstanden. Die günstige Entwicklung der Kosten und Leistungsfähigkeit von Mikro-, Supermikro/Minicomputern bzw. Engineering Workstations, aber auch besser ausgereifte Software (z.B. Finite-Element-Systeme mit Pre- und Postprozessoren, CAD-Systeme mit benutzerfreundlichen Oberflächen) hat zu der - in der Praxis immer lauter geäußerten - Forderung geführt, die bestehenden "Insellösungen" möglichst rasch rechnergestützt zu integrieren.

Bei der Integration der diversen DV-Prozesse stellt man jedoch fest, daß die Kopplung von Teilprozessen nicht allein durch die Kopplung von Algorithmen bzw. Daten vorgenommen werden kann. Die bisher vom Ingenieur durchgeführte "manuelle" Verkettung von Programmteilen (z.B. Kette FEM → CAD) beruht zu einem großen Teil auf Ingenieurverstand - repräsentiert durch Ingenieurwissen (knowledge) in höchst unterschiedlicher Form. Wer folglich "rechnergestützte Integration" durchsetzen will, muß dafür Sorge tragen, daß die klassische Datenverarbeitung um die "Wissensverarbeitung mit Rechnern" (knowledge based systems, expert systems) ergänzt wird.

2.   Expertensysteme/Wissensbasierte Software

Wissensverarbeitung mit Computern wird durch sogenannte "Expertensysteme" unterstützt, die man - was eigentlich aussagekräftiger ist - auch wissensbasierte Systeme nennt. Derartige Systeme sind in der Lage, gebietsspezifisches Expertenwissen begrenzten Umfanges zu speichern, zu verwalten, gezielt auszuwerten und gezielt Probleme - gestützt auf Wissen - zu lösen (problem solver). Sie werden jedoch nicht für den Laien geschrieben (was viel zu kompliziert wäre), sondern zur Unterstützung und als Hilfsmittel für den sach- und fachkundigen Softwareanwender.

Da naturgemäß auch konventionelle Software Wissen enthält, "echte" Expertensysteme aber völlig anders aufgebaut sind als konventionelle Software, und sich auch logisch anders verhalten, sollen vorab eindeutige Unterscheidungsmerkmale genannt werden, die wissensbasierte Software von konventioneller Software abgrenzen:

- es muß eine Wissensbasis bzw. -bank vorhanden sein, in der nicht nur Fakten (Datensätze), sondern auch Regeln (d.h. Wissensverarbeitungsvorschriften) gespeichert sind;

- es sollen Komponenten zur Pflege und Wartung (Ergänzung, Verbesserung, Korrektur) des Wissens und für den Dialog mit dem sog. Wissensingenieur bzw. Anwender (User) verfügbar sein (Wissenserwerbskomponente, Dialogkomponente);

- es muß eine das Wissen verarbeitende, neue Erkenntnisse produzierende Komponente (sog. Inferenzkomponte bzw. Schlußfolgerungskomponente) vorhanden sein;

- es sollte eine die Problemlösung erklärende und den Lösungsweg beschreibende Erklärungskomponente vorhanden sein;

---

*) RU-Bochum, Angewandte Informatik im Bauingenieurwesen

• es sollte eine Lernkomponente bzw. automatisch arbeitende Modifizierungskomponente vorhanden sein (z.B. ein Mechanismus, der die Regelbasis nach statistischen Gesichtspunkten neu ordnet).

Nicht jede wissensbasierte Software erfüllt alle genannten Kriterien, aber mindestens zwei sollten zutreffen, wenn man einer Software die Bezeichnung "Expertensystem" verleiht.

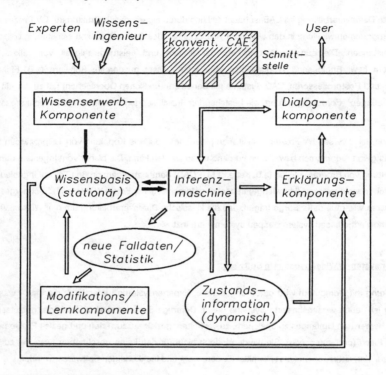

Abb. 1: Expertensystem-Architektur

Für den Einsatz im Ingenieurwesen unumgänglich ist außerdem das Vorhandensein von Schnittstellen zu traditionellen Programmen (vgl. Abb. 1). Expertensysteme dürfen also nicht isoliert gesehen werden, vielmehr müssen sie die Verkopplung von bereits existierenden Insellösungen ermöglichen - wobei Expertensysteme genau den Bereich abdecken, für den sie maßgeschneidert sind: für die Einbindung fachspezifisch orientierten Wissens. Integration bedeutet folglich vor allem die Verkopplung von Software unterschiedlicher Ausprägung: numerisch-orientierter Software (z.B. FEM-Pakete), datenbank-orientierter Software (z.B. DBS-Systeme), Graphik-Software (z.B. CAD-Pakete), wissensbasierter Software.

Der vorliegende Beitrag möchte aufzeigen, wie im Umfeld von Finite-Element-Applikationen die Verkopplung verschiedener Softwaretypen vorgenommen werden kann, welche Rolle dabei die computergestützte Wissensverarbeitung spielt und welche Rückkopplungseffekte auftreten. Gezeigt werden soll aber auch, wo die Grenzen und Schwierigkeiten sind.

Aus der Fülle der möglichen Anwendungsfälle sollen dabei - im Interesse einer repräsentativen Vielfalt - drei konkrete, unterschiedlich ausgelegte Beispiele herausgegriffen und (begleitet durch eine Rechner-Vorführung) vorgestellt werden. Im einzelnen:

1. Beispiel: Nachweisexperte für DIN 18800 (Teil 2)

2. Beispiel: FEM/CAD-Interface mit "Intelligenz"

3. Beispiel: Beratungsexperte für die Optimierung mit FE-Strukturen

Mit den einzelnen Beispielen verbinden sich unterschiedliche Anwendungsbereiche mit unterschiedlichen Anforderungsprofilen hinsichtlich Wissensrepräsentation und Wissensverarbeitung. Im ersten Beispiel handelt es sich um ein Expertensystem für Entwicklungsaufgaben, man spricht von einem Konfigurationssystem, bei dem vorgegebene Bedingungen (constraints) in Regelform in den Vordergrund treten. Beim zweiten Beispiel handelt es sich um ein Interpretationssystem, bei dem Daten intelligent zugeordnet und ausgewertet werden. Beim dritten Beispiel handelt es sich um ein Beratungssytem, bei dem Diagnose-, Prozeßsteuerungs- aber auch Ausbildungsaspekte eine Rolle spielen. Die gewählten Beispiele decken somit nahezu den gesamten Bereich typischer Einsatzgebiete für Expertensysteme/wissensbasierte Software ab.

3. Nachweis-Expertensystem

Nachweis-Expertensysteme sind - wie die aus dem Finite-Element-Bereich bekannten Pre- und Postprozessoren - eigenständige Module, die über entsprechende Datenschnittstellen mit dem strukturanalytischen Berechnungsprozess (in der Regel ein Finite-Element-Programm) gekoppelt sind. Sie gehören zu den Postprozessoren, wenn auch mit anderer Zielsetzung als die FE-Postprozessoren: Während die bekannten Pre- und Postprozessoren aus dem FE-Bereich darauf abzielen, Ein- und Ausgabedaten zu Kontroll- und Auswertungszwecken graphisch aufzubereiten, sollen Nachweisexpertensysteme das gesamte konstruktive "know how" in bestimmten Bereichen abdecken - im vorliegenden Fall den Bereich der stabilitätsgefährdeten Stabtragwerke aus Stahl nach DIN 18800, Teil 2, Entwurf.

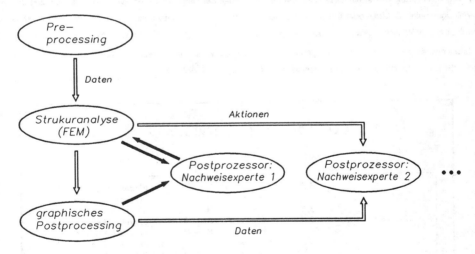

Abb. 2: Postprozessorenebene im CAE

Mit der konsequenten Aufteilung des Entwicklungs- und Konstruktionsprozesses (CAE/CAD/CAM) in die Teilbereiche Modellierung (Preprocessing), numerische Strukturanalyse (FE-Programm), Darstellung der FE-Resultate (graphisches Postprocessing) und Bemessung/konstruktive Durchbildung (Postprocessing im Nachweis-Bereich) ist es möglich, jeden Teilbereich für sich in optimaler Form computergerecht aufzubereiten. Neu ist, daß der auf numerischen Berechnungsresultaten basierende, hauptsächlich durch Ingenieurwissen repräsentierte "Design-Prozeß" sozusagen in einem ihm eigenen "Koordinatensystem", einem wissensbasiertem System, programmiert wird.

Die neue DIN 18800 kommt in dem vorliegenden Entwurf der wissensbasierten Programmierung sehr entgegen, da ihr

Aufbau sehr sorgfältig strukturiert ist. Alle Regelungen (Elemente genannt) sind leicht adressierbar, widerspruchsfrei und transparent zusammengestellt, wobei die Aussagewertigkeit der Regelungen unterschieden wird nach:

- verbindlichen Regelungen in Form von Geboten, Verboten und Grundsätzen (Regeln)

- nicht verbindlichen Regelungen in Form von Empfehlungen bzw. Erlaubnissen unter konkret beschriebenen Bedingungen (constraints).

- Erklärungen in Form von Beispielen, Skizzen und Bildern.

Die bereits klar vorgegebene Wissens- und Regelstruktur der DIN 18800 (Entwurf) erlaubt eine relativ unkomplizierte Wissenspräsentation mit sogenannten Produktionsregeln (production rules); höherwertige komplexere Repräsentationsmechanismen, wie semantische Netze (semantic networks) oder Rahmen (frames) sind nicht erforderlich. Produktionsregeln werden so genannt, weil sie aus "vorhandenem" Wissen durch entsprechende Schlußfolgerungsstrategien (Vorwärts- bzw. Rückwärtsverkettung) "neues" Wissen produzieren. Generell haben sie folgende Syntaxform:

Wenn   Voraussetzung   → dann Folgerung, bzw.

        wenn Bedingung   → dann Ergebnis, bzw.

        wenn Situation   → dann Aktion.

Es wird also jeweils ein Zustand mit einer möglichen Ursache verknüpft, was zu einem Regelnetz führt. Die gleiche syntaktische Form läßt folglich unterschiedliche Interpretationen zu: die ersten beiden Formen drücken einen logischen Sachverhalt aus, die letzte Form ist dagegen prozedural (Aktivierung einer Prozedur).

Mit Hilfe von Produktionsregeln lassen sich die Bestimmungen der DIN 18800 (und eventuell zusätzlich zu beachtende Regelungen, wie z.B. büro- oder firmenspezifisches Erfahrungswissen) relativ unkompliziert in einer Wissensbasis oder -bank abbilden; Wissensbasis meint dabei den gerade aktiven Teil einer umfangreicheren Wissensbank, die wegen ihrer Größe sinnvollerweise auf einem Hintergrundspeicher abgelegt wird. Zur Zeit realisiert ist der Abschnitt der DIN 18800, Teil 2 (Entwurf), der das sogenannte Einzelstabverfahren regelt (vgl. Abb. 3).

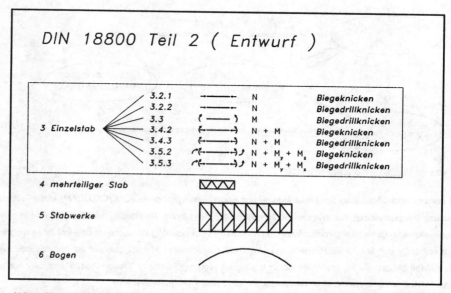

Abb. 3: Einzelstabverfahren

Im Rahmen dieses Beitrages soll ein nur einfaches Tragwerk, ein einhüftiger Rahmen, mit Hilfe des Nachweisexperten-systems "nachgewiesen" werden, wobei die aus der Strukturanalyse relevanten Daten, wie geometrische und struktur-mechanische Größen über eine Datenschnittstelle in den Nachweisbereich eingebracht werden.

Die Umsetzung der DIN-Regeln erfolgt einerseits mit Hilfe einer Expertensystemschale (im vorliegenden Fall INSIGHT 2), andererseits mit der Programmiersprache PROLOG (vgl. Abb. 4).

DIN 18800 Teil 2 (Entwurf)

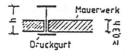

Bild E303. Aussteifung durch Mauerwerk

3.3.2 Behinderung der Verformung

Behinderung der seitlichen Verschiebung

308 - Ausreichende Behinderung der seitlichen Ver-schiebung ist vorhanden bei Stäben, die durch stän-dig am Druckgurt anschließendes Mauerwerk ausge-steift sind, dessen Dicke nicht geringer ist als die 0,3fache Querschnittshöhe des Stabes.

Expertensystemschale Insight 2

```
RULE     Aussteifung durch Mauerwerk ( 3.3.2 308 )
IF       Querschnittsflaeche ist bekannt
AND      Mauerwerksdicke >= 0.3*h
THEN     Nachweis fuer Biegedrillknicken \ ( 3.3.2 ) ist erfuellt
AND      Seitliche Halterung ist ausreichend
```

Produktionsregel in Prolog

```
%.................................................... aussteifung durch
%.................................................... mauerwert nach
%.................................................... ziffer 308
nachweis(abschnitt_3_3_2,Achse,Nquer) :-
        global(querschnitt,i(_))
    ,   eingabe_num('Mauerwerksdicke am Druckgurt','cm',Dicke)
    ,   global(profilhoehe,H)
    ,   Dicke >= 0.3 * H
    ,   Nquer is 0
    .
```

Abb. 4:   Gegenüberstellung; Normregel/Produktionsregeln in INSIGHT bzw. PROLOG

Der Vorteil von Expertensystemschalen liegt darin, daß man lediglich die Wissensbasis zu implementieren hat und alle anderen Komponenten eines Expertensystems bereits - direkt nutzbar - vorhanden sind. Wie der Abb. 4 zu entnehmen ist, bereitet die Umsetzung der DIN-Regeln mit INSIGHT kaum Schwierigkeiten, die INSIGHT-Regeln sind selbsterklä-rend: Gerade für den Ingenieur in der Praxis bietet sich damit eine gute Möglichkeit, Ingenieurwissen mit einfachen Mitteln zu repräsentieren. Der Einsatz einer Expertensystemschale setzt allerdings voraus, daß die Schale für die zu re-präsentierende "Wissensaufgabe" ausgelegt ist, d.h. man muß prüfen, ob mit der Schale bereits ähnliche Probleme ge-löst werden konnten.

Als weitere ingenieurgerechte Alternative zu INSIGHT bietet sich die wissensbasierte Programmiersprache "PROLOG" an, die als "high-level-Sprache" im Ingenenieurbereich - neben FORTRAN als algorithmischer Sprache - zunehmend an Bedeutung gewinnt. PROLOG ist sehr kompakt und aussagekräftig, sobald es um Einbindung von "Intelligenz" geht, sie ist leicht lesbar und relativ einfach erlernbar.

PROLOG liegt als Sprachmodell die formale Logik zugrunde, wobei "Wissen" in Form von HORN-Klauseln (Logik I. Ordnung) verarbeitet wird. Der Vorteil von PROLOG liegt darin, daß man, aufgrund des Sprachkonzeptes von PROLOG - alle Komponenten eines Expertensystems den eigenen speziellen Wünschen anpassen kann, der Nachteil im Einarbeitungsaufwand, der aber im Hinblick auf die Vorteile in Kauf zu nehmen sich lohnt. Im vorliegenden konkreten Beispiel für den Nachweisexperten, war es durch die PROLOG-Implementierung möglich, mit einer Schale nicht realisierbare Sonderprobleme zu lösen, wie z.B.: Schnelle, effiziente Benutzerführung, Realisierung von Schnittstellen zu C, FORTRAN bzw. PASCAL, Realisierung von speziellen Schlußfolgerungsoperationen, Modularisierung von Wissensportionen, Rekursivität, Portabilität auf andere Rechner.

Mit Hilfe der PROLOG-Implementierung läßt sich der Dialog zwischen User und Expertensystem besonders elegant organisieren, wie die folgende Beispielsitzung für den Nachweis des oben bereits erwähnten einhüftigen Rahmensystems unter zentrischer Druckbelastung demonstriert.

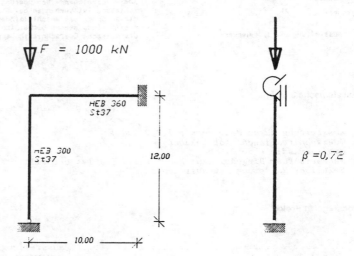

```
?-    din18800_t2(Y,Z).
Material [st37,st52,ste460,ste690] :      st37.
Querschnittstyp [kreis,kreisrohr,rechteck,i(geschweisst),kasten(geschweisst),ipb
,heb] :      ipb.
Profil [100,120,140,160,180,200,220,240,260,280,300,320,340,360,400,450,500,550,
600,650,700,800,900,1000] :   300.
Knicklaenge um y [m] :  8.64.
Knicklaenge um z [m] :  6.0.
Sicherheitsbeiwert Lastseite [-] :  1.3.
Schnittkraefte links
      Normalkraft    [kN]   : 1000.
      Moment um y     [kN*m] : 0.
      Moment um z     [kN*m] : 0.
Schnittkraefte rechts
      Normalkraft    [kN]   : 1000.
      Moment um y     [kN*m] : 0.
      Moment um z     [kN*m] : 0.

Ergebnisse :

Abschnitt 3.2.1: nquer(y) -> 0.51594048
                 nquer(z) -> 0.63574263
Abschnitt 3.2.2: nquer(y) -> 0
                 nquer(z) -> 0
?-
```

Abb. 5: Beispielsitzung - Nachweis einhüftiger Rahmen

4. CAD-System als wissenbasierter Pre/Postprozessor für FEM-Programme

Beim Umsetzen eines statischen Problems in ein Finite-Element-Programm gehört die Beschreibung der Modellgeometrie und der Strukturdaten mit zu den zeitaufwendigsten Arbeiten.

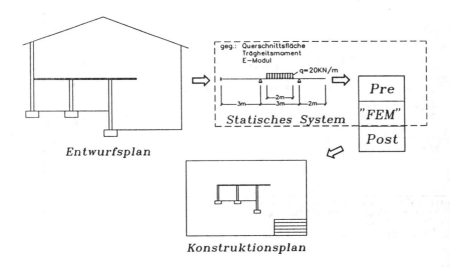

Abb. 6: Umsetzungsprozess Planung - Konstruktion

Hier kann ein "intelligentes" CAD-System, das als "Preprozessor für die FE-Analyse" eingesetzt wird, Abhilfe schaffen. "Intelligenz" meint dabei die Fähigkeit des CAD-Systems, Ingenieurwissen über das mechanische System in die Modellierung mit einzubinden. Das CAD-System wird dabei zu einem "Expertensystem" erweitert, das graphische Informationen mit "knowledge" für den FE-Bereich koppelt; hierbei stehen Dateninterpretationsprobleme und Zuordnungsprobleme im Vordergrund.

Ausgangspunkt derartiger Erweiterungen ist das CAD-System AUTOCAD, das sich als ein quasi-Standard im low-cost-CAD-Bereich entwickelt hat. Die Einbindung von intelligenten Mechanismen wird dabei über das AUTOCAD verfügbare AUTOLISP vorgenommen, das sich streng an die Syntax und Konventionen von Common LISP - erweitert um speziell auf AUTOCAD zugeschnittene Funktionen - anlehnt.

Bei LISP handelt es sich um eine Programmiersprache aus dem KI-Bereich, mit der besonders gut Symbolmanipulationen durchgeführt werden können. LISP steht für List Processing, wobei unter "Liste" eine Datenstruktur (geordnetes Gebilde von Datenelementen) aus Symbolen und Klammern verstanden wird. Manipulationen mit solchen Listen durch entsprechende Funktionen, die selbst als Listen interpretiert werden, lassen sich sehr gut mit einer mathematischen Theorie, dem Lambda-Kalkül, beschreiben. LISP ist aber - um das deutlich zum Ausdruck zu bringen - nicht problemorientiert, sondern eher mit der Assemblerebene in der konventionellen Datenverarbeitung zu vergleichen. LISP-Konstrukte können somit - vom Ingenieurstandpunkt aus betrachtet - nur die Grundbausteine eines problemorientierten "CAD-Expertensystems" sein.

Im vorliegenden Beitrag wird für den Fall eines auf Biegung beanspruchten Balkensystems demonstriert, wie entsprechende AUTOLISP-Grundbausteine einer wissensbasierten CAD-Komponente aussehen.

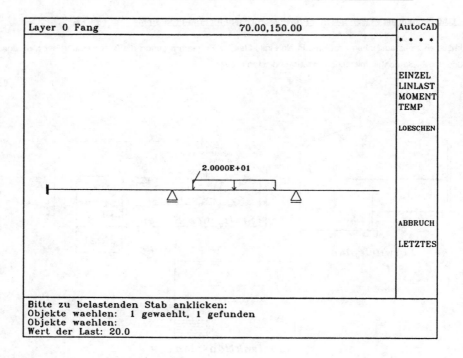

```
Layer 0 Fang                    70.00,150.00          AutoCAD
                                                      • • • •

                                                      EINZEL
                                                      LINLAST
                                                      MOMENT
                                                      TEMP

                                                      LOESCHEN


                    2.0000E+01




                                                      ABBRUCH

                                                      LETZTES



Bitte zu belastenden Stab anklicken:
Objekte waehlen:   1 gewaehlt, 1 gefunden
Objekte waehlen:
Wert der Last: 20.0
```

Abb. 7: Beispiel Biegebalken

Bei konventioneller Auslegung eines CAD-Systems werden bekanntlich Zeichnungselemente (wie z.B. Linien, Texte, technische Symbole, etc.) auf der Grundlage des (normalerweise nicht transparenten) Datenbankkonzeptes des CAD-Systems abgespeichert - ohne Bezug zur Weiterverarbeitung der CAD-Objekte, in dem hier betrachteten Fall zur Strukturanalyse des statisch unbestimmten Balkensystems. Beispielsweise kann zwar ein mit dem CAD-System generiertes Balkenelement als "Geradenstück mit zugehörigem Anfang- und Endpunkt" identifiziert werden, Zusammenhänge zwischen diesem "Geradenstück" und zugehörigen, konkreten Strukturdaten - z.B. Materialwertung, Querschnittswerten, Belastungskonfigurationen etc. - lassen sich jedoch nicht herstellen. Dieser Mangel kann durch AUTO-LISP-Ergänzungen und -Erweiterungen beseitigt werden: Entsprechende AUTOLISP-Konstrukte können Wissen über Datenzusammenhänge kondensieren und sorgen somit auf der CAD-Systemebene für eine logische Verknüpfung von - sonst unverbunden nebeneinanderstehenden - Datenelementen.

In dem in Abb. 7 gezeigten Beispiel wird über die Dialogkomponente des AUTOCAD-Systems die reine CAD-Zeichnung um die Information "Linienlast" ergänzt, wobei ein LISP-Konstrukt im Hintergrund steht. Das zugehörige LISP-Programm befindet sich in Abb. 8.

Mit Hilfe der AUTOLISP-Erweiterungen wird die vom CAD-System angelegte, als Austauschdatei (engl. Data Exchange File - DXF) bezeichnete Datenbank, die übrigens das einzige direkt nutzbare Medium zum Informationsaustausch mit der Außenwelt darstellt, mit "Wissen über Relationen" zwischen den Daten versorgt. Dies wird für das Objekt in Abb. 9 gezeigt.

```
;**************************************************************
;* Gleichstreckenlast als Block einfuegen
;**************************************************************
(defun C:LINLAST ()
  (ECHO 0)
  (command "ofang" "mit" )
  (setq WERT nil)
  (prompt "\nBitte zu belastenden Stab anklicken")
  (setq ss (ssget))
  (setq STABK (entget (ssname ss 0)))      Name des Stabes aus der Datenbank
  (setq EP1 (cdr (nth 3 stabk)))           Anfangspunkt Stab
  (setq EP2 (cdr (nth 4 stabk)))           Endpunkt Stab
  (setq ABSTAND (distance EP1 EP2))
  (setq WINKEL (angtos (angle EP1 EP2) 0 4))
  (while (= WERT NIL)
   (setq WERT
   (getreal "\nWert der Linienlast (ohne Vorzeichen einzugeben!)")
   )
  )
  (setq WERT (rtos WERT 1 4 ) )
  (command "ofang" "end")
  (command "layer" "mach" "last" "")
  (command "EINFUEGE" "LINLAST" EP1 (/ ABSTAND 2.) "2.5" WINKEL)
  (command "ofang" "punkt")
  (command "EINFUEGE" "LILAST" EP1 "2.5" "" "" WERT)
  (setq WIRK (getstring "\nSoll die Last in die
                         angezeigte Richtung zeigen? <j,n>"))
  (if (= WIRK "n")
    (progn (command "zurueck" "2")
     (command "EINFUEGE" "LINLAST" EP1 (* -1. (/ ABSTAND 2)) "2.5"
                                       (+ (ATOF WINKEL) 180.))
      (command "EINFUEGE" "LILAST" EP1 "-2.5" "" "180." WERT)
     )
  )
  (command "layer" "setz" "0" "")
  (command "ofang" "")
  (ECHO 1)
)
```

Abb. 8:AUTOLISP-Programm

```
0
INSERT
8
LAST                 Layername
66
   1
   2
LILAST               Blockname (= Lastart)  <=
10
350.0                        20
20                           49.499942
0.0                          40
41                           12.5
25.0                         1
42                           2.0000E+01        Wert der Last  <=
25.0                         2
43                           LINIENLAST        Attributname zum obigen Wert
25.0                         70
0                            0
ATTRIB                       0
8                            SEQEND
0                            8
10                           LAST
372.415304                   0
```

Abb. 9:AUTOCAD-DXF ergänzt um mechanische Information

Somit ist es möglich, außerhalb des CAD-Systems die CAD-Zeichnungen gezielt auszuwerten und z.B. für einen sich anschließenden FE-Berechnungsprozeß aufzubereiten. Diese Auswertung geschieht z.Zt. mit einem FORTRAN-Nachlaufprogramm (ein entsprechendes PROLOG-Schnittstellenprogramm ist vorgesehen). Das DXF wird nach bestimmten Schlüsselworten durchsucht, für das FE-Programm relevante Daten herausgefiltert und Material- und Querschnittswertzuordnungen erkannt; ebenso automatisch werden Randbedingungen und Lastsituationen herauskristallisiert. Das Resultat des Nachlaufprogrammes ist eine im FEDIS-Format erstellte Ausgabedatei (vgl. Abb. 10). Diese Datei kann dann für verschiedene Finite Element Programme gewandelt werden.

```
Fedisdatei erstellt aus DXF-file einer Autocadzeichnung           S0000001
,,Beispiel,beispiel.fed,dxf-187,187,32,8,24,16,48,091187,STILLER,UNIDO/TG0000001
MATI,1,2,NM,E1;                                                   D0000001
PDAT,3,2,NP,A,IZ;                                                 D0000002
NODE,5,8,NRE,X,Y;                                                 D0000003
ETOP,13,7,NTYP,NREL,NM,(N);                                       D0000004
ELOD,20,1,NREL,LC,(N,V);                                          D0000005
BCON,21,3,NRE,(KZ);                                               D0000006
MATI,2,210000.000000;                                            1P0000001
MATI,1,210000.000000;                                            1P0000002
PDAT,2,500.000000,20833.000000;                                 2P0000003
PDAT,1,400.000000,13333.000000;                                 2P0000004
NODE,1,700.000000,.000000;                                      3P0000005
NODE,2,800.000000,.000000;                                      3P0000006
NODE,3,600.000000,.000000;                                      3P0000007
NODE,4,550.000000,.000000;                                      3P0000008
NODE,5,350.000000,.000000;                                      3P0000009
NODE,6,300.000000,.000000;                                      3P0000010
NODE,7,150.000000,.000000;                                      3P0000011
NODE,8,.000000,.000000;                                         3P0000012
ETOP,021010,1,1,1,2;                                            4P0000013
ETOP,021010,2,1,3,1;                                            4P0000014
ETOP,021010,3,2,4,3;                                            4P0000015
ETOP,021010,4,2,5,4;                                            4P0000016
ETOP,021010,5,2,6,5;                                            4P0000017
ETOP,021010,6,1,7,6;                                            4P0000018
ETOP,021010,7,1,8,7;                                            4P0000019
ELOD,4,1,5,4,20.000000,20.000000;                               5P0000020
BCON,3,2;                                                       6P0000021
BCON,6,2;                                                       6P0000022
BCON,8,1,2,6;                                                   6P0000023
1,1,6,23;                                                        T0000001
```

Abb. 10: FEDIS-Datei des Beispiels

In analoger Weise sind Interface-Techniken für die Umwandlung von FE-Resultaten zur Verwendung CAD-Ebene erforderlich.

5. Beratungsexperte für numerische Optimierung

Bislang wurden zwei Formen der Wissensrepräsentation vorgestellt: Zum einen die flache Form der Wissensdarstellung mit "Produktionen", zum anderen eine mehr objektorientierte Wissensverwaltung mit "LISP-Konstrukten". Die objektorientierte Form bewährt sich vor allen Dingen dann, wenn es darum geht, Objekte zu beschreiben, denen nicht nur Fakten sondern auch prozedurales Wissen zugeordnet wird. Eine besonders günstige Repräsentationsform für komplexe Objekte und damit verbundenem Wissen sind sogenannte "Rahmen" (frames). Sie werden der Wissensprogrammierung im dritten Beispiel zugrunde gelegt: der Entwicklung eines Expertensystems für die Auswahl von Optimierungsmethoden, das als Beratungsexperte für die Strukturoptimierung im Finite-Element-Bereich eingesetzt werden soll (sekundäre Kopplungsproblematik).

Nahezu alle namhaften FE-Programme enthalten inzwischen Optimierungskomponenten, mit deren Hilfe man FE-Strukturen optimal auslegen kann. Dem Optimierungsalgorithmus fällt dabei die Rolle eines "Überwachungsprozesses" zu, der die FE-Berechnung, die Kontrolle von Restriktionen, die Bewertung einer Struktur und ihre gezielte Modifizierung kontrolliert.

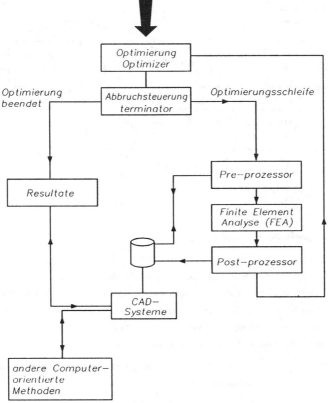

Abb. 11: FEM/Optimierung

Der Auswahl des richtigen Optimierungsalgorithmus kommt dabei wegen hoher Rechenzeiten sehr große Bedeutung zu, wobei eine ganze Reihe von Verfahrensalternativen miteinander konkurrieren. Die Abb. 12 zeigt schematisch die Vielfalt möglicher Verfahrensalternativen.

Die richtige Auswahl setzt sehr viel Erfahrung und Wissen voraus, das gut in einer Wissenbank gebündelt werden kann, wobei das Wissen sinnvollerweise in Form von Frames repräsentiert wird. Ein Benutzer, der das Beratungssystem konsultiert, erhält Lösungsvorschläge, die begründet und erläutert werden können, so daß die Effizienz von Optimierungen über FE-Strukturen qualitativ abgesichert werden kann.

Das Wissen über Optimierungsstrategien und -methoden ist in zweierlei Hinsicht komplex. Einerseits enthält jedes einzelne Verfahren eine Reihe von spezifischen Eigenschaften (z.B. Konvergenzverhalten, Verhalten bei Mehrfachoptima, Verhalten bei verschiedenen Graden von Nichtlinearität) und dezidierte Steuerungsmöglichkeiten (z.B. Schrittweitensteuerung, Festlegung von Update-Formeln wie DFP oder BFGS, Line-Search-Alternativen etc.). Eigenschaften und Steuerungsmöglichkeiten hängen dabei wiederum vom Anwendungsproblem ab, das ebenfalls unterschiedlich klassifi-

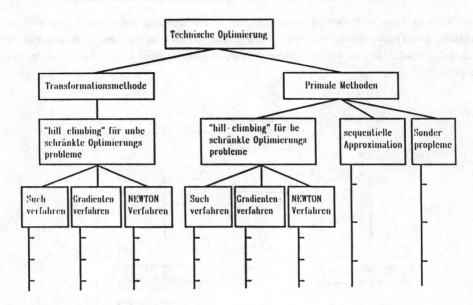

Abb. 12: Schema der Optimierungsalternativen

ziert werden kann (Testbeispiele, gerechnete Beispiele, small-scale/large-scale Applikationen, etc.). Hierdurch entsteht andererseits die "zweite Dimension der Komplexität", eine Vielzahl von Objekten bzw. Klassen von Objekten - hier allgemein mit "Objekte" bezeichnet. Mit Hilfe von Frames ist es jedoch möglich, die auftretenden, komplizierten Sachverhalte gut zu abstrahieren und programmtechnisch zu bewältigen. Frames dienen somit in erster Linie dazu, die rechnerinterne Darstellung von Objekten allgemeiner Art durch computergerechte Datenstrukturen zu ermöglichen.

Datenstrukturen - und damit auch Frames - lassen sich am besten als geordnete Schemata von Datenelementen auffassen, wobei die Ordnung durch festdefinierte Beziehungen der Datenelemente zueinander (Relationen) geregelt wird.

Für Ingenieurzwecke stellt man sich einen Frame am besten als ein "flexibles Formblatt mit festen Vorgaben für die Wissenserfassung" vor; in dieses Formblatt wird - analog zu einem Fragebogen/Erfassungsbogen im täglichen Gebrauch - problemspezifisches Wissen eingefüllt. Die Verwendung eines quasi normierten "Formrahmens" erleichtert die Wissensverbesserung, die Konsistenzprüfung der Wissensbasis und vereinfacht die Implementierung des Expertensystems.

Ein Rahmen enthält im allgemeinen vier Komponenten:

- einen eindeutigen Objektnamen zur Identifizierung

- Eintragungsmöglichkeiten für die verschiedenen Eigenschaften des jeweiligen Objektes ("slots" genannt)

- Angaben ("Aspekte" oder "Facets" genannt) darüber, wie diese Einträge (slots) auszuwerten oder zu interpretieren sind (sollen z.B. nur Daten eingetragen werden, oder sollen Aktionen bzw. Prozeduren "angefacht" werden, die ihrerseits Daten generieren)

- eigentliche Daten, die in die slots eingespeist werden.

Einzelne Rahmen können gleichberechtigt nebeneinander stehen oder Unterrahmen zu einer Klasse in hierarchischer Form zusammenbinden. Von erheblicher Bedeutung für die Wissensverarbeitung ist dabei eine spezielle Eigenschaft der Rahmen, die als "Vererbung" bezeichnet wird. Hierunter ist folgendes zu verstehen: Gibt es einen Eintrag für eine Eigenschaft eines Rahmens (slot), so gilt dieser, andernfalls wird auf den Slot des in der Hierarchie höherstehenden Rahmens (Elternrahmen) zurückgegriffen. Welcher Rahmen dabei übergeordnet ist, wird in einem speziellen Slot, dem sogenannten "ako-slot" verzeichnet (ako = "a kind of", d.h. "Abstammend von").

Für die programmtechnische Umsetzung des Beratungsexperten "Optimierung" empfiehlt sich wiederum PROLOG aus folgendem Grund: PROLOG ist durch das eingebettete Sprachkonzept auf die Repräsentation beliebig komplexer Datenstrukturen abgestellt, so daß sich die oben beschriebenen Frames (und Operationen mit diesen) gut implementieren lassen.

Der derzeitige Stand des Optimierungsexperten berücksichtigt die in der Abb. 13 genannten Optimierungsverfahren, die sich in den letzten Jahren als effiziente Alternativen herauskristallisiert haben. Die Abb. 13 repräsentiert zugleich die Frame-Struktur des Optimierungsexperten. Abb. 14 zeigt für die Methode der Inneren Straffunktion, wie einzelne Frames intern aufgebaut sind.

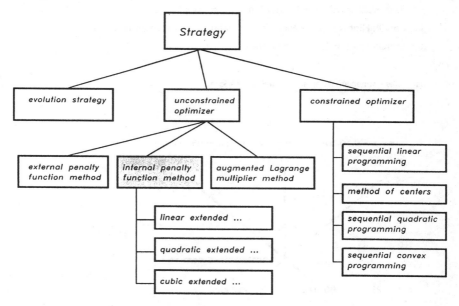

Abb. 13: Frame-Hierarchie der vorhandenen Strategien

Mit Hilfe des Beratungsexperten ist es möglich, einem Ingenieur, der nicht ständig mit Optimierungsproblemen befaßt ist, gezielte Vorschläge für ein bestimmtes Optimierungsverfahren zu machen. Damit dies möglich ist, muß das jeweils vorliegende Problem beschrieben werden - aufgrund der Beschreibung wird dann ein Vorschlag "schlußgefolgert". Für das einfache Beispiel des Stabdreischlags (vgl. Abb. 15) wird das zugehörige Sitzungsprotokoll - bestehend aus einem Eingabeteil und einem Vorschlag - in Abb. 16 aufgelistet.

Darstellung einer Strategie:

```
:- interiorPenFuncMeth ::
     ako : unconStrategy &
     fullName : 'interior penalty function method class' &
     relMinExist : 2/6 &
     funcEvalExpen : 0/5 &
     conObjHighNonLin : 6/0 &
     endOfFrame : interiorPenFuncMeth .
```

Erläuterungen:

interiorPenFuncMethod = Kurzbezeichnung

ako (a kind of) = Realisierung der Hierarchie

fullName = ausführliche Beschreibung

relMinExist : 2/6 = Verhalten bei multipler Minima
     2 = Bewertung bei Eintreten der Eigenschaft
     6 = Bewertung bei Nichteintreten der Eigenschaft

funcEvalExpen = Kosten der Funktionsauswertungen

conObjHighNonLin = Nichtlineare Zielfunktion / Nebenbeding.

endOfFrame = Ende des Frames

Abb. 14: Aufbau eines Frames am Beispiel "Innere Straffunktion"

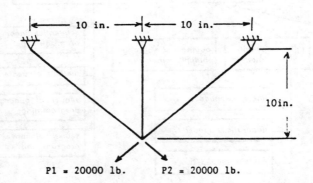

Minimize $OBJ = 2 \cdot SQRT(2) \cdot A1 + A2$

Subject to; $G(1) = \dfrac{2 \cdot A1 - SQRT(2) \cdot A2}{2 \cdot A1 \cdot [A1 + SQRT(2) \cdot A2]} - 1 \quad .LE. \quad 0$

$G(2) = \dfrac{1}{2 \cdot [A1 + SQRT(2) \cdot A2]} - 1 \quad .LE. \quad 0$

$0.01 \quad .LE. \quad Ai \quad .LE. \quad 1.0E+20 \qquad i=1,2$

Abb. 15: Optimierungsbeispiel

INPUT:

```
checking strategy
Are relative minima known to exist?
   0(no) .. 5(don't know) .. 10(yes) or d) [default: none]
 5.
Are function evaluations expensive?
   0(no) .. 5(don't know) .. 10(yes) or d) [default: none]
 2.
Are there less than 50 design variables?
   0(no) .. 5(don't know) .. 10(yes) or d) [default: none]
 10.
Is the final design fully constrained?
   0(no) .. 5(don't know) .. 10(yes) or d) [default: none]
 4.
Are the constraints or obj. function highly non-linear?
   0(no) .. 5(don't know) .. 10(yes) or d) [default: none]
 3.
checking optimizer
Is computer storage very limited?
   0(no) .. 5(don't know) .. 10(yes) or d) [default: none]
 1.
checking lineSearch
Ist the objective function quadratic?
   0(no) .. 5(don't know) .. 10(yes) or d) [default: none]
 0.
checking combinations
```

OUTPUT:

```
    istrat1/0.415   (exterior penalty function method)
    iopt3/0.239656  (Broydon-Fletcher-Goldfarb-Shanno Algorithmus)
    ioned2/0.524688  (Golden Section Method / poly. interpolation)
```

Abb. 16: Sitzungsprotokoll

Nutzung von Kommunikationsnetzen für das Bauingenieurwesen

von Udo Meißner und Peter Jan Pahl *

1. Einleitung

Die gestalterische Ingenieurtätigkeit zur Planung und Realisierung von Bauvorhaben und Konstruktionen ist geprägt durch die extensive Verarbeitung von Informationen. Bei der Bearbeitung von Projekten setzt jeder Sachbearbeiter einerseits verfügbares Wissen in Form von individuellem und codifiziertem Wissen (Bücher, Vorschriften etc.) ein und bedient sich andererseits zweckmäßiger Algorithmen, die projektbezogene Daten verarbeiten, um die Erledigung seiner Aufgaben optimal durchzuführen. Je größer das Spektrum der Methoden für diese Art der Wissens- und Datenverarbeitung ist, desto bessere Möglichkeiten ergeben sich, den Arbeitsprozeß effizient zu gestalten. Unter medizinischen und sozialen Aspekten spielt dabei die humane Gestaltung der Arbeit eine wichtige Rolle für jeden Betroffenen. Moderne Personal-Computer und Arbeitsplatzrechner mit der auf dem Markt verfügbaren Software haben den Umfang der Betriebsmittel gegenüber früher wesentlich vergrößert.

Durch die Realisierung von lokalen und weiten Rechnernetzen und durch die Entwicklung rechnergestützter Kommunikationsdienste wird sich in Zukunft die Gestaltung der Arbeitsprozesse umfassend ändern. Dies hat bedeutende Rückwirkungen auf die Organisation und die Personalstruktur der Betriebe sowie auf die Qualifikationsanforderungen an jeden Sachbearbeiter. Aus der Vernetzung von Rechnersystemen ergibt sich das Problem, die verteilte Kapazität über Mittel der Kommunikation sinnvoll zu nutzen.

Ingenieurarbeit ist somit auf allen Ebenen Informationsverarbeitung schlechthin und zwar in besonders intensiver Art und Weise. Zur optimalen Gestaltung bedarf sie der Erkenntnisse und Methoden der Informatik. Um auf die Gestaltung der Betriebsmittel und Methoden entscheidenden Einfluß nehmen zu können, sind Ingenieure herausgefordert, an den Aufgaben der Bauinformatik aktiv mitzuwirken. Hier eröffnen sich neue Berufsfelder für Bauingenieure z.B. in der weltweit expandierenden Software-Industrie.

2. Entwicklungstendenzen

Über die individuelle Tätigkeit hinaus ist die Projektbearbeitung im Bauingenieurwesen in besonderem Maße durch die Kommunikation der an der Erstellung eines Bauwerks beteiligten Partner geprägt: Ingenieur, Bauunternehmer, Handwerker u.a.. Nach wie vor werden hier in großem Umfang vorzugsweise Informationen in Form von Akten und Plänen ausgetauscht, mit denen die Objekte modellhaft erfaßt sind (Bild 1).

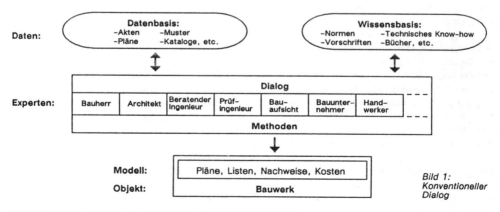

Bild 1:
Konventioneller Dialog

*) Dr.-Ing. U. Meißner, Professor für Mechanik und angewandte Informatik im Konstruktiven Ingenieurbau, Institut für Baumechanik und Numerische Mechanik, Universität Hannover
P. J. Pahl, SM., Sc.D., Professor für Theoretische Methoden der Bau- und Verkehrstechnik, Institut für Allgemeine Bauingenieurmethoden, Technische Universität Berlin

Dieser Dialog hat sich traditionell bewährt, und die gesamte Arbeitsorganisation im Bauwesen ist bisher darauf abgestellt. Für den Einsatz der modernen Informationsverarbeitung ist dieses Konzept allerdings schlecht geeignet. Strebt man eine durchgängige Projektbearbeitung mit moderner Hard- und Software an, so müssen die Daten- und Methodenbestände sowie die Informationsflüsse für den Einsatz der Kommunikationstechnik anders geordnet werden (Bild 2). Wichtig ist die Trennung von Softwaremethoden, Datenbeständen und Wissensrepräsentationen. Nur so können die beteiligten Experten unabhängig voneinander auf die jeweils benötigten Informationen und Werkzeuge zugreifen, sie benutzen und verändern. Eine solche Gliederung gestattet den stufenweisen Ausbau von betriebsspezifischen und betriebsübergreifenden Konzepten. Rechnernetze können genutzt werden, um den Informationsaustausch neu zu gestalten.

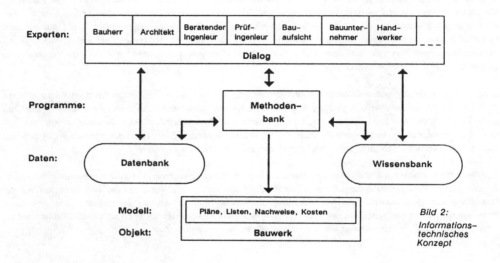

Bild 2: Informationstechnisches Konzept

Hochschulen und Betriebe sind im Bereich der Kommunikation auf zwei Ebenen betroffen : der standortgebundenen Bürokommunikation (LAN = Local Area Network) und der standortübergreifenden Kommunikation (WAN = Wide Area Network). Diese Ebenen können über Kommunikationsrechner (Gateways) verbunden werden. Bei den heute günstigen Hard- und Software-Preisen gehören beide Arten der Vernetzung in anderen Staaten selbst bei Kleinbetrieben bereits zur alltäglichen Praxis. In der Bundesrepublik Deutschland werden die öffentlichen Kommunikationsnetze derzeit neu gestaltet. Bild 3 zeigt die Planungen der Deutschen Bundespost.

Das Langfristziel ist das Integrierte Breitbandfernmeldenetz (IBFN) mit digitaler Übertragungstechnik, über das alle Dienste vereinigt werden sollen. Bis ca. 1993/94 wird das ISDN (Integrated Services Digital Network) flächendeckend verwirklicht sein, mit dem die für die Rechnerkommunikation wichtigen Dienste dann integriert sind. Schon heute werden bei Telefonanschlüssen die neuen Kommunikationssteckdosen installiert, an die bis zu acht Endgeräte angeschlossen werden können (Telefon, Rechnerterminal, Fernschreib- und Fernkopiergerät sowie zukünftig Rundfunk- und Fernsehgerät). Die zugesicherte Übertragungsrate von 64 kbit/sec macht die Benutzung für das Ingenieurwesen attraktiv, wenn die Tarife preisgünstig gestaltet werden. Schon jetzt gehört das Integrierte Text- und Datennetz (IDN) mit einer Übertragungsrate von 48 kbit/sec zur Realität. Für die standortübergreifende Rechnerkommunikation hat sich der Benutzer gegenwärtig noch zu entscheiden zwischen dem leitungsvermittelnden Fernsprechnetz (Direktverbindung) mit analoger Übertragungstechnik, an das weltweit ca. 700 Mio. Telefone angeschlossen sind, und dem paketvermittelnden DATEX-P-Netz (virtuelle Verbindung) mit bereits digitaler Übertragungstechnik, das auch den Zugang zu anderen europäischen und weltweiten Netzen bietet.

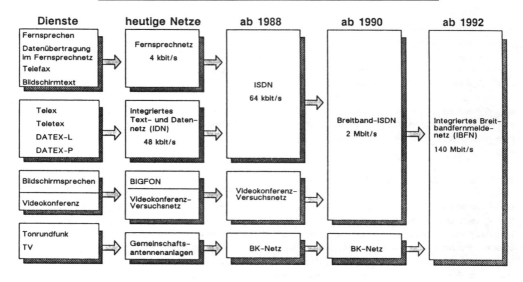

Bild 3: Entwicklung der Kommunikationsnetze

Um den integrierten Informationsaustausch zwischen Hochschulen und Forschungseinrichtungen voranzutreiben, hat der Bundesminister für Forschung und Technologie (BMFT) die Installation des Deutschen Forschungsnetzes (DFN) unterstützt, das auf dem DATEX–P–Dienst basiert und zusätzliche Software–Dienste bietet. Im DFN haben sich mehrere Professoren aus dem Bereich der Bauinformatik in dem gemeinsamen BMFT–Projekt "Software–Börse für das Bauingenieurwesen" zusammengeschlossen, um an der Weiterentwicklung der praxisrelevanten Realisation des DFN aktiv mitzuwirken. An den Universitäten in Hannover und Bochum wird im Auftrag des Bundesministers für Bildung und Wissenschaft (BMBW) der Modellversuch "Einsatz neuer Informations– und Kommunikationstechniken im CAE" durchgeführt, um die neuen Medien zusammen mit der Berufspraxis zu erproben. Der vorliegende Beitrag beschränkt sich auf die Darstellung der Erfahrungen aus diesen Projekten und soll konkrete Anregungen liefern. Eine umfassende Darstellung des Kommunikationswesens würde den Rahmen dieses Beitrages sprengen.

3. Kommunikationsnetze

Die Kommunikation zwischen Arbeitsplatzrechnern über Datennetze stellt spezielle Anforderungen an die Geräteausstattung, die Betriebssoftware, die Anwendersoftware und die Arbeitsmethodik des Ingenieurs.

Für die Geräteausstattung und die Betriebssoftware ist es von besonderer Bedeutung, ob man unter eigener Verantwortung ein lokales Netz (z. B. mit Ethernet– oder Token–Ring–Systemen) aufbauen will, oder ob man die öffentlichen Netze der Deutschen Bundespost (Telefon–, DATEX–P–Netz und in Zukunft auch ISDN) benutzen will, an die nur Geräte mit offizieller Postzulassung angeschlossen werden dürfen. Für den Benutzer eines solchen Netzes sind die Funktionen wichtig, die über spezielle Dienste des Netzbetriebssystems ausgeführt werden. Hier unterscheidet man nach:

– der Übertragung von Dateien (File–Transfer) im Textformat (ASCII) mit automatischer Codeumwandlung zwischen Rechnern mit verschiedenen Zeichencodes,
– der Übertragung von binären Dateien (transparenter File–Transfer) ohne Codeumwandlung durch das Netzbetriebssystem,
– der Übertragung von Graphikdateien, die vom Netzbetriebssystem automatisch den jeweiligen Endgeräten (Sichtgerät, Plotter, Laserdrucker) angepaßt werden und interaktiv weiterverarbeitet werden können,

- der Übertragung von Nachrichten in Message–Systemen mit komfortablen Verwaltungsfunktionen,
- der Fernbenutzung (RJE = Remote Job Entry) von Fremdrechnern mit interaktiver Kommunikation zur Ablaufsteuerung ,
- der direkten Integration verschiedener Rechner unter einer gleichartigen Bedieneroberfläche und der Nutzung eines einheitlichen File–Systems (Integration mit verteilter Rechnerleistung).

Da die nationale und internationale Normung der Kommunikationssoftware sich noch im Entwicklungsstadium befindet, ist es für den Nutzer außerordentlich wichtig, sich vor der Installation eines Netzes genau über die Funktionen der Dienstsoftware und deren Kompatibilität mit anderen Rechnersystemen zu informieren.

3.1 Kommunikation über das Telefonnetz

Die einfachste Art, eine Verbindung zwischen Datenendgeräten (Rechner) herzustellen, bietet das Telefonnetz. Bild 4 zeigt dazu eine Übersicht. Die physikalische Verbindung kann entweder über das Telefonwählnetz hergestellt werden, oder es kann eine Standleitung geschaltet werden. Für die Wandlung zwischen der analogen Übertragungstechnik des Netzes und der digitalen Technik der Endgeräte ist die Zwischenschaltung von Modulatoren und Demodulatoren (Modem, Modembaugruppe oder Akkustikkoppler) erforderlich. Im öffentlichen Netz sind die Übertragungraten wegen der Fehlerwahrscheinlichkeiten beschränkt. Angeschlossen werden dürfen nur postzugelassene Geräte mit einer Fernsprech–Teilnehmer–Zulassungs–Nummer (FTZ– Nummer). Wie in anderen Ländern schon seit langem üblich, werden hier in der Bundesrepublik demnächst auch private Anbieter für die Lieferung der Anschluß–Hardware zugelassen. Bild 4 zeigt die US–amerikanischen Möglichkeiten nach dem neusten Stand der Technik. Speziell für Personal–Computer (IBM–XT/AT– kompatibel) gibt es dort ein reichhaltiges Angebot von Steckkarten mit besonderen technischen Möglichkeiten (Rufnummerspeicherung, Wahlwiederholung, Weitervermittlung, etc.). Ausführliche Informationen nebst Billigpreisen bieten die einschlägigen amerikanischen Computer–Journals und –fachmessen mit Anbietern aus USA und dem Fernen Osten. Softwareseitig werden mit den privaten Modems kompatible Programme für den Transfer von Dateien und Nachrichten angeboten, die teilweise auch als "Public–Domain"–Software zum Nulltarif erhältlich sind.

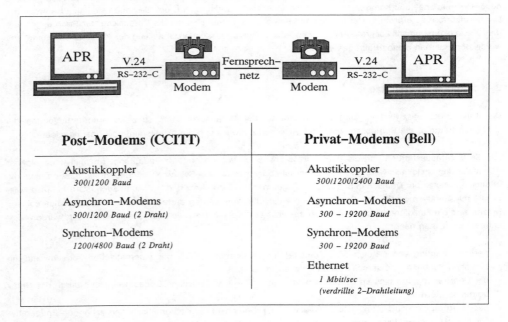

Bild 4: Kommunikation über das Telefonnetz

3.2 Bürovernetzung

Für die Inhouse–Vernetzung von Personal– und Arbeitsplatzrechnern bieten sich als Industrie–Standards die Übertragungsverfahren Ethernet (Busmethoden mit bis zu 10 Mbit/sec) und Token–Passring (Ringmethode mit bis zu 12 Mbit/sec) an, die inzwischen von verschiedenen Hardware–Herstellern unterstützt werden (Bild 5). Diese Systeme zeichnen sich dadurch aus, daß die Vernetzung technisch mit geringem Aufwand über ein einfaches Koaxialkabel (thin wire) realisiert werden kann, an das über spezielle Controller mit integrierten Transceivern verschiedenartige Rechner anschließbar sind. Hardwaremäßig ist der Anschluß von der IEEE (Institut of Electrical and Electronic Engineers) festgelegt, für die softwaremäßige Vermittlungs– und Transportschicht des Ethernet ist das TCP/IP–Protokol bei verschiedenen Herstellern gebräuchlich, auf dessen Basis zumindest der File–Transfer abgewickelt werden kann.

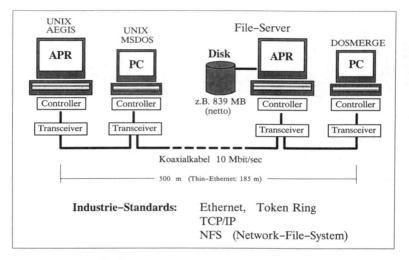

Bild 5 : Kommunikation über Ethernet, Token Ring

Bei der höheren anwenderorientierten Kommunikationssoftware muß man sich die Kompatibilität vorführen und garantieren lassen. Sehr interessant ist das von verschiedenen Herstellern angebotene Network–File–System (NFS), das auch für Personal–Computer angeboten wird, wodurch man den Zugriff auf beliebig im Netz verteilte Dateien erreicht.

Ein solches Netzkonzept ist insbesondere deshalb unter wirtschaftlichen Gesichtspunkten interessant, weil es einen stufenweisen Ausbau der Hardware gestattet. So können z.B. an einem zentralen File–Server (Knotenrechner) mit großer Plattenkapazität die gemeinsam genutzten Peripheriegeräte (Drucker, Plotter, Laserprinter etc.) angeschlossen werden, während die übrigen Rechner ohne eigene Plattenkapazität (diskless nodes) oder mit kleineren Platten und lokaler Peripherie ausgestattet sind. Für das Umrüsten vom 16–bit–PC auf 32–bit–Arbeitsplatzrechner bietet das Konzept durch Einbindung der PCs die Möglichkeit zur Schaffung einer homogenen Software–Umgebung im Netz. Dadurch können bei der Projektbearbeitung die Resourcen und Informationen besser verwaltet werden. Über zusätzliche Gateway–Rechner bietet sich die Möglichkeit, das bürointerne Netz mit der Außenwelt der öffentlichen Postnetze zu verbinden.

3.3 Datex–P–Vernetzung

Bereits seit 1980 betreibt die Deutsche Bundespost das DATEX–P–Netz. Dieses Netz hat ebenfalls wie das Telefonnetz einen Wählcharakter, die physikalische Verbindung zwischen den Teilnehmern wird jedoch nur nach Bedarf beim Senden und Empfangen der Daten aufgebaut. Die Teilnehmer senden Datenpakete mit Absender- und Empfängeradressen durch das Netz, die unabhängig voneinander gegebenenfalls auf verschiedenen "Postwegen" transportiert werden. Es besteht dementsprechend keine permanente Leitungsverbindung, sondern ein dynamisch veränderliches Vermittlungssystem (virtuelle Verbindung). Ein DATEX–P–Anschluß kann deshalb gleichzeitig mehrere Verbindungen aufbauen und von mehreren logischen Prozessen (max. 255) gleichzeitig (multiplex) genutzt werden.

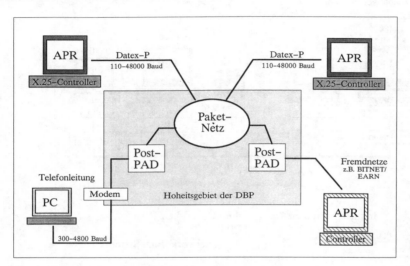

Bild 6:
Kommunikation
über DATEX–P

Als Teilnehmer kann man sich über einen Direktanschluß mit auswählbarer Übertragungsgeschwindigkeit an das Netz anschließen lassen. Dazu benötigt man hardwareseitig im Rechner einen Controller, der die genormten X25–Spezifikationen realisiert und softwareseitig ein umfangreiches Paket an Kommunikationssoftware nach dem Open–System–Interconnection–Referenzmodell (OSI), das von der ISO (International Standard Organisation) seit 1977 spezifiziert wurde.

	Schichten	CCITT Empfehlungen		DFN–Basisdienste					
		Dialog	Transfer						
7	Anwendungsschicht	X.3 X.28 X.29	X.400	PAD X.29 Dialog	FT	RJE	MHS		7
6	Darstellungsschicht								6
5	Kommunikationsschicht		T.62				T.62		5
4	Transportschicht		T.70	T.70					4
3	Vermittlungsschicht	X.25		X.25 Datex–P–Netz der Deutschen Bundespost					3
2	Sicherungsschicht								2
1	Bit–Übertragungsschicht								1

FT   File–Transfer
RJE   Remote–Job–Entry

PAD   Packet–Assembly–Disassembly
MHS   Message–Handling–System

Bild 7:
OSI–Referenz-
modell und
DFN–Basisdienste

Die unteren fünf Schichten dieses Modelles sind bereits international genormt, die anwendungsorientierten Schichten 6 und 7 noch nicht. Mit den unteren drei Schichten wird die technische Verbindung geregelt. Schicht 4 organisiert die logische Verbindung. Zu den Schichten 3 und 4 gehört das bereits erwähnte TCP/IP-Protokoll. Schicht 5 steuert die Kommunikationsbeziehung. Mit Schicht 6 soll für eine Vereinheitlichung der Informationsdarstellung gesorgt werden (z. B. Vereinbarung von Codes, Daten- und Dateiformaten). Über die Schicht 7 soll eine einheitliche Benutzerschnittstelle vereinbart werden (z. B. für Nachrichtenaustausch, Jobtransfer, Filetransfer, Dialog). Für den Teilnehmer wichtig ist z. B. das X.400-Protokoll, mit dem der Zugang zu anderen europäischen Netzen ermöglicht wird. Bild 7 weist die Basisdienste aus, die der DFN-Verein derzeit zur Verfügung stellt, um die Teilnehmerkommunikation bereits jetzt bundes- und weltweit zu ermöglichen.

Neben dem Direktanschluß besteht für den Teilnehmer die Möglichkeit des Zugangs über das Telefonnetz oder das ebenfalls leitungsvermittelnde DATEX-L-Netz für Datenfernverarbeitung. Im ersteren Fall kann man über ein Modem den nächsten Zugangsknotenrechner (PAD = Packet Assembly/Disassembly Facility) der Post erreichen, der dann die Anpassungen an die paketorientierte Datenvermittlung vornimmt. Derartige Knotenrechner sorgen auch für die Weitervermittlung in andere standardisierte europäische oder weltweite Netze. Ein Knotenrechner der Gesellschaft für Mathematik und Datenverarbeitung (GMD) in Birlinghausen sorgt beispielsweise derzeit für die Weitervermittlung in das im Bereich der Wissenschaft international sehr nachgefragte EARN/Bitnet-Netz, das durch die finanzielle Unterstützung von IBM bisher noch kostenlos von den Hochschulen benutzt werden kann.

4. Technische Modelle in Netzen

Für eine ingenieurgerechte Kommunikation ist die Übertragung von Nachrichten und Dateien mit Mitteln der Netzbetriebssysteme allein nicht ausreichend. Im Ingenieurwesen müssen zwischen verschiedenen Partnern auf unterschiedlichen Ebenen fachspezifische Modelle (z. B. Geometrie-, Tragwerks- und Konstruktionsmodelle) und zugehörige Planungsunterlagen (z. B. Berichte und Pläne) ausgetauscht und dann weiterbearbeitet werden können. Die Anwendungssoftware muß deshalb selbst den Anforderungen der Kommunikation gerecht werden und netzfähig gestaltet sein. Dies läßt sich durch das Verschicken von kompletten Dateien, wie sie auf Universalrechnern gebräuchlich sind, nicht erreichen. Vielmehr muß die Anwendersoftware Funktionen zur inhaltsbezogenen Selektion von Teildatenmengen beim Sender und zu deren Einfügung in die Datenbestände beim Empfänger enthalten. Nur so ist die zuverlässige und unaufwendige Anpassung der Projektdaten an Planungsänderungen realisierbar.

An der TU Berlin ist dazu das TECHNET-Konzept entwickelt worden [1]. Bild 8 gibt einen Überblick über die darin zur Verfügung gestellten, hierarchisch geordneten Dienste.

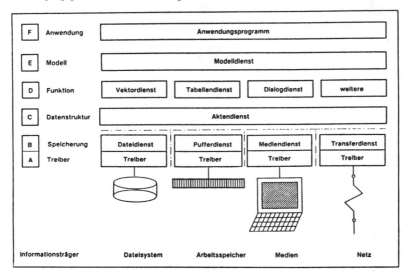

Bild 8:
TECHNET-Dienste

Das Anwendungsprogramm auf der obersten Ebene bedient sich des Modelldienstes um ein technisches Modell, das sich aus Objekten und Attributen zusammensetzt, zu definieren, zu speichern und zu verwalten. Auf der unteren Ebene stellt der Transferdienst entsprechende Funktionen zur Verfügung, um die elementaren Informationseinheiten von einem Rechnersystem über das Kommunikationsnetz in ein anderes Rechnersystem zu übertragen. Hier werden die zuvor besprochenen netzbetriebssystemabhängigen Operationen durchgeführt. Alle Dienste auf den Ebenen E bis A sind in vertikaler Richtung dem Rang nach geordnet. Ein Dienst kann die Leistungen aller niedrigeren Dienste beanspruchen. Die Dienste operieren nach dem Offiziersprinzip. Der höhere Dienst entscheidet, welche Operation ausgeführt wird und vergibt den Auftrag dazu an den niedrigeren Dienst, der den Auftrag ausführt und eine Rückmeldung veranlaßt. Auf diese Weise wird eine saubere Arbeitsteilung mit klaren Schnittstellen verwirklicht, die die entsprechende Software logisch strukturiert und dadurch portierbar macht. Nähere Einzelheiten sind den veröffentlichten Dokumentationen zu entnehmen.

Das TECHNET–Konzept bietet dem Software–Entwickler einerseits einheitliche Basisdienste an, erlegt ihm aber andererseits keine Restriktionen bei der Definition von eigenen Datenstrukturen auf, die er beispielsweise benötigt, um unterschiedliche Modelle wie CAD und FEM miteinander zu koppeln. Auf diesem Gebiet ist in der Zukunft noch sehr viel Entwicklungsarbeit zu leisten, um im Bereich der Vernetzung zu auf breiter Basis tragfähigen Konzepten für selbstbeschreibende Modelle zu kommen. Der verbreitete Einsatz von Modellen auf vernetzten Rechnern erfordert zumindest die Normung von Datenschnittstellen zwischen gebräuchlichen Software–Produkten, damit überhaupt Daten ausgetauscht werden können. Erste Ansätze für eine kommunikationsfähige Archivierung von Modelldaten sind bereits erfolgt. Bild 9 zeigt dazu eine Übersicht.

Problemkreis	Name	
CAD	**IGES**	"Initial Graphics Exchange Specification" internationale Norm
	SET	"Standard d'Echange et de Transport" französische Norm
	VDA–FS	"Verband der Automobilindustrie – Flächenschnittstelle" DIN 66301
	PDES	"Product Data Exchange Standard" US–Normenentwurf
	STEP	"Standard for the Exchange of Product Model Data" ISO–Normenentwurf
FEM	**FEDIS**	"Finite Elemente Data Interface Standard" Standardisierungsvorschlag
Graphik-schalen	**GKSM**	"Graphical Kernel System – Metafile" Anhang zur ISO–Norm
	CGM	"Computer Graphics Metafile" ISO–Normenvorschlag
DTP	**PostScript**	Page-Description-Language Industrie-Standard

In Anbetracht der komplexen Anforderungen im Bauwesen und der internationalen Verknüpfungen ist das Normen besonders schwierig. Dennoch ist es zweckmäßig, analog zu den Programmiersprachen eine disziplinübergreifende Grundmenge an Informationseinheiten und Operationen neu zu spezifizieren, um darauf die disziplinspezifische Normung aufzubauen.

5. Software–Börse im Deutschen Forschungsnetz

Für den Aufbau einer Software–Börse für das Bauingenieurwesen haben sich verschiedene Hochschulen zusammengeschlossen (Bild 10). Das gemeinsame Ziel stellt die Erprobung von Kommunikationstechniken mit vernetzten Arbeitsplatzrechnern zur dezentralen Bearbeitung von Projekten des Bauingenieurwesens dar. Im Pilotbereich des Konstruktiven Ingenieurbaus werden daher Untersuchungen zur

- Leistung von APR im Netzverbund,
- Leistung der Netzdienste,
- Bereitstellung und Pflege von Fachsoftware,
- Netzgerechte Weiterentwicklung von Fachsoftware,
- Kommunikationsbedarf beim Einsatz von allgemeiner und Fachsoftware und
- Erprobung bei der Projektbearbeitung im Netz

durchgeführt. Als Langfristziel gilt die Intensivierung der wissenschaftlichen Kooperation und die Umsetzung der Erkenntnisse in die Baupraxis.

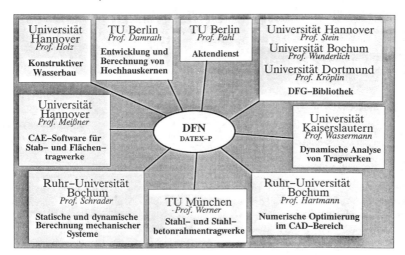

Bild 10:
Software–Börse
Bauingenieurwesen
im DFN

Bei den verschiedenen Partnern wurden 32–bit–Arbeitsplatzrechner mit dem Betriebssystem UNIX installiert. Der Netzbetrieb über DATEX–P wurde in der letzten Jahreshälfte 1987 aufgenommen. Das Projekt wird vom DFN–Verein in Berlin betreut, der in Kooperation mit den beteiligten Hochschulen spezielle Betriebssoftware zur Verfügung stellte, und von der TU Berlin fachlich koordiniert. Die beteiligten Institute haben eigene Software–Produkte in das Netz eingebracht, die gegenseitig genutzt und weiterentwickelt werden. Dies betrifft Programme aus folgenden Bereichen:

- Entwerfen und Berechnen von Hochhauskernen,
- Numerische Optimierung im CAD–Bereich,
- Konstruktiver Wasserbau,
- DFG–Bibliothek,
- CAE–Software für Stabtragwerke und Flächenträger,
- Aktendienst,
- Statische und dynamische Berechnung mechanischer Systeme,
- Dynamische Analyse von Tragwerken,
- Stahl– und Stahlbetonrahmentragwerke.

Das Nahziel des Projektes ist es, den Einsatz eines Datennetzes zum Austausch von Programmen und Daten über größere Entfernungen für die Aufgaben der Universitäten in Lehre und Forschung im Bauingenieurwesen zu erproben. Beispielsweise werden Produktblätter im Netz bereitgestellt und ausgetauscht, Programme im Quell– und Objektcode für die Träger der Börse verfügbar gemacht, und die Anpassung von Anwendungssoftware an eine gemeinsame Grundsoftware untersucht. Dabei entsteht ein Satz von Software–Paketen, die für die am DFN Beteiligten von wechselseitigem Nutzen in Lehre und Forschung sind. Eine wünschenswerte Vorstellung ist es, den Zugriff auf Teile dieser Börse auch für Interessenten aus der Berufspraxis zu öffnen. Dazu bedarf es der Klärung rechtlicher Fragen im Einzelfall.

Im Rahmen der Weiterbildung von Ingenieuren [2] wurden bereits von der Universität Hannover, der Ruhr-Universität Bochum und der TU Berlin der gemeinsame Versuch unternommen, Kursteilnehmern aus der Bauindustrie den Zugang zum DFN zu eröffnen (Bild 11).

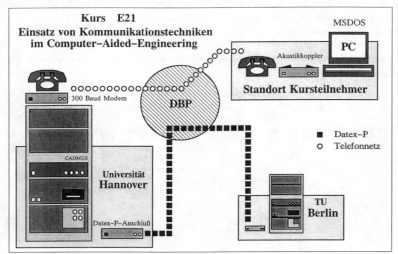

Bild 11:
Erprobung in
der Weiterbildung

Der Teilnehmer hatte die Möglichkeit, über das Fernsprechnetz den Kommunikationsrechner in Hannover zu erreichen und von dort aus über DATEX-P auf den Rechner in Berlin durchzugreifen, um mit dem System vertraut zu werden und Software zu nutzen (Bild 12).

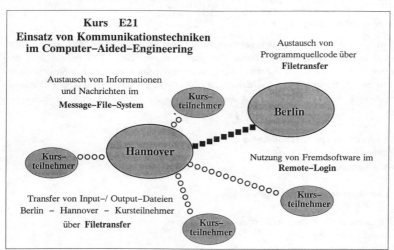

Bild 12:
Nutzung von
DFN-Diensten

Das Interesse von Seiten der Baupraxis an solchen Möglichkeiten ist groß. Die Attraktivität zur Nutzung der Netze hängt jedoch im wesentlichen von der Tarifpolitik der Deutschen Bundespost ab.

6. Ausblick

Im Bereich des Bauingenieurwesens ist die Kommunikation über Rechnernetze insbesondere unter den folgenden Gesichtspunkten notwendig. Für die durchgängige Bearbeitung von Projekten ist der gegenwärtige Zustand von Insellösungen für die Bearbeitung von Teilaufgaben in hohem Maße unbefriedigend. Die geometrische Modellierung von Bauwerken und Konstruktionen, die Festigkeitsanalysen und Standsicherheitsnachweise, die konstruktiven Bearbeitungen erfordern neben der Ausschreibung, Vergabe, Herstellungskontrolle und Abrechnung die Integration von geeigneten Methoden und Daten.

Bild 13: Praxisaufgaben im Netzverbund

Im Konstruktiven Ingenieurbau ist es mittelfristig notwendig CAD, Datenbanksysteme, FEM, Optimierung und CIM zusammenzuführen, um für die Projektbearbeitung integrierte Bearbeitungssysteme zu schaffen. Wegen der großen Bedeutung der Wissensverarbeitung wird es darüber hinaus langfristig notwendig, diese Integration um regelbasierte Systeme zu erweitern. Hiermit kommt man der Zielvorstellung nah, Expertensysteme zu realisieren, die sowohl Algorithmen als auch Wissen verarbeiten und ihre Projektinformationen in für den Benutzer zugänglichen Datenbanken speichern. Für die Realisierung solcher Forschungs- und Entwicklungsziele besteht die Notwendigkeit zur Zusammenarbeit verschiedener Partner und zum direkten Austausch von Software-Produkten und Datenbeständen. Die Nutzung von offenen Kommunikationssystemen ist dazu eine unabdingbare Voraussetzung.

Bild 13 zeigt, wie die Praxisaufgaben der verschiedenen Partner im Bauwesen im Netzverbund arbeitsteilig erledigt werden könnten. Da bisher die notwendigen Software-Lösungen fehlen, ist es notwendig, entsprechende Forschungs- und Entwicklungsvorhaben zu initiieren – nicht zuletzt auch im Hinblick auf den bevorstehenden europäischen Netzverbund im Rahmen der EG und die internationale Konkurenzfähigkeit.

7. Literaturangaben

1. Pahl, P. J.
   Häusler, J.
   Kaldewey, K.

   Modellieren im Bauwesen – Bearbeitung, Darstellung und Archivierung Technischer Modelle in Rechnernetzen: Das TECHNET-Konzept. TU Berlin, Institut für Allgemeine Bauingenieurmethoden, August 1987.

2. Heller, M.
   Meißner, U.
   Hartmann, D.
   Pfeiffer, E.
   Casper, E.

   Einsatz von Kommunikationstechniken zur Projektbearbeitung im CAE. Universität Hannover, WBBau – Numerische Methoden und Datenverarbeitung, Kurs E21, WS 1987/88.